名品

최신 **출제기준** 반영

환경위해관리기사

조용덕 저

필기
실기

머리말

인간은 태곳적부터 여러 가지 꿈을 꾸어 왔다. 새처럼 하늘을 날고 싶다든가, 달나라에 가고 싶다든가 하는 것들이 바로 인류의 꿈이요, 야심이요, 염원이었다. 이러한 인류의 꿈과 야심은 역사를 통하여 하나둘씩 이루어져왔으나 그 이면에 환경위해물질의 인체노출문제는 오늘날 지구촌 최대의 현안 중 하나로 떠오르고 있다.

지구촌 환경위해물질은 겉으로 드러나는 것과는 달리 집요한 인간의 문제이다. 위해물질의 인체노출로 인한 건강피해가 현실적인 위협으로 등장하면서 국가의 미래를 결정하는 새로운 패러다임으로 부각되고 있다. 인간은 이미 그 길을 가고 있고 또 가야만 하는 길이 환경적으로 건전하고 지속가능한 개발이다. 환경오염을 생산하는 기존의 경제 우선정책이 경제적으로 한계점에 도달한 것은 지구촌 국가와 사회의 잘못된 좌표설정으로 모든 시스템 오작동의 산물이자 결과물이라고 표현해도 결코 지나친 표현은 아닐 것이다.

이에 즈음하여 고용노동부는 제4차 신산업육성방안의 일환으로 환경위해관리기사 자격증 등을 신설 확정 발표하였다.

① **시 행 처** : 한국산업인력공단
② **시험과목**
   - 필기 : 유해성 확인 및 독성평가, 유해화학물질안전관리, 노출평가, 위해성평가, 위해도 결정 및 관리
   - 실기 : 위해성 관리실무
③ **검정방법**
   - 필기 : 객관식, 100문항, 2시간 30분, CBT
   - 실기 : 필답형, 3시간
④ **합격기준** - 필기·실기 : 100점을 만점으로 하여 60점 이상

끝으로 이 수험서를 펴내기까지 많은 격려와 조언을 해 주신 모든 분들께 진심으로 감사드리며, 올배움 출판사 사장님을 비롯한 직원 여러분께도 심심한 감사의 뜻을 전한다. 앞으로 이 책의 내용이 보다 충실해질 수 있도록 독자 여러분의 많은 지도와 편달을 바라는 바이다.

저자 조 용 덕
eco8869@naver.com

응시자격

1. 산업기사 등급 이상의 자격을 취득한 후 응시하려는 종목이 속하는 동일 및 유사 직무분야에서 1년 이상 실무에 종사한 사람
2. 기능사 자격을 취득한 후 응시하려는 종목이 속하는 동일 및 유사 직무분야에서 3년 이상 실무에 종사한 사람
3. 응시하려는 종목이 속하는 동일 및 유사 직무분야의 다른 종목의 기사 등급 이상의 자격을 취득한 사람
4. 관련학과의 대학졸업자등 또는 그 졸업예정자
5. 3년제 전문대학 관련학과 졸업자등으로서 졸업 후 응시하려는 종목이 속하는 동일 및 유사 직무분야에서 1년 이상 실무에 종사한 사람
6. 2년제 전문대학 관련학과 졸업자등으로서 졸업 후 응시하려는 종목이 속하는 동일 유사 직무분야에서 2년 이상 실무에 종사한 사람
7. 동일 및 유사 직무분야의 기사 수준 기술훈련과정 이수자 또는 그 이수예정자
8. 동일 및 유사 직무분야의 산업기사 수준 기술훈련과정 이수자로서 이수 후 응시하려는 종목이 속하는 동일 및 유사 직무분야에서 2년 이상 실무에 종사한 사람
9. 응시하려는 종목이 속하는 동일 및 유사 직무분야에서 4년 이상 실무에 종사한 사람
10. 외국에서 동일한 종목에 해당하는 자격을 취득한 사람

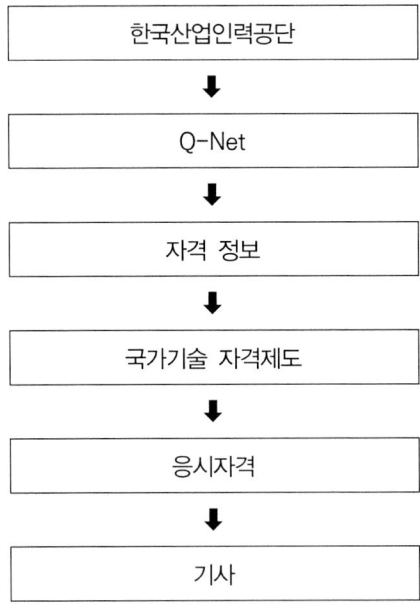

출제기준[필기]

직무 분야	환경·에너지	중직무 분야	환경	자격 종목	환경위해관리기사	적용 기간	2021.1.1.~2026.12.31.

○ 직무내용 : 화학물질로 인한 일반환경 및 산업환경 유해인자에 노출되어 나타날 수 있는 환경과 건강 위해성을 예측하고, 위해성관리의 우선순위를 결정한 후 의사소통 및 저감 대책을 수립·관리하는 직무이다.

필기검정방법	객관식	문제수	100	시험시간	2시간 30분

필기 과목명	주요항목	세부항목	세세항목
유해성 확인 및 독성평가 (20문제)	1. 유해성 확인	1. 일반환경 및 산업환경 유해인자 파악	1. 유해물질 정의와 구분 2. 일반환경 및 산업환경 유해인자 3. 유해인자 유해성 자료 수집방법
		2. 화학물질 취급량 조사	1. 화학물질 취급실적 정보 조사 2. 화학물질별 용도 파악 3. 화학물질별 유통량 조사
		3. 화학물질 유해성 구분	1. 국내외 분류표시 기준 2. 물리적 위험성 분류 3. 화학물질 건강 유해성 분류 4. 화학물질 환경 유해성 분류
	2. 용량·반응평가	1. 인체독성 평가	1. 인체독성 이해 2. 발암성, 변원성, 생식독성(CMR), 내분비계 장애영향 분류 및 평가 3. 발암잠재력(SF), 최소영향수준(DMEL), 초과발암위해도, 4. 비발암물질 대상 무영향농도 수준(DNEL)산출법
		2. 생태독성 평가	1. 생태독성의 이해 2. 생태독성 자료 수집 3. 생태독성 자료 해석 4. 종민감도분포 평가 방법 5. 평가계수 활용법
		3. 독성모델 평가	1. 독성 예측모델 종류 2. 독성 예측모델 이해

필기 과목명	주요항목	세부항목	세세항목
유해화학 물질안전 관리 (20문제)	1. 물질보건 안전관리	1. 취급물질 안전보건자료 작성 활용	1. 물질안전보건자료 이해 2. 물질안전보건자료 활용
		2. 유해화학물질 관리 우선순위 결정	1. 유해화학물질 관리 이해 2. 화학물질 관리 우선순위
		3. 유해화학물질 취급	1. 유해화학물질 취급 기준 2. 유해화학물질 취급 안전관리 3. 유해화학물질 안전사고 예방대책
		4. 제품의 유해성 정보 표시	1. 유해성 표시 요소 2. 유해성 분류 및 표시
	2. 화학사고 예방관리계획	1. 취급물질 및 입지정보	1. 유해화학물질 목록 및 유해성 정보 2. 설비배치도, 주변환경정보 등 취급시설 입지정보
		2. 취급시설정보	1. 취급시설개요 2. 공정개요, 장치·설비 목록 등 명세 3. 확산방지설비, 고정식 유해감지시설 등 안전장치 현황
		3. 장외평가정보	1. 사고시나리오 선정 2. 사업장 주변지역 영향범위 평가 3. 위험도 판정표를 이용한 위험도 산정
		4. 사전관리방침	1. 위험도 분석에 따른 사업장의 안전관리계획 2. 비상연락 및 비상대응조직도 및 업무분장
		5. 내부 비상대응계획	1. 방재인력 및 장비·물품 운용, 응급조치 계획 2. 사고원인파악 및 재발방지계획, 사고복구 등 사후조치
		6. 외부 비상대응계획	1. 지역비상대응기관과의 공조 2. 사고발생 시 주민행동요령, 대피장소 및 대피방법 3. 지역사회 고지대상 및 방법, 고지정보
노출평가 (20문제)	1. 인체노출 평가	1. 인체노출 수준 측정	1. 인체노출 시나리오 및 경로 2. 인체노출 확인대상 시료 수집 3. 인체노출 확인 대상 시료 전처리 및 분석 4. 인체시료 분석
		2. 유해화학물질의 노출량 산정	1. 노출시나리오의 이해 2. 노출시나리오별 노출량 산정 3. 노출경로별 노출량 산정

필기 과목명	주요항목	세부항목	세세항목
노출평가 (20문제)	2. 제품노출 평가	1. 대상 제품 선정	1. 유해화학물질 함유 제품군 선정 2. 제품군내 함유 유해화학물질 확인
		2. 제품노출계수 자료 수집	1. 제품노출계수 조사 2. 제품군별 유해인자 파악 3. 제품군별 노출경로 결정
		3. 제품 내 유해물질 함량 분석	1. 전처리 시험방법 2. 제품내 유해물질 함량 3. 전이량 분석 4. 정도관리 운영 규정
		4. 제품의 소비자 노출 평가	1. 소비자 노출시나리오 2. 경로별 노출량 산정 3. 소비자 노출평가 모델
	3. 환경노출 평가(공기, 음용수, 토 양)	1. 환경시료 채취	1. 시료채취 계획 2. 시료채취 방법 3. 시료 운반·보관
		2. 환경시료 분석	1. 물질별 분석방법 2. 기기분석 전처리 3. 분석 정도관리
		3. 유해화학물질의 환경 노출량 산정	1. 환경 노출 시나리오 2. 노출계수 3. 환경 노출평가 모델 4. 환경 노출농도 5. 환경 경유 인체노출량
위해성평가 (20문제)	1. 위해성 평가 개요	1. 환경유해인자의 생체지표 파악	1. 생체지표의 이해 2. 환경유해인자 노출-생체 지표 상관성 3. 기준값과 참고치 등을 활용한 측정결과 해석
		2. 환경유해인자의 인체노출 파악	1. 인체 노출·흡수 메카니즘 2. 환경유해인자 노출수준 3. 개인노출-집단노출
		3. 환경성 질환 파악	1. 환경성 질환 2. 환경성 질환 발생원 3. 환경성 질환발생 예방대책
		4. 역학 자료 수집	1. 역학 연구방법 2. 위험도 종류 3. 위험도 계산

필기 과목명	주요항목	세부항목	세세항목
노출평가 (20문제)	2. 위해성 평가 방법	1. 발암성, 비발암성 물질의 위해도 결정	1. 초과발암 위해도 2. 비발암성 물질 위험지수 3. 비발암성 물질 노출한계
		2. 환경 위해도 결정	1. 환경 위해지수(risk index) 2. 결정론적 방법 3. 확률론적 방법
		3. 불확실성 평가	1. 불확실성 분석 2. 민감도 분석
	3. 건강영향 평가(환경영향 평가서)	1. 현황 조사	1. 건강영향평가 고려요소 2. 대상 인구집단과 지역 범위선정
		2. 건강영향 예측 항목 결정	1. 건강영향평가 절차 2. 유해물질 발생원 3. 유해물질 관리기술
		3. 건강영향 예측	1. 발암 위해도 2. 비발암 위해도 3. 정성적 건강영향 예측 4. 정량적 건강영향 예측
위해도 결정 및 관리 (20문제)	1. 노출 및 위해성 저감	1. 사업장 누출사고위험 저감	1. 발생원 노출량 저감 대책 2. 공정 개선 대책 3. 작업장 유해물질 저감시설 4. 작업장 안전교육
		2. 제품 위해성 저감	1. 소비자 제품 위해성 파악 2. 노출 최소화 방안 3. 소비자 유해성정보 전달
		3. 환경에 대한 위해성 저감	1. 유해화학물질 배출량 저감 기술 2. 배출량 저감 대책
		4. 노출시나리오 작성	1. 노출시나리오 작성 규정 2. 초기 노출시나리오 작성 3. 하위사용자 소통 4. 최종 노출 시나리오 문서화

필 기 과목명	주요항목	세부항목	세세항목
위해도 결정 및 관리 (20문제)	2. 위해성소통	1. 사업장 위해의사 소통	1. 사업장 위해의사 소통 2. 위해성관리 대책
		2. 소비자 위해의사 소통	1. 소비자 위해의사 소통 2. 화학물질 위해성 정보 전달
		3. 지역사회 위해의사 소통	1. 지역사회 위해의사 소통 2. 지역주민 고지방법
		4. 공급망 위해의사 소통	1. 화학물질 공급망(supply chain) 이해 2. 화학물질 위해성 정보 3. 화학제품 위해성 정보 4. 안전사용 정보
	3. 관련법규	1. 관련법률 이해하기	1. 환경보건법 2. 화학물질관리법 3. 화학물질의 등록 및 평가 등에 관한 법률 4. 생활화학제품 및 살생물제의 안전관리에 관한 법률

출제기준[실기]

직무분야	환경·에너지	중직무분야	환경	자격종목	환경위해관리기사	적용기간	2022.1.1.~2026.12.31.

○ 직무내용 : 화학물질로 인한 일반환경 및 산업환경 유해인자에 노출되어 나타날 수 있는 환경과 건강 위해성을 예측하고, 위해성관리의 우선순위를 결정한 후 의사소통 및 저감 대책을 수립·관리하는 직무이다.
○ 수행준거 : 1. 환경유해물질 및 인체 유해인자의 유해성 여부를 확인하고 잠재적 우려가 있는 유해물질 및 유해인자를 선정할 수 있다.
        2. 화학물질의 물리·화학적 특성, 인체독성, 생태독성 정보를 바탕으로 위해성을 확인하고 관리할 수 있다.
        3. 일반독성, 발암성, 변이원성, 생식독성, 생태독성의 평가와 독성모델을 활용한 평가를 포함하여 유해물질의 용량증가에 따른 반응을 평가할 수 있다.
        4. 화학물질의 정성·정량적 분석자료를 근거로 유해화학물질에 인체가 노출될 수 있는 수준을 추정할 수 있다.
        5. 유해화학물질을 함유한 제품의 사용에 따른 소비자의 노출수준을 평가할 수 있다.
        6. 환경 중으로 배출된 화학물질을 정성·정량적으로 추정할 수 있다.
        7. 환경유해인자의 독성, 환경유해인자의 생체지표, 환경유해인자의 인체 노출 그리고 환경성 질환 등을 파악할 수 있다.
        8. 환경유해인자가 사업지역과 그 주변지역의 인체 건강에 미치는 잠재적 영향을 평가할 수 있다.
        9. 작업장, 제품, 환경에서 발생할 수 있는 각종 유해화학물질과 유해 인자들의 노출 특성을 파악하고 그 위해성을 최소화할 수 있다.
        10. 노출 평가와 용량-반응 평가 결과를 바탕으로 화학물질의 노출에 의한 정량적인 위해수준을 추정하고 그 불확실성을 제시할 수 있다.

실기검정방법	필답형	시험시간	3시간

실기과목명	주요항목	세부항목	세세항목
위해성 관리실무	1. 유해성 확인	1. 유해물질 목록 생산하기	1. 사업장별 특성 및 취급형태에 따라 유해화학물질의 목록화 작업을 수행할 수 있다. 2. 구축된 유해화학물질 목록에 따라 중점관리대상 및 비 중점관리대상 등 법적 규제에 따라 유해화학물질을 구분할 수 있다. 3. 유해화학물질별로 물리·화학적 특성 자료를 신뢰할 수 있는 기관(GLP 등)정보를 활용하여 해당 자료를 수집할 수 있으며, 화학물질의 동질성을 확인할 수 있다. 4. 국내외 법적 기준 및 우선순위 원칙에 따라 취급 유해화학물질의유해성을 확인할 수 있다.

실기 과목명	주요항목	세부항목	세세항목
위해성 관리실무	1. 유해성 확인	2. 일반환경 및 산업환경 유해인자 파악하기	1. 노출기준에 따라 일반 및 산업 환경의 주요 물리적, 건강 및 환경 유해인자를 파악할 수 있다. 2. 선별된 일반 및 산업 환경 유해인자에 따라 공인된 자료로부터 유해인자의 유해성 자료를 수집할 수 있다. 3. 사업의 특성에 따라 집중적인 유해인자를 파악할 수 있다.
		3. 화학물질 유해성 구분하기	1. 화학물질의 분류·표시에 대한 세계조화시스템(GHS)에 따라 화학물질의 물리적 위험성, 건강 유해성, 환경 유해성을 구분할 수 있다. 2. 화학물질의 분류·표시에 대한 세계조화시스템(GHS)에 따라 혼합된 화학물질의 유해성을 구분할 수 있다. 3. 화학물질의 유해 위험성에 따라 발암성, 변이원성, 생식독성 물질로 구분할 수 있다.
		4. 화학물질 통계 조사하기	1. 화학물질관리법에 따라 국내에서 유통되고 있는 화학물질의 종류를 파악할 수 있다. 2. 취급 화학물질의 종류와 제품명 및 출고량, 입고량을 파악할 수 있다. 3. 화학물질 통계 조사표를 작성할 수 있다.
	2. 유해화학 물질관리	1. 유해화학물질 관리 우선순위 결정하기	1. 산업안전보건법, 화학물질관리법 등 유해화학물질 정보를 수집 분류할 수 있다. 2. 수집 분류된 정보에 따라 작업장 내 우선순위 목록을 작성 할 수 있다. 3. 우선순위 목록에 따라 유해화학물질을 안전하게 관리할 수 있다.
		2. 제품의 유해성 정보 표시하기	1. 생활화학제품 및 살생물제의 안전관리에 관한 법률에 따라 적용 우선순위를 확인하고 제품 라벨의 구성요소를 확인할 수 있다. 2. 유해화학물질의 분류 및 표시 정보를 확인하고 해석할 수 있다. 3. 유해화합물질의 혼합물에 대한 분류·표시체계 정보를 생산할 수 있다.
		3. 유해화학물질 취급하기	1. 유해화학물질 취급기준에 따른 안전관리를 할 수 있다. 2. 유해화학물질 안전사고 예방대책, 안전교육을 이행할 수 있다. 3. 유해화학물질의 취급을 위한 시설 기준을 확인할 수 있다. 4. 유해화학물질의 취급을 위한 안전 표시와 포장을 할 수 있다.

실기 과목명	주요항목	세부항목	세세항목
	3. 용량·반응평가	1. 일반독성 평가하기	1. 유해물질의 독성값을 제공하는 전산자료를 수집할 수 있다. 2. 수집된 전산자료에 따라 유해물질의 건강영향을 나열할 수 있다. 3. 독성시험 기준에 따라 유해물질의 일반독성 시험을 수행할 수 있다. 4. 수집자료와 시험자료로부터 일반독성에 대한 최대무영향관찰용량(NOAEL), 최소유해영향관찰용량(LOAEL) 값을 도출할 수 있다.
		2. 발암성, 변이원성, 생식독성(CMR) 평가하기	1. 유해물질의 발암성, 변이원성, 생식독성값을 제공하는 전산자료를 수집할 수 있다. 2. 수집된 전산자료에 따라 유해물질의 발암성, 변이원성, 생식독성 영향을 나열할 수 있다. 3. 독성시험 기준에 따라 유해물질의 발암성, 변이원성, 생식독성 시험 자료를 평가할 수 있다. 4. 수집한 자료와 시험자료로부터 변이원성, 생식독성에 대한 최대무영향관찰용량(NOAEL), 최소유해영향관찰용량(LOAEL) 값을 도출할 수 있다. 5. 수집한 자료와 시험자료로부터 발암성에 대한 발암계수(cancer slope factor) 값을 도출할 수 있다.
		3. 생태독성 평가하기	1. 유해물질의 생태독성값을 제공하는 전산자료를 수집할 수 있다. 2. 수집된 전산자료에 따라 유해물질의 생태독성 영향을 나열할 수 있다. 3. 독성시험 기준에 따라 유해물질의 생태독성 시험을 파악할 수 있다. 4. 수집한 자료와 시험자료로부터 생태독성에 대한 최대무영향관찰농도(NOEC), 최소유해영향관찰농도(LOEC) 값을 도출할 수 있다.
		4. 독성모델 평가하기	1. 유해물질의 독성평가모델에 사용되는 변수 값을 수집할 수 있다. 2. 수집된 변수 값에 따라 독성평가모델 프로그램을 수행할 수 있다. 3. 독성평가모델을 활용하여 다양한 독성값을 산출할 수 있다.
	4. 인체 노출평가	1. 노출계수 자료 수집하기	1. 노출대상 화학물질이 인체에 노출되는 시나리오를 설정할 수 있다. 2. 특정 노출경로에 대한 노출계수 자료를 수집할 수 있다. 3. 노출평가 계획에 따라 필요한 노출계수를 선정할 수 있다.

실기과목명	주요항목	세부항목	세세항목
		2. 인체 노출 수준 확인하기	1. 표준시료수집방법에 따라 대상인구의 인체시료를 수집할 수 있다. 2. 표준분석방법에서 요구하는 절차에 따라 인체시료의 전처리 및 분석기기를 이용하여 노출량을 확인할 수 있다.
		3. 유해화학물질의 노출량 산정하기	1. 평가대상 화학물질에 노출되는 사람, 노출강도, 노출빈도, 노출기간 등을 고려하여 노출경로 별로 인체 노출량을 산정할 수 있다. 2. 생체지표 수준을 이용하여 내적노출량을 산정할 수 있다. 3. 노출시나리오에 따라 계산한 노출량을 측정된 노출량과 비교할 수 있다.
	5. 제품 노출 평가	1. 대상 제품 선정하기	1. 제품의 이용실태, 용도를 고려하여 노출평가 조사 대상제품 선정을 위한 제품군을 분류할 수 있다. 2. 소비자 제품 노출평가를 위해 관리가 필요한 주요 대상물질을 분류할 수 있다. 3. 제조사, 판매원, 소비자 특성을 고려하여 제품의 유통실태를 조사할 수 있다.
		2. 제품관련 노출계수 자료 수집하기	1. 노출계수 확보를 위한 설문조사를 수행할 수 있다. 2. 국내외 전산자료에서 노출계수 관련 자료를 수집 할 수 있다. 3. 제품군 특성에 따라 유해인자를 선택할 수 있다. 4. 제품군별 노출 경로를 결정할 수 있다. 5. 노출 시나리오에 따라 적용할 노출계수를 결정할 수 있다.
		3. 제품 내 유해물질 함량 분석하기	1. 규정된 시험방법에 따라 대상 제품의 전처리를 통해 유해물질 함량과 전이량을 분석할 수 있다. 2. 제품 분석을 위한 적절한 기기 운영 능력과 유지 관리를 할 수 있다. 3. 정도관리 운영 규정에 따라 분석의 정도관리를 할 수 있다.
		4. 제품의 소비자 노출 평가	1. 노출평가를 위한 제품을 목록화 할 수 있다. 2. 제품 노출시나리오에 따라 노출경로별 노출량 산정할 수 있다. 3. 노출시나리오와 산출된 노출량 결과의 타당성을 검증할 수 있다.

실기 과목명	주요항목	세부항목	세세항목
	6. 환경 노출 평가	1. 노출계수 자료 수집하기	1. 노출대상 화학물질이 인체에 노출되는 시나리오를 설정할 수 있다. 2. 특정 노출경로에 대한 노출계수 자료를 수집할 수 있다. 3. 노출평가 계획에 따라 필요한 노출계수를 선정할 수 있다.
		2. 유해화학물질의 환경 노출량 산정하기	1. 사업장내 사용 화학물질 정보를 바탕으로 노출량 산정 대상 물질을 선정할 수 있다. 2. 노출대상 유해물질이 인체나 생태계에 노출되는 시나리오를 작성할 수 있다. 3. 국내외 화학물질 전산자료를 이용하여 시나리오별 노출계수를 도출할 수 있다. 4. 오염물질농도와 노출계수를 적용하여 평생 일일평균 인체노출량을 산정할 수 있다. 5. 노출평가 모델을 활용하여 환경 중 노출량을 산정할 수 있다. 6. 환경 중 유해물질 모니터링 결과와 실측 결과를 비교 분석할 수 있다.
		3. 환경을 통한 인체 노출량 산정하기	1. 환경시료의 분석자료를 노출량 산정에 활용할 수 있다. 2. 대상 유해화학물질의 특성에 따라 환경을 통한 인체 노출시나리오를 설정할 수 있다. 3. 평가대상 화학물질에 노출되는 사람, 노출강도, 노출빈도, 노출기간 등을 고려하여 노출 알고리즘을 선정할 수 있다. 4. 특정 노출경로에 대한 노출계수 자료를 수집할 수 있다. 5. 노출평가 계획에 따라 필요한 노출계수를 선정할 수 있다. 6. 노출 시나리오에 따라 노출 알고리즘을 이용하여 노출량을 산정할 수 있다.
	7. 환경유해인자의 위해성 평가	1. 환경유해인자의 독성 파악하기	1. 환경유해인자의 독성기준을 분류할 수 있다. 2. 환경유해인자의 용량-반응관계를 파악할 수 있다. 3. 환경유해인자의 다양한 독성자료(MSDS 등)를 활용할 수 있다. 4. 환경유해인자의 독성을 설명할 수 있다.
		2. 환경유해인자의 생체지표 파악하기	1. 환경유해인자의 노출로 인하여 생체지표가 생성되는 과정에 대하여 이해할 수 있다. 2. 환경유해인자에 의하여 생성되는 생체지표를 종류별로 구분할 수 있다. 3. 생체시료에 포함된 생체지표의 측정방법을 파악할 수 있다. 4. 생체지표의 측정결과를 파악할 수 있다.

실기 과목명	주요항목	세부항목	세세항목
		3. 환경유해인자의 인체노출 파악하기	1. 인체에 흡수되는 환경유해인자의 노출수준을 파악할 수 있다. 2. 환경유해인자의 노출량을 파악하는데 필요한 측정항목들을 결정할 수 있다. 3. 인체에 대한 생체모니터링을 수행할 수 있다. 4. 노출량과 내부용량의 관계를 파악할 수 있다. 5. 환경유해인자의 노출량 측정결과를 해석할 수 있다.
		4. 환경성 질환 파악하기	1. 환경보건법에 따라 환경성 질환의 정의와 특성을 이해할 수 있다. 2. 국내·외 환경성 질환의 발생수준을 파악할 수 있다. 3. 환경성 질환과 관련된 유해환경요인과 그 발생원을 파악할 수 있다. 4. 환경성 질환의 대책과 예방방법을 마련할 수 있다.
	8. 건강영향 평가	1. 현황 조사하기	1. 사업지역과 주변지역의 인구학적 특성, 사망률, 유병률, 환경취약계층(어린이, 노인 등)의 분포 현황 자료를 수집할 수 있다. 2. 사업지역과 주변지역의 건강결정요인 자료(환경적 상태, 일반적 사회경제적 상태, 지역사회 네트워크, 생활양식)를 수집할 수 있다. 3. 수집한 자료를 토대로 사업시행으로 인하여 건강영향이 미칠 것으로 예상되는 대상 인구집단과 지역 범위를 선정할 수 있다.
		2. 건강영향 예측 항목 결정하기	1. 사업의 건설로 발생하는 오염물질 중 건강에 영향을 미칠 것으로 예상되는 물질을 결정할 수 있다. 2. 사업의 운용으로 발생하는 오염물질 중 건강에 영향을 미칠 것으로 예상되는 물질을 결정할 수 있다. 3. 대상사업의 시행에 따라 건강에 영향을 미칠 것으로 예상되는 사항 중 그 저감대책이 현실적으로 곤란한 사항에 대해서는 항목별로 구분하여 기재할 수 있다.
		3. 건강영향 예측하기	1. 스코핑(scoping) 매트릭스를 이용하여 설정한 평가항목, 내용, 방법 등을 서술할 수 있다. 2. 사업 시행이 야기할 수 있는 잠재적인 건강영향을 검토하여 긍정적·부정적 건강영향의 종류, 정도, 가능성 등을 정성적으로 분석할 수 있다. 3. 정량적 평가를 위해 건강결정요인별(대기질, 수질, 소음·진동)로 유해인자의 노출수준과 건강영향을 검토할 수 있다.

실기과목명	주요항목	세부항목	세세항목
	9. 위해성 저감	1. 제품에 대한 위해성 저감하기	1. 소비자의 제품 사용 실태와 특성을 파악할 수 있다. 2. 소비자에 대한 제품의 위해성을 파악할 수 있다. 3. 노출경로를 최소화하기 위한 개선 방안을 제시하고 수행할 수 있다.
		2. 환경에 대한 위해성 저감하기	1. 화학물질관리법과 환경정책기본법에 따라 유해화학물질 배출량 저감 절차를 작성할 수 있다. 2. 화학물질관리법과 환경정책기본법에 따라 유해화학물질 배출량 저감 절차의 우선 순위를 결정할 수 있다. 3. 화학물질관리법과 환경정책기본법에 따라 배출량 저감 대책을 수행할 수 있다.
		3. 노출시나리오 작성하기	1. 조건에 따라 초기 노출시나리오를 작성할 수 있다. 2. 초기 노출시나리오를 하위사용자와의 커뮤니케이션을 통하여 최종 노출시나리오를 작성할 수 있다. 3. 하위 사용자에게 사용이 될 수 있도록 노출 시나리오를 문서화 하는 작업을 할 수 있다.
		4. 화학사고예방관리계획서 작성하기	1. 화학물질관리법에 따라 유해화학물질의 취급시설 및 유해성에 대한 자료를 작성할 수 있다. 2. 화학물질관리법에 따라 공정정보 및 안전장치현황을 파악할 수 있다. 3. 화학물질관리법에 따라 장외평가정보를 작성할 수 있다. 4. 화학물질관리법에 따라 안전관리계획 및 비상대응체계를 수립할 수 있다. 5. 화학물질관리법에 따라 피해가 예상되는 인근 주민보호 및 대피계획을 수립할 수 있다. 6. 화학물질관리법에 따라 지역사회와 공조 및 고지에 대한 계획을 수립할 수 있다.

차례

PART 1　유해성 확인 및 독성평가

1. 유해성 확인
- 1.1 화학물질관리법 ········· 2
- 1.2 환경보건법 ············· 8
- 1.3 환경정책기본법 ········· 10
- 1.4 화학물질의 등록 및 평가 등에 관한 법률 ··· 12
- 1.5 산업안전보건법 ········· 15

2. 유해화학물질의 표시기준
- 2.1 표시사항 ··············· 18
- 2.2 표시대상 ··············· 19
- 2.3 표시방법 ··············· 19

3. 화학물질의 분류 및 표시등에 관한 규정
- 3.1 총칙 ·················· 25
- 3.2 분류 및 표시 ············ 29
- 3.3 분류 및 표시 목록 ········ 32
- 3.4 화학물질의 분류 및 표시사항 ··· 33
- 3.5 물리적 위험성 ··········· 36
- 3.6 건강 유해성 ············· 55
- 3.7 환경 유해성 ············· 78
- 3.8 그림문자 ··············· 85
- 3.9 유해·위험문구 및 예방조치문구 ········ 89
- 3.10 분류·표시 목록 ········· 97

4. 용량-반응평가
- 4.1 개요 ·················· 98
- 4.2 위해성평가 사례 ········· 99
- 4.3 위해성 확인 ············ 100
- 4.4 노출평가 ·············· 101
- 4.5 위해성(용량-반응)평가 ··· 106
- 4.6 위해성평가 보고서 작성 ··· 115

5. 생태독성 평가
- 5.1 생태독성 자료의 해석 ···· 116
- 5.2 수서생물의 생태독성 ····· 120
- 5.3 퇴적물 독성 ············ 121
- 5.4 토양 독성 ·············· 121
- 5.5 독성 영향인자 ·········· 122
- 5.6 독성 예측모델 ·········· 122
- 5.7 물벼룩류 ·············· 123
- 5.8 조류 ·················· 125
- 5.9 어류 ·················· 127

6. 화학물질의 분류·표시 및 MSDS에 관한 기준
- 6.1 정의 ·················· 129
- 6.2 경고표지의 작성방법 ····· 130
- 6.3 물질안전보건자료의 작성항목 ··· 131
- 6.4 MSDS의 작성항목 및 기재사항 ··· 132
- 6.5 MSDS 작성원칙 ········· 135
- 6.6 용도분류체계 ··········· 136
- 6.7 건강 및 환경유해성 분류에 대한 한계농도 기준 ··· 140

7. 유해화학물질의 취급
- 7.1 유해화학물질의 취급기준 ··· 141
- 7.2 유해화학물질 취급시설 설치 및 관리 ·· 144
- 7.3 사고대비물질의 관리기준 ··· 147
- 7.4 취급자의 개인보호장구 착용 ··· 148
- 7.5 우선순위 관리대상 화학물질 ··· 149
- 7.6 유해화학물질별 취급시설 장비 및 기술인력 ··· 150
- 7.7 안전교육 대상자별 교육시간 ··· 151
- 7.8 유해화학물질 안전교육 교육내용 ······· 152
- 7.9 과징금의 부과기준 ······· 153
- 7.10 과태료의 부과기준 ······ 154

■ 핵심문제 / 156~174

PART 2 유해화학물질 안전관리

1 화학사고예방관리계획서
- 1.1 용어 ········· 176
- 1.2 개요 및 근거 ········· 180
- 1.3 화학사고예방관리계획서의 작성 내용 및 방법 ········· 181
- 1.4 작성 면제시설 ········· 186
- 1.5 신규제출 ········· 187
- 1.6 변경제출 ········· 189
- 1.7 재제출 ········· 192
- 1.8 기타 제출 ········· 193
- 1.9 제출수준 판정절차 ········· 194
- 1.10 최대보유량 산정 ········· 195
- 1.11 작성 수준별 제출항목 ········· 197
- 1.12 업무처리절차 ········· 199

2 화학사고예방관리계획서 검토 신청
- 2.1 신규제출 또는 재제출의 경우 ········· 200
- 2.2 변경 제출의 경우 ········· 201
- 2.3 비상대응분야 요약서 ········· 202

3 화학사고예방관리계획서 작성 방법
- 3.1 기본정보 ········· 204
- 3.2 취급시설 정보 ········· 206
- 3.3 장외평가정보 ········· 208
- 3.4 사전관리방침 ········· 227
- 3.5 내부비상대응계획 ········· 230
- 3.6 외부비상대응계획 ········· 232
- 3.7 유해화학물질 취급시설 외벽으로부터 보호대상까지의 안전거리 고시 ········· 235

■ 핵심문제 / 239~252

PART 3 노출평가

1 노출평가
- 1.1 개요 ········· 254
- 1.2 용어정의 ········· 255

2 노출 시나리오
- 2.1 인체노출 평가 과정 ········· 257
- 2.2 노출계수 ········· 258
- 2.3 노출량 ········· 260

3 인체노출 수준
- 3.1 바이오 모니터링 ········· 265
- 3.2 생체지표 ········· 266
- 3.3 인체(생체)시료 ········· 268
- 3.4 인체시료(혈액, 뇨)의 전처리방법 ········· 270
- 3.5 생체시료(혈액, 뇨)의 분석방법 ········· 271
- 3.6 권고치와 참고치의 결과해석 ········· 272

4 제품노출평가
- 4.1 용어정의 ········· 273
- 4.2 제품 노출시나리오 ········· 280
- 4.3 제품함유 화학물질의 위해도 결정 ········· 282
- 4.4 제품함유 화학물질의 확인 및 평가항목 ········· 284
- 4.5 안전확인대상생활제품의 주시험법 ········· 285
- 4.6 제품함유 화학물질의 노출량 산정 ········· 286
- 4.7 어린이제품 안전 특별법 ········· 289

5 환경노출평가(공기, 음용수, 토양)
- 5.1 환경시료 ········· 293
- 5.2 환경대기 시료채취 ········· 295
- 5.3 수질 시료채취 ········· 296
- 5.4 토양 시료채취 ········· 297
- 5.5 환경시료 분석 ········· 298

6 분석 정도관리
- 6.1 바탕시료 ········· 300
- 6.2 검정곡선 ········· 301
- 6.3 검출한계 ········· 302

■ 핵심문제 / 304~324

PART 4 위해성 평가

1 생체지표(Biomarker)
- 1.1 개요 ······································ 326
- 1.2 생체지표 ································ 327
- 1.3 권고치와 참고치를 활용한 해석 ······ 329

2 환경유해인자의 인체노출
- 2.1 인체 노출/흡수 메커니즘 ··········· 330
- 2.2 환경유해인자 노출수준 ············· 331
- 2.3 노출평가 ································ 332

3 위해성(용량-반응) 평가
- 3.1 개념 ······································ 336
- 3.2 발암성 물질 ···························· 337
- 3.3 비발암성 물질 ························· 341
- 3.4 생태독성 자료의 해석 ··············· 345
- 3.5 불확실성 평가 ························· 347

4 역학 연구
- 4.1 개요 ······································ 349
- 4.2 역학 연구방법 ························· 350
- 4.3 위험도 종류 ···························· 353

5 건강영향평가
- 5.1 개요 ······································ 354
- 5.2 건강영향평가 항목 및 방법 ······· 357
- 5.3 건강영향평가 추가 평가 대상물질 ······ 359
- 5.4 건강영향평가 시 정량적 건강결정요인 ··· 360
- 5.5 건강영향평가 절차 ···················· 361
- 5.6 유해물질 저감대책 ···················· 362
- 5.7 정성적/정량적 건강영향 예측 ······ 363

■ 핵심문제 / 364~390

PART 5 위해도 결정 및 관리

1 위험성 및 노출 위해성 저감
- 1.1 용어정의 ································ 392
- 1.2 발생원 노출 저감대책 ··············· 395
- 1.3 공정개선 대책 ························· 397
- 1.4 작업장 유해물질 저감시설 ········ 398
- 1.5 작업장 안전교육 ······················ 399

2 제품 위해성 저감
- 2.1 소비자제품 위해성 파악 ············ 400
- 2.2 소비자제품 노출 최소화 방안 ····· 402
- 2.3 소비자 유해성정보 전달 ············ 403

3 환경 위해성 저감
- 3.1 배출량 저감 대책 ······················ 404
- 3.2 노출시나리오 작성 규정 ············ 406

4 위해성 소통
- 4.1 위해성 소통의 구성요소 ············ 410
- 4.2 사업장 위해성 소통 ·················· 411
- 4.3 소비자 위해성 소통 ·················· 412
- 4.4 지역사회 위해성 소통 ··············· 415
- 4.5 공급망 위해성 소통 ·················· 416

5 관련법규 이해
- 5.1 환경보건법 ······························ 417
- 5.2 화학물질의 등록 및 평가 등에 관한 법률 ······································ 419
- 5.3 화학물질관리법 ························ 424
- 5.4 생활화학제품 및 살생물제의 안전관리에 관한 법률 ···························· 431
- 5.5 공정안전보고서의 제출·심사·확인 및 이행 상태평가 등에 관한 규정 기준 ············ 434

■ 핵심문제 / 437~461

PART 6　환경위해관리기사 필기·실기 기출문제

1 필기
환경위해관리기사(2019년 11월 시행) ········ 464
환경위해관리기사(2020년 08월 시행) ········ 497
환경위해관리기사(2021년 08월 시행) ········ 529
환경위해관리기사(2022년 CBT 모의고사) ··· 560
환경위해관리기사(2023년 CBT 모의고사) ··· 592
환경위해관리기사(2023년 CBT 모의고사) ··· 592
환경위해관리기사(2024년 CBT 모의고사) ··· 624

2 실기
환경위해관리기사(2019년 12월 시행) ········ 656
환경위해관리기사(2020년 10월 시행) ········ 663
환경위해관리기사(2021년 10월 시행) ········ 672
환경위해관리기사(2022년 10월 시행) ········ 680
환경위해관리기사(2023년 10월 시행) ········ 688
환경위해관리기사(2024년 10월 시행) ········ 696

유해성 확인 및 독성평가

ENGINEER ENVIRONMENTAL RISK MANAGING

CHAPTER 01 유해성 확인

1.1 화학물질관리법

1.1.1 정의(제2조)〈개정 2020.05.26.〉

① **화학물질**이란 원소·화합물 및 그에 인위적인 반응을 일으켜 얻어진 물질과 자연 상태에서 존재하는 물질을 화학적으로 변형시키거나 추출 또는 정제한 것을 말한다.

② **유독물질**이란 유해성(有害性)이 있는 화학물질로서 대통령령으로 정하는 기준에 따라 환경부장관이 정하여 고시한 것을 말한다.

③ **허가물질**이란 위해성(危害性)이 있다고 우려되는 화학물질로서 환경부장관의 허가를 받아 제조, 수입, 사용하도록 고시한 것을 말한다.

④ **제한물질**이란 특정 용도로 사용되는 경우 위해성이 크다고 인정되는 화학물질로서 그 용도로의 제조, 수입, 판매, 보관·저장, 운반 또는 사용을 금지하기 위하여 환경부장관이 고시한 것을 말한다.

⑤ **금지물질**이란 위해성이 크다고 인정되는 화학물질로서 모든 용도로의 제조, 수입, 판매, 보관·저장, 운반 또는 사용을 금지하기 위하여 환경부장관이 고시한 것을 말한다.

⑥ **사고대비물질**이란 화학물질 중에서 급성독성(急性毒性)·폭발성 등이 강하여 화학사고의 발생 가능성이 높거나 화학사고가 발생한 경우에 그 피해 규모가 클 것으로 우려되는 화학물질로서 화학사고 대비가 필요하다고 인정하여 환경부장관이 지정·고시한 화학물질을 말한다.

⑦ **유해화학물질**이란 유독물질, 허가물질, 제한물질 또는 금지물질, 사고대비물질, 그 밖에 유해성 또는 위해성이 있거나 그러할 우려가 있는 화학물질을 말한다.

⑧ **유해화학물질 영업**이란 유해화학물질 중 허가물질 및 금지물질을 제외한 나머지 물질에 대한 영업을 말한다.

⑨ **유해성(hazard)**이란 화학물질 고유의 독성(toxicity)으로써, 사람의 건강이나 환경에 좋지 아니한 영향을 미치는 화학물질을 말한다.

⑩ **위해성**(risk)이란 유해성 화학물질에 노출되는 경우 사람의 건강이나 환경에 피해를 줄 수 있는 정도로써, 노출강도에 의해 결정된다.

$$위해성(risk) = 유해성(hazard) \times 노출(exposure)$$

⑪ **취급시설**이란 화학물질을 제조, 보관·저장, 운반(항공기·선박·철도를 이용한 운반은 제외한다) 또는 사용하는 시설이나 설비를 말한다.
⑫ **취급**이란 화학물질을 제조, 수입, 판매, 보관·저장, 운반 또는 사용하는 것을 말한다.
⑬ **화학사고**란 시설의 교체 등 작업 시 작업자의 과실, 시설 결함·노후화, 자연재해, 운송사고 등으로 인하여 화학물질이 사람이나 환경에 유출·누출되어 발생하는 일체의 상황을 말한다.

1.1.2 유해화학물질 표시를 위한 유해성 항목(시행규칙)[별표 3] 〈개정 2021.04.01.〉

1. 물리적 위험성은 다음과 같이 분류한다.
   가. "**폭발성 물질**"이란 자체의 화학반응에 의하여 주위환경에 손상을 입힐 수 있는 온도, 압력과 속도를 가진 가스를 발생시키는 고체·액체물질이나 혼합물을 말한다.
   나. "**인화성 가스**"란 섭씨 20도, 표준압력 101.3킬로파스칼(kPa)에서 공기와 혼합하여 인화범위에 있는 가스와 섭씨 54도 이하 공기 중에서 자연발화하는 가스를 말한다.
   다. "**에어로졸**"이란 재충전이 불가능한 금속·유리 또는 플라스틱 용기에 압축가스·액화가스 또는 용해가스를 충전하고 내용물을 가스에 현탁시킨 고체나 액상 입자로, 액상 또는 가스상에서 폼·페이스트·분말상으로 배출하는 분사장치를 갖춘 것을 말한다.
   라. "**산화성 가스**"란 일반적으로 산소를 공급함으로써 공기와 비교하여 다른 물질의 연소를 더 잘 일으키거나 연소를 돕는 가스를 말한다.
   마. "**고압가스**"란 200킬로파스칼(kPa) 이상의 게이지 압력 상태로 용기에 충전되어 있는 가스 또는 액화되거나 냉동액화된 가스를 말한다.
   바. "**인화성 액체**"란 인화점이 섭씨 60도 이하인 액체를 말한다.
   사. "**인화성 고체**"란 쉽게 연소되는 고체(분말, 과립상 또는 페이스트 형태의 물질로 성냥불씨와 같은 점화원을 잠깐만 접촉하여도 쉽게 점화되거나, 화염이 빠르게 확산되는 물질을 말한다)나 마찰에 의해 화재를 일으키거나 화재를 돕는 고체를 말한다.
   아. "**자기반응성(自己反應性) 물질 및 혼합물**"이란 열적(熱的)으로 불안정하여 산소의 공급이 없어도 강하게 발열 분해하기 쉬운 액체·고체물질이나 혼합물을 말한다.
   자. "**자연발화성 액체**"란 적은 양으로도 공기와 접촉하여 5분 안에 발화할 수 있는 액체를

말한다.
차. "자연 발화성 고체"란 적은 양으로도 공기와 접촉하여 5분 안에 발화할 수 있는 고체를 말한다.
카. "자기발열성(自己發熱性) 물질 및 혼합물"이란 자연발화성 물질이 아니면서 주위에서 에너지를 공급받지 않고 공기와 반응하여 스스로 발열하는 고체·액체물질이나 혼합물을 말한다.
타. "물반응성 물질 및 혼합물"이란 물과의 상호작용에 의하여 자연발화성이 되거나 인화성 가스를 위험한 수준의 양으로 발생하는 고체·액체물질이나 혼합물을 말한다.
파. "산화성 액체"란 그 자체로는 연소하지 않더라도 일반적으로 산소를 발생시켜 다른 물질을 연소시키거나 연소를 돕는 액체를 말한다.
하. "산화성 고체"란 그 자체로는 연소하지 않더라도 일반적으로 산소를 발생시켜 다른 물질을 연소시키거나 연소를 돕는 고체를 말한다.
거. "유기과산화물"이란 1개 또는 2개의 수소 원자가 유기라디칼에 의하여 치환된 과산화수소의 유도체인 2개의 -O-O- 구조를 갖는 액체나 고체 유기물질을 말한다.
너. "금속부식성 물질"이란 화학적인 작용으로 금속을 손상 또는 파괴시키는 물질이나 혼합물을 말한다.

2. 건강 유해성은 다음과 같이 분류한다.
가. "급성독성 물질"이란 입이나 피부를 통하여 1회 또는 24시간 이내에 수 회로 나누어 투여하거나 4시간 동안 흡입노출시켰을 때 유해한 영향을 일으키는 물질을 말한다.
나. "피부 부식성 또는 자극성 물질"이란 최대 4시간 동안 접촉시켰을 때 비가역적(非可逆的)인 피부손상을 일으키는 물질(피부 부식성 물질) 또는 회복 가능한 피부손상을 일으키는 물질(피부 자극성 물질)을 말한다.
다. "심한 눈 손상 또는 눈 자극성 물질"이란 눈 앞쪽 표면에 접촉시켰을 때 21일 이내에 완전히 회복되지 않는 눈 조직 손상을 일으키거나 심한 물리적 시력감퇴를 일으키는 물질(심한 눈 손상 물질) 또는 21일 이내에 완전히 회복 가능한 어떤 변화를 눈에 일으키는 물질(눈 자극성 물질)을 말한다.
라. "호흡기 또는 피부 과민성 물질"이란 호흡을 통하여 노출되어 기도에 과민 반응을 일으키거나 피부 접촉을 통하여 알레르기 반응을 일으키는 물질을 말한다.
마. "생식세포 변이원성(變異原性) 물질"이란 자손에게 유전될 수 있는 사람의 생식세포에 돌연변이를 일으킬 수 있는 물질을 말한다.

바. "발암성 물질"이란 암을 일으키거나 암의 발생을 증가시키는 물질을 말한다.
사. "생식독성 물질"이란 생식 기능, 생식 능력 또는 태아 발육에 유해한 영향을 일으키는 물질을 말한다.
아. "특정 표적장기(標的臟器) 독성 물질(1회 노출)"이란 1회 노출에 의하여 특이한 비치사적(非致死的 : 죽음에 이르지 않는 정도) 특정 표적장기 독성을 일으키는 물질을 말한다.
자. "특정 표적장기(標的臟器) 독성 물질(반복 노출)"이란 반복 노출에 의하여 특정 표적장기 독성을 일으키는 물질을 말한다.
차. "흡인 유해성 물질"이란 액체나 고체 화학물질이 입이나 코를 통하여 직접적으로 또는 구토로 인하여 간접적으로 기관(氣管) 및 더 깊은 호흡기관(呼吸器官)으로 유입되어 화학폐렴, 다양한 폐 손상이나 사망과 같은 심각한 급성 영향을 일으키는 물질을 말한다.

3. 환경 유해성은 다음과 같이 분류한다.
   가. "수생환경 유해성 물질"이란 단기간 또는 장기간 노출에 의하여 물 속에 사는 수생생물과 수생생태계에 유해한 영향을 일으키는 물질을 말한다.
   나. "오존층 유해성 물질"이란 몬트리올 의정서의 부속서에 등재된 모든 관리대상 물질을 말한다.

1.1.3 화학물질확인(제9조)

화학물질을 제조하거나 수입하려는 자는 환경부령으로 정하는 바에 따라 해당 화학물질이나 그 성분이 다음 각 호의 어느 하나에 해당하는지를 확인하고, 그 내용을 환경부장관에게 제출하여야 한다.
① 「화학물질의 등록 및 평가 등에 관한 법률」 제2조제3호에 따른 기존화학물질
② 「화학물질의 등록 및 평가 등에 관한 법률」 제2조제4호에 따른 신규화학물질
③ 유독물질
④ 허가물질
⑤ 제한물질
⑥ 금지물질
⑦ 사고대비물질

1.1.4 화학물질 통계조사(제10조)

① 환경부장관은 2년마다 화학물질의 취급과 관련된 취급현황, 취급시설 등에 관한 통계조사를 실시하여야 한다.
② 통계조사의 대상은 다음과 같다.
- 대기환경보전법 또는 물환경보전법에 따라 배출시설의 설치 허가를 받거나 설치 신고를 한 사업장
- 화학물질을 제조·보관·저장·사용하거나 수출입하는 사업장
- 그 밖에 환경부장관이 인정하여 고시한 대상

③ 통계조사의 내용은 다음과 같다.
- 업종, 업체명, 사업장 소재지, 유입수계(流入水系) 등 사업자의 일반 정보
- 제조·수입·판매·사용 등 취급하는 화학물질의 종류, 용도, 제품명 및 취급량
- 화학물질의 입·출고량, 보관·저장량 및 수출입량 등의 유통량
- 화학물질 취급시설의 종류, 위치 및 규모 관련 정보
- 물질별 연간 입고량, 연간 사용량 등 화학물질 취급현황
- 자가매립량, 폐기물 이동량 등 배출량 조사대상 화학물질별 배출·이동량
- 그 밖에 환경부장관이 인정하여 고시하는 정보

④ 환경부장관은 화학물질 통계조사와 화학물질 배출량조사를 완료한 때에는 사업장별로 그 결과를 지체 없이 공개하여야 한다. 다만, 다음 각 호의 어느 하나에 해당하는 경우에는 그러하지 아니한다.
- 공개할 경우 국가안전보장·질서유지 또는 공공복리에 현저한 지장을 초래할 것으로 인정되는 경우
- 조사 결과의 신뢰성이 낮아 그 이용에 혼란이 초래될 것으로 인정되는 경우
- 기업의 영업비밀과 관련, 일부 조사 결과를 공개하지 아니할 필요가 있다고 인정되는 경우

1.1.5 화학물질 종합정보시스템 구축 및 운영(제10조)

① 환경부장관은 유해화학물질 취급시설 설치현황 등 화학물질의 안전관리, 화학사고 발생 이력(履歷) 및 화학사고 대비·대응 등과 관련된 정보를 수집·보급하기 위하여 화학물질 종합정보시스템을 구축·운영하여야 한다.
② 화학물질 종합정보시스템에 의하여 확보된 정보를 화학사고 대응 관계 기관 및 국민에게 제공하여야 한다.
③ 화학물질 종합정보시스템의 구축·운영 등에 필요한 사항은 환경부령으로 정한다.

1.1.6 유해화학물질의 취급자의 실적보고 등(시행규칙 제53조)〈개정 2021.04.01.〉

① 법 제49조제1항에 따라 별지 제68호서식의 실적보고서에 세부실적보고서를 첨부하여 매년 8월 31일까지 협회에 제출해야 한다. 다만, 화학물질 통계조사를 위하여 지방환경관서의 장에게 일부 자료를 제출한 경우에는 이미 제출한 자료를 제외하고 제출할 수 있다.
② 협회는 제1항 본문에 따라 제출된 전년도 실적보고서를 종합·분석하여 매년 10월 31일까지 화학물질안전원장에게 제출해야 한다.
③ 다음 각 호의 어느 하나에 해당하는 자는 해당 화학물질의 취급과 관련된 사항을 5년간 환경부령으로 정하는 바에 따라 기록·보존하여야 한다.
  · 제9조제1항에 따라 화학물질확인을 한 자
  · 제18조제1항 단서에 따라 금지물질의 제조·수입·판매 허가를 받은 자
  · 제19조에 따른 허가물질의 제조·수입·사용 허가를 받은 자
  · 제20조제1항에 따라 제한물질의 수입허가를 받은 자나 같은 조 제2항에 따라 유독물질의 수입신고를 한 자
  · 제21조제1항에 따라 제한물질·금지물질의 수출승인을 받은 자
  · 제28조에 따라 유해화학물질 영업허가를 받은 자
  · 제29조제2호에 따라 유해화학물질에 해당하는 시험용·연구용·검사용 시약을 판매하는 자
  · 제40조에 따라 사고대비물질을 취급하는 자

1.2 환경보건법

1.2.1 정의(제2조)

① **환경보건**이란 「환경정책기본법」에 따른 환경오염과 「화학물질관리법」에 따른 유해화학물질 등(이하 "환경유해인자"라 한다)이 사람의 건강과 생태계에 미치는 영향을 조사·평가하고 이를 예방·관리하는 것을 말한다.

② **환경성질환**이란 역학조사(疫學調査) 등을 통하여 환경유해인자와 상관성이 있다고 인정되는 질환으로서 환경보건위원회 심의를 거쳐 환경부령으로 정하는 질환을 말한다.

③ **위해성평가**란 환경유해인자가 사람의 건강이나 생태계에 미치는 영향을 예측하기 위하여 환경유해인자에의 노출과 환경유해인자의 독성 정보를 체계적으로 검토·평가하는 것을 말한다.

④ **역학조사**란 특정 인구집단이나 특정 지역에서 환경유해인자로 인한 건강피해가 발생하였거나 발생할 우려가 있는 경우에 질환과 사망 등 건강피해의 발생 규모를 파악하고 환경유해인자와 질환 사이의 상관관계를 확인하여 그 원인을 규명하기 위한 활동을 말한다.

⑤ **환경매체**란 환경유해인자를 수용체(受容體)에 전달하는 대기, 물, 토양 등을 말한다.

⑥ **수용체**란 환경매체를 통하여 전달되는 환경유해인자에 따라 영향을 받는 사람과 동식물을 포함한 생태계를 말한다.

1.2.2 환경유해인자의 위해성평가 및 관리(제11조)

① 환경부장관은 환경유해인자의 위해성평가를 실시하고, 환경부령으로 정하는 위해성기준을 초과하는 환경유해인자를 관리하기 위한 대책을 마련하여야 한다.

② 환경부장관은 제1항에 따른 위해성기준을 정할 때에는 관계 중앙행정기관의 장과 미리 협의하여야 한다.

③ 제1항 및 제2항 외에 환경유해인자의 위해성평가 및 관리 등에 필요한 사항은 대통령령으로 정한다.

1.2.3 위해성기준

■ 환경보건법 시행규칙 [별표 1] 〈개정 2019.12.20〉

<u>위해성기준</u>(제3조 관련)

1. 초과발암위해도(超過發癌危害度)를 적용할 경우 위해성기준은 $10^{-6} \sim 10^{-4}$의 범위에서 환경부장관이 정한다.
2. 초과발암위해도를 적용할 수 없는 경우 위해성기준은 위험지수 1로 한다.

비고
1. "**초과발암위해도**"란 독성역치(독성을 보이는 최소한의 수준)가 없는 환경유해인자에 평생 노출되었을 때 이로 인하여 추가적으로 암이 발생할 수 있는 확률을 말한다.
 초과발암위해도(ECR) = 평생 1일 평균노출량(LADD, mg/kg·day) × 발암력(mg/kg·day)$^{-1}$
2. "**위험지수**"란 독성역치가 있는 환경유해인자에 대한 노출 수준을 동일 노출기간의 최대허용 노출량으로 나눈 값을 말한다.

1.3 환경정책기본법

1.3.1 정의(제3조)

① 환경이란 자연환경과 생활환경을 말한다.
② **자연환경**이란 지하·지표(해양을 포함한다) 및 지상의 모든 생물과 이들을 둘러싸고 있는 비생물적인 것을 포함한 자연의 상태(생태계 및 자연경관을 포함한다)를 말한다.
③ **생활환경**이란 대기, 물, 토양, 폐기물, 소음·진동, 악취, 일조(日照), 인공조명, 화학물질 등 사람의 일상생활과 관계되는 환경을 말한다.
④ **환경오염**이란 사업활동 및 그 밖의 사람의 활동에 의하여 발생하는 대기오염, 수질오염, 토양오염, 해양오염, 방사능오염, 소음·진동, 악취, 일조 방해, 인공조명에 의한 빛공해 등으로서 사람의 건강이나 환경에 피해를 주는 상태를 말한다.
⑤ **환경훼손**이란 야생동식물의 남획(濫獲) 및 그 서식지의 파괴, 생태계질서의 교란, 자연경관의 훼손, 표토(表土)의 유실 등으로 자연환경의 본래적 기능에 중대한 손상을 주는 상태를 말한다.
⑥ **환경보전**이란 환경오염 및 환경훼손으로부터 환경을 보호하고 오염되거나 훼손된 환경을 개선함과 동시에 쾌적한 환경 상태를 유지·조성하기 위한 행위를 말한다.
⑦ **환경용량**이란 일정한 지역에서 환경오염 또는 환경훼손에 대하여 환경이 스스로 수용, 정화 및 복원하여 환경의 질을 유지할 수 있는 한계를 말한다.
⑧ **환경기준**이란 국민의 건강을 보호하고 쾌적한 환경을 조성하기 위하여 국가가 달성하고 유지하는 것이 바람직한 환경상의 조건 또는 질적인 수준을 말한다.

1.3.2 오염원인자 책임원칙(제7조)

자기의 행위 또는 사업활동으로 환경오염 또는 환경훼손의 원인을 발생시킨 자는 그 오염·훼손을 방지하고 오염·훼손된 환경을 회복·복원할 책임을 지며, 환경오염 또는 환경훼손으로 인한 피해의 구제에 드는 비용을 부담함을 원칙으로 한다.

1.3.3 수익자 부담원칙(제7조의2)

국가 및 지방자치단체는 국가 또는 지방자치단체 이외의 자가 환경보전을 위한 사업으로 현저한 이익을 얻는 경우 이익을 얻는 자에게 그 이익의 범위에서 해당 환경보전을 위한 사업 비용의 전부 또는 일부를 부담하게 할 수 있다.[신설 2021. 1. 5.]

1.3.4 환경오염 등의 사전예방(제8조)

① 국가 및 지방자치단체는 환경오염물질 및 환경오염원의 원천적인 감소를 통한 사전예방적 오염관리에 우선적인 노력을 기울여야 하며, 사업자로 하여금 환경오염을 예방하기 위하여 스스로 노력하도록 촉진하기 위한 시책을 마련하여야 한다.
② 사업자는 제품의 제조·판매·유통 및 폐기 등 사업활동의 모든 과정에서 환경오염이 적은 원료를 사용하고 공정(工程)을 개선하며, 자원의 절약과 재활용의 촉진 등을 통하여 오염물질의 배출을 원천적으로 줄이고, 제품의 사용 및 폐기로 환경에 미치는 해로운 영향을 최소화하도록 노력하여야 한다.
③ 국가, 지방자치단체 및 사업자는 행정계획이나 개발사업에 따른 국토 및 자연환경의 훼손을 예방하기 위하여 해당 행정계획 또는 개발사업이 환경에 미치는 해로운 영향을 최소화하도록 노력하여야 한다.

Sketch Note Writing

[예제1] 초과발암위해도란?

[예제2] 위험지수란?

[예제3]
환경유해인자 A의 초과발암위해도(ECR)가 1.6×10^{-5}로 추정되었다. 평균수명을 80년으로 가정했을 때 100만명이 거주하는 도시에서 환경유해인자 A로 인해 매년 추가로 발생하는 암 사망자 수(명)는?
① 0.1　　　　　❷ 0.2
③ 1　　　　　　④ 2
[해설]
초과발암확률이 10^{-4}이상인 경우 발암위해도가 있으며 10^{-6}이하는 발암위해도가 없다고 판단한다.
초과발암위해도(ECR) = 평생 1일 평균노출량(LADD, mg/kg·day)·발암잠재력(CSF, mg/kg·day)$^{-1}$
초과발암확률 값은 $1.6 \times 10^{-5} \rightarrow 2 \times 10^{-1}$ (10만 명당 1.6명, 100만 명당 약 0.2명 암 발생)

1.4 화학물질의 등록 및 평가 등에 관한 법률

1.4.1 정의(제2조)

① 화학물질이란 원소·화합물 및 그에 인위적인 반응을 일으켜 얻어진 물질과 자연 상태에서 존재하는 물질을 화학적으로 변형시키거나 추출 또는 정제한 것을 말한다.
② 혼합물이란 두 가지 이상의 물질로 구성된 물질 또는 용액을 말한다.
③ 기존화학물질이란 다음 각 목의 화학물질을 말한다.
    가. 1991년 2월 2일 전에 국내에서 상업용으로 유통된 화학물질로서 환경부장관이 고용노동부장관과 협의하여 고시한 화학물질
    나. 1991년 2월 2일 이후 종전의 「유해화학물질 관리법」에 따라 유해성심사를 받은 화학물질로서 환경부장관이 고시한 화학물질
④ 신규화학물질이란 기존화학물질을 제외한 모든 화학물질을 말한다.
⑤ 유독물질이란 유해성이 있는 화학물질로서 대통령령으로 정하는 기준에 따라 환경부장관이 지정하여 고시한 것을 말한다.
⑥ 허가물질이란 위해성이 있다고 우려되는 화학물질로서 환경부장관의 허가를 받아 제조·수입·사용하도록 환경부장관이 관계 중앙행정기관의 장과의 협의와 화학물질평가위원회의 심의를 거쳐 고시한 것을 말한다.
⑦ 제한물질이란 특정 용도로 사용되는 경우 위해성이 크다고 인정되는 화학물질로서 그 용도로의 제조, 수입, 판매, 보관·저장, 운반 또는 사용을 금지하기 위하여 환경부장관이 관계 중앙행정기관의 장과의 협의와 화학물질평가위원회의 심의를 거쳐 고시한 것을 말한다.
⑧ 금지물질이란 위해성이 크다고 인정되는 화학물질로서 모든 용도로의 제조, 수입, 판매, 보관·저장, 운반 또는 사용을 금지하기 위하여 환경부장관이 관계 중앙행정기관의 장과의 협의와 화학물질평가위원회의 심의를 거쳐 고시한 것을 말한다.
⑨ 유해화학물질이란 유독물질, 허가물질, 제한물질 및 금지물질을 말한다.
⑩ 중점관리물질이란 다음 각 목의 어느 하나에 해당하는 화학물질 중에서 위해성이 있다고 우려되어 화학물질평가위원회의 심의를 거쳐 환경부장관이 정하여 고시하는 것을 말한다.
    가. 사람 또는 동물에게 암, 돌연변이, 생식능력 이상 또는 내분비계 장애를 일으키거나 일으킬 우려가 있는 물질
    나. 사람 또는 동식물의 체내에 축적성이 높고, 환경 중에 장기간 잔류하는 물질
    다. 사람에게 노출되는 경우 폐, 간, 신장 등의 장기에 손상을 일으킬 수 있는 물질

라. 사람 또는 동식물에게 가목부터 다목까지의 물질과 동등한 수준 또는 그 이상의 심각한 위해를 줄 수 있는 물질
⑪ **유해성**이란 화학물질의 독성 등 사람의 건강이나 환경에 좋지 아니한 영향을 미치는 화학물질 고유의 성질을 말한다.
⑫ **위해성**이란 유해성이 있는 화학물질이 노출되는 경우 사람의 건강이나 환경에 피해를 줄 수 있는 정도를 말한다.
⑬ **총칭명(總稱名)**이란 자료보호를 목적으로 화학물질의 본래의 이름을 대체하여 명명한 이름을 말한다.
⑭ **하위사용자**란 영업활동 과정에서 화학물질 또는 혼합물을 사용하는 자(법인의 경우에는 국내에 설립된 경우로 한정한다)를 말한다. 다만, 화학물질 또는 혼합물을 제조·수입·판매하는 자 또는 소비자는 제외한다.
⑮ **판매**란 화학물질, 혼합물 또는 제품을 시장에 출시하는 행위를 말한다.
⑯ **척추동물대체시험**이란 화학물질의 유해성, 위해성 등에 관한 정보를 생산하는 과정에서 살아있는 척추동물의 사용을 최소화하거나 부득이하게 척추동물을 사용하는 경우 불필요한 고통을 경감시키는 시험을 말한다.

1.4.2 환경부장관이 관계 중앙행정기관의 장과의 협의와 화학물질평가위원회의 심의를 거쳐 고시하는 화학물질

① 제한물질
② 허가물질
③ 금지물질

1.4.3 하위사용자 등의 정보제공(제30조)

① 화학물질 또는 혼합물의 하위사용자 및 이를 판매하는 자는 해당 화학물질 또는 혼합물을 제조·수입하는 자가 등록 또는 신고를 이행하기 위하여 요청한 경우 그 자에게 사용·판매하고 있는 화학물질의 용도, 노출정보, 사용량·판매량, 안전사용 여부 등의 정보를 제공하여야 한다.

② 화학물질 또는 혼합물을 제조·수입하는 자는 해당 화학물질 또는 혼합물의 하위사용자 및 이를 판매하는 자가 요청한 경우 그 자에게 화학물질의 특성, 용도, 제조량·수입량, 안전사용 정보 등을 제공하여야 한다.

③ 제1항 및 제2항에 따른 화학물질의 정보제공에 필요한 사항은 환경부령으로 정한다.

| Sketch Note Writing |

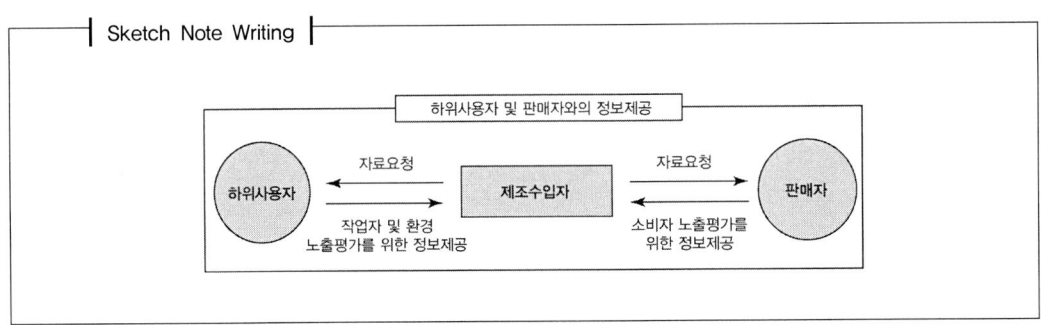

1.5 산업안전보건법

1.5.1 화학물질의 분류기준(시행규칙 제141조)[별표 18]

[1] 물리적 위험성 분류기준

① **폭발성 물질** : 자체의 화학반응에 따라 주위환경에 손상을 줄 수 있는 정도의 온도·압력 및 속도를 가진 가스를 발생시키는 고체·액체 또는 혼합물
② **인화성 가스** : 20℃, 표준압력(101.3kPa)에서 공기와 혼합하여 인화되는 범위에 있는 가스와 54℃ 이하 공기 중에서 자연발화하는 가스를 말한다.(혼합물을 포함한다)
③ **인화성 액체** : 표준압력(101.3kPa)에서 인화점이 93℃ 이하인 액체
④ **인화성 고체** : 쉽게 연소되거나 마찰에 의하여 화재를 일으키거나 촉진할 수 있는 물질
⑤ **에어로졸** : 재충전이 불가능한 금속·유리 또는 플라스틱 용기에 압축가스·액화가스 또는 용해가스를 충전하고 내용물을 가스에 현탁시킨 고체나 액상입자로, 액상 또는 가스상에서 폼·페이스트·분말상으로 배출되는 분사장치를 갖춘 것
⑥ **물반응성 물질** : 물과 상호작용을 하여 자연발화되거나 인화성 가스를 발생시키는 고체·액체 또는 혼합물
⑦ **산화성 가스** : 일반적으로 산소를 공급함으로써 공기보다 다른 물질의 연소를 더 잘 일으키거나 촉진하는 가스
⑧ **산화성 액체** : 그 자체로는 연소하지 않더라도, 일반적으로 산소를 발생시켜 다른 물질을 연소시키거나 연소를 촉진하는 액체
⑨ **산화성 고체** : 그 자체로는 연소하지 않더라도 일반적으로 산소를 발생시켜 다른 물질을 연소시키거나 연소를 촉진하는 고체
⑩ **고압가스** : 20℃, 200킬로파스칼(kPa) 이상의 압력 하에서 용기에 충전되어 있는 가스 또는 냉동액화가스 형태로 용기에 충전되어 있는 가스(압축가스, 액화가스, 냉동액화가스, 용해가스로 구분한다)
⑪ **자기반응성 물질** : 열적(熱的)인 면에서 불안정하여 산소가 공급되지 않아도 강렬하게 발열·분해하기 쉬운 액체·고체 또는 혼합물
⑫ **자연발화성 액체** : 적은 양으로도 공기와 접촉하여 5분 안에 발화할 수 있는 액체
⑬ **자연발화성 고체** : 적은 양으로도 공기와 접촉하여 5분 안에 발화할 수 있는 고체
⑭ **자기발열성 물질** : 주위의 에너지 공급 없이 공기와 반응하여 스스로 발열하는 물질(자기

발화성 물질은 제외한다)
⑮ 유기과산화물 : 2가의 -o-o- 구조를 가지고 1개 또는 2개의 수소 원자가 유기라디칼에 의하여 치환된 과산화수소의 유도체를 포함한 액체 또는 고체 유기물질
⑯ 금속 부식성 물질 : 화학적인 작용으로 금속에 손상 또는 부식을 일으키는 물질

[2] 건강 및 환경 유해성 분류기준

① 급성 독성 물질 : 입 또는 피부를 통하여 1회 투여 또는 24시간 이내에 여러 차례로 나누어 투여하거나 호흡기를 통하여 4시간 동안 흡입하는 경우 유해한 영향을 일으키는 물질
② 피부 부식성 또는 자극성 물질 : 접촉 시 피부조직을 파괴하거나 자극을 일으키는 물질(피부 부식성 물질 및 피부 자극성 물질로 구분한다)
③ 심한 눈 손상성 또는 자극성 물질 : 접촉 시 눈 조직의 손상 또는 시력의 저하 등을 일으키는 물질(눈 손상성 물질 및 눈 자극성 물질로 구분한다)
④ 호흡기 과민성 물질 : 호흡기를 통하여 흡입되는 경우 기도에 과민반응을 일으키는 물질
⑤ 피부 과민성 물질 : 피부에 접촉되는 경우 피부 알레르기 반응을 일으키는 물질
⑥ 발암성 물질 : 암을 일으키거나 그 발생을 증가시키는 물질
⑦ 생식세포 변이원성 물질 : 자손에게 유전될 수 있는 사람의 생식세포에 돌연변이를 일으킬 수 있는 물질
⑧ 생식독성 물질 : 생식기능, 생식능력 또는 태아의 발생·발육에 유해한 영향을 주는 물질
⑨ 특정 표적장기 독성 물질(1회 노출) : 1회 노출로 특정 표적장기 또는 전신에 독성을 일으키는 물질
⑩ 특정 표적장기 독성 물질(반복 노출) : 반복적인 노출로 특정 표적장기 또는 전신에 독성을 일으키는 물질
⑪ 흡인 유해성 물질 : 액체 또는 고체 화학물질이 입이나 코를 통하여 직접적으로 또는 구토로 인하여 간접적으로, 기관 및 더 깊은 호흡기관으로 유입되어 화학적 폐렴, 다양한 폐 손상이나 사망과 같은 심각한 급성 영향을 일으키는 물질
⑫ 수생 환경 유해성 물질 : 단기간 또는 장기간의 노출로 수생생물에 유해한 영향을 일으키는 물질
⑬ 오존층 유해성 물질 : 「오존층 보호를 위한 특정물질의 제조규제 등에 관한 법률」 제2조제1호에 따른 특정물질

1.5.2 물리적 인자의 분류기준

① 소음 : 소음성난청을 유발할 수 있는 85데시벨(A) 이상의 시끄러운 소리
② 진동 : 착암기, 손망치 등의 공구를 사용함으로써 발생되는 백랍병·레이노 현상·말초순환장애 등의 국소 진동 및 차량 등을 이용함으로써 발생되는 관절통·디스크·소화장애 등의 전신 진동
③ 방사선 : 직접·간접으로 공기 또는 세포를 전리하는 능력을 가진 알파선·베타선·감마선·엑스선·중성자선 등의 전자선
④ 이상기압 : 게이지 압력이 제곱센티미터당 1킬로그램 초과 또는 미만인 기압
⑤ 이상기온 : 고열·한랭·다습으로 인하여 열사병·동상·피부질환 등을 일으킬 수 있는 기온

1.5.3 생물학적 인자의 분류기준

① 혈액매개 감염인자 : 인간면역결핍바이러스, B형·C형간염바이러스, 매독바이러스 등 혈액을 매개로 다른 사람에게 전염되어 질병을 유발하는 인자
② 공기매개 감염인자 : 결핵·수두·홍역 등 공기 또는 비말감염 등을 매개로 호흡기를 통하여 전염되는 인자
③ 곤충 및 동물매개 감염인자 : 쯔쯔가무시증, 렙토스피라증, 유행성출혈열 등 동물의 배설물 등에 의하여 전염되는 인자 및 탄저병, 브루셀라병 등 가축 또는 야생동물로부터 사람에게 감염되는 인자

1.5.4 화학물질 및 물리적 인자의 노출기준(TWA & STEL)

① 시간가중평균노출기준 : TWA(time weighted average)란 1일 8시간 작업을 기준으로 유해인자의 평균 측정농도를 말한다.

$$TWA = \frac{C_1 T_1 + C_2 T_2 + \cdots + C_n T_n}{8}$$

여기서, C : 유해인자의 측정농도(ppm), T : 유해인자의 발생시간(hr)
② 단시간노출기준 : STEL(short term exposure limit)란 1회 15분간 유해인자에 노출되는 경우의 허용농도이다.
③ 최대노출기준 : C(ceiling)

CHAPTER 02
유해화학물질의 표시기준

2.1 표시사항

유해화학물질을 취급하는 자는 해당 유해화학물질의 용기나 포장에 다음 각 호의 사항이 포함되어 있는 유해화학물질에 관한 표시를 하여야 한다. 제조하거나 수입된 유해화학물질을 소량으로 나누어 판매하려는 경우에도 또한 같다.

① 명칭 : 유해화학물질의 이름이나 제품의 이름 등에 관한 정보
② 그림문자 : 유해성의 내용을 나타내는 그림
③ 신호어 : 유해성의 정도에 따라 '위험' 또는 '경고'로 표시하는 문구
④ 유해·위험 문구 : 유해성을 알리는 문구
⑤ 예방조치 문구 : 부적절한 저장·취급 등으로 인한 유해성을 막거나 최소화하기 위한 조치를 나타내는 문구
⑥ 공급자정보 : 제조자 또는 공급자의 이름(법인인 경우에는 명칭을 말한다)·전화번호·주소 등에 관한 정보
⑦ 국제연합번호 : 유해위험물질 및 제품의 국제적 운송보호를 위하여 국제연합이 지정한 물질분류번호

참고 ★
화학물질의 분류 및 표시지에 관한 세계조화 시스템(GHS) 도입 배경
- 국제적으로 일치하지 않는 화학물질의 분류와 표시의 통일화가 필요
- 세계적으로 통일된 분류기준에 따라 화학물질의 유해성, 위험성의 분류
- 통일된 형태의 경고표지 및 MSDS로 정보전달
- 물리적 위험성, 건강 유해성, 환경 유해성으로 분류
- H-code 유해 위험문구, P-code 예방조치문구
- GHS 도입으로 화학물질의 표시가 국제적으로 통일되어 국제교역이 용이 등

2.2 표시대상

① 유해화학물질 보관·저장시설과 진열·보관 장소
② 유해화학물질 운반차량(컨테이너, 이동식 탱크로리 등을 포함한다)
③ 유해화학물질의 용기·포장
④ 유해화학물질 취급시설을 설치·운영하는 사업장

2.3 표시방법

■ 화학물질관리법 시행규칙 [별표 2] 〈개정 2022.01.10.〉

유해화학물질의 표시방법(제12조제2항 관련)

1. 유해화학물질의 보관·저장시설 또는 진열·보관 장소에 표시하는 경우
   가. 양식

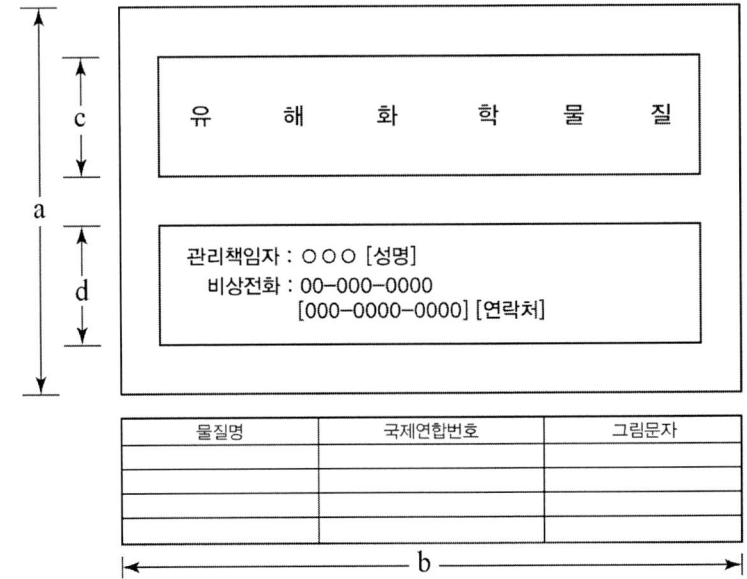

   나. 양식크기 : a=50㎝ 이상, b=(3/2)a, c=(1/4)a, d=(1/4)a
   다. 글자크기 : 유해화학물질 등 글자의 높이는 테두리 전체 높이의 65% 이상이 되도록 해야 한다.
   라. 색상 : 바탕은 흰색, 테두리는 검정색, 글자는 빨간색으로 하고, 관리책임자와 비상전화의 글자는 검정색으로 해야 한다.
   마. 표시위치 : 유해화학물질의 보관·저장시설 또는 진열·보관 장소의 입구 또는 쉽게 볼 수 있는 위치에 부착해야 한다.

2. 운반차량(컨테이너, 이동식 탱크로리 등을 포함한다)에 표시하는 경우
   가. 1톤 초과 운반차량의 경우
      1) 양식

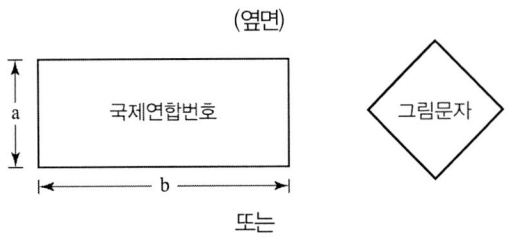

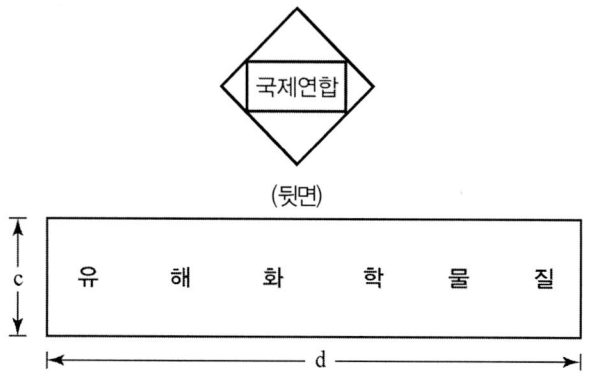

2) 양식크기
   가) 1톤 초과 4톤 이하 운반차량의 경우 : 옆면의 그림문자 네 변의 길이는 각각 12cm 이상, a=10cm 이상, b=25cm 이상, c=12cm 이상, d=50cm 이상으로 한다.
   나) 4톤 초과 운반차량의 경우 : 옆면의 그림문자 네 변의 길이는 각각 20cm 이상, a=10cm 이상, b=25cm 이상, c=20~30cm, d=80~100cm로 한다.
3) 글자크기 : 국제연합번호의 글자 높이는 테두리 전체 높이의 65% 이상이 되도록 해야 한다.
4) 그림문자 : 국제연합(UN)의 「위험물 운송에 관한 권고 기준」(Recommendations on the Transport of Dangerous Goods, RTDG), 「위험물 선박운송 및 저장규칙」 제6조제1항 및 제26조제1항, 「항공안전법」 제70조제3항에 따라 국토교통부장관이 정하여 고시하는 위험물취급의 절차 및 방법 등 위험물 운송과 관련된 기준에 따른 운송그림문자(이하 "운송그림문자"라 한다)를 사용할 수 있다. 다만, 그림문자와 관련된 유해성·위험성이 두 가지 이상인 경우에는 7)의 유해성·위험성 우선순위가 높은 두 개의 물질에 대해서만 국제연합번호 및 그림문자를 표시할 수 있다.
5) 색상 : 테두리는 검정색으로, 글자(그림문자는 제외한다)는 검정색으로 하고, 뒷면의 유해화학물질 글자는 빨간색으로, 국제연합번호의 바탕은 주황색으로 해야 한다.
6) 표시위치: 양 옆면과 뒷면의 쉽게 볼 수 있는 위치에 표시를 부착 또는 각인해야 한다.
7) 유해성·위험성 우선순위
   가) 방사성 물질
   나) 폭발성 물질 및 제품
   다) 가스류
   라) 인화성 액체 중 둔감한 액체 화약류
   마) 자체 반응성 물질 및 둔감한 고체 화약류
   바) 자연 발화성 물질
   사) 유기과산화물
   아) 독성물질 또는 인화성 액체류

[비고]
1톤 초과 1.5톤 이하 운반차량의 경우 제2호가목의 표시방법을 이행하는 데 물리적인 공간이 부족할 때에는 제2호나목의 표시방법에 따라 표시할 수 있다.

나. 1톤 이하 운반차량의 경우
  1) 양식

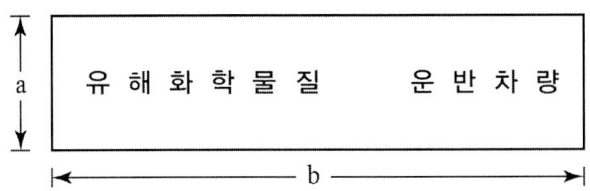

2) 양식크기 : a=10~20cm, b=30~80cm 이어야 한다.

[비고]
국외로 수출하거나 국내로 수입되는 유해화학물질을 컨테이너에 적재하여 운반하는 경우에는 가목 및 나목의 규정에도 불구하고 국제연합의 「위험물 운송에 관한 권고 기준」에 따른 표시를 할 수 있다.

3. 용기 또는 포장에 표시하는 경우
가. 일반 작성 원칙
  1) 표시 방법은 한글로 작성하는 것을 원칙으로 한다.
  2) 명칭은 물질명(또는 일반명) 및 고유번호(또는 CAS번호)를 기재한다. 혼합물인 경우에는 제품이름(또는 혼합물의 이름) 및 유해화학물질의 함량(%)을 추가로 기재한다.
  3) 두 가지 이상의 유해성·위험성이 있는 경우 해당하는 모든 그림문자를 표시해야 한다. 다만, 다음에 해당되는 경우에는 이에 따른다.
    가) "해골과 X자형 뼈" 그림문자와 "감탄부호(!)" 그림문자가 모두 해당되는 경우에는 "해골과 X자형 뼈"의 그림문자만을 표시한다.
    나) 부식성 그림문자와 피부자극성 또는 눈자극성 그림문자에 모두 해당되는 경우에는 부식성 그림문자만을 표시한다.
    다) 호흡기과민성 그림문자와 피부과민성, 피부자극성 또는 눈자극성 그림문자가 모두 해당되는 경우에는 호흡기과민성 그림문자만을 표시한다.
  4) 신호어는 "위험" 또는 "경고"를 표시하되, 모두 해당되는 경우에는 "위험"만을 표시한다.
  5) 유해위험문구는 모두 표시하는 것을 원칙으로 하되, 의미가 중복되는 문구는 생략이 가능하며, 유사한 유해위험문구와 조합하여 표시할 수 있다.
  6) 예방조치문구는 모두 표시하는 것을 원칙으로 하되, 중복되는 예방조치문구를 생략하거나 유사한 예방조치문구와 조합하여 표시할 수 있다. 다만, 예방조치문구가 7개 이상인 경우 가장 엄격한 예방조치문구를 포함하여 6개만 표시할 수 있다.
  7) 유해위험문구와 예방조치문구는 해당 문구를 표시하되 코드번호를 함께 표시할 수 있다.
  8) 공급자정보에는 제조자 또는 공급자의 명칭 및 연락처 등을 표시한다.
  9) 그 밖에 표시에 필요한 세부사항은 국립환경과학원 고시인 「화학물질의 분류 및 표시 등에 관한 규정」에 따른다.

나. 양식 및 규격
  1) 양식

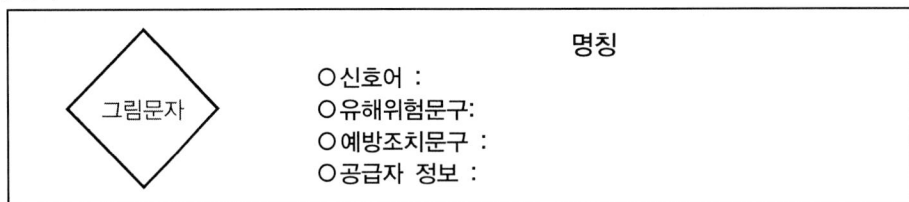

  2) 규격
    가) 용기의 용량별 크기

용기·포장의 용량	크기
5L 미만	용기·내부 포장의 상하면적을 제외한 전체 표면적의 5% 이상
5L 이상 50L 미만	90cm² 이상
50L 이상 200L 미만	180cm² 이상
200L 이상 500L 미만	300cm² 이상
500L 이상	450cm² 이상

    나) 그림문자의 크기는 전체 크기의 40분의 1 이상으로 하되, 최소한 0.5cm² 이상이어야 한다.
    다) 유해화학물질의 내용량이 100g 이하 또는 100㎖ 이하인 경우에는 명칭, 그림문자, 신호어 및 공급자정보만을 표시할 수 있다.
    라) 전체 크기의 바탕은 흰색 또는 용기·포장 자체의 표면색으로 하고, 글자(그림문자는 제외한다)와 테두리는 검정색으로 한다. 다만, 용기·포장 자체의 표면색이 검정색에 가까운 경우에는 글자와 테두리를 바탕색과 대비되는 색상으로 해야 한다.
    마) 1L 미만의 소량 용기로서 용기에 직접 인쇄하려는 경우에는 그 용기 표면의 색상이 두 가지 이하로 착색되어 있는 경우만 용기에 주로 사용된 색상(검정색계통은 제외한다)을 그림문자의 바탕색으로 할 수 있다.

다. 운반을 위한 외부용기의 양식 및 규격
  1) 양식

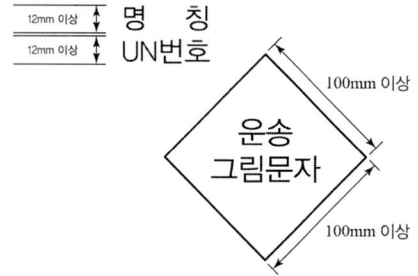

  2) 규격
    가) 그림문자의 크기는 100mm×100mm 이상의 마름모꼴로 한다.
    나) 명칭 및 UN번호의 문자높이는 12mm 이상으로 하되, 용량이 30ℓ 이하 또는 최대 순질량이 30kg 이하인 포장화물 및 수용량이 60ℓ 이하인 실린더의 경우에는 6mm 이상의 높이여야 하며, 용량이 5ℓ 이하 또는 최대 순질량이 5kg 이하인 포장화물인 경우에는 적절한 높이여야 한다.
    다) 명칭을 기재할 때 고유번호(또는 CAS번호)와 유해화학물질의 함량(혼합물인 경우)은 제외할 수 있다.

라. 표시방법
  1) 이중용기(포장을 포함한다. 이하 같다)
    가) 외부용기
        외부용기에는 나목에 따라 표시해야 한다. 다만, 운반을 위한 외부용기 등 필요한 경우에는 다목에 따라 표시할 수 있다.
    나) 내부용기
        내부용기에는 나목에 따라 표시해야 한다. 다만, 운반을 위한 외부용기 등 필요한 경우에는 그림문자를 운송그림문자로 대체할 수 있다.
  [비고]
    가) "이중용기"란 1개의 용기 안에 1개 이상의 용기가 들어 있는 용기를 말한다.
    나) "외부용기"란 이중용기에서 가장 바깥쪽의 용기를 말한다.
    다) "내부용기"란 운반을 위하여 외부용기가 필요한 용기로 외부용기 내부의 모든 용기를 말한다.

  2) 단일용기(이중용기 외의 용기를 말한다)
    용기에는 나목에 따라 표기해야 한다. 다만, 필요한 경우에는 운송그림문자와 조합하여 하나의 표시로 나타낼 수 있으며, 운송그림문자와 같은 유해성을 나타내는 그림문자는 사용하지 않아야 한다.

4. 유해화학물질 취급시설을 설치·운영하는 사업장에 표시하는 경우
   가. 양식

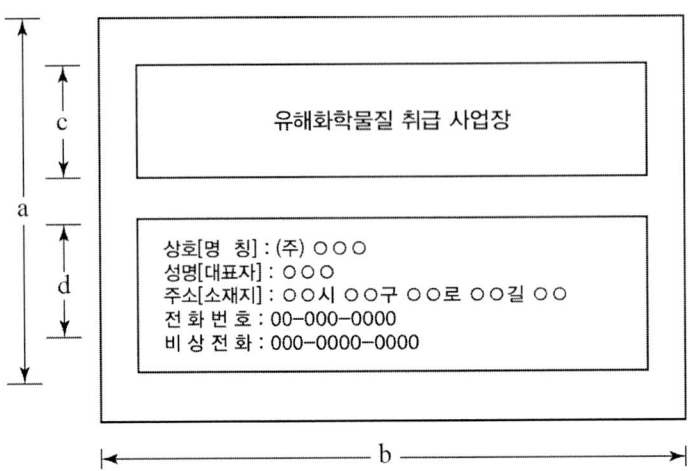

   나. 양식크기 : a=50cm 이상, b=(3/2)a, c=(1/4)a, d=(1/2)a
   다. 글자크기 : 유해화학물질 등 글자의 높이는 테두리 전체 높이의 65% 이상이 되어야 한다.
   라. 색상 : 바탕은 흰색으로, 테두리는 검정색으로, 글자는 빨간색으로, 상호, 성명, 주소, 전화번호, 비상전화의 글자는 검정색으로 해야 한다.
   마. 표시위치 : 유해화학물질 취급 사업장의 출입구, 사업장의 부지경계선 등 외부로부터 쉽게 볼 수 있는 장소에 게시해야 한다. 이 경우 해당 유해화학물질 취급 사업장에 출입 또는 접근할 수 있는 장소가 여러 방향일 때에는 그 장소마다 게시해야 한다.

CHAPTER 03
화학물질의 분류 및 표시 등에 관한 규정
[국립환경과학원고시 제2021-40호, 2021.7.12.]

3.1 총칙

제1조(목적)

이 규정은 「화학물질의 등록 및 평가 등에 관한 법률(이하 "화학물질등록평가법"이라 한다)」 제14조제1항, 동법 시행규칙 제10조제2항제2호가목, 제10조제3항, 제24조, 제28조 및 「화학물질관리법」 제16조제1항, 동법 시행규칙 제12조제4항에 따라 화학물질의 분류 및 표시에 관한 세부사항, 그 밖에 필요한 사항을 규정함을 목적으로 한다.

제2조(정의)

이 규정에서 사용하는 용어의 정의는 다음과 같다.
1. "유해성 항목"이란 물리적 위험성, 건강 유해성 또는 환경유해성의 고유한 성질로, 화학물질등록평가법 시행규칙 제10조제3항 별표 7 및 화학물질관리법 시행규칙 제12조제3항 별표 3의 제2호부터 제4호까지를 말한다.
2. "유해성 구분"이란 각 유해성 항목을 이 규정 별표 1의 제2장부터 제4장까지의 분류기준에 따라 구분한 소 항목을 말한다.
3. "공급자"란 화학물질관리법 제16조제1항과 제2항에 따라 유해화학물질의 용기·포장에 표시해야 하는 유해화학물질영업자 또는 유해화학물질수입자를 말한다.
4. "단일 용기·포장"이란 이중 용기·포장 외의 용기·포장을 말한다.
5. "이중 용기·포장"이란 1개의 용기·포장 안에 1개 이상의 용기·포장이 들어있는 용기·포장을 말한다.
6. "외부 용기·포장"이란 이중 용기·포장에서 가장 바깥쪽의 용기·포장을 말하며, 그 안쪽의 용기·포장을 담고 보호하기 위하여 사용된 흡수재 및 완충재를 포함한다.

7. "내부 용기·포장"이란 운송을 위하여 외부 용기·포장을 필요로 하는 용기·포장을 말한다.

8. "GHS(Globally Harmonized System of Classification and Labelling of Chemicals)"란 국제연합(UN)에서 규정한 화학물질의 분류 및 표시에 관한 세계조화시스템을 말한다.

9. "국제연합번호"란 유해위험물질 및 제품의 국제적 운송보호를 위해 국제연합(UN)이 지정한 물질분류번호이다.

10. "혼합물"이란 화학물질등록평가법 제2조제2호에 해당하는 경우로 두 종류 이상의 성분을 섞은 것 또는 두 종류 이상이 서로 녹아 있는 용액을 말하며, 본 규정에 의한 분류 목적상 최종 분류에 영향을 주는 불순물 또는 기타 부산물 등도 구성성분으로 본다.

11. "화공품(火工品, pyrotechnic article)"이란 하나 이상의 화공 물질 또는 혼합물을 포함한 제품(article)을 말한다.

12. "폭굉(暴轟, detonation)"이란 분해되는 물질에서 생겨난 충격파를 수반하며 발생하는 초음속의 열분해를 말한다.

13. "화공품에 사용되는 물질(또는 혼합물)"이란 비 폭굉성의 지속성 발열반응에 의해 열, 빛, 소리, 가스 또는 연기 등이 발생되도록 만들어진 물질 또는 혼합물을 말한다.

14. "폭발성 제품(explosive article)"이란 하나 이상의 폭발성 물질 또는 혼합물을 함유하는 제품을 말한다.

15. "의도적인 폭발성 물질 또는 화약류"란 실질적으로 폭발 또는 화공품의 효과를 일으키도록 만들어진 물질, 혼합물과 제품을 말한다.

16. "대폭발(mass explosion)"이란 실질적으로 동시에 거의 모든 양(量)에 영향을 주는 폭발을 말한다.

17. "에어로졸(에어로졸 분무기)"이란 재충전이 불가능한 금속, 유리 또는 플라스틱 용기에 압축가스, 액화가스 또는 용해가스(액체, 페이스트 또는 분말을 포함하는 경우도 있다)를 충전하고, 내용물을 가스에 현탁시킨 고체 또는 액상 입자로, 또는 액체나 가스에 포, 페이스트 또는 분말 상으로 배출하는 분사장치를 갖춘 것을 말한다.

18. "폭연(爆煙, deflagration)"이란 충격파를 방출하지 않으면서 급격하게 진행되는 연소를 말한다.

19. "쉽게 연소되는 고체"란 분말, 과립 또는 페이스트 형태의 물질이나 혼합물로서 점화원과 단시간의 접촉에 의해 쉽게 연소되거나 화염이 급속히 확산되는 고체를 말한다.
20. "분진"이란 일반적으로 기계적인 가공에 의해 형성되는 가스(통상 공기) 중에 분산된 물질 또는 혼합물의 고체 입자를 말한다.
21. "미스트"란 일반적으로 과잉 포화된 증기의 응축 또는 액체의 물리적인 전단가공에 의해 형성되는 가스(통상 공기) 중에 분산된 물질 또는 혼합물의 액체방울을 말한다.
22. "증기"란 액체 또는 고체 상태의 물질 또는 혼합물로부터 방출된 물질 또는 혼합물의 가스형태를 말한다.
23. "가중치"란 이 규정 별표 1에 따른 피부 부식성/자극성(3.2), 심한 눈 손상/눈 자극성(3.3) 및 수생환경 유해성(4.1)의 혼합물 분류기준에서 유해성이 강한 성분에 적용하는 값을 말한다.
24. "곱셈계수"란 이 규정 별표 1에 따른 수생환경 유해성(4.1)의 혼합물 분류기준에서 고독성 성분에 적용하는 값(표 4.1.2(a))을 말한다.
25. 그 밖에 본 규정에서 사용되는 용어에 대한 정의는 GHS를 준용한다.

제3조(적용범위)

이 규정은 다음 각 호의 어느 하나에 해당하는 사항에 대하여 적용한다.
1. 화학물질등록평가법 제14조제1항, 동법 시행규칙 제10조제2항제2호가목, 제10조 제3항 별표 7에 따른 유해성 항목의 분류기준에 관한 세부사항
2. 화학물질등록평가법 시행규칙 제24조 및 제28조에 따른 유해성심사결과의 통지·고시
3. 화학물질관리법 제16조제1항 및 동법 규칙 제12조제4항에 따른 유해화학물질의 표시에 필요한 사항

제4조(적용규정)

본 규정에서 정하지 아니한 사항에 대하여는 다음 각 호의 규정을 적용한다.
1. GHS
2. 유엔 위험물 운송에 관한 권고, 시험 및 판정기준(UN Recommendations on the Transport of Dangerous Goods, Manual of Tests and Criteria)

제5조(분류・표시에 관한 일반사항)

① 화학물질등록평가법 제14조제1항, 동법 시행규칙 제10조제2항제2호가목, 제10조제3항 별표 7에 따른 화학물질의 분류 및 표시에 관한 세부 사항은 이 고시의 제2장과 같다.

② 화학물질관리법 제16조제1항 및 동법 시행규칙 제12조에 따른 유해화학물질의 표시방법은 이고시의 제2장과 같다.

③ 화학물질의 분류·표시는 현재 이용 가능한 데이터에 근거한다. 따라서 분류·표시를 위해 별도의 시험을 실시할 필요는 없다.

④ 제1항부터 제2항까지의 규정에도 불구하고 유해화학물질이 이 규정 별표4에 따른 분류·표시 목록에 등재되어 있는 경우는 해당 분류·표시를 그대로 사용할 수 있다. 다만 별표 4와 다른 분류·표시를 하는 경우는 그 증거를 기록하고 보존해야 한다.

3.2 분류 및 표시

제6조(분류기준)

① 화학물질등록평가법 시행규칙 제10조제3항 별표 7 및 화학물질관리법 시행규칙 제12조제3항 별표 3에 따른 유해성 항목의 분류기준에 관한 세부사항은 이 규정 별표 1과 같다. 다만, 화학물질의 구성성분 중 다음 각 호의 한계 농도 미만인 성분에 대하여는 이 규정 별표 1의 분류기준을 적용하지 않는다.
 1. 이 규정 별표 1의 제1.1장에서 규정한 일반적인 한계 농도
 2. 이 규정 별표 1의 제2장의 유해성 항목에서 규정한 농도 또는 같은 별표의 제3장과 제4장의 유해성 항목 중 혼합물 분류기준에서 규정한 농도
② 제1항 단서조항에 따른 한계 농도가 2개 이상인 경우는 이 중 작은 값을 적용한다. 다만, 이보다 낮은 농도에서도 가중치 또는 곱셈계수 등을 적용한 결과 화학물질의 분류·표시가 달라지는 경우는 한계 농도를 달리 적용한다.

제7조(표시의 위치)

화학물질관리법 시행규칙 제12조제2항에 따른 유해화학물질 표시의 위치는 다음 각 호와 같이 한다.
 1. 유해화학물질의 용기·포장에는 단면 또는 여러 면에 화학물질관리법 시행규칙 제12조제2항 별표 2의 제3호에 따른 표시를 인쇄하여 부착하거나 직접 표시한다.
 2. 제1호에 따른 표시는 용기·포장을 정상적으로 놓았을 때 수평으로 읽을 수 있어야 한다. 명칭, 그림문자, 신호어, 유해·위험문구, 예방조치문구, 공급자 정보 등 시행규칙 제12조제2항 별표 2에 따른 표시사항의 위치는 필요한 경우 변경할 수 있다.

제8조(명칭)

① 화학물질등록평가법 시행규칙 제10조제3항 별표 7의 제5호 가목에 따른 명칭에는 다음 내용이 포함되어야 한다. 화학물질관리법 시행규칙 제12조에 따른 표시의 경우도 같다.
 1. 유해화학물질의 이름(또는 일반명) 및 고유번호(또는 CAS번호)
 2. 혼합물인 유해화학물질의 경우는 제품이름 또는 혼합물의 이름 및 유해화학물질의 함량(%)
② 혼합물인 유해화학물질의 표시에 유해화학물질이 아닌 구성성분으로 인해 급성독

성, 피부 부식성, 심한 눈 손상, 생식세포 변이원성, 발암성, 생식 독성, 피부 과민성, 호흡기 과민성 또는 표적장기독성에 관한 유해성을 표시하는 경우, 해당 화학물질의 명칭을 기재할 수 있다.

③ 제1항 및 제2항에 따른 유해화학물질의 이름을 기재하기 어려운 경우에 CAS번호로 대신 기재할 수 있다.

제9조(그림문자)

① 화학물질등록평가법 시행규칙 제10조제3항 별표 7의 제5호 나목에 따른 그림문자는 흰 배경 위에 검은 심벌을 두고, 분명히 보이는 충분한 폭의 적색 테두리로 둘러싸야 한다. 그림문자의 모양은 1개의 정점에서 바로 세워진 마름모 형태여야 한다. 화학물질관리법 시행규칙 제12조에 따른 표시의 경우도 같다.

② 화학물질의 표시에 사용하는 유해성 항목 또는 구분별 그림문자는 이 규정 별표 1의 제2장부터 제4장까지의 "표시사항"과 이 규정 별표 2와 같다.

③ 제2항에 따라 선택한 그림문자가 다음 각호의 어느 하나에 해당하는 경우 이에 따른다.
 1. 해골과 X자형 뼈가 사용되는 경우에는, 감탄부호는 사용해서는 안 된다.
 2. 부식성 심벌이 사용되는 경우에는, 피부 또는 눈 자극성을 나타내는 감탄부호는 사용해서는 안 된다.
 3. 호흡기 과민성에 관한 건강 유해성 심벌이 사용되는 경우에는, 피부 과민성 또는 피부/눈 자극성을 나타내는 감탄부호는 사용해서는 안 된다.
 4. 물리적 위험성에 관한 그림문자의 우선순위는 "유엔 위험물 운송에 관한 권고 모델 규칙"에 의한다.

제10조(신호어)

① 화학물질등록평가법 시행규칙 제10조제3항 별표 7의 제5호 다목에 따른 신호어는 다음 각호를 사용한다. 다만, 신호어로 "위험"이 사용되는 경우, "경고"는 생략한다. 화학물질관리법 시행규칙 제12조에 따른 표시의 경우도 같다.
 1. 위험: 보다 심각한 유해성 구분을 나타냄
 2. 경고: 상대적으로 심각성이 낮은 유해성 구분을 나타냄

② 화학물질의 표시에 사용하는 유해성 항목 또는 구분별 신호어는 이 규정 별표 1의 제2장부터 제4장까지의 "표시사항"과 같다.

제11조(유해・위험문구)

화학물질등록평가법 시행규칙 제10조제3항 별표 7의 제5호 라목에 따라 화학물질의 표시에 사용하는 유해성 항목 또는 구분별 유해·위험문구(코드)는 이 규정 별표 1의 제2장부터 제4장까지의 "표시사항" 및 이 규정 별표 3의 제1호와 같다. 화학물질관리법 시행규칙 제12조에 따른 표시의 경우도 같다.

제12조(예방조치문구)

① 화학물질등록평가법 시행규칙 제10조제3항 별표7의 제5호 마목에 따라 화학물질의 표시에 사용하는 유해성 항목 또는 구분별 예방조치문구(코드)는 이 규정 별표 1의 제2장부터 제4장까지의 "표시사항" 및 이 규정 별표 3의 제2호와 같다. 화학물질관리법 시행규칙 제12조에 따른 표시의 경우도 같다.

② 제1항에 따라 선택한 예방조치문구가 7개 이상인 경우, 유해성의 심각성을 고려하여 최대 6개까지 나타낼 수 있다.

③ 제1항 및 제2항에 따라 선택한 예방조치문구가 서로 중복되거나 유사한 경우, 이를 조합하여 기재할 수 있다.

3.3 분류 및 표시 목록

제13조(분류·표시 목록)
① "화학물질등록평가법 제14조제1항, 동법 시행규칙 제10조제2항제2호가목, 제10조제3항" 화학물질관리법 제16조, 동법 시행규칙 제12조 및 본 규정에 따라 표시하는 데 필요한 유해화학물질의 유해성 분류, 그림문자 등 표시사항 및 곱셈계수는 이 규정 별표 4의 분류·표시 목록과 같다.
② 국립환경과학원장은 제1항에 따른 분류·표시 목록을 일반인이 쉽게 이용할 수 있도록 데이터베이스 형식으로 구축하고 유지해야 한다.

부칙 <제2021-40호, 2021. 7. 12.>
(시행일) 이 고시는 고시한 날부터 시행한다.

Sketch Note Writing

[예제] 화학물질의 표시에 사용하는 그림문자에 관한 설명으로 옳지 않은 것은?
① 그림문자의 모양은 1개의 정점에서 바로 세워진 마름모 형태이어야 한다.
② 해골과 X자형 뼈의 그림문자가 사용되는 경우에는 감탄부호는 사용해서는 안 된다.
③ 그림문자는 흰 배경 위에 검은 심벌을 두고 분명히 보이는 충분한 폭의 적색 테두리로 둘러싸야 한다.
❹ 부식성 심벌이 사용되는 경우에는 피부 또는 눈 자극성을 나타내는 감탄부호와 함께 사용해야 한다.

[해설]
두 가지 이상의 유해성·위험성이 있는 경우 해당하는 모든 그림문자를 표시해야 한다.
다만, 다음에 해당되는 경우에는 이에 따른다.
- "해골과 X자형 뼈" 그림문자와 "감탄부호(!)" 그림문자가 모두 해당되는 경우에는 "해골과 X자형 뼈"의 그림문자만을 표시한다.
- 부식성 그림문자와 피부자극성 또는 눈자극성 그림문자에 모두 해당되는 경우에는 부식성 그림문자만을 표시한다.
- 호흡기과민성 그림문자와 피부과민성, 피부자극성 또는 눈자극성 그림문자가 모두 해당되는 경우에는 호흡기과민성 그림문자만을 표시한다.

3.4 화학물질의 분류 및 표시사항
(제6조 및 제8조부터 제12조 관련)

3.4.1 일반적인 한계 농도

급성독성 등 가산 방식을 적용하는 유해성 항목에서 혼합물을 분류하는데 고려해야하는 구성성분의 일반적인 한계 농도는 아래 표와 같다.

표 3.4.1 일반적인 한계 농도

유해성 항목 및 구분	한계 농도
급성 독성:	
- 구분 1부터 구분 3	0.1%
- 구분 4	1%
피부 부식성/자극성	1%
심한 눈 손상/눈 자극성	1%
수생환경 유해성:	
- 급성 구분1	0.1%
- 만성 구분1	0.1%
- 만성 구분 2부터 구분 4	1%

3.4.2 혼합물의 유해성을 산정하는 방식

① 가산방식 : 급성 독성, 피부 부식성/자극성, 심한 눈 손상/눈 자극성, 수생환경 유해성, 특정표적장기 독성(1회 노출, 호흡기계, 마취영향)으로 구분한다.
② 비가산방식 : 피부과민성, 호흡기 과민성, 생식세포 변이원성, 발암성, 생식독성, 특정표적장기 독성, 흡인 유해성, 특별한 경우의 피부 부식성/피부 자극성, 특별한 경우의 눈 손상/눈 자극성으로 구분한다.

3.4.3 가교원리

가. 희석(Dilution)

혼합물이 유해성이 가장 낮은 성분 보다 동등 이하의 유해성 분류에 해당하는 물질로 희석되고, 그 물질이 다른 성분의 유해성에 영향을 미치지 않을 것으로 예상되는 경우에는, 다음 중 어느 하나의 방법을 적용한다.

(1) 새로운 혼합물을 원래의 혼합물과 동일하게 분류한다.
(2) 혼합물의 모든 구성성분 또는 일부 구성성분에 대한 자료가 있는 경우의 혼합물 분류방법

나. 배치(Batch)

혼합물의 제조 배치의 유해성은 같은 제조업자에 의해서 생산·관리되는 같은 상품의 다른 제조 배치의 유해성과 실질적으로 동등하다고 간주할 수 있다. 다만, 배치간의 유해성 분류가 변경되는 유의적인 변동이 있다고 생각할 수 있는 이유가 있는 경우는 제외한다. 이러한 경우에는, 새로운 분류가 필요하다.

다. 고유해성 혼합물의 농축(Concentration)

혼합물이 구분 1로 분류되고, 혼합물 내 구분 1로 분류되는 구성성분의 농도가 증가하는 경우에는, 새로운 혼합물은 추가적인 시험 없이 구분 1로 분류한다.

라. 하나의 독성구분 내에서 내삽(Interpolation)

동일한 성분을 함유한 3가지 혼합물에서 혼합물 A와 B가 동일한 유해성 구분에 속하고, 혼합물 C가 가지고 있는 독성학적으로 활성인 성분의 농도가 혼합물 A와 B의 중간 정도에 해당하는 경우에는, 혼합물 C는 혼합물 A 및 B와 동일한 유해성 구분에 속하는 것으로 가정한다.

마. 실질적으로 유사한 혼합물

(1) 두 가지 혼합물 (i) A+B   (ii) C+B
(2) 두 혼합물 (i) 및 (ii)내에서 성분 B의 농도가 실질적으로 동일함.
(3) 혼합물 (i)내 성분 A의 농도는 혼합물 (ii)내 성분 C의 농도와 동일함.
(4) 성분 A와 C에 대한 독성자료는 이용 가능하며, 실질적으로 독성 정도가 동등함. 즉, A와 C는 같은 유해성 구분을 가지며, B의 독성에 영향을 주지 않음.

위와 같은 경우, 혼합물 (i)이 이미 시험 자료를 통해 분류되었다면, 혼합물 (ii)는 혼합물 (i)과 동일한 유해성 구분에 해당될 수 있다.

바. 에어로졸

에어로졸 형태의 혼합물은, 첨가된 추진제가 분무 시에 혼합물의 유해성에 영향을 미치지 않으며 에어로졸 형태가 비 에어로졸 형태보다 유독하지 않다는 과학적인 증거가 있는 조건하에서, 비 에어로졸 형태로 시험한 혼합물과 동일한 유해성 구분으로 분류할 수 있다.

Sketch Note Writing

[예제] 혼합물 자체에 대한 자료가 없으나 가교원리를 적용할 수 있는 경우 해당 혼합물의 독성을 분류할 수 있다. 화학물질의 분류 및 표시 등에 관한 규정상 적용할 수 있는 가교원리에 해당하지 않는 것은?
① 희석
② 에어로졸
③ 고유해성 혼합물의 농축
❹ 실질적으로 상이한 혼합물

[해설]
가교원리에 해당하는 분류에는 희석, 배치, 농축, 내삽, 유사 혼합물, 에어로졸이 있다.

3.5 물리적 위험성 분류[별표1]

3.5.1 폭발성 물질

가. 분류기준

폭발성 물질이란 자체의 화학반응에 의하여 주위환경에 손상을 입힐 수 있는 온도, 압력과 속도를 가진 가스를 발생시키는 고체·액체물질이나 혼합물을 말한다.

표 3.5.1(1) 폭발성 물질의 분류기준

구분	분류기준
1(불안정한 폭발성 물질)	일반적인 취급, 운송, 사용에 있어서 열적으로 불안정하거나 너무 민감한 폭발성 물질
2(등급 1.1)	대폭발 위험성이 있는 물질, 혼합물과 제품
3(등급 1.2)	대폭발 위험성은 없으나 분출 위험성(projection hazard)이 있는 물질, 혼합물과 제품
4(등급 1.3)	대폭발 위험성은 없으나, 화재 위험성이 있고, 약한 폭풍 위험성(blast hazard) 또는 약한 분출 위험성이 있는 다음과 같은 물질, 혼합물과 제품 ① 대량의 복사열을 발산하면서 연소하는 것. 또는 ② 약한 폭풍 또는 약한 분출의 효과를 일으키면서 순차적으로 연소하는 것.
5(등급 1.4)	심각한 위험성은 없으나, 다음과 같이 발화 또는 기폭에 의해 약간의 위험성이 있는 물질, 혼합물과 제품 ① 영향은 주로 포장품에 국한되고, 주의할 정도의 크기 또는 범위의 분출은 일어나지 않음. ② 외부 화재에 의해 포장품의 거의 모든 내용물이 실질적으로 동시에 폭발을 일으키지 않아야 함.
6(등급 1.5)	대폭발 위험성은 있지만 매우 둔감하여 정상적인 상태에서는 기폭의 가능성 또는 연소가 폭굉으로 전이될 가능성이 거의 없는 물질과 혼합물
7(등급 1.6)	극히 둔감한 물질 또는 혼합물만을 포함하여 대폭발 위험성이 없으며, 우발적인 기폭 또는 전파의 가능성이 거의 없는 제품

Sketch Note Writing

[예제] 화학물질관리법령상 유해화학물질 표시를 위한 유해성 항목 중 물리적 위험성에 관한 설명으로 옳지 않은 것은?
❶ 인화성 액체는 인화점이 섭씨 60도 이상인 액체를 말한다.
② 산화성 가스는 산소를 공급함으로써 공기와 비교하여 다른 물질의 연소를 더 잘 일으키거나 연소를 돕는 가스를 말한다.
③ 자기반응성 물질 및 혼합물은 열적으로 불안정해 산소의 공급이 없어도 강하게 발열 분해 하기 쉬운 액체·고체물질이나 혼합물을 말한다.
④ 폭발성 물질은 자체의 화학반응에 의해 주위환경에 손상을 입힐 수 있는 온도, 압력과 속도를 가진 가스를 발생시키는 고체·액체물질이나 혼합물을 말한다.
[해설]
인화성 액체는 인화점이 섭씨 60도 이하인 액체를 말한다.

나. 표시사항

폭발성 물질의 표시사항은 아래 표와 같다.

표 3.5.1(2) 폭발성 물질의 표시사항

		구분 1 (불안정한 폭발성물질)	구분 2 (등급 1.1)	구분 3 (등급 1.2)	구분 4 (등급 1.3)	구분 5 (등급 1.4)	구분 6 (등급 1.5)	구분 7 (등급 1.6)
그림문자		◇	◇	◇	◇	◇	주황색 바탕에 숫자 1.5	주황색 바탕에 숫자 1.6
운송 그림문자		운송 허용 안됨	◆	◆	◆	1.4	1.5	1.6
신호어		위험	위험	위험	위험	경고	위험	없음
유해·위험 문구		불안정한 폭발성 물질 (H200)	폭발성 물질; 대폭발 위험 (H201)	폭발성 물질; 심한 분출 위험 (H202)	폭발성 물질, 화재, 폭풍 또는 분출 위험 (H203)	화재 또는 분출위험 (H204)	화재 시 대폭발 할 수 있음 (H205)	없음
예방조치문구	예방	P201 P250 P280	P210 P230 P234 P240 P250 P280	P210 P230 P234 P240 P250 P280	P210 P230 P234 P240 P250 P280	P210 P234 P240 P250 P280	P210 P230 P234 P240 P250 P280	없음
	대응	P370 +P372 +P380 +P373	P370 +P372 +P380 +P373	P370 +P372 +P380 +P373	P370 +P372 +P380 +P373	P370 +P380 +P375 P370 +P372 +P380 +P373	P370 +P372 +P380 +P373	
	저장	P401	P401	P401	P401	P401	P401	
	폐기	P501	P501	P501	P501	P501	P501	

3.5.2 인화성 가스

가. 분류기준

인화성 가스란 섭씨 20도, 표준압력 101.3킬로파스칼(kPa)에서 공기와 혼합하여 인화범위에 있는 가스와 섭씨 54도 이하 공기 중에서 자연발화하는 가스를 말한다.

표 3.5.2(1) 인화성 가스의 분류기준

구 분		분류기준
인화성 가스	1	20℃, 표준압력 101.3 kPa에서 다음에 해당하는 가스. ① 공기중에서 13%(부피비) 이하의 혼합물일 때 연소할 수 있는 가스 또는, ② 연소하한값과 상관없이 공기중의 연소범위(연소상한값-연소하한값)가 12% 이상인 가스
	2	구분 1에 해당하지 않으면서, 20℃, 표준압력 101.3 kPa에서 공기와 혼합하여 인화 범위를 가지는 가스
자연발화성 가스		54 ℃이하 공기 중에서 자연발화하는 인화성 가스

나. 표시사항

인화성 가스의 표시사항은 아래 표와 같다

표 3.5.2(2) 인화성 가스의 표시사항

		인화성 가스		자연발화성 가스
		구분 1	구분 2	
그림문자		🔥	없음	🔥
운송 그림문자		또는	없음	또는
신호어		위험	경고	위험
유해·위험문구		극인화성가스 (H220)	인화성가스 (H221)	공기에 노출되면 자연발화할 수 있음 (H232)
예방조치 문구	예방	P210	P210	P222 P280
	대응	P377 P381	P377 P381	없음
	저장	P403	P403	없음
	폐기	없음	없음	없음

3.5.3 에어로졸

가. 분류기준

에어로졸이란 재충전이 불가능한 금속·유리 또는 플라스틱 용기에 압축가스·액화가스 또는 용해가스를 충전하고 내용물을 가스에 현탁시킨 고체나 액상 입자로 배출하는 분사장치를 말한다.

표 3.5.3(1) 에어로졸의 분류기준

구 분	분류기준
1	① 인화성 성분의 함량이 85%(중량비) 이상이며 연소열이 30kJ/g 이상인 에어로졸. 또는, ② 착화거리시험(ignition distance test)에서, 75cm 이상의 거리에서 착화하는 스프레이 에어로졸. 또는, ③ 폼(foam) 시험에서, 다음에 해당하는 폼 에어로졸 　(ⅰ) 불꽃의 높이 20cm 이상 및 불꽃 지속 시간 2초 이상, 또는 　(ⅱ) 불꽃의 높이 4cm 이상 및 불꽃 지속 시간 7초 이상
2	① 구분 1에 해당하지 않으면서, 연소열이 20kJ/g 이상인 스프레이 에어로졸. 또는, ② 구분 1에 해당하지 않으면서, 연소열이 20kJ/g 미만으로, 다음에 해당하는 스프레이 에어로졸. 또는, 　(ⅰ) 착화거리 시험에서, 15 cm 이상의 거리에서 착화. 또는, 　(ⅱ) 밀폐공간 착화시험에서, 착화시간 환산 300초/m³ 이하이거나 폭연밀도 300 g/m³ 이하 ③ 구분 1에 해당하지 않으면서, 폼 시험에서 불꽃의 높이 4cm 이상 및 불꽃 지속시간 2초 이상인 폼 에어로졸
3	① 인화성 성분의 함량이 1%(중량비) 이하이면서 연소열이 20kJ/g 미만인 에어로졸. 또는, ② 구분 1과 2에 해당하지 않는 스프레이 에어로졸. 또는, ③ 구분 1과 2에 해당하지 않는 폼 에어로졸

나. 표시사항

에어로졸의 표시사항은 아래 표와 같다.

표 3.5.3(2) 에어로졸의 표시사항

		구분 1	구분 2	구분 3
그림문자		불꽃	불꽃	없음
운송 그림문자		또는	또는	또는
신호어		위험	경고	경고
유해·위험문구		극인화성 에어로졸(H222) 압력용기; 가열하면 터질 수 있음 (H229)	인화성 에어로졸(H223) 압력용기; 가열하면 터질 수 있음 (H229)	압력용기; 가열하면 터질 수 있음(H229)
예방조치 문구	예방	P210 P211 P251	P210 P211 P251	P210 P251
	대응	없음	없음	없음
	저장	P410+P412	P410+P412	P410 + P412
	폐기	없음	없음	없음

3.5.4 산화성 가스

가. 분류기준

"산화성 가스"란 일반적으로 산소를 공급함으로써 공기와 비교하여 다른 물질의 연소를 더 잘 일으키거나 연소를 돕는 가스를 말한다.

표 3.5.4(1) 산화성 가스의 분류기준

구 분	분류기준
1	일반적으로 산소를 발생시켜 다른 물질의 연소가 더 잘 되도록 하거나 기여하는 물질

나. 표시사항

산화성 가스의 표시사항은 아래 표와 같다.

표 3.5.4(2) 산화성 가스의 표시사항

		구분 1
그림문자		⬥
운송 그림문자		⬥
신호어		위험
유해·위험문구		화재를 일으키거나 강렬하게 함; 산화제 (H270)
예방조치문구	예방	P220 P244
	대응	P370+P376
	저장	P403
	폐기	없음

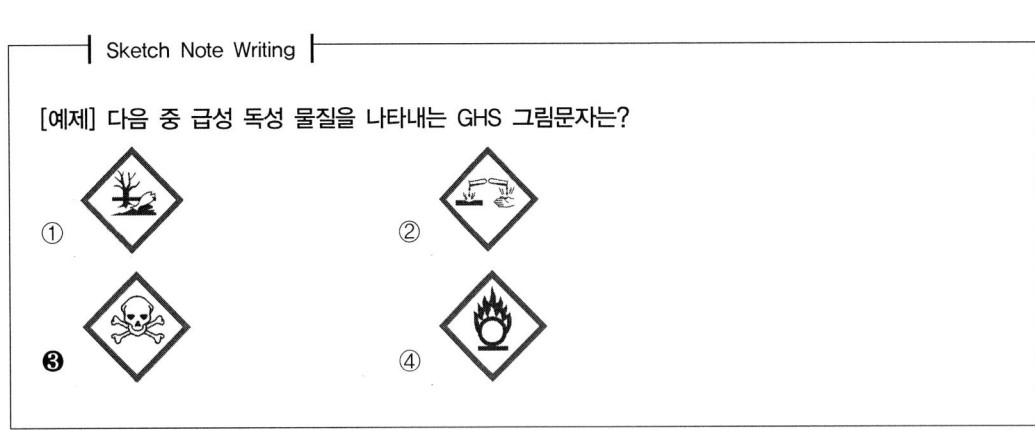

| Sketch Note Writing |

[예제] 다음 중 급성 독성 물질을 나타내는 GHS 그림문자는?

① ② ❸ ④

3.5.5 고압가스

가. 분류기준

고압가스란 200킬로파스칼(kPa) 이상의 게이지 압력 상태로 용기에 충전되어 있는 가스 또는 액화되거나 냉동액화된 가스를 말한다.

표 3.5.5(1) 고압가스의 분류기준

구분	분류기준
1 (압축가스)	가압하여 용기에 충전했을 때, −50℃에서 완전히 가스상인 가스(임계온도 −50℃ 이하의 모든 가스를 포함)
2 (액화가스)	가압하여 용기에 충전했을 때, −50℃ 초과 온도에서 부분적으로 액체인 가스로, 다음과 같이 구분한다. ① 고압액화가스: 임계온도가 −50℃에서 +65℃인 가스. 그리고 ② 저압액화가스: 임계온도 +65℃를 초과하는 가스
3 (냉동 액화가스)	용기에 충전한 가스가 자체의 낮은 온도 때문에 부분적으로 액체인 가스
4 (용해가스)	가압하여 용기에 충전한 가스가 액상 용매에 용해된 가스

나. 표시사항

고압가스의 표시사항은 아래 표와 같다.

표 3.5.5(2) 고압가스의 표시사항

		압축가스 (구분 1)	액화가스 (구분 2)	냉동 액화가스 (구분 3)	용해가스 (구분 4)
그림문자		◇	◇	◇	◇
운송 그림문자		◇ 또는 ◇	◇ 또는 ◇	◇ 또는 ◇	◇ 또는 ◇
신호어		경고	경고	경고	경고
유해·위험문구		고압가스 포함; 가열하면 폭발할 수 있음 (H280)	고압가스 포함; 가열하면 폭발할 수 있음 (H280)	냉동액화가스 포함; 극저온의 화상 또는 손상을 일으킬 수 있음 (H281)	고압가스 포함; 가열하면 폭발할 수 있음 (H280)
예방조치문구	예방	없음	없음	P282	없음
	대응	없음	없음	P336+P315	없음
	저장	P410+P403	P410+P403	P403	P410+P403
	폐기	없음	없음	없음	없음

3.5.6 인화성 액체

가. 분류기준

인화성 액체란 인화점이 섭씨 60도 이하인 액체를 말한다.

표 3.5.6(1) 인화성 액체의 분류기준

구 분	분류기준
1	인화점이 23℃ 미만이고 초기끓는점이 35℃ 이하인 액체
2	인화점이 23℃ 미만이고 초기끓는점이 35℃를 초과하는 액체
3	인화점이 23℃ 이상 60℃ 이하인 액체

나. 표시사항

인화성 액체의 표시사항은 아래 표와 같다.

표 3.5.6(2) 인화성 액체의 표시사항

		구분 1	구분 2	구분 3
그림문자		(그림)	(그림)	(그림)
운송 그림문자		(그림) 또는 (그림)	(그림) 또는 (그림)	(그림) 또는 (그림)
신호어		위험	위험	경고
유해·위험문구		극인화성 액체 및 증기 (H224)	고인화성 액체 및 증기 (H225)	인화성 액체 및 증기 (H226)
예방조치 문구	예방	P210 P233 P240 P241 P242 P243 P280	P210 P233 P240 P241 P242 P243 P280	P210 P233 P240 P241 P242 P243 P280
	대응	P303+P361+P353 P370+P378	P303+P361+P353 P370+P378	P303+P361+P353 P370+P378
	저장	P403+P235	P403+P235	P403+P235
	폐기	P501	P501	P501

3.5.7 인화성 고체

가. 분류기준

"인화성 고체"란 쉽게 연소되는 고체(분말, 과립상 또는 페이스트 형태의 물질로 성냥불씨와 같은 점화원을 잠깐만 접촉하여도 쉽게 점화되거나, 화염이 빠르게 확산되는 물질을 말한다)나 마찰에 의해 화재를 일으키거나 화재를 돕는 고체를 말한다.

표 3.5.7(1) 인화성 고체의 분류기준

구 분	분류기준
1	연소속도 시험에서, 다음에 해당하는 물질 또는 혼합물 ① 금속분말이외의 물질 또는 혼합물: 습윤 부분이 연소를 중지시키지 못하고, 연소시간이 45초 미만이거나 연소속도가 2.2mm/초를 초과함 ② 금속분말: 연소시간이 5분 이하
2	연소속도 시험에서, 다음에 해당하는 물질 또는 혼합물 ① 금속분말이외의 물질 또는 혼합물: 습윤 부분이 4분 이상 연소를 중지시키고, 연소시간이 45초 미만이거나 연소속도가 2.2mm/초를 초과함 ② 금속분말: 연소시간이 5분 초과 10분 이하

나. 표시사항

인화성 고체의 표시사항은 아래 표와 같다.

표 3.5.7(2) 인화성 고체의 표시사항

		구분 1	구분 2
그림문자		🔥	🔥
운송 그림문자		🔥	🔥
신호어		위험	경고
유해 · 위험문구		인화성 고체 (H228)	인화성 고체 (H228)
예방조치문구	예방	P210 P240 P241 P280	P210 P240 P241 P280
	대응	P370+P378	P370+P378
	저장	없음	없음
	폐기	없음	없음

3.5.8 자기반응성 물질 및 혼합물

가. 분류기준

자기반응성 물질 및 혼합물이란 열적으로 불안정하여 산소의 공급이 없어도 강하게 발열 분해하기 쉬운 액체·고체물질이나 혼합물을 말한다.

표 3.5.8(1) 자기반응성 물질 및 혼합물의 분류기준

구 분	분류기준
1 (형식 A)	포장된 상태에서 폭굉하거나 급속히 폭연하는 자기반응성 물질 또는 혼합물
2 (형식 B)	폭발성을 가지며, 포장된 상태에서 폭굉도 급속한 폭연도 하지 않으나, 그 포장물 내에서 열 폭발을 일으키는 경향을 가지는 자기반응성 물질 또는 혼합물
3 (형식 C)	폭발성을 가지며, 포장된 상태에서 폭굉도 급속한 폭연도 열폭발도 일으키지 않는 자기반응성 물질 또는 혼합물
4 (형식 D)	실험실 시험에서 다음의 성질과 상태를 나타내는 자기반응성물질 또는 혼합물 ① 폭굉이 부분적이며, 급속히 폭연하지 않고 밀폐상태에서 가열하면 격렬한 반응을 일으키지 않음. 또는, ② 전혀 폭굉하지 않고, 완만하게 폭연하며 밀폐상태에서 가열하면 격렬한 반응을 일으키지 않음. 또는, ③ 전혀 폭굉 또는 폭연하지 않고, 밀폐상태에서 가열하면 중간 정도의 반응을 일으킴
5 (형식 E)	실험실 시험에서 전혀 폭굉도 폭연도 하지 않고, 밀폐상태에서 가열하면 반응이 약하거나 없다고 판단되는 자기반응성 물질 또는 혼합물
6 (형식 F)	실험실 시험에서, 공동상태(cavitated state) 하에서 폭굉하지 않거나 전혀 폭연하지 않고, 밀폐상태에서 가열하면 반응이 약하거나 없는 또는 폭발력이 약하거나 없다고 판단되는 자기반응성물질 또는 혼합물
7 (형식 G)	실험실 시험에서, 공동상태 하에서 폭굉하지 않거나 전혀 폭연하지 않고, 밀폐상태에서 가열하면 반응이 없거나 폭발력이 없다고 판단되는 자기반응성 물질 또는 혼합물. 다만, 열적으로 안정하고 (50kg 포장물의 경우 SADT가 60℃에서 75℃ 사이), 액체 혼합물의 경우에는 끓는점이 150 ℃ 이상인 희석제로 둔화된 경우에만 해당된다. 혼합물이 열적으로 안정하지 않거나 끓는점이 150℃ 미만의 희석제로 둔화된 경우에는, 그 혼합물은 자기반응성 물질 형식 F로 해야 한다.

Sketch Note Writing

[예제] 화학물질관리법령상 유해화학물질 표시를 위한 유해성 항목 중 물리적 위험성에 관한 설명으로 옳지 않은 것은?

❶ 인화성 액체는 인화점이 섭씨 60도 이상인 액체를 말한다.
② 산화성 가스는 산소를 공급함으로써 공기와 비교하여 다른 물질의 연소를 더 잘 일으키거나 연소를 돕는 가스를 말한다.
③ 자기반응성 물질 및 혼합물은 열적으로 불안정해 산소의 공급이 없어도 강하게 발열 분해하기 쉬운 액체·고체물질이나 혼합물을 말한다.
④ 폭발성 물질은 자체의 화학반응에 의해 주위환경에 손상을 입힐 수 있는 온도, 압력과 속도를 가진 가스를 발생시키는 고체·액체물질이나 혼합물을 말한다.

[해설]
인화성 액체는 인화점이 섭씨 60도 이하인 액체를 말한다.

나. 표시사항

자기반응성 물질 또는 혼합물의 표시사항은 아래 표와 같다.

표 3.5.8(2) 자기반응성 물질 및 혼합물의 표시사항

	구분 1 (형식 A)	구분 2 (형식 B)	구분 3 및 4 (형식 C 및 D)	구분 5 및 6 (형식 E 및 F)	구분 7 (형식 G)
그림문자	💥	🔥 💥	🔥	🔥	
운송 그림문자	운송 불가				
신호어	위험	위험	위험	경고	없음
유해위험문구	가열하면 폭발할 수 있음 (H240)	가열하면 화재 또는 폭발 할 수 있음 (H241)	가열하면 화재를 일으킬 수 있음 (H242)	가열하면 화재를 일으킬 수 있음 (H242)	
예방조치문구 · 예방	P210 P234 P235 P240 P280	P210 P234 P235 P240 P280	P210 P234 P235 P240 P280	P210 P234 P235 P240 P280	
예방조치문구 · 대응	P370+P372+P380+P373	P370+P380+P375[+378]	P370+P378	P370+P378	
예방조치문구 · 저장	P403 P411 P420	P403 P411 P420	P403 P411 P420	P403 P411 P420	
예방조치문구 · 폐기	P501	P501	P501	P501	

| Sketch Note Writing |

[예제] 다음 중 화학물질의 분류 및 표시 등에 관한 규정에서 제시된 그림문자 중 산화성 가스를 나타내는 것은?

①  ❷

③ 🔥 ④ 🛢

3.5.9 자연발화성 액체

가. 분류기준

자연발화성 액체란 적은 양으로도 공기와 접촉하여 5분 안에 발화할 수 있는 액체를 말한다.

표 3.5.9(1) 자연발화성 액체의 분류기준

구 분	분류기준
1	① 불활성 담체에 가해 공기에 접촉시키면 5분 이내에 발화하는 액체. 또는, ② 공기에 접촉시키면 5분 이내에 여과지를 발화 또는 탄화시키는 액체

나. 표시사항

자연발화성 액체의 표시사항은 아래 표와 같다.

표 3.5.9(2) 자연발화성 액체의 표시사항

		구분 1
그림문자		
운송 그림문자		
신호어		위험
유해·위험문구		공기에 노출되면 자연발화함 (H250)
예방조치문구	예방	P210 P222 P231+P232 P233 P280
	대응	P302+P334 P370+P378
	저장	없음
	폐기	없음

| Sketch Note Writing |

[예제] 다음 중 화학물질의 분류 및 표시 등에 관한 규정에서 제시된 그림문자 중 자연발화성액체를 나타내는 것은?

①

②

❸

④

3.5.10 자연발화성 고체

가. 분류기준

자연 발화성 고체란 적은 양으로도 공기와 접촉하여 5분 안에 발화할 수 있는 고체를 말한다.

표 3.5.10(1) 자연발화성 고체의 분류기준

구 분	분류기준
1	공기와 접촉하면 5분 안에 발화하는 고체

나. 표시사항

자연발화성 고체의 표시사항은 아래 표와 같다.

표 3.5.10(2) 자연발화성 고체의 표시사항

		구분 1
그림문자		◇
운송 그림문자		◇
신호어		위험
유해 · 위험문구		공기에 노출되면 자연발화함 (H250)
예방조치문구	예방	P210 P222 P231+P232 P233 P280
	대응	P302+P335+P334 P370+P378
	저장	없음
	폐기	없음

―| Sketch Note Writing |―

[예제] 다음 중 화학물질의 분류 및 표시 등에 관한 규정에서 제시된 그림문자 중 자연발화성 고체를 나타내는 것은?

3.5.11 자기발열성 물질 및 혼합물

가. 분류기준

자기발열성 물질 및 혼합물이란 자연발화성 물질이 아니면서 주위에서 에너지를 공급받지 않고 공기와 반응하여 스스로 발열하는 고체·액체물질이나 혼합물을 말한다.

표 3.5.11(1) 자기발열성 물질 및 혼합물의 분류기준

구 분	분류기준
1	140℃에서 25 mm 시료큐브(정방형용기)를 이용한 시험에서 양성인 경우
2	① 140℃에서 100 mm 시료큐브를 이용한 시험에서 양성이고 140℃에서 25 mm 시료큐브를 이용한 시험에서 음성이며, 해당 물질 또는 혼합물의 포장이 $3m^3$을 초과할 경우. 또는, ② 140℃에서 100 mm 시료큐브를 이용한 시험에서 양성이고 140℃에서 25 mm 시료큐브를 이용한 시험에서 음성이며, 120℃에서 100 mm 시료큐브를 이용한 시험에서 양성이고, 해당 물질 또는 혼합물의 포장이 450L를 초과할 경우. 또는, ③ 140℃에서 100 mm 시료큐브를 이용한 시험에서 양성이고 140℃에서 25 mm 시료큐브를 이용한 시험에서 음성이며, 100℃에서 100 mm 시료큐브를 이용한 시험에서 양성인 경우

나. 표시사항

자기발열성 물질 또는 혼합물의 표시사항은 아래 표와 같다.

표 3.5.11(2) 자기발열성 물질 및 혼합물의 표시사항

		구분 1	구분 2
그림문자		◇	◇
운송 그림문자		◇	◇
신호어		위험	경고
유해·위험문구		자기발열성; 화재를 일으킬 수 있음 (H251)	대량으로 존재 시 자기발열성; 화재를 일으킬 수 있음 (H252)
예방조치문구	예방	P235 P280	P235 P280
	대응	없음	없음
	저장	P407 P410 P413 P420	P407 P410 P413 P420
	폐기	없음	없음

3.5.12 물반응성 물질 및 혼합물

가. 분류기준

물반응성 물질 및 혼합물이란 물과의 상호작용에 의하여 자연발화성이 되거나 인화성 가스를 위험한 수준의 양으로 발생하는 고체·액체물질이나 혼합물을 말한다.

표 3.5.12(1) 물반응성 물질 및 혼합물의 분류기준

구 분	분류기준
1	상온에서 물과 격렬하게 반응하여 자연 발화하는 가스를 일으키는 경향이 전반적으로 인정되거나, 상온에서 물과 쉽게 반응했을 때의 인화성가스의 발생 속도가 1분간 물질 1kg에 대해 10L 이상인 물질 또는 혼합물
2	상온에서 물과 쉽게 반응했을 때의 인화성 가스의 최대 발생 속도가 1시간당 물질 1kg에 대해 20L 이상이며, 구분 1에 해당하지 않는 물질 또는 혼합물
3	상온에서 물과 천천히 반응했을 때의 인화성 가스의 최대 발생 속도가 1 시간당 물질 1kg에 대해 1L 초과이며, 구분 1 및 구분 2에 해당하지 않는 물질 또는 혼합물

나. 표시사항

물반응성 물질 또는 혼합물의 표시사항은 아래 표와 같다.

표 3.5.12(2) 물반응성 물질 및 혼합물의 표시사항

		구분 1	구분 2	구분 3
그림문자		◆	◆	◆
운송 그림문자		◆ 또는 ◆	◆ 또는 ◆	◆ 또는 ◆
신호어		위험	위험	경고
유해·위험문구		물과 접촉시 자연 발화 하는 인화성가스를 발생시킴 (H260)	물과 접촉시 인화성 가스를 발생시킴 (H261)	물과 접촉시 인화성 가스를 발생시킴 (H261)
예방조치 문구	예방	P223 P231+P232 P280	P223 P231+P232 P280	P231+P232 P280
	대응	P302+P335+P334 P370+P378	P302+P335+P334 P370+P378	P370+P378
	저장	P402+P404	P402+P404	P402+P404
	폐기	P501	P501	P501

3.5.13 산화성 액체

가. 분류기준

산화성 액체란 그 자체로는 연소하지 않더라도 일반적으로 산소를 발생시켜 다른 물질을 연소시키거나 연소를 돕는 액체를 말한다.

표 4.4.13(1) 산화성 액체의 분류기준

구 분	분류기준
1	물질(또는 혼합물)과 셀룰로오스의 중량비 1:1 혼합물로서 시험한 경우에, 자연 발화하거나, 그 평균 압력상승 시간이 50% 과염소산과 셀룰로오스의 중량비 1:1 혼합물의 평균 압력상승 시간 미만인 물질 또는 혼합물
2	물질(또는 혼합물)과 셀룰로오스의 중량비 1:1 혼합물로서 시험한 경우에, 그 평균 압력상승 시간이 염소산나트륨 40% 수용액과 셀룰로오스의 중량비 1:1 혼합물의 평균 압력 상승시간 이하이며, 구분 1에 해당하지 않는 물질 또는 혼합물
3	물질(또는 혼합물)과 셀룰로오스의 중량비 1:1 혼합물로서 시험한 경우에, 그 평균 압력 상승시간이 질산 65% 수용액과 셀룰로오스의 중량비 1:1 혼합물의 평균 압력 상승시간 이하이며, 구분 1 및 2에 해당하지 않는 물질 또는 혼합물

나. 표시사항

산화성 액체의 표시사항은 아래 표와 같다.

표 3.5.13(2) 산화성 액체의 표시사항

		구분 1	구분 2	구분 3
그림문자		◇	◇	◇
운송 그림문자		◇	◇	◇
신호어		위험	위험	경고
유해·위험문구		화재 또는 폭발을 일으킬 수 있음; 강산화제 (H271)	화재를 강렬하게 함; 산화제 (H272)	화재를 강렬하게 함; 산화제 (H272)
예방조치문구	예방	P210 P220 P280 P283	P210 P220 P280	P210 P220 P280
	대응	P306+P360 P371+P380+P375 P370+P378	P370+P378	P370+P378
	저장	P420	없음	없음
	폐기	P501	P501	P501

3.5.14 산화성 고체

가. 분류기준

"산화성 고체"란 그 자체로는 연소하지 않더라도 일반적으로 산소를 발생시켜 다른 물질을 연소시키거나 연소를 돕는 고체를 말한다.

표 3.5.14(1) 산화성 고체의 분류기준

구 분	분류기준(O.1시험)	분류기준(O.3시험)
1	물질(또는 혼합물)과 셀룰로오스의 중량비 4:1 또는 1:1 혼합물로서 시험한 경우에, 그 평균 연소시간이 브롬산칼륨과 셀룰로오스의 중량비 3:2 혼합물의 평균 연소시간 미만인 물질 또는 혼합물	물질(또는 혼합물)과 셀룰로오스의 중량비 4:1 또는 1:1의 혼합물을 시험한 경우에, 그 평균 연소속도가 과산화칼슘과 셀룰로오스의 중량비 3:1 혼합물의 평균 연소 속도 초과인 물질 또는 혼합물
2	물질(또는 혼합물)과 셀룰로오스의 중량비 4:1 또는 1:1 혼합물로서 시험한 경우에, 그 평균 연소시간이 브롬산칼륨과 셀룰로오스의 중량비 2:3 혼합물의 평균 연소시간 이하이며, 구분 1에 해당하지 않는 물질 또는 혼합물	물질(또는 혼합물)과 셀룰로오스의 중량비 4:1 또는 1:1의 혼합물을 시험한 경우에, 그 평균 연소속도가 과산화칼슘과 셀룰로오스의 중량비 1:1 혼합물의 평균 연소 속도 이상이고, 구분 1의 판정 기준에 적합하지 않는 물질 또는 혼합물
3	물질(또는 혼합물)과 셀룰로오스의 중량비 4:1 또는 1:1 혼합물로서 시험한 경우에, 그 평균 연소시간이 브롬산칼륨과 셀룰로오스의 중량비 3:7 혼합물의 평균 연소시간 이하이며, 구분 1 및 2에 해당하지 않는 물질 또는 혼합물	물질(또는 혼합물)과 셀룰로오스의 중량비 4:1 또는 1:1 혼합물을 시험한 경우에, 그 평균 연소속도가 과산화칼슘과 셀룰로오스의 중량비 1:2 혼합물의 평균 연소 속도 이상이고, 구분 1 및 2의 판정 기준에 적합하지 않는 물질 또는 혼합물

나. 표시사항

산화성 고체의 표시사항은 아래 표와 같다.

표 3.5.14(2) 산화성 고체의 표시사항

		구분 1	구분 2	구분 3
그림문자		◇	◇	◇
운송 그림문자		◇	◇	◇
신호어		위험	위험	경고
유해·위험문구		화재 또는 폭발을 일으킬 수 있음; 강산화제 (H271)	화재를 강렬하게 함; 산화제 (H272)	화재를 강렬하게 함; 산화제 (H272)
예방조치문구	예방	P210 P220 P280 P283	P210 P220 P280	P210 P220 P280
	대응	P306+P360 P371+P380+P375 P370+P378	P370+P378	P370+P378
	저장	P420	없음	없음
	폐기	P501	P501	P501

3.5.15 유기과산화물

가. 분류기준

유기과산화물이란 1개 또는 2개의 수소 원자가 유기라디칼에 의하여 치환된 과산화수소의 유도체인 2개의 -O-O- 구조를 갖는 액체나 고체 유기물질을 말한다.

표 3.5.15(1) 유기과산화물의 분류기준

구 분	분류기준
1 (형식 A)	포장된 상태에서 폭굉하거나 급속히 폭연하는 유기 과산화물
2 (형식 B)	폭발성을 가지며, 포장된 상태에서 폭굉도 급속한 폭연도 하지 않으나, 그 포장물 내에서 열 폭발을 일으키는 경향을 가지는 유기과산화물
3 (형식 C)	폭발성을 가지며, 포장된 상태에서 폭굉도 급속한 폭연도 열폭발도 일으키지 않는 유기과산화물
4 (형식 D)	실험실 시험에서 다음의 성질과 상태를 나타내는 유기과산화물 ① 폭굉이 부분적이며, 급속히 폭연하지 않고 밀폐상태에서 가열하면 격렬한 반응을 일으키지 않음. 또는, ② 전혀 폭굉하지 않고, 완만하게 폭연하며 밀폐상태에서 가열하면 격렬한 반응을 일으키지 않음. 또는, ③ 전혀 폭굉 또는 폭연하지 않고, 밀폐상태에서 가열하면 중간 정도의 반응을 일으킴
5 (형식 E)	실험실 시험에서 전혀 폭굉도 폭연도 하지 않고, 밀폐상태에서 가열하면 반응이 약하거나 없다고 판단되는 유기과산화물
6 (형식 F)	실험실 시험에서, 공동상태 하에서 폭굉하지 않거나 전혀 폭연하지 않고, 밀폐상태에서 가열하면 반응이 약하거나 없는 또는 폭발력이 약하거나 없다고 판단되는 유기과산화물
7 (형식 G)	실험실 시험에서, 공동상태 하에서 폭굉하지 않거나 전혀 폭연하지 않고, 밀폐상태에서 가열하면 반응이 없거나 폭발력이 없다고 판단되는 유기과산화물. 다만, 열적으로 안정하고(50kg 포장물의 경우 SADT가 60℃ 이상), 액체 혼합물의 경우에는 끓는점이 150℃ 이상인 희석제로 둔화된 경우에만 해당한다. 만약 유기과산화물이 열적으로 안정하지 않거나 끓는점이 150℃ 미만의 희석제로 둔화된 경우에는, 그 유기과산화물은 유기과산화물 형식 F로 해야 한다.

Sketch Note Writing

[예제] 다음 중 화학물질의 분류 및 표시 등에 관한 규정에서 제시된 그림문자 중 산화성 고체를 나타내는 것은?

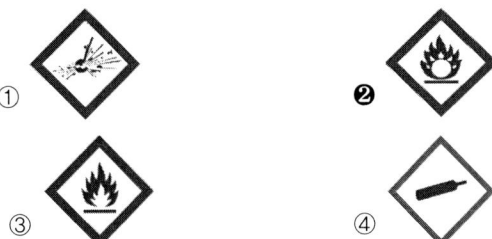

나. 표시사항

유기과산화물의 표시사항은 아래 표와 같다.

표 3.5.15(2) 유기과산화물의 표시사항

		구분 1 (형식 A)	구분 2 (형식 B)	구분 3 및 4 (형식 C 및 D)	구분 5 및 6 (형식 E 및 F)	구분 7 (형식 G)
그림문자		(폭발)	(화염) (폭발)	(화염)	(화염)	
운송 그림문자		운송 불가	(폭발) 그리고 (5.2) 또는 (5.2)	(5.2) 또는 (5.2)	(5.2) 또는 (5.2)	
신호어		위험	위험	위험	경고	없음
유해·위험문구		가열하면 폭발할 수 있음 (H240)	가열하면 화재 또는 폭발을 일으킬 수 있음 (H241)	가열하면 화재를 일으킬 수 있음 (H242)	가열하면 화재를 일으킬 수 있음 (H242)	
예방조치문구	예방	P210 P234 P235 P240 P280	P210 P234 P235 P240 P280	P210 P234 P235 P240 P280	P210 P234 P235 P240 P280	
	대응	P370+P372+P380+P373	P370+P380+P375[+P378]	P370+P378	P370+P378	
	저장	P403 P410 P411 P420	P403 P410 P411 P420	P403 P410 P411 P420	P403 P410 P411 P420	
	폐기	P501	P501	P501	P501	

3.5.16 금속부식성 물질

가. 분류기준

금속부식성 물질이란 화학적인 작용으로 금속을 손상 또는 파괴시키는 물질이나 혼합물을 말한다.

표 3.5.16(1) 금속부식성 물질과 혼합물의 분류기준

구 분	분류기준
1	강철 및 알루미늄 모두에서 시험된 경우, 두 재질 중 어느 하나의 표면 부식속도가 55℃에서 1년간 6.25 mm를 넘는 물질

나. 표시사항

금속 부식성 물질 또는 혼합물의 표시사항은 아래 표와 같다.

표 3.5.16(2) 금속부식성 물질과 혼합물의 표시사항

		구분 1
그림문자		
운송 그림문자		
신호어		경고
유해·위험문구		금속을 부식시킬 수 있음 (H290)
예방조치문구	예방	P234
	대응	P390
	저장	P406
	폐기	없음

주) 금속부식성물질이 아니라는 증거가 없는 경우 피부부식성물질 구분1은 금속부식성물질 구분1(H290)로 분류할 수 있다. 단, 액체인 경우에 한한다.

| Sketch Note Writing |

[예제] 다음 중 화학물질의 분류 및 표시 등에 관한 규정에서 제시된 그림문자 중 금속부식성을 나타내는 것은?

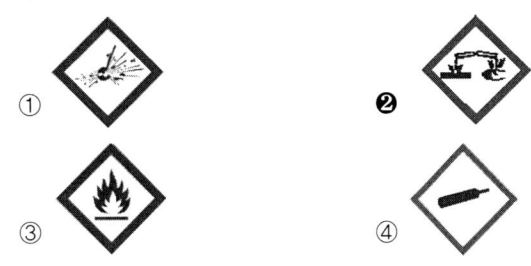

3.6 건강 유해성

3.6.1 급성 독성

가. 물질의 분류기준

급성독성 물질이란 입이나 피부를 통하여 1회 또는 24시간 이내에 수 회로 나누어 투여하거나 4시간 동안 흡입노출시켰을 때 유해한 영향을 일으키는 물질을 말한다.

표 3.6.1(1) 물질에 대한 급성독성 분류기준(한계 값)

구분	노출 경로별 급성독성 값				
	경구 (ATE, mg/kg)	경피 (ATE, mg/kg)	흡입(ATE, 4시간)		
			가스(ppm)	증기(mg/L)	분진/미스트(mg/L)
1	5	50	100	0.5	0.05
2	50	200	500	2.0	0.5
3	300	1,000	2,500	10	1.0
4	2,000	2,000	20,000	20	5

※ 가스, 증기, 분진 및 미스트에 대한 정의는 본문 제2조 참조

(1) 급성독성 추정치(ATE, Acute Toxicity Estimate)는 추정된 과반수 치사량을 의미하며, 다음 중 어느 하나로부터 구한다.
   (a) 이용가능하다면 LD_{50} 또는 LC_{50}
   (b) 용량범위로 산출된 독성시험 결과로부터 표 3.6.1(2)를 이용하여 도출된 변환 값
   (c) 구분을 알고 있는 경우 표 3.6.1(2)를 이용하여 도출된 변환 값

나. 혼합물의 분류기준
   (1) 혼합물 자체에 대한 급성독성 자료가 있는 경우 물질의 분류기준(표 3.6.1(1))과 같다.
   (2) 혼합물 자체에 대한 자료는 없으나 가교원리를 적용할 수 있는 경우
      각 노출경로에 대하여 가교원리를 적용, 해당 혼합물을 급성독성 구분 1부터 구분 4까지로 분류한다.
   (3) 혼합물 자체에 대한 자료는 없으나 구성성분에 대한 자료가 있는 경우
      (a) 모든 구성성분에 대한 자료가 있거나 예측이 가능한 경우: [공식 1]에 따라 혼합물의 경구, 경피 또는 흡입 급성독성 추정치(ATE_{mix})를 계산하여 급성독성 물질의 분류기준(표 3.6.1(1))에 따라 분류한다, 다만, 혼합물의 급성독성 추정치는 혼합물의 LD_{50}이나 LC_{50}으로 본다.

$$\frac{100}{ATEmix} = \sum_n \frac{Ci}{ATEi} \quad \text{[공식 1]}$$

이 공식에서 Ci는 성분 i의 농도를, ATEi는 성분 i의 급성독성 추정치를 의미 하며, 성분의 수가 n개일 때, i는 1부터 n까지에 해당한다.

※ 혼합물 구성성분의 ATE는 다음을 이용하여 유도한다.

· LD_{50}(경구, 경피)/LC_{50}(흡입),
· 용량범위 시험의 결과인 경우 아래 표로부터 적절히 환산된 값, 또는
· 구분을 알고 있는 경우 아래 표로부터 적절히 환산된 값

표 3.6.1(2) 용량범위로 산출된 시험 값 또는 급성독성 구분으로부터 변환된 급성독성 추정치

노출경로		구분 또는 시험적으로 얻어진 급성독성 범위				변환된 급성독성 추정치
경구 (mg/kg 체중)		0 <	구분 1	≤	5	0.5
		5 <	구분 2	≤	50	5
		50 <	구분 3	≤	300	100
		300 <	구분 4	≤	2000	500
경피 (mg/kg 체중)		0 <	구분 1	≤	50	5
		50 <	구분 2	≤	200	50
		200 <	구분 3	≤	1000	300
		1000 <	구분 4	≤	2000	1100
흡입	가스 (ppm)	0 <	구분 1	≤	100	10
		100 <	구분 2	≤	500	100
		500 <	구분 3	≤	2500	700
		2500 <	구분 4	≤	20000	4500
	증기 (mg/L)	0 <	구분 1	≤	0.5	0.05
		0.5 <	구분 2	≤	2.0	0.5
		2.0 <	구분 3	≤	10.0	3
		10.0 <	구분 4	≤	20.0	11
	분진/미스트 (mg/L)	0 <	구분 1	≤	0.05	0.005
		0.05 <	구분 2	≤	0.5	0.05
		0.5 <	구분 3	≤	1.0	0.5
		1.0 <	구분 4	≤	5.0	1.5

[공식 1]을 적용하는 경우에는 급성독성이 없다고 생각할 수 있는 구성성분(예를 들면 물, 설탕) 및 경구독성 한계 시험인 2,000mg/kg 체중에서 급성독성이 나타나지 않는 구성성분은 무시하되, 이러한 구성성분은 ATE를 알고 있는 성분으로 간주한다. 또한 ATE를 모르는 구성성분에 대하여, 경구, 경피 및 흡입 급성독성 추정치 간의 외삽, 구조활성관계 등을 통해 예측한 독성 값을 [공식 1]에 적용할 수 있다.

(b) 일부 구성성분에 대한 자료만 있는 경우

  가) 구성성분 중 급성독성을 모르는 성분의 총합이 10% 이하인 경우

  [공식 1]에 따라 혼합물의 ATE를 계산한 다음 표 3.6.1(1)에 따라 분류하되, 급성독성을 모르는 성분의 함량을 별도 표시한다.

  나) 구성성분 중 급성독성을 모르는 성분의 총합이 10% 초과인 경우

[공식 2]에 따라 혼합물의 ATE를 계산한 다음 표 3.6.1(1)에 따라 분류하되, 급성독성을 모르는 성분의 함량을 별도 표시한다.

$$\frac{100-(\sum Cunknown)}{ATEmix} = \sum_n \frac{Ci}{ATEi} \quad \text{[공식 2]}$$

이 공식에서 Ci는 성분 i의 농도를, ATEi는 성분 i의 급성독성 추정치를, 그리고 Cunknown은 급성독성을 모르는 성분을 의미한다.

다. 표시사항

급성독성 분류기준에 해당하는 물질 또는 혼합물에 대한 표시사항은 아래 표와 같다.

표 3.6.1(3) 급성독성의 표시사항

		구분 1	구분 2	구분 3	구분 4
그림문자		☠	☠	☠	❗
운송 그림문자		☠6	☠6	☠6	없음
		*UN Model Regulation : 가스의 경우 숫자 6을 2로 바꾼다.			
신호어		위험	위험	위험	경고
유해·위험 문구	경구	삼키면 치명적임 (H300)	삼키면 치명적임 (H300)	삼키면 유독함 (H301)	삼키면 유해함 (H302)
	경피	피부와 접촉하면 치명적임 (H310)	피부와 접촉하면 치명적임 (H310)	피부와 접촉하면 유독함 (H311)	피부와 접촉하면 유해함 (H312)
	흡입	흡입하면 치명적임 (H330)	흡입하면 치명적임 (H330)	흡입하면 유독함 (H331)	흡입하면 유해함 (H332)
예방조치문구 (경구)	예방	P264 P270	P264 P270	P264 P270	P264 P270
	대응	P301+P310 P321 P330	P301+P310 P321 P330	P301+P310 P321 P330	P301+P312 P330
	저장	P405	P405	P405	없음
	폐기	P501	P501	P501	P501
예방조치문구 (경피)	예방	P262 P264 P270 P280	P262 P264 P270 P280	P280	P280
	대응	P302+P352 P310 P321 P361+P364	P302+P352 P310 P321 P361+P364	P302+P352 P312 P321 P361+P364	P302+P352 P312 P321 P362+P364
	저장	P405	P405	P405	없음
	폐기	P501	P501	P501	P501

		구분 1	구분 2	구분 3	구분 4
예방조치문구 (흡입)	예방	P260 P271 P284	P260 P271 P284	P261 P271	P261 P271
	대응	P304+P340 P310 P320	P304+P340 P310 P320	P304+P340 P311 P321	P304+P340 P312
	저장	P403+P233 P405	P403+P233 P405	P403+P233 P405	없음
	폐기	P501	P501	P501	없음

※ 물질 또는 혼합물이(피부 또는 눈에 대한 자료에 근거하여) 부식성이 있는 것으로 결정되면, 적절한 급성 독성 심벌에 덧붙여, "부식성" 또는 "호흡기도에 부식성"과 같이 부식성의 유해·위험문구와 함께 부식성 심벌(피부와 눈 부식성에 사용된다.)을 추가할 수 있다.

3.6.2 피부 부식성/자극성

가. 물질의 분류 기준

피부 부식성 또는 자극성 물질이란 최대 4시간 동안 접촉시켰을 때 비가역적인 피부손상을 일으키는 피부 부식성 물질 또는 피부 자극성 물질을 말한다.

표 3.6.2(1) 물질에 대한 피부 부식성/자극성 분류기준

구 분		분류기준
1 (피부 부식성)		실험동물을 노출시킨 후 4시간 안에 적어도 한 마리라도 피부조직 파괴현상, 즉 표피를 지나 진피까지 가시적인 괴사를 일으키는 경우
	구분 1A	3분 이하의 노출 후 1시간의 관찰시간 동안에 적어도 한 마리의 동물에서 부식성 반응을 일으키는 경우
	구분 1B	3분 초과, 1시간 이하 노출 후 14일 동안의 관찰기간 동안에 적어도 한 마리의 동물에서 부식성 반응을 일으키는 경우
	구분 1C	1시간 초과, 4시간 이하 노출 후 14일 동안의 관찰기간 동안에 적어도 한 마리의 동물에서 부식성 반응을 일으키는 경우
2 (피부 자극성)		① 패치 제거 후 24, 48, 72 시간에 따라 또는 반응이 지연될 경우 피부 반응 시작일부터 3일 연속으로 관찰하였을 때, 시험동물 3마리 중 적어도 2마리에서 홍반, 가피 또는 부종의 증상을 나타내는 피부자극 평균값이 2.3 이상 4.0 이하 ② 14일의 관찰기간 종료일까지 최소 2마리의 시험동물에서 염증, 특히 (제한된 부위에 대한) 탈모증, 각화증, 비후(증식), 피부각질 화 증상이 지속적으로 관찰 ③ 시험동물 간 반응의 차이가 있어, 한 마리에서 화학물질의 노출과 관련된 아주 명확한 양성반응이 관찰되지만, 위의 분류구분에는 못 미치는 경우

(1) 피부 부식성/자극성 물질은 다음과 같은 단계적 접근법이 검토되어야한다.

 (a) 사람 또는 동물에 대한 경험으로부터 피부 부식성/자극성이라는 근거가 있는 물질. 또는,

 (b) 구조활성관계 또는 구조특성관계로부터 피부 부식성/자극성이라 근거가 있는 물질. 또는,

 (c) 국제적으로 검증된 시험관내(in vitro) 피부 부식성/자극성 시험결과 양성인 물질. 또는,

 (d) pH 2 이하 또는 pH 11.5 이상인 물질(피부부식성에만 한한다)

나. 혼합물의 분류기준
  (1) 혼합물 자체에 대한 피부 부식성 또는 자극성 자료가 있는 경우
      물질의 분류기준(표 3.6.2(1))과 같다.
  (2) 혼합물 자체에 대한 자료는 없으나 가교원리를 적용할 수 있는 경우
      가교원리를 적용하여 해당 혼합물을 피부 부식성(구분1) 또는 피부 자극성(구분2)으로 분류한다.
  (3) 혼합물 자체에 대한 자료는 없으나 구성성분에 대한 자료가 있는 경우
      (a) 가산 방식을 적용할 수 있는 경우 : 혼합물 중 피부 부식성(구분1) 또는 피부 자극성(구분2) 성분이 이들의 농도와 부식성 또는 자극성 강도에 비례하여 혼합물 전체의 부식성 또는 자극성에 기여하는 경우에, 혼합물의 분류기준은 아래 표 3.6.2(2)와 같다.

표 3.6.2(2) 가산 방식을 적용할 수 있는 경우에 혼합물의 분류기준

구 분	분류기준
1 (피부 부식성)	피부 부식성(구분1)인 성분의 총 함량이 5% 이상인 혼합물
2 (피부 자극성)	① 피부 부식성(구분1)인 성분의 총 함량이 1% 이상 5% 미만인 혼합물. 또는, ② 피부 자극성(구분2)인 성분의 총 함량이 10% 이상인 혼합물. 또는, ③ 다음의 합이 10% 이상인 혼합물 (ⅰ) 피부 부식성(구분1)인 성분의 총 함량(%)에 가중치 10을 곱한 값과 (ⅱ) 피부 자극성(구분2)인 성분의 총 함량(%)

[주] 피부 부식성 구분 1의 소구분을 사용할 때 1A, 1B 또는 1C로 혼합물의 부식성을 분류하기 위해서는 소구분 1A, 1B 또는 1C로 분류된 모든 성분들의 합이 각각 5% 이상이어야 한다. 소구분 1A로 분류된 성분들의 합이 5% 미만이지만 소구분 1A, 1B로 분류된 성분들의 합이 5% 이상일 경우 이 혼합물은 소구분 1B로 분류되어진다. 이와 유사하게 구분 1A, 1B로 분류된 성분들의 합이 5% 미만이지만 소구분 1A, 1B, 1C로 분류된 성분들의 합이 5% 이상이면 이 혼합물의 경우는 소구분 1C로 분류되어질 수 있다. 혼합물에서 적어도 한 가지 이상의 성분이 소구분 없이 구분 1로 분류되는 경우에는 그 혼합물의 모든 성분들의 피부 부식성 합이 5% 이상이면 소구분 없이 구분 1로 분류되어야 한다.

  (b) 가산 방식을 적용할 수 없는 경우
      강산이나 강염기, 기타 무기염류, 알데히드류, 페놀류, 계면활성제 또는 이와 유사한 특징을 갖는 물질 중 표 3.6.2(2)의 가산 방식을 적용할 수 없는 성분을 함유한 혼합물은 표 3.6.2(3)에 따라 피부 부식성 또는 피부 자극성을 분류한다.

표 3.6.2(3) 가산 방식을 적용할 수 없는 경우에 혼합물의 분류기준

구 분	분류기준
1 (피부 부식성)	① 수소이온농도(pH) 2 이하인 성분의 함량이 1% 이상인 혼합물. 또는, ② 수소이온농도(pH) 11.5 이상인 성분의 함량이 1% 이상인 혼합물. 또는, ③ 기타 가산 방식이 적용되지 않는 다른 피부 부식성(구분 1)인 성분의 함량이 1% 이상인 혼합물
2 (피부 자극성)	산, 알칼리 등 가산 방식이 적용되지 않는 다른 피부 자극성(구분 2)인 성분의 함량이 3% 이상인 혼합물

다. 표시사항

피부 부식성(구분 1) 또는 피부 자극성(구분 2) 분류기준에 해당하는 물질 또는 혼합물의 표시사항은 아래 표와 같다.

표 3.6.2(4) 피부 부식성/자극성의 표시사항

		구분 1(1A, 1B, 1C)	구분 2
그림문자			
운송 그림문자			없음
신호어		위험	경고
유해위험문구		피부에 심한 화상과 눈에 손상을 일으킴 (H314)	피부에 자극을 일으킴 (H315)
예방조치문구	예방	P260 P264 P280	P264 P280
	대응	P301+P330+P331 P303+P361+P353 P363 P304+P340 P310 P321 P305+P351+P338	P302+P352 P321 P332+P313 P362+P364
	저장	P405	없음
	폐기	P501	없음

| Sketch Note Writing |

[예제] 다음 중 화학물질의 분류 및 표시 등에 관한 규정에서 제시된 그림문자 중 피부 부식성(구분1)을 나타내는 것은?

①    ❷

③   ④

3.6.3 심한 눈 손상/눈 자극성

가. 물질의 분류 기준

심한 눈 손상 또는 눈 자극성 물질이란 눈 앞쪽 표면에 접촉시켰을 때 21일 이내에 완전히 회복되지 않는 심한 눈 손상 물질 또는 21일 이내에 완전히 회복 가능한 눈 자극성 물질을 말한다.

표 3.6.3(1) 물질에 대한 심한 눈 손상/눈 자극성 분류기준

구 분	분류기준	
1 (심한 눈 손상)	동물시험결과 다음 중 어느 하나에 해당되는 물질 (i) 최소한 1마리의 동물에서 각막, 홍채 또는 결막에 대한 영향이 회복되지 않을 것이라 예상되거나 일반적으로 관찰기간 21일 내에 완전히 회복되지 않는 경우. 또는, (ii) 시험동물 3마리 중 최소한 2마리에서, 시험물질 점적 후 24, 48 및 72시간에서의 평균 점수로서 계산된 수치가 3이상(각막 혼탁) 또는 1.5 초과(홍채염)인 경우	
2 (눈 자극성)	시험동물 3마리 중 적어도 2마리가 다음의 양성반응을 보이는 물질	
	구분 2A	시험물질을 점적 후 24, 48 및 72시간에서의 평균 점수로서 계산된 수치가 1 이상(각막 혼탁 또는 홍채염)이거나 2이상(결막 충혈 또는 결막 부종)으로서 관찰기간 21일 이내에 완전히 회복되는 경우
	구분 2B	구분 2A에서 열거된 양성반응이 7일의 관찰기간 내에 완전히 회복한다면, 경미한 눈 자극(구분 2B)으로 고려될 수 있음

(1) 심한 눈 손상/눈 자극성 물질은 다음과 같은 단계적 접근법이 검토되어야한다.
   (a) 사람 또는 동물에 대한 경험으로부터 심한 눈 손상/눈 자극성이라는 근거가 있는 물질.
   (b) 구조활성관계 또는 구조특성관계로부터 심한 눈 손상/눈 자극성이라 근거가 있는 물질.
   (c) 국제적으로 검증된 시험관내(in vitro) 심한 눈 손상/눈 자극성 시험결과 양성인 물질.
   (d) 피부 부식성(구분 1)인 물질 또는 pH2 이하 또는 pH11.5 이상인 물질(심한 눈 손상에만 한한다)

나. 혼합물의 분류기준

(1) 혼합물 자체에 대한 피부 부식성, 심한 눈 손상 또는 눈 자극성 자료가 있는 경우
   물질의 분류기준(표 3.6.3(1))과 같다.
(2) 혼합물 자체에 대한 자료는 없으나 가교원리를 적용할 수 있는 경우
   가교원리를 적용하여 해당 혼합물을 심한 눈 손상(구분1) 또는 눈 자극성(구분2)으로 분류한다.
(3) 혼합물 자체에 대한 자료는 없으나 구성성분에 대한 자료가 있는 경우
   (a) 가산 방식을 적용할 수 있는 경우 : 혼합물 중 피부 부식성(구분1), 심한 눈 손상(구분1) 또는 눈 자극성(구분2) 성분이 이들의 농도와 부식성 또는 자극성 강도에 비례하여 혼합물 전체의 부식성 또는 자극성에 기여하는 경우에, 혼합물의 분류기준은 아래 표 3.6.3(2)와 같다.

표 3.6.3(2) 가산 방식을 적용할 수 있는 경우에 혼합물의 분류기준

구 분	분류기준
1 (심한 눈 손상)	① 심한 눈 손상(구분1) 또는 피부 부식성(구분1)인 성분의 총 함량이 3% 이상인 혼합물. 또는 ② 다음의 합이 3% 이상인 혼합물(주1) (i) 피부 부식성(구분1)인 성분의 총 함량(%)과 (ii) 심한 눈 손상(구분1)인 성분의 총 함량(%)
2(2A/2B) (눈 자극성)	① 심한 눈 손상(구분1) 또는 피부 부식성(구분1)인 성분의 총 함량이 1% 이상 3% 미만인 혼합물. 또는, ② 눈 자극성(구분2)인 성분의 총합이 10% 이상(주2)인 혼합물. 또는, ③ 다음의 합이 10% 이상인 혼합물 (i) 심한 눈 손상(구분1)인 성분의 총 함량(%)에 가중치 10을 곱한 값과 (ii) 눈 자극성(구분2)인 성분의 총 함량(%). 또는, ④ 다음의 합이 1% 이상 3% 미만인 혼합물(주1) (i) 심한 눈 손상(구분1)인 성분의 총 함량(%)과 (ii) 피부 부식성(구분1)인 성분의 총 함량(%). 또는, ⑤ 다음의 합이 10% 이상인 혼합물 (i) 피부 부식성(구분1)인 성분의 총 함량(%)과 심한 눈 손상(구분1)인 성분의 총 함량(%)의 합에 가중치 10을 곱한 값과(주1) (ii) 눈 자극성(구분 2)인 성분의 총 함량(%)

[주1] 어떤 물질이 피부 부식성(구분 1)과 심한 눈 손상(구분 1) 분류에 해당하는 경우 그 물질의 농도는 계산 시 한번만 적용한다.
[주2] 혼합물의 모든 구성성분들이 눈 자극성(구분 2B)로 분류될 때 혼합물은 눈 자극성(구분 2B)로 분류한다.

(b) 가산 방식을 적용할 수 없는 경우

강산이나 강염기, 기타 무기염류, 알데히드류, 페놀류 및 계면활성제 또는 이와 유사한 특징을 갖는 물질 중 표 3.6.3(2)의 가산 방식을 적용할 수 없는 성분을 함유한 혼합물은 표 3.6.3(3)에 따라 심한 눈 손상 또는 눈 자극성을 분류한다.

표 3.6.3(3) 가산 방식을 적용할 수 없는 경우에 혼합물의 분류기준

구 분	분류기준
1 (심한 눈 손상)	① 수소이온농도(pH) 2 이하인 성분의 함량이 1% 이상인 혼합물 ② 수소이온농도(pH) 11.5 이상인 성분의 함량이 1% 이상인 혼합물 ③ 기타 가산 방식이 적용되지 않는 다른 심한 눈 손상(구분 1)인 성분의 함량이 1% 이상인 혼합물
2 (눈 자극성)	산, 알칼리 등 가산 방식이 적용되지 않는 다른 눈 자극성(구분 2)인 성분의 함량이 3% 이상인 혼합물

다. 표시사항

심한 눈 손상(구분 1) 또는 눈 자극성(구분 2) 분류기준에 해당하는 물질 또는 혼합물의 표시사항은 아래 표 와 같다.

표 3.6.3(4) 심한 눈 손상/눈 자극성의 표시사항

		구분 1	구분 2	
			구분 2A	구분 2B
그림문자		(그림)	(그림)	없음
신호어		위험	경고	경고
유해·위험문구		눈에 심한 손상을 일으킴 (H318)	눈에 심한 자극을 일으킴 (H319)	눈에 자극을 일으킴 (H320)
예방조치 문구	예방	P280	P264 P280	P264
	대응	P305+P351+P338 P310	P305+P351+P338 P337+P313	P305+P351+P338 P337+P313
	저장	없음	없음	없음
	폐기	없음	없음	없음

[공통1] 구분1, 2로 구분한 경우 구분2의 그림문자, 신호어, 유해위험문구, 예방조치문구는 구분 2A를 따른다.
[공통2] H314 문구 "피부에 심한 화상과 눈에 손상을 일으킴"이 할당되면, H318 문구 "눈에 심한 손상을 일으킴"은 생략될 수 있다.

| Sketch Note Writing |

[예제] 다음 중 화학물질의 분류 및 표시 등에 관한 규정에서 제시된 그림문자 중 심한 눈 손상(구분1)을 나타내는 것은?

①

❷

③

④

3.6.4 호흡기 또는 피부 과민성

가. 물질의 분류 기준

호흡기 또는 피부 과민성 물질이란 호흡을 통하여 노출되어 기도에 과민 반응을 일으키거나 피부 접촉을 통하여 알레르기 반응을 일으키는 물질을 말한다.

표 3.6.4(1) 물질에 대한 호흡기 또는 피부 과민성 분류기

구 분		분류기준
1 (호흡기 과민성 물질)		① 사람에 대해 득이적인 호흡기 과민증을 유발할 수 있다는 증거가 있는 물질, 또는 ② 적절한 동물 시험에서 양성의 결과가 도출된 경우
	구분 1A	인체에 높은 빈도로 호흡기 과민성이 발생하는 물질 또는 동물 및 다른 시험에 의해 인체에 높은 빈도의 호흡기 과민성을 일으킬 가능성이 있는 물질(반응의 강도도 또한 고려될 수 있음)
	구분 1B	인체에 낮거나 중간 정도의 호흡기 과민성 발생 빈도를 나타내는 물질 또는 동물 또는 다른 시험에 의해 인체에 낮거나 중간 정도 빈도의 호흡기 과민성을 일으킬 가능성이 있는 물질(반응의 강도도 또한 고려될 수 있음)
1 (피부 과민성 물질)		① 다수의 사람에게 피부 접촉에 의해 과민증을 유발할 수 있다는 증거가 있는 물질, 또는 ② 적절한 동물 시험에서 양성의 결과가 도출된 경우
	구분 1A	사람에게서 높은 빈도로 피부 과민성이 발생하거나 동물시험에서 사람에게 상당한 피부 과민성을 발생시킬 것으로 높게 추정되는 물질(반응의 강도도 또한 고려될 수 있음)
	구분 1B	사람에게서 중간 또는 낮은 빈도로 피부 과민성을 발생하거나 동물시험에서 사람에게 피부 과민성을 발생시킬 가능성이 중간 또는 낮게 추정되는 물질(반응의 강도도 또한 고려될 수 있음)

나. 혼합물의 분류기준

(1) 혼합물 자체에 대한 호흡기 또는 피부 과민성 자료가 있는 경우

물질의 분류기준(표 3.6.4(1))과 같다.

(2) 혼합물 자체에 대한 자료는 없으나 가교원리를 적용할 수 있는 경우

가교원리를 적용하여 해당 혼합물을 호흡기 과민성(구분 1) 또는 피부 과민성(구분 1)으로 분류한다.

(3) 혼합물 자체에 대한 자료는 없으나, 구성성분에 대한 자료가 있는 경우

표 3.6.4(2) 혼합물에 대한 피부 과민성 또는 호흡기 과민성 분류기준

구 분	분류기준
1 (호흡기 과민성)	다음의 어느 하나에 해당하는 혼합물 ① 호흡기 과민성(구분 1), 호흡기 과민성(구분 1B)인 성분의 함량이 0.2% 이상(기체)인 혼합물 ② 호흡기 과민성(구분 1), 호흡기 과민성(구분 1B)인 성분의 함량이 1.0% 이상(액체 또는 고체)인 혼합물 ③ 호흡기 과민성(구분 1A) 성분의 함량이 0.1% 이상인 혼합물
1 (피부 과민성)	다음의 어느 하나에 해당하는 혼합물 ① 피부 과민성(구분 1), 피부 과민성(구분 1B)인 성분의 함량이 1.0% 이상인 혼합물 ② 피부 과민성(구분 1A) 성분의 함량이 0.1% 이상인 혼합물

다. 표시사항

호흡기 과민성 또는 피부 과민성 분류기준에 해당하는 물질 또는 혼합물의 표시사항은 아래 표 와 같다.

표 3.6.4(3) 호흡기 또는 피부 과민성의 표시사항

		호흡기 과민성 구분1(1A, 1B)	피부 과민성 구분1(1A, 1B)
그림문자			
신호어		위험	경고
유해·위험문구		흡입 시 알레르기성 반응, 천식 또는 호흡 곤란 등을 일으킬 수 있음 (H334)	알레르기성 피부 반응을 일으킬 수 있음 (H317)
예방조치문구	예방	P261 P284	P261 P272 P280
	대응	P304+P340 P342+P311	P302+P352 P333+P313 P321 P362+P364
	저장	없음	없음
	폐기	P501	P501

| Sketch Note Writing |

[예제] 다음 중 화학물질의 분류 및 표시 등에 관한 규정에서 제시된 그림문자 중 호흡기 과민성(구분1)을 나타내는 것은?

①

❷

③

④

3.6.5 생식세포 변이원성

가. 물질의 분류 기준

"생식세포 변이원성 물질"이란 자손에게 유전될 수 있는 사람의 생식세포에 돌연변이를 일으킬 수 있는 물질을 말한다.

표 3.6.5(1) 물질에 대한 생식세포 변이원성 분류기준

구 분		분류기준
1	구분 1A	사람에 대한 역학조사연구에서 양성인 증거가 있는 물질로, 사람의 생식세포에 유전성 돌연변이를 일으키는 것으로 알려진 물질
	구분 1B	다음에 해당되어 사람의 생식세포에 유전성 돌연변이를 일으키는 것으로 간주되는 물질 (ⅰ) 포유동물을 이용한 생체내(in vivo) 유전성 생식세포 변이원성시험에서 양성인 물질. 또는, (ⅱ) 포유동물을 이용한 생체내(in vivo) 체세포 변이원성시험에서 양성이고, 생식세포에 돌연변이를 일으킬 수 있다는 증거가 있는 물질. 또는, (ⅲ) 노출된 인간의 정자세포에서 이수체 발생 빈도의 증가와 같이, 사람의 생식세포에 변이원성 영향을 보여주는 시험에서 양성인 물질
2		다음에 해당되어 사람의 생식세포에 유전성 돌연변이를 일으킬 가능성이 있는 물질 (ⅰ) 포유류를 이용한 생체내(in vivo) 체세포 변이원성시험에서 양성인 물질. 또는, (ⅱ) 기타 시험동물을 이용한 생체내(in vivo) 체세포 유전독성시험에서 양성이고, 시험관내(in vitro) 변이원성 시험에서 의해 추가 입증된 물질. 또는 (ⅲ) 포유류를 세포를 이용한 변이원성시험에서 양성이며, 알려진 생식세포 변이원성 물질과 화학적 구조활성관계를 갖는 물질

나. 혼합물의 분류기준

(1) 혼합물의 구성성분에 대한 생식세포 변이원성 자료가 있는 경우 : 생식세포 변이원성 구분 1 또는 구분 2에 해당하는 성분이 혼합물에 존재하는 경우는, 우선적으로 표 3.6.5(2)에 따라 해당 혼합물을 생식세포 변이원성으로 분류한다.

표 3.6.5(2) 혼합물에 대한 생식세포 변이원성 분류기준

구 분		분류기준
1		생식세포 변이원성(구분 1)인 성분의 함량이 0.1% 이상인 혼합물
	구분 1A	생식세포 변이원성(구분 1A)인 성분의 함량이 0.1% 이상인 혼합물
	구분 1B	생식세포 변이원성(구분 1B)인 성분의 함량이 0.1% 이상인 혼합물
2		생식세포 변이원성(구분 2)인 성분의 함량이 1.0% 이상인 혼합물

(2) 혼합물 자체에 대한 생식세포 변이원성 자료가 있는 경우

(1)에 따라 해당 혼합물이 생식세포 변이원성으로 분류되지 않는 경우에 한하여 표 3.6.5(1)의 물질에 대한 분류기준에 의하여 분류한다.

(3) 혼합물 자체에 대한 자료는 없으나 가교원리를 적용할 수 있는 경우

(1) 및 (2)을 순차적으로 적용한 결과 해당 혼합물이 생식세포 변이원성으로 분류되지 않는 경우에 가교원리를 적용하여 구분 1 및 구분 2로 분류한다.

다. 표시사항

생식세포 변이원성 분류기준에 해당하는 물질 또는 혼합물의 표시사항은 아래 표와 같다.

표 3.6.5(3) 생식세포 변이원성의 표시사항

		구분 1		구분 2
		구분 1A	구분 1B	
그림문자		☢	☢	☢
신호어		위험	위험	경고
유해·위험문구		유전적인 결함을 일으킬 수 있음 (주1)(H340)	유전적인 결함을 일으킬 수 있음 (주1)(H340)	유전적인 결함을 일으킬 것으로 의심됨 (주1)(H341)
예방조치문구	예방	P201 P202 P280	P201 P202 P280	P201 P202 P280
	대응	P308+P313	P308+P313	P308+P313
	저장	P405	P405	P405
	폐기	P501	P501	P501

[주1] 유전적인 결함을 일으키는 노출 경로를 기재한다. 단, 다른 노출 경로에 의해 유전적인 결함을 일으키지 않는다는 결정적인 증거가 있는 경우에 한한다.

| Sketch Note Writing |

[예제] 다음 중 화학물질의 분류 및 표시 등에 관한 규정에서 제시된 그림문자 중 생식세포 변이원성 (구분1A)을 나타내는 것은?

①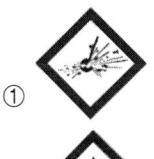

❷

③

④

3.6.6 발암성

가. 물질의 분류 기준

발암성 물질이란 암을 일으키거나 암의 발생을 증가시키는 물질을 말한다.

표 3.6.6(1) 물질에 대한 발암성 분류기준

구 분		분류기준
1	구분 1A	사람에게 발암성이 있다고 알려져 있는 물질로, 주로 사람에서 충분한 발암성 증거가 있는 물질
	구분 1B	사람에게 발암성이 있다고 추정되는 물질로, 주로 시험동물에서 발암성 증거가 충분한 물질이거나 시험동물과 사람 모두에서 제한된 발암성 증거가 있는 물질
2		사람에게 발암성이 의심되는 물질로, 주로 사람이나 시험동물에서 제한된 발암성 증거가 있지만 구분 1로 분류하기에는 증거가 충분하지 않은 물질

나. 혼합물의 분류기준

(1) 혼합물의 구성성분에 대한 발암성 자료가 있는 경우

발암성 구분 1 또는 구분 2에 해당하는 성분이 혼합물에 존재하는 경우는, 우선적으로 표 3.6.6(2)에 따라 해당 혼합물을 발암성으로 분류한다.

표 3.6.6(2) 혼합물에 대한 발암성 분류기준

구 분		분류기준
1		발암성(구분 1)인 성분의 함량이 0.1% 이상인 혼합물
	구분 1A	발암성(구분 1A)인 성분의 함량이 0.1% 이상인 혼합물
	구분 1B	발암성(구분 1B)인 성분의 함량이 0.1% 이상인 혼합물
2		발암성(구분 2)인 성분의 함량이 1.0% 이상인 혼합물

(2) 혼합물 자체에 대한 발암성 자료가 있는 경우

(1)에 따라 해당 혼합물이 발암성으로 분류되지 않는 경우에 한하여 표 3.6.6(1)의 물질에 대한 분류기준에 의하여 분류한다. 다만, 해당 혼합물을 발암성으로 분류하지 않거나 (1)에서의 구분에 비해 낮은 구분으로 분류하는 경우에는, 해당 시험방법의 적절성, 민감성 등에 대하여 충분한 증거가 있어야 한다.

(3) 혼합물 자체에 대한 자료는 없으나 가교원리를 적용할 수 있는 경우:

(1) 및 (2)을 순차적으로 적용한 결과 해당 혼합물이 발암성으로 분류되지 않는 경우에 한하여, 가교원리를 적용 구분 1 및 구분 2로 분류한다.

다. 표시사항

발암성 분류기준에 해당하는 물질 또는 혼합물의 표시사항은 아래 표와 같다.

표 3.6.6(3) 발암성의 표시사항

		구분 1		구분 2
		구분 1A	구분 1B	
그림문자		☠	☠	☠
신호어		위험	위험	경고
유해·위험문구		암을 일으킬 수 있음 (주2)(H350)	암을 일으킬 수 있음 (주2)(H350)	암을 일으킬 것으로 의심됨 (주2)(H351)
예방조치문구	예방	P201 P202 P280	P201 P202 P280	P201 P202 P280
	대응	P308+P313	P308+P313	P308+P313
	저장	P405	P405	P405
	폐기	P501	P501	P501

[주2] 암을 일으키는 노출 경로를 기재한다. 단, 다른 노출경로에 의해 암을 일으키지 않는다는 결정적인 증거가 있는 경우에 한한다.

| Sketch Note Writing |

[예제] 다음 중 화학물질의 분류 및 표시 등에 관한 규정에서 제시된 그림문자 중 발암성(구분1A)을 나타내는 것은?

①

❷

③

④

3.6.7 생식독성

가. 물질의 분류 기준

생식독성 물질이란 생식 기능, 생식 능력 또는 태아 발육에 유해한 영향을 일으키는 물질을 말한다.

표 3.6.7(1) 물질에 대한 생식독성 분류기준

구 분		분류기준
1	구분 1A	사람에게 생식기능, 생식능력이나 발육에 악영향을 주는 것으로 판단할 만한 사람에 대한 증거가 있는 물질
	구분 1B	사람에게 생식기능, 생식능력이나 발육에 악영향을 주는 것으로 추정할 만한 동물시험 증거가 있는 물질
구분 2		사람에게 생식기능, 생식능력이나 발육에 악영향을 주는 것으로 의심할 만한 사람 또는 동물시험 증거가 있는 물질
추가 구분 (수유에 대한 또는 수유를 통한 영향)		① 흡수, 대사, 분포 및 배설에 대한 연구에서, 해당 물질이 잠재적으로 유독한 수준으로 모유에 존재할 가능성을 보여 주는 물질. 또는, ② 동물에 대한 1세대 또는 2세대 연구결과에서, 모유를 통해 전이되어 자손에게 유해영향을 주거나, 모유의 질에 유해영향을 준다는 명확한 증거가 있는 물질. 또는, ③ 수유기간 동안 아기에게 유해성을 유발한다는 사람에 대한 증거가 있는 물질.

나. 혼합물의 분류기준

(1) 혼합물의 구성성분에 대한 생식독성 자료가 있는 경우

생식독성 구분 1, 구분 2 또는 추가구분에 해당하는 성분이 혼합물에 존재하는 경우는, 우선적으로 표 3.6.7(2)에 따라 해당 혼합물을 생식독성으로 분류한다.

표 3.6.7(2) 혼합물에 대한 생식독성 분류기준

구 분		분류기준
1		생식독성(구분 1)인 성분의 함량이 0.3% 이상인 혼합물
	구분 1A	생식독성(구분 1A)인 성분의 함량이 0.3% 이상인 혼합물
	구분 1B	생식독성(구분 1B)인 성분의 함량이 0.3% 이상인 혼합물
2		생식독성(구분 2)인 성분의 함량이 3.0% 이상인 혼합물
추가 구분		생식독성(추가 구분)인 성분의 함량이 0.3% 이상인 혼합물

(2) 혼합물 자체에 대한 생식독성 자료가 있는 경우:

(1)에 따라 해당 혼합물이 생식독성으로 분류되지 않는 경우에 한하여 표 3.6.7(1)의 물질에 대한 분류기준에 의하여 분류한다.

(3) 혼합물 자체에 대한 자료는 없으나 가교원리를 적용할 수 있는 경우:

(1) 및 (2)을 순차적으로 적용한 결과 해당 혼합물이 생식독성으로 분류되지 않는 경우에 한하여, 가교원리를 적용 구분 1, 구분 2 또는 추가구분으로 분류한다.

다. 표시사항

생식독성 분류기준에 해당하는 물질 또는 혼합물의 표시사항은 아래 표와 같다.

표 3.6.7(3) 생식독성의 표시사항

		구분 1		구분 2	추가 구분
		구분 1A	구분 1B		
그림문자		☣	☣	☣	없음
신호어		위험	위험	경고	없음
유해·위험문구		태아 또는 생식능력에 손상을 일으킬 수 있음 (주3)(주4) (H360)	태아 또는 생식능력에 손상을 일으킬 수 있음 (주3)(주4) (H360)	태아 또는 생식능력에 손상을 일으킬 것으로 의심됨 (주3)(주4)(H361)	모유를 먹는 아이에게 유해할 수 있음 (H362)
예방조치문구	예방	P201 P202 P280	P201 P202 P280	P201 P202 P280	P201 P260 P263 P264 P270
	대응	P308+P313	P308+P313	P308+P313	P308+P313
	저장	P405	P405	P405	없음
	폐기	P501	P501	P501	없음

[주3] 알려진 특정한 영향을 명시한다.
[주4] 생식독성을 일으키는 노출 경로를 기재한다. 단, 다른 노출경로에 의해 생식독성을 일으키지 않는다는 결정적인 증거가 있는 경우에 한한다.

| Sketch Note Writing |

[예제] 다음 중 화학물질의 분류 및 표시 등에 관한 규정에서 제시된 그림문자 중 생식독성(구분1A)을 나타내는 것은?

①

❷

③

④

3.6.8 특정 표적장기 독성-1회 노출

가. 물질의 분류 기준

특정 표적장기 독성물질(1회 노출)이란 1회 노출에 의하여 특이한 비치사적(죽음에 이르지 않는 정도) 특정 표적장기 독성을 일으키는 물질을 말한다.

표 3.6.8(1) 물질에 대한 특정 표적장기 독성-1회 노출 분류기준

구 분	분류기준
1	① 사람에 대한 사례연구 또는 역학조사로부터 1회 노출에 의해 사람에게 중대한 독성을 일으킨다는 신뢰성 있고 양질의 증거가 있는 물질. 또는, ② 실험동물을 이용한 적절한 시험으로부터 일반적으로 낮은 수준의 노출 농도에서 사람의 건강과 관련된 중대한 또는 강한 독성영향을 일으켰다는 소견에 기초하여, 1회 노출에 의해 사람에게 중대한 독성을 일으킬 가능성이 있다고 추정되는 물질
2	실험동물을 이용한 적절한 시험으로부터 상대적으로 보통 수준의 노출 농도에서 사람의 건강과 관련된 중대한 독성 영향을 일으켰다는 소견에 기초하여, 1회 노출에 의해 사람의 건강에 유해를 일으킬 가능성이 있다고 추정되는 물질
3	노출 후에 짧은 기간 동안 사람의 기능을 유해하게 변화시키고, 구조 또는 기능에 중대한 변화를 남기지 않고 적당한 기간에 회복하는 영향으로, 마취 영향 또는 호흡기도 자극성을 일으키는 물질

나. 혼합물의 분류기준

(1) 혼합물 자체에 대한 특정 표적장기 독성-1회 노출 자료가 있는 경우

물질의 분류기준(표 3.6.8(1))과 같다. 다만 혼합물에 대한 특정 표적장기 독성-1회 노출을 평가함에 있어 투여수준, 시험기간이나 관찰결과에 유의한다.

(2) 혼합물 자체에 대한 자료는 없으나 가교원리를 적용할 수 있는 경우

가교원리를 적용하여 해당 혼합물을 특정 표적장기 독성-1회 노출 구분 1부터 구분 3까지로 분류한다.

(3) 혼합물 자체에 대한 자료는 없으나 구성성분에 대한 자료가 있는 경우

표 3.6.8(2) 혼합물에 대한 특정 표적장기 독성-1회 노출 분류기준

구 분	분류기준
1	특정 표적장기 독성-1회 노출(구분 1)인 성분의 함량이 10% 이상인 혼합물
2	① 특정 표적장기 독성-1회 노출(구분 1)인 성분의 함량이 1.0% 이상 10% 미만인 혼합물. 또는 ② 특정 표적장기 독성-1회 노출(구분 2)인 성분의 함량이 10% 이상인 혼합물
3	특정 표적장기 독성-1회 노출(구분 3)인 성분의 함량이 20% 이상인 혼합물

다. 표시사항

특정 표적장기 독성-1회 노출 분류기준에 해당하는 물질 또는 혼합물의 표시사항은 아래 표와 같다.

표 3.6.8(3) 특정 표적장기 독성-1회 노출의 표시사항

		구분 1	구분 2	구분 3	
				호흡기 자극	마취 영향
그림문자		☠	☠	❗	❗
신호어		위험	경고	경고	경고
유해·위험문구		장기(주5)에 손상을 일으킴(주6) (H370)	장기(주5)에 손상을 일으킬 수 있음(주6) (H371)	호흡기 자극을 일으킬 수 있음 (H335)	졸음 또는 현기증을 일으킬 수 있음 (H336)
예방조치문구	예방	P260 P264 P270	P260 P264 P270	P261 P271	P261 P271
	대응	P308+P311 P321	P308+P311	P304+P340 P312	P304+P340 P312
	저장	P405	P405	P403+P233 P405	P403+P233 P405
	폐기	P501	P501	P501	P501

[주5] 영향을 받는 것으로 알려진 모든 장기를 명시한다.
[주6] 특정표적장기독성(1회 노출)을 일으키는 노출 경로를 기재.

| Sketch Note Writing |

[예제] 다음 중 화학물질의 분류 및 표시 등에 관한 규정에서 제시된 그림문자 중 특정 표적장기(구분1)을 나타내는 것은?

①

❷

③

④

3.6.9 특정 표적장기 독성-반복 노출

가. 물질의 분류 기준

특정 표적장기 독성물질(반복 노출)이란 반복 노출에 의하여 특정 표적장기 독성을 일으키는 물질을 말한다.

표 3.6.9(1) 물질에 대한 특정 표적장기 독성-반복 노출 분류기준

구 분	분류기준
1	① 사람에 대한 사례연구 또는 역학조사로부터 반복 노출에 의해 사람에게 중대한 독성을 일으킨다는 신뢰성 있고 양질의 증거가 있는 물질. 또는, ② 실험동물을 이용한 적절한 시험으로부터 일반적으로 낮은 수준의 노출 농도에서 사람의 건강과 관련된 중대한 또는 강한 독성영향을 일으켰다는 소견에 기초하여, 반복 노출에 의해 사람에게 중대한 독성을 일으킬 가능성이 있다고 추정되는 물질
2	실험동물을 이용한 적절한 시험으로부터 상대적으로 보통 수준의 노출 농도에서 사람의 건강과 관련된 중대한 독성 영향을 일으켰다는 소견에 기초하여, 반복 노출에 의해 사람이 건강에 유해를 일으킬 가능성이 있다고 추정되는 물질

나. 혼합물의 분류기준

(1) 혼합물 자체에 대한 특정 표적장기 독성-반복 노출 자료가 있는 경우

물질의 분류기준(표 3.6.9(1))과 같다. 다만 혼합물에 대한 특정 표적장기 독성-반복 노출을 평가함에 있어 투여수준, 시험기간이나 관찰결과에 유의한다.

(2) 혼합물 자체에 대한 자료는 없으나 가교원리를 적용할 수 있는 경우

가교원리를 적용하여, 해당 혼합물을 특정 표적장기 독성-반복 노출 구분 1 및 구분 2로 분류한다.

(3) 혼합물 자체에 대한 자료는 없으나 구성성분에 대한 자료가 있는 경우

표 3.6.9(2) 혼합물에 대한 특정 표적장기 독성-반복 노출 분류기준

구 분	분류기준
1	특정 표적장기 독성-반복 노출(구분 1)인 성분의 함량이 10% 이상인 혼합물
2	① 특정 표적장기 독성-반복 노출(구분 1)인 성분의 함량이 1.0% 이상 10% 미만인 혼합물. 또는, ② 특정 표적장기 독성-반복 노출(구분 2)인 성분의 함량이 10% 이상인 혼합물

다. 표시사항

특정 표적장기 독성-반복 노출 분류기준에 해당하는 물질 또는 혼합물의 표시사항은 아래 표 와 같다.

표 3.6.9(3) 특정 표적장기 독성-반복 노출의 표시사항

		구분 1	구분 2
그림문자		☣	☣
신호어		위험	경고
유해·위험문구		장기간 또는 반복 노출되면 장기(주5)에 손상을 일으킴(주7) (H372)	장기간 또는 반복 노출되면 장기(주5)에 손상을 일으킬 수 있음(주7) (H373)
예방조치문구	예방	P260 P264 P270	P260
	대응	P314	P314
	저장	없음	없음
	폐기	P501	P501

[주5] 영향을 받는 것으로 알려진 모든 장기를 명시한다.
[주7] 특정표적장기독성(반복노출)을 일으키는 노출 경로를 기재한다. 단, 다른 노출경로에 의해 특정표적장기 독성(반복노출)을 일으키지 않는다는 결정적인 증거가 있는 경우에 한한다.

┤ Sketch Note Writing ├

[예제] 다음 중 화학물질의 분류 및 표시 등에 관한 규정에서 제시된 그림문자 중 특정 표적장기 독성 (구분2)을 나타내는 것은?

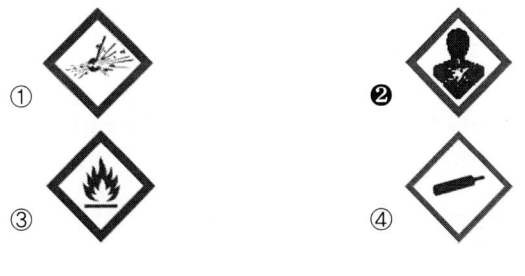

3.6.10 흡인 유해성

가. 물질의 분류 기준

흡인 유해성 물질이란 액체나 고체 화학물질이 입이나 코를 통하여 직접적으로 또는 구토로 인하여 간접적으로 기관(氣管) 및 더 깊은 호흡기관(呼吸器官)으로 유입되어 화학폐렴, 다양한 폐 손상이나 사망과 같은 심각한 급성 영향을 일으키는 물질을 말한다.

표 3.6.10(1) 물질에 대한 흡인 유해성 분류기준

구 분	분류기준
1	사람에 흡인 독성을 일으키는 것으로 알려지거나 흡인 독성을 일으킬 것으로 간주되는 물질로, 다음 어느 하나에 해당하는 물질 (a) 사람에게 흡인 유해성을 일으키는 것으로 알려진 물질 (b) 동점도가 20.5mm^2/s(40℃) 이하인 탄화수소
2	사람에 흡인 독성 유해성을 일으킬 우려가 있는 물질로, 구분1에 분류되지 않으면서 동점도가 14mm^2/s(40℃) 이하인 물질로, 기존의 동물시험결과와 표면장력, 수용해도, 끓는점 및 휘발성으로 보아 흡인 유해성을 일으키는 것으로 추정되는 물질

나. 혼합물의 분류기준

(1) 혼합물 자체에 대한 흡인 유해성 자료가 있는 경우 : 물질의 분류기준(표 3.6.10(1))과 같다.

(2) 혼합물 자체에 대한 자료는 없으나 가교원리를 적용할 수 있는 경우
가교원리를 적용하여 해당 혼합물을 흡인 유해성 구분 1 및 구분 2로 분류한다.

(3) 혼합물 자체에 대한 자료는 없으나 구성성분에 대한 자료가 있는 경우

표 3.6.10(2) 혼합물에 대한 흡인 유해성 분류기준

구 분	분류기준
1	흡인 유해성(구분 1)인 모든 구성성분의 농도의 합이 10%이상 이고, 동점도가 20.5mm^2/s(40℃) 이하인 혼합물(두 층 또는 그 이상으로 명백하게 분리되는 혼합물의 경우, 그 중에 한 층이 해당되는 혼합물을 포함한다)
2	흡인 유해성(구분 2)인 모든 구성성분의 농도의 합이 10%이상 이고, 동점도가 14mm^2/s(40℃) 이하인 혼합물(두 층 또는 그 이상으로 분명하게 분리되는 혼합물의 경우, 그 중에 한 층이 해당되는 혼합물을 포함한다)

다. 표시사항

흡인 유해성 분류기준에 해당하는 물질 또는 혼합물의 표시사항은 아래 표 3.6.10(3)과 같다.

표 3.6.10(3) 흡인 유해성의 표시사항

		구분 1	구분 2
그림문자			
신호어		위험	경고
유해위험문구		삼켜서 기도로 유입되면 치명적일 수 있음 (H304)	삼켜서 기도로 유입되면 유해할 수 있음 (H305)
예방조치문구	예방	없음	없음
	대응	P301+P310 P331	P301+P310 P331
	저장	P405	P405
	폐기	P501	P501

Sketch Note Writing

[예제] 다음 중 화학물질의 분류 및 표시 등에 관한 규정에서 제시된 그림문자 중 흡인유해성(구분1)을 나타내는 것은?

①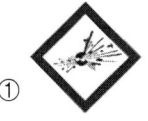

❷

③

④

3.7 환경 유해성

3.7.1 수생환경 유해성

가. 물질의 분류기준

수생환경 유해성 물질이란 단기간 또는 장기간 노출에 의하여 물 속에 사는 수생생물과 수생생태계에 유해한 영향을 일으키는 물질을 말한다.

표 3.7.1(1) 물질에 대한 수생환경 유해성(급성, 만성) 분류기준

구 분	분류기준
급성 1	급성 수생생태독성이 다음에 해당되는 물질 ① 어류에 대한 LC_{50}(96hr)이 1 mg/L 이하. 또는, ② 갑각류에 대한 EC_{50}(48hr)이 1 mg/L 이하. 또는, ③ 조류 또는 기타 수생식물에 대한 ErC_{50}(72 또는 96hr)이 1 mg/L 이하

만성 1	만성 수생생태독성이 다음 ① 또는 ②에 해당되거나, 급성 수생생태독성이 다음 ③에 해당되는 물질
	① 빠르게 분해되지 않으며 다음에 해당되는 물질
	  ⓐ 어류에 대한 NOEC 또는 ECx이 0.1 mg/L 이하. 또는,
	  ⓑ 갑각류에 대한 NOEC 또는 ECx이 0.1 mg/L 이하. 또는,
	  ⓒ 조류 또는 기타 수생식물에 대한 NOEC 또는 ECx이 0.1 mg/L 이하
	② 빠르게 분해되며 다음에 해당되는 물질
	  ⓐ 어류에 대한 NOEC 또는 ECx이 0.01 mg/L 이하. 또는,
	  ⓑ 갑각류에 대한 NOEC 또는 ECx이 0.01 mg/L 이하. 또는,
	  ⓒ 조류 또는 기타 수생식물에 대한 NOEC 또는 ECx이 0.01 mg/L 이하
	③ 빠르게 분해되지 않거나 시험적으로 결정된 생물농축계수(BCF)가 500이상(BCF가 없다면 log K_{ow}가 4이상)으로 다음에 해당되는 물질(만성 수생생태독성 자료가 없는 경우)
	  ⓐ 어류에 대한 LC_{50}(96hr)이 1 mg/L 이하. 또는,
	  ⓑ 갑각류에 대한 EC_{50}(48hr)이 1 mg/L 이하. 또는,
	  ⓒ 조류 또는 기타 수생식물에 대한 ErC_{50}(72 또는 96hr)이 1 mg/L 이하

만성 2	만성 수생생태독성이 다음 ① 또는 ②에 해당되거나, 급성 수생생태독성이 다음 ③에 해당되는 물질
	① 빠르게 분해되지 않으며 다음에 해당되는 물질
	  ⓐ 어류에 대한 NOEC 또는 ECx이 0.1 mg/L 초과 1 mg/L 이하. 또는,
	  ⓑ 갑각류에 대한 NOEC 또는 ECx이 0.1 mg/L 초과 1 mg/L 이하. 또는,
	  ⓒ 조류 또는 기타 수생식물에 대한 NOEC 또는 ECx이 0.1 mg/L 초과 1 mg/L 이하.
	② 빠르게 분해되며 다음에 해당되는 물질
	  ⓐ 어류에 대한 NOEC 또는 ECx이 0.01 mg/L 초과 0.1 mg/L 이하. 또는,
	  ⓑ 갑각류에 대한 NOEC 또는 ECx이 0.01 mg/L 초과 0.1 mg/L 이하. 또는,
	  ⓒ 조류 또는 기타 수생식물에 대한 NOEC 또는 ECx이 0.01 mg/L 초과 0.1 mg/L 이하.
	③ 빠르게 분해되지 않거나 시험적으로 결정된 생물농축계수(BCF)가 500이상(BCF가 없다면 log K_{ow}가 4이상)으로 다음에 해당되는 물질(만성 수생생태독성 자료가 없는 경우)
	  ⓐ 어류에 대한 LC_{50}(96hr)이 1 mg/L 초과 10 mg/L 이하. 또는,
	  ⓑ 갑각류에 대한 EC_{50}(48hr)이 1 mg/L 초과 10 mg/L 이하. 또는,
	  ⓒ 조류 또는 기타 수생식물에 대한 ErC_{50}(72 또는 96hr)이 1 mg/L 초과 10 mg/L 이하

구 분	분류기준
만성 3	만성 수생생태독성이 다음 ①에 해당되거나, 급성 수생생태독성이 다음 ②에 해당되는 물질 ① 빠르게 분해되며 다음에 해당되는 물질 ⓐ 어류에 대한 NOEC 또는 ECx이 0.1 mg/L 초과 1 mg/L 이하. 또는, ⓑ 갑각류에 대한 NOEC 또는 ECx이 0.1 mg/L 초과 1 mg/L 이하. 또는, ⓒ 조류 또는 기타 수생식물에 대한 NOEC 또는 ECx이 0.1 mg/L 초과 1 mg/L 이하. ② 빠르게 분해되지 않거나 시험적으로 결정된 생물농축계수(BCF)가 500이상(BCF가 없다면 log K_{ow}가 4이상) 으로 다음에 해당되는 물질(만성 수생생태독성 자료가 없는 경우) ⓐ 어류에 대한 LC_{50}(96hr)이 10mg/L 초과 100 mg/L 이하. 또는, ⓑ 갑각류에 대한 EC_{50}(48hr)이 10 mg/L 초과 100 mg/L 이하. 또는, ⓒ 조류 또는 기타 수생식물에 대한 ErC_{50}(72 또는 96hr)이 10 mg/L 초과 100 mg/L 이하
만성 4	수용해도 한계까지 급성독성이 없는 난용성 물질로서 다음에 해당하는 물질. 다만, 시험적으로 결정된 생물농축계수(BCF)가 500 미만 또는 만성독성 NOEC가 1mg/L 초과인 경우는 제외. ① 물질이 빠르게 분해되지 않음. 그리고, ② 옥탄올물분배계수(log K_{ow})가 4 이상

나. 혼합물의 분류 기준

(1) 다음의 원칙에 따라 혼합물을 분류한다.

(a) 고독성 성분이 포함된 혼합물

(ⅰ) 곱셈계수(M) 적용: 급성독성(L(E)C50)이 1mg/L보다 훨씬 낮거나, 만성독성(NOEC)이 0.1mg/L(빠르게 분해되지 않은 물질) 및 0.01mg/L(빠르게 분해되는 물질)보다 훨씬 낮은 성분은 혼합물 전체의 독성에 많은 영향을 주기 때문에 표 3.7.1(2)와 같이 곱셈계수(M)를 적용한다.

(ⅱ) 혼합물 중에서 모든 고독성 성분에 대해서 독성 데이터를 입수할 수 있고, 그 밖의 모든 성분에 대해서는 독성이 낮거나 그 혼합물의 유해성에 영향을 주지 않는 경우, 아래 (b)의 가산식을 사용한다.

표 3.7.1(2) 혼합물 중의 고독성 성분에 대한 곱셈계수(M)

급성 독성	M 계수	만성 독성	M 계수	
$L(E)C_{50}$ (단위: mg/L)		NOEC (단위: mg/L)	성분 a	성분 b
0.1 〈$L(E)C_{50}$≤ 1	1	0.01 〈NOEC≤ 0.1	1	−
0.01 〈$L(E)C_{50}$≤ 0.1	10	0.001 〈NOEC≤ 0.01	10	1
0.001 〈$L(E)C_{50}$≤ 0.01	100	0.0001 〈NOEC≤ 0.001	100	10
0.0001 〈$L(E)C_{50}$≤ 0.001	1000	0.00001 〈NOEC≤ 0.0001	1000	100
0.00001 〈$L(E)C_{50}$≤ 0.0001	10000	0.000001 〈NOEC≤ 0.00001	10000	1000
(이하 10 배씩 계속)		(이하 10배씩 계속)		

a : 빠르게 분해되지 않는 성분, b : 빠르게 분해되는 성분

(b) 가산식 적용: 혼합물의 구성성분 중에 독성 구분(급성 1 또는 만성 1, 2, 3, 4)이 아닌 적절한 시험 데이터가 있는 성분이 두 종류 이상인 경우에는, 시험 데이터의 성격에 따라 [공식 3] 또는 [공식 4]의 방법에 따라 이러한 성분의 조합에 대한 독성치를 계산한다. 이 독성 계산치를 사용하여 표 3.7.1(1)에 따라 조합된 성분에 대한 독성 구분을 정하며, 그 다음에 이것을 (c)의 합산방법에 적용한다. 다만, 혼합물의 만성독성 구분을 위해서는 만성독성으로 분류되지 않는 성분은 가산식에 적용하지 않는다.

(i) 급성수생생태독성에 근거한 가산식:

$$\frac{\sum C_i}{L(E)C_{50m}} = \sum_n \frac{C_i}{L(E)C_{50i}} \quad [공식 3]$$

이 공식에서 C_i는 성분 i의 농도(중량 백분율)를, $L(E)C_{50i}$는 성분 i의 LC50 또는 EC50(mg/L)을, 그리고 $L(E)C_{50m}$은 혼합물 중에서 시험 데이터가 있는 부분의 L(E)C50 을 의미 한다.

(ii) 만성수생생태독성에 근거한 가산식:

$$\frac{\sum C_i + \sum C_j}{EqNOEC_m} = \sum_n \frac{C_i}{NOEC_i} + \sum$$

이 공식에서 C_i는 빠르게 분해되는 성분 i의 농도(중량 백분율)를, C_j는 빠르게 분해되지 않는 성분 j의 농도(중량 백분율)를, $NOEC_i$는 빠르게 분해되는 성분 i의 NOEC 또는 ECx(mg/L)를, $NOEC_j$는 빠르게 분해되지 않는 성분 j의 NOEC 또는 ECx(mg/L)를, 그리고 $EqNOEC_m$은 혼합물 중에서 시험 데이터가 있는 부분의 등가 NOEC를 의미 한다.

(c) 성분의 합산방법 적용: 혼합물 자체에 대한 분해성이나 생물 농축성 자료가 있을 수 없기 때문에 구성성분 또는 조합된 성분에 대한 독성 구분별로 함량을 고려하여 분류한다(표 3.7.1(3) 및 3.7.1(4) 참고)

(2) 혼합물 자체에 대한 수생환경 유해성 자료가 있는 경우

혼합물 자체에 대한 급성독성 시험 데이터(LC_{50} 또는 EC_{50}) 및 만성독성 시험 데이터(NOEC 또는 ECx)가 있는 경우의 분류기준은 아래 표 3.7.1(3)와 같다. 만성독성 분류의 경우 혼합물 자체에 대한 분해성과 생물 축적성에 대한 자료가 있을 수 없기 때문에, 각 구성성분에 대한 분해성과 경우에 따라 생물축적성에 대한 정보가 필요하다. 다만 혼합물 자체에 대한 급성독성 시험 데이터만 있고 만성 유해성을 분류할 시험 데이터는 구성성분별로 있을 경우에는 급성 유해성은 혼합물 자체의 급성독성 시험 데이터로 평가하고 만성 유해성은 표 3.7.1(4)에 따라 성분의 합산방법을 이용하여 분류한다.

표 3.7.1(3) 혼합물 자체에 대한 수생환경 유해성 자료가 있는 경우의 혼합물 분류기준

구 분	분류기준
급성 1	물질에 대한 급성 구분 1과 같음
만성 1	혼합물의 모든 구성성분이 빠르게 분해되는 경우는 물질에 대한 만성 구분 1의 분류기준 ②와 같음. 그 밖의 경우는 물질에 대한 만성 구분 1의 분류기준 ①과 같음
만성 2	혼합물의 모든 구성성분이 빠르게 분해되는 경우는 물질에 대한 만성 구분 2의 분류기준 ②와 같음. 그 밖의 경우는 물질에 대한 만성 구분 2의 분류기준 ①과 같음
만성 3	혼합물의 모든 구성성분이 빠르게 분해되는 경우는 물질에 대한 만성 구분3의 ①과 같음
만성 4	급성 수생생태독성이 구분 1 또는 만성 수생생태독성이 구분 1부터 구분 3까지에 해당하지 않거나 수용해도 한계 이상이고, 다음의 합(%)이 25% 이상인 혼합물 ① 만성 1인 성분의 총 함량(%) ② 만성 2인 성분의 총 함량(%) ③ 만성 3인 성분의 총 함량(%) ④ 만성 4인 성분의 총 함량(%)

(3) 혼합물 자체에 대한 독성 자료는 없으나 가교원칙을 적용할 수 있는 경우
　(a) 희석
　　(ⅰ) 새로운 혼합물이, 어떤 시험된 다른 혼합물 또는 물질(수생환경 유해성으로 분류된)과 희석제(유해성이 가장 낮은 성분 보다 동등 이하의 수생환경 유해성으로 분류되는)로 희석하여 만들어지고, 희석제가 다른 성분의 수생환경 유해성에 영향을 미치지 않을 것으로 예상되는 경우에는, 그 만들어진 혼합물은 원래의 시험된 혼합물 또는 물질과 동일하게 분류될 수 있다.
　　(ⅱ) 혼합물이, 다른 분류된 혼합물 또는 물질과 물 등 완전히 독성이 없는 물질로 희석하여 만든 경우에는, 그 혼합물의 독성은 원래의 혼합물 또는 물질로부터 계산할 수 있다.

(b) 그 밖에 제1.2장의 나목부터 마목까지에 따른 가교원리를 적용하여 해당 혼합물을 수생환경 유해성 급성 구분 1 또는 만성 구분 1부터 구분 4까지로 분류한다.

(4) 혼합물 자체에 대한 자료는 없으나 관련 구성성분에 대한 자료가 있는 경우:
혼합물의 관련 구성성분에 대하여 급성 1과 곱셈계수, 만성 1과 곱셈계수, 만성 2, 만성 3 또는 만성 4의 정보가 있는 경우에는 아래 표 3.7.1(4)의 합산방법에 따라 분류한다. 다만, 독성 데이터가 있는 성분이 두 종류 이상인 경우에는, [공식 3]의 가산식을 적용하여 조합된 성분의 L(E)C50, NOEC, 그에 따른 독성 구분과 곱셈계수를 결정한 다음 표 3.7.1(4)에 따라 분류한다.

표 3.7.1(4) 혼합물 자체에 대한 수생환경 유해성 자료가 없는 경우의 혼합물 분류기준

구 분	분류기준
급성 1	급성 1인 성분의 총 함량(%)과 곱셈계수와의 곱이 25% 이상인 혼합물
만성 1	만성 1인 성분의 총 함량(%)과 곱셈계수와의 곱이 25%이상인 혼합물
만성 2	다음의 합(%)이 25% 이상인 혼합물 ① 만성 1인 성분의 총 함량(%)과 곱셈계수와의 곱의 가중치 10배 ② 만성 2인 성분의 총 함량(%).
만성 3	다음의 합(%)이 25% 이상인 혼합물 ① 만성 1인 성분의 총 함량(%)과 곱셈계수와의 곱의 가중치 100배 ② 만성 2인 성분의 총 함량(%)의 가중치 10배 ③ 만성 3인 성분의 총 함량(%)
만성 4	다음의 합(%)이 25% 이상인 혼합물 ① 만성 1인 성분의 총 함량(%) ② 만성 2인 성분의 총 함량(%) ③ 만성 3인 성분의 총 함량(%) ④ 만성 4인 성분의 총 함량(%)

다. 표시사항

수생 환경 유해성 분류기준에 해당하는 물질 또는 혼합물의 표시사항은 아래 표와 같다.

표 3.7.1(5) 수생환경 유해성의 표시사항

		급성	만성			
		구분 1	구분 1	구분 2	구분 3	구분 4
그림문자		(그림)	(그림)	(그림)	없음	없음
운송 그림문자		(그림)	(그림)	(그림)	없음	없음
신호어		경고	경고	없음	없음	없음
유해·위험 문구		수생생물에 매우 유독함 (H400)	장기적 영향에 의해 수생생물에 매우 유독함 (H410)	장기적 영향에 의해 수생생물에 유독함 (H411)	장기적 영향에 의해 수생생물에 유해함 (H412)	장기적 영향에 의해 수생생물에 유해의 우려가 있음 (H413)
예방 조치 문구	예방	P273	P273	P273	P273	P273
	대응	P391	P391	P391	없음	없음
	저장	없음	없음	없음	없음	없음
	폐기	P501	P501	P501	P501	P501

| Sketch Note Writing |

[예제] 다음 중 화학물질의 분류 및 표시 등에 관한 규정에서 제시된 그림문자 중 수환경유해성(구분1)을 나타내는 것은?

①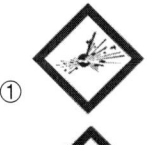

❷

③

④

3.7.2 오존층 유해성

가. 물질의 분류 기준

오존층 유해성 물질이란 몬트리올 의정서의 부속서에 등재된 모든 관리대상 물질을 말한다.

표 3.7.1(1) 물질에 대한 오존층 유해성 분류기준

구 분	분류기준
1	몬트리올 의정서의 부속서에 등재된 모든 관리대상 물질

나. 혼합물의 분류기준

혼합물에 대한 오존층 유해성 분류기준은 아래 표와 같다.

표 3.7.1(2) 혼합물에 대한 오존층 유해성 분류기준

구 분	분류기준
1	몬트리올 의정서의 부속서에 등재된 물질을 적어도 한 가지 이상 0.1% 이상 포함하는 혼합물

다. 표시사항

오존층 유해성 분류기준에 해당하는 물질 또는 혼합물의 표시사항은 아래 표와 같다.

표 3.7.1(3) 오존층 유해성의 표시사항

		구분 1
그림문자		❗
신호어		경고
유해·위험문구		대기 상층부의 오존층을 파괴하여 공공의 건강 및 환경에 유해함 (H420)
예방조치문구	예방	없음
	대응	없음
	저장	없음
	폐기	P502

라. 분류기준에 관한 추가 사항

(1) "오존파괴지수(ODP, Ozone Depletion Potential)"란 할로겐화탄소를 보유한 각각의 종과 구분되는 통합량으로, 질량-대-질량 기준으로 CFC-11과 비교하여 성층권에서 예상되는 그 할로겐화탄소의 오존파괴 정도를 의미한다. 공식적인 정의는 총 오존에 대한 통합된 교란 비 즉, CFC-11의 방출량과 비교한 특정화합물의 상대적인 방출량이다.

(2) "몬트리올 의정서"란 파리회의에서 조정되어 개정된 오존층 파괴 물질에 대한 몬트리올 의정서를 의미한다.

3.8 그림문자(제9조)[별표2]

3.8.1 물리적 위험성

가. 심벌: 폭탄의 폭발

그림문자	유해성 항목 및 구분
GHS01	① 폭발성 물질(2.1)의 구분 1, 2, 3, 4, 5 ② 자기반응성 물질 및 혼합물(2.8)의 구분 1, 2 ③ 유기과산화물(2.15)의 구분 1, 2

나. 심벌 없음

그림문자	유해성 항목 및 구분
주황색 바탕	① 폭발성 물질(2.1)의 구분 6, 7

다. 심벌: 불꽃

그림문자	유해성 항목 및 구분
GHS02	① 인화성 가스(2.2)의 구분 1, 자연발화성 가스 ② 에어로졸(2.3)의 구분 1, 2 ③ 인화성 액체(2.6)의 구분 1, 2, 3 ④ 인화성 고체(2.7)의 구분 1, 2 ⑤ 자기반응성 물질 및 혼합물(2.8)의 구분 2, 3, 4, 5, 6 ⑥ 자연발화성 액체(2.9)의 구분 1 ⑦ 자연발화성 고체(2.10)의 구분 1 ⑧ 자기발열성 물질 및 혼합물(2.11)의 구분 1, 2 ⑨ 물반응성 물질 및 혼합물(2.12)의 구분 1, 2, 3 ⑩ 유기과산화물(2.15)의 구분 2, 3, 4, 5, 6

라. 심벌: 원위의 불꽃

그림문자	유해성 항목 및 구분
GHS03	① 산화성 가스(2.4)의 구분 1 ② 산화성 액체(2.13)의 구분 1, 2, 3 ③ 산화성 고체(2.14)의 구분 1, 2, 3

마. 심벌: 가스실린더

그림문자	유해성 항목 및 구분
GHS04	① 고압가스(2.5)의 구분 1, 2, 3, 4

바. 심벌: 부식성

그림문자	유해성 항목 및 구분
GHS05	① 금속부식성 물질(2.16)의 구분 1

사. 다음의 물리적 위험성 항목 및 구분에는 그림문자가 요구되지 않는다.
   ① 인화성 가스(2.2)의 구분 2
   ② 에어로졸(2.3)의 구분 3
   ③ 자기반응성 물질 및 혼합물(2.8)의 구분 7
   ④ 유기과산화물(2.15)의 구분 7

3.8.2 건강 유해성

가. 심벌: 해골과 X자형 뼈

그림문자	유해성 항목 및 구분
GHS06	① 급성 독성(3.1)의 구분 1, 2, 3

나. 심벌: 부식성

그림문자	유해성 항목 및 구분
GHS05	① 피부 부식성/자극성(3.2)의 구분 1(1A, 1B, 1C) ② 심한 눈 손상/눈 자극성(3.3)의 구분 1

다. 심벌: 감탄부호

그림문자	유해성 항목 및 구분
GHS07	① 급성 독성(3.1)의 구분 4 ② 피부 부식성/자극성(3.2)의 구분 2 ③ 심한 눈 손상/눈 자극성(3.3)의 구분 2(2A) ④ 피부 과민성(3.4)의 구분 1(1A, 1B) ⑤ 특정 표적장기 독성-1회 노출(3.8)의 구분 3

라. 심벌: 건강유해성

그림문자	유해성 항목 및 구분
GHS08	① 호흡기 과민성(3.4)의 구분 1(1A, 1B) ② 생식세포 변이원성(3.5)의 구분 1(1A, 1B), 2 ③ 발암성(3.6)의 구분 1(1A, 1B), 2 ④ 생식독성(3.7)의 구분 1(1A, 1B), 2 ⑤ 특정 표적장기 독성-1회 노출(3.8)의 구분 1, 2 ⑥ 특정 표적장기 독성-반복 노출(3.9)의 구분 1, 2 ⑦ 흡인 유해성(3.10)의 구분 1, 2

마. 다음의 건강 유해성 항목 및 구분에는 그림문자가 요구되지 않는다.

① 심한 눈 손상/눈 자극성(3.3)의 구분 2B
② 생식독성(3.7)의 추가 구분

3.8.3 환경 유해성

가. 심벌: 환경 유해성

그림문자	유해성 항목 및 구분
GHS09	① 수생환경 유해성(4.1)의 급성구분 1 및 만성 구분 1, 2

나. 심벌: 감탄부호

그림문자	유해성 항목 및 구분
GHS07	① 오존층 유해성(4.2)의 구분 1

다. 다음의 환경 유해성 항목 및 구분에는 그림문자가 요구되지 않는다.

① 수생환경 유해성(4.1)의 만성 구분 3, 4

3.9 유해·위험문구 및 예방조치문구[별표 3](제11조, 제12조제1항 관련)

3.9.1 유해·위험문구(H CODE)

가. 물리적 위험성

코드	유해성 항목 및 구분	유해·위험문구
H200	폭발성 물질(2.1)의 구분 1	불안정한 폭발성 물질
H201	폭발성 물질(2.1)의 구분 2	폭발성 물질; 대폭발 위험
H202	폭발성 물질(2.1)의 구분 3	폭발성 물질; 심한 분출 위험
H203	폭발성 물질(2.1)의 구분 4	폭발성 물질; 화재, 폭풍 또는 분출 위험
H204	폭발성 물질(2.1)의 구분 5	화재 또는 분출 위험
H205	폭발성 물질(2.1)의 구분 6	화재 시 대폭발 할 수 있음
H220	인화성 가스(2.2)의 구분 1	극인화성 가스
H221	인화성 가스(2.2)의 구분 2	인화성 가스
H222	에어로졸(2.3)의 구분 1	극인화성 에어로졸
H223	에어로졸(2.3)의 구분 2	인화성 에어로졸
H224	인화성 액체(2.6)의 구분 1	극인화성 액체 및 증기
H225	인화성 액체(2.6)의 구분 2	고인화성 액체 및 증기
H226	인화성 액체(2.6)의 구분 3	인화성 액체 및 증기
H227	인화성 액체(2.6)의 구분 4	가연성 액체
H228	인화성 고체(2.7)의 구분 1, 2	인화성 고체
H229	에어로졸 구분(2.3)의 1, 2, 3	압력용기; 가열하면 터질 수 있음
H232	인화성 가스(2.2)의 자연발화성 가스	공기에 노출되면 자연발화할 수 있음
H240	자기반응성 물질 및 혼합물(2.8)의 구분 1 유기과산화물(2.15)의 구분 1	가열하면 폭발할 수 있음
H241	자기반응성 물질 및 혼합물(2.8)의 구분 2 유기과산화물(2.15)의 구분 2	가열하면 화재 또는 폭발 할 수 있음
H242	자기반응성 물질 및 혼합물(2.8)의 구분 3, 4, 5, 6 유기과산화물(2.15)의 구분 3, 4, 5, 6	가열하면 화재를 일으킬 수 있음
H250	자연발화성 액체(2.9)의 구분 1 자연발화성 고체(2.10)의 구분 1	공기에 노출되면 자연발화함
H251	자기발열성 물질 및 혼합물(2.11)의 구분 1	자기발열성; 화재를 일으킬 수 있음
H252	자기발열성 물질 및 혼합물(2.11)의 구분 2	대량으로 존재시 자기발열성; 화재를 일으킬 수 있음
H260	물반응성 물질 및 혼합물(2.12)의 구분 1	물과 접촉시 자연 발화하는 인화성 가스를 발생시킴
H261	물반응성 물질 및 혼합물(2.12)의 구분 2, 3	물과 접촉시 인화성 가스를 발생시킴
H270	산화성 가스(2.4)의 구분 1	화재를 일으키거나 강렬하게 함; 산화제
H271	산화성 액체(2.13)의 구분 1 산화성 고체(2.14)의 구분 1	화재 또는 폭발을 일으킬 수 있음; 강산화제
H272	산화성 액체(2.13)의 구분 2, 3 산화성 고체(2.14)의 구분 2, 3	화재를 강렬하게 함; 산화제
H280	고압가스(2.5)의 구분 1, 2, 4	고압가스 포함; 가열하면 폭발할 수 있음
H281	고압가스(2.5)의 구분 3	냉동액화가스 포함; 극저온의 화상 또는 손상을 일으킬 수 있음
H290	금속부식성 물질(2.16)의 구분 1	금속을 부식시킬 수 있음

나. 건강 유해성

코드	유해성 항목 및 구분	유해·위험문구
H300	급성독성-경구(3.1)의 구분 1, 2	삼키면 치명적임
H301	급성독성-경구(3.1)의 구분 3	삼키면 유독함
H302	급성독성-경구(3.1)의 구분 4	삼키면 유해함
H303	급성독성-경구(3.1)의 구분 5	삼키면 유해할 수 있음
H304	흡인 유해성(3.10)의 구분 1	삼켜서 기도로 유입되면 치명적일 수 있음
H305	흡인 유해성(3.10)의 구분 2	삼켜서 기도로 유입되면 유해할 수 있음
H310	급성독성-경피(3.1)의 구분 1, 2	피부와 접촉하면 치명적임
H311	급성독성-경피(3.1)의 구분 3	피부와 접촉하면 유독함
H312	급성독성-경피(3.1)의 구분 4	피부와 접촉하면 유해함
H314	피부부식성/자극성(3.2)의 구분 1(1A, 1B, 1C)	피부에 심한 화상과 눈에 손상을 일으킴
H315	피부부식성/자극성(3.2)의 구분 2	피부에 자극을 일으킴
H317	피부 과민성(3.4)의 구분 1(1A, 1B)	알레르기성 피부 반응을 일으킬 수 있음
H318	심한 눈 손상/눈 자극성(3.3)의 구분 1	눈에 심한 손상을 일으킴
H319	심한 눈 손상/눈 자극성(3.3)의 구분 2(2A)	눈에 심한 자극을 일으킴
H320	심한 눈 손상/눈 자극성(3.3)의 구분 2B	눈에 자극을 일으킴
H330	급성독성-흡입(3.1)의 구분 1, 2	흡입하면 치명적임
H331	급성독성-흡입(3.1)의 구분 3	흡입하면 유독함
H332	급성독성-흡입(3.1)의 구분 4	흡입하면 유해함
H334	호흡기 과민성(3.4)의 구분 1(1A, 1B)	흡입 시 알레르기성 반응, 천식 또는 호흡 곤란 등을 일으킬 수 있음
H335	특정 표적장기 독성-1회 노출(3.8)의 구분 3, 호흡기 자극	호흡기 자극을 일으킬 수 있음
H336	특정 표적장기 독성-1회 노출(3.8)의 구분 3, 마취 영향	졸음 또는 현기증을 일으킬 수 있음
H340	생식세포 변이원성(3.5)의 구분 1(1A, 1B)	유전적인 결함을 일으킬 수 있음(주1)
H341	생식세포 변이원성(3.5)의 구분 2	유전적인 결함을 일으킬 것으로 의심됨(주1)
H350	발암성(3.6)의 구분 1(1A, 1B)	암을 일으킬 수 있음(주2)
H351	발암성(3.6)의 구분 2	암을 일으킬 것으로 의심됨(주2)
H360	생식독성(3.7)의 구분 1(1A, 1B)	태아 또는 생식능력에 손상을 일으킬 수 있음(주3)(주4)
H361	생식독성(3.7)의 구분 2	태아 또는 생식능력에 손상을 일으킬 것으로 의심됨(주3)(주4)
H362	생식독성(3.7) 추가 구분	모유를 먹는 아이에게 유해할 수 있음
H370	특정 표적장기 독성-1회 노출(3.8)의 구분 1	장기(주5)에 손상을 일으킴(주6)
H371	특정 표적장기 독성-1회 노출(3.8)의 구분 2	장기(주5)에 손상을 일으킬 수 있음(주6)
H372	특정 표적장기 독성-반복 노출(3.9)의 구분 1	장기간 또는 반복 노출되면 장기(주5)에 손상을 일으킴(주7)
H373	특정 표적장기 독성-반복 노출(3.9)의 구분 2	장기간 또는 반복 노출되면 장기(주5)에 손상을 일으킬 수 있음(주7)
H300 + H310	급성독성(경구) 및 급성독성(경피) 구분 1, 2	삼키거나 피부에 접촉하면 치명적임
H300 + H330	급성독성(경구) 및 급성독성(흡입) 구분 1, 2	삼키거나 흡입하면 치명적임
H310 + H330	급성독성(경피) 및 급성독성(흡입) 구분 1, 2	피부에 접촉하거나 흡입하면 치명적임
H300 + H310	급성독성(경구) 및 급성독성(경피) 및 급성독성(흡입) 구분 1, 2	삼키거나, 피부에 접촉하거나 흡입하면 치명적임

코드	유해성 항목 및 구분	유해·위험문구
+ H330		
H301 + H311	급성독성(경구) 및 급성독성(경피) 구분3	삼키거나 피부에 접촉하면 유독함
H301 + H331	급성독성(경구) 및 급성독성(흡입) 구분3	삼키거나 흡입하면 유독함
H311 + H331	급성독성(경피) 및 급성독성(흡입) 구분3	피부에 접촉하거나 흡입하면 유독함
H301 + H311 + H331	급성독성(경구) 및 급성독성(경피) 및 급성독성(흡입) 구분3	삼키거나, 피부에 접촉하거나 흡입하면 유독함
H302 + H312	급성독성(경구) 및 급성독성(경피) 구분4	삼키거나 피부에 접촉하면 유해함
H302 + H332	급성독성(경구) 및 급성독성(흡입) 구분4	삼키거나 흡입하면 유해함
H312 + H332	급성독성(경피) 및 급성독성(흡입) 구분4	피부에 접촉하거나 흡입하면 유해함
H302 + H312 + H332	급성독성(경구) 및 급성독성(경피) 및 급성독성(흡입) 구분4	삼키거나, 피부에 접촉하거나 흡입하면 유해함
H315 + H320	피부 부식성/자극성 및 심한 눈 손상/눈 자극성 구분2(피부)/구분2(눈)	피부 및 눈에 자극을 일으킴

※ 유해위험문구 중 (주1)부터 (주7)까지는 다음을 기재한다.
[주1] 유전적인 결함을 일으키는 노출 경로를 기재한다. 단, 다른 노출경로에 의해 유전적인 결함을 일으키지 않는다는 결정적인 증거가 있는 경우에 한한다.
[주2] 암을 일으키는 노출 경로를 기재한다. 단, 다른 노출경로에 의해 암을 일으키지 않는다는 결정적인 증거가 있는 경우에 한한다.
[주3] 알려진 특정한 영향을 명시한다.
[주4] 생식독성을 일으키는 노출 경로를 기재한다. 단, 다른 노출경로에 의해 생식독성을 일으키지 않는다는 결정적인 증거가 있는 경우에 한한다.
[주5] 영향을 받는 것으로 알려진 모든 장기를 명시한다.
[주6] 특정표적장기독성(1회노출)을 일으키는 노출 경로를 기재. 단, 다른 노출경로에 의해 특정표적장기독성(1회노출)을 일으키지 않는다는 결정적인 증거가 있는 경우에 한한다.
[주7] 특정표적장기독성(반복노출)을 일으키는 노출 경로를 기재. 단, 다른 노출경로에 의해 특정표적장기독성(반복노출)을 일으키지 않는다는 결정적인 증거가 있는 경우에 한한다.

다. 환경 유해성

코드	유해성 항목 및 구분	유해위험문구
H400	수생환경 유해성(4.1)의 급성 구분 1	수생생물에 매우 유독함
H410	수생환경 유해성(4.1)의 만성 구분 1	장기적 영향에 의해 수생생물에 매우 유독함
H411	수생환경 유해성(4.1)의 만성 구분 2	장기적 영향에 의해 수생생물에 유독함
H412	수생환경 유해성(4.1)의 만성 구분 3	장기적 영향에 의해 수생생물에 유해함
H413	수생환경 유해성(4.1)의 만성 구분 4	장기적 영향에 의해 수생생물에 유해의 우려가 있음
H420	오존층 유해성(4.2)의 구분 1	대기 상층부의 오존을 파괴함으로써 공공의 건강 및 환경에 유해함

3.9.2 예방조치문구(P CODE)

가. 일반

코드	예방조치문구
P101	의학적인 조치가 필요한 경우, 제품의 용기 또는 라벨을 보시오.
P102	어린이 손이 닿지 않는 곳에 보관하시오.
P103	사용 전에 라벨을 읽으시오.

나. 예방

코드	예방조치문구
P201	사용 전 취급 설명서를 확보하시오.
P202	모든 안전 예방조치 문구를 읽고 이해하기 전에는 취급하지 마시오.
P210	열, 고온의 표면, 스파크, 화염 및 그 밖의 점화원으로부터 멀리하시오. 금연
P211	화염 또는 다른 점화원에 분사하지 마시오.
P212	밀폐상태에서 가열 또는 둔감제의 감소를 피하시오.
P220	의류 및 그 밖의 가연성 물질로부터 멀리하시오.
P222	공기에 접촉시키지 마시오.
P223	물에 접촉시키지 마시오.
P230	···(으)로 젖은 상태를 유지하시오.
P231	불활성 기체/··· 하에서 취급 및 저장 하시오.
P232	습기를 방지하시오.
P233	용기를 단단히 밀폐하시오.
P234	원래의 용기에만 보관하시오.
P235	저온으로 유지하시오.
P240	용기와 수용설비를 접지하시오
P241	방폭형 [전기/환기/조명/···]설비를 사용하시오.
P242	스파크가 발생하지 않는 도구를 사용하시오
P243	정전기 방지 조치를 취하시오.
P244	밸브 및 관이음쇠에 그리스와 오일이 묻지 않도록 하시오.
P250	연마/충격/마찰/···을 가하지 마시오.
P251	사용 후에도 구멍을 뚫거나 태우지 마시오.
P260	분진/흄/가스/미스트/증기/스프레이를(을) 흡입하지 마시오
P261	분진/흄/가스/미스트/증기/스프레이의 흡입을 피하시오.
P262	눈, 피부, 의류에 묻지 않도록 하시오.
P263	임신·수유 기간에는 접촉하지 마시오.
P264	취급 후에는 ···을(를) 철저히 씻으시오.
P270	이 제품을 사용할 때에는 먹거나, 마시거나 흡연하지 마시오.

코드	예방조치문구
P271	옥외 또는 환기가 잘 되는 곳에서만 취급하시오.
P272	작업장 밖으로 오염된 작업복을 반출하지 마시오.
P273	환경으로 배출하지 마시오.
P280	보호장갑/보호의/보안경/안면보호구를 착용하시오.
P282	방한장갑 및 안면 보호구 또는 보안경을 착용하시오.
P283	방화복 또는 방염복을 착용하시오
P284	[환기가 잘 되지 않는 경우]호흡용 보호구를 착용하시오.
P231+P232	불활성 기체/···하에서 취급 및 저장하시오 습기를 방지하시오.

다. 대응

코드	예방조치문구
P301	삼켰다면;
P302	피부에 묻으면;
P303	피부(또는 머리카락)에 묻으면;
P304	흡입하면;
P305	눈에 묻으면;
P306	의류에 묻으면;
P308	노출되거나 노출이 우려되면;
P310	즉시 의료기관/의사/···의 진찰을 받으시오.
P311	의료기관/의사/···의 진찰을 받으시오..
P312	불편함을 느끼면 의료기관/의사/···의 진찰을 받으시오.
P313	의학적인 조치/조언을 받으시오.
P314	불편함을 느끼면 의학적인 조치·조언을 받으시오.
P315	즉시 의학적인 조치·조언을 받으시오.
P320	긴급히 ··· 처치를 하시오.
P321	··· 처치를 하시오.
P330	입을 씻어내시오.
P331	토하게 하지 마시오.
P332	피부 자극이 나타나면;
P333	피부자극 또는 홍반이 나타나면;
P334	차가운 물에 담그시오. [또는 젖은 붕대로 감싸시오.]
P335	피부에 묻은 물질을 털어내시오.
P336	미지근한 물로 언 부분을 녹이시오. 손상된 부위를 문지르지 마시오.
P337	눈에 자극이 지속되면;
P338	가능하면 콘택트렌즈를 제거하시오. 계속 씻으시오.
P340	신선한 공기가 있는 곳으로 옮기고 호흡하기 쉬운 자세로 안정을 취하시오.
P342	호흡기 증상이 나타나면;
P351	몇 분간 물로 조심해서 씻으시오.
P352	다량의 물/···(으)로 씻으시오.
P353	피부를 물로 씻으시오.[또는 샤워하시오.]
P360	의류를 벗기 전에 오염된 의류 및 피부를 다량의 물로 즉시 씻어내시오.
P361	오염된 모든 의류를 즉시 벗으시오.
P362	오염된 의류를 벗으시오.
P363	다시 사용 전 오염된 의류는 세척하시오.
P364	다시 사용 전 세척하시오
P370	화재 시;
P371	대형 화재 시;
P372	폭발 위험성이 있음.
P373	화염이 폭발성 물질에 도달하면 불을 끄려 하지 마시오.
P375	폭발의 위험이 있으므로 거리를 유지하면서 불을 끄시오.
P376	안전하게 처리하는 것이 가능하다면 누출을 막으시오.

코드	예방조치문구
P377	가스 누출 화재; 누출을 안전하게 막을 수 없다면 불을 끄려고 하지 마시오.
P378	불을 끄기 위해 …을(를) 사용하시오.
P380	주변 지역의 사람을 대피시키시오.
P381	누출시 모든 점화원을 제거하시오.
P390	물질손상을 방지하기 위해 누출물을 흡수시키시오.
P391	누출물을 모으시오.
P301+P310	삼켰다면; 즉시 의료기관/의사/··· 의 진찰을 받으시오..
P301+P312	삼켜서 불편함을 느끼면 의료기관/의사/··· 의 진찰을 받으시오.
P301+P330+P331	삼켰다면 입을 씻어내시오. 토하게 하려 하지 마시오.
P302+P334	피부에 묻으면 차가운 물에 담그시오. [또는 젖은 붕대로 감싸시오.]
P302+P352	피부에 묻으면 다량의 물/···(으)로 씻으시오.
P302+P335+P334	피부에 묻으면; 피부에 묻은 물질을 털어내시오. 차가운 물에 담그시오.[또는 젖은 붕대로 감싸시오.]
P303+P361+P353	피부(또는 머리카락)에 묻으면 오염된 모든 의류를 즉시 벗으시오. 피부를 물로 씻으시오.[또는 샤워하시오.]
P304+P312	흡입하면; 불편함을 느끼면 의료기관/의사/··· 의 진찰을 받으시오.
P304 +P340	흡입하면; 신선한 공기가 있는 곳으로 옮기고 호흡하기 쉬운 자세로 안정을 취하시오.
P305+P351+P338	눈에 묻으면 몇 분간 물로 조심해서 씻으시오. 가능하면 콘택트렌즈를 제거하시오. 계속 씻으시오.
P306+P360	의류에 묻으면 의류를 벗기 전에 오염된 의류 및 피부를 다량의 물로 즉시 씻어내시오.
P308+P311	노출되거나 노출이 우려되면; 의료기관/의사/··· 의 진찰을 받으시오.
P308+P313	노출되거나 노출이 우려되면; 의학적인 조치/조언을 받으시오.
P332+P313	피부 자극이 나타나면; 의학적인 조치/조언을 받으시오.
P333+P313	피부자극 또는 홍반이 나타나면; 의학적인 조치/조언을 받으시오.
P336+P315	미지근한 물로 언 부분을 녹이시오. 손상된 부위를 문지르지 마시오. 즉시 의학적인 조치/조언을 받으시오
P337+P313	눈에 대한 자극이 지속되면; 의학적인 조치/조언을 받으시오.
P342+P311	호흡기 증상이 나타나면; 의료기관/의사/··· 의 진찰을 받으시오.
P361+P364	오염된 모든 의류를 즉시 벗고 다시 사용 전 세척하시오.
P362+P364	오염된 의류를 벗고 다시 사용 전 세척하시오.
P370+P376	화재 시; 안전하게 처리하는 것이 가능하다면 누출을 막으시오.
P370+P378	화재 시; 불을 끄기 위해 … 을(를) 사용하시오.
P370+P380+P375	화재 시; 주변지역의 사람을 대피시키시오. 폭발의 위험이 있으므로 거리를 유지하면서 불을 끄시오
P371+P380+P375	대형 화재 시; 주변지역의 사람을 대피시키시오. 폭발의 위험이 있으므로 거리를 유지하면서 불을 끄시오
P370+P372+P380+P373	화재 시; 폭발 위험성이 있음. 주변 지역의 사람을 대피시키시오. 화염이 폭발성 물질에 도달하면 불을 끄려고 하지 마시오.
P370+P380+P375 [+P378]	화재 시; 주변지역의 사람을 대피시키시오. 폭발의 위험이 있으므로 거리를 유지하면서 불을 끄시오[불을 끄기 위해 ··· 을(를) 사용하시오.]

라. 저장

코드	예방조치문구
P401	(관련 법규에 명시된 내용에 따라) 보관하시오.
P402	건조한 장소에 보관하시오.
P403	환기가 잘 되는 곳에 보관하시오.
P404	밀폐된 용기에 보관하시오.
P405	잠금장치를 하여 저장하시오.
P406	금속부식성 물질이므로 (제조자 또는 행정관청에서 정한) 내부식성 용기에 보관하시오.
P407	적재물 또는 팔레트 사이의 간격을 유지하시오.

코드	예방조치문구
P410	직사광선을 피하시오.
P411	반응성이 높은 물질이므로 보관 시 …℃를 넘지 않도록 유의하시오.
P412	50℃ 이상의 온도에 노출시키지 마시오.
P413	반응성이 높은 물질이므로 …kg 이상으로 보관중일 때는 …℃를 넘지 않도록 유의하시오.
P420	다른 물질과 격리하여 보관하시오.
P402+P404	건조한 장소에 보관하시오. 밀폐된 용기에 보관하시오.
P403+P233	용기는 환기가 잘 되는 곳에 단단히 밀폐하여 저장하시오
P403+P235	환기가 잘 되는 곳에 보관하고 저온으로 유지하시오
P410+P403	직사광선을 피하고 환기가 잘 되는 곳에 보관하시오.
P410+P412	직사광선을 피하고 50℃ 이상의 온도에 노출시키지 마시오.

마. 폐기

코드	예방조치문구
P501	폐기물 관련 법령에 따라 내용물/용기를 폐기하시오.
P502	제조자 또는 공급자가 제공한 재생 또는 재활용에 대한 정보를 참조하시오.

| Sketch Note Writing |

[예제] 화학물질의 분류 및 표시지에 관한 세계조화시스템(GHS)에 대한 설명으로 옳지 않은 것은?
❶ H200~H290은 건강 유해성에 관한 유해·위험 문구이다.
② 물리적 위험성, 건강 유해성, 환경 유해성으로 분류한다.
③ GHS를 통해 화학물질의 유해·위험성을 명확한 기준에 따라 적절하게 분류할 수 있게 되었다.
④ 세계적으로 통일된 분류기준에 따라 화학물질의 유해성·위험성을 분류하고, 통일된 형태의 경고표지 및 MSDS로 정보를 전달하는 방법을 말한다.

[해설]
H-code 유해 위험문구(hazard statement),
P-code 예방조치문구(precautionary statement)

3.10 분류·표시 목록(제13조 관련)[별표 4]

가. 유독물질
나. 허가물질
다. 제한물질
라. 금지물질
마. 사고대비물질

[예시] 분류·표시 목록

고유번호	화학물질명칭	CAS 번호	유해성 분류(Code)		표시사항(Code)*			M 계수	UN No.
			항목	구분	그림문자	신호어	유해위험문구		
97-1-1	과산화 나트륨 [Sodium peroxide]	1313-60-6	산화성고체(2.14) 피부부식성/자극성(3.2)	1 1	GHS03 GHS05	위험	H271 H314	—	1504
97-1-2	과산화 수소 [Hydrogen peroxide]	7722-84-1	산화성액체(2.13) 급성독성-경구(3.1) 급성독성-흡입(3.1) 피부부식성/자극성(3.2) 수생환경유해성-만성(4.1)	1 4 4 1 3	GHS03 GHS07 GHS05	위험	H271 H302 H332 H314 H412	—	2014 2015 2984
		이	하	생	략				

CHAPTER 04
용량-반응평가

4.1 개요

① "**유해성(hazard)**"이란 화학물질의 독성 등 사람의 건강이나 환경에 좋지 아니한 영향을 미치는 화학물질 고유의 성질을 말한다.
② "**위해성(risk)**"이란 유해성이 있는 화학물질이 노출되는 경우 사람의 건강이나 환경에 피해를 줄 수 있는 정도를 말한다.
③ "**유해화학물질**"이란 유독물질, 허가물질, 제한물질 또는 금지물질, 사고대비물질, 그 밖에 유해성 또는 위해성이 있거나 그러할 우려가 있는 화학물질을 말한다.
④ 위해성 평가는 어떤 물질이 인체나 생물에 미치는 위해 정도를 평가하는데 있다.
⑤ 환경위해성평가(Environmental risk assessment)는 인체건강 위해성 평가와 생태계 위해성 평가로 나눌 수 있다.
⑥ 위해성평가 4단계는 유해성 확인, 용량-반응 평가, 노출평가, 위해도 결정으로 구분된다.

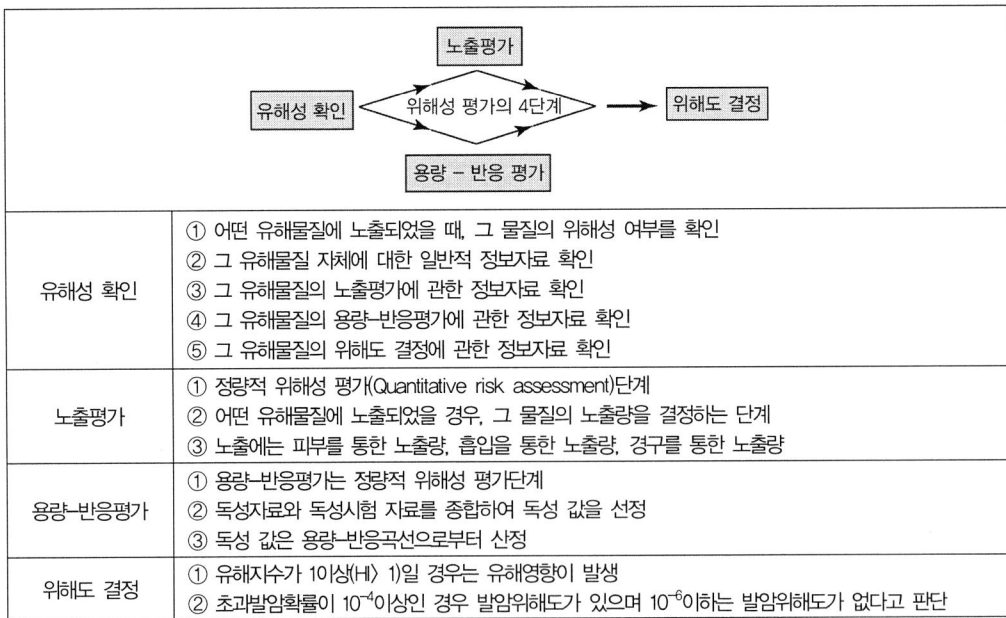

유해성 확인	① 어떤 유해물질에 노출되었을 때, 그 물질의 위해성 여부를 확인 ② 그 유해물질 자체에 대한 일반적 정보자료 확인 ③ 그 유해물질의 노출평가에 관한 정보자료 확인 ④ 그 유해물질의 용량-반응평가에 관한 정보자료 확인 ⑤ 그 유해물질의 위해도 결정에 관한 정보자료 확인
노출평가	① 정량적 위해성 평가(Quantitative risk assessment)단계 ② 어떤 유해물질에 노출되었을 경우, 그 물질의 노출량을 결정하는 단계 ③ 노출에는 피부를 통한 노출량, 흡입을 통한 노출량, 경구를 통한 노출량
용량-반응평가	① 용량-반응평가는 정량적 위해성 평가단계 ② 독성자료와 독성시험 자료를 종합하여 독성 값을 선정 ③ 독성 값은 용량-반응곡선으로부터 산정
위해도 결정	① 유해지수가 1이상(HI) 1)일 경우는 유해영향이 발생 ② 초과발암확률이 10^{-4}이상인 경우 발암위해도가 있으며 10^{-6}이하는 발암위해도가 없다고 판단

4.2 위해성평가 사례

4.2.1 비발암성 물질

표. 위해성평가 4단계(예, 비발암성으로써 의약품, 잔류농약의 경우)

비발암성물질 ↓	• 예) 의약품, 잔류농약 등
유해성 확인 ↓	• 유해성 정보자료 확인(만성독성, 비발암성 등)
노출량 평가 ↓	• 1일노출량$(mg/kg.day) = \dfrac{오염도(mg/kg) \times 섭취량(kg/day)}{체중(kg)}$
용량–반응평가 ↓	• 유해성 정보자료 또는 정보자료 없는 경우 실험하여 ADI, NOEL, NOAEL 등을 사용
위해도 결정	• 1일노출량이 인체노출기준인 ADI(1일섭취허용량) 또는 TDI(1일섭취한계량) 이하인 경우 안전한 것으로 판단 • 유해지수(Hazard Index) $= \dfrac{일일노출량}{인체노출안전기준(RfD \ or \ ADI \ or \ TDI)}$

4.2.2 발암성 물질

표. 위해성평가 4단계(예, 발암성으로써 벤젠, 농약의 경우)

발암성물질 ↓	• 예) 벤젠, 농약 등
유해성 확인 ↓	• 유해성 정보자료 확인(만성독성, 발암성 등)
노출량 평가 ↓	• 1일노출량$(mg/kg.day) = \dfrac{오염도(mg/kg) \times 섭취량(kg/day)}{체중(kg)}$
용량–반응평가 ↓	• 유해성 정보자료 또는 정보자료 없는 경우 실험하여 적용 • <u>유전독성 발암물질의 경우 BMDL을 주로 사용</u> • 물질에 따라 Slope fator 적용
위해도 결정	• 초과발암위해도(Excess cancer risk) 산출 평가 • 초과발암위해도(ECR) $= 1일 노출량(mg/kg) \times 발암력(mg/kg.day)^{-1}$

4.3 유해성 확인(Hazard identification)

① 어떤 유해물질에 노출되었을 때, 그 물질의 위해성 여부를 결정하는 단계이다.
② 물리화학적, 생물학적 유해요소에 관한 정보자료 확인
- 물리화학적 위해요소 : 인위적 사용물질, 자연적 발생물질
- 생물학적 위해요소 : 생물독성, 식중독균, 살모넬라, 항생제 내성균 등

③ 그 유해물질 자체에 대한 일반적 정보자료 확인
고체/액체, 친수성/소수성, 휘발성/비휘발성, 옥탄올/물 분배계수, 공기/물 분배계수, 증기압, 중력, 부력, 용해도적 등

④ 그 유해물질의 노출평가에 관한 정보자료 확인
- 경구를 통한 노출
- 피부를 통한 노출
- 흡입(휘발성물질/입자)를 통한 노출

⑤ 그 유해물질의 위해성평가에 관한 정보자료 확인
- 만성독성, 급성독성, 생물독성 등
- 만성독성에 대한 발암성, 비발암성
- 생물독성에 대한 유전독성, 유전자 돌연변이, 발암성, 생식독성 등
- POD, NOEL, NOAEL, LOAEL, BMD, 역치, 불활성계수, UF, MF 등

⑥ 그 유해물질의 위해도 결정에 관한 정보자료 확인
- 위해지수 HI, 노출안전역 MOE, 초과발암위해성 ECR 등

⑦ 유해요소의 객관적 입증자료 확인
- 국내외 전문기관, 대학, 학회 등의 자료
- 유해요소별 정보자료

4.4 노출평가(Exposure assessment)

4.4.1 개요
① 정량적 위해성 평가(Quantitative risk assessment)단계이다.
② 어떤 유해물질에 노출되었을 경우, 그 물질에 노출된 농도를 결정하는 단계이다.
③ 노출량에는 피부를 통한 노출량, 흡입을 통한 노출량, 경구를 통한 노출량으로 구분한다.

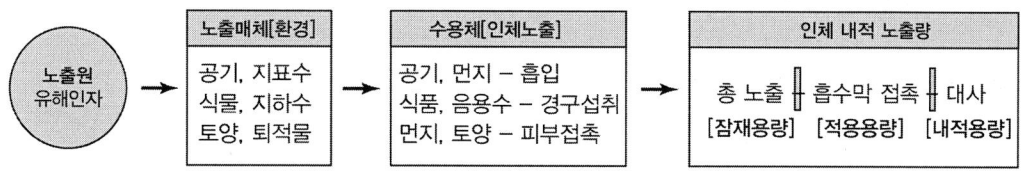

[용어 정의]
① 노출(Exposure)/섭취(Intake)
유해물질이 수용체와 접촉(contact)하는 것을 말하며 피부접촉, 호흡접촉, 경구접촉이 있다.
② 노출 기간(Exposure duration)
유해물질에 노출되는 총 기간을 말한다.
③ 노출 빈도(Exposure frequency)
특정 기간 동안 노출이 발생하는 횟수이다.
④ 수용체(Receptor)
유해물질에 직접 노출되거나 영향을 받는 인체 또는 생태계 구성요소를 말한다.
⑤ 노출경로(Exposure route)/노출과정(Exposure pathway)
유해물질이 매개체(Medium)를 통해 수용체로 전달되는 과정으로 매개체에는 공기, 물, 토양, 음식 등이 있으며 수용체로는 인체, 생물 등이 있다.
⑥ 노출 시나리오(Exposure scenario)
유해물질이 매개체를 통해 수용체로 전달되는 과정 또는 그 과정의 추정을 말한다.
⑦ 노출 알고리즘(Exposure algorithm)
노출과정에 따라 노출량을 산정하는 것을 말한다.
⑧ 노출계수(Exposure factor)
노출량을 산출하는데 필요한 계수로 체중, 오염도, 섭취량, 체내 흡수율 등이 포함된다.

⑨ 급성노출(Acute exposure)

유해물질에 대한 단기노출로, 1회 노출 또는 24시간 이내 노출을 뜻한다.

⑩ 만성노출(Chronic exposure)

유해물질에 대한 장기노출로, 사람의 일생(Lifetime)은 70년을 기준으로 한다.

⑪ 급성독성(Acute toxicity)

유해물질에 대한 단기노출로 독성이 발생한다.

⑫ 만성독성(Chronic toxicity)

유해물질에 대한 장기노출로 독성이 발생한다.

⑬ 평생 일일평균노출량(LADD, Lifetime average daily dose)

일생동안 평균적인 일일노출량을 말하며, 일생동안 평균적인 일일노출농도(LADC, Lifetime average daily concentration)로도 나타낸다.

⑭ 일일평균노출량(ADD, Average daily dose)

일일평균적인 노출량을 말하며, 일일평균섭취량(CDI, Chronic daily intake)으로도 나타낸다.

⑮ 일일노출량(DI, Daily intake)

일일노출(섭취)량을 말한다.

⑯ 노출평가(Exposure assessment)

노출 수준을 정량적 또는 정성적으로 결정하는 것을 말한다.

4.4.2 노출 시나리오

① 노출 시나리오(Exposure scenario)는 유해물질이 매개체를 통해 수용체로 전달되는 과정을 추정, 추론, 가정하는 것을 말한다.
② 노출평가 시 평가 목적에 가장 적합하도록 노출 시나리오를 작성하여야 한다.
③ 효율적인 노출평가를 위해서는 단계별 접근방법을 포함한 평가가 권장된다.
④ 초기에는 자료를 수집하여 노출 상황을 가정한 시나리오를 적용한다.
⑤ 다음단계로 초기 가정시나리오가 사용자 또는 판매자에 적합한지 확인한다.
⑥ 확인 후 초기 가정시나리오를 기초로 노출량을 추정하고 위해도를 결정한다.
⑦ 위해도 결정 결과 안전성에 문제가 있으면 수정하여 재평가 한다.
⑧ 안전성이 확인되면 실제 노출상항을 감안하여 노출시나리오를 도출한다.
⑨ 노출 시나리오는 위해요소에 민감한 집단과 취약한 집단에 대해서도 충분히 고려하여야 한다.

4.4.3 노출계수

① 노출계수(Exposure factor)는 노출량을 산출하는데 필요한 기본 값으로 체중, 오염도, 섭취량, 체내 흡수율 등이 포함된다.
② 노출계수는 국내 자료를 우선적으로 적용하되, 자료가 없는 경우 외국의 평가기관에서 발표된 자료, 공개된 학술문헌자료를 활용할 수 있다.
③ 인체의 표준 체중은 국민건강영양조사 결과 등 체중 실측값을 근거로 산출된 값을 사용할 수 있다.
  · 국민건강영양조사 전체 연령의 평균체중 55kg, 성인평균체중 60kg
  · JECFA에서 사용하는 표준체중은 60kg, 미국 및 유럽은 70kg
④ 식품섭취량, 화장품사용량, 제품 사용량 등의 계수는 식약처, 복지부, 환경부 등 신뢰성 있는 기관에서 제공하는 기본 값을 적용하되, 필요 시 실제 시험을 통해 확보된 노출계수값을 적용할 수 있다.
⑤ 체내 흡수율, 이행률 등 기본 계수값에 대한 자료가 부족할 경우 기본값으로 100% 적용하여 노출평가 할 수 있다.
⑥ 유해요소의 함량, 노출경로, 노출기간 및 빈도, 체내 축적성, 환경요인 등 노출과 관련된 요인을 고려한다.
⑦ 연령, 성별, 체중, 영양상태, 호르몬 상태, 심리적 상태, 유전적 혹은 면역학적 상태 등 개인의 민감도에 영향을 줄 수 있는 요인을 고려한다.

4.4.4 노출평가의 접근방법

① 노출평가에는 확률론적 접근법 또는 결정론적 접근법을 사용할 수 있다.
② 확률론적 접근법은 노출량을 하나의 값이 아닌 분포로 표현하는 방법으로, 과도한 가정과 예측을 하지 않도록 하는 장점이 있으나 통계적으로 적절한 분포도를 확인할 수 있도록 양적, 질적으로 우수한 자료가 필요하다.
③ 확률론적 접근법은 단계적 접근방법의 마지막 단계에서 검토될 수 있다.
④ 결정론적 접근법의 경우 만성적 노출을 가정하여 전체 자료원에서 산술평균 또는 중간 값을 추출하여 사용하되, 대상물질의 검출분포나 자료의 특성 등을 고려하여 적절한 값을 적용한다.

4.4.5 노출량 산정

① 결정론적 접근법에서 일반적인 노출알고리즘은 다음과 같다.

$$\text{피부를 통한 노출량} = \frac{\text{노출물질의 농도} \times \text{피부투과상수} \times \text{피부노출면적} \times \text{노출시간}}{\text{체중}}$$

$$\text{흡입을 통한 노출량} \atop \text{(휘발성 물질)} = \frac{\text{흡입물질의 농도} \times \text{호흡율} \times \text{폐에서 체류량} \times \text{노출기간}}{\text{체중}}$$

$$\text{흡입을 통한 노출량} \atop \text{(입자상 물질)} = \frac{\text{입자의 농도} \times \text{호흡물질 비율} \times \text{호흡율} \times \text{흡수율} \times \text{노출기간}}{\text{체중}}$$

$$\text{경구를 통한 노출량} = \frac{\text{노출물질의 농도} \times \text{섭취량} \times \text{흡수율} \times \text{노출기간}}{\text{체중}}$$

② 1일평균노출량(ADD, Average daily dose) 또는 일일평균섭취량(CDI, Chronic daily intake)은 다음과 같다.

$$\text{1일평균 노출량}(mg/kg.day) = \frac{\text{오염도} \times \text{접촉률} \times \text{노출기간} \times \text{흡수율}}{\text{체중}(kg) \times \text{평균기간}(day)}$$

③ 평생1일평균노출량(LADD, Lifetime average daily dose)은 다음과 같다.

$$\text{평생1일평균 노출량} = \frac{\text{오염도} \times \text{접촉률} \times \text{노출기간} \times \text{흡수율}}{\text{체중}(kg) \times \text{평균기간}(\text{통상 70년}, day)}$$

④ 인체 내적 노출량은 피부접촉, 호흡, 섭취를 통해 위해물질이 체내로 흡수된 후 장기에 남아 있는 물질의 양을 말한다. 예를 들어 소변 시료 중 카드뮴의 내적용량을 이용하여 노출량을 산출하면 다음과 같다.

$$\text{일일섭취량} DI(\mu g/kg.day) = \frac{UE(\mu g/g\ creatinine) \times CE(mg/kg.day)}{Fue}$$

여기서, DI : 일일섭취량

　　　　UE : 크레아티닌(creatinine)으로 보정한 소변 중 카드뮴의 농도

　　　　CE : 1일 크레아티닌(creatinine) 배출량

　　　　Fue : 카드뮴이 소변으로 배출되는 몰분율

⑤ 실내공기 중 오염물질로부터 흡입경로를 통한 인체 노출량(농도)은 다음과 같다.

$$E_{inh}(mg/kg.day) = \sum \frac{C_{IA} \times IR \times ET \times EF \times ED \times ABS}{BW \times AT}$$

$$C_{inh}(mg/m^3) = \sum \frac{C_{IA} \times ET \times EF \times ED}{AT}$$

여기서, E_{inh} : 평가대상 시설의 흡입 노출량(mg/kg·day)

　　　　C_{inh} : 평가대상 시설의 흡입 노출농도(mg/m^3)

　　　　C_{IA} : 평가대상 시설의 실내공기 중 오염물질 농도(mg/m^3)

IR : 평가대상 시설 이용시 노출인구의 평균 호흡율(m³/day)
ET : 평가대상 시설의 이용률(unitless)
EF : 연간 노출빈도 (days/yr)
ED : 평가대상 시설의 평균 이용기간(years)
BW : 노출 인구의 평균체중(kg)
AT : 노출 인구 평균노출시간(days)
ABS : 평가대상물질의 흡입흡수 계수(unitless)

⑥ 실내공기 중 오염물질로부터 흡입경로를 통한 인체 노출의 비발암 위해도의 추정은 다음과 같다.

$$유해지수(HI) = \frac{일일평균 흡입인체 노출농도}{흡입노출참고치\ RfD}$$

총 비발암 위해지수 = Σ평가대상 공간별 비발암 위해지수

⑦ 실내공기 중 오염물질로부터 흡입경로를 통한 인체 노출의 발암 위해도 추정은 다음과 같다.

$$초과발암위해도 = E_{inh}(평생1일 흡입노출량) \times q(발암잠재력)$$

$$초과발암확률(단위위해도) = \frac{q \times IR(평균호흡율)}{BW}$$

4.5 용량-반응평가

4.5.1 개념

① 용량-반응평가(Dose-response assessment)는 정량적 위해성 평가단계이다.
② 용량-반응평가는 두 단계로 시행된다.
③ 첫 번째 단계는 독성자료를 정리하는 단계이다. 자료가 부족하면 독성시험을 통해 자료를 생산한다.
④ 두 번째 단계는 독성자료와 독성시험 자료를 종합하여 독성 값을 선정한다.
⑤ 독성 값은 용량-반응곡선으로부터 산정한다.

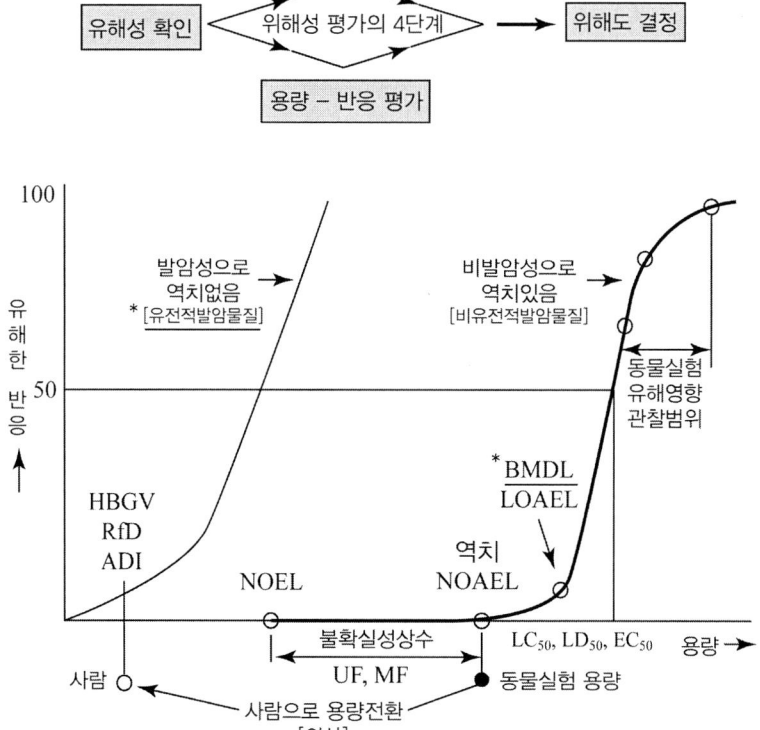

4.5.2 비발암성으로 역치가 있는 물질

① 독성시작값(POD, Point of departure)

독성이 시작되는 값으로, 독성시험의 용량-반응 자료를 수학적 모델로 산정하여 추정된 기준용량의 값(mg/kg.day)이다. POD 값으로 NOEL, NOAEL, LOAEL, BMDL 등이 있다.

② 무영향용량(NOEL, No observed effect level)

노출량에 대한 반응이 없고, 영향도 없는 노출량을 말한다.

③ 무영향관찰용량(NOAEL, No observed adverse effect level)

노출량에 대한 반응이 관찰되지 않고 영향이 없는 최대 노출량을 말한다.

④ 최소영향관찰용량(LOAEL, Lowest observed adverse effect level)

최소영향관찰농도(LOEC, Lowest observed effect concentration)라고도 하며, 노출량에 대한 반응이 처음으로 관찰되기 시작하는 최소의 노출량을 말한다.

⑤ 역치(문턱, Threshold)

유해물질의 노출량에 대한 반응이 관찰되지 않는 무영향관찰용량(NOAEL)을 말한다. 유전자 변이를 하지 않는 비유전적 발암물질은 어느 정도 용량까지는 노출되어도 반응이 관찰되지 않으므로 역치가 존재한다.

⑥ 외삽(Extrapolation)

무영향관찰용량(NOAEL)에 UF(Uncertainty factor, 불확실성계수)와 MF(Modifying factor, 변형상수 또는 보정계수)을 보정하여 인체노출안전수준을 추정하는 것을 말한다.

⑦ 불확실성계수(UF, Uncertainty factor)

동물시험 자료를 사람에 적용할 경우, 여러 불확실성(종, 성, 개인 간 차이, 내성 등)이 존재하므로 인체노출 안전율로써 불확실성계수를 대입한다.

표. 불확실성계수 사용지침

10	인체연구결과 타당성이 인정된 경우
100	인체연구결과 없음, 동물실험결과 만성유해영향이 관찰되는 경우
1000	인체연구결과 없음, 동물실험결과 만성유해영향이 관찰되지 않는 경우
1~10	NOAEL 대신에 LOAEL을 대신 쓸 경우
기 타	과학적 판단에 의한 기타 불확실성계수

―| 예제문제 |―

1,1,1-trichloroethane NOAEL 35mg/kg/d 일 때 RfD는?

[해설]

$$RfD = \frac{NOAEL \text{ or } LOAEL}{불확실성계수(UF, uncertainty\ factor)}$$

$$\therefore RfD = \frac{35mg/kg/d}{1000} = 0.035\,mg/kg/d$$

⑧ 변형상수(MF, Modifying factor)

동물시험 자료를 사람에 적용할 경우, 여러 불확실성(종, 성, 개인 간 차이, 내성 등)이 존재하므로 인체노출 안전율로써 변형상수를 대입한다.

안전계수	가용데이터
1000	급성독성값 1개(1개 영양단계)
100	급성독성값 3개(3개 영양단계 각각)
100	만성독성값 1개(1개 영양단계)
50	만성독성값 2개(2개 영양단계 각각)
10	만성독성값 3개(3개 영양단계 각각)

⑨ 인체노출안전수준(HBGV, Health based guidance value)

역치가 있는 비유전적발암물질의 위해도를 판단하며, 인체 무영향수준의 노출량으로써 독성시작값(POD)에 UF(불확실성계수)와 MF(보정계수)를 보정하여 산출한다. 인체노출안전수준에는 RfD(독성참고치), RfC(독성참고농도), ADI(일일섭취허용량), TDI(일일섭취한계량) 등이 있다.

$$HBGV = \frac{POD(NOAEL \text{ or } LOAEL \text{ 등})}{UF \text{ or } UF \times MF}$$

$$RfD \text{ or } RfC = \frac{POD(NOAEL \text{ or } LOAEL \text{ 등})}{UF \text{ or } UF \times MF}$$

$$ADI \text{ or } TDI = \frac{POD(NOAEL \text{ or } LOAEL \text{ 등})}{UF \text{ or } UF \times MF}$$

$$ADI = POD(NOAEL \text{ 등}) \times \text{안전계수}$$

⑩ 독성참고치(RfD, Reference dose)

일생동안 매일 섭취해도 건강에 무영향수준의 노출량을 나타낸다.

⑪ 흡입독성참고치(RfC: Reference concentration)

일생동안 매일 섭취해도 건강에 무영향수준의 노출농도를 나타낸다.

⑫ 일일섭취허용량(ADI, Acceptable daily intake)

의도적으로 일생동안 매일 섭취해도 건강에 무영향수준의 노출량을 나타낸다.

⑬ 일일섭취량(TDI, Tolerable daily intake)

일생동안 매일 섭취해도 건강에 무영향수준의 노출량을 나타낸다.

⑭ 잠정주간섭취허용량(PTWI: Provisional tolerable weekly intake)

일생동안 매주 섭취해도 건강에 무영향수준의 노출량을 나타낸다.

⑮ 유해지수(Hazard index)

역치가 있는 비유전적발암물질의 위해도를 판단하는데 있다. 노출평가와 용량-반응평가 결과를 바탕으로 인체노출위해수준을 추정하는데 있다. 유해지수가 1이상(HI〉1)일 경우는 유해영향이 발생하며, 1이하(HI 〈1)일 경우에는 유해영향 없다.

$$Hazard\ Index = \frac{1일\ 노출량(mg/kg.day)}{RfD\ or\ ADI\ or\ TDI(mg/kg)}$$

예제문제

용량-반응곡선의 기울기 값 4×10^{-6} mg/kg/d, 노출량 20mg/kg/d일 때 십만 명당 개인위해도는?
[해설]
개인유해도 = 노출량 × 기울기 값
개인유해도 = 4×10^{-6} mg/kg/d × 20 = 8×10^{-5}
따라서, 십만 명당 8명, 천만 명당 800명이 된다.

---

⑯ 독성점수(TS, Toxicity score)

여러 가지 오염물질이 공존하는 경우, 독성점수(TS, Toxicity score)를 산정하여 전체점수의 99%에 해당하는 유해물질을 선별(Screening)한다. 즉 독성물질의 우선순위를 선정한다.

비발암물질의 경우 $TS = \dfrac{노출최대농도\ C_{max}}{RfD}$

⑰ 최소영향도출수준(DMEL) 도출 절차
- 1단계 용량기술자 선정 : 발암물질의 경우 유전독성, 발암성 시험 결과로부터 가장 낮은 영향농도를 용량기술자로 선정한다.
- 2단계 T_{25} 또는 BMD_{10} 산출 : T_{25}는 실험동물 25%에 종양을 일으키는 체중 1kg당 일일 용량(mg/kg.day), DMEL 도출 시 용량-반응 곡선이 선형반응에 해당되는 경우 T25를 산출한다. 예를 들면 종양이 15% 발생했다면 그 용량에 25/15를 곱하여 발생용량을 산출한다.
- 3단계 시작점을 보정한다.
- 4단계 DMEL 도출 : 1-3단계까지 산출 보정된 값이 T25인 경우, 고용량에서 저용량으로 유해도 외삽인자를 적용한다.

4.5.3 발암성으로 역치가 없는 물질

① 독성시작값(POD, Point of departure)

독성이 시작되는 값으로, 독성시험의 용량-반응 자료를 수학적 모델로 산정하여 추정된 기준용량의 값(mg/kg.day)이다. POD 값으로 NOEL, NOAEL, LOAEL, BMDL 등이 있다.

② 벤치마크용량(기준용량, BMD, Benchmark dose)

독성시험의 용량-반응 자료를 수학적 모델로 산정하여 추정된 기준용량의 값(mg/kg.day)이다.

③ 벤치마크하한값(BMDL, Benchmark dose lower bound)

독성시험의 용량-반응 자료를 수학적 모델로 산정하여 추정된 기준용량의 값으로, 95% 신뢰구간의 하한 값을 나타낸다. 암이 발생할 확률이 5%, 10%인 벤치마크 용량 값으로 $BMDL_5$, $BMDL_{10}$ 등이 있다. 발암성 유전독성물질은 일반적으로 BMDL을 위해성 결정에 적용한다. 동물독성시험에서 산출된 $BMDL_{10}$값을 독성시작값(POD)으로 활용한 경우에는 노출안전역이 1×10^4이상이면 위해도가 낮다고 판단하며, 1×10^6이상이면 위해도를 무시할 수준으로 판단할 수 있다.

④ 비역치(Non-threshold)

역치가 없는 물질로서, 유전자 변이를 통해 발암성을 나타내는 유전적 독성(Genotoxicity) 발암물질은 결국 암을 유발할 수 있기 때문에 역치가 없다.

⑤ 노출안전역(MOS, Margin of safety)/노출한계(MOE)

- 일반적으로 역치가 없는 유전적발암물질의 위해도를 판단하나 만성노출인 NOAEL 값을 적용한 경우 비유전적발암물질의 위해도를 판단한다.
- 노출안전역(MOS)을 노출한계(MOE, Margin of exoposure)라고도 한다.
- 노출안전 여부의 판단기준은 아니며 현재의 노출수준을 판단하는 기준이 된다.

$$노출안전역(MOE) = \frac{독성시작값 POP(NOAEL \ or \ BMDL \ or \ T_{25} \ 등)}{일일노출량(EED값)}$$

여기서, T_{25}는 실험동물 25%에 종양을 일으키는 체중 1kg당 일일 용량(mg/kg.day), 예를 들면 종양이 15% 발생했다면 그 용량에 25/15를 곱하여 발생용량을 산출한다.

- 일반적으로 일생동안 발암확률이 25%인 T_{25} 값을 독성시작값(POD)으로 활용한 경우, 노출안전역이 2.5×10^4이상이면 위해도가 낮다고 판단한다.
- 기준값을 인체 노출평가에 사용되는 독성기준치 RfD, TDI 등을 사용하는 경우 MOS라 하며 독성실험에서 도출된 NOAEL, BMDL을 사용하면 MOE라 한다.
- 환경보건법 내 환경위해성평가 지침에 따르면, 만성노출인 NOAEL 값을 적용한 경우

노출한계가 100 이하이면 위해가 있다고 판단한다.
- 노출량인 EED값이 낮을수록 MOE, MOS값은 상대적으로 크게 되어 관심대상물질로 결정될 가능성은 적어진다.
- 유해도를 설명하는 다른 접근법으로 노출한계 또는 안전역 개념이 상대적인 위해도 차이를 나타내기 위하여 사용되기도 한다.
- 노출한계 값은 규제를 위한 관심 대상 물질을 결정하는 데에도 활용될 수 있다.

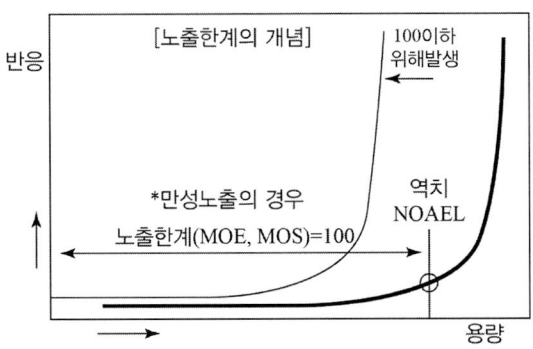

⑥ 초과발암위해도(ECR, Excess cancer risk)
역치가 없는 유전적발암물질의 위해도를 판단하는데 있다. 평생 동안 발암물질 단위용량(mg/kg.day)에 노출되었을 때, 잠재적인 발암 가능성이 초과할 확률을 말한다. 초과발암확률이 10^{-4}이상인 경우 발암위해도가 있으며 10^{-6}이하는 발암위해도가 없다고 판단한다. 즉 인구 백만명 당 1명 이하의 사망은 자연재해로 판단한다.

초과발암위해도(ECR)=평생 1일 평균노출량(LADD, mg/kg·day)×발암력(mg/kg·day)$^{-1}$

⑦ 발암잠재력(발암력, CSF, Carcinogenic slope factor)
노출량-반응(발암률)곡선에서 95% 상한 값에 해당하는 기울기로, 평균체중의 성인이 발암물질 단위용량(mg/kg.day)에 평생 동안 노출되었을 때 이로 인한 초과발암확률의 95% 상한 값에 해당된다. 이 곡선의 기울기(Slope factor)를 발암력(CSF, Cancer slope factor), 발암계수(SF, Slope factor), 발암잠재력(CSF, Cancer slope factor)이라 하며 단위는 노출량(mg/kg.day)의 역수(kg.day/mg)이다. 기울기 값이 클수록 발암잠재력이 크다는 것을 의미한다.

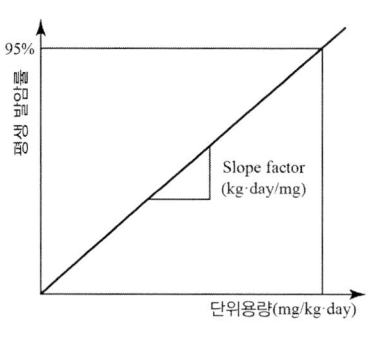

$$Slope\ factor = \frac{kg \cdot day}{mg} = \frac{체중.1일}{노출량}$$

⑧ 독성점수(TS, Toxicity score)

여러 가지 오염물질이 공존하는 경우, 독성점수(TS, Toxicity score)를 산정하여 전체점수의 99%에 해당하는 유해물질을 선별(Screening)한다. 즉 독성물질의 우선순위를 선정한다.

비발암물질의 경우 $TS = \dfrac{노출최대농도\ C_{max}}{RfD}$

발암물질의 경우 $TS = C_{max} \times SF(Slope\ Factor,\ 기울기)$

표. 세계보건기구 산하 국제암연구소(IARC)의 화학물질 발암원성 분류체계

그룹	평가내용	예
1	• 사람에 대해 발암성이 있음 • 인체 발암성에 대한 충분한 근거자료가 있음	콜타르, 석면, 벤젠 등
2A	• 인체에 발암성이 있는 것으로 추정 • 시험동물에서 발암성 자료 충분, 인체 발암성에 대한 자료는 제한적임	아크릴아미드, 포름알데하이드, 디젤엔진 배기가스 등
2B	• 인체에 발암가능성이 있다 • 인체 발암성에 대한 자료도 제한적이고 시험동물에서 발암성 자료도 충분하지 않음	DDT, 나프탈렌, 가솔린 등
3	• 인체 발암물질로 분류하기 어렵다. • 인체나 시험동물 모두에서 발암성 자료 불충분	안트라센, 카페인, 콜레스테롤 등
4	• 인체에 대한 발암성이 없다. • 인체나 시험동물의 발암원성에 대한 자료가 부재함	카프로락탐 (나일론의 원료) 등

⑨ 독성지표 단위

발암성 독성지표	비발암성 독성지표
• 발암잠재력 Cancer slope factor [CSF, $(mg/kg/day)^{-1}$] • Oral slope factor [$(mg/kg/day)^{-1}$] • 단위위해도 Unit risk [UR, $(\mu g/m^3)^{-1}$] • 최소영향도출수준 Derived minimal effect level [DMEL, mg/kg/day]/or [mg/m^3]	• 무영향도출수준 Derived no effect level [DNEL, mg/kg/day]/or [mg/m^3] • 독성참고치 Reference concentration[RfC, mg/m^3] • 독성참고치 Reference dose[RfD, mg/kg/day] • 일일섭취허용량 Acceptable daily intake [ADI, mg/kg/day] • 일일섭취한계량 Tolerable daily intake [TDI, mg/kg/day]

*발암성 물질의 독성지표로는 단위위해도(UR), 발암잠재력(CSF), 최소영향도출수준(DMEL)이 있으며 비발암성 물질의 독성지표로는 무영향도출수준(DNEL), RfC, ADI, TDI, NOEL, NOAEL 등이 있다.

⑩ CMR 중 국제공인기관의 발암물질(Carcinogenic) 분류

암이란 신체 내에 이상세포들이 성장하고 전이가 통제되지 못하는 상태를 의미한다.

발암성 기준	국제암연구소 IARC	미국산업위생협의회 ACGIH	EU	미국국립 독성프로그램 NTP	미국환경청 US EPA
인간 발암확정물질	Group 1	Group A1	Category 1	K	A
인간 발암우려물질	Group 2A	Group A2	Category 2	R	B1, B2
인간 발암가능물질	Group 2B	Group A3	Category 3		C
발암 미분류물질	Group 3	Group A4			D
인간 비발암물질	Group 4	Group A5			E

* <u>EU의 CMR[발암성(Carcinogenic), 변이원성(Mutagenic), 생식독성(Reproductive toxic)] 분류</u>
* Category 1A은 CMR독성물질, Category 1B는 인체 CMR독성추정물질, Category 2는 인체 CMR독성가능물질, EFFECTS ON OR VIA LACTATION은 모유전이를 통한 생식독성물질로 분류한다.

⑪ CMR 중 변이원성(Mutagenic)

변이원성이란 유전자의 DNA 구조가 손상되거나 그 양이 바뀌는 것을 의미한다.

표. 변이원성 시험법

구분	시험법
유전자 변이시험	원생동물 시험, 진핵동물 시험, 박테리아 돌연변이시험, 유전자 돌연변이시험
염색체 손상시험	시험관 내 시험, 생체 내 시험, 포유동물 세포발생시험, 염색체 교환시험
염색체 손상/복구 결합체 형성검정	포유동물 세포의 DNA손상/복구시험 생체 내 DNA 복구시험

⑫ CMR 중 생식독성(Reproductive toxic)
- 생식독성은 체내의 생식계를 표적으로 작용한다.
- 생식독성의 구분
  가. 수정 및 생식기능 이상
  나. 배아독성
  다. 출생전후 발육이상
  라. 다세대 연구(두 세대에 걸친 생식독성 시험)
- 생식독성 시험법

구분	시험법
생식 및 발달독성 스크리닝	OECD TG 421 OECD TG 422
2세대 생식독성	OECD TG 416

4.5.4 위해도 평가 자료의 활용

① 정책적으로 오염물질의 처리기준 설정, 허용기준의 설정 등에 이용된다.
② 공학적 측면에서 처리공법의 결정, 처리공정의 설정 등에 이용된다.
③ 경제적 측면에서 오염물질의 처리비용 산정, 유지관리 비용의 산정 등에 이용된다.
④ 법률적 측면에서 책임규명, 보상액의 산정 등에 이용된다.

4.6 위해성평가 보고서 작성

표. 위해성평가 보고서[예시]

보고서 항목	주요 내용
표지 및 제목	평가대상 물질, 위해요소의 국문명, 영문명, CAS No, 보고서 작성일
목차	
1. 요약	위해요소 정의, 용도, 분석방법 등 위해요소의 체내동태, 핵심 위험성 노출경로, 함량 및 섭취량 등 노출정보 독성값, 노출안전기준, 위해도 결정값 등
2. 위해성평가 개요	
2.1 위해성평가 목적	평가배경과 주요 목적
2.2 위해성평가의 범위 및 수행 방법	위해관리자의 요구 정도, 평가에 활용 가능한 자료 현황
3. 위해성 확인	
3.1 일반적 특성	위해요소의 사용용도, 환경 중 생성·분포 특성
3.2 물리화학적 특성	물질명, 동의어, 화학식, 분자량, 구조식, 성상 및 색상, 녹는점, 끓는점, 용해도 등
3.3 체내 동태	흡수, 분포, 대사, 배설
3.4 역학연구자료	인간집단에 대한 질병의 발생원인, 분포
3.5 독성시험자료	국제공인시험법, 동물시험 결과
4. 노출평가	
4.1 노출시나리오 기반 노출평가	인체적용 제품을 통한 노출현황, 섭취·사용량, 인구집단별 일일인체 노출량 산출
4.2 바이오모니터링 기반 노출평가	인체 중심 총 노출량 평가가 필요한 경우
5. 위험성(양-반응)평가	
5.1 독성시작값 결정	발암물질과 비발암물질 구분
5.2 불확실성 계수 및 인체노출안전기준 결정	위해요소의 특성에 따라 일일섭취허용량, 일일섭취한계량 등 결정
6. 위해도 결정	위해요소 노출 시 발생 가능한 유해영향과 발생확률
7. 결론 및 제한점	목적에 따른 최종 결과, 자료 및 모델의 한계점 등
8. 참고문헌	
9. 부록	

CHAPTER 05 생태독성 평가

5.1 생태독성 자료의 해석

① 급성독성

수서생물의 유해성 정도를 표시하는 지표로 반수치사농도로 LC_{50}, LD_{50}, EC_{50} 등이 있다.

② 만성독성

수서생물의 유해성 정도를 표시하는 지표로 10% 영향농도 EC_{10}, 최소영향농도 LOEC, 최대무영향농도 NOEC 등이 있다.

③ LC_{50}(Lethal concentration for 50%)

시험용 물고기나 동물에 독성물질을 경구투여시 50% 치사농도를 나타낸다.

④ LD_{50}(Lethal dose for 50%)

시험용 물고기나 동물에 독성물질을 경구투여시 50% 치사량을 나타낸다.

⑤ EC_{50}(Median lethal concentration)

시험 생물의 50%를 치사시키는 반수치사농도를 나타낸다.

⑥ TLm(median tolerance limit)

TLm은 독성물질 투여시 일정시간(96, 48, 24hr)후 시험용 물고기가 50%(반수) 생존할 수 있는 농도를 나타낸다.

⑦ 유독성 단위(toxic/unit, TU)

$$TU = \sum \frac{독성물질의 농도}{각 물질별 TLm}$$

⑧ 독성시작값(POD, Point of departure)

독성이 시작되는 값으로, 독성시험의 용량-반응 자료를 수학적 모델로 산정하여 추정된 기준용량의 값(mg/kg · day)이다. POD 값으로 NOEL, NOAEL, LOAEL, BMDL 등이 있다.

⑨ 무영향용량(NOEL, No observed effect level)

노출량에 대한 반응이 없고, 영향도 없는 노출량을 말한다.

⑩ 무영향관찰용량(NOAEL, No observed adverse effect level)
노출량에 대한 반응이 관찰되지 않고 영향이 없는 최대 노출량을 말한다.

⑪ 최소영향관찰용량(LOAEL, Lowest observed adverse effect level)
최소영향관찰농도(LOEC, Lowest observed effect concentration)라고도 하며, 노출량에 대한 반응이 처음으로 관찰되기 시작하는 최소의 노출량을 말한다.

⑫ 종말점에 대한 NOAEL, LOAEL
무영향관찰용량(NOAEL, No observed adverse effect level)은 노출량에 대한 반응이 관찰되지 않고 영향이 없는 최고 노출량을 말하며, 최소영향관찰용량(LOAEL, Lowest observed adverse effect level)은 통계적으로 유의한 영향을 나타내는 최소의 노출량을 말한다. 다음 그래프에서 NOAEL 300 mg/kg.day, LOAEL 800 mg/kg.day 이다.

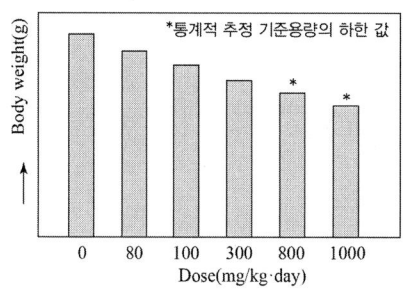

⑬ 예측무영향농도(PNEC, Predicted No Effect Concentration)
생태독성영향평가에서 생태독성 값 중에서 가장 낮은 농도의 독성값으로부터 평가계수(AF, Assessment Factor)를 나누어 산출한다. 일반생태독성의 특성을 갖는 화학물질의 경우 물, 토양, 퇴적물 등 환경매체별 PNEC를 도출 하여야 한다. 인체위해성평가 단계 중 용량-반응평가 단계와 동일하며, 환경유해지수 HQ가 1보다 클 경우에는 생태계에 위해성이 있다.

$$PNEC = \frac{Lowest\,LC_{50} \text{ or } NOEC}{평가계수\,AF}$$

$$환경유해지수\,Hazard\ Quotient = \frac{예측환경농도}{예측무영향농도\,PNEC}$$

평가계수	가용데이터
1000	급성독성값 1개(1개 영양단계)
100	급성독성값 3개(3개 영양단계 각각)
100	만성독성값 1개(1개 영양단계)
50	만성독성값 2개(2개 영양단계 각각)
10	만성독성값 3개(3개 영양단계 각각)

⑭ 종민감도분포

종민감도분포 평가는 특정 생물종을 보호하기 위한 수질기준을 도출하는데 있다. 종민감도 분포는 LC_{50} 또는 EC_{50}에 해당하는 독성값을 추출하여 종, 속별로 정리한 후 구한다.

표. 종민감도분포 이용을 위한 최소자료 요건

매체구분	최소자료 요건
물	4개 분류군에서 최소 5종 이상[조류, 갑각류, 연체류, 어류 등]
토양	4개 분류군에서 최소 5종 이상[미생물, 식물류, 톡토기류, 지렁이 등]
퇴적물	4개 분류군에서 최소 5종 이상[미생물, 빈모류, 깔따구류, 단각류 등]

⑮ 반복투여독성시험

- 반복투여독성시험이란 '시험물질을 시험동물에 반복 투여하여 중·장기간 내에 나타나는 독성의 NOEL, NOAEL 등을 검사하는 시험'을 말한다.
- 시험의 대상물질을 동물에게 중·장기간 매일 반복적으로 투여하였을 때 나타나는 독성을 평가하는 시험이다.
- 실험기간은 14일, 28일, 90일(3개월)로서 1년 미만의 투여기간을 가지는 것이 보통이다.
- 실험기간이 1년 미만인 독성시험을 아급성 독성시험 또는 단기 독성시험이라 한다.
- 일반적으로 시험물질을 동물에게 경구로(oral) 투여하는 방법은 크게 위장관 내 삽입(gavage)하는 방법과 사료 또는 음수에 혼합하여 자유 급식(feeding)하는 방법이 있다.
- 반복투여독성시험의 평가 항목은 기간(시기)에 따라 크게 투여 전 평가, 투여 기간 중 평가, 부검일 평가, 부검 후 평가로 나눌 수 있다.

Sketch Note Writing

[예제1] NOAEL(No Observed Adverse Effect Level)에 대한 설명으로 옳지 않은 것은?
① 무영향관찰용량이라 한다.
❷ 임상시험을 통해 인체에 영향을 미치지 않는 투여 용량이다.
③ 동물 시험에서 유해한 영향이 확인되지 않는 최고 투여 용량이다.
④ 독성자료로부터 얻은 화학물질의 NOAEL에 불확실성 변수 또는 외삽 변수를 적용하여 인간 혹은 환경에서 예상되는 예측무영향 수준을 산출한다.
[해설]
무영향관찰용량(NOAEL)은 동물실험의 노출량에 대한 반응이 관찰되지 않고 영향이 없는 최대 노출량을 말한다.

| Sketch Note Writing |

[예제2] 용량-반응평가에서 언급되는 유해성 지표에 대한 설명으로 옳지 않은 것은?
① 반수치사량(LD_{50})은 급성독성을 평가하는 지표이다.
② 무영향관찰용량(NOAEL)은 만성독성을 평가하는 지표이다.
③ 최소영향관찰용량(LOAEL)은 동물시험에서 유해한 영향이 확인된 최저투여 용량을 말한다.
❹ 무영향관찰용량(NOAEL)은 동물시험에서 유해한 영향이 확인되지 않은 최저투여 용량을 말한다.
[해설]
무영향관찰용량(NOAEL, No observed adverse effect level)은 노출량에 대한 반응이 관찰되지 않고 영향이 없는 최대 노출량을 말한다.

5.2 수서생물의 생태독성

① 수서독성시험은 시험물질을 시험수에 녹여 노출한다.
② 시험물질은 시험생물의 피부, 아가미를 통해 생물체 내부로 이동한다.
③ 수서독성시험은 시험수의 농도로 표기한다.
④ 노출방법은 유수식, 지수식, 반지수식 등이 있다.
⑤ 유수식시험(Flow-through test)
　시험기간 중 시험용액을 연속적으로 교환하는 시험을 말한다.
⑥ 지수식시험(Static test)
　시험기간 중 시험용액을 교환하지 않는 시험을 말한다.
⑦ 반지수식시험(Semi-static test)
　시험기간 중 시험용액을 일정기간마다 전량을 교환하는 시험을 말한다.
⑧ 수서생물의 유해성은 조류, 물벼룩류, 어류의 급성 만성 독성시험을 통해 평가한다.
⑨ 급성독성은 단시간 노출되었을 때 성장저해, 치사 등의 독성영향을 관찰하고 LC_{50}, LD_{50}, E_{50}등을 산출한다.
⑩ 만성독성은 장시간 노출되었을 때 성장저해, 유영저해, 치사, 민감한 시기에 노출, 전생애 시험 등의 독성영향을 관찰하고 NOEC, LOEC, EC_{10}등을 산출한다.

표. 수서생물의 급·만성 독성시험 분류

구분	급성독성		만성독성	
조류	72hr, 96hr, EC_{50}	성장저해	72hr, 96hr NOEC, EC_{10}	성장저해
물벼룩류	24hr, 48hr, EC_{50}, LC_{50}	유영저해	7일 이상, NOEC	치사, 번식, 성장
어류	96hr, LC_{50}	치사	21일 이상, NOEC, EC_{10}	치사, 번식, 성장, 발달

5.3 퇴적물 독성

① 화학물질이 수계로 유입되면 퇴적물에 흡수되어 농축 잔류되는 경우가 많다.
② 퇴적물 독성시험은 저서생물의 생존, 성장, 생식능력이 퇴적물에 영향을 받았는지 평가하는 시험이다. 따라서 화학물질을 인위적으로 오염시킨 퇴적물을 만들고 여기에 시험동물을 노출시킨다.
③ 주로 깔따구니 종을 10일, 20일간 노출시켜 치사, 유충의 발생, 성장 등에 대한 독성값을 산출한다.

5.4 토양 독성

① 토양은 고체, 기체, 액체를 포함하고 있다.
② 토양독성평가는 주로 박테리아, 곰팡이, 원생동물, 지렁이, 식물 등을 이용하여 수행한다.
③ 토양환경에서 독성은 산소농도, 온도, 경도, pH 등에 영향을 받는다.
④ 지렁이 급성독성시험법은 여과지 접촉시험, 인공토양시험이 활용되고 있다.
⑤ 여과지 접촉시험은 Eisenia 종 10마리를 시험물질 용액에 적신 여과지를 이용하여 48시간 노출시킨 후 치사율을 관찰하는 것이다.
⑥ 인공토양시험은 인공토양에 화학물질을 뿌리고 Eisenia 종 지렁이를 토양표면 위에서 사육하는 방법이다. 6주간 노출 후 성체 지렁이의 무게를 측정하고 성장과 번식에 대한 영향을 평가한다.

5.5 독성 영향인자

① 산소농도
  산소의 농도가 낮으면 암모니아의 수서독성이 증가한다.
② 온도
  온도가 증가하면 아연의 독성은 증가한다.
③ 독성물질의 농도
  phenol, permethrin은 농도가 낮으면 독성이 감소한다.
④ pH
  pH가 낮으면 중금속은 용해도가 증가하여 생체이용률과 독성이 증가한다.
⑤ 경도
  경도가 증가하면 납, 구리, 카드뮴 등의 중금속은 독성이 감소한다.

5.6 독성 예측모델

① 독성평가 모델에서는 실험 독성 값과 예측 값을 제시한다.
② 구조가 유사한 물질의 정보를 이용 트레이닝 세트하여 독성예측 값을 제시하기도 한다.
③ 유사구조물질의 독성 값과 유사계수를 제공한다.

모델	분류군 기반	독성 예측 값
ECOSAR	화학물질의 구조	어류, 물벼룩, 조류의 급만성 독성 예측
TOPKAT	분자구조의 수치화, 암호화	기존 어류, 물벼룩의 독성시험 데이터로 예측
MCASE	물리 화학적 특성, 활성/비활성 특성	기존 어류, 물벼룩의 독성시험 데이터로 예측
OASIS	화학물질 구조, 생물농축계수	기존의 급성독성자료로 예측
TEST	화학물질의 구조, CAS 번호	어류, 물벼룩의 LC_{50}, 랫트의 LD_{50}, 농축계수 예측
VEGA	인체독성	유전독성, 발생독성, 피부감각성, 내분비계 독성 예측
QSAR	화학물질의 구조특성, 원자개수, 분자량	무영향예측농도
Cons EXPO	생활화학제품	제품노출평가

5.7 물벼룩류

5.7.1 목적
이 시험은 화학물질의 수서무척추동물군에 대한 영향을 평가하기 위하여, 수서무척추동물 중에서 물벼룩류를 선정하여 유영능력에 대한 영향을 평가하는데 목적이 있다.

5.7.2 정의
① 반수영향농도(EC_{50}, Median effective concentration)
  일정 시험기간 동안 시험생물의 50%가 유영저해를 일으키는 농도이다.
② 지수식시험(Static test)
  시험기간 중 시험용액을 교환하지 않는 시험을 말한다.
③ 반지수식시험(Semi-static test)
  시험기간 중 시험용액을 일정기간마다 전량을 교환하는 시험을 말한다.
④ 유수식시험(Flow-through test)
  시험기간 중 시험용액을 연속적으로 교환하는 시험을 말한다.
⑤ 유영저해(Immobilisation)
  시험용기를 조용히 움직여 준 후, 약 15초 후에 관찰하여 일부기관(촉각, 후복부 등)은 움직이나 유영하지 않는 것을 말한다.
⑥ 단위
  농도는 중량/용량(mg/L)으로 표시한다.

5.7.3 급성독성시험 원리
물벼룩에 시험물질을 처리한 후, 48시간 동안 관찰하여 처리한 물벼룩의 50%가 유영저해를 받는 농도(48시간 EC_{50})를 산출한다. 이때 시험물질의 적절한 농도범위를 알기 위해 농도설정시험을 실시하고, 그 결과에 기초하여 본시험을 실시한다. 또한 물질의 구조식, 순도, 물과 빛에서의 안정성, 증기압 및 분해성 시험결과 등의 자료는 본 시험에 유용한 정보를 제공할 수 있다.

5.7.4 결과의 처리

① 물벼룩의 생태독성은 노출량-반응평가로 유영저해를 판단한다.
② 급성독성(Acute toxicity)은 위해물질에 단기노출로 독성이 발생하며, 시험방법에는 LC_{50}, LD_{50}, EC_{50}이 있다.
③ 만성독성(Chronic toxicity)은 위해물질에 장기노출로 독성이 발생하며, 시험방법에는 LOAEL, NOAEL, NOEL이 있다.

5.8 조류

5.8.1 목적

이 시험은 화학물질의 수서생물에 대한 영향을 평가하기 위해 수서생물 중 단세포 담수조류 및 시아노박테리아의 성장에 대한 화학물질의 영향을 평가하는데 목적이 있다.

5.8.2 정의

① 영향농도(ECx, Effective concentration)
  시험 조류의 성장 또는 성장률이 대조군에 비하여 X%가 감소될 때의 시험물질 농도이며, 일반적으로 노출시간을 앞에 나타낸다.

② 대조물질(Reference substance)
  독성시험이 정상적인 조건에서 수행되었는가를 확인하기 위하여 사용하는 물질이며, 대조물질로 병행시험을 한 경우에는 그 결과를 보고한다.

③ 생물량(Biomass)
  일반적으로 주어진 부피 내에서 살아있는 생물체의 건조 중량을 말한다. 본 시험에서는 일정 부피 당 조류의 세포수 또는 형광 방출량 등도 생물량에 포함한다.

④ 성장률(Growth rate)
  시험기간 중 생물량의 대수적 증가를 말한다. 즉, 단위시간당 세포농도의 증가를 말한다. 특히, 단위시간당 대수학적 생물량의 변화율을 특이성장률(Specific growth rate)이라 말한다.

⑤ 수율(Yield)
  시험 종료 시 조류의 생물량에서 시험 개시기 조류의 생물량을 뺀 값의 백분율을 나타낸다.

⑥ 최소영향관찰농도(LOEC, Lowest observed effect concentration)
  최소영향농도를 지칭하는 것으로 여기서는 대조군의 값과 처리군의 값을 비교하여 통계적으로 유의한 차이가 있는(성장에 저해를 받은) 처리군 농도 중 가장 낮은 농도를 나타낸다.

⑦ 무영향관찰농도(NOEC, No observed effect concentration)
  무영향농도를 지칭하는 것으로 여기서는 대조군의 값과 처리군의 값을 비교하여 통계적으로 유의한 차이가 없는 처리군 농도 중 가장 높은 농도를 나타낸다.

⑧ 단위
  농도는 중량/용량(mg/L)으로 표기한다.

⑨ 변동계수(Coefficient of variation)

여러 값의 표준편차를 그 평균값으로 나눈 값으로 단위는 없으나 백분율로 표기하기도 한다.

5.8.3 성장저해시험 원리

지수성장기에 있는 조류를 여러 농도의 시험물질에 노출시킨 후 일정조건하에서 배양을 하면서 조류의 성장 또는 성장률에 미치는 시험물질의 영향을 보는 것으로 노출시간은 일반적으로 72시간이며 결과는 ECx값으로 나타낸다. 이 때 시험물질의 적절한 농도범위를 알기 위해 농도설정시험을 실시하고 그 결과에 기초하여 본시험을 실시한다. 이 시험방법은 물에 잘 녹는 화학물질을 기준으로 하였기 때문에 용해도가 매우 낮은 물질의 경우 영향농도(ECx)값을 구할 수 없는 경우도 있다. 원칙적으로 시험조건하에서 시험물질의 수용해도 자료 및 적절한 정량분석 방법을 확보하는 것이 필요하다. 또한, 물질의 구조식, 순도, 물과 빛에서의 안정성, 증기압 및 분해성시험 결과 등의 자료는 본 시험에 유용한 정보를 제공할 수 있다.

5.8.4 결과의 처리

① 조류의 생태독성은 노출량-반응평가로 성장저해를 판단한다.
② 급성독성(Acute toxicity)은 위해물질에 단기노출로 독성이 발생하며, 시험방법에는 LC_{50}, LD_{50}, EC_{50}이 있다.
③ 만성독성(Chronic toxicity)은 위해물질에 장기노출로 독성이 발생하며, 시험방법에는 LOAEL, NOAEL, NOEL이 있다.

5.9 어류

5.9.1 목적
이 시험은 화학물질의 수서생물에 대한 영향을 평가하기 위해 수서생물 중 어류에 대한 화학물질의 영향을 평가하는데 목적이 있다.

5.9.2 정의
① 반수치사 농도(EC_{50}, Median lethal concentration)
시험 생물의 50%를 치사시키는 수용액상의 시험물질 농도이며, 이때 시험기간을 명기한다.
② 지수식 시험(Static test)
시험 기간 중 시험용액을 교환하지 않는 시험을 말한다.
③ 반지수식 시험(Semi-static test)
시험 기간 중 일정기간마다 시험용액을 새로 교환하는 시험을 말한다.
④ 유수식 시험(Flow-through test)
시험 기간 중 시험용액을 연속적으로 흘려주면서 새로 교환하는 시험을 말한다.
⑤ 단위
농도는 중량/용량(mg/L)으로 표시한다.

5.9.3 급성독성시험 원리
어류를 일정 조건하에서 시험물질에 노출시킨 후, 24, 48, 72, 96시간 경과 시의 치사율을 기록하여 어류의 50%를 치사시키는 농도(EC_{50})를 구하는 것이다. 96시간 동안 먹이는 주지 않는다. 이때 시험물질의 적절한 농도범위를 알기 위하여 예비시험(농도설정시험)을 실시하고, 그 결과에 기초하여 본시험을 실시한다. 원칙적으로 시험조건하에서 시험물질의 수용해도 자료 및 적절한 정량분석 방법을 확보하는 것이 필요하다. 또한, 물질의 구조식, 순도, 물과 빛에서의 안정성, 증기압 및 분해성시험 결과 등의 자료는 본 시험에 유용한 정보를 제공할 수 있다.

5.9.4 결과의 처리

① 어류의 생태독성은 노출량-반응평가로 번식과 성장속도를 판단한다.
② 급성독성(Acute toxicity)은 위해물질에 단기노출로 독성이 발생하며, 시험방법에는 LC_{50}, LD_{50}, EC_{50}이 있다.
③ 만성독성(Chronic toxicity)은 위해물질에 장기노출로 독성이 발생하며, 시험방법에는 LOAEL, NOAEL, NOEL이 있다.

│ 예제문제 │

다음은 독성 데이터를 수집한 결과이다. 평가계수와 예측무영향농도(PNEC)를 구하시오.

생물	급만성	관찰점	독성값 ng/mL
조류	급성	EC_{50}	10
조류	만성	EC_{50}	6
물벼룩	급성	EC_{50}	7
물벼룩	만성	NOEC	5
어류	급성	LC_{50}	100

안전계수	가용데이터
1000	급성독성값 1개(1개 영양단계)
100	급성독성값 3개(3개 영양단계 각각)
100	만성독성값 1개(1개 영양단계)
50	만성독성값 2개(2개 영양단계 각각)
10	만성독성값 3개(3개 영양단계 각각)

[해설]
가장 민감한 독성 값은 물벼룩 만성 5ng/mL이며, 물벼룩과 조류 2개가 만성이므로 안전계수는 50이다. 따라서 예측무영향농도(PNEC)는 다음과 같이 산정된다.
$$PNEC = \frac{독성\ 값}{안전계수} = \frac{5ng/mL}{50} = 0.1\,ng/mL$$

화학물질의 분류·표시 및 MSDS에 관한 기준
[시행 2021. 1. 16.] [고용노동부고시 제2020-130호, 2020. 11. 12]

6.1 정의(제2조)

① **화학물질**이란 원소와 원소간의 화학반응에 의하여 생성된 물질을 말한다.
② **혼합물**이란 두 가지 이상의 화학물질로 구성된 물질 또는 용액을 말한다.
③ **제조**란 직접 사용 또는 양도·제공을 목적으로 화학물질 또는 혼합물을 생산, 가공 또는 혼합 등을 하는 것을 말한다.
④ **수입**이란 직접 사용 또는 양도·제공을 목적으로 외국에서 국내로 화학물질 또는 혼합물을 들여오는 것을 말한다.
⑤ **용기**란 고체, 액체 또는 기체의 화학물질 또는 혼합물을 직접 담은 합성강제, 플라스틱, 저장탱크, 유리, 비닐포대, 종이포대 등을 말한다. 다만, 레미콘, 콘테이너는 용기로 보지 아니한다.
⑥ **포장**이란 제5호에 따른 용기를 싸거나 꾸리는 것을 말한다.
⑦ **반제품용기**란 같은 사업장 내에서 상시적이지 않은 경우로서 공정간 이동을 위하여 화학물질 또는 혼합물을 담은 용기를 말한다.

6.2 경고표지의 작성방법(제6조)

① 경고표지의 그림문자, 신호어, 유해·위험 문구, 예방조치 문구를 작성한다.
② 물질안전보건자료대상물질의 내용량이 100그램(g) 이하 또는 100밀리리터(㎖) 이하인 경우에는 경고표지에 명칭, 그림문자, 신호어 및 공급자 정보만을 표시할 수 있다.
③ 물질안전보건자료대상물질을 해당 사업장에서 자체적으로 사용하기 위하여 담은 반제품 용기에 경고표시를 할 경우에는 유해·위험의 정도에 따른 "위험" 또는 "경고"의 문구만을 표시할 수 있다. 다만, 이 경우 보관·저장장소의 작업자가 쉽게 볼 수 있는 위치에 경고표지를 부착하거나 물질안전보건자료를 게시하여야 한다.

[별표3] 경고표지의 양식 및 규격(제7조 관련)
1. 양식

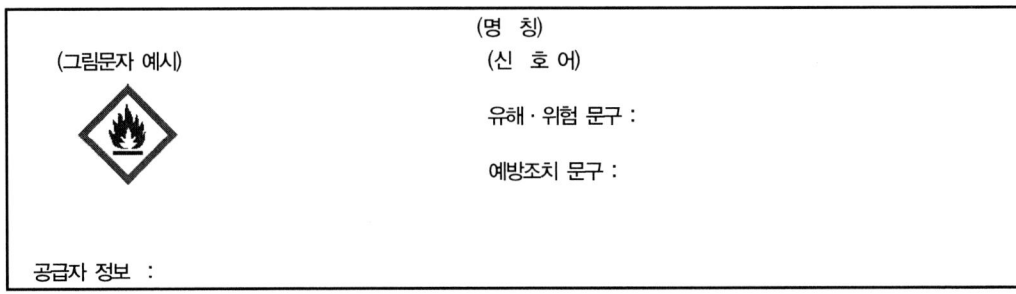

2. 규격
가. 용기 또는 포장의 용량별 인쇄 또는 표찰의 크기

용기 또는 포장의 용량	인쇄 또는 표찰의 규격
용량 ≥ 500L	450cm² 이상
200L ≤ 용량 < 500L	300cm² 이상
50L ≤ 용량 < 200L	180cm² 이상
5L ≤ 용량 < 50L	90cm² 이상
용량 < 5L	용기 또는 포장의 상하면적을 제외한 전체 표면적의 5%이상

나. 그림문자의 크기
- 개별 그림문자의 크기는 인쇄 또는 표찰 규격의 40분의 1 이상이어야 한다.
- 그림문자의 크기는 최소한 0.5cm²이상이어야 한다.

6.3 물질안전보건자료의 작성항목(제10조)

물질안전보건자료 작성 시 포함되어야 할 항목 및 그 순서는 다음 각 호에 따른다.
① 화학제품과 회사에 관한 정보
② 유해성·위험성
③ 구성성분의 명칭 및 함유량
④ 응급조치요령
⑤ 폭발·화재시 대처방법
⑥ 누출사고시 대처방법
⑦ 취급 및 저장방법
⑧ 노출방지 및 개인보호구
⑨ 물리화학적 특성
⑩ 안정성 및 반응성
⑪ 독성에 관한 정보
⑫ 환경에 미치는 영향
⑬ 폐기 시 주의사항
⑭ 운송에 필요한 정보
⑮ 법적규제 현황
⑯ 그 밖의 참고사항

6.4 MSDS의 작성항목 및 기재사항(제10조제1항)

1. 화학제품과 회사에 관한 정보

   가. 제품명(경고표지 상에 사용되는 것과 동일한 명칭 또는 분류코드를 기재한다) :
   나. 제품의 권고 용도와 사용상의 제한 :
   다. 공급자 정보(제조자, 수입자, 유통업자 관계없이 해당 제품의 공급 및 물질안전보건자료 작성을 책임지는 회사의 정보를 기재하되, 수입품의 경우 문의사항 발생 또는 긴급시 연락 가능한 국내 공급자 정보를 기재) :
     ○ 회사명
     ○ 주소
     ○ 긴급전화번호

2. 유해성 · 위험성

   가. 유해성 · 위험성 분류
   나. 예방조치 문구를 포함한 경고 표지 항목
     ○ 그림문자
     ○ 신호어
     ○ 유해 · 위험 문구
     ○ 예방조치 문구
   다. 유해성 · 위험성 분류기준에 포함되지 않는 기타 유해성 · 위험성(예: 분진폭발 위험성) :

3. 구성성분의 명칭 및 함유량

화학물질명   관용명 및 이명(異名)   CAS번호 또는 식별번호   함유량(%)
* 대체자료 기재 승인(부분승인) 시 승인번호 및 유효기간

4. 응급조치 요령

   가. 눈에 들어갔을 때:
   나. 피부에 접촉했을 때:
   다. 흡입했을 때:
   라. 먹었을 때:
   마. 기타 의사의 주의사항:

5. 폭발 · 화재시 대처방법

   가. 적절한 (및 부적절한) 소화제:
   나. 화학물질로부터 생기는 특정 유해성(예, 연소 시 발생 유해물질):
   다. 화재 진압 시 착용할 보호구 및 예방조치:

6. 누출 사고 시 대처방법

   가. 인체를 보호하기 위해 필요한 조치 사항 및 보호구:
   나. 환경을 보호하기 위해 필요한 조치사항:
   다. 정화 또는 제거 방법:

7. 취급 및 저장방법

   가. 안전취급요령:
   나. 안전한 저장 방법(피해야 할 조건을 포함함):

8. 노출방지 및 개인보호구

가. 화학물질의 노출기준, 생물학적 노출기준 등:
나. 적절한 공학적 관리:
다. 개인 보호구
　○ 호흡기 보호:
　○ 눈 보호:
　○ 손 보호:
　○ 신체 보호:

9. 물리화학적 특성

가. 외관(물리적 상태, 색 등):
나. 냄새:
다. 냄새 역치:
라. pH:
마. 녹는점/어는점
바. 초기 끓는점과 끓는점 범위:
사. 인화점:
아. 증발 속도
자. 인화성(고체, 기체)
차. 인화 또는 폭발 범위의 상한/하한
카. 증기압:
타. 용해도:
파. 증기밀도:
하. 비중:
거. n 옥탄올/물 분배계수:
너. 자연발화 온도:
더. 분해 온도:
러. 점도:
머. 분자량

10. 안정성 및 반응성

가. 화학적 안정성 및 유해 반응의 가능성:
나. 피해야 할 조건(정전기 방전, 충격, 진동 등):
다. 피해야 할 물질:
라. 분해시 생성되는 유해물질:

11. 독성에 관한 정보

가. 가능성이 높은 노출 경로에 관한 정보
나. 건강 유해성 정보
　○ 급성 독성(노출 가능한 모든 경로에 대해 기재):
　○ 피부 부식성 또는 자극성:
　○ 심한 눈 손상 또는 자극성:
　○ 호흡기 과민성:
　○ 피부 과민성:
　○ 발암성:
　○ 생식세포 변이원성:
　○ 생식독성:

○ 특정 표적장기 독성 (1회 노출):
○ 특정 표적장기 독성 (반복 노출):
○ 흡인 유해성:
※ 가.항 및 나.항을 합쳐서 노출 경로와 건강 유해성 정보를 함께 기재할 수 있음

12. 환경에 미치는 영향

가. 생태독성:
나. 잔류성 및 분해성:
다. 생물 농축성:
라. 토양 이동성:
마. 기타 유해 영향:

13. 폐기시 주의사항

가. 폐기방법:
나. 폐기시 주의사항(오염된 용기 및 포장의 폐기 방법을 포함함) :

14. 운송에 필요한 정보

가. 유엔 번호:
나. 유엔 적정 선적명:
다. 운송에서의 위험성 등급:
라. 용기등급(해당하는 경우):
마. 해양오염물질(해당 또는 비해당으로 표기):
바. 사용자가 운송 또는 운송 수단에 관련해 알 필요가 있거나 필요한 특별한 안전 대책:

15. 법적 규제현황

가. 산업안전보건법에 의한 규제:
나. 화학물질관리법에 의한 규제:
다. 위험물안전관리법에 의한 규제:
라. 폐기물관리법에 의한 규제:
마. 기타 국내 및 외국법에 의한 규제:

16. 그 밖의 참고사항

가. 자료의 출처:
나. 최초 작성일자:
다. 개정 횟수 및 최종 개정일자:
라. 기타:

6.5 MSDS 작성원칙

① 물질안전보건자료는 한글로 작성하는 것을 원칙으로 하되 화학물질명, 외국기관명 등의 고유명사는 영어로 표기할 수 있다.
② 제1항에도 불구하고 실험실에서 시험·연구목적으로 사용하는 시약으로서 물질안전보건자료가 외국어로 작성된 경우에는 한국어로 번역하지 아니할 수 있다.
③ 작성항목(제10조) 작성 시 시험결과를 반영하고자 하는 경우에는 해당국가의 우수실험실기준(GLP) 및 국제공인시험기관 인정(KOLAS)에 따라 수행한 시험결과를 우선적으로 고려하여야 한다.
④ 외국어로 되어있는 물질안전보건자료를 번역하는 경우에는 자료의 신뢰성이 확보될 수 있도록 최초 작성기관명 및 시기를 함께 기재하여야 하며, 다른 형태의 관련 자료를 활용하여 물질안전보건자료를 작성하는 경우에는 참고문헌의 출처를 기재하여야 한다.
⑤ 물질안전보건자료 작성에 필요한 용어, 작성에 필요한 기술지침은 한국산업안전보건공단이 정할 수 있다.
⑥ 물질안전보건자료의 작성단위는 「계량에 관한 법률」이 정하는 바에 의한다.
⑦ 각 작성항목은 빠짐없이 작성하여야 한다. 다만, 부득이 어느 항목에 대해 관련 정보를 얻을 수 없는 경우에는 작성란에 "자료 없음"이라고 기재하고, 적용이 불가능하거나 대상이 되지 않는 경우에는 작성란에 "해당 없음"이라고 기재한다.
⑧ 작성항목(제10조)에 따른 화학제품에 관한 정보 중 용도는 용도분류체계(별표5)에서 하나 이상을 선택하여 작성할 수 있다.

6.6 용도분류체계 [별표5] (제11조 관련)

연번	용도	설명
1	원료 및 중간체 Feed materials, Intermediates	새로운 물질의 합성, 혼합물의 배합 등에 사용되는 원료 및 그 과정에서 발생되는 중간체
2	접착제 및 실런트 Adhesives, sealants	두 물체의 접촉면을 접합시키거나 두 개의 개체를 결합시키는 물질
3	흡착제 Adsorbents	가스나 액체를 흡착하는 물질
4	방향제 및 탈취제 등 Air care products	실내 공기 중에 냄새를 발생시키거나 의류 등의 냄새를 제거하는데 사용되는 물질
5	냉동방지 및 결빙제거제 Anti-Freeze and de-icing products	냉각에 의하여 고화되는 것을 방지하거나 얼음을 제거하는 물질
6	금속(금속 광물 포함) 및 합금 Base metals and alloyes	납, 구리 등 하나의 원소로 이루어진 금속 및 하나의 금속에 한 종류 이상의 금속을 첨가하여 만든 금속
7	살생물제 Biocidal products	농작물 이외의 대상에 대하여 유해생물을 제거, 무해화(無害化) 또는 억제하기 위해 사용되는 물질(농약 제외)
8	코팅, 페인트, 신너, 페인트 제거제 Coatings and paints, thinners, paint removers	표면에 피막을 입히거나 제거하는데 사용되는 물질
8.1	유성 페인트 Oil paint	신너에 희석하여 사용하는 페인트
8.2	수성 페인트 Water paint	물에 희석하여 사용하는 페인트
8.3	신너 Thinner	페인트 등을 희석하는데 사용하는 용제
8.4	페인트 제거제 Paint remover	도색된 페인트를 표면으로부터 제거하는데 사용하는 물질
8.5	경화제 Hardener	경도를 높이거나 경화를 촉진시키기 위하여 첨가하는 물질
8.6	기타 코팅 및 도장 관련 제품 Other coatings and paints	표면에 피막을 입히거나 제거하는데 사용되는 물질 중에서 8.1부터 8.5에 해당되지 않는 물질
9	필러, 퍼티, 점토 등 Fillers, putties, plasters, modelling clay	빈 틈이나 공간을 메꾸거나 연결하기 위하여 사용되는 물질
10	화약 및 폭발물 Explosives	화학적 안전성이 있으나 화학적 변화를 거침으로써 폭발 또는 팽창을 동반한 다량의 에너지 및 가스를 매우 빠르게 발생시키는 물질
11	비료 Fertilizers	식물에 영양을 주거나 식물의 재배를 돕기 위해 흙에서 화학적 변화를 가져오게 하는 물질
12	연료 및 연료 첨가제 Fuels and additives	연소반응을 통해 에너지를 얻을 수 있는 물질 및 연소 효율이나 에너지 효율을 높이기 위하여 연료에 첨가하는 물질(플라스틱 원료는 제외)
13	금속 표면 처리제 Metal surface treatment products	금속표면의 세척 및 세정을 위해서 쓰이는 물질 및 도금공정에서 도금강도를 증가시키기 위해 첨가하는 물질

연번	용도	설명
14	비금속 표면 처리제 Non-metal-surface treatment products	금속 이외의 표면의 세척 및 세정을 위해서 쓰이는 물질 및 도금공정에서 도금강도를 증가시키기 위해 첨가하는 물질
15	열전달제 Heat transfer fluids	열을 전달하고 열을 제거하는 물질
16	유압유 및 첨가제 Hydraulic fluids and additives	각종 압축기에 넣는 액체(기름)류 및 압력 전달 효율을 높이기 위해 첨가하는 물질
17	잉크 및 토너 Ink and toners	프린터나 전자복사기 등에 쓰여 영구적인 이미지 생성에 사용하는 물질
18	다양한 공정 보조제(pH조절제, 응집제, 침전제, 중화제 등) Processing aids such as pH-regulators, flocculants, precipitants, neutraization agents	공정의 안정성과 효율을 높이기 위하여 사용되는 각종 물질
18.1	부식방지제 Corrosion inhibitor	공기를 비롯한 화학물질, 옥외노출 등으로 생기는 부식을 방지하기 위해 첨가하는 물질
18.2	부유제 Flotation agents	광물질의 제련 공정 중에서 광물질을 농축·수거하기 위해 사용하는 물질
18.3	주물용 융제 Flux agents for casting	광물질을 녹이는 공정에서 산화물이 형성되는 것을 방지하기 위해 첨가하는 물질
18.4	발포제 및 기포제 Foaming agents	주로 플라스틱이나 고무 등에 첨가해서 작업공정 중 가스를 발생시켜 기포를 형성하게 하는 물질
18.5	산화제 Oxidizing agent	특수한 조건에서 산소를 쉽게 발생시켜 다른 물질을 산화시키는 물질, 수소를 제거하는 물질 또는 화학반응에서 전자를 쉽게 받아들이는 물질
18.6	pH조절제 pH-regulating agents	수소이온농도(pH)를 조절하거나 안정화하는데 사용하는 물질
18.7	공정속도 조절제 Process regulators	화학반응 속도를 조절함으로써 공정속도를 제어할 목적으로 사용하는 물질
18.8	환원제 Reducing agents	주어진 조건에서 산소를 제거하거나 또는 화학반응에서 전자를 제공하는 물질
18.9	안정제 Stabilizers	제조공정이나 사용 중에 열, 빛, 산소, 오존 등에 의해서 열화가 일어나 모양, 색깔, 물성이 변하는 것을 방지할 목적으로 사용하는 물질
18.10	계면활성제 및 표면활성제 Surface-active agents	한 분자 내에 친수기와 소수기를 지닌 화합물로서 액체의 표면에 부착해서 표면장력을 크게 저하시켜 활성화해주는 물질
18.11	점도 조정제 Viscosity adjusters	수지 등 고분자화합물을 용해한 점성재료의 농도를 안정화시켜 사용하기 쉽도록 해주는 물질
18.12	응집제 및 침전제 Flocculants and precipitators	물 등의 액체에 존재하는 여러 입자를 모여서 덩어리가 되도록 하거나 덩어리로 만들어 가라앉게 하는 물질
18.13	소포제 Anti-foaming agents	거품의 형성을 억제하는 물질
18.14	촉매 Catalysts	다른 물질의 화학반응을 매개하여 반응 속도를 빠르게 하거나 늦추는 물질
18.15	착화제 Complexing agents	주로 중금속 이온인 다른 물질에 배위자(配位子)로서 배위되어 착물(복합체)를 형성하는 물질
18.16	기타 공정 보조제 Other processing aids	공정의 안정성과 효율을 높이기 위하여 사용되는 각종 물질로서 PC18.1부터 PC18.16에 해당하지 않는 물질
19	실험용 화학물질(시약) Laboratory chemicals	실험실에서 기기분석 등에 사용되는 화학물질

연번	용도	설명
20	가죽 처리제 Leather treatment products	가죽을 부드럽게 하는 등 다양한 목적을 위하여 가죽처리에 사용되는 물질
21	윤활용제품 Lubricants, greases, release products	기계의 마찰 부분의 발열이나 마모를 방지하거나 탈부착을 원활하게 하기 위해 사용되는 기름
21.1	윤활유 Lubracants	기계의 마찰 부분의 발열이나 마모를 방지하기 위해 사용되는 기름
21.2	그리스 Grease	기계의 마찰 부분의 발열이나 마모를 방지하기 위해 사용되는 점도가 높은 기름
21.3	이형제 Release agents	성형품을 거푸집으로부터 꺼낼 때 벗겨지기 쉽게하는 등 탈부착이 용이하도록 바르는 액체
21.4	기타 윤활용 제품 Other lubricants	기계의 마찰 부분의 발열이나 마모를 방지하거나 탈부착을 원활하게 하기 위해 사용되는 기름류 중에서 21.1부터 21.3에 해당하지 않는 물질
22	금속 가공유 Metal working fluids(MWFs)	금속재료의 천공, 절삭, 연마 등을 할 때 발생하는 마찰 저항과 온도 및 금속찌꺼기의 제거 등을 목적으로 사용되는 물질
22.1	수용성 및 합성 금속가공유 Soluble and synthetic MWFs	원유에서 정제한 윤활기유가 없거나 일부 있더라도 물과 섞이도록 만든 금속가공유
22.2	비수용성 금속가공유 Insoluble MWFs	원유에서 정제한 윤활기유가 주성분인 금속가공유로서 물이 함유되지 않은 것
22.3	프레스오일 등 포밍유 Forming oil	프레스 등 막대한 압력을 가해지는 금속가공으로부터 장비와 모재를 보호하기 위한 금속가공유
22.4	방청유 Anti-rust oil	금속의 가공 전후에 녹으로부터 보호하기 위하여 사용하는 물질
22.5	기타 금속 가공유 Other MWFs	금속가공유 중에서 22.1부터 22.4에 해당하지 않는 물질
23	종이 및 보드 처리제 Paper and board treatment products	종이 등의 제조 과정에서 사용되는 각종 물질
24	식물보호제(농약) Plant protection products	농작물을 균, 곤충, 응애, 선충, 바이러스, 잡초, 그 밖의 병해충으로부터 방제하는데 사용하는 물질. 다만, 비료는 제외한다.
25	향수 및 향료 Perfumes, fragrances	향을 내는 물질
26	의약품 Pharmaceuticals	병의 치료나 증상의 완화 등을 목적으로 의료에 사용되는 물질
27	광화학제품 Photo-chemicals	영구적인 사진 이미지를 만드는 데 사용하는 물질
28	광택제 및 왁스 Polishes and wax blends	표면의 윤기를 내기 위하여 사용하는 물질
29	폴리머(고무 및 플라스틱) 재료(단량체 제외) Polymer preparations and compounds	플라스틱과 고무를 제조하는데 사용되는 원료 및 첨가제 중 단량체물질을 제외한 모든 제품(플라스틱 및 고무제품에 사용되는 세척제나 이형제는 제외)
30	반도체 Semiconductors	규소단결정체처럼 절연체와 금속의 중간 정도의 전기저항을 갖는 물질로서 빛, 열 또는 전자기장에 의해 기전력을 발생하는 물질
31	섬유용 염료 등 섬유 처리제 Textile dyes and impregnating products	섬유에 색을 입히거나 섬유의 질을 개선하기 위해 첨가하는 물질

연번	용도	설명
32	세정 및 세척제 Washing and cleaning products	표면의 오염을 제거하는데 사용되는 액체로서 물이나 용제를 포함
33	경수 연화제 Water softeners	물 속의 칼슘이나 마그네슘 등을 제거하여 경수를 연수로 변화시키는 물질
34	수처리제 Water treatment chemicals	오염된 물을 정수 또는 소독하기 위하여 사용되는 물질
35	용접 납땜 재료 및 플럭스 Welding and soldering products, flux products	금속류의 용접 및 납땜질을 할 때 사용하는 물질
36	화장품 및 개인위생용품 Cosmetics, personal care products	인체를 청결 미화하는 등의 목적으로 사용되는 물질
37	용제 및 추출제 Solvent and extraction agents	녹이거나 희석시키거나 추출, 탈지를 위해 사용하는 물질
38	배터리 전해제 Electrolytes for batteries	배터리의 전기 전달을 돕는 물질
39	색소 Coloring agent	페인트나 잉크 등의 색을 내는 데 사용되는 물질
40	단열재 및 건축용 재료 Construction materials	열의 소실을 막기 위하여 사용되는 재료 등 건축에 사용되는 재료
41	전기 절연제 Insulating materials	전기가 통하지 않도록 차단하는 물질
42	에어로졸 추진체 Propellant	압축가스 또는 액화가스로서 용기에서 가스를 분사함으로써 내용물을 분출시키는 물질
43	응축방지제 Condensation inhibitor	물체의 표면에서 액체가 응축되는 것을 방지할 목적으로 사용하는 물질
44	접착방지제 Anti-adhesive agents	두 개체 접촉면의 접착을 방지할 목적으로 사용하는 물질
45	정전기방지제 Anti-static agents	정전기 발생을 방지하거나 저감하는 물질
46	분진결합제 Dust binding agents	분진의 발생·분산을 방지하기 위해 첨가하는 물질
47	식품 및 식품첨가물 Food and food additives	식품(의약으로 섭취하는 것은 제외한다) 및 식품을 제조·가공 또는 보존하는 과정에서 식품에 넣거나 첨가하는 물질
48	기타 Others	1부터 47에 해당하지 않는 그 밖의 물질

6.7 건강 및 환경 유해성 분류에 대한 한계농도 기준 [별표6](제11조)

구분	건강 및 환경 유해성 분류		한계농도
건강 유해성	1. 급성 독성		1%
	2. 피부 부식성/피부 자극성		1%
	3. 심한 눈 손상성/눈 자극성		1%
	4. 호흡기 과민성		0.1%
	5. 피부 과민성		0.1%
	6. 생식세포 변이원성	1A 및 1B	0.1%
		2	1%
	7. 발암성		0.1%
	8. 생식독성		0.1%
	9. 특정표적장기독성 – 1회 노출		1%
	10. 특정표적장기독성 – 반복 노출		1%
	11. 흡인 유해성		1%
환경 유해성	12. 수생환경 유해성		1%
	13. 오존층 유해성		0.1%

CHAPTER 07
유해화학물질의 취급

7.1 유해화학물질의 취급기준

■ 화학물질관리법 시행규칙 [별표 1] 〈개정 2019. 12. 20.〉

유해화학물질의 취급기준(제8조 관련)

1. 취급시설 적정 유지·관리
   가. 부식성 유해화학물질을 취급하는 장소에서 가까운 거리 내에 비상시를 대비하여 샤워시설 또는 세안시설을 갖추고, 정상 작동하도록 유지할 것
   나. 물과 반응할 수 있는 유해화학물질을 취급하는 경우에는 보관·저장시설 주변에 설치된 방류벽, 집수시설(集水施設) 및 집수조 등에 물이 괴어 있지 않도록 할 것
   다. 폭발 위험이 높은 유해화학물질을 취급할 때 사용되는 장비는 반드시 접지(接地)하고, 정상적인 작동 여부를 점검할 것 다만, 화학사고 발생 우려가 없는 경우에는 그렇지 않다.
   라. 유해화학물질 용기는 온도, 압력, 습도와 같은 대기조건에 영향을 받지 않도록 하고, 파손 또는 부식되거나 균열이 발생하지 않도록 관리할 것
   마. 앞서 저장한 화학물질과 다른 유해화학물질을 저장하는 경우에는 미리 탱크로리, 저장탱크 내부를 깨끗이 청소하고 폐액(廢液)은 「폐기물관리법」에 따라 처리할 것
   바. 유해화학물질을 사용하고 남은 빈 용기는 「폐기물관리법」에 따라 처리할 것

2. 화학사고 예방 및 응급조치
   가. 유해화학물질의 취급 중에 음식물, 음료 등을 섭취하지 말 것
   나. 유해화학물질은 식료품, 사료, 의약품, 음식과 함께 혼합 보관하거나 운반, 접촉하지 말 것
   다. 유해화학물질을 취급하는 경우 콘택트렌즈를 착용하지 말 것 다만, 적절한 보안경을 착용한 경우에는 그렇지 않다.
   라. 물과 반응할 수 있는 유해화학물질을 취급하는 경우에는 물과의 접촉을 피하도록 해당 물질을 관리할 것
   마. 화재, 폭발 등 위험성이 높은 유해화학물질은 가연성 물질과 접촉되지 않도록 하고, 열·스파크·불꽃 등의 점화원(點火源)을 제거할 것
   바. 유해화학물질을 제조, 보관·저장, 사용하는 장소 주변이나 하역하는 동안 차량 안 또는 주변에서 흡연을 하지 말 것
   사. 용접·용단작업으로 인해 발생하는 불티의 비산(飛散)거리 이내에서 유해화학물질을 취급하지 말 것
   아. 유해화학물질이 묻어 있는 표면에 용접을 하지 말 것 다만, 화기 작업허가 등 안전조치를 취한 경우에는 그렇지 않다.
   자. 열, 스파크 등 점화원과 접촉 시 화재, 폭발 등 위험성이 높은 유해화학물질을 담은 용기에 용접·용단작업을 실시하지 말 것 다만, 부득이 용접·용단 작업을 실시할 경우에는 용기 내를 불활성가스로 대체하거나 중화, 세척 등

으로 안전성을 확인한 이후에 실시할 수 있다.
- 차. 밀폐된 공간에서는 공기 중에 가연성·폭발성 기체나 유독한 가스의 존재여부 및 산소 결핍 여부를 점검한 이후에 유해화학물질을 취급할 것
- 카. 고체 유해화학물질을 호퍼(hopper: 밑에 깔대기 출구가 있는 큰 통)나 컨베이어, 용기 등에 낙하시킬 때에는 낙하 거리가 최소화될 수 있도록 할 것. 이 경우 고체 유해물질의 낙하로 인해 분진이 발생하는 때에는 분진을 포집(捕執)하기 위한 분진 포집 시설을 설치하여야 한다.
- 타. 고체 유해화학물질을 용기에 담아 이동할 때에는 용기 높이의 90% 이상을 담지 않도록 할 것
- 파. 인화성을 지닌 유해화학물질은 그 물질이 반응하지 않는 액체나 공기 분위기에서 취급할 것
- 하. 유해화학물질을 계량하고 공정에 투입할 때 증기가 발생하는 경우에는 해당 증기를 포집하기 위한 국소배기장치를 설치하고, 작업 시 상시 가동할 것
- 거. 용기에 들어 있는 유해화학물질을 공정에 모두 투입한 경우에는 용기에서 증기 등이 발생하지 않도록 밀봉(密封)하여 두거나 국소배기장치가 설치된 곳에 둘 것
- 너. 유해화학물질이 발생하는 반응, 추출, 교반(휘저어 섞음), 혼합, 분쇄, 선별, 여과, 탈수, 건조 등의 공정은 밀폐 또는 격리된 상태로 이루어지도록 할 것
- 더. 유해화학물질이 유출된 경우에는 유출된 유해화학물질이 넓은 지역으로 퍼지지 않도록 차단하는 조치를 할 것
- 러. 유해화학물질이 유출·누출된 경우에는 다른 사람과 차량의 접근을 통제할 것
- 머. 유해화학물질을 취급하는 경우 법 제14조제2항에 따른 개인보호장구를 착용할 것

3. 보관·저장
- 가. 종류가 다른 화학물질을 같은 보관시설 안에 보관하는 경우에는 화학물질간의 반응성을 고려하여 칸막이나 바닥의 구획선 등으로 구분하여 상호간에 필요한 간격을 둘 것
- 나. 폭발성 물질과 같이 불안정한 물질은 폭발 반응을 방지하는 방법으로 보관할 것
- 다. 고체 유해화학물질은 밀폐한 상태로 보관하고 액체, 기체인 경우에는 완전히 밀폐 상태로 보관할 것

4. 상차·하차 및 용기·포장
- 가. 유해화학물질을 취급하거나 저장·적재·입출고 중에는 내용물이 환경 중으로 유출되지 않도록 포장할 것
- 나. 뚜껑을 포함한 용기는 유해화학물질의 반응 등으로 인한 변형 및 손상이 없는 재질이어야 하고, 유해화학물질의 성질에 따라 적당한 재질, 두께 및 구조를 갖출 것
- 다. 운반 도중 파손되거나 유출·누출 위험이 있는 용기를 사용하지 말 것. 다만, 유해화학물질의 성질상 유리 등 파손 우려가 있는 용기를 불가피하게 사용한 경우에는 운송 시 충격에 견딜 수 있도록 하고 포장을 견고히 하여 운반 도중 파손되지 않도록 해야 한다.
- 라. 용기는 취급자가 사용 후 다시 잠글 수 있는 밀봉 뚜껑을 갖출 것

5. 운반
- 가. 유해화학물질을 보관·운반하는 경우 해당 물질이 유출되거나 누출되었을 때 상호반응을 일으켜 화재, 유독가스 생성, 발열 등의 사고를 일으킬 수 있는 물질과 함께 보관·운반하지 말 것
- 나. 차량을 이용하여 유해화학물질을 운반할 때에는 규정된 제한 속도를 준수하고, 200킬로미터 이상(고속국도를 이용하는 경우에는 340킬로미터 이상)의 거리를 운행하는 경우에는 다른 운전자를 동승시키거나 운행 중에 2시간마다 20분 이상 휴식을 취할 것
- 다. 버스, 철도, 지하철 등 대중 교통수단을 이용하여 유해화학물질을 운반하지 말 것
- 라. 유해화학물질을 우편 또는 택배로 보내지 말 것. 다만, 다음에 해당하는 유해화학물질(폭발성, 인화성이 있거나 급성 흡입독성이 높은 물질로서 화학물질안전원장이 정하여 고시하는 물질은 제외한다)을 화학물질안전원 고시로 정하는 바에 따라 택배로 보내는 경우는 그렇지 않다.
  1) 시험용·연구용·검사용 시약
  2) 유해화학물질 영업허가를 받거나, 유해화학물질 시약판매업 신고를 한 사업장이 판매의 목적이 아닌 연구개발, 시범사용 등을 위해 제조 또는 수입한 견본품
- 마. 차량의 운전석이나 승객이 타는 자리 옆에 유해화학물질을 두지 말고 반드시 지정된 화물칸으로 이송하고 화물칸

은 덮개를 덮을 것
바. 유해화학물질을 이송할 때에는 화학물질의 증기, 가스가 대기 중으로 누출되지 않도록 할 것
사. 유해화학물질을 운반하는 도중에 발생할 우려가 있는 화재, 폭발, 유출·누출에 대한 위험방지 조치를 할 것
아. 고체 유해화학물질을 이송 시에는 비산하는 분진이 없도록 할 것

[비고] 위 기준 외에 유해화학물질별 구체적인 취급기준은 화학물질안전원장이 관계 기관의 장과 협의하여 고시한다.

| Sketch Note Writing |

[예제] 화학물질관리법규상 유해화학물질의 취급기준으로 옳지 않은 것은?
① 용기는 온도, 압력, 습도와 같은 대기조건에 영향을 받지 않도록 할 것
❷ 고체 유해화학물질을 용기에 담아 이동할 때에는 용기 높이의 80% 이상을 담지 않도록 할 것
③ 고체 유해화학물질은 밀폐한 상태로 보관하고 액체, 기체인 경우에는 완전히 밀폐상태로 보관할 것
④ 인화성을 지닌 유해화학물질은 자기발열성 및 자기반응성물질과 함께 보관하거나 운반하지 말 것
[해설]
용기 높이의 90% 이상을 담지 않도록 할 것

7.2 유해화학물질 취급시설 설치 및 관리

화학물질관리법 시행규칙[별표 5]〈개정 2021. 4. 1.〉
유해화학물질 취급시설 설치 및 관리 기준

1. 일반기준

가. 유해화학물질 취급시설의 각 설비는 온도·압력 등 운전조건과 유해화학물질의 물리적·화학적 특성을 고려하여 설비의 성능이 유지될 수 있는 구조 및 재료로 설치해야 한다.

나. 유해화학물질 취급시설의 제어설비는 유해화학물질 취급시설의 정상적인 운전조건이 유지될 수 있는 구조로 설치되어야 하고, 현장에서 직접 또는 원격으로 관리할 수 있도록 해야 한다.

다. 유해화학물질이 누출·유출되어 환경이나 사람에게 피해를 주지 않도록 사고예방을 위한 설비를 갖추고 사고 방지를 위해 적절한 조치를 해야 한다.

라. 유해화학물질 취급시설(「연구실 안전환경 조성에 관한 법률」 제2조제2호의 연구실은 제외한다)을 설치·운영하는 자는 법 제23조제2항에 따른 적합 통보를 받은 장외영향평가서를 해당 사업장에 보관하고, 장외영향평가서에 기재된 안전성 확보방안을 준수해야 한다.

2. 제조·사용시설의 경우

가. 설치기준

1) 유해화학물질 중독이나 질식 등의 피해를 예방할 수 있도록 환기설비를 설치해야 한다. 다만, 설비의 기능상 환기가 불가능하거나 불필요한 경우에는 그렇지 않다.
2) 유해화학물질 체류로 인한 사고를 예방하기 위하여 분진, 액체 또는 기체 등 유해화학물질의 물리적·화학적 특성에 적합한 배출설비를 갖추어야 한다.
3) 금속부식성 물질을 취급하는 설비는 부식이나 손상을 예방하기 위하여 해당 물질에 견디는 재질을 사용해야 한다.
4) 액체나 기체 상태의 유해화학물질은 누출·유출 여부를 조기에 인지할 수 있도록 검지·경보설비를 설치하고, 해당 물질의 확산을 방지하기 위한 긴급차단설비를 설치해야 한다.
5) 액체 상태의 유해화학물질 제조·사용시설은 방류벽, 방지턱 등 집수설비(集水設備)를 설치해야 한다.
6) 유해화학물질이 사업장 주변의 하천이나 토양으로 흘러 들어가지 않도록 차단시설 및 집수설비 등을 설치해야 한다.
7) 유해화학물질에 노출되거나 흡입하는 등의 피해를 예방할 수 있도록 긴급세척시설과 개인보호장구를 갖추어야 한다.

나. 관리기준

1) 가목2)에 따른 배출설비에서 배출된 유해화학물질은 중화, 소각 또는 폐기 등의 방법으로 처리하여 환경이나 사람에 영향을 주지 않도록 해야 한다.
2) 자연발화성 물질 또는 자기발열성 물질의 발화로 인한 사고를 예방하기 위하여 공기와 접촉하지 않도록 조치해야 한다.
3) 금속부식성 물질로 설비가 부식되거나 손상되지 않도록 예방하기 위하여 필요한 조치를 해야 한다.
4) 자기반응성 물질 또는 폭발성 물질의 과열이나 폭발로 인한 사고를 예방하기 위하여 그 물질이 자체 반응을 일으키지 않도록 조치해야 한다.
5) 인화성 물질로 인한 화재나 폭발 사고를 예방하기 위하여 점화원이 될 수 있는 요인은 분리하여 관리하고, 사고 피해를 줄이기 위하여 필요한 조치를 해야 한다.
6) 대기 중으로 확산될 수 있는 유해화학물질은 그 확산을 최소화하기 위하여 필요한 조치를 해야 한다.
7) 사업장에서는 유해화학물질의 필요 최소한의 양만 취급해야 한다.
8) 그 밖에 제조·사용시설에서 유해화학물질 누출·유출로 인한 피해를 예방할 수 있도록 사고 예방을 위한 조치를 해야 한다.

3. 저장·보관시설의 경우
   가. 설치기준
   1) 유해화학물질 저장·보관시설이 설치된 건축물에는 환기설비를 설치해야 한다. 다만, 설비의 기능상 환기가 불가능하거나 불필요한 경우에는 그렇지 않다.
   2) 유해화학물질 체류로 인한 사고를 예방하기 위하여 분진, 액체 또는 기체 등 유해화학물질의 물리적·화학적 특성에 적합한 배출설비를 갖추어야 한다.
   3) 금속부식성 물질을 취급하는 설비는 부식이나 손상을 예방하기 위하여 해당 물질에 견디는 재질을 사용해야 한다.
   4) 액체나 기체 상태의 유해화학물질은 누출·유출 여부를 조기에 인지할 수 있도록 검지·경보설비를 설치하고, 해당 물질의 확산을 방지하기 위한 긴급차단설비를 설치해야 한다.
   5) 액체 상태의 유해화학물질 저장·보관시설은 방류벽, 방지턱 등 집수설비를 설치해야 한다.
   6) 유해화학물질이 사업장 주변의 하천이나 토양으로 흘러 들어가지 않도록 차단시설 및 집수설비 등을 설치해야 한다.
   7) 유해화학물질에 노출되거나 흡입하는 등의 피해를 예방할 수 있도록 긴급세척시설과 개인보호장구를 갖추어야 한다.
   8) 저장설비는 그 설비의 압력이 최고사용압력을 초과하는 경우 즉시 그 압력을 최고사용압력 이하로 돌릴 수 있도록 안전장치를 설치해야 한다.
   9) 저장·보관시설은 바닥에 유해화학물질이 스며들지 않도록 하는 재료를 사용해야 한다.

   나. 관리기준
   1) 가목2)에 따른 배출설비에서 배출된 유해화학물질은 중화, 소각 또는 폐기 등의 방법으로 처리하여 환경이나 사람에 영향을 주지 않도록 해야 한다.
   2) 자연발화성 물질 또는 자기발열성 물질의 발화로 인한 사고를 예방하기 위하여 공기와 접촉하지 않도록 조치해야 한다.
   3) 금속부식성 물질로 설비가 부식되거나 손상되지 않도록 예방하기 위하여 필요한 조치를 해야 한다.
   4) 자기반응성 물질 또는 폭발성 물질의 과열이나 폭발로 인한 사고를 예방하기 위하여 그 물질이 자체 반응을 일으키지 않도록 조치해야 한다.
   5) 인화성 물질로 인한 화재나 폭발 사고를 예방하기 위하여 점화원이 될 수 있는 요인은 분리하여 관리하고, 사고 피해를 줄이기 위하여 필요한 조치를 해야 한다.
   6) 대기 중으로 확산될 수 있는 유해화학물질은 그 확산을 최소화하기 위하여필요한 조치를 해야 한다.
   7) 사업장에서는 유해화학물질의 필요 최소한의 양만 취급해야 한다.
   8) 물리적·화학적 특성이 서로 다른 유해화학물질을 같은 보관시설 안에 보관하려는 경우에는 유해화학물질 간의 반응성을 고려하여 칸막이나 바닥의 구획선 등으로 구분하여 보관해야 한다.
   9) 그 밖에 저장·보관시설에서 유해화학물질 누출·유출로 인한 피해를 예방할 수 있도록 사고예방을 위한 조치를 해야 한다.

4. 운반시설(유해화학물질 운반차량·용기 및 그 부속설비를 포함한다)
   가. 설치기준
   1) 유해화학물질 운반차량은 유해화학물질을 안전하게 운반하기 위해 설계·제작된 차량이어야 한다.
   2) 운반차량을 주차할 수 있는 차고지는 누출·유출 사고 피해를 예방할 수 있는 안전한 곳으로 확보해야 한다.

   나. 관리기준
   1) 운반시설에 유해화학물질을 적재(積載) 또는 하역(荷役)하려는 경우에는 유해화학물질이 외부로 누출·유출되지 않도록 지정된 장소에서 해야 한다.
   2) 운반과정에서 운반시설에 적재된 유해화학물질이 쏟아지지 않도록 유해화학물질 및 그 운반용기를 고정해야 한다.
   3) 운반차량은 유해화학물질 누출·유출로 인한 피해를 줄일 수 있도록 안전한 곳에 주·정차해야 한다.
   4) 그 밖에 운반시설에서 유해화학물질 누출·유출로 인한 피해를 줄이거나 피해의 확대를 방지할 수 있도록 필요한 조치를 해야 한다.

5. 그 밖의 시설

가. 사업장 밖에 있는 배관을 통해 유해화학물질을 이송하는 시설 및 그 부대시설(이하 "사업장 외 배관이송시설"이라 한다)은 다음 기준에 따라 설치해야 한다.

　1) 배관설비는 운전조건과 유해화학물질의 성질을 고려하여 설비의 성능이 유지될 수 있는 구조 및 재료로 설치해야 한다.

　2) 배관 및 그 지지물 등의 설비는 물리적·환경적 영향 등 외부요인으로 파손되거나 부식되지 않도록 안전하게 설치해야 한다.

　3) 유해화학물질 유출·누출로 인한 피해를 줄일 수 있도록 확산 방지 또는 차단장치를 설치해야 한다.

나. 그 밖에 사업장 외 배관이송시설에서 유해화학물질 누출·유출로 인한 피해를 예방할 수 있도록 사고 예방을 위한 조치를 해야 한다.

6. 제1호부터 제5호까지에서 규정한 사항 외에 유해화학물질 취급시설의 설치 및 관리에 필요한 세부사항은 화학물질안전원장이 정하여 고시한다.

7.3 사고대비물질의 관리기준

■ 화학물질관리법 시행규칙 [별표 9] 〈개정 2018. 11. 29.〉

사고대비물질의 관리기준(제44조 관련)

1. 니트로벤젠, 황산, 질산, 산화질소, 니트로메탄, 질산암모늄, 헥사민, 과산화수소, 염소산칼륨, 질산칼륨, 과염소산칼륨, 과망간산칼륨, 염소산나트륨, 질산나트륨, 사린, 염화시안 취급자 및 도난·전용 위험 등이 있어 환경부장관이 고시한 사고대비물질의 취급자는 다음 각 목의 사항을 준수해야 한다.

   가. 해당 사고대비물질을 인계하는 자는 인수자의 신분증을 확인하여 제56조에 따라 해당 사항을 화학물질 관리대장에 기록하고 보존해야 한다.

   나. 취급시설 및 판매시설의 출입자와 방문차량을 확인하여 제56조에 따라 해당 사항을 화학물질 관리대장에 기록하고 보존해야 한다.

   다. 해당 사고대비물질에 대한 취급시설 운영자·관리자 또는 관계자가 아닌 사람의 접근을 엄격히 차단하고 저장·보관시설, 진열·보관장소 및 운반차량에 경보장치 또는 잠금장치 등 물리적인 보안장치를 설치하여 정상적으로 작동하도록 관리해야 한다.

   라. 해당 사고대비물질을 「청소년 보호법」 제2조제1호에 따른 청소년에게 판매해서는 안 된다. 다만, 실험 등의 용도로 사용하려는 경우로서 보호자의 동의서를 제출하는 때는 제외하며, 5년간 동의서를 보존해야 한다.

   마. 해당 사고대비물질을 도난당하거나 분실한 때에는 그 내용을 즉시 경찰서, 국가정보원 또는 화학물질안전원에 신고해야 한다.

2. 그 밖에 사고대비물질의 안전한 관리 및 화학사고 예방·대응을 위하여 필요한 세부 관리기준은 화학물질안전원장이 정하여 고시한다.

7.4 취급자의 개인보호장구 착용

유해화학물질을 취급하는 자는 다음 각 호 어느 하나에 해당하는 경우 해당 유해화학물질에 적합한 개인보호장구를 착용하여야 한다.

① 기체의 유해화학물질을 취급하는 경우
② 액체 유해화학물질에서 증기가 발생할 우려가 있는 경우
③ 고체 상태의 유해화학물질에서 분말이나 미립자 형태 등이 체류하거나 비산할 우려가 있는 경우
④ 실험실 등 실내에서 유해화학물질을 취급하는 경우
⑤ 유해화학물질을 다른 취급시설로 이송하는 과정에서 안전조치를 하여야 하는 경우
⑥ 흡입독성이 있는 유해화학물질을 취급하는 경우
⑦ 유해화학물질을 하역(荷役)하거나 적재(積載)하는 경우
⑧ 눈이나 피부 등에 자극성이 있는 유해화학물질을 취급하는 경우
⑨ 유해화학물질 취급시설에 대한 정비·보수작업을 하는 경우
⑩ 개인보호구 종류
  장갑, 마스크/호흡기, 가운/앞치마, 안면보호구, 고글(눈 보호) 등

7.5 우선순위 관리대상 화학물질

① 화학물질 유해성 분류 대상물질
② 환경부령으로 정하는 유해화학물질(유독물질, 허가물질, 제한물질, 금지물질, 사고대비물질)
③ 노출 가능성이 높은 물질
④ 직업적 노출로 직업병 발생, 사망, 사회적 문제 등이 확인된 물질

Sketch Note Writing

[예제] 효과적인 화학물질의 관리를 위해 위해성이 높은 물질은 우선순위를 부여하여 관리할 수 있다. 이 때 관리대상 우선순위 분류기준으로 가장 거리가 먼 것은?
① 화학물질 유해성 분류 및 표시 대상물질
❷ 생활화학제품에서 많이 사용하는 것이 확인된 물질
③ 화학안전 규제에 따라 허가, 제한, 금지 등으로 분류된 물질
④ 직업적 노출로 인한 사망 사례나 직업병 발생 사례 등이 확인된 물질

7.6 유해화학물질별 취급시설 장비 및 기술인력

■ 화학물질관리법 시행규칙 [별표 6] 〈개정 2020. 9. 29.〉 [유효기간:2023년 12월 31일] 제2호가목5)

유해화학물질별 취급시설·장비 및 기술인력 기준(제27조제3항 관련)

1. 취급시설·장비 기준
   가. 유해화학물질 운반차량을 주차할 수 있는 규모의 주차장(유해화학물질 운반업의 경우에만 해당된다)
   나. 폐수를 모을 수 있는 집수조가 있는 세차시설(유해화학물질 운반업의 경우에만 해당된다)
   다. 작업복을 탈의하고 세탁 등이 가능한 탈의시설
   라. 법 제14조제2항에 따라 고시한 것으로서 해당 작업자가 착용할 수 있는 개수의 개인보호장구
   마. 「화재예방, 소방시설 설치·유지 및 안전관리에 관한 법률 시행령」에 따른 소화설비, 경보설비, 피난설비, 소화용수설비 및 소화활동설비
   바. 누출·배출된 유해화학물질을 측정할 수 있는 감지·경보장치 또는 CCTV
   사. 차량 충돌로부터 배관이나 취급설비의 피해를 방지할 수 있는 충돌방지벽 등
   아. 물질의 특성에 맞는 적정한 온도 습도 또는 압력 등을 유지하기 위에 필요한 계측장치
   자. 물질의 누출·유출시 물질의 차단이 가능한 긴급 차단설비
   차. 삭제 〈2017. 12. 27.〉

2. 기술인력 기준
   가. 다음의 어느 하나에 해당하는 사람 1인 이상을 두어야 한다.
      1) 「국가기술자격법」에 따른 화공안전·화공·가스·대기관리·수질관리·폐기물처리 또는 산업위생관리 기술사 또는 위험물·가스기능장을 취득한 사람
      2) 산업안전·기계·화공·수질환경·대기환경·폐기물처리·위험물 또는 가스 분야 석사 학위 이상을 취득한 사람 중에서 해당 실무 경력 3년 이상인 사람
      3) 「국가기술자격법」에 따른 화공·화약류제조·산업안전·가스·산업위생관리·수질환경·대기환경 또는 폐기물처리 기사 자격증을 취득한 사람 중에서 해당 실무 경력 5년 이상인 사람
      4) 「국가기술자격법」에 따른 화약류제조·산업안전·수질환경·대기환경·폐기물처리·위험물·가스·산업위생관리 산업기사 또는 환경·위험물·가스기능사 자격증을 취득한 사람 중에서 해당 실무 경력 7년 이상인 사람
      5) 다음의 어느 하나에 해당하는 사람으로서 화학물질안전원장이 개설하는 유해화학물질 취급시설 기술인력에 대한 교육과정을 이수한 사람(종업원이 30명 미만인 유해화학물질 영업을 하는 자의 경우만 해당한다)
         가) 2)에 해당하는 학력을 갖추거나 3) 또는 4)에 해당하는 자격을 갖춘 사람
         나) 유해화학물질을 취급한 경력이 5년 이상인 사람
         다) 「초·중등교육법 시행령」 제90조제1항제10호에 따른 산업수요 맞춤형 고등학교의 화학 관련 학과 또는 같은 영 제91조제1항에 따른 특성화고등학교의 화학 관련 학과를 졸업한 사람
   나. 법 제32조, 영 제12조 및 제33조에 따라 유해화학물질관리자를 두어야 한다.

[비고]
1. 다음 각 목의 어느 하나에 해당하는 유해화학물질 영업을 하는 자는 가목의 기준을 적용하지 않는다.
   가. 유해화학물질 운반업
   나. 유해화학물질 판매업(유해화학물질 취급시설이 없거나 종업원이 10명 미만인 경우만 해당한다)
   다. 유해화학물질 사용업(종업원이 10명 미만인 경우만 해당한다)
2. 다음 각 목의 어느 하나에 해당하는 자로서 종업원이 30명 미만인 자에 대해서는 2018년 12월 31일까지 가목의 기준을 적용하지 않는다.
   가. 2014년 12월 31일 이전에 종전의 「유해화학물질 관리법」에 따라 사고대비물질을 취급한 자로서 법 제28조에 따라 유해화학물질 영업허가를 받아야 하는 자. 다만, 다음의 어느 하나에 해당하는 자는 제외한다.
      1) 「고압가스 안전관리법」 제13조의2에 따른 안전성향상계획의 작성·제출 대상자
      2) 「산업안전보건법」 제44조에 따른 공정안전보고서 작성·제출대상자 중 같은 법 시행령 제43조제1항 각 호의 사업을 운영하는 자
      3) 2)에 해당하지 않는 자로서 「산업안전보건법」 제44조에 따른 공정안전보고서 작성·제출대상자
   나. 2014년 12월 31일 이전에 종전의 「유해화학물질 관리법」에 따른 유독물영업의 등록을 하거나 취급제한·금지물질 영업의 허가를 받은 자

7.7 안전교육 대상자별 교육시간

■ 화학물질관리법 시행규칙 [별표 6의2] 〈개정 2021. 4. 1.〉

유해화학물질 안전교육 대상자별 교육 시간(제37조제1항 관련)

교육대상		교육시간
1. 법 제28조제2항에 따른 유해화학물질 취급시설의 기술인력		매 2년마다 16시간
2. 법 제32조에 따른 유해화학물질 관리자	가. 취급시설이 없는 판매업의 유해화학물질관리자	매 2년마다 8시간
	나. 가목에 해당하지 않는 유해화학물질관리자	매 2년마다 16시간
3. 유해화학물질 취급 담당자	가. 유해화학물질 영업자가 고용한 사람으로서 유해화학물질을 직접 취급하는 사람	매 2년마다 16시간 (유해화학물질을 운반하는 자는 매 2년마다 8시간)
	나. 법 제31조제1항에 따른 수급인과 수급인이 고용한 사람으로서 유해화학물질을 직접 취급하는 사람	매 2년마다 16시간 (유해화학물질을 운반하는 자는 매 2년마다 8시간)
	다. 화학사고예방관리계획서 작성 담당자	매 2년마다 16시간
	라. 그 밖에 환경부장관이 화학사고 예방 등을 위하여 필요하다고 인정하여 고시한 사람	매 2년마다 16시간

[비고]
1. 제1호 또는 제2호에 해당하는 자는 해당 각 호의 구분에 따른 기술인력이 되거나 유해화학물질관리자로 선임된 날부터 2년 이내에 안전교육을 받아야 한다. 다만, 해당 각 호의 구분에 따른 기술인력이 되거나 유해화학물질관리자로 선임될 수 있는 자격을 갖추게 된 날부터 2년이 지난 후에 그 기술인력이 되거나 유해화학물질관리자로 선임된 경우에는 1년 이내에 안전교육을 받아야 한다.
2. 제3호의 유해화학물질 취급 담당자는 해당 업무를 수행하기 전에 안전교육을 받아야 하며, 교육시간 중 8시간을 화학물질안전원에서 실시하는 인터넷을 이용한 교육으로 대체할 수 있다. 다만, 유해화학물질을 운반하는 자는 인터넷을 이용한 교육으로 대체할 수 없다.
3. 제3호의 유해화학물질 취급 담당자(유해화학물질을 운반하는 자는 제외한다)가 안전교육을 받아야 하는 날부터 2년 전까지의 기간에 「산업안전보건법」 제29조제3항 및 같은 법 시행규칙 제26조제1항에 따른 특별교육 중 화학물질안전원장이 유해화학물질 안전교육과 유사하다고 인정하여 고시하는 교육과정을 16시간 이상 이수한 경우에는 그 받아야 하는 안전교육 시간 중 8시간을 면제한다.
4. 제37조제1항부터 제3항까지의 규정에도 불구하고 감염병 등의 재난 발생으로 유해화학물질 안전교육을 정상적으로 실시하기 어렵다고 환경부장관이 인정하는 경우에는 이수시기 및 교육방법 등을 변경할 수 있다.

7.8 유해화학물질 안전교육 교육내용

■ 화학물질관리법 시행규칙 [별표 6의3] 〈개정 2021. 4. 1.〉

유해화학물질 안전교육 대상자별 교육내용(제37조제5항 관련)

1. 유해화학물질관리자 자격취득 대상자(영 제12조제2항제5호부터 제7호까지)

교육내용

가. 「화학물질관리법」 및 일반 화학안전관리에 관한 사항
나. 유해화학물질 취급시설 기준 및 자체점검에 관한 사항
다. 화학사고예방관리계획서, 사업장 위험도 분석 및 안전관리에 관한 사항
라. 화학물질의 유해성 분류 및 표시방법에 관한 사항
마. 화학물질이 인체와 환경에 미치는 영향에 관한 사항
바. 화학사고 시 대피·대응 방법에 관한 사항
사. 개인보호구, 방제 장비 등 선정 기준과 방법에 관한 사항

2. 유해화학물질 취급시설의 기술인력 및 유해화학물질관리자

교육내용

가. 「화학물질관리법」 및 일반 화학안전관리에 관한 사항
나. 유해화학물질 취급시설 기준 및 자체점검에 관한 사항
다. 유해화학물질 유해성 및 분류·표시방법에 관한 사항
라. 유해화학물질 취급형태별 준수사항 및 취급기준에 관한 사항
마. 화학사고예방관리계획의 수립 및 이행에 관한 사항
바. 화학사고 시 대피·대응 방법 및 개인보호구 착용 실습에 관한 사항
사. 화학물질 노출 시 응급조치 요령에 관한 사항

3. 유해화학물질 취급 담당자

교육내용

가. 「화학물질관리법」 및 일반 화학안전관리에 관한 사항
나. 유해화학물질 취급시설 기준 및 자체점검에 관한 사항
다. 화학물질의 유해성 및 분류·표시방법에 관한 사항
라. 유해화학물질 상·하차, 이동, 취급, 보관·저장 시 준수사항 및 취급기준에 관한 사항
마. 화학사고예방관리계획의 수립 및 이행에 관한 사항
바. 화학사고 시 대피·대응 방법 및 개인보호구 착용 실습에 관한 사항
사. 화학물질 노출 시 응급조치 요령에 관한 사항

4. 유해화학물질 운반자

교육내용

가. 「화학물질관리법」 및 일반 화학안전관리에 관한 사항
나. 유해화학물질 운반차량 표시 및 운반계획서 작성에 관한 사항
다. 유해화학물질 상·하차, 이동 시 준수사항
라. 화학사고 시 대피·대응 방법 및 개인보호구 착용 실습에 관한 사항
마. 화학물질 노출 시 응급조치 요령에 관한 사항

5. 유해화학물질 사업장 종사자

교육내용

가. 화학물질의 유해성 및 안전관리에 관한 사항
나. 화학사고 대피·대응 방법 및 사고 시 행동요령에 관한 사항
다. 업종별 유해화학물질 취급방법에 관한 사항

7.9 과징금의 부과기준

■ 화학물질관리법 시행령 [별표 1]

과징금의 부과기준(제14조 관련)

1. 과징금의 산정기준
   가. 법 제36조제1항 본문에 따른 영업정지 처분을 갈음하여 부과하는 과징금의 금액은 나목에 따른 영업정지 기간에 다목에 따라 산정한 1일당 과징금의 금액을 곱하여 얻은 금액으로 한다.
   나. 영업정지 기간은 법 제35조제2항에 따른 위반행위의 종류별로 위반횟수를 고려하여 산정된 기간(가중 또는 감경을 한 경우에는 그에 따라 가중 또는 감경된 기간을 말한다)을 말하며, 영업정지 1개월은 30일을 기준으로 한다.
   다. 1일당 과징금의 금액은 위반행위를 한 사업자의 연간 매출액에 3,600분의 1(단일 사업장을 보유한 기업의 경우에는 연간 매출액의 7,200분의 1을 말한다)을 곱하여 산정한다.
   라. 다목에 따른 연간 매출액의 산정 기준은 다음과 같다.
      1) 영업의 전부를 정지하는 경우: 해당 업체에 대한 처분일이 속한 연도의 직전 3개 사업연도의 연평균매출액을 기준으로 산정한다.
      2) 영업의 일부를 정지하는 경우: 해당 업체에 대한 처분일이 속한 연도의 직전 3개 사업연도의 영업정지 대상 영업에서 발생한 연평균매출액을 기준으로 산정한다.
      3) 1) 및 2)에 따라 연간 매출액을 산정할 때 해당 업체가 사업을 시작한지 3년이 되지 아니하거나 휴업 등의 이유로 연간 매출액을 산정하기 곤란한 경우 또는 영업정지 대상 영업에서 발생한 연평균매출액 산정이 곤란한 등의 경우에는 분기별, 월별 또는 일별 매출금액이나, 영업정지 대상 영업의 전체 매출액 기여도 등을 고려하여 환경부장관이 산정한다.
   마. 다목에서 사업장이란 인적 설비 또는 물적 설비를 갖추고 사업 또는 사무가 이루어지는 장소(사업소를 포함한다)를 말한다.

2. 과징금의 가중 또는 감경 기준
   환경부장관은 법 제36조제2항에 따라 과징금 부과 대상자의 위반행위의 종류, 사업규모, 위반횟수 등을 고려하여 제1호에 따라 산정된 과징금 금액의 2분의 1 범위에서 그 금액을 가중하거나 감경할 수 있다.

| Sketch Note Writing |

[용어] 과징금이란?

7.10 과태료의 부과기준

■ 화학물질관리법 시행령 [별표 2] 〈개정 2021. 3. 30.〉

과태료의 부과기준(제24조 관련)

1. 일반기준

가. 위반행위의 횟수에 따른 과태료의 부과기준은 최근 1년간 같은 위반행위로 과태료 부과처분을 받은 경우에 적용한다. 이 경우 기간의 계산은 위반행위에 대하여 과태료 부과처분을 받은 날과 그 처분 후 다시 같은 위반행위를 하여 적발된 날을 기준으로 한다.

나. 가목에 따라 가중된 부과처분을 하는 경우 가중처분의 적용 차수는 그 위반행위 전 부과처분 차수(가목에 따른 기간 내에 과태료 부과처분이 둘 이상 있었던 경우에는 높은 차수를 말한다)의 다음 차수로 한다.

다. 과태료의 부과권자는 다음의 어느 하나에 해당하는 경우에는 제2호에 따른 과태료 금액의 2분의 1 범위에서 그 금액을 감경할 수 있다. 다만, 과태료를 체납하고 있는 위반행위자의 경우에는 감경할 수 없다.
  1) 위반행위자가 「질서위반행위규제법 시행령」 제2조의2제1항 각 호의 어느 하나에 해당하는 경우
  2) 위반행위가 사소한 부주의나 오류 등으로 인한 것으로 인정되는 경우
  3) 위반행위를 바로 정정하거나 시정하여 해소한 경우
  4) 그 밖에 위반행위의 정도, 위반행위의 동기와 그 결과 등을 고려하여 과태료를 감경할 필요가 있다고 인정되는 경우

라. 과태료의 부과권자는 다음의 어느 하나에 해당하는 경우에는 제2호에 따른 과태료 금액의 2분의 1 범위에서 그 금액을 가중할 수 있다. 다만, 법 제64조에 따른 과태료 금액의 상한을 넘을 수 없다.
  1) 위반의 내용 및 정도가 중대하여 이로 인한 피해가 크다고 인정되는 경우
  2) 법 위반상태의 기간이 6개월 이상인 경우
  3) 그 밖에 위반행위의 정도, 위반행위의 동기와 그 결과 등을 고려하여 과태료를 가중할 필요가 있다고 인정되는 경우

2. 개별기준

위반행위	근거 법조문	과태료 금액(단위: 만원)		
		1차 위반	2차 위반	3차 이상 위반
가. 법 제9조제1항을 위반하여 화학물질확인 내용을 제출하지 않거나 거짓으로 제출한 경우	법 제64조 제1항제1호	600	800	1,000
나. 법 제10조제4항에 따른 화학물질 통계조사에 필요한 자료제출 명령에 따르지 않거나 거짓으로 제출한 경우	법 제64조 제1항제2호	600	800	1,000
다. 법 제11조제2항에 따른 화학물질 배출량조사에 필요한 자료 제출 명령에 따르지 않거나 거짓으로 제출한 경우	법 제64조 제1항제3호	600	800	1,000
라. 법 제11조의2제1항을 위반하여 화학물질 배출저감계획서를 제출하지 않거나 거짓으로 제출한 경우	법 제64조 제1항제3호의2	600	800	1,000
마. 법 제11조의2제3항을 위반하여 화학물질 배출저감계획서를 수정·보완하여 제출하지 않은 경우	법 제64조제2항제1호	180	240	300
바. 법 제11조의2제6항에 따른 자료 제출을 하지 않거나 거짓으로 한 경우 또는 관계 공무원의 출입·조사를 거부·방해 또는 기피한 경우	법 제64조 제1항제3호의3	600	800	1,000
사. 법 제12조제3항에 따른 심의 또는 같은 조 제5항에 따른 소명에 필요한 자료를 거짓으로 제출한 경우	법 제64조제1항제3호의4	600	800	1,000
아. 법 제22조제2항을 위반하여 환각물질을 판매하거나 제공한 경우	법 제64조 제1항제4호	600	800	1,000
자. 삭제 〈2021. 3. 30.〉				
차. 삭제 〈2021. 3. 30.〉				

위반행위	근거 법조문			
카. 법 제28조제5항 전단에 따른 유해화학물질 영업의 변경신고를 하지 않거나 거짓으로 변경신고를 하고 영업을 한 경우	법 제64조 제1항제5호			
1) 사업장의 명칭·대표자 또는 사무실 소재지의 변경에 따른 변경신고를 하지 않거나 거짓으로 변경신고를 하고 영업을 한 경우		300	400	500
2) 1)외의 변경신고 대상에 대한 변경신고를 하지 않거나 거짓으로 변경신고를 하고 영업을 한 경우		600	800	1,000
타. 법 제29조의2를 위반하여 시약 구매자에게 같은 조 제1항 각 호의 사항을 알려주지 않은 경우	법 제64조 제2항제3호	180	240	300
파. 법 제31조제1항 전단을 위반하여 유해화학물질 취급의 도급신고를 하지 않은 경우	법 제64조 제1항제6호	600	800	1,000
하. 법 제31조제1항 후단에 따른 변경신고를 하지 않거나 거짓으로 변경신고를 한 경우	법 제64조제2항제3호의2	180	240	300
거. 법 제32조를 위반하여 유해화학물질관리자 선임, 해임, 퇴직 신고를 하지 않은 경우 또는 직무 대리자를 지정하지 않은 경우	법 제64조 제1항제7호	600	800	1,000
너. 법 제33조제2항을 위반하여 유해화학물질 안전교육을 받게 하지 않거나 같은 조 제3항을 위반하여 유해화학물질 안전교육을 실시하지 않은 경우	법 제64조 제2항제4호	180	240	300
더. 법 제34조제2항에 따른 신고를 하지 않고 폐업·휴업하거나 유해화학물질 취급시설의 가동을 중단한 경우	법 제64조 제1항제8호	600	800	1,000
러. 법 제37조제4항에 따른 승계신고를 하지 않은 경우	법 제64조 제1항제9호	600	800	1,000
머. 법 제38조제2항에 따른 신고를 하지 않거나 거짓으로 신고하고 유해화학물질 영업을 한 경우	법 제64조 제1항제10호	600	800	1,000
버. 법 제49조제1항에 따른 보고 또는 자료의 제출을 하지 않거나 거짓으로 한 경우, 관계 공무원의 출입·검사를 거부·방해 또는 기피한 경우	법 제64조 제1항제11호	600	800	1,000
서. 법 제50조제1항에 따른 기록·보존 의무를 위반한 경우	법 제64조 제2항제5호	180	240	300

제1장 핵심문제

01 화학물질관리법령상 환경부장관은 몇 년마다 화학물질 통계조사를 실시해야 하는가?
① 1년 ② 2년
③ 4년 ④ 5년

> **해설** 환경부장관은 2년마다 화학물질의 취급과 관련된 취급현황, 취급시설 등에 관한 통계조사를 실시하여야 한다.

02 혼합물 자체에 대한 자료가 없으나 가교원리를 적용할 수 있는 경우 해당 혼합물의 독성을 분류할 수 있다. 화학물질의 분류 및 표시 등에 관한 규정상 적용할 수 있는 가교원리에 해당하지 않는 것은?
① 희석 ② 에어로졸
③ 고유해성 혼합물의 농축 ④ 실질적으로 상이한 혼합물

> **해설** 가교원리에 해당하는 분류에는 희석, 배치, 농축, 내삽, 유사 혼합물, 에어로졸이 있다.

03 화학물질관리법령상 유해화학물질의 취급기준에 관한 설명으로 옳지 않은 것은?
① 화재, 폭발 등의 위험성이 높은 유해화학물질은 가연성물질과 접촉되지 않도록 할 것
② 고체 유해화학물질을 용기에 담아 이동할 때에는 용기 높이의 90%이상을 담지 않도록 할 것
③ 별도의 안전조치를 취하지 않은 경우 유해화학물질이 묻어있는 표면에 용접을 하지 말 것
④ 유해화학물질을 취급할 때 증기가 발생하는 경우 해당 증기를 포집하기 위한 국소배기장치를 설치하고 사고 발생 시 가동을 시작할 것

> **해설** 유해화학물질을 계량하고 공정에 투입할 때 증기가 발생하는 경우에는 해당 증기를 포집하기 위한 국소배기장치를 설치하고 가동할 것

정답 01.② 02.④ 03.④

04 용량-반응평가에서 도출된 DNEL 값을 최종적으로 사용하는 위해성 평가의 단계는?
① 유해성 확인
② 위해도 결정
③ 노출 평가
④ 위해성 소통

> **해설** 비발암성 독성지표에는 Derived no effect level[DNEL], Reference concentration[RfC], Reference dose[RfD], Acceptable daily intake[ADI], Tolerable daily intake[TDI] 등이 있다.
>
> $$Hazard\ Index = \frac{1일\ 노출량(mg/kg.day)}{RfD\ or\ ADI\ or\ TDI(mg/kg)}$$

05 다음 중 변이원성을 확인하기 위한 시험법에 해당하지 않는 것은?
① 생식독성 시험
② 유전자 변이시험
③ 염색체 손상시험
④ 생체 내 DNA 복구시험

> **해설** 변이원성 시험법
>
> | 구분 | 시험법 |
> |---|---|
> | 유전자 변이시험 | 원생동물 시험, 진핵동물 시험, 박테리아 돌연변이시험, 유전자 돌연변이시험 |
> | 염색체 손상시험 | 시험관 내 시험, 생체 내 시험, 포유동물 세포발생시험, 염색체 교환시험 |
> | 염색체 손상/복구 | 포유동물 세포의 DNA손상/복구시험 |
> | 결합체 형성검정 | 생체 내 DNA 복구시험 |

06 반복투여 독성시험에 관한 설명으로 옳지 않은 것은?
① 반복투여 독성시험(28일)을 아급성 독성시험이라 한다.
② 반복투여 독성시험(90일)을 아질성 독성시험이라 한다.
③ 경구 반복투여 독성시험, 경피 반복투여독성시험, 흡입 반복투여 독성시험으로 구분된다.
④ 포유류에 시험물질을 특정기간 동안 매일 반복 투여했을 때 나타나는 생체의 기능 및 형태 변화를 관찰하는 것이다.

> **해설** 반복투여독성시험
> ① 반복투여독성시험이란 '시험물질을 시험동물에 반복 투여하여 중·장기간 내에 나타나는 독성의 NOEL, NOAEL 등을 검사하는 시험'을 말한다.
> ② 시험의 대상물질을 동물에게 중·장기간 매일 반복적으로 투여하였을 때 나타나는 독성을 평가하는 시험이다.
> ③ 실험기간은 14일, 28일, 90일(3개월)로서 1년 미만의 투여기간을 가지는 것이 보통이다.
> ④ 실험기간이 1년 미만인 독성시험을 아급성 독성시험 또는 단기 독성시험이라 한다.
> ⑤ 일반적으로 시험물질을 동물에게 경구로(oral) 투여하는 방법은 크게 위장관 내 삽입(gavage)하는 방법과 사료 또는 음수에 혼합하여 자유 급식(feeding)하는 방법이 있다.
> ⑥ 반복투여독성시험의 평가 항목은 기간(시기)에 따라 크게 투여 전 평가, 투여 기간 중 평가, 부검일 평가, 부검 후 평가로 나눌 수 있다.

정답 04.② 05.① 06.②

07 시험수 내의 시험물질 농도를 적절하게 유지하기 위한 수서생물의 노출방법에 해당하지 않는 것은?

① 유수식 ② 지수식
③ 반지수식 ④ 필터식

해설 수서생물의 노출방법에는 유수식, 지수식, 반지수식 시험이 있다.

---

08 다음 중 인체독성 예측 모델은?

① VEGA ② ECOSAR
③ TOPKAT ④ MCASE

해설

모델	분류군 기반	독성 예측 값
ECOSAR	화학물질의 구조	어류, 물벼룩, 조류의 급만성 독성 예측
TOPKAT	분사구소의 수치화, 암호화	기존 어류, 물벼룩의 독성시험 데이터로 예측
MCASE	물리 화학적 특성, 활성/비활성 특성	기존 어류, 물벼룩의 독성시험 데이터로 예측
OASIS	화학물질 구조, 생물농축계수	기존의 급성독성자료로 예측
TEST	화학물질의 구조, CAS 번호	어류, 물벼룩의 LC_{50}, 랫트의 LD_{50}, 농축계수 예측
VEGA	인체독성	유전독성, 발생독성, 피부감각성, 내분비계 독성 예측
QSAR	화학물질의 구조특성, 원자개수, 분자량	무영향예측농도
Cons EXPO	생활화학제품	제품노출평가

---

09 화학물질 등록 및 평가 등에 관한 법령상 관계 중앙행정기관 장과의 협의와 화학물질 평가위원회의 심의를 거쳐 고시하는 유해화학물질의 종류에 해당하지 않는 것은?

① 제한물질 ② 허가물질
③ 금지물질 ④ 사고대비물질

해설 사고대비물질은 환경부장관이 지정·고시한 화학물질을 말한다.

---

10 화학물질의 건강 유해성 분류 시 단일물질에 대한 급성독성 추정값(ATE)을 구하는 지표에 해당하는 것은?

① 반수치사량 ② 반수유효량
③ 반수중독량 ④ 반수흡입량

해설 급성독성 추정치(ATE, Acute Toxicity Estimate)는 추정된 과반수 치사량을 의미한다. LD_{50}, LC_{50}

정답 07.④ 08.① 09.④ 10.①

11 경구노출에 대한 인체 만성 독성 평가의 기준이 되는 독성 지표와 거리가 가장 먼 것은?
① 최소영향관찰용량(LOAEL)   ② 잠정주간섭취허용량(PTWI)
③ 독성참고치(RfD)   ④ 1일섭취허용량(ADI)

> **해설** 만성 독성 평가의 독성지표는 무영향관찰용량(NOAEL)을 외삽하여 RfD, ADI, PTWI 등을 구한다.

12 발암성 독성지표 중 흡입 unit risk의 단위는?
① mg/m^3
② $(\mu g/m^3)^{-1}$
③ $(mg/kg \cdot d)^{-1}$
④ $mg/kg \cdot d$

> **해설** Inhalation unit risk $[(\mu g/m^3)^{-1}]$

13 화학물질의 구조를 기반으로 독성을 예측할 수 있는 모델에 해당하지 않는 것은?
① TOPKAT   ② TEST
③ ECOSAR   ④ ECETOC TRA

> **해설**

모델	분류군 기반	독성 예측 값
ECOSAR	화학물질의 구조	어류, 물벼룩, 조류의 급만성 독성 예측
TOPKAT	분자구조의 수치화, 암호화	기존 어류, 물벼룩의 독성시험 데이터로 예측
MCASE	물리 화학적 특성, 활성/비활성 특성	기존 어류, 물벼룩의 독성시험 데이터로 예측
OASIS	화학물질 구조, 생물농축계수	기존의 급성독성자료로 예측
TEST	화학물질의 구조, CAS 번호	어류, 물벼룩의 LC_{50}, 랫트의 LD_{50}, 농축계수 예측
VEGA	인체독성	유전독성, 발생독성, 피부감각성, 내분비계 독성 예측
QSAR	화학물질의 구조특성, 원자개수, 분자량	무영향예측농도
Cons EXPO	생활화학제품	제품노출평가

14 화학물질위해성평가의 구체적 방법 등에 관한 규정상의 종민감도분포 이용을 위한 최소자료 요건으로 옳은 것은?
① 물 : 3개 분류군에서 최소 4종이상   ② 토양 : 4개 분류군에서 최소 4종이상
③ 물 : 4개 분류군에서 최소 5종이상   ④ 토양 : 5개 분류군에서 최소 5종이상

> **해설** [표] 종민감도분포 이용을 위한 최소자료 요건

매체구분	최소자료 요건
물	4개 분류군에서 최소 5종 이상[조류, 갑각류, 연체류, 어류 등]
토양	4개 분류군에서 최소 5종 이상[미생물, 식물류, 톡토기류, 지렁이 등]
퇴적물	4개 분류군에서 최소 5종 이상[미생물, 빈모류, 깔따구류, 단각류 등]

정답 11.① 12.② 13.④ 14.③

15 화학물질 통계조사 및 화학물질 배출량조사를 완료한 때에 화학물질 종합정보시스템 등에 공개해야 하는 기본 공개범위에 해당하지 않는 것은?

① 업체명, 소재지, 종업원 수 등 사업자의 일반정보
② 유해화학물질 최소 보관·저장량 및 화학사고 발생현황
③ 물질별 연간 입고량, 연간 사용량 등 화학물질 취급현황
④ 자가매립량, 폐기물 이동량 등 배출량 조사대상 화학물질별 배출·이동량

> **해설** 통계조사의 내용은 다음과 같다.
> - 업종, 업체명, 사업장 소재지, 유입수계(流入水系) 등 사업자의 일반 정보
> - 제조·수입·판매·사용 등 취급하는 화학물질의 종류, 용도, 제품명 및 취급량
> - 화학물질의 입·출고량, 보관·저장량 및 수출입량 등의 유통량
> - 화학물질 취급시설의 종류, 위치 및 규모 관련 정보
> - 그 밖에 환경부장관이 인정하여 고시하는 정보

16 화학물질의 표시에 사용하는 그림문자에 관한 설명으로 옳지 않은 것은?

① 그림문자의 모양은 1개의 정점에서 바로 세워진 마름모 형태이어야 한다.
② 해골과 X자형 뼈의 그림문자가 사용되는 경우에는 감탄부호는 사용해서는 안 된다.
③ 그림문자는 흰 배경 위에 검은 심벌을 두고 분명히 보이는 충분한 폭의 적색 테두리로 둘러싸야 한다.
④ 부식성 심벌이 사용되는 경우에는 피부 또는 눈 자극성을 나타내는 감탄부호와 함께 사용해야 한다.

> **해설** 두 가지 이상의 유해성·위험성이 있는 경우 해당하는 모든 그림문자를 표시해야 한다. 다만, 다음에 해당되는 경우에는 이에 따른다.
> - "해골과 X자형 뼈" 그림문자와 "감탄부호(!)" 그림문자가 모두 해당되는 경우에는 "해골과 X자형 뼈"의 그림문자만을 표시한다.
> - 부식성 그림문자와 피부자극성 또는 눈자극성 그림문자에 모두 해당되는 경우에는 부식성 그림문자만을 표시한다.
> - 호흡기과민성 그림문자와 피부과민성, 피부자극성 또는 눈자극성 그림문자가 모두 해당되는 경우에는 호흡기과민성 그림문자만을 표시한다.

정답 15.② 16.④

17 생태독성 자료의 해석에 관한 설명으로 옳지 않은 것은?
① 급·만성 생태독성에서 얻은 가장 민감한 생물종의 독성값에 적절한 평가계수를 적용하여 예측무영향관찰농도(PNEC)를 산출한다.
② 만성 생태독성의 지표인 최소영향관찰농도(LOEC), 무영향관찰농도(NOEC)는 용량-반응 곡선에서 찾을 수 있다.
③ 각각의 종말점에 대해 유의한 변화를 초래한 농도군 중 가장 낮은 농도를 무영향관찰농도(NOEC)로 결정한다.
④ 급성 생태독성의 지표인 LC50, EC50는 주로 컴퓨터프로그램을 이용하여 얻은 점 추정된 값을 의미한다.

> 해설 각각의 종말점에 대해 유의한 변화를 초래한 농도군 중 가장 높은 농도를 무영향관찰농도(NOEC)로 결정한다.

18 화학물질의 등록 및 평가 등에 관한 법령상 화학물질의 용도에 따른 분류와 그에 대한 설명의 연결이 옳지 않은 것은?
① 착화제 : 다른 물질을 발색하도록 하는 물질
② 연료 : 연소반응을 통해 에너지를 얻을 수 있는 물질
③ 전도제 : 섬유류와 플라스틱류의 대전성능을 개선하기 위해서 제조공정에서 첨가·도포하는 물질
④ 가황제 : 고무와 같은 화합물에 가교반응을 일으켜 탄성을 부여하는 동시에 단단하게 하는 물질

> 해설 착화제 : 주로 중금속 이온인 다른 물질에 배위자(配位子)로서 배위되어 착물(복합체)을 형성하는 물질

19 다음 중 충분한 검토를 거쳐 독성참고치(RfD)와 동일한 개념으로 사용할 수 있는 것을 모두 나열한 것은? (단, 화학물질 위해성 평가의 구체적 방법등에 관한 규정 기준)

| ㉠ 내용일일섭취량(TDI) | ㉡ 일일섭취허용량(ADI) |
| ㉢ 잠정주간섭취허용량(PTWI) | ㉣ 흡입노출참고치(RfC) |

① ㉠
② ㉠, ㉡
③ ㉠, ㉡, ㉢
④ ㉠, ㉡, ㉢, ㉣

> 해설 만성 독성 평가의 독성지표는 무영향관찰용량(NOAEL)을 외삽하여 RfD, ADI, PTWI 등을 구한다.

정답 17.③ 18.① 19.④

20 최소영향수준(DMEL)의 도출 과정을 순서대로 나열한 것은?

> 가. 최소영향수준 도출
> 나. T_{25} 및 BMD_{10} 산출
> 다. 시작점 보정
> 라. 용량기술자 선정

① 다-나-라-가
② 나-가-라-다
③ 다-라-가-나
④ 라-나-다-가

21 수서생물에 대한 생태독성 자료의 수집 및 평가에 대한 설명으로 옳지 않은 것은?
① 수서생물의 유해성은 조류, 물벼룩류, 어류의 급·만성 독성시험을 통해 평가한다.
② 수서독성 시험은 시험물질을 시험수에 녹여 노출하기 때문에 시험수 내의 시험물질 농도를 적절하게 유지시켜 주어야 한다.
③ 급성독성은 단기간 노출되었을 때에 나타나는 독성으로, 1~3주 동안 노출한 후 유해성의 정도를 표시하는 지표를 산출한다.
④ 물질의 특성을 고려하여 유수식(flow through), 지수식(static), 반지수식 (semi-static) 등의 노출 방법을 결정한다.

> 해설 급성독성(Acute toxicity)은 위해물질에 단기노출로 독성이 발생하며, 시험방법에는 LC_{50}, LD_{50}, EC_{50}이 있다.

22 화학물질의 분류 및 표시지에 관한 세계조화시스템(GHS)에 대한 설명으로 옳지 않은 것은?
① H200~H290은 건강 유해성에 관한 유해·위험 문구이다.
② 물리적 위험성, 건강 유해성, 환경 유해성으로 분류한다.
③ GHS를 통해 화학물질의 유해·위험성을 명확한 기준에 따라 적절하게 분류할 수 있게 되었다.
④ 세계적으로 통일된 분류기준에 따라 화학물질의 유해성·위험성을 분류하고, 통일된 형태의 경고표지 및 MSDS로 정보를 전달하는 방법을 말한다.

> 해설 H-code 유해 위험문구(hazard statement),
> P-code 예방조치문구(precautionary statement)

정답 20.④ 21.③ 22.①

23 발암성 물질의 평가에 활용되는 독성지표로 옳지 않은 것은?
① 단위위해도(UR) ② 발암잠재력(CSF)
③ 최소영향수준(DMEL) ④ 무영향관찰농도(PNEC)

해설 비발암성 물질의 독성지표로는 NOEL, NOAEL 등이 있다.

24 다음 중 토양내 잔류성 유기오염물질이 속하는 유해인자로 옳은 것은?
① 물리적 인자 ② 화학적 인자
③ 생물학적 인자 ④ 인간공학적 인자

25 어떤 화학물질의 용량별 치사율의 독성실험 결과가 다음과 같을 때 최소영향관찰용량 (mg/kg/day)은?

용량(mg/kg/day)	0	10	50	100	500
치사율 (%)	0	0	10	30	60

① 10 ② 50
③ 100 ④ 500

해설 최소영향관찰농도(LOEC, Lowest observed effect concentration)는 노출량에 대한 반응이 처음으로 관찰되기 시작하는 최소의 노출량을 말한다.

26 물질보건안전자료(MSDS)에 대한 설명으로 옳지 않은 것은?
① 화학물질의 물리·화학적 특성 등 물질 상세정보가 포함되어 있다.
② 누출사고 등 응급/비상 시 대처법에 대한 내용이 포함되어 있다.
③ 16개 항목별 포함되어야할 사항이 GHS에 의해 규정되어 있다.
④ H-code는 유해성, P-code는 위험성에 관한 문구를 나타낸다.

해설 H-code 유해 위험문구(hazard statement),
P-code 예방조치문구(precautionary statement)

정답 23.④ 24.② 25.② 26.④

27 다음 [보기]의 목적을 가지는 법률로 옳은 것은?

> **보기**
> 화학물질로 인한 국민건강 및 환경상의 위해를 예방하고 화학물질을 적절하게 관리하는 한편, 화학물질로 인하여 발생하는 사고에 신속히 대응함으로써 화학물질로부터 모든 국민의 생명과 재산 또는 환경을 보호하는 것을 목적으로 한다.

① 환경보건법
② 화학물질관리법
③ 화학물질의 등록 및 평가 등에 관한 법률
④ 생활화학제품 및 살생물제의 안전관리에 관한 법률

28 발암성 분류기준 중 '인간 발암 우려물질'인 경우, 해당기관과 분류의 구분이 옳지 않은 것은?
① 국제암연구소(IARC) - Group 2B
② 미국국립독성프로그램(NTP) - R
③ 유럽연합(EU) - Category 2
④ 미국 산업위생전문가협의회(ACGIH) - Group A2

해설 국제암연구소(IARC) - Group 2A, 유럽연합(EU) - Category 2,
미국 산업위생전문가협의회(ACGIH) - Group A2, 미국국립독성프로그램(NTP) - R

29 생태독성을 평가하는 지표 중 급성독성의 지표와 그 내용으로 옳은 것은?
① EC_{10}(10% 영향농도): 수중 노출 시 시험생물의 10%에 영향이 나타나는 농도
② EC_{50}(반수영향농도): 수중 노출 시 시험생물의 50%에서 영향이 나타나는 농도
③ LOEC(최소영향농도): 수중 노출 시 생체에 영향이 나타나는 최소 농도
④ NOEC(최대무영향농도): 수중 노출 시 생체에 아무런 영향이 나타나지 않는 최대 농도

해설 급성독성(Acute toxicity)은 위해물질에 단기노출로 독성이 발생하며,
시험방법에는 LC_{50}, LD_{50}, EC_{50}이 있다.

정답 27.② 28.① 29.②

30 화학물질의 등록 및 평가 등에 관한 법령상 화학물질의 용도분류체계 중 용도분류와 그 내용이 옳지 않은 것은?

① 열전달제: 연소반응을 통해 에너지를 얻을 수 있는 물질
② 비농업용 농약 및 소독제: 유해한 생물을 죽이거나 활동을 방해·저해하는 물질
③ 세정 및 세척제: 표면에 오염물이나 불순물을 제거하는 데 사용하는 물질
④ 계면활성제·표면활성제: 한 분자 내에 친수기와 소수기를 지닌 화합물로 액체의 표면에 부착해서 표면장력을 크게 저하시켜 활성화해주는 물질

해설 열전달제 : 열을 전달하고 열을 제거하는 물질

31 VEGA 모델에서 제공하는 독성 예측값으로 적절하지 않은 것은?

① 유전독성(mutagenicity)
② 발생독성(development toxicity)
③ 피부감각성(skin sensitization)
④ 생존가능성(alive possibility)

해설 VEGA 모델은 인체독성 예측 모델로 유전독성, 발생독성, 피부감작성, 내분비계 독성 예측 값을 제공한다.

32 다음 [보기]가 설명하는 유해화학물질로 옳은 것은?

> **보기**
> 화학물질관리법상 위해성이 있다고 우려되는 화학물질로서 환경부장관의 허가를 받아 제조, 수입, 사용하도록 환경부장관이 관계 중앙행정기관의 장과의 협의와 화학물질평가위원회의 심의를 거쳐 고시한 물질이다.

① 화학물질
② 허가물질
③ 혼합물질
④ 방사선물질

정답 30.① 31.④ 32.②

33 토양 독성시험 방법 중 여과지접촉시험(filter paper contact test)에 대한 설명으로 옳지 않은 것은?

① 시험이 비교적 쉽고 빠르며, 재현성이 좋다.
② 토양 독성을 평가하기 위한 스크리닝 방법이다.
③ 지렁이를 시험물질에 48시간 동안 노출시킨 후 치사율을 관찰한다.
④ 지렁이를 시험물질에 6시간 노출시킨 후 성장과 번식을 관찰한다.

> 해설 지렁이 급성독성시험법은 여과지 접촉시험, 인공토양시험이 활용되고 있다. 여과지 접촉시험은 Eisenia 종 10마리를 시험물질 용액에 적신 여과지를 이용하여 48시간 노출시킨 후 치사율을 관찰하는 것이다. 인공토양시험은 인공토양에 화학물질을 뿌리고 Eisenia 종 지렁이를 토양 표면 위에서 사육하는 방법이다. 6주간 노출 후 성체 지렁이의 무게를 측정하고 성장과 번식에 대한 영향을 평가한다.

34 화학물질관리법상 유해화학물질의 정의로 옳지 않은 것은?

① 금지물질 – 위해성이 크다고 인정되는 화학물질
② 제한물질 – 특정 용도로 사용되는 유해성이 크다고 인정되는 화학물질
③ 유독물질 – 유해성이 있는 화학물질로서 대통령령으로 정하는 기준에 따라 환경부장관이 정하여 고시한 물질
④ 사고대비물질 – 화학물질 중에서 급성독성과 폭발성이 강하여 화학사고의 발생가능성이 높거나 화학사고가 발생한 경우 그 피해 규모가 클 것으로 우려되는 화학물질

> 해설 제한물질이란 위해성이 크다고 인정되는 화학물질로서 그 용도로의 제조, 수입, 판매, 보관·저장, 운반 또는 사용을 금지하기 위하여 환경부장관이 고시한 것을 말한다.

35 다음 중 생태독성 시험법에 대한 설명으로 옳은 것은?

① 가장 둔감한 동물종의 독성 값을 통해 예측무영향농도(PNEC)를 산출한다.
② 수서독성 시험은 시험동물의 먹이를 통해 시험물질을 체내로 강제 투입한다.
③ 퇴적물 독성시험은 주로 박테리아류를 대상으로 이루어진다.
④ 토양 독성평가는 주로 곰팡이, 지렁이 등을 이용하여 수행된다.

정답 33.④ 34.② 35.④

36 발암성 물질의 평가에 활용되는 독성지표와 단위로 옳지 않은 것은?

① Oral slope factor [(mg/kg/day)$^{-1}$]

② Inhalation unit risk [(μg/m^3)$^{-1}$]

③ Derived minimal effect level [mg/kg/day]

④ Derived no effect level [mg/kg/day]

해설 독성지표 단위

발암성 독성지표	비발암성 독성지표
• Oral slope factor [(mg/kg/day)$^{-1}$] • Inhalation unit risk [(μg/m^3)$^{-1}$] • Derived minimal effect level [mg/kg/day]/or[mg/m^3]	• Derived no effect level [DNEL, mg/kg/day] or [mg/m^3] • Reference concentration[RfC, mg/m^3] • Reference dose[RfD, mg/kg/day] • Acceptable daily intake[ADI, mg/kg/day] • Tolerable daily intake[TDI, mg/kg/day]

37 비발암물질의 용량-반응 평가에서 도출된 유해성지표(NOAEL, LOAEL)와 독성참고치(RfD)의 용량 관계를 바르게 나타낸 것은?

① LOAEL > RfD > NOAEL   ② LOAEL > NOAEL > RfD

③ RfD > LOAEL > NOAEL   ④ RfD > NOAEL > LOAEL

해설 용량-반응곡선

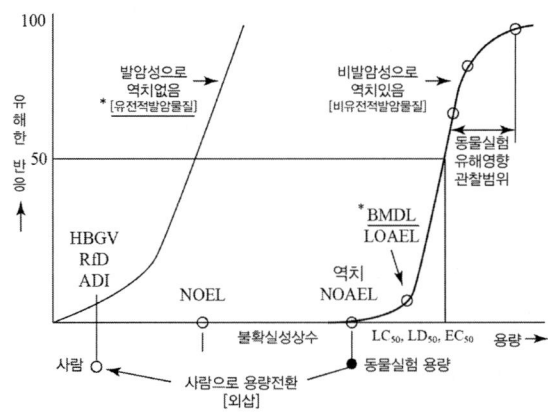

정답 36.④ 37.②

38 화학물질관리법규상 유해화학물질의 취급기준으로 옳지 않은 것은?

① 용기는 온도, 압력, 습도와 같은 대기조건에 영향을 받지 않도록 할 것
② 고체 유해화학물질을 용기에 담아 이동할 때에는 용기 높이의 80% 이상을 담지 않도록 할 것
③ 고체 유해화학물질은 밀폐한 상태로 보관하고 액체, 기체인 경우에는 완전히 밀폐상태로 보관할 것
④ 인화성을 지닌 유해화학물질은 자기발열성 및 자기반응성물질과 함께 보관하거나 운반하지 말 것

해설 용기 높이의 90% 이상을 담지 않도록 할 것

39 수서 생태독성에 영향을 주는 인자에 대한 설명으로 옳지 않은 것은?

① 온도가 낮아지면 아연의 독성이 증가한다.
② pH가 낮아지면 금속물질의 용해도가 증가한다.
③ 카드뮴과 구리의 경도가 증가함에 따라 독성이 감소한다.
④ 산소의 포화수준이 높아지면 암모니아의 수서독성이 감소한다.

해설 온도가 낮아지면 용해도 감소로 아연의 독성이 감소하며, 온도가 증가하면 아연의 독성은 증가 한다.

40 NOAEL(No Observed Adverse Effect Level)에 대한 설명으로 옳지 않은 것은?

① 무영향관찰용량이라 한다.
② 임상시험을 통해 인체에 영향을 미치지 않는 투여 용량이다.
③ 동물 시험에서 유해한 영향이 확인되지 않는 최고 투여 용량이다.
④ 독성자료로부터 얻은 화학물질의 NOAEL에 불확실성 변수 또는 외삽 변수를 적용하여 인간 혹은 환경에서 예상되는 예측무영향 수준을 산출한다.

해설 무영향관찰용량(NOAEL)은 동물실험의 노출량에 대한 반응이 관찰되지 않고 영향이 없는 최대 노출량을 말한다.

41 화학물질관리법령상 환경부장관이 실시하는 화학물질 통계조사 주기로 옳은 것은?

① 1년 ② 2년
③ 3년 ④ 4년

해설 환경부장관은 2년마다 화학물질의 취급과 관련된 취급현황, 취급시설 등에 관한 통계조사를 실시하여야 한다.

정답 38.② 39.① 40.② 41.②

42 다음 [보기]가 나타내는 수서생물의 급·만성 독성시험의 대상 생물로 옳은 것은?

구분	지표	독성영향 관찰
급성독성	24시간 또는 48시간 EC_{50}, LC_{50}	유영 저해, 치사
만성독성	7일간 이상 시험의 NOEC	치사, 번식, 성장

① 어류(Fish) ② 조류(Alage)
③ 박테리아(Bacteria) ④ 물벼룩류(Invertebrate)

43 다음 화학물질 건강유해성 그림문자가 의미하는 것으로 옳지 않은 것은?

① 흡입하면 유해함 ② 피부에 자극을 일으킴
③ 눈에 심한 자극을 일으킴 ④ 종양을 일으킬 것으로 의심됨

> **해설** 그림문자는 1. 급성독성물질의 경우 [흡입]흡입하면 유해함, [경구]삼키면 유독함, [경피]피부와 접촉하면 유해함 2. 피부 부식성/피부자극성 물질 3. 심한 눈 손상/눈 자극성 물질

44 다음 중 산업환경 유해인자 분류가 다른 한 가지는?
① 고압가스 ② 생식독성 물질
③ 흡인 유해성 물질 ④ 호흡기 과민성 물질

> **해설** 고압가스는 화학물질 물리적 위험성 분류, 보기 2.3.4는 건강 유해성 분류

45 화학물질관리법령상 유해화학물질을 취급하는 자가 해당 유해화학물질의 용기나 포장에 표시해야할 항목으로 옳지 않은 것은?
① 명칭 ② 신호어
③ 예방조치 문구 ④ 폐기 시 주의사항

> **해설** 용기나 포장에 표시해야할 항목 : 명칭, 그림문자, 신호어, 유해·위험 문구, 예방조치 문구, 공급자정보, 국제연합번호

정답 42.④ 43.④ 44.① 45.④

46 가교원리를 적용하여 혼합물의 유해성을 분류할 때, 가교원리를 적용할 수 있는 기준으로 옳지 않은 것은?

① 배치(Batch)
② 희석(Dilution)
③ 고유해성 혼합물의 농축(Concentration)
④ 하나의 독성구분 내에서의 외삽(Extrapolation)

해설 가교원리 적용 : 희석, 배치, 농축, 내삽, 유사 혼합물, 에어로졸

47 위해성 평가에 활용되는 독성지표 중 최소영향도출수준(DMEL)에 관한 설명으로 틀린 것은?

① 해당 화학물질의 독성 역치가 존재하지 않는 발암물질에 사용된다.
② 노출 수준이 DMEL보다 낮으면 위해 우려가 매우 낮다고 판정할 수 있다.
③ DMEL 도출 시 용량-반응 곡선이 선형인 경우 내삽을 통해 T25 대신 BMD10을 산출한다.
④ DMEL 도출 시 1-3단계까지 산출 보정된 값이 T25인 경우, 고용량에서 저용량으로 위해도 외삽인자를 적용한다.

해설 DMEL 도출 시 용량-반응 곡선이 선형반응에 해당되는 경우 T25를 산출한다.

48 종민감도분포(SSD)를 활용하여 예측무영향농도(PNEC)를 산출하고자 할 때 다음의 설명 중 옳은 것은?

① 퇴적물 환경은 4개 분류군 최소 5종 이상을 활용해야 한다.
② 물 환경은 3개 분류군에서 최소 4개 종 이상을 활용해야 한다.
③ 토양 환경은 5개 분류군에서 최소 6종 이상을 활용해야 한다.
④ 종민감도분포를 활용하기 위한 생태독성자료가 부족한 경우 평가계수를 고려할 수 없다.

해설 [표] 종민감도분포 이용을 위한 최소자료 요건

매체구분	최소자료 요건
물	4개 분류군에서 최소 5종 이상[조류, 갑각류, 연체류, 어류 등]
토양	4개 분류군에서 최소 5종 이상[미생물, 식물류, 톡토기류, 지렁이 등]
퇴적물	4개 분류군에서 최소 5종 이상[미생물, 빈모류, 깔따구류, 단각류 등]

정답 46.④ 47.③ 48.①

49 다음 중 수서생물의 유해성의 정도를 표시하는 지표와 설명의 연결이 옳지 않은 것은?

① LC_{50}(반수치사농도) : 수중 노출 시 시험생물의 50%에 영향이 나타나는 농도
② EC_{10}(10% 영향농도) : 수중 노출 시 시험생물의 10%에 영향이 나타나는 농도
③ LOEC(최소영향관찰농도) : 수중 노출 시 생체에 영향이 나타나는 최소 농도
④ NOEC(무영향관찰농도) : 수중 노출 시 생체에 아무런 영향이 나타나지 않는 최대 농도

해설 LC_{50}(반수치사농도)은 시험용 물고기나 동물에 독성물질을 경구투여시 50% 치사농도를 나타낸다.

50 유럽연합(EU)의 CMR 화학물질 분류의 구분 중 Category 1B의 의미로 옳은 것은?

① CMR 독성물질
② 인체 CMR 독성추정물질
③ 인체 CMR 독성가능물질
④ 모유전이를 통한 생식독성물질

해설 CMR(발암성, 변이원성, 생식독성) 화학물질 분류의 Category 1A은 CMR독성물질, Category 1B는 인체 CMR독성추정물질, Category 2는 인체 CMR독성가능물질, EFFECTS ON OR VIALACTATION은 모유전이를 통한 생식독성물질이다.

51 화학물질관리법령상 다음 [보기]가 의미하는 용어로 옳은 것은?

> [보기]
> 화학물질 중에서 급성독성·폭발성 등이 강하여 화학사고의 발생 가능성이 높거나 화학사고가 발생한 경우에 그 피해 규모가 클 것으로 우려되는 화학물질

① 유독물질
② 제한물질
③ 허가물질
④ 사고대비물질

52 독성 예측 모델인 정량적 구조활성모형(QSAR)에 관한 설명으로 옳지 않은 것은?

① 기본적으로 구조가 비슷한 화합물의 활성이 유사할 것이라는 가정에서 시작한다.
② 구조와 활성 간의 상관관계를 찾아 모델을 만들고, 예측하는데 활용한다.
③ 화학물질의 구조적 특징을 표현해주는 표현자(descriptor)가 필요하다.
④ 예측된 독성값의 신뢰성과 활용이 가능한 종말점이 충분하다는 장점이 있다.

해설 예측된 독성값의 신뢰성과 활용이 가능한 관찰점이 부족하다는 단점이 있다.

정답 49.① 50.② 51.④ 52.④

53 다음 중 발암성 물질의 위해성평가에 활용되는 독성지표로 옳지 않은 것은?

① 발암잠재력
② 단위위해도
③ 일일섭취한계량
④ 최소영향도출수준

해설 발암성 물질의 독성지표로는 단위위해도(UR), 발암잠재력(CSF), 최소영향수준(DMEL)이 있으며 비발암성 물질의 독성지표로는 NOEL, NOAEL 등이 있다.

54 퇴적물 환경의 특성과 퇴적물 독성시험에 관한 설명으로 옳지 않은 것은?

① 퇴적물을 물에 분산시켜 독성 영향을 평가한다.
② 퇴적물은 수질이나 대기에 비하여 균질하지 않은 특성이 있다.
③ 저서생물의 생존, 성장, 생식능력 등에 대한 영향을 평가한다.
④ 깔따구(Chironomus reparius)는 퇴적물 독성시험에 사용된다.

해설 퇴적물 독성시험은 저서생물의 생존, 성장, 생식능력이 퇴적물에 영향을 받았는지 평가하는 시험이다. 따라서 화학물질을 인위적으로 오염시킨 퇴적물을 만들고 여기에 시험동물을 노출시킨다.

55 화학물질의 분류 및 표지에 관한 세계조화시스템(GHS)에서 건강 유해성에 대한 분류와 설명의 연결이 옳지 않은 것은?

① 발암성 물질 - 암을 일으키거나 암의 발생을 증가시키는 물질
② 생식독성물질 - 생식기능, 생식능력 또는 태아 발생, 발육에 유해한 영향을 주는 물질
③ 생식세포 변이원성 물질 - 자손에게 유전될 수 있는 사람의 생식세포에 돌연변이를 일으킬 수 있는 물질
④ 급성독성 물질 - 입 또는 피부를 통해 3회 또는 24시간 이내에 수회로 나누어 물질을 투여하거나 12시간 동안 흡입노출 시켰을 때 유해한 영향을 일으키는 물질

해설 입 또는 피부를 통하여 1회 또는 24시간 이내에 수회로 나누어 투여되거나 호흡기를 통하여 4시간 동안 노출시 나타나는 유해한 영향을 말한다.

정답 53.③ 54.① 55.④

56 다음 중 유해인자에 관한 설명으로 옳지 않은 것은?

① 유해성이 큰 유해인자는 위해성도 크다.
② 유해인자의 위해성은 유해성에 노출을 곱한 것을 말한다.
③ 유해인자는 성질에 따라 물리적, 화학적, 생물학적 인자로 구분할 수 있다.
④ 유해인자의 유해성은 물질의 물리·화학적 성상, 기온, 습도 등 노출당시 환경 등에 따라 다르게 나타난다.

> **해설** 유해성은 독성을 말하며 위해성은 유해성에 노출을 곱한 것을 말한다.
> 위해성(risk)은 유해성 화학물질에 노출되는 경우 사람의 건강이나 환경에 피해를 줄 수 있는 정도로써, 노출강도에 의해 결정된다.

57 용량-반응평가에서 언급되는 유해성 지표에 대한 설명으로 옳지 않은 것은?

① 반수치사량(LD_{50})은 급성독성을 평가하는 지표이다.
② 무영향관찰용량(NOAEL)은 만성독성을 평가하는 지표이다.
③ 최소영향관찰용량(LOAEL)은 동물시험에서 유해한 영향이 확인된 최저투여 용량을 말한다.
④ 무영향관찰용량(NOAEL)은 동물시험에서 유해한 영향이 확인되지 않은 최저투여 용량을 말한다.

> **해설** 무영향관찰용량(NOAEL, No observed adverse effect level)은 노출량에 대한 반응이 관찰되지 않고 영향이 없는 최대 노출량을 말한다.

58 다음 [보기]가 설명하는 생태독성에 영향을 주는 인자로 옳은 것은?

> **보기**
> 이것의 수치가 낮은 상태에서는 금속물질의 용해도가 증가하여, 생체이용률이 증가하고, 생체독성이 증가한다.

① 온도　　　　　　　　　　② pH
③ 경도　　　　　　　　　　④ 산소농도

정답 56.① 57.④ 58.②

59 다음 중 물질안전보건자료(MSDS) 16항목에 포함되지 않는 것은?

① 유해성·위험성
② 노출 및 노출량
③ 취급 및 저장방법
④ 환경에 미치는 영향

> 해설 MSDS 작성항목 : 화학제품과 회사에 관한 정보, 유해성·위험성, 구성성분의 명칭 및 함유량, 응급조치 요령, 폭발·화재시 대처방법, 누출 사고 시 대처방법, 취급 및 저장방법, 노출방지 및 개인보호구, 물리화학적 특성, 안정성 및 반응성, 독성에 관한 정보, 환경에 미치는 영향, 폐기시 주의사항, 운송에 필요한 정보, 법적 규제현황, 그 밖의 참고사항

60 다음 중 환경부 환경통계포털의 화학물질의 통계 조사 자료에서 확인할 수 있는 항목이 아닌 것은?

① 화학물질 배출량
② 화학물질 유통현황
③ 주요 제조 화학물질
④ 주요 발암물질 유통량

> 해설 통계조사의 내용은 다음과 같다.
> • 업종, 업체명, 사업장 소재지, 유입수계(流入水系) 등 사업자의 일반 정보
> • 제조·수입·판매·사용 등 취급하는 화학물질의 종류, 용도, 제품명 및 취급량
> • 화학물질의 입·출고량, 보관·저장량 및 수출입량 등의 유통량
> • 화학물질 취급시설의 종류, 위치 및 규모 관련 정보
> • 그 밖에 환경부장관이 인정하여 고시하는 정보

61 다음 그래프에서 종말점에 대한 NOAEL, LOAEL로 옳은 것은?

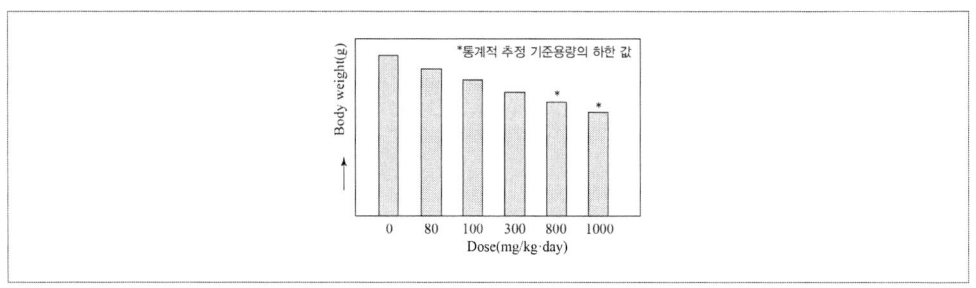

① NOAEL 0 mg/kg.day,   LOAEL 80 mg/kg.day
② NOAEL 80 mg/kg.day,   LOAEL 1000 mg/kg.day
③ NOAEL 100 mg/kg.day,   LOAEL 800 mg/kg.day
④ NOAEL 300 mg/kg.day,   LOAEL 800 mg/kg.day

> 해설 무영향관찰용량(NOAEL, No observed adverse effect level)은 노출량에 대한 반응이 관찰되지 않고 영향이 없는 최고 노출량을 말하며, 최소영향관찰용량(LOAEL, Lowest observed adverse effect level)은 통계적으로 유의한 영향을 나타내는 최소의 노출량을 말한다.

정답 59.② 60.① 61.④

제 2 부

유해화학물질 안전관리

ENGINEER ENVIRONMENTAL RISK MANAGING

CHAPTER 01
화학사고예방관리계획서

1.1 용어

1.1.1 예방관리계획서

① "화학사고"란 시설의 교체 등 작업 시 작업자의 과실, 시설 결함·노후화, 자연재해, 운송사고 등으로 인하여 화학물질이 사람이나 환경에 유출·누출되어 발생하는 모든 상황을 말한다.
② "장외"란 유해화학물질 취급시설을 설치·운영하는 사업장 부지의 경계를 벗어난 지역을 말한다.
③ "영향범위"란 화학사고로 인해 유해화학물질이 화재·폭발 또는 유출·누출되어 사고지점으로부터 사람이나 환경에 영향을 미칠 수 있는 구역을 말한다.
④ "유해화학물질"이란 유독물질, 허가물질, 제한물질, 금지물질, 사고대비물질, 그 밖에 유해성 또는 위해성이 있거나 그러할 우려가 있는 화학물질을 말한다.
⑤ "취급시설"이란 화학물질을 제조, 보관·저장, 운반(항공기·선박·철도를 이용한 운반은 제외한다) 또는 사용하는 시설이나 설비를 말한다.
⑥ "주요취급시설"이란 규칙 별표 3의2 또는 환경부고시 「유독물질, 제한물질, 금지물질 및 허가물질의 규정수량에 관한 규정」에 따른 상위 규정수량 이상 취급하는 사업장 내 취급시설을 말한다.
⑦ "1군 유해화학물질 취급시설 사업장(이하 '1군 사업장'이라 한다)"이란 사업장에서 취급하는 유해화학물질 중 어느 한 물질이라도 규칙 별표 3의2 또는 환경부고시 「유독물질, 제한물질, 금지물질 및 허가물질의 규정수량에 관한 규정」에 따른 상위 규정수량 이상으로 취급하는 사업장을 말한다.
⑧ "2군 유해화학물질 취급시설 사업장(이하 '2군 사업장'이라 한다)"이란 사업장에서 취급하는 유해화학물질 중 어느 한 물질이라도 규칙 별표 3의2 또는 환경부고시 「유독물질, 제한물질, 금지물질 및 허가물질의 규정수량에 관한 규정」에 따른 하위 규정수량 이상

상위 규정수량 미만으로 취급하면서, 상위 규정수량 이상으로 취급하는 물질은 없는 사업장을 말한다.

⑨ "단위설비"란 탑류, 반응기, 드럼류, 열교환기류, 탱크류, 가열로류 등과 이에 연결되어 있는 펌프, 압축기, 배관 등 부속장치 또는 설비 일체를 말한다.

⑩ "단위공정"이란 원료처리공정, 반응공정, 증류추출, 분리공정, 회수공정, 제품저장·출하공정 등과 같이 단위공장을 구성하고 있는 각각의 공정을 말한다

⑪ "단위공장"이란 동일 사업장 내에서 제품 또는 중간제품(다른 제품의 원료)을 생산하는데 필요한 원료처리 공정에서부터 제품의 생산·저장(부산물 포함)까지의 일련의 공정을 이루는 시설을 말한다.

⑫ "사업장"이란 일정 지역 내에서 일련의 공정을 이루는 시설들이 단일 혹은 다수의 단위공장으로 이루어져 하나의 운영자에 의해 관리되는 취급시설 단위를 말한다. 다만, 도로나 하천 등으로 인하여 구분된 다수의 단위공장으로 구성된 사업장의 경우 도로나 하천 등을 포함한 전체 단위공장을 하나의 사업장으로 간주할 수 있다.

⑬ "사고시나리오"란 유해화학물질 취급시설에서 화재, 폭발 및 유출·누출 사고로 인한 영향범위가 사업장 외부로 벗어나, 보호대상에 영향을 줄 수 있는 사고를 기술하는 것을 말한다.

⑭ "총괄영향범위"란 사업장 내 유해화학물질 취급시설별로 화재·폭발 또는 독성물질 누출사고 각각에 대하여 가장 큰 영향범위의 외곽을 연결한 구역을 말한다.

⑮ "위험도"란 위해성을 기반으로 한 사고 영향과 사고 발생 가능성을 모두 고려하여 산정한 위험수준을 말한다.

⑯ "사고시나리오 시설빈도"란 사고시나리오에 대하여 취급시설에서 발생할 수 있는 사고개시 사건을 고려한 결과를 말한다.

⑰ "보호대상"이란 「유해화학물질 취급시설 외벽으로부터 보호대상까지의 안전거리 고시」별표 2 및 별표 3의 갑종 및 을종 보호대상인 공공수용체와 하천, 산림지 및 유적지 등을 포함하는 환경수용체를 말한다.

⑱ "주민"이란 근로자와 거주민을 모두 포함한다. 이 경우, "근로자"란 예방계획서를 제출한 사업장 인근에 위치한 기업의 종사자이고, "거주민"이란 총괄영향범위 내 주거하는 사람을 말한다.

⑲ "지역사회 고지"란 법 제23조3에 따라 사업장이 취급하는 유해화학물질 정보와 화학사고 대응정보 등을 지역주민들에게 알려주는 것을 말한다.

⑳ "실내"란 사면과 천정이 물리적 격벽으로 분리되고 출입구·비상구 등이 상시 닫혀있는 공간을 말한다

1.1.2 화학물질관리법(제2조)

① **화학물질**이란 원소·화합물 및 그에 인위적인 반응을 일으켜 얻어진 물질과 자연 상태에서 존재하는 물질을 화학적으로 변형시키거나 추출 또는 정제한 것을 말한다.

② **유독물질**이란 유해성(有害性)이 있는 화학물질로서 대통령령으로 정하는 기준에 따라 환경부장관이 정하여 고시한 것을 말한다.

③ **허가물질**이란 위해성(危害性)이 있다고 우려되는 화학물질로서 환경부장관의 허가를 받아 제조, 수입, 사용하도록 고시한 것을 말한다.

④ **제한물질**이란 특정용도로 사용되는 경우 위해성이 크다고 인정되는 화학물질로서 그 용도로의 제조, 수입, 판매, 보관·저장, 운반 또는 사용을 금지하기 위하여 환경부장관이 고시한 것을 말한다.

⑤ **금지물질**이란 위해성이 크다고 인정되는 화학물질로서 모든 용도로의 제조, 수입, 판매, 보관·저장, 운반 또는 사용을 금지하기 위하여 환경부장관이 고시한 것을 말한다.

⑥ **사고대비물질**이란 화학물질 중에서 급성독성(急性毒性)·폭발성 등이 강하여 화학사고의 발생 가능성이 높거나 화학사고가 발생한 경우에 그 피해 규모가 클 것으로 우려되는 화학물질로서 화학사고 대비가 필요하다고 인정하여 환경부장관이 지정·고시한 화학물질을 말한다.

⑦ **유해화학물질**이란 유독물질, 허가물질, 제한물질 또는 금지물질, 사고대비물질, 그 밖에 유해성 또는 위해성이 있거나 그러할 우려가 있는 화학물질을 말한다.

⑧ **유해화학물질 영업**이란 유해화학물질 중 허가물질 및 금지물질을 제외한 나머지 물질에 대한 영업을 말한다.

⑨ **유해성(hazard)**이란 화학물질 고유의 독성(toxicity)으로써, 사람의 건강이나 환경에 좋지 아니한 영향을 미치는 화학물질을 말한다.

⑩ **위해성(risk)**이란 유해성 화학물질에 노출되는 경우 사람의 건강이나 환경에 피해를 줄 수 있는 정도로써, 노출강도에 의해 결정된다.

　　위해성(risk) = 유해성(hazard) × 노출(exposure)

⑪ **취급시설**이란 화학물질을 제조, 보관·저장, 운반(항공기·선박·철도를 이용한 운반은 제외한다) 또는 사용하는 시설이나 설비를 말한다.

⑫ **취급**이란 화학물질을 제조, 수입, 판매, 보관·저장, 운반 또는 사용하는 것을 말한다.

⑬ **화학사고**란 시설의 교체 등 작업 시 작업자의 과실, 시설 결함·노후화, 자연재해, 운송사고 등으로 인하여 화학물질이 사람이나 환경에 유출·누출되어 발생하는 일체의 상황을 말한다.

| Sketch Note Writing |

[예제1] 1군 유해화학물질 취급시설 사업장(이하 '1군 사업장'이라 한다)이란?

[예제2] 2군 유해화학물질 취급시설 사업장(이하 '2군 사업장'이라 한다)이란?

1.2 개요 및 근거

1.2.1 개요

유해화학물질 취급시설의 안전성을 확보하고 사고 시 피해를 최소화 할 수 있도록 비상대응 체계를 구축·운영하도록 하는 제도이다.(2021.4.1.시행)

1.2.2 관련근거

① 화학물질관리법(법률 제18174호)
- 법 제23조, 시행규칙제19조 화학사고예방관리계획서 작성·제출
  유해화학물질 취급시설의 검사 개시일 60일 이전까지 화학물질안전원장에게 제출해야 한다.
- 규칙 별표3의2 유해화학물질별 수량 기준
  사고대비물질 97종, 하위규정수량
- 규칙 별표4 화학사고예방관리계획서의 작성 내용 및 방법
  기본정보, 시설정보, 장외 평가정보, 사전관리방침, 내.외부 비상대응계획
- 규칙 부칙(제911호) 제2조 화학사고예방관리계획서의 변경 제출에 관한 적용례
- 규칙 부칙(제911호) 제3조 장외영향평가서·위해관리계획서에 관한 경과조치
- 규칙 부칙(제911호) 제4조 안전진단에 관한 경과조치

② 화학사고예방관리계획서 작성 등에 관한 규정(화학물질안전원 고시)(이하 "작성 규정")
③ 화학사고예방관리계획서 검토 등에 관한 규정(화학물질안전원 고시)(이하 "검토 규정")
④ 화학사고예방관리계획서 이행 등에 관한 규정(화학물질안전원 고시)(이하 "이행 규정")
⑤ 유독물질, 제한물질, 금지물질 및 허가물질의 규정수량에 관한 규정(환경부 고시)(이하 "규정수량 규정")
⑥ 사고 영향범위 산정에 관한 기술지침(화학물질안전원 지침)
⑦ 사고 시나리오 선정 및 위험도 분석에 관한 기술지침(화학물질안전원 지침)
⑧ 유해화학물질 취급시설 외벽으로부터 보호대상까지의 안전거리 고시(환경부 고시)

1.3 화학사고예방관리계획서의 작성 내용 및 방법
(제19조제3항 관련)[별표 4] 〈개정 2022.01.10.〉

1.3.1 기본정보

가. 사업장 일반정보

　　1) 사업장 일반정보는 사업장명, 사업장 소재지, 1군·2군 사업장 해당 여부 등을 포함하여 작성한다.

　　2) 취급시설 개요는 사업장 전체를 기준으로 장치·설비의 종류 및 취급하는 유해화학물질명 등을 포함하여 작성한다.

나. 유해화학물질의 목록 및 유해성 정보

　　1) 유해화학물질의 목록 및 명세는 취급하는 유해화학물질명, 유해화학물질별 물리적·화학적 성질 및 물리적 위험성, 건강 유해성 및 환경 유해성 분류기준에 따른 구분 등을 포함하여 작성한다.

　　2) 대표 유해성 정보는 사업장에서 취급하는 유해화학물질 중 유해성이 가장 큰 대표 물질 2종에 대한 물리적 위험성, 건강 유해성 또는 환경 유해성 정보 등을 포함하여 작성한다.

다. 취급시설의 입지정보

　　1) 취급시설의 입지정보는 전체배치도, 설비배치도 및 주변 환경정보를 포함하여 작성한다.

　　2) 전체배치도는 사업장 내 건물 및 설비의 위치, 건물 간 거리, 단위공정 또는 단위공장 배치 등을 포함하여 작성한다.

　　3) 설비배치도는 단위공정 또는 단위공장별로 각 설비의 위치, 주요 설비의 설치 높이, 각 설비 간 거리 등에 관한 사항 등을 포함하여 작성하되, 전체배치도상의 위치가 파악될 수 있도록 작성한다.

　　4) 주변 환경정보는 사업장 인근 지역 시설물의 위치도·명세, 주민분포 현황 및 자연보호구역 지정 현황 등을 포함하여 작성한다.

1.3.2 시설정보

가. 공정안전정보

1) 공정안전정보는 공정개요, 공정도면, 장치·설비의 목록 및 명세를 포함하여 작성한다.
2) 공정개요는 유해화학물질을 취급하는 절차·방법의 흐름에 따라 공정설명 자료를 작성한다.
3) 공정도면에는 주요 동력기계, 장치 및 설비의 표시 및 명칭, 주요 계측장비 및 제어설비, 물질 및 열에너지 수지, 운전온도 및 운전압력 등의 사항들이 포함된 공정흐름도(Process Flow Diagram, PFD)를 작성하고, 단위공정 또는 단위설비들이 배관으로 연결되어 있는 경우에는 공정배관계장도(Piping & Instrument Diagram, P&ID)를 추가로 작성한다.
4) 장치·설비의 목록 및 명세는 단위공정별로 장치 및 설비의 명칭과 용량을 포함하여 작성한다.

나. 안전장치 현황

1) 안전장치 현황은 확산방지 설비 현황 및 배치도, 고정식 유해감지시설 명세 및 배치도, 안전밸브 및 파열판 명세, 배출물질 처리시설 현황을 포함하여 작성한다.
2) 확산방지 설비 현황 및 배치도는 유해화학물질 누출 시 누출 확산을 방지할 수 있는 방류벽 및 트렌치 등 시설의 목록, 용량 및 배치도를 포함하여 작성한다.
3) 고정식 유해감지시설 명세 및 배치도는 가스감지기, 누액감지기 등의 고정식 유해감지시설의 종류와 설치위치를 포함하여 작성한다.
4) 안전밸브 및 파열판 명세는 단위공정별로 적정 용량 및 성능을 확인할 수 있는 정보를 포함하여 작성한다.
5) 배출물질 처리시설 현황은 스크러버(scrubber: 세정기) 및 플레어 스택(flare stack: 배출가스연소탑) 등 배출물질을 처리하는 시설이 적정한 성능과 용량을 갖추었는지 여부를 포함하여 작성한다.

1.3.3 장외 평가정보

가. 사고시나리오 선정

취급시설의 용량 및 취급시설별 취급량 등을 고려하여 화학물질안전원장이 정하여 고시하는 바에 따라 사고시나리오 작성대상 설비를 선정하여 예비위험 분석기법을 적용한 공정위험성 분석을 하고, 사고시나리오에 따른 대상 설비와 사업장의 총괄영향범위를 산정하는 내용 등을 작성한다.

나. 사업장 주변지역 사고영향평가

사고시나리오에 따른 총괄영향범위 내에 있는 주민 수, 공작물·농작물 및 환경매체 목록 등 현황 및 사고영향의 분석·평가 내용을 포함하여 작성한다.

다. 위험도 분석

사고시나리오별 사고 영향과 사고발생 가능성 등을 고려하여 분석한 후 작성한다.

1.3.4 사전관리방침

가. 안전관리계획

1) 안전관리계획은 안전관리운영계획, 안전관리계획의 실행 및 변경관리, 화학사고 대비 교육·훈련계획 및 자체점검계획을 포함하여 작성한다.
2) 안전관리운영계획은 위험도를 줄이기 위한 기술적·관리적 안전관리 방침과 대책 등을 포함하여 작성한다.
3) 안전관리계획의 실행 및 변경관리는 수립된 계획의 주기적인 검토 및 개선·보완, 변경사항 발생 시 현행화를 위한 계획 등을 포함하여 작성한다.
4) 화학사고 대비 교육·훈련계획은 화재·폭발, 독성물질 누출, 환경오염 등의 사고에 대비하여 실시하는 교육·훈련의 종류, 대상 및 횟수를 포함하여 작성한다.
5) 자체점검계획은 화학사고예방관리계획서의 이행 여부를 확인하고 보완하기 위해 실시하는 점검계획을 포함하여 작성한다.

나. 비상대응체계

1) 비상대응체계는 비상연락체계와 비상대응조직도를 포함하여 작성한다.
2) 비상연락체계는 화학사고 발생 시 사고 대응 담당자, 공동 대응을 위해 연락 가능한 인근 사업장, 유관기관의 목록 및 신고·연락 체계 등을 포함하여 작성한다.
3) 비상대응조직도는 사고 대응·수습·복구 단계별 대응 부서별 편성인원과 임무 등을 포함하여 작성한다.

1.3.5 내부 비상대응계획

가. 사고대응 및 응급조치계획

1) 사고대응 및 응급조치계획은 화학사고 발생 시 가동중지 권한 및 절차, 방재 인력·장비·물품 운용계획, 사업장 내부 경보전달체계 및 응급조치계획을 포함하여 작성한다.
2) 방재 인력·장비·물품 운용계획은 화학사고 발생 시 투입되는 방재인력 및 장비 현황, 개인보호구 등의 물품 보유현황, 방재장비·물품 배치도 및 관리·유지계획을 포함하여 작성한다.
3) 사업장 내부 경보전달체계는 경보시설의 종류·유지관리방법 및 경보전달 방법·담당자를 포함하여 작성한다.
4) 응급조치계획은 저장, 운반(탱크로리)·이송(배관), 보관시설, 반응·교반 등 대표적인 유해화학물질 취급공정별로 화학사고 발생 시 자동 차단 또는 단계별 차단, 확산방지 및 2차 오염 방지를 위한 대책과 비상대피계획 및 응급의료계획 등을 포함하여 작성한다.

나. 화학사고 사후조치

1) 화학사고 사후조치는 사고원인조사 및 재발방지계획과 사고복구계획을 포함하여 작성한다.
2) 사고원인조사 및 재발방지계획은 사고조사팀의 구성·임무, 사고조사보고서의 작성항목·방법 및 개선대책을 포함하여 작성한다.
3) 사고복구계획은 사고현장을 복구하기 위한 조직·임무, 환경책임보험 가입이력 및 가입여부 및 환경복원전문업체의 활용계획을 포함하여 작성한다.

1.3.6 외부 비상대응계획

가. 지역사회 공조계획

화학사고의 예방·대비·대응·수습·복구를 위한 정보 공유, 지역사회와의 소통, 화학사고 발생 시 공동대응 등 지역사회·지역비상대응기관·인근사업장 등과의 공조계획을 포함하여 작성한다.

나. 주민보호 및 대피계획

1) 주민보호 및 대피계획은 주민에 대한 대피경보 및 전달체계, 사고 발생 시 주민대피행동요령, 응급의료계획 및 주민대피 장소·방법을 포함하여 작성한다.
2) 화학사고 발생 시 대피경보 및 전달체계는 경보시설의 종류 및 유지관리방법, 경보전달 방법·담당자 및 지방자치단체에 대한 경보전달체계를 포함하여 작성한다.

3) 화학사고 발생 시 주민대피행동요령은 사고유형 및 취급하는 유해화학물질에 따른 대피 시 유의사항을 포함하여 작성한다.
4) 응급의료계획은 「응급의료에 관한 법률」 제2조제5호에 따른 응급의료기관의 목록 및 비상연락망, 사업장과의 거리, 이동경로, 이동시간, 수용가능 병상, 환자후송계획을 포함하여 작성한다.
5) 주민대피 장소·방법은 집결지와 대피장소를 구분하여 사업장과의 거리, 이동경로, 이동시간, 수용가능 인원, 실내·지상·지하 여부, 「재해구호법」에 따른 임시주거시설 해당 여부, 수송계획, 비상연락망 및 대피장소관리 담당자를 포함하여 작성한다.

다. 지역사회 고지계획
1) 화학사고예방관리계획서의 지역사회 고지 대상이 되는 사고시나리오별 총괄영향범위 내 주민의 목록 및 고지정보를 제공할 수 있는 방법 등을 포함하여 작성한다.
2) 고지정보는 법 제23조의3제1항 각 호의 사항들이 포함된 내용을 주민들이 알기 쉽게 작성한다.

* 비고
1. 화학사고예방관리계획서는 사업장 전체 단위로 작성하며, 사업장의 모든 유해화학물질 취급시설을 대상으로 한다. 다만, 화학물질안전원장이 화학사고 예방·대비·대응 및 복구를 위하여 운영단위를 구분하여 관리하는 것이 필요하다고 인정하는 경우에는 운영단위별로 구분하여 제출할 수 있다.
2. 제1호가목1)의 1군·2군 사업장의 구분은 아래 표의 기준에 따라 구분한다.

사업장 구분	기준
가. 1군 유해화학물질 취급사업장	제19조제8항에 따른 주요취급시설이 있는 사업장
나. 2군 유해화학물질 취급사업장	화학사고예방관리계획서 작성·제출 대상으로서 1군 유해화학물질 취급 사업장에 해당하지 않는 사업장

3. 1군 유해화학물질 취급사업장에 해당하지 않는 경우에는 제6호에 따른 외부 비상대응계획을 제외하고 작성할 수 있다.
4. 제4호나목, 제5호 및 제6호의 작성 항목을 둘 이상의 사업장에서 공동으로 작성할 필요가 있는 때에는 같은 지역 내 유해화학물질 취급시설을 설치·운영하려는 자와 해당 항목을 공동으로 작성하여 제출할 수 있다. 이 경우 화학사고예방관리계획서를 제출할 때에 별지 제31호의2서식의 공동비상대응계획 작성·제출에 관한 자료를 함께 제출해야 한다.
5. 제6호에 따른 외부 비상대응계획은 법 제23조의4제1항에 따라 지방자치단체의 장이 수립한 지역화학사고대응계획을 활용하여 작성·제출할 수 있다.
6. 제1호부터 제6호까지에서 규정한 사항 외에 화학사고예방관리계획서의 작성 내용 및 방법·기준에 필요한 사항은 화학물질안전원장이 정하여 고시한다.

1.4 작성 면제시설 (법 제23조 제1항, 규칙 제19조제2항, 작성규정 제6조)

① 화학사고예방관리계획서(이하 "예방계획서"라 한다) 작성 면제시설만 단독으로 운영하는 사업장일 경우 예방계획서 면제대상에 해당됨
② 사업장 내 면제시설 외에 다른 유해화학물질 취급시설이 작성·제출 대상에 해당되면 면제시설을 제외하고 예방계획서를 제출해야 함

작성면제시설	
번호	작성 면제 대상
1	연구실(「연구실 안전환경 조성에 관한 법률」 제2조제2호)
2	학교(「학교안전사고 예방 및 보상에 관한 법률」 제2조제1호)
3	유해화학물질을 운반·보관하는 시설(별표 1 제5호라목 단서)
4	하위 규정수량 미만 취급 사업장 (별표 3의2, 환경부고시 "유독물질, 제한물질, 금지물질 및 허가물질의 규정수량에 관한 규정")
5	유해화학물질을 운반하는 차량(차량에 싣거나 내리는 경우는 제외)
6	군사기지(「군사기지 및 군사시설 보호법」 제2조제1호) 내 취급시설
7	의료기관(「의료법」 제3조제2항) 내 취급시설
8	항만시설(「항만법」 제2조제5호) 내 용기·포장 보관시설 중 자체안전관리계획(「선박의 입항 및 출항 등에 관한 법률」 제 34조제1항)을 수립, 관리청의 승인받은 경우
9	철도시설(「철도산업발전기본법」 제3조제2호) 내 용기·포장보관시설 중 지체 없이 역외로 반출(「위험물철도운송규칙」제6조제2항)하는 경우
10	농약 판매업자(「농약관리법」제3조제2항)가 사용하는 보관·저장시설
11	항공운송사업자, 공항운영자가 지정 보호구역(「항공보안법」제2조제1항)에 설치·운영하는 취급시설
12	소비자에게 판매하기 위해 보관·진열하는 시설(「소비자기본법」제23조제1호, 단 같은 법 시행령 제2조제2호는 제외)
13	유해화학물질 폐기물 처리(수집·운반·보관·재활용·처분)를 위해 임시 보관하는 시설(「폐기물관리법」제13조 및 같은 법 시행규칙 제9조와 제11조)
14	대기 및 수질오염 방지시설 등과 같이 공정의 마지막 단계에서 대기나 수질로 배출되는 오염물질을 제거 및 감소시키는 취급시설 끝단의 배출 시설(중화, 제거 등 처리를 위해 방지시설에 유해화학물질을 투입하기 위한 저장, 사용시설은 제외)
15	유해화학물질 취급 시 기계 및 장치에 내장되어 정상적 사용과정 중 누출이 없는 경우
16	유해화학물질 취급 시 특정한 기능을 발휘하는 고체 형태의 제품에 함유되어 있는 경우
17	사업장 시설의 유지보수를 위해 도료, 염료를 구매 및 취급하는 경우

1.5 신규제출(설치검사 개시일 60일 이전 제출)

1.5.1 신규제출 대상
① 유해화학물질 취급시설을 설치·운영하고자 하는 신규 사업장으로 최대보유량 산정에 따라 1군 또는 2군에 해당되는 사업장(규칙 별표4 비고 제2호)
② 유해화학물질 규정수량 미만으로 시설을 운영하여 작성면제를 받은 사업장이 유해화학물질의 최대 보유량이 어느 하나라도 규정수량* 이상으로 증가하는 경우(규칙 제19조2항, 작성규정 제7조). *규칙 별표 3의2 또는 환경부 고시 「유독물질, 제한물질, 금지물질 및 허가물질의 규정수량에 관한 규정」
   ※ 규정수량은 연간취급량의 개념이 아님을 유의
③ 예방계획서 제출한 운영자가 유해화학물질 취급 사업장을 이전하는 등 주소지를 변경하는 경우(작성규정 제7조)
④ 작성면제 대상이 아니면서 유해화학물질을 취급하지 않고 있던 사업장이 규정수량 이상으로 하나 이상의 유해화학물질을 취급하게 되는 경우(규칙 제19조2항, 작성규정 제7조)
⑤ 일반화학물질로 사업장에서 사용하던 물질이 유독물질로 지정(신규지정 또는 함량기준 변경)됨으로써 해당 사업장이 화학물질관리법 적용 대상이 되어 예방계획서를 최초 제출하는 경우
   ※ 「유독물질의 지정고시」 부칙(제2021-17호 제5조)에 따라 고시 시행일로부터 2년 이내 제출

1.5.2 유해화학물질 영업의 구분(제28조)
① **유해화학물질 제조업** : 판매할 목적으로 유해화학물질 중 허가물질 및 금지물질을 제외한 나머지 물질을 제조하는 영업
② **유해화학물질 판매업** : 유해화학물질 중 허가물질 및 금지물질을 제외한 나머지 물질을 상업적으로 판매하는 영업
③ **유해화학물질 보관·저장업** : 유해화학물질 중 허가물질 및 금지물질을 제외한 나머지 물질을 제조, 사용, 판매 및 운반할 목적으로 일정한 시설에 보관·저장하는 영업
④ **유해화학물질 운반업** : 유해화학물질 중 허가물질 및 금지물질을 제외한 나머지 물질을 운반(항공기·선박·철도를 이용한 운반은 제외한다)하는 영업
⑤ **유해화학물질 사용업** : 유해화학물질 중 허가물질 및 금지물질을 제외한 나머지 물질을 사용하여 제품을 제조하거나 세척(洗滌)·도장(塗裝) 등 작업과정 중에 이들 물질을 사용하는 영업

1.5.3 유해화학물질 영업허가신청 서류(규칙 제27조)

① 영업허가 신청서(별지 제43호 서식)
② 적합통보를 받은 화학사고예방관리계획서
③ 유해화학물질 취급시설 장비 및 기술인력 명세서
④ 유해화학물질의 연간 취급예정량 등에 관한 자료
⑤ 유해화학물질 취급시설의 명세서(시설별 면적 및 용량, 수량, 위치도 및 배치평면도 등을 적은 자료를 말한다)
⑥ 화물자동차 운송사업의 허가증(운반업의 경우)
⑦ 신청인이 외국인인 경우에 필요한 서류(해당 국가공관의 영사관이 인증한 사서증서 등)

┤ Sketch Note Writing ├

[예제] 유해화학물질의 영업을 구분하고 설명하시오.

① 유해화학물질 제조업 : 판매할 목적으로 유해화학물질 중 허가물질 및 금지물질을 제외한 나머지 물질을 제조하는 영업
② 유해화학물질 판매업 : 유해화학물질 중 허가물질 및 금지물질을 제외한 나머지 물질을 상업적으로 판매하는 영업
③ 유해화학물질 보관·저장업 : 유해화학물질 중 허가물질 및 금지물질을 제외한 나머지 물질을 제조, 사용, 판매 및 운반할 목적으로 일정한 시설에 보관·저장하는 영업
④ 유해화학물질 운반업 : 유해화학물질 중 허가물질 및 금지물질을 제외한 나머지 물질을 운반(항공기·선박·철도를 이용한 운반은 제외한다)하는 영업
⑤ 유해화학물질 사용업 : 유해화학물질 중 허가물질 및 금지물질을 제외한 나머지 물질을 사용하여 제품을 제조하거나 세척(洗滌)·도장(塗裝) 등 작업과정 중에 이들 물질을 사용하는 영업

1.6 변경제출(변경완료일 30일 이전 제출)

1.6.1 변경제출 대상

① 총괄영향범위의 확대와 관계없이 2군 제출사업장이 1군에 해당되는 취급시설을 설치·운영하려는 경우. 이때는 모든 항목을 작성하여 제출(작성규정 제9조 제3항)
② 종전 장외영향평가서 또는 위해관리계획서 제출 사업장의 취급시설에서 아래와 같은 변경이 생겨 총괄영향범위가 확대됨으로써 예방계획서를 처음으로 제출하게 된 경우 (법 제23조, 규칙 제19조). 이때는 모든 항목을 작성하여 제출
③ 예방계획서 최초제출 이후, 아래와 같은 변경사항으로 총괄영향범위가 확대되어 기존 영향범위가 넓어지거나 새로운 범위가 생기는 경우. 이때는 변경된 사항에 따라 예방계획서의 변경 항목만 제출가능(법 제23조, 규칙 제19조)

변경조건
- ▶ 취급시설 용량을 사고시나리오 규정수량 이상으로 증설
- ▶ 사고시나리오 규정수량보다 큰 취급시설을 신설
- ▶ 사고시나리오 규정수량 이상인 유해화학물질의 함량·농도 증가, 성상 변경으로 유해·위험성이 높아지는 경우(액체→고체 제외)
- ▶ 사고시나리오 규정수량 이상의 유해화학물질이 추가 또는 변경
- ▶ 사고시나리오 규정수량 이상의 취급시설을 사업장 내에서 위치 이동(단, 실내에서 취급시설의 위치가 변경된 경우는 제외한다. 이 경우 실내공간의 크기 및 운영조건 등의 변경이 없어야 한다.)
- ▶ 사고시나리오 규정수량 이상의 실내 취급시설이 건축물 구조변경 등으로 실내 조건을 만족하지 못하게 되는 경우
- ▶ 사고시나리오 규정수량 이상의 취급시설에서 신규지정 또는 함량기준이 변경된 유독물질을 취급하는 경우로 유독물질 지정 고시 시행일로부터 2년 이내 예방계획서를 제출하여야 하는 경우
- ※ 「유독물질의 지정고시」 부칙(제2021-17호 제5조)

증설조건
- ▶ 사고시나리오 규정수량 미만인 취급설비가 규정수량 이상으로 용량이 증가
- ▶ 순차적으로 증설 시 누적된 증설 규모가 사고시나리오 규정수량 이상인 경우
- ▶ 증설 규모가 사고시나리오 규정수량 이상인 경우

1.6.2 변경허가 대상(규칙 제29조)

다음 각 목의 어느 하나에 해당하는 경우. 다만, 가목과 나목의 경우에는 허가 또는 변경허가를 받은 후 누적된 증가량이 100분의 50 이상인 경우로 한정한다.<2021.4.1.>

가. 업종별 보관·저장시설의 총 용량 또는 운반시설 용량이 증가된 경우
나. 연간 제조량 또는 사용량이 증가된 경우
다. 허가받은 유해화학물질 품목이 추가된 경우(제2호나목의 경우는 제외한다)
라. 같은 사업장 내에서의 유해화학물질 취급시설의 신설·증설·위치 변경 또는 취급하는 유해화학물질의 변경이 있는 경우(변경된 화학사고예방관리계획서를 제출해야 하는 경우로 한정한다)
마. 사업장의 소재지가 변경된 경우(사무실만 있는 경우는 제외한다)
바. 제19조제2항제2호에 해당하는 사업장의 유해화학물질 취급량이 별표 3의2에 따른 유해화학물질별 수량 기준의 하위 규정수량 이상으로 증가된 경우

1.6.3 변경신고 대상(규칙 제29조)

가. 사업장의 명칭·대표자 또는 사무실 소재지가 변경된 경우

나. 시장출시와 직접적인 관계가 없는 시범생산(생산기간이 60일 이내인 경우로 한정한다)으로서 취급하는 유해화학물질이 일시적으로 변경된 경우

다. 같은 사업장 내에서의 유해화학물질 취급시설의 신설·증설·부지 경계로의 위치 변경 또는 취급하는 유해화학물질의 변경이 있는 경우(총괄영향범위가 확대되지 않는 경우로 한정한다)

라. 유해화학물질 운반차량의 종류가 변경되거나 대수 또는 용량이 증가한 경우(제1호가목에 해당하는 경우는 제외한다)

마. 법 제28조제2항에 따른 기술인력을 변경한 경우

[시범생산계획서에 포함되어야할 사항]

① 유해화학물질 취급시설 운영자는 시장 출시에 직접적으로 관계되지 않는 시범생산용인 경우에는 시범생산을 시작하기 전에 시범생산계획서를 지방환경관서의 장에게 제출해야 한다.
- 취급물질 정보
- 취급시설 정보
- 시범 생산 공정의 주요 내용
- 시범 생산기간

② 기존시설에 대한 화학사고예방관리계획서를 제출한 자로써 취급하는 유해화학물질의 변경이나 허가받은 유해화학물질 품목을 추가하여 시범생산하려는 경우, "시범생산계획서"를 지방환경관서의 장에게 제출. 다만, 시범생산의 기간이 60일을 초과하려는 경우 또는 시범생산 후 취급하는 유해화학물질의 변경이 확정되는 경우에는 변경허가를 받아야 함

1.7 재제출

① 1·2군에 해당되는 사업장으로서 종전 위해관리계획서 적합 통보 후 5년 재 제출시점이 도래하여 예방계획서를 최초 제출하는 경우(법 부칙 제3조)
② 1군 제출 사업장으로서 최초 제출 후 5년 동안 변경제출사항이 발생하지 않은 경우(작성 규정 제11조) → 최초 적합통보를 받은 날부터 5년 이내 제출
③ 1군 제출 사업장으로서 최초 제출 후 변경 제출한 경우 (작성 규정 제11조)
　→ 변경 제출 후 적합 받은 날로부터 5년 이내 제출
　※ 유해화학물질 취급중단 및 휴·폐업 등 신고가 수리된 사업장의 신고된 기간은 재제출 5년 기간에 미산입

1.8 기타 제출

① 예방계획서를 검토한 결과 부적합 통보를 받은 경우(규칙 제19조의2제7항)
  → 부적합 통보일로부터 3개월 이내 제출
  ※ 부적합 통보 대상 취급시설을 계속해서 설치·운영하는 경우에 해당
② 예방계획서 이행점검 결과가 부적합인 경우, 직전 적합 통보받은 예방계획서를 수정·보완하여 제출(이행 규정 제12조) → 부적합 통보시 안전원에서 명시한 기한까지 제출

1.9 제출수준 판정절차

① 1단계 : 유해화학물질 취급여부 및 화학사고예방관리계획서 작성 면제(대상 또는 시설) 여부를 확인
② 2단계 : 유해화학물질별 취급시설들 중 유해화학물질 함량이상으로 취급되는 설비(작성 면제 시설 제외) 를 확인
③ 3단계 : 유해화학물질별 취급하는 대상설비들의 최대보유량을 산정하고 해당물질의 하위규정수량, 상위규정수량을 비교하여 면제, 2군, 1군 대상여부를 구분
　＊ 사고대비물질 : 사고대비물질별 수량기준(규칙 별표 3의2)을 적용
　＊ 기타 유해화학물질 : "유독물질, 제한물질, 금지물질 및 허가물질의 규정수량에 관한 규정(환경부 고시)" 적용
④ 제출수준 판정 예시
　▶ A사업장에서 유해화학물질 함량이상을 가진 4종을 취급하는 경우 판정(예)

유해화학물질	성상	함량%	최대 보유량(톤)①	하위 규정수량(톤)②	상위 규정수량(톤)③	비교
황산	액체	98	500	5	400	① 〉 ③
질산	액체	65	48	5	400	② 〈 ① 〈 ③
포르말린	액체	37	107	2	400	② 〈 ① 〈 ③
아크릴아미드	액체	10	10	20	500	① 〈 ②

－ 황산 : 최대보유량이 상위규정수량 이상
－ 질산, 포르말린 : 하위규정수량 이상이면서 상위규정수량 미만
－ 아크릴아미드 : 하위규정수량 미만
→ A사업장의 사고예방관리계획서 작성수준은 1군임
☞ 사업장에서 취급하는 유해화학물질 중 하나라도 상위규정수량 이상의 물질을 취급하면 사업장 전체에 대해 1군 수준으로 작성·제출해야 함

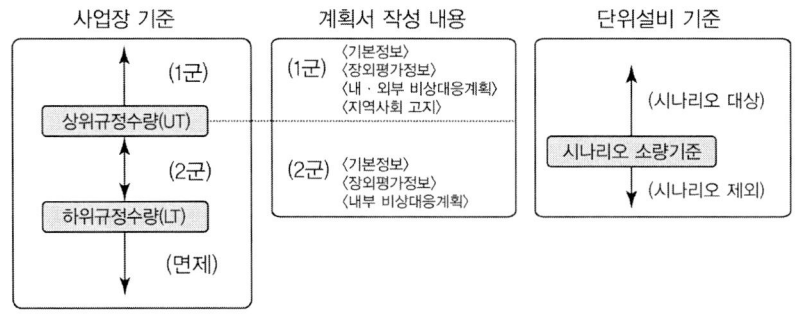

1.10 최대보유량 산정(작성규정 제5조 별표1)

① (적용대상) 사업장 내에서 유해화학물질을 취급하는 모든 제조·사용시설과 보관·저장시설(작성 면제시설 제외)
② (보유량 산정시 제외 시설) 운송·운반차량, 사외배관, 최종 함량이 유해화학물질 함량기준 미만인 취급시설
  *영업허가자의 휴·폐업 또는 60일 이상 취급시설 가동중단 신고시설(규칙 제39조)
  *유해화학물질 취급시설 중 혼합, 반응 등의 공정으로 최종함량이 유해화학물질 함량기준 미만인 취급시설. 이때, 투입량 및 투입순서는 고려되지 않는다.
③ (산정방법) 각 유해화학물질 취급시설에서 해당 물질이 어느 순간이라도 최대로 체류할 수 있는 양의 합으로 산정
  · 취급시설의 설계용량과 순수 유해화학물질의 상온에서의 비중 값 등을 고려
④ 유독물질 함량과 사고대비물질 함량기준이 다른 물질의 최대보유량 산정시 주의사항
  ▶ A사업장에서 두가지 함량(10% 18톤, 90% 3톤)의 아크릴산을 취급하는 경우(예)

유해화학물질	성상	함량(%)	최대보유량(톤)
(유독물질1)) 아크릴산	액체	10	18
(사고대비물질2)) 아크릴산	액체	90	3

- 유독물질로의 최대보유량과 사고대비물질로의 최대보유량을 각각 산정하여 산정된 양을 하위·상위규정과 비교하여 작성수준을 판단해야함
1) 유독물질 함량 5%이상(하위규정수량 20톤/상위규정수량 400톤)
2) 사고대비물질 함량 25%이상(하위규정수량 5톤/상위규정수량 40톤)
  - 유독물질 함량기준(5%)를 넘은 최대보유량은 21톤(18톤 + 3톤)
  - 사고대비물질 함량기준(25%)를 넘은 최대보유량은 3톤
    ☞ 사고대비물질 기준으로는 하위규정(5톤) 미만이나, 유독물질로서 21톤이어서 하위규정수량(20톤) 이상 상위규정수량(400톤) 미만에 해당됨
    ☞ 예방계획서는 2군으로 작성

⑤ 제조·사용시설
  ● 최종 함량이 유해화학물질 함량기준 이상인 경우 물질의 투입순서와 무관하게 취급시설의 설계용량과 물질 비중을 고려하여 산정
  ● 서로 다른 물질의 성상이 두 개 이상으로 존재(예: 액체+기체)하여 사업장에서 근거를 들어 증빙하는 경우 각 성상이 차지하는 부피를 고려하여 용량을 산정
  ※ 증빙이 불가능 할 경우 설계용량과 액상의 비중을 이용하여 산정
⑥ 보관·저장시설
  - (저장탱크) 설계용량과 유해화학물질의 상온(25℃)에서의 비중값을 이용하여 산정

- (보관시설) 유해화학물질의 보관 구획도를 기준으로 물질별 최대보유량을 산정

> **참고** ★

규칙 제10조(유해화학물질의 진열량·보관량 제한 등) 유해화학물질을 취급하는 자가 유해화학물질을 환경부령으로 정하는 일정량을 초과하여 진열·보관하고자 하는 경우에는 사전에 진열·보관계획서를 작성하여 환경부장관의 확인을 받아야 한다.
1. 유독물질 : 500킬로그램
2. 허가물질, 제한물질, 금지물질 또는 사고대비물질 : 100킬로그램

1.11 작성 수준별 제출항목

① 작성 수준별 작성·제출항목(규칙 제19조, 규칙 별표 4)
- 1군 : 기본정보, 시설정보, 장외평가정보, 사전관리방침, 내부비상대응계획, 외부비상대응계획
- 2군 : 기본정보, 시설정보, 장외평가정보, 사전관리방침, 내부비상대응계획

② 화학사고 예방·대비·대응·복구 운영단위 구분하여 제출할 경우(규칙 별표 4, 작성 규정 제4조)
- 기본정보, 시설정보, 장외평가정보는 사업장 단위로 작성·제출

※ 먼저 제출되는 제출단위에 포함하여 제출

- 사전관리방침, 내부비상대응계획, 외부비상대응계획은 운영단위별로 제출

대분류		중분류	소분류
1 기본정보	가	사업장 일반 정보	1) 사업장 일반정보 [작성규정 별지 제3호서식] 2) 취급시설 개요 　가) 총괄 개요 [작성규정 별지 제4호서식] 　나) 세부 개요(단위공장별) [작성규정 별지 제5호서식]
	나	유해화학물질의 목록 및 유해성 정보	1) 유해화학물질 목록 및 명세 [작성규정 별지 제6호서식] 2) 대표 유해성 정보 [작성규정 별지 제7호서식]
	다	취급시설 입지정보	1) 전체배치도 2) 설비배치도 3) 주변 환경정보 [작성규정 별지 제8호서식]
2 시설정보	가	공정안전정보	1) 공정개요 2) 공정도면 　가) 공정흐름도 　나) 공정배관계장도 3) 장치·설비 목록 및 명세 [작성규정 별지 제9호서식]
	나	안전장치 현황	1) 확산방지설비 현황 및 배치도 2) 고정식 유해감지시설 명세 및 배치도[작성규정 별지 제10호서식] 3) 안전밸브 및 파열판 명세 4) 배출물질 처리시설 현황

대분류		중분류	소분류
3 장외평가정보	가	사고시나리오 선정	1) 대상설비 선정 2) 사고시나리오 영향범위 평가 3) 사고시나리오 선정(총괄영향범위 표기)
	나	사업장 주변 지역 사고영향평가	1) 사고시나리오 사업장 주변지역 영향평가 [작성규정 별지 제11호서식] 2) 총괄영향범위 사업장 주변지역 영향평가 [작성규정 별지 제12호서식]
	다	위험도 분석	1) 사고시나리오별 시설빈도 [작성규정 별지 제13호서식] 2) 위험도 분석 [작성규정 별지 제14호서식]
4 사전관리방침	가	안전관리계획	1) 안전관리운영계획 2) 안전관리계획의 실행 및 변경관리 3) 교육·훈련 계획 4) 자체점검계획
	나	비상대응체계	1) 비상연락체계 2) 비상대응조직 3) 비상통제실 운영 계획
5 내부비상대응계획	가	사고대응 및 응급조치계획	1) 화학사고 발생 시 가동중지 권한 및 절차 2) 방재인력·장비·물품 운용 계획 3) 사업장 내부 경보전달체계 4) 응급조치계획 　가) 자동·수동 차단 시스템 　나) 내·외부 확산차단 또는 방지 대책 　다) 비상대피 및 응급의료계획
	나	화학사고 사후조치	1) 사고원인조사 및 재발방지계획 2) 사고복구계획
6 외부비상대응계획	가	지역사회와의 공조계획	1) 지역사회와의 소통 계획 　가) 화학사고 발생 시 대외소통 계획 　나) 평상시 화학사고 예방·대비를 위한 지역사회 소통 계획 2) 지역비상대응기관, 인근 사업장 등과의 공조 계획
	나	주민 보호·대피 계획	1) 사고 발생 시 대피경보 및 전달체계 2) 화학사고 발생 시 주민행동요령 3) 응급의료계획 4) 주민대피 장소 및 방법
	다	지역사회 고지 계획	총괄영향범위 내 주민목록 및 고지정보

| Sketch Note Writing |

[예제] 화학사고예방관리계획서 작성 수준별 작성·제출항목을 쓰시오.
① 1군 : 기본정보, 시설정보, 장외평가정보, 사전관리방침, 내부비상대응계획, 외부비상대응계획
② 2군 : 기본정보, 시설정보, 장외평가정보, 사전관리방침, 내부비상대응계획

1.12 업무처리절차

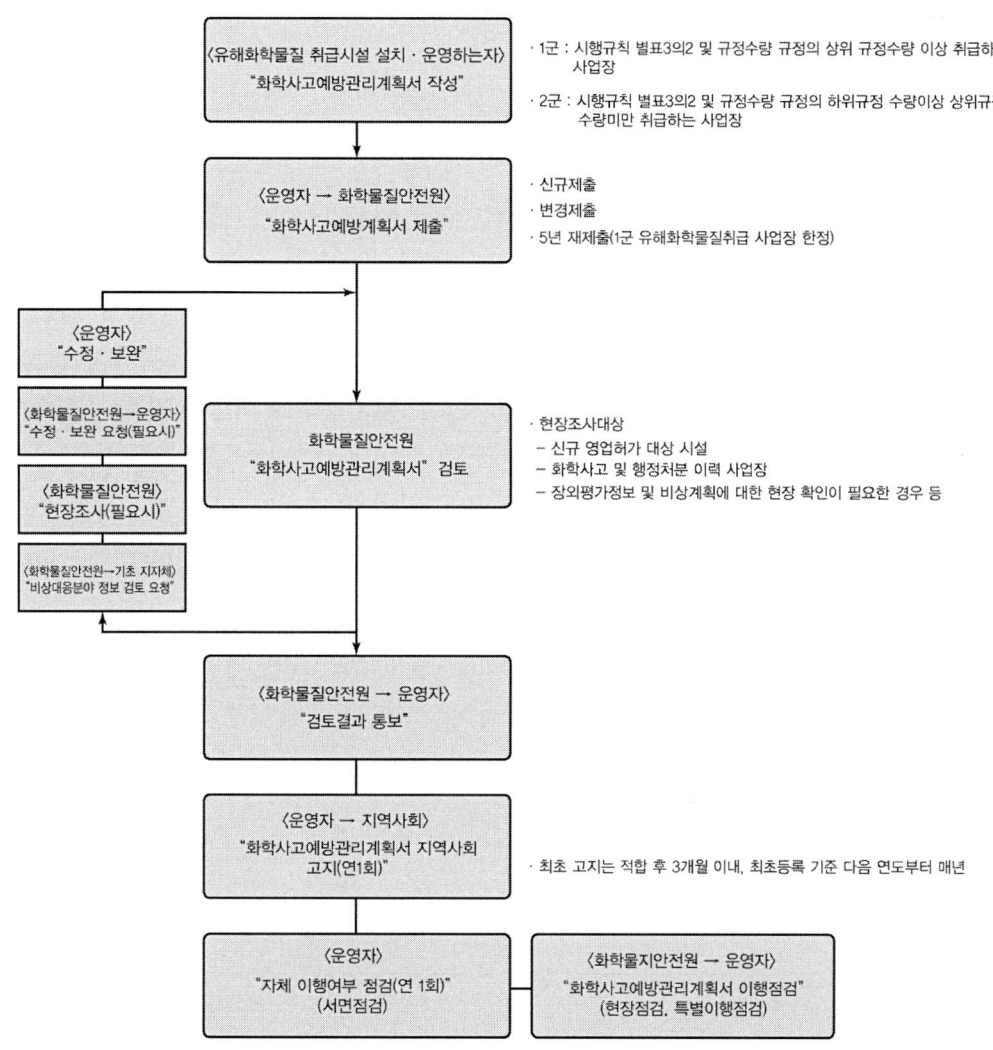

CHAPTER 02

화학사고예방관리계획서 검토 신청

2.1 신규제출 또는 재제출의 경우

① 화학물질안전원 누리집(www.nics.me.go.kr→자료실→화학사고예방관리계획서→화학사고예방관리계획서 접수안내)에 접속하여 해당 서식을 내려 받는다.

② 신규제출 또는 재제출일 경우 작성하며 검토신청서 제출시 아래 서류를 함께 제출해야 한다.
- 화학사고예방관리계획서 검토신청서(규칙 별지 제31호 서식)
- 공동비상대응계획 작성·제출에 관한 자료(규칙 별지 제31호의2 서식)
- 화학사고예방관리계획서 접수확인사항
- 화학사고예방관리계획서 비상대응분야요약서*(작성규정 별지 제15호 서식)

2.2 변경 제출의 경우

① 화학물질안전원 누리집(www.nics.me.go.kr → 자료실 → 화학사고예방관리계획서 → 화학사고예방관리계획서 접수안내)에 접속하여 해당 서식을 내려 받는다.
② 변경제출(종전 장외·위해 적합을 받은 사업장의 예방계획서 최초제출 포함)일 경우 작성하며 검토신청서 제출 시 아래 서류를 함께 제출해야 한다.
  ・화학사고예방관리계획서 변경 검토신청서(규칙 별지 제32호 서식)
  ・공동비상대응계획 작성·제출에 관한 자료(규칙 별지 제31호의2 서식)
  ・화학사고예방관리계획서 접수확인사항
  ・화학사고예방관리계획서 비상대응분야 요약서*(작성규정 별지 제15호 서식)

▶ 변경내역(총괄영향범위 확대)에서 확인해야할 사항
  ① 변경사항 반영이전 계획서 작성대상 유해화학물질 취급설비(시나리오 규정수량 이상) 총괄영향범위(독성, 화재·폭발) 도출
  ② 변경사항을 반영하여 총괄영향범위 도출
  ③ ①과 ②를 비교하여 독성, 화재·폭발의 총괄영향범위 중 하나라도 확대 시 변경제출
▶ 변경내역(2군 제출사업장→1군 제출사업장 취급시설 운영)
  ・화학사고예방관리계획서 작성항목 모두 제출

2.3 비상대응분야 요약서

① 작성 내용(작성 규정 제31조)

예방계획서에 작성된 항목 중 지방자치단체의 비상대응에 필요한 정보를 요약하여 제공하는 것이므로 예방계획서와 일치해야 한다.

② 목적 및 필요성

화학사고예방관리계획의 비상대응정보를 지자체와 공유하고 검토하므로서 사업장은 비상대응분야에 대한 정확한 정보를 보유하고, 지자체는 사업장의 비상대응정보를 참고하여 화학사고 예방 및 대응에 활용한다.

③ 작성 및 검토 주체
- 작성 주체 : 예방계획서 작성 사업장
- 검토 주체 : 사업장이 위치한 기초 지방자치단체의 유관부서(검토 고시 제12조)
- 검토 기한 : 검토 요청을 받은 날 부터 7일 이내

④ 작성 항목(작성 규정 제31조, 검토 고시 제13조)

1군	2군	항목	내용
O	O	1. 사업장 일반 정보	사업장명, 대표자, 주소, 사업장 등록번호 등
O	O	2. 취급 유해화학물질 목록	물질명, 함량, 취급량, 사고유형
O	O	3. 주변 환경정보	최대 영향범위 기준 반경 500m 내 환경 정보 위치도
O	O	4. 총괄 영향범위 및 영향범위 내 수용체 목록 및 명세	보호대상 종류, 주민 수 등
O	O	5. 유관기관 목록 및 비상연락처	유관기관 목록 및 비상연락처
O	X	6. 지역사회와의 공조	・사전 정보 공유 계획: 기관명, 제공 정보, 제공 방법, 제공 시기 ・지역사회와의 소통 및 공조 계획: 회의 캠페인 간담회 등
O	X	7. 사고발생 시 대피정보 및 전달체계	・사업장 외부 대피경보 방법: 인근 사업장, 주민 등 ・지자체・협의체를 통한 경보전달 방법
O	X	8. 응급 의료계획	병원명, 장소, 전화번호
O	X	9. 주민 대피장소	대피장소, 수용인원, 사업장과의 거리, 연락처
O	X	10. 지역사회 고지 계획	고지 방법, 고지 대상 목록, 고지 예정 시기

⑤ 공동대응체계에 포함될 수 있는 항목은 '비상대응체계', '내부비상대응계획', '외부비상대응계획' 등에 관한 내용이며 대표적인 사항은 아래와 같다.
- 사고영향범위의 상호 공유
- 지역사회 공동 고지에 관한 사항
- 방재장비 및 자원의 상호지원을 포함한 공동 활용 및 관리방법 등

- 사고발생 전파와 초기 대응시 상호 역할분담에 관한 내용
- 대피장소의 공유 및 지원에 관한 내용
- 사고대응훈련의 공동 실시 등 예방활동에 관한 내용
- 기타 공동대응을 위해 필요하다고 상호 협의한 내용 등

CHAPTER 03
화학사고예방관리계획서 작성 방법

3.1 기본정보

3.1.1 기본사항
① 제출수준이 1군, 2군으로 결정되면 규정수량에 상관없이 사업장에서 취급하는 모든 유해화학물질과 관련된 사항에 대해 작성하는 것을 원칙으로 한다.
② 기본정보는 사업장일반정보, 취급시설개요, 유해화학물질 목록 및 취급량, 유해화학물질 유해성정보, 취급시설 입지정보로 구성되며 작성 규정 별지 제3호부터 제8호서식에 따라 작성해야 한다.
③ "작성수준"은 작성 규정 제5조(최대보유량 산정방법)에 따라 사업장 전체의 최대보유량을 기준으로 규칙 별표 4 비고 2의 1군 또는 2군인지 작성수준을 표기한다.
④ 공동으로 비상대응계획을 수립하여 제출하는 경우 공동제출란에 표시를 하고, 규칙 별지 제31호의 2호서식을 제출해야한다.

3.1.2 공정 개요 및 설명
① 공정 개요
유해화학물질을 취급하는 공정위주로 해당 공정에서 일어나는 화학반응 및 처리방법, 운전조건, 반응조건 등의 공정안전정보 사항을 포함한다.
② 공정설명
단위공정별 흐름을 공정개요도로 작성, 전체 공정을 쉽게 이해할 수 있도록 한다.

3.1.3 운전 및 반응조건
공정을 구성하고 있는 단위설비의 온도, 압력, 수위 등의 정상운전 및 반응조건과 해당 설비의 이상 작동을 경계해야 하는 운전조건을 작성한다.

3.1.4 공정흐름도(PFD, Process flow diagram)

① 주요 동력기계, 장치·설비의 표시 및 명칭, 단위공정 또는 단위설비에 대한 물질 및 에너지 수지, 주요 설비의 정상, 운전온도 및 운전압력, 주요 계장설비 및 제어설비, 기타 단위공정을 구분하는 자료(긴급차단밸브 등)를 포함한다.
② 단위설비에 유해화학물질을 포함한 여러 화학물질이 혼합되어 투입되는 경우, 투입되는 물질 순서와 투입 전후의 유해화학물질의 함량 등의 정보가 확인될 수 있도록 작성한다.

3.1.5 공정배관계장도(P&ID, Piping & instrument diagram)

① 모든 동력기계와 장치 및 설비의 명칭, 기기번호 및 주요 명세 등
② 모든 배관의 공칭직경, 배관분류기호, 재질, 플랜지의 공칭압력 등
③ 설치되는 모든 밸브류 및 모든 배관의 부속품 등
④ 배관 및 기기의 열 유지 및 보온·보냉 등
⑤ 모든 계기류의 번호, 종류 및 기능 등
⑥ 제어밸브(Control valve)의 작동 중지시의 상태
⑦ 안전밸브 등의 크기 및 설정압력
⑧ 인터록 및 조업 중지 시스템 등이 표시되고 이들 상호간에 연관 관계를 알 수 있도록 작성한다.

3.1.6 운전절차 및 유의사항

① 정상 운전절차와 비상 운전정지 조건 및 연동시스템, 비상시 운전절차 등을 작성한다.
② 다만, 단위공정 또는 단위설비가 많은 경우, 또는 기업비밀에 해당할 경우에는 해당 공정운전절차 목록 및 주요 구성내용만 작성하여 제출 가능하다.

3.2 취급시설 정보

3.2.1 기본사항
① 공정안전정보는 공정개요, 공정도면을 포함하여 작성하고 장치·설비 목록 및 명세는 사업장 내 유해화학물질 취급시설이 모두 확인될 수 있도록 작성 규정별지 제9호서식에 따라 작성한다.
② 공정개요는 유해화학물질을 취급하는 절차와 방법(물질의 입고, 보관, 공정별 취급 내용·방법, 폐기 등)의 흐름에 따라 이해가 되도록 단위공정별 공정설명을 작성하되, 반응식, 반응조건, 발열반응 여부 등을 포함하여 작성한다.
③ 공정흐름도(Process Flow Diagram, PFD) 또는 공정배관계장도(Piping & Instrument Diagram, P&ID)에 표기된 장치 및 설비의 고유번호(Item number)를 작성한다.
④ 안전장치 현황은 확산방지 설비(방류벽, 방류턱, 트렌치 등), 고정식 유해감지시설, 안전설비, 배출물질 처리시설 현황 등을 작성한다.

3.2.2 취급시설 입지정보
① 공장위치도는 해당 사업장의 위치를 확인할 수 있게 도시한다.
② 전체배치도(Overall layout)는 해당 사업장 내 각종 건물 및 설비 위치, 건물과 건물 사이의 거리, 건물과 단위 설비간의 거리, 기타 조정실, 사무실 위치 등의 내용을 포함하여야 한다.
③ 설비배치도(Plot plan)는 주요 기기의 설치 높이, 각 단위설비와 단위설비 간의 거리, 접지배치도 등의 내용을 포함하여야 한다.

3.2.3 주변지역 입지정보
① 사업장 주변지역 입지정보
해당 사업장의 위치도와 주민분포, 사업장 주변의 주거용, 상업용, 공공건물, 자연보호구역 등의 보호대상 시설물의 목록 및 명세서를 작성하되 KORA 프로그램을 활용하면 편리하다.
② 사업장 위치도
해당 사업장과 「사고시나리오 선정에 관한 기술지침」에 따른 최악의 시나리오 영향범위에 있는 행정구역을 알 수 있도록 표시한다.

③ 사업장 주변 입지현황

최악의 시나리오 영향범위에 있는 총 인구수, 총 가구수, 사업체 및 농작지, 상수·취수원 현황을 포함하여 작성하여야 한다. 총 인구수, 총 가구수, 사업체 및 농작지 현황 등 사업장 스스로 관련정보 획득이 어려운 경우에는 통계 지리정보서비스를 이용하여 작성할 수 있다.

④ 보호대상 목록 및 명세

최악의 사고시나리오 영향범위 내에 있는 주요 건축물 및 생태·경관보호지역의 위치를 지도상에 표시하고 목록과 명세를 작성한다.

3.2.4 주변지역 기상정보

① 기상현황

해당지역의 최소 1년간의 월별 평균 온도, 평균 습도, 대기안정도, 주 풍향, 평균풍속 등의 기상정보와 지표면의 굴곡도를 작성한다.

② 주변지역 기상정보

KORA 프로그램을 활용 하거나 기상청에서 제공하는 기상정보를 활용하여 작성한다.

3.3 장외평가정보

3.3.1 공정 위험성 분석
① 공정 위험성 분석은 해당공정에 적합한 분석기법을 활용하여 실시하여야 한다.
② 공정 위험성 분석은 체크리스트 기법, 상대위험순위 결정기법, 작업자 실수분석기법, 사고예상 질문분석기법, 위험과 운전분석기법, 이상위험도 분석기법, 결함수 분석기법, 사건수 분석기법, 원인결과 분석기법, 예비위험 분석기법 중 적정한 기법을 선정하여 작성한다.
③ 공정 또는 설비 등에 관한 상세한 정보를 얻을 수 없어 공정 위험성 분석이 어려운 경우에는 다음 각 호의 내용에 초점을 맞추어 예비 위험성 분석을 실시할 수 있다.
  · 취급하는 유해화학물질의 종류
  · 유해화학물질의 위험 유형
  · 용기 또는 배관의 저장량
  · 운전온도 및 운전압력 등 운전조건

3.3.2 사고시나리오 설정[대상설비 선정]
① 장외평가정보 작성을 통해 유해화학물질이 화재·폭발 또는 유출·누출되어 사람 및 환경에 영향을 미칠 수 있는 사고시나리오를 선정하고, 사고시나리오의 사업장 주변지역 영향 평가를 통해 위험도 산정을 위한 4가지 요소(사고시나리오 개수, 사고시나리오 시설 빈도, 사고시나리오 거리, 영향범위 내 거주민 수)를 확인할 수 있다.
② 사고시나리오의 사업장 주변지역 영향 평가는 화학물질안전원에서 배포하는 예방계획서 작성 지원 도구(KORA)를 이용하여 산정하는 것을 우선한다. (다만, 이와 동등하다고 인정할 수 있는 프로그램 등을 이용하여 산정할 수도 있으며, 이때는 관련 근거를 제출해야 한다.)
③ 시나리오 분석을 위한 대상 설비는 (1) 취급하는 유해화학물질의 최종 농도가 함량기준 이상인 설비 중에서 (2) 취급량이 사고시나리오 규정수량 이상인 설비로 한다.
④ (제조·사용·저장시설) 해당 시설의 취급량은 부피가 아닌 무게단위로 시설의 설계용량과 유해화학물질의 비중을 이용하며, 아래의 산출식을 따라 산출한다.

$$\text{시나리오 대상설비 취급량}[kg] = \text{설계용량}[m^3] \times 1000[L/m^3] \times 1[kg/L] \times \text{비중}$$

⑤ (보관시설) 유해화학물질을 보관하는 보관창고 등에서의 취급량은 보관 구획도를 기준으로 유해화학물질별 총합으로 취급량(무게단위)을 산정한다.

⑥ 대상설비 선정 시 고려(유의)사항
- 사고시나리오 규정수량은 시나리오 구동여부만 판단하는 기준이다.
- 취급량을 산정하는 과정에서 투입순서를 고려하지 않는다.
- 예방계획서는 설계용량을 기준으로 한다.
- 스크러버 등의 대기·수질 오염방지시설은 작성 대상에서 제외된다.

3.3.3 사고시나리오 선정[시나리오 구간 선정]
① 시나리오 구간은 설비 인입측 플렌지부터 연결 단위설비의 인입측 플렌지까지로 한다. 다만 연결배관에 동력기기(예: 펌프), 자동차단밸브 등이 있는 경우에는 이를 포함한 부분까지를 시나리오 구간으로 구획할 수 있다.
② 보관시설
- 독성영향평가인 경우(모든 시나리오 대상 물질)와 화재·폭발영향평가(가능성 있는 물질)인 경우를 나누어 설정한다.
- (누출공)용기의 뚜껑 직경을 적용하되 IBC 탱크의 경우 상·하 양단에 누출공 중 큰 것으로 선정한다.
③ 지하저장탱크
- (누출지점) 펌프실로 선정
- (누출공) 지하저장탱크와 사용시설에 이송하는 펌프를 연결하는 배관 직경을 반영
- (누출량) API-581 기준 또는 이상발생시 감지 후 자동 펌프차단에 걸리는 시간을 고려한 누출시간에 펌프의 토출용량(ex: kg/min)을 곱한 양으로 가정
  ※상기 누출량은 KORA에서 산정되지 않으며 사용자가 직접 계산해야 함
- (압력) 운전압력은 지하저장탱크의 운전압력이 아닌 펌프 압력 입력
- (누출형태) 용기누출로 평가
- (누출지점) 플렉시블 호스와 배관 연결부
- (누출공) 배관 직경 100%로 적용
- 개시사건으로 "입/출하 시설 누출"을 필수로 적용
④ 도금조 등 상부 개방설비
- (취급량) 넘칠 수 있으므로 최대체류량 적용 예외(설계용량 90% 적용)
- (누출공) 도금조 수평단면 (가로 + 세로)/2 길이 혹은 조의 수평단면을 원 면적으로 전환하여 계산 된 원 지름
- (영향범위 평가시 방류벽 면적) 누출양을 전부 처리할 수 있는 경우, 도금조 주변 트렌치 면적 + 내부 바닥면적 + 해당 도금조 면적

3.3.4 사고시나리오 분석

[1] 적용범위

유해화학물질이 화재·폭발 또는 유출·누출되어 사람 및 환경에 영향을 미칠 수 있는 사고시나리오를 선정하는데 적용된다.

[2] 정의

① **끝점(종말점)**이란 사람이나 환경에 영향을 미칠 수 있는 독성농도, 과압, 복사열 등의 수치에 도달하는 지점을 말한다.
② **영향범위**란 화학사고로 인해 유해화학물질이 화재폭발 또는 유출, 누출되어 사고지점으로부터 사람이나 환경에 영향을 미칠 수 있는 구역을 말한다.
③ **사고시나리오**란 화재폭발 및 유출, 누출 사고로 인한 영향범위가 사업장 외부에 미치거나, 사업장 외부까지 영향은 미치지 않으나 근로자에게 심각한 영향을 줄 수 있는 사고를 가정하여 기술하는 것을 말한다.
④ **최악의 사고시나리오**란 유해화학물질을 최대량 보유한 저장용기 또는 배관 등에서 화재·폭발 및 유출·누출되어 사람 및 환경에 미치는 영향범위가 최대인 경우의 사고시나리오를 말한다.
⑤ **대안의 사고시나리오**란 최악의 사고시나리오보다 현실적으로 발생 가능성이 높고 사람이나 환경에 미치는 영향이 사업장 밖까지 미치는 경우의 사고시나리오 중에서 영향범위가 최대인 경우의 시나리오를 말한다.
⑥ **최대량**이란 저장용기 또는 배관 등에 저장 혹은 처리되는 최대용량을 말한다.
⑦ **인화성 가스**란 인화(폭발) 하한계가 13%이하 또는 인화(폭발) 상한계와 하한계의 차이가 12%이상인 가스 이거나, 표준압력 101.3kPa, 20 ℃에서 공기와 혼합하여 인화(폭발) 범위를 갖는 가스를 말한다.
⑧ **인화성 액체**란
  · 인화점이 23℃ 미만이고 초기끓는점이 35℃를 초과하는 액체
  · 인화점이 23℃ 미만이고 초기끓는점이 35℃ 이하인 액체
  · 인화점이 23℃ 이상 60℃ 이하인 액체
⑨ **냉동액체**란 상온상압 하에서 가스인 물질을 냉각에 의하여 액체 상태로 만든 것을 말한다.

[3] 끝점

① 끝점은 유해화학물질의 물리·화학적 특성에 따른 화재폭발 및 유출·누출의 위험에 따라 결정한다.

② 독성물질

농도가 [사고시나리오 선정에 관한 기술지침, 붙임1]에서 규정한 끝점농도(mg/L 또는 ppm)에 도달하는 지점을 끝점으로 한다.

③ 인화성 가스 및 인화성 액체
- 폭발 : 1 psi의 과압이 걸리는 지점
- 화재 : 40초 동안 5kW/m^2의 복사열에 노출되는 지점
- 유출·누출 : 유출, 누출물질의 인화하한 농도에 이르는 지점을 끝점으로 한다.

[붙임1] 독성물질의 끝점 농도

번호	Chemical (Cas number)	ERPG-2
1	Acetaldehyde (75-07-0)	200 ppm
2	Acetic Acid (64-19-7)	35 ppm
3	Acetic Anhydride (108-24-7)	15 ppm
4	Acrolein (107-02-8)	0.15 ppm
5	Acrylic Acid (79-10-7)	50 ppm
이 하 생 략		

- 끝점 농도의 ppm은 25℃에서의 수치이며 끝점거리 계산 시에는 대기의 온도조건에 따라 ppm의 수치가 다르므로 이를 고려하여 사용한다.
- 미국산업위생학회(AIHA)에서 발표하는 ERPG2(Emergency response planning guideline 2)를 우선 적용한다.
- 끝점 결정기준에는 미국 에너지부(DOE)의 PAC-2, 미국산업위생학회(AIHA)의 ERPG-2, 미국 환경보호청(EPA)의 1시간 AEGL-2, 미국산업위생학회(AIHA)의 ERPG2 등이 있다.

[4] 풍속 및 대기안정도

① 최악의 사고시나리오 분석은 초당 1.5m의 풍속으로 하고, 대기안정도는 [사고시나리오 선정에 관한 기술지침, 붙임2]의 "F" 로 한다.

② 대안의 사고시나리오 분석은 실제 해당 지역의 기상조건을 이용한다. 단, 풍속 및 대기안정도를 확인할 수 없는 경우에는 풍속은 초당 3m로, 대기안정도는 [사고시나리오 선정에 관한 기술지침, 붙임2]의 "D" 로 한다.

[붙임2] 대기안정도

바람속도,S (m/s)	낮 복사강도의 크기			밤	
	강	중	약	흐림	맑음
S ≤ 2	A	A-B	B	F	F
2 < S ≤ 3	A-B	B	C	E	F
3 < S ≤ 5	B	B-C	C	D	E
5 < S ≤ 6	C	C-D	D	D	D
6 < S	C	D	D	D	D

[주] 1. "바람속도" 는 지상 10m에서 측정한 수치임.
2. "밤" 이라 함은 해지기 1시간전부터 해뜬후 1시간 사이를 말함.
3. "강" 이라 함은 맑은 날씨에서 태양의 고도가 60° 이상을 말함.
4. "중" 이라 함은 맑은 날씨에서 태양의 고도가 60° 미만 35° 이상을 말함.
5. "약" 이라 함은 맑은 날씨에서 태양의 고도가 35° 미만을 말함.
6. 안정도 구분
  A : 매우 불안정함 B : 불안정함
  C : 약간 불안정함 D : 중립
  E : 약간 안정함 F : 매우 안정함

[5] 대기온도 및 대기습도

① 최악의 사고시나리오 분석의 경우
- 대기온도 25℃, 대기습도 50%를 적용한다.

② 대안의 사고시나리오 분석의 경우
- 현지기상을 적용하는 경우에는 최소 1년간 해당지역의 평균 온도 및 평균습도를 적용한다.
- 현지기상을 적용하지 않을 경우에는 대기온도 25℃, 대기습도 50%를 적용한다.

[6] 누출원의 높이
　① 최악의 사고시나리오 분석의 경우에는 지표면에서 누출되는 것으로 가정한다.
　② 대안의 사고시나리오 분석의 경우에는 실제 누출되는 높이를 사용하거나 지표면 누출을 가정한다.

[7] 지표면의 굴곡상태
　① 지표면의 상태는 도시와 전원지형 중에 선택하여 사용한다.
　② 도시지형은 건물과 나무 등이 많은 지형을, 전원지형은 평탄한 지형을 의미한다.

[8] 누출물질의 온도
　① 최악의 사고시나리오는 다음의 각 호와 같이 정한다.
　　• 냉동액체를 취급하는 경우에는 운전온도를 사용한다.
　　• 냉동액체 이외에 액체를 취급하는 경우에는 낮 시간의 최고온도 또는 운전온도 중 큰 수치를 사용한다.
　② 대안의 사고시나리오는 운전온도를 사용한다.

표. 시나리오 분석조건

구분	최악의 사고시나리오	대안 사고시나리오
정의	최악의 사고시나리오란 유해화학물질을 최대량 보유한 저장용기 또는 배관 등에서 화재·폭발 및 유출·누출되어 사람 및 환경에 미치는 영향범위가 최대인 경우의 사고시나리오를 말한다. • 모든 독성물질의 누출사고를 대표할 수 있는 사고시나리오 1개 선정 • 모든 인화성 물질의 화재 폭발사고를 대표할 수 사고시나리오를 1개 선정	대안의 사고시나리오란 최악의 사고시나리오보다 현실적으로 발생 가능성이 높고 사람이나 환경에 미치는 영향이 사업장 밖까지 미치는 경우의 사고시나리오 중에서 영향범위가 최대인 경우의 시나리오를 말한다. • 화재 폭발사고는 유해화학물질 중 과압, 복사열의 영향범위가 가장 큰 경우를 1개 선정 • 유출 누출사고는 유해화학물질별로 독성 영향범위가 가장 큰 경우를 각각 선정
풍속	1.5m/초	실제 기상조건
대기 안정도	F(매우안정)	D(중립)
대기온도	25℃	최소 1년간 지역의 평균온도
대기습도	50%	최소 1년간 지역의 평균습도
누출원의 높이	지표면	실제 누출 높이
지표면 굴곡도	도시 또는 전원지형	도시 또는 전원지형
누출물질 온도	냉동액체는 운전온도, 이외의 액체는 낮의 최고온도	운전온도

3.3.5 최악의 사고시나리오

[1] **최악의 사고시나리오 선정**
① 유해화학물질이 최대로 저장된 단일 저장용기 또는 배관 등에서 화재폭발 및 유출, 누출되어 사람 및 환경에 미치는 영향범위가 최대인 사고시나리오를 선정한다.
② 단위공장별로 모든 독성물질의 누출사고를 대표할 수 있는 사고시나리오와 모든 인화성 물질의 화재·폭발사고를 대표할 수 있는 사고시나리오를 각각 하나씩 선정하여야 한다.
③ 이때, 사고시나리오는 사업장 외부의 주민이나 환경에 미치는 영향 정도가 큰 경우로 선정한다.

[2] **최악의 누출량 산정**
최악의 누출량은 다음 수치 중 큰 것으로 산정한다.
① 단일 용기에 저장되는 최대량
② 단일 배관계에 보유하고 있는 최대량
③ 일반적으로 용기나 배관에 있는 최대량이 10분(600초)동안 누출로 고려한다.

$$누출률 R_R(kg/분) = \frac{누출량 Q_R(kg)}{10}$$

[3] **급성 독성물질(가스)**
① 대기 온도에서 가스인 물질을 가스 상태로 저장 취급하거나 압력을 가하여 액체 상태로 저장 취급하는 경우
  • 건물밖에 설치된 설비에서 누출된 경우에는 산정한 누출량이 10분 동안에 누출되어 확산되는 것으로 가정하여 다음과 같이 계산한다.

$$누출률 R_R(kg/분) = \frac{누출량 Q_R(kg)}{10}$$

  • 건물내부에 설치된 설비에서 누출된 경우에는 산정한 누출량의 55%가 10분 동안에 누출되어 확산되는 것으로 가정하여 다음과 같이 계산한다.

$$누출률 R_R(kg/분) = \frac{누출량 Q_R(kg)}{10} \times 0.55$$

② 냉동액체를 저장 취급하는 경우
  • 누출된 물질이 확산되는 것을 방지하기 위한 적절한 조치가 되어 있지 않거나 누출된 물질이 확산되어 액체의 층이 1cm 이하일 경우, 가스의 경우와 같이 산정한 누출량이

10분 동안에 모두 누출되어 확산되는 것으로 가정한다.
- 누출된 물질이 확산되는 것을 방지하기 위한 적절한 조치가 되어 있어 누출된 액체의 층이 1cm 이상 형성되는 경우, 동시에 액체가 누출되어 액체층을 형성하는 것으로 가정하고 대기 중으로 확산되는 속도는 액체층의 표면으로부터 그 물질의 비점에서 증발되는 속도로 가정한다.
- 증발속도의 계산은 다음과 같다.

$$R_E = \frac{1.4 \times U^{0.78} \times M_w^{2/3} \times A \times P_v}{82.05 \times T}$$

여기서, R_E : 증발속도 kg/min   U : 풍속 m/sec
M_w : 분자량   A : 액체층의 표면적 m²
P_v : 증기압 mmHg   T : 온도 K(상온의 경우 25℃)

$$A(m^2) = 0.1 \times \frac{Q 누출량(kg)}{\rho 밀도(g/cm^3)}$$

[4] 급성 독성물질(액체)

① 대기 온도에서 액체인 급성 독성물질을 저장 취급하는 경우에는 산정된 누출량이 순간적으로 누출되어 액체층을 형성하는 것으로 가정한다.
② 액체층의 표면적은 다음과 같이 계산한다.
- 방류벽 등과 같은 확산방지 조치가 되어 있지 않은 때에는 액체의 층이 1㎝깊이로 형성되는 것으로 가정하여 액체층의 표면적을 계산한다.
- 방류벽 등과 같은 확산방지 조치가 되어 있는 때에는 그 면적을 액체층의 표면적으로 산정한다.
- 다만, 누출된 주위 표면이 포장되지 않았거나 평편하지 않은 때에는 실제 주위의 표면 상태를 감안 할 수 있으며, 적용된 수식을 제시하여야 한다.
③ 대기중으로 확산되는 속도는 액체층의 표면에서 증발되는 속도로 가정한다.
④ 증발속도는 [사고시나리오 선정에 관한 기술지침, 붙임3]을 이용하여 계산한다.
⑤ 건물내에 설치된 설비에서 누출된 경우에 증발속도는 전항에서 계산한 수치의 10%를 사용한다.

$$누출률 R_R(kg/분) = \frac{누출량 Q_R(kg)}{10} \times 0.1$$

[5] 인화성 가스, 인화성 액체 및 냉동액체
　① 폭발을 일으키는 경우 폭발효율은 해당 모델에서 제시하는 누출량으로 산정한다.
　② 누출량 중 증기운 폭발로 연계되는 양은 가스인 경우는 누출전량, 액체인 경우는 최초 10분간 증발된 양으로 한다.

[6] 최악의 사고시나리오의 선정시 고려해야할 인자
　최악의 사고시나리오 선정시에는 수동적 완화장치(방벽, 방호벽, 방류벽, 배수시설, 저류조 등)만을 고려하며, 능동적 완화장치(중화설비, 소화설비, 수막설비, 과류방지밸브, 플레어시스템, 긴급차단시스템 등)는 고려하지 않는다.

3.3.6 대안의 사고시나리오

[1] 대안의 사고시나리오 선정
① 대안의 사고시나리오는 영향범위가 사업장 외부로 미치는 경우에 한정하여 단위공장별로 각 독성물질에 대하여 하나 이상, 인화성 물질은 화재 폭발사고를 대표할 수 있는 시나리오를 선정하여야 한다.
② 유출·누출 사고 시 독성물질별로 하나 이상을 선정한다.
③ 다음의 사항들이 있는 경우에는 시나리오 선정 시 고려 할 수 있다.
- 과거 5년간의 사고이력 : 사고시의 영향범위, 빈도, 피해현황
- 공정위험성 분석결과
- 수동적 완화장치, 능동적 완화장치

[2] 대안의 사고시나리오 분석
① 누출공 크기는 다음 각 항에 따라 산정한다.
- 용기에 결속된 배관 단면적의 최소 20%를 누출공의 크기로 산정한다.
- 탱크로리, 고온, 고압의 운전조건이나 배관의 파손확률이 높을 경우 배관 단면적을 누출공의 크기로 산정한다.
- 연결구의 배관 직경이 50mm 미만인 경우 배관직경을 누출공의 크기로 한다.
② 누출시간은 현실적으로 발생 가능성이 있는 누출시간을 적용하되, 산정근거를 제시한다.

[3] 초기 노출시나리오
① 노출 시나리오(Exposure scenario)는 위해물질이 매개체를 통해 수용체로 전달되는 과정을 추정, 추론, 가정하는 것을 말한다.
② 노출평가 시 평가 목적에 가장 적합하도록 노출 시나리오를 작성하여야 한다.
③ 효율적인 노출평가를 위해서는 단계별 접근방법을 포함한 평가가 권장된다.
④ 초기에는 자료를 수집하여 노출 상황을 가정한 시나리오를 적용한다.
⑤ 다음단계로 초기 가정시나리오가 사용자 또는 판매자에 적합한지 확인한다.
⑥ 확인 후 초기 가정시나리오를 기초로 노출량을 추정하고 위해도를 결정한다.
⑦ 위해도 결정 결과 안전성에 문제가 있으면 수정하여 재평가 한다.
⑧ 안전성이 확인되면 실제 노출상항을 감안하여 통한 노출시나리오를 도출한다.

3.3.7 사고시나리오 선정[영향범위 평가]

① 선정된 대상설비별로 유해화학물질의 취급량, 시설정보, 운전조건, 기상조건 등을 이용하여 영향범위를 평가한다.
② 독성 사고의 사고시나리오는 모든 유해화학물질에 대하여 분석한다.
③ 화재·폭발 사고의 사고시나리오는 화재·폭발의 가능성이 있는 유해화학물질에 대하여 추가적으로 분석하되 아래 사항을 고려한다.
   · KORA에서 선택가능한 피해영향모델을 모두 선정한다. 단, 상압운전설비는 Jet fire 피해영향모델을 선정하지 않는다.
④ KORA를 활용하여 예방계획서를 작성 할 경우, 사고시나리오 분석은 아래 두 가지 조건으로 분석을 진행한다.
   · **최악 조건** : 유해화학물질을 취급하는 개별 단위 설비에서 보유할 수 있는 최대의 양이 일정 조건 하에서 10분동안 모두 유출·누출되어 화재·폭발 및 확산된 것을 가정하여 분석하는 경우이다.
   · **대안 조건** : 최악 조건보다 현실적으로 발생 가능성이 높고 사람이나 환경에 미치는 영향이 사업장 밖까지 미치는 경우의 시나리오 분석 조건으로 예방계획서 작성에 적용된다.
⑤ 사고시나리오 선정은 사업장 밖으로 영향을 미치는 시나리오만 해당된다.
⑥ 사고시나리오 영향평가 시 고려(유의)사항
   · KORA에서는 최악 조건으로 분석이 먼저 진행되어야만 대안 조건으로 분석이 가능하다.
   · 최악 조건의 경우는 KORA에서 고정된 값이 제공되어 별도의 설정이 필요 없으나 대안 조건의 경우에는 시나리오 대상 설비에 따른 값을 직접 입력해야한다.
   · 액화 가스의 경우 KORA에서 저장상태를 "액상"으로 설정하여 영향범위를 평가한다.
   · 영향범위를 예측하기 위한 모델 중 공기보다 무거운 가스가 누출될 경우 적용 가능한 모델에는 SLAB, BM(Britter & McQuaid), HMP(Hoot, Meroney & Peterka) 모델 등이 있다.

최악조건

구분	상세조건	KORA활용시
끝점	•독성물질 농도: ERPG-2 등(사고시나리오 선정 및 위험도 분석에 관한 기술지침에 따라 도출) •복사열: 5kW/m²(40초) •과압: 1psi	자동설정
기상조건	•풍속: 1.5m/s •대기안정도: F(매우안정) •대기온도: 25℃ •대기습도: 50%	자동설정
누출지점	•지표면에서 누출되는 것으로 가정	자동설정
지표면 굴곡상태	•지표면의 상태는 도시와 전원지형 중에서 선택 •도시지형: 건물과 나무 등이 많은 지형 •전원지형: 평탄한 지형	기상정보 입력필요
누출물질 온도	•상온·상압 하에서 가스인 물질을 냉각에 의하여 액체상태로 만들어 취급하는 경우에는 운전온도를 사용 •냉동액체 이외의 액체를 취급하는 경우에는 낮 시간 최고온도 또는 운전온도 중 큰 수치를 적용	조건 입력값 자동적용
누출량	•단일 용기 내에 저장되는 최대량을 적용 •이때, 방류벽 등과 같이 물리적 장벽 등 수동적 완화시스템에 의한 누출량 감소는 반영할 수 있다.	조건 입력값 자동적용
누출시간	•용기나 배관에 있는 최대량이 10분(600초)동안 누출로 고려	자동설정

대안조건

구분	상세조건	KORA활용시
끝점	•독성물질 농도: ERPG-2 등(사고시나리오 선정 및 위험도 분석에 관한 기술지침에 따라 도출) •복사열: 5kW/m²(40초) •과압: 1psi	자동설정
기상조건	•풍속: 현지기상을 적용하는 경우 직전 년도 1년간의 평균풍속을 적용하며, 그렇지 않은 경우 3m/s를 사용한다. •대기안정도: 현지기상을 적용하는 경우 직전 년도 1년간의 대기상태중에서 가장 안정한 상태의 대기안정도를 적용한다. 그렇지 않은 경우 D(중립)을 사용한다. •대기온도: 현지기상을 적용하는 경우 직전 년도 1년간의 평균 대기온도를 적용하며, 그렇지 않는 경우 25℃를 사용한다.. •대기습도: 현지기상을 적용하는 경우 직전 년도 1년간의 평균 대기습도를 적용한다. 그렇지 않은 경우 50%를 사용한다.	조건입력필요
누출지점	•해당시나리오 누출면의 높이를 적용한다. 그렇지 않는 경우 지표면의 높이를 사용한다.	조건입력필요
지표면 굴곡상태	•지표면의 상태는 도시와 전원지형 중에서 선택 • 도시지형: 건물과 나무 등이 많은 지형 • 전원지형: 평탄한 지형	기상정보 입력필요
누출물질 온도	• 운전온도를 사용	조건입력필요
누출공	•취급시설에서 유해화학물질이 누출될 수 있는 가장 큰 연결구 배관직경의 20% 이상으로 선정하며, 다음 각 호의 산출방법을 참고하여 작성할 수도 있다(단, 누출공 선정방법에 관한 증빙자료를 제출해야 함). ① KOSHA GUIDE(P-92-2012) 누출원 모델링에 관한 지침 ② KOSHA GUIDE(P-110-2012) 화학공장의 피해최소화대책 수립에 관한 기술지침 ③ 미국 석유화학협회의 위험기반검사 기준(API 581)에 따른 누출공 산출방법 •다음의 경우는 배관직경(100%)을 누출공 크기로 산정한다. ① 가장 큰 연결구의 배관직경이 50 mm 미만인 경우 ② 운전온도가 350℃ 이상이고, 운전압력이 10 kgf/cm²이상인 특수설비의 경우 ③ 기타 탱크로리 체결부위 등 파손확률이 높은 경	조건입력필요
누출시간	• 미국 석유화학협회의 위험기반검사 기준(API 581)에 따른 누출공 산출방법을 참고하여 산정한다. 또한 완화장치를 적용하여 현실적으로 발생 가능성이 있는 누출시간을 고려하여 산정할 수 있다(이 경우 산정근거를 제시).	조건입력필요

| Sketch Note Writing |

[문제] 사고시나리오 선정 시 사용하는 용어 중 다음에서 설명하는 것은?

> 사람이나 환경에 영향을 미칠 수 있는 독성농도, 과압, 복사열 등의 수치에 도달하는 지점

❶ 끝점　　　　　　　② 최대량
③ 파과점　　　　　　④ 한계량

[문제] 공정위험성 분석결과를 토대로 사고시나리오를 선정하기 위해 유해화학물질의 끝점을 결정할 때 적용 기준에 해당하지 않는 것은?
① 미국 에너지부(DOE)의 PAC-2
② 미국산업위생학회(AIHA)의 ERPG-2
③ 미국 환경보호청(EPA)의 1시간 AEGL-2
❹ 미국직업안전보건청(NIOSH)의 IDLH 수치 50%

3.3.8 사업장 주변지역 영향평가

① 사업장 주변지역 영향평가는 사고로 인한 영향범위, 영향범위 내의 주민의 수, 공공수용체, 환경수용체를 작성한다.
② 영향범위는 누출원을 중심으로 원을 그려서 끝점까지의 거리를 반경으로 표시한다.
③ 영향범위 내 주민의 수는 원내의 주민의 수를 계산하여 작성한다.
④ 공공수용체는 영향범위 내 주거용, 상업용, 공공건물, 공공휴양지, 학교, 병원 등의 위치여부를 표시하고 그 위치를 지도상에 표시한다.
⑤ 환경수용체는 영향범위 내 생태·경관보호지역, 상수·취수원, 국립공원 등의 위치여부를 표시하고 그 위치를 지도상에 표시한다.

표. 영향범위 예측절차	
위험요소 평가	시설 또는 공정의 위험성에 대한 정성적 또는 정량적 분석
↓	
누출분석	위험요소 평가 후 해당 시설 또는 공정에서 유해화학물질의 누출 분석단계 배관파손, 플랜지 누출, 운전원 실수 등으로 배출되는 양, 상태 등을 계산
↓	
영향범위 예측	누출되는 유해화학물질이 독성물질인 경우: '확산모델'로 대기 중 확산형태 예측 누출되는 유해화학물질이 인화성 가스/액체인 경우: '화재모델' '폭발모델'을 사용하여 화재, 폭발영향을 예측

3.3.9 위험도
① 위험도는 사고 시나리오에 따른 영향과 사고 가능성을 곱하여 작성한다.

> 위험도=영향범위 내 주민수×사고 발생빈도[Σ(주요기기고장빈도×안전성향상도)]

② 사고 가능성은 동일 또는 유사시설의 국내·외 사고 발생빈도 등을 분석하여 작성한다.
③ 개인 위험도는 위험 지역에 개인이 있을 때, 그 개인이 1년간 받을 수 있는 위험 정도로써 통상적으로 1년 동안 죽을 빈도(확률)이다.
④ 사회적 위험도는 위험 주체(설비, 시설)가 주변에 주는 위험도로, 동일 확률이라도 거주지 인근 시설이 더 위험하다.
⑤ 주요 개시사건의 전형적인 빈도 산출은 해당 단위공장의 특성에 따라 방호계층분석기법(LOPA) 또는 OGP의 위험성 평가자료방식 중 하나를 적용한다.
⑥ 사고빈도는 유해화학물질 취급시설에서 발생할 수 있는 누출유형별 사고발생 가능성을 모두 고려한 개시사건(시나리오 구역 내에 포함된 개시사건)의 빈도수와 개수의 곱으로 산출한다.
⑦ 안전성확보설비는 각 취급시설의 사고영향을 감소시킬 수 있는 설비(수동적/능동적 완화장치의 종류)를 표기한다.

3.3.10 타법과의 관계 정보
① 유해화학물질 취급시설의 설치·운영에 영향을 미치는 신고, 등록, 허가와 관련된 타 법령 및 규제 내용을 작성한다.
② 타 법률과의 관계정보는 다음 각 호의 법률 적용여부를 확인하여야 한다.
- 고압가스안전관리법
- 산업안전보건법
- 위험물안전관리법
- 건축법
- 국토의 개발 및 이용에 관한 법률
- 산업집적활성화 및 공장설립에 관한 법률
- 환경오염피해 배상책임 및 구제에 관한 법률
- 기타 안전원장이 확인이 필요하다고 인정하는 사항

3.3.11 위험도 분석(규칙 제19조의2)

① 화학사고예방관리계획서 변경 검토신청서를 제출받은 날부터 30일 이내에 화학사고예방관리계획서를 검토한 후 유해화학물질 취급시설의 위험도(위험성 및 사고발생 가능성 등에 따라 가위험도·나위험도 및 다위험도로 구분한다) 및 적합 여부 등 검토결과서를 신청인에게 내줘야 한다.

② 각 사고시나리오별로 위험도 분석을 위한 위험도 판단요소 4가지(ⓐ 사고 시나리오 개수, ⓑ 사고시나리오 시설빈도, ⓒ 사고시나리오 거리, ⓓ 영향범위 내 주민 수)를 확인하여 각 요소들의 합으로 구간점수 도출 및 위험도 판정 내용을 작성한다.

③ 화학사고 예방·대비·대응·복구 운영단위로 두개 이상으로 구분하여 예방계획서를 작성한 경우에도 위험도는 사업장 단위로 산정한다.

④ 구간별 점수를 가로축(사고빈도점수)와 세로축(사고영향점수)로 하여 위험도 판정표에 적용하면 사업장의 위험도 등급(가/나/다)의 확인이 가능하다.

  - **사고빈도점수** : 사고시나리오 개수 합의 구간점수와 사고시나리오 시설 빈도 합의 구간점수의 합(최대 6점)
  - **사고영향점수** : 사고시나리오 거리의 합 구간점수와 영향범위 내 거주인수 합의 구간점수의 합(최대 6점)

⑤ "위험도판정표 점수"와 "증감요인 점수"를 합산하여 최종적으로 위험도가 결정된다.

  - **"가"위험도** : 위험도 판정표 점수와 위험도 증감요인 점수 합이 10점 이상인 경우(10, 11, 12점인 경우)로 화학사고로 인한 사고빈도와 사고영향을 고려하여 안전진단 주기를 4년마다 하는 취급시설
  - **"나"위험도** : 위험도 판정표 점수와 위험도 증감요인 점수 합이 6점 이상 10점 미만인 경우(6, 7, 8, 9점인 경우)로 안전진단 주기를 8년으로 하는 취급시설
  - **"다"위험도** : 위험도 판정표 점수와 위험도 증감요인 점수합이 5점 이하인 경우로 안전진단 주기를 12년으로 하는 취급시설

위험도 등급 결정			
위험도판정표+증감요인	가	나	다
위험도판정표+증감요인	10점 이상	10점 미만	6점 미만

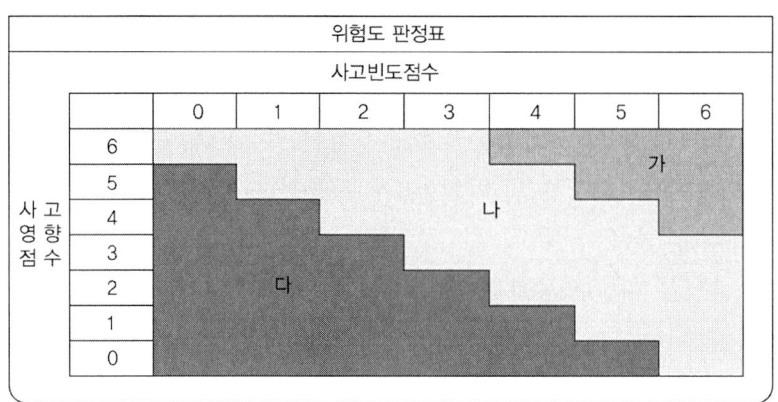

3.3.12 검토결과 구분

안전원장은 화학사고예방관리계획서 검토결과를 규칙 별지 제32호서식에 적합여부와 위험도를 포함하여 운영자에게 통보해야한다.(화학사고예방관리계획서 검토 등에 관한 규정 제20조)
① **적합** : 화학사고예방관리계획서가 적절히 작성되어 수정·보완사항이 없는 경우
② **조건부적합** : 화학사고예방관리계획서 내용의 수정·보완사항이 안전에 미치는 영향이 미미하고 안전원장이 요청한 기간 내 수정·보완이 가능한 경우
③ **부적합** : 제1호 및 제2호에 해당하지 않는 경우

3.3.13 검사 및 안전진단 구분

① 설치검사(규칙 제23조)
- (대상 및 시기) 유해화학물질 취급시설의 설치를 마친 자, 취급시설 가동하기 전에 실시
- (방법) 검사기관에서 검사를 받고, 지방환경관서에 그 결과 신고(신고서, 검사결과서)

② 정기검사(규칙 제23조)
- (대상) 유해화학물질 취급시설을 설치·운영하는 자
- (시기) 영업허가 대상 : 1년 마다
  그 외의 유해화학물질 취급시설 : 2년 마다
  (단, 안전진단 실시하고 안전진단결과보고서 제출자는 1년간 정기검사 면제)
- (방법) 검사기관에서 검사를 받고, 지방환경관서에 그 결과 신고

③ 수시검사(규칙 제23조)
- (대상) 유해화학물질 취급시설을 설치·운영하는 자로서 화학사고가 화학사고가 발생하였거나, 화학사고 발생이 우려되는 경우
- (시기) 화학사고 발생시 : 7일 이내
  지방환경관서장이 검사를 명한 경우 : 지체 없이
- (방법) 검사기관에서 검사를 받고, 지방환경관서에 그 결과 신고

④ 안전진단(규칙 제24조)
- (대상) 유해화학물질 취급시설 설치를 마친 자 또는 취급시설을 설치·운영하는 자
- (시기) 설치·수시·정기검사 결과 취급시설의 구조물, 설비가 침하·균열·부식 등으로 안전상의 위해가 우려된다고 인정되는 경우, 검사결과서 받은 날부터 20일 이내
- 가위험도 유해화학물질 취급시설: 화학사고예방관리계획서 검토결과서(이하 이 항에서 "검토결과서"라 한다)를 받은 날부터 매 4년
- 나위험도 유해화학물질 취급시설: 검토결과서를 받은 날부터 매 8년
- 다위험도 유해화학물질 취급시설: 검토결과서를 받은 날부터 매 12년

⑤ 검사·안전진단기관(규칙22조)
  한국환경공단, 한국산업안전보건공단, 한국가스안전공사 그 밖에 환경부장관이 능력을 갖추고 있다고 인정하여 지정」고시한 자

⑥ 유해화학물질 검사기관은 유해화학물질 취급시설에 대한 설치검사와 정기·수시검사 및 안전진단을 수행하여 검사결과보고서를 작성하고 그 결과는 20년간 보존해야 한다.

| Sketch Note Writing |

[예제] 유해화학물질 취급시설의 안전진단 주기의 기준이 되는 서류는?
❶ 화학사고예방관리계획서
② 안전진단결과보고서
③ 공정안전보고서
④ 정기검사결과서

[해설]
안전진단 주기
· 가위험도 유해화학물질 취급시설 : 화학사고예방관리계획서 검토결과서를 받은 날부터 매 4년
· 나위험도 유해화학물질 취급시설 : 검토결과서를 받은 날부터 매 8년
· 다위험도 유해화학물질 취급시설 : 검토결과서를 받은 날부터 매 12년

3.4 사전관리방침

3.4.1 사전관리방침의 이해
① '사전관리방침'의 최종목표는 사업장 내의 '안전문화'를 구축하는 것이며, 사전 안전관리를 통해, 화학사고의 위험성을 줄이고, 사고에 적절히 대비한다.
② 사전관리방침 수립을 통해 사업장 내의 실제적 안전관리 시스템을 구축한다.
③ (체계) 사전관리방침 부분은 크게 '안전관리계획'과 '비상대응체계' 두 가지로 나뉜다.
④ (목적) 사전관리방침을 수립하는 목적은 최종적으로 사업장 내의 자율적 안전 문화를 구축하기 위함이다.
⑤ (안전관리) 위험요인이 사고로 연결되어 큰 피해가 발생되지 않도록, 위험성 평가 결과 도출된 위험 요인에 대해 미리 안전 관리 방침을 수립한다.

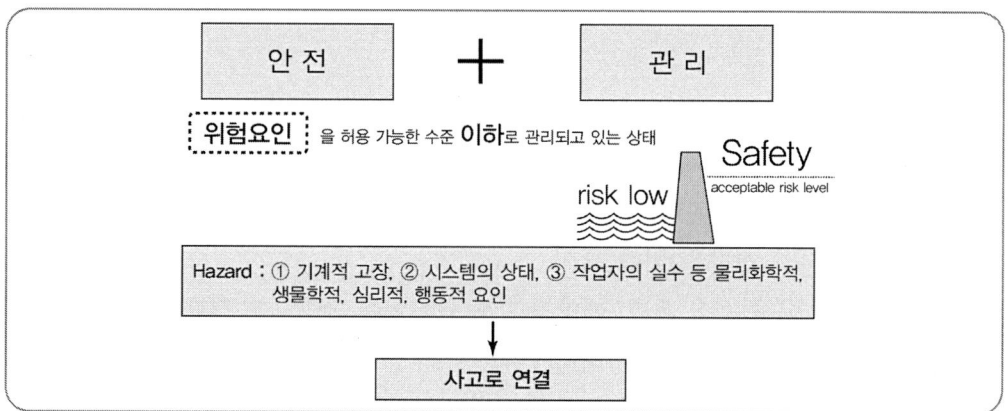

⑥ (안전관리 4요소) 안전 정책을 세우고, 안전 사항들을 관리하고, 안전 정책 효과를 확인하여, 조직원의 자발적인 참여를 통한 안전 문화를 구축한다.

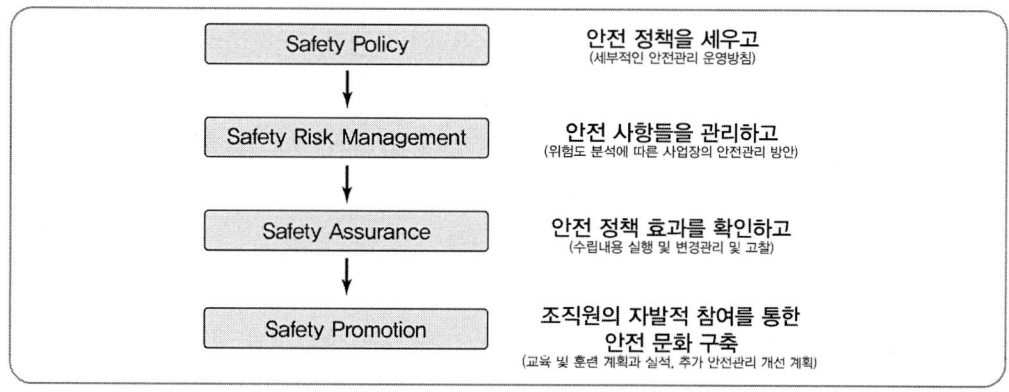

3.4.2 안전관리계획

① 화재·폭발 및 누출사고의 위험에 대한 안전관리계획을 사업장 상황에 맞게 작성한다.
② (안전관리 운영 계획) 별도의 양식 없이 자유롭게 작성하되, 가능한 구체적으로 작성한다. 다만, 사업장 특성에 따라 항목을 추가 또는 간소화 할 수 있다.
- 사업장의 안전관리 방향성, 목표 등
- 위험을 감소하거나 제거할 수 있는 조치
- 안전관리에 필요한 사업장의 종합적 기본 방침
- 사내 안전 문화 정착을 위한 계획
- 안전지표
- 기타 기술적·관리적 안전관리 대책

③ (안전관리의 실행 및 변경 관리) 안전 관리 운영 계획이 실제 사업장에서 실행 가능하고 효과적인 내용으로 구성되어 있는지를 주기적으로 점검하고, 이와 관련된 보완·개선 계획이 필요하다.
- 안전 관리 목표 및 방향성에 대한 주기적인 검토
- 안전 관리 운영 계획의 보완 및 개선 계획
- 설비 및 장치의 안전관리 계획과 점검 계획
- 사내 안전 문화 정착을 위한 계획

④ (화학사고 대비 교육·훈련 계획) 예방계획서 작성·이행 담당자는 적합 후 5년 이내 누적 16시간 이상의 전문교육을 이수해야 한다.
- (전문교육) ①예방계획서 이행에 관련된 안전원에서 운영하는 교육, ② 안전교육기관의 교육 중 안전원장이 예방계획서 전문교육으로 인정하는 교육
- (보수교육) 예방계획서 전문교육의 일부로 인정되는 교육을 이수한 자는, 안전교육기관에서 운영하는 예방계획서 보수교육 3시간을 이수해야 한다.
- 교육·훈련 대상에는 유해화학물질 관리자, 유해화학물질 취급담당자, 종사자, 환경안전요원, 전문방제요원 등이 포함되어야 한다.

⑤ (자체점검계획) 자체점검계획은 담당자(팀), 시기, 방법, 결과 활용 등에 대한 내용을 포함하여 작성한다.
- 이행점검반 구성 방식, 참여조직 등에 대한 계획을 포함
- 매년 자체확인을 실시할 시기, 검토항목 등을 명시
- 사업장 내·외부의 여건 변화에 따른 화학사고예방관리계획서의 적절성 검토 등을 포함

3.4.3 비상대응체계

① 사고 발생시 신속한 전파 및 대응을 위해 실제 투입 가능한 조직, 체계와 관련된 내용을 작성한다.
② (비상연락체계) 화학사고 발생시 신속한 전파를 위해 비상대응 담당자 연락망을 도식화한 비상연락절차를 작성한다.
③ (비상대응조직도) 비상대응조직도는 사고 발생시 실제로 투입 가능한 조직, 각 임무에 맞게 훈련이 되어있는 사람으로 구성되어야 하며, 조직 및 공조활동을 필요로 하는 외부기관 목록을 포함하여 작성한다. 예시, 비상연락체계

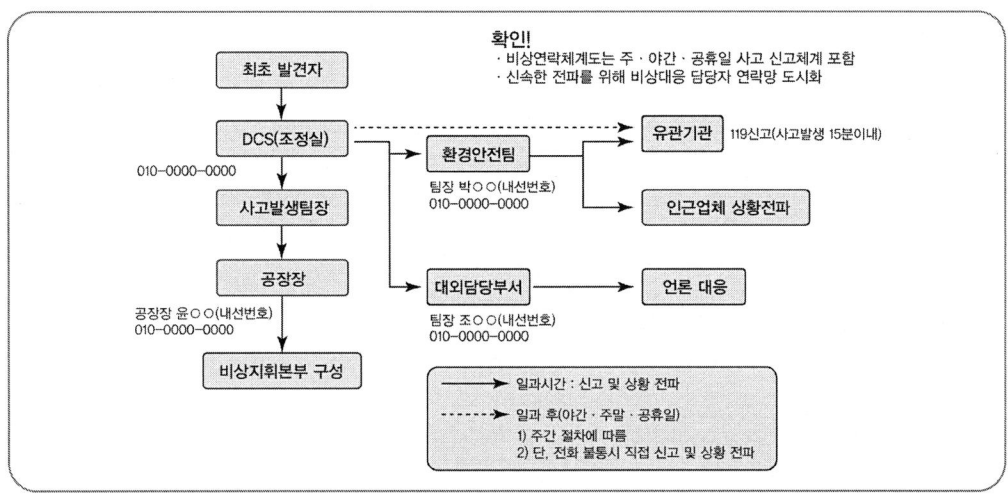

3.5 내부비상대응계획

3.5.1 내부 비상대응계획의 이해
① 화학사고시 사업장내 근로자를 효과적으로 보호하고, 초동대응과 사후조치를 체계적으로 하여 피해를 최소화하기 위한 비상대응 시스템의 운영계획을 작성한다.
② 화학사고 발생 시점과 화학사고 사후 시점에 필요한 내용을 모두 포함한다.
③ 다른 사업장과의 공동비상대응계획이 있는 경우, 관련 항목에 포함하여 작성한다

3.5.2 사고대응 및 응급조치계획
① 가동중지 권한 및 절차
　가. 비상운전정지 권한 및 절차
② 방재 인력 및 장비·물품 운용 계획
　가. 화학사고 초기 대응을 위한 자체 방재 인력 현황
　나. 방재장비·물품 및 개인보호장구 보유현황 및 배치도
　다. 방재장비·물품 등의 관리·유지 및 확충 계획
　라. 방재인력 및 장비·물품 운영에 필요한 추가적인 기타 사항
③ 사업장 내부 경보전달체계
　가. 사내 경보시설의 종류 및 경보발령지점
　나. 경보전달체계 및 경보전달 담당자
　다. 경보시설 유지관리방법
　라. 기타 사업장 내부 경보전달체계에 필요한 사항
④ 응급조치계획
　가. 해당 시설의 자동·수동 차단시스템
　나. 단계별 내·외부 확산차단 또는 방지대책
　다. 2차 오염 방지대책
　라. 사내·외 비상대피, 응급의료 및 환자수송 계획
　마. 기타 응급조치에 필요한 사항

3.5.3 화학사고 사후조치

① 사고원인 조사 및 재발 방지 계획
    가. 사고조사팀의 구성 및 팀원의 역할
    나. 사고조사보고서의 작성항목 및 작성방법
    다. 개선대책, 이행방법
    라. 기타 사고원인 파악 및 재발방지를 위해 필요한 추가적인 사항

② 사고복구 계획
    가. 사고복구의 조직 및 역할
    나. 책임보험 가입계획
    다. 환경복원 전문업체 활용계획
    라. 기타 사고복구에 필요한 추가적인 사항

3.6 외부비상대응계획

3.6.1 지역사회 공조계획

① 외부 비상대응계획은 1군 사업장만 작성하며, 실효성 있는 계획을 도출하기 위해 다른 장과는 달리 사업장의 규모, 지리적 특성, 주변 사업장의 업종, 지방자치단체의 지원 범위 등에 따라 사업장의 상황에 맞는 특성화된 계획을 수립해야 한다.
② 각 항목의 목적을 정확하게 파악하여 사업장에서 할 수 있는 범위 내에서 작성하며 최소한 총괄영향범위를 구성하는 사고시나리오에 대해 작성하는 것을 원칙으로 한다.
③ 관할 지자체에서 규칙 제20조에 따른 지역화학사고대응계획을 수립·활용하는 경우, 관련 항목에 포함하여 작성한다.
④ 화학사고의 예방·대비·대응·수습·복구를 위한 정보 공유, 지역사회와의 소통, 화학사고 발생 시 공동대응 등 지역사회·지역비상대응기관·인근사업장 등과의 공조계획을 포함하여 작성한다.

3.6.2 주민 보호·대피 계획

① 대피경보, 전달체계
    가. 경보시설의 종류, 유지관리방법
    나. 경보 전달방법·담당자
    다. 지방자치단체에 대한 경보전달체계
② 주민 대피, 행동요령
    가. 사고 유형
    나. 대피 시 유의사항
③ 응급의료계획
    가. 응급의료기관 목록·비상연락망, 수용가능 병상
    나. 환자후송계획: 사업장과의 거리, 이동경로, 소요 시간
④ 주민대피 장소·방법: 집결지와 대피장소를 구분하여 작성
 가. 대피 장소 : 수용가능 인원, 실내·지상·지하 여부, 임시주거시설 해당 여부, 대피 장소 관리 담당자, 비상연락망
 나. 대피 방법 : 사업장과의 거리, 이동경로, 이동 시간, 수송계

3.6.3 지역사회 고지계획

① 사업장 일반 정보: 사업장명, 주소, 대표전화
② 유해화학물질 목록 및 대표 유해성
　・유해화학물질 목록은 : 취급하는 모든 유해화학물질에 대해 작성
　・대표 유해성 : 물질의 독성, 장외 영향범위, 누출 시 환경영향 등을 고려하여 사고유형별 유해성이 큰 대표 2가지 물질(화재·폭발 2가지 물질, 독성 2가지 물질)에 대하여 작성
③ 사고시나리오 총괄영향범위: 화재·폭발 사고 및 독성 누출사고의 총괄영향범위를 합친 행정구역명(법정동, 읍면동 단위) 및 이를 표시한 지도
④ 위험도 분석에 따른 사업장의 안전관리 방침
⑤ 비상연락체계: 사업장 비상전화, 지역 비상대응기관 연락처, 응급의료기관 연락처 등
⑥ 지역사회와의 소통 계획
⑦ 지역사회와의 공조를 통한 비상대응 활동 계획
⑧ 사고 발생 시 대피경보 방법
⑨ 사고 발생 시 응급의료 계획
⑩ 사고 발생 시 주민대피 장소 및 방법
⑪ 고지한 상황의 등록(법 제23조의3, 이행 고시 제14~15조)
　・시스템 고지: 화관법 민원 24(주소)에 고지한 것으로 완료
　・그 외 고지: 고지한 이력(증빙자료)을 화관법 민원24에 등록해야함
⑫ 최초 고지
　・시스템 고지: 적합 후 3개월 이내
　・그 외 고지: 적합 받은 연도 내 고지하는 것이 원칙임. 다만, 해당 연도가 6개월 미만으로 남은 경우에는 적합 후 6개월 이내 고지실시
⑬ 정기 고지(이행 규정 제15조): 최초 고지한 다음해부터 매년 1회 실시
　・시스템 고지: 최초 시스템 고지연도 다음해 1월 1일부터 12월 31일 이내
　・그 외 고지: 그 외 고지한 날짜를 고려하지 않으며, 최초 시스템 고지연도 다음해 1월 1일부터 12월 31일 이내 실시. 단, 시스템 고지 후 그 외 고지가 해를 넘기는 경우 그 다음해부터 매년 실시한다.

⑭ 변경고지 방법 및 시기

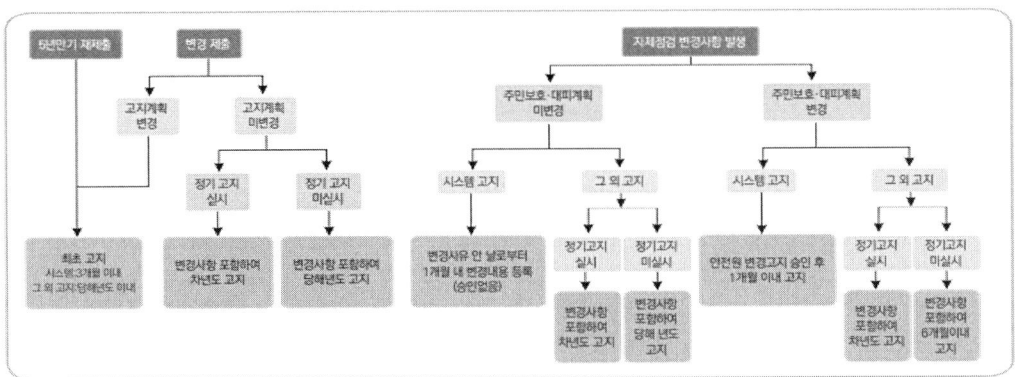

3.7 유해화학물질 취급시설 외벽으로부터 보호대상까지의 안전거리 고시

[시행 2021. 4. 1.] [환경부고시 제2021-64호]

제1조(목적)

이 규정은 「화학물질관리법」(이하 "법"이라 한다) 제24조, 같은 법 시행규칙(이하 "규칙"이라 한다) 제21조에 따라 유해화학물질 취급시설(이하 "취급시설"이라 한다)의 외벽으로부터 「건축법」 제2조제2호에 따른 건축물(이하 "건축물"이라 한다)의 경계 또는 「자연환경보전법」 제2조제12호에 따른 생태·경관보호지역(이하 "보호지역"이라 한다)의 경계까지 유지하여야 할 안전거리에 관한 사항을 규정함을 목적으로 한다.

제2조(정의)

이 규정에서 사용하는 용어의 정의는 다음과 같다.

1. "**유해화학물질**"이란 유독물질, 허가물질, 제한물질 또는 금지물질, 사고대비물질, 그 밖에 유해성 또는 위해성이 있거나 그러할 우려가 있는 화학물질을 말한다.
2. "**취급시설**"이란 화학물질을 제조, 보관·저장, 운반(항공기·선박·철도를 이용한 운반은 제외한다) 또는 사용하는 시설이나 설비를 말한다.
3. "**보호대상**"이란 유해화학물질로 인한 화재·폭발 및 유출·누출사고로부터 사람과 환경에 미치는 유해를 줄이기 위해 보호해야 하는 건축물 또는 보호지역을 말한다.
4. "**안전거리**"란 유해화학물질로 인한 화재·폭발 및 유출·누출사고 발생 시 원활한 응급대응과 피해확산을 방지하기 위해 취급시설의 외벽으로부터 보호대상 사이에 반드시 확보해야 할 거리를 말한다.

제3조(적용범위)

이 고시는 다른 법령에 특별한 규정이 있는 경우를 제외하고는 유해화학물질을 취급하는 취급시설에 적용한다. 다만, 화학물질안전원 「유해화학물질 소량 취급시설에 관한 고시」에 따른 유해화학물질 소량 취급시설은 적용하지 않는다.

제4조(취급시설의 배치·설치)

법 제24조 및 규칙 제21조에 따라 유해화학물질 취급시설은 유해화학물질의 화재·폭발, 유출·누출사고에 따른 피해확산을 방지할 수 있도록 그 외벽으로부터 보호대상까지 별표 1에 따른 안전거리를 유지할 수 있도록 배치·설치되어야 한다. 다만, 법 시행 이전에 설치된 시설에 대해서는 법 제23조에 따른 화학사고예방관리계획서에 따른 검토결과 안전성이 확인된 경우는 제외할 수 있다.

제5조(보호대상의 구분)

① 보호대상은 "갑종 보호대상"과 "을종 보호대상"으로 구분할 수 있다.
② 갑종 보호대상은 학교, 병원, 아동복지시설, 노인복지시설, 호텔·여관 등 숙박시설, 공연장·예식장·전시장 등 대규모 인원을 수용할 수 있는 건축물로서 별표 2에서 정하는 것을 말한다.
③ 을종 보호대상은 단독주택, 공동주택, 상가 등은 근린생활시설과 생태·경관보호지역으로서 별표 3에서 정하는 것을 말한다.

제6조(재검토기한)

환경부장관은 「훈령·예규 등의 발령 및 관리에 관한 규정」에 따라 이 고시에 대하여 2021년 7월 1일을 기준으로 매 3년이 되는 시점(매 3년째의 6월 30일까지를 말한다)마다 그 타당성을 검토하여 개선 등의 조치를 하여야 한다.

부 칙 〈제2021-64호, 2021.03.31.〉

제1조(시행일) 이 고시는 2021년 4월 1일부터 시행한다.
제2조(장외영향평가서에 관한 경과조치) 이 고시 시행 전에 장외영향평가서를 제출한 경우 제4조의 개정 규정에도 불구하고 종전의 규정을 따른다. 다만, 이 고시 시행 후에 화학사고예방관리계획서를 제출한 경우에는 개정규정을 적용한다.

[별표 1] 취급시설 외벽으로부터 보호대상까지 안전거리(제4조 관련)

1. 인화성 가스 및 인화성액체 저장시설은 다음 표에 의한 거리 이상을 유지하여야 한다. 이 경우 사업장 내부에 있는 보호대상은 제외한다.

구분	시설용량	갑종 보호대상	을종 보호대상
인화성가스[1]	1만㎥ 이하	17m	12m
	1만㎥ 초과~2만㎥ 이하	21m	14m
	2만㎥ 초과~3만㎥ 이하	24m	16m
	3만㎥ 초과~4만㎥ 이하	27m	18m
	4만㎥ 초과~5만㎥ 이하	30m	20m
	5만㎥ 초과~99만㎥ 이하	30m (저온저장탱크는 $3/25\sqrt{(X^2+10,000)}$)	20m (저온저장탱크는 $2/25\sqrt{(X^2+10,000)}$)
	99만㎥ 초과	30m (인화성가스 저온저장탱크는 120m)	20m (인화성가스 저온저장탱크는 80m)
인화성액체[3]	-	30m	10m

[비고]
1. 인화성가스란 섭씨 20도, 표준압력(101.3kPa)에서 공기와 혼합하여 인화범위에 있는 가스로써 규칙 별표 3에 따라 "국립환경과학원 고시「화학물질의 분류 및 표시 등에 관한 규정」에서 인화성가스 구분1, 구분2로 분류된 것에 한정한다.
2. X는 해당 취급시설의 최대 취급량을 말하며, 압축가스의 경우에는 ㎥, 액화가스의 경우에는 kg으로 한다.
3. 인화성 액체란 인화점이 60℃ 이하인 액체를 말하며, 규칙 별표 3에 따라 "국립환경과학원 고시「화학물질의 분류 및 표시 등에 관한 규정」에서 인화액체 구분1, 구분2, 구분3으로 분류된 것에 한정한다.

2. 급성 흡입 독성물질[1]을 취급하는 시설·설비는 그 외벽으로부터 보호대상까지 다음 표에 의한 거리 이상을 유지하여야 한다. 이 경우 사업장 내부에 있는 보호대상은 제외한다.

구분	시설용량	갑종 보호대상	을종 보호대상
가스[2]	1만㎥ 이하	17m	12m
	1만㎥ 초과~2만㎥ 이하	21m	14m
	2만㎥ 초과~3만㎥ 이하	24m	16m
	3만㎥ 초과~4만㎥ 이하	27m	18m
	4만㎥ 초과	30m	20m
휘발성 액체[3]	-	17m	12m

[비고]
1. 급성 흡입 독성물질이란 흡입 노출되어 유해한 영향을 일으키는 물질을 말하며 규칙 별표 3에 따라 "국립환경과학원 고시「화학물질의 분류 및 표시 등에 관한 규정」에서 구분 1, 구분2, 구분3으로 분류된 것에 한한다.
2. 가스란 끓는점이 20℃이하인 물질을 말한다.
3. 휘발성 액체란 20℃에서 증기압이 26.7kPa 이상인 물질을 말한다.

3. 물리적 위험성 및 건강 유해성을 동시에 가진 경우에는 물리적 위험성을 우선적용한다.

[별표 2] 갑종 보호대상(제5조제2항 관련)

1. 제5조제2항에 따른 갑종 보호대상은 다음 표와 같다.

구 분	보호대상의 종류
문화·집회시설	영화상영관, 공연장, 예식장·장례식장, 전시장(박물관, 미술관, 과학관, 문화관, 체험관, 기념관, 산업전시장, 박람회장, 그 밖에 이와 비슷한 것), 관람장, 동·식물원, 운동장, 그 밖에 이와 유사한 시설로서 300명이상 수용할 수 있거나 바닥면적의 합계가 1천제곱미터 이상인 것
종교시설	교회, 그 밖에 이와 유사한 종교시설로서 300명이상 수용할 수 있는 건축물
판매시설	도매시장(「농수산물 유통 및 가격안정에 관한 법률」에 따른 농수산물도매시장, 농수산물공판장), 소매시장(「유통산업발전법」 제2조제3호에 따른 대규모 점포), 백화점, 쇼핑몰, 그 밖에 이와 유사한 공간으로 300명이상 수용할 수 있거나 사실상 독립된 부분의 연면적이 1천제곱미터 이상인 것
운수시설	여객자동차터미널, 철도역사, 공항터미널, 항만터미널, 그 밖에 이와 유사한 공간으로 일일 300명이상이 이용하는 시설
의료시설	병원(종합병원, 병원, 치과병원, 한방병원, 정신병원 및 요양병원과 의원을 포함한다.)
교육·연구시설	학교(유치원, 초등학교, 중학교, 고등학교, 전문대학, 대학, 대학교, 그 밖에 이에 준하는 각종 학교), 교육원(연수원, 그 밖에 이와 유사한 시설), 도서관, 연구소, 그 밖에 이와 유사한 시설
노유자 시설	어린이집, 아동복지시설, 노인복지시설, 장애인복지시설, 그 밖에 이와 비슷한 것으로서 20명이상 수용할 수 있는 건축물
숙박시설	관광호텔, 여관, 휴양시설, 공중목욕탕, 고시원, 기숙사, 그 밖에 이와 비슷한 시설로서 300명이상 수용할 수 있는 시설
관광휴게 시설	야외음악당, 야외극장, 어린이회관, 공원·유원지 또는 관광지에 부수되는 시설로서 바닥면적의 합계가 1천제곱미터 이상인 것
수련시설	「청소년활동진흥법」에 따른 청소년수련관, 청소년문화의집, 청소년특화시설, 청소년수련원, 청소년야영장 및 유스호스텔
주택 등	사람을 수용하는 건축물로서 300명이상 수용할 수 있거나 바닥면적의 합계가 1천제곱미터 이상인 것

[별표 3] 을종 보호대상(제5조제3항 관련)

1. 제5조 제3항에 따른 을종 보호대상은 다음 표와 같다.

구 분		보호대상의 종류
건축물	주택·업무시설	단독주택, 공동주택(300명이상 수용할 수 있는 시설은 제외한다.) 공공업무시설, 일반업무시설, 교정시설, 갱생보호시설
	근린생활시설	제1종 근린생활시설, 제2종 근린생활시설
	위험물 저장 및 처리시설	주유소 및 석유판매소, 액화석유가스 충전소·판매소·저장소, 고압가스 충전소·판매소·저장소, 그 밖에 이와 비슷한 시설
	기타	사람을 수용하는 건축물로서 독립된 부분의 연면적이 1백제곱미터 이상 1천제곱미터 미만인 것
생태·경관 보호지역		자연환경보전법 제2조제12조에 따라 지정된 생태·경관보호지역

제2장 핵심문제

01 사고시나리오 선정 시 사용하는 용어 중 다음에서 설명하는 것은?

> 사람이나 환경에 영향을 미칠 수 있는 독성농도, 과압, 복사열 등의 수치에 도달하는 지점

① 끝점 ② 최대량
③ 파과점 ④ 한계량

02 물질안전보건자료(MSDS) 작성 시 포함되어야 할 항목과 거리가 가장 먼 것은?
① 응급조치 요령 ② 물리화학적 특성
③ 독성에 관한 정보 ④ 위해성에 관한 자료

해설 유해성, 위험성이 포함된다.

03 사고시나리오 분석에 적용하는 조건에 관한 설명으로 옳은 것은?
① 현지기상을 적용하지 않을 경우 대기온도 25℃, 대기습도 50%를 적용한다.
② 조건에 따라 운전온도가 변하는 경우 영향 범위가 최소가 되는 최저점의 온도를 적용한다.
③ 현지기상을 적용하는 경우 최소 10년간 해당지역의 평균 온도 및 평균 습도를 적용한다.
④ 풍속 또는 대기안정도를 확인할 수 없는 경우 풍속은 10m/s, 대기안정도는 약간 불안정함을 적용한다.

해설
① 최악의 사고시나리오 분석은 초당 1.5m의 풍속으로 하고, 대기안정도는 [사고시나리오 선정에 관한 기술지침, 붙임2]의 "F"로 한다.
② 대안의 사고시나리오 분석은 실제 해당 지역의 기상조건을 이용한다. 단, 풍속 및 대기안정도를 확인할 수 없는 경우에는 풍속은 초당 3m로, 대기안정도는 [사고시나리오 선정에 관한 기술지침, 붙임2]의 "D"로 한다.
③ 최악의 사고시나리오 분석의 경우
  · 대기온도 25℃, 대기습도 50%를 적용한다.
④ 대안의 사고시나리오 분석의 경우
  · 현지기상을 적용하는 경우에는 최소 1년간 해당지역의 평균 온도 및 평균습도를 적용한다.
  · 현지기상을 적용하지 않을 경우에는 대기온도 25℃, 대기습도 50%를 적용한다.

정답 01.① 02.④ 03.①

04 다음 중 시간가중평균노출기준(TWA, ppm)이 가장 높은 물질은?

① 나프탈렌 ② 니트로메탄
③ 암모니아 ④ 불소

해설   산업안전보건법 $TWA = \dfrac{CT + CT + \cdots + C_n T_n}{8}$

여기서 C : 유해인자 측정농도(ppm), T : 유해인자 발생시간(hr)
- 시간가중평균노출기준 : TWA(time weighted average)란 1일 8시간 작업을 기준으로 유해인자의 평균 측정농도를 말한다.
- 단시간노출기준 : STEL(short term exposure limit)란 1회 15분간 유해인자에 노출되는 경우의 허용농도이다.

05 물질안전보건자료(MSDS)의 작성 원칙으로 옳지 않은 것은?

① 물질안전보건자료 작성에 필요한 용어, 기술지침은 한국산업안전보건공단이 정할 수 있다.
② 물질안전보건자료를 작성할 때에는 취급근로자의 건강보호목적에 맞도록 성실하게 작성해야 한다.
③ 물질안전보건자료는 한글로 작성하는 것을 원칙으로 하되 화학물질명, 외국기관명 등의 고유명사는 영어로 표기할 수 있다.
④ 실험실에서 시험·연구목적으로 사용하는 시약으로서 물질안전보건자료가 외국어로 작성된 경우 한국어로 번역하여 작성해야 한다.

해설   실험실에서 시험·연구목적으로 사용하는 시약으로서 물질안전보건자료가 외국어로 작성된 경우에는 한국어로 번역하지 아니할 수 있다.

06 화학물질관리법령상 유해화학물질 운반시설에 관한 설명으로 옳지 않은 것은?

① 운반차량은 유해화학물질 누출·유출로 인한 피해를 줄일 수 있도록 지정된 것에 주·정차해야 한다.
② 유해화학물질 누출·유출로 인한 피해를 줄이거나 피해의 확대를 방지할 수 있도록 필요한 조치를 해야 한다.
③ 운반과정에서 운반시설에 적재된 유해화학물질이 쏟아지지 않도록 유해화학물질 및 그 운반용기를 고정해야 한다.
④ 운반시설에 유해화학물질을 적재(積載) 또는 하역(荷役)하려는 경우에는 유해화학물질이 외부로 누출·유출되지 않도록 지정된 장소에서 해야 한다.

해설   운반차량은 유해화학물질 누출·유출로 인한 피해를 줄일 수 있도록 안전한 곳에 주·정차해야 한다.

정답   04.③   05.④   06.①

07 화학물질관리법령상 유해화학물질 운반차량 중 1톤 초과 차량에 표시하는 유해·위험성 우선순위가 가장 높은 것은?

① 폭발성 물질
② 자연 발화성 물질
③ 인화성 액체
④ 방사성 물질

> **해설** 유해·위험성 우선순위 : 방사성 물질 > 폭발성 물질 > 가스 > 인화성 액체

08 화학물질관리법령상 유해화학물질 취급시설의 보수 및 시설 변경 등의 작업을 실시할 때에 관한 설명 중 (　)안에 가장 적합하지 않은 내용은?

> 유해화학물질 취급시설의 보수 및 시설 변경 등의 작업을 실시하는 경우에는 (　) 등을 적은 표지를 작업 현장과 인접하여 사람들이 잘 볼 수 있는 곳에 게시해야 한다.

① 시설명 및 공사 규모
② 작업 종류 및 작업 일정
③ 작업 관리자의 성명 및 연락처
④ 유해화학물질 취급설비의 운전조건

09 다음과 같은 혼합물 분류기준을 가지는 건강유해성 항목은?

구분	구분기준
1A	구분 1A인 성분의 함량이 0.3%이상인 혼합물
1B	구분 1B인 성분의 함량이 0.3%이상 인 혼합물
2	구분 2인 성분의 함량이 3.0%이상인 혼합물
수유독성	수유독성을 가지는 성분의 함량이 0.3% 이상인 혼합물

① 발암성
② 생식독성
③ 생식세포 변이원성
④ 특정표적장기독성

> **해설** "생식독성 물질"이란 생식 기능, 생식 능력 또는 태아 발육에 유해한 영향을 일으키는 물질을 말한다.

10 유해화학물질 취급시설의 외벽으로부터 보호대상까지의 안전거리를 결정하기 위해 보호대상을 갑종 보호대상과 을종 보호대상으로 분류할 때, 갑종 보호대상에 해당하지 않는 것은?

① 병원 등 의료시설
② 주유소 및 석유판매소
③ 교회 등 300명 이상 수용할 수 있는 종교시설
④ 영화상영관, 전시장, 그 밖에 이와 유사한 시설로서 300명 이상 수용할 수 있는 시설

> **해설** 갑종보호대상에는 문화집회시설, 종교시설, 판매시설, 운수시설, 의료시설, 교육연구시설, 노유자시설, 숙박시설, 관광시설, 수련시설, 주택 등이 있다.

정답 07.④　08.④　09.②　10.②

11 다음 중 급성 독성 물질을 나타내는 GHS 그림문자는?

12 화학물질관리법령상 유해화학물질 표시를 위한 유해성 항목 중 물리적 위험성에 관한 설명으로 옳지 않은 것은?
① 인화성 액체는 인화점이 섭씨 60도 이상인 액체를 말한다.
② 산화성 가스는 산소를 공급함으로써 공기와 비교하여 다른 물질의 연소를 더 잘 일으키거나 연소를 돕는 가스를 말한다.
③ 자기반응성 물질 및 혼합물은 열적으로 불안정해 산소의 공급이 없어도 강하게 발열 분해하기 쉬운 액체·고체물질이나 혼합물을 말한다.
④ 폭발성 물질은 자체의 화학반응에 의해 주위환경에 손상을 입힐 수 있는 온도, 압력과 속도를 가진 가스를 발생시키는 고체·액체물질이나 혼합물을 말한다.

해설 인화성 액체는 인화점이 섭씨 60도 이하인 액체를 말한다.

13 공정위험성평가 기법에 해당하지 않는 것은?
① 체크리스트 기법
② 사고예상 질문분석기법
③ 이상위험도 분석기법
④ 사고시나리오 분석기법

해설 공정 위험성 분석은 체크리스트 기법, 상대위험순위 결정기법, 작업자 실수분석기법, 사고예상 질문분석기법, 위험과 운전분석기법, 이상위험도 분석기법, 결함수 분석기법, 사건수 분석기법, 원인결과 분석기법, 예비위험 분석기법 중 적정한 기법을 선정하여 작성한다.

정답 11.③ 12.① 13.④

14 화학물질관리법령상 유해화학물질을 취급하는 자가 유해화학물질을 보관하기 전에 보관계획서를 작성하여 환경부장관의 확인을 받아야하는 경우에 해당하지 않는 것은?

① 200kg의 허가물질을 보관하고자 할 경우
② 400kg의 금지물질을 보관하고자 할 경우
③ 400kg의 유독물질을 보관하고자 할 경우
④ 200kg의 사고대비물질을 보관하고자 할 경우

> 해설 규칙 제10조(유해화학물질의 진열량·보관량 제한 등) 유해화학물질을 취급하는 자가 유해화학물질을 환경부령으로 정하는 일정량을 초과하여 진열·보관하고자 하는 경우에는 사전에 진열·보관계획서를 작성하여 환경부장관의 확인을 받아야 한다.
> 1. 유독물질: 500킬로그램
> 2. 허가물질, 제한물질, 금지물질 또는 사고대비물질: 100킬로그램

15 화학물질 및 물리적 인자의 노출기준에서 사용하는 노출기준 종류에 해당하지 않는 것은?

① 최고노출기준(C)
② 장시간노출기준(LTEL)
③ 단시간노출기준(STEL)
④ 시간가중평균노출기준(TWA)

> 해설 산업안전보건법
> ① 시간가중평균노출기준 : TWA(time weighted average)란 1일 8시간 작업을 기준으로 유해인자의 평균 측정농도를 말한다.
> ② 단시간노출기준 : STEL(short term exposure limit)란 1회 15분간 유해인자에 노출되는 경우의 허용농도이다.
> ③ 최대노출기준 : C(ceiling)

16 공정위험성 분석결과를 토대로 사고시나리오를 선정하기 위해 유해화학물질의 끝점을 결정할 때 적용 기준에 해당하지 않는 것은?

① 미국 에너지부(DOE)의 PAC-2
② 미국산업위생학회(AIHA)의 ERPG-2
③ 미국 환경보호청(EPA)의 1시간 AEGL-2
④ 미국직업안전보건청(NIOSH)의 IDLH 수치 50%

> 해설 끝점 결정기준에는 미국 에너지부(DOE)의 PAC-2, 미국산업위생학회(AIHA)의 ERPG-2, 미국 환경보호청(EPA)의 1시간 AEGL-2, 미국산업위생학회(AIHA)의 ERPG2 등이 있으며 미국산업위생학회(AIHA)에서 발표하는 ERPG2(Emergency response planning guideline 2)를 우선 적용한다.

정답 14.③ 15.② 16.④

17 화학물질관리법령상 유해화학물질을 취급하는 자가 유해화학물질에 관한 표시를 해야 할 대상으로 옳지 않은 것은?

① 유해화학물질의 용기·포장
② 유해화학물질 보관·저장시설과 진열·보관 장소
③ 유해화학물질 운반차량(컨테이너, 이동식 탱크로리 등은 제외)
④ 유해화학물질 취급시설(일정한 규모 미만의 유해화학물질 취급시설은 제외)을 설치·운영하는 사업장

> **해설** 유해화학물질을 취급하는 자는 해당 유해화학물질의 용기나 포장에 다음 각 호의 사항이 포함되어 있는 유해화학물질에 관한 표시를 하여야 한다.
> - 유해화학물질 보관·저장시설과 진열·보관 장소, 유해화학물질 운반차량(컨테이너, 이동식 탱크로리 등을 포함한다), 유해화학물질의 용기·포장, 유해화학물질 취급시설을 설치·운영하는 사업장

18 유해화학물질 취급시설의 안전진단 주기의 기준이 되는 서류는?

① 화학사고예방관리계획서
② 안전진단결과보고서
③ 공정안전보고서
④ 정기검사결과서

> **해설** 안전진단 주기
> - 가위험도 유해화학물질 취급시설: 화학사고예방관리계획서 검토결과서를 받은 날부터 매 4년
> - 나위험도 유해화학물질 취급시설: 검토결과서를 받은 날부터 매 8년
> - 다위험도 유해화학물질 취급시설: 검토결과서를 받은 날부터 매 12년

19 개별 단위 설비에서 보유할 수 있는 유해화학물질의 최대량이 5kg일 때, 최악의 사고 시나리오를 작성하기 위해 구한 유해화학 물질의 누출률(g/min)은?

① 0.5
② 50
③ 500
④ 5000

> **해설** 용기나 배관에 있는 최대량이 10분(600초)동안 누출로 고려한다.
> $$누출률 R_R(kg/분) = \frac{누출량 Q_R(kg)}{10} \quad \therefore \frac{5kg}{10} = 500 g/\min$$

20 사고시나리오의 영향범위를 예측하기 위한 모델 중 공기보다 무거운 가스가 누출될 경우 적용 가능한 모델에 해당하지 않는 것은?

① SLAB 모델
② Gaussian plume 모델
③ BM(Britter & McQuaid) 모델
④ HMP(Hoot, Meroney & Peterka) 모델

> **해설** 영향범위를 예측하기 위한 모델 중 공기보다 무거운 가스가 누출될 경우 적용 가능한 모델에는 SLAB, BM(Britter & McQuaid), HMP(Hoot, Meroney & Peterka) 모델 등이 있다.

정답 17.③ 18.① 19.③ 20.②

21 화학물질관리법상 유해화학물질 취급기준에 대한 설명으로 옳은 것은?

① 유해화학물질 취급 중에는 음료수 외에는 섭취하지 않는다.
② 폭발성 물질과 같이 불안정한 물질은 절대 취급하지 않도록 한다.
③ 유해화학물질을 버스, 철도 등 대중교통 수단을 이용하여 운반할 때에는 누출되지 않도록 밀폐하여야 한다.
④ 유해화학물질이 묻어있는 표면에 용접을 하지 않는다. 다만, 화기 작업허가 등 안전 조치를 취한 경우에는 그러하지 아니하다.

해설
- 유해화학물질의 취급 중에 음식물, 음료 등을 섭취하지 말 것
- 화재, 폭발 등 위험성이 높은 유해화학물질은 가연성 물질과 접촉되지 않도록 하고, 열·스파크·불꽃 등의 점화원(點火源)을 제거할 것
- 버스, 철도, 지하철 등 대중 교통수단을 이용하여 유해화학물질을 운반하지 말 것

22 화학물질의 분류 및 표시 등에 관한 규정상 인화성 액체를 분류하는 3가지 기준에 해당하지 않는 것은?

① 인화점이 23℃ 미만이고 초기끓는점이 35℃를 초과하는 액체
② 인화점이 23℃ 미만이고 초기끓는점이 35℃ 이하인 액체
③ 인화점이 23℃ 이상 60℃ 이하인 액체
④ 인화점이 100℃ 이상인 액체

23 효과적인 화학물질의 관리를 위해 위해성이 높은 물질은 우선순위를 부여하여 관리할 수 있다. 이 때 관리대상 우선순위 분류기준으로 가장 거리가 먼 것은?

① 화학물질 유해성 분류 및 표시 대상물질
② 생활화학제품에서 많이 사용하는 것이 확인된 물질
③ 화학안전 규제에 따라 허가, 제한, 금지 등으로 분류된 물질
④ 직업적 노출로 인한 사망 사례나 직업병 발생 사례 등이 확인된 물질

해설 관리대상 화학물질의 우선순위 분류기준
① 화학물질 유해성 분류 및 표시 대상물질
② 화학안전 규제에 따라 허가, 제한, 금지 등으로 분류된 물질
③ 직업적 노출로 인한 사망 사례나 직업병 발생 사례 등이 확인된 물질

정답 21.④ 22.④ 23.②

24 유해화학물질이 시험생산용일 경우 유해화학물질 취급시설 운영자가 작성하는 화학물질의 시범생산계획서에 포함되지 않는 내용은?
① 취급물질 정보
② 취급시설 정보
③ 시범 생산 공정의 주요 내용
④ 지방환경관서 허가 절차도

25 화학물질관리법상 유해성에 대한 정의로 옳은 것은?
① 병원균이 질병을 일으킬 수 있는 능력
② 화학물질을 통해 사망이나 심각한 질병이 유발될 수 있는 정도
③ 특정 화학물질에 노출되어 사람의 건강이나 환경에 피해를 줄 수 있는 정도
④ 화학물질의 독성 등 사람의 건강이나 환경에 좋지 아니한 영향을 미치는 화학물질 고유의 성질

해설 유해성(hazard)이란 화학물질 고유의 독성(toxicity)으로써, 사람의 건강이나 환경에 좋지 아니한 영향을 미치는 화학물질을 말한다.

26 물질안전보건자료(MSDS)작성의 원칙으로 옳지 않은 것은?
① 정보가 부족한 경우나 이용 가능하지 않은 경우에는 기재하지 않는다.
② 물질안전보건자료에 포함되는 정보는 명확하게 작성되어야 한다.
③ 물질안전보건자료에서 사용되는 용어는 은어, 두문자어 및 약어의 사용을 피해야한다.
④ 물질안전보건자료에는 법적으로 정해진 기재사항이 모두 포함되어야 한다.

해설 정보가 부족한 경우나 이용 가능하지 않은 경우에는 이러한 사실을 명확히 기재하여야 한다.

27 화학물질관리법상 유해화학물질 취급자가 안전사고 예방을 위해 해당 유해화학물질에 적합한 개인보호구를 착용하여야 하는 경우가 아닌 것은?(단, 환경부령으로 정하는 경우는 제외)
① 눈이나 피부 등에 자극성이 없는 유해화학물질을 취급하는 경우
② 기체의 유해화학물질을 취급하는 경우
③ 액체의 유해화학물질에서 증기가 발생할 우려가 있는 경우
④ 실험실 등 실내에서 유해화학물질을 취급하는 경우

해설 눈이나 피부 등에 자극성이 있는 유해화학물질을 취급하는 경우

정답 24.④ 25.④ 26.① 27.①

28 최악의 사고시나리오에 대한 설명으로 옳지 않은 것은?

① 최악의 사고시나리오 분석 시 대기온도는 25℃, 대기습도는 50%를 적용한다.
② 최악의 사고시나리오에 대한 영향범위를 분석할 때의 대기조건은 초당 1.5m의 풍속으로 하고 대기안정도는 'D'(중립)로 한다.
③ 유해화학물질이 최대로 저장된 단일 저장용기 또는 배관 등에서 화재·폭발 및 유출·누출되어 사람이나 환경에 미치는 영향범위가 최대인 사고시나리오이다.
④ 모든 독성물질의 누출사고를 대표할 수 있는 사고시나리오와 모든 인화성물질의 화재·폭발사고를 대표할 수 있는 사고 시나리오를 각각 하나씩 선정하여야 한다.

해설

표. 시나리오 분석조건

구분	최악의 사고시나리오	대안 사고시나리오
정의	최악의 사고시나리오란 유해화학물질을 최대량 보유한 저장용기 또는 배관 등에서 화재·폭발 및 유출·누출되어 사람 및 환경에 미치는 영향범위가 최대인 경우의 사고시나리오를 말한다. • 모든 독성물질의 누출사고를 대표할 수 있는 사고시나리오 1개 선정 • 모든 인화성 물질의 화재 폭발사고를 대표할 수 사고시나리오를 1개 선정	대안의 사고시나리오란 최악의 사고시나리오보다 현실적으로 발생 가능성이 높고 사람이나 환경에 미치는 영향이 사업장 밖까지 미치는 경우의 사고시나리오 중에서 영향범위가 최대인 경우의 시나리오를 말한다. • 화재 폭발사고는 유해화학물질 중 과압, 복사열의 영향범위가 가장 큰 경우를 1개 선정 • 유출 누출사고는 유해화학물질별로 독성 영향범위가 가장 큰 경우를 각각 선정
풍속	1.5m/초	실제 기상조건
대기 안정도	F(매우안정)	D(중립)
대기온도	25℃	최소 1년간 지역의 평균온도
대기습도	50%	최소 1년간 지역의 평균습도
누출원의 높이	지표면	실제 누출 높이
지표면 굴곡도	도시 또는 전원지형	도시 또는 전원지형
누출물질 온도	냉동액체는 운전온도, 이외의 액체는 낮의 최고온도	운전온도

29 화학물질관리법상 유해화학물질의 취급행위에 해당하지 않는 것은?

① 제조
② 사용
③ 저장
④ 항공기를 통한 운반

해설 운반업은 유해화학물질(허가·금지물질 제외)을 운반(항공기, 선박, 철도를 이용한 운반은 제외)하는 영업

정답 28.② 29.④

30 최악의 사고시나리오, 대안의 사고시나리오 및 사고시나리오에 따라 발생할 수 있는 사고에 대한 응급조치계획 작성 시 포함되는 내용으로 옳지 않은 것은?

① 사고복구 및 응급의료 비용 확보계획
② 내·외부 확산 차단 또는 방지 대책
③ 방제자원(인원 또는 장비) 투입 등의 방제계획
④ 사고시설의 자동차단시스템 혹은 비상운전(단계별 차단) 계획

해설 표. 응급조치계획 작성 시 포함되는 내용

구분	세부내용
1. 사고시설의 자동차단시스템 혹은 비상운전(단계별 차단) 계획	자동차단 시스템 자동 긴급차단밸브 자동 인터록 작동, 중앙제어설비 수동조작 공정, 설비 가동중지
2. 내·외부 확산 차단 또는 방지 대책	저압, 고압 누출원 봉쇄 기체, 액체 확산방지 화재, 폭발 확대방지
3. 방제자원(인원 또는 장비) 투입 등의 방제계획	방재인원 투입, 방재장비 투입, 개인보호장구 착용
4. 비상대피 및 응급의료 계획	비상대피 계획, 응급의료 계획

31 공정위험성 분석자료 작성 시 공정안전정보에 포함되는 것으로 옳은 것은?

① 공정개요
② 방제장비
③ 유해성 정보
④ 사고대비물질 목록

해설 공정 개요는 유해화학물질을 취급하는 공정위주로 해당 공정에서 일어나는 화학반응 및 처리방법, 운전조건, 반응조건 등의 사항들을 포함한다.

32 다음 중 물질안전보건자료 작성 시 유해성 항목에 포함되지 않는 것은? (단, 추가적인 유해성은 제외한다.)

① 물리적 위험성
② 건강 유해성
③ 환경 유해성
④ 생태 위해성

해설 유해화학물질의 유해성 분류는 물리적 위험성, 건강 유해성, 환경 유해성으로 분류한다.

정답 30.① 31.① 32.④

33 공정개요 작성 시 포함되는 운전 및 반응조건에 대한 설명으로 옳지 않은 것은?

① 정상상황 시의 운전조건에 대해서만 작성한다.
② 해당 설비가 이상 작동할 때 경계해야 할 운전조건을 포함한다.
③ 온도는 ℃, 압력은 MPa, 수위는 mm의 단위를 주로 사용한다.
④ 공정을 구성하고 있는 단위설비의 온도, 압력, 수위 등에 대한 내용을 포함한다.

> 해설 공정개요는 유해화학물질을 취급하는 공정위주로 해당 공정에서 일어나는 화학반응 및 처리방법, 운전조건, 반응조건 등의 공정안전정보 사항을 포함한다.

34 유해·위험물질을 취급하는 제조공정과 설비를 대상으로 화재·폭발·누출 사고의 위험성을 도출하고, 실제 화학사고로 연결될 가능성과 발생 시 피해의 크기를 예측·평가·분석하는 기법으로 옳지 않은 것은?

① 체크리스트 평가 기법
② 사고예상 질문 분석 기법
③ 절대위험순위 결정 기법
④ 위험과 운전분석 기법

> 해설 공정 위험성 분석은 체크리스트 기법, 상대위험순위 결정기법, 작업자 실수분석기법, 사고예상 질문분석기법, 위험과 운전분석기법, 이상위험도 분석기법, 결함수 분석기법, 사건수 분석기법, 원인결과 분석기법, 예비위험 분석기법 중 적정한 기법을 선정하여 작성한다.

35 혼합물의 유해성을 산정하기 위한 방법 중 가산방식을 이용하는 유해성 항목으로 옳은 것은?

① 발암성
② 호흡기 과민성
③ 수생환경 유해성
④ 생식세포 변이원성

> 해설 보기 1.2.4는 비가산방식 보기3은 가산방식에 해당된다.

정답 33.① 34.③ 35.③

36 사고시나리오 분석조건에서 유해화학물질별 끝점(End point)농도 기준은 다음 [보기]를 적용할 수 있는데, 이때 가장 우선적으로 적용하는 기준은?

> **보기**
> 가. 미국산업위생학회(AIHA)에서 발표하는 ERPG-2
> 나. 미국 환경보호청(EPA)에서 발표하는 1시간 AEGL-2
> 다. 미국 에너지부(DOE)에서 발표하는 PAC-2
> 라. 미국직업안전보건청(NIOSH)에서 발표하는 IDLH 수치의 10%

① 가
② 나
③ 다
④ 라

해설 끝점 결정기준에는 미국 에너지부(DOE)의 PAC-2, 미국산업위생학회(AIHA)의 ERPG-2, 미국 환경보호청(EPA)의 1시간 AEGL-2, 미국산업위생학회(AIHA)의 ERPG2 등이 있으며 미국산업위생학회(AIHA)에서 발표하는 ERPG2(Emergency response planning guideline 2)를 우선 적용한다.

37 영향범위 내 주민수가 65명이고 사고 발생빈도가 1.4×10^{-2}일 때 영향범위의 위험도로 옳은 것은?

① 0.65
② 65
③ 0.91
④ 91

해설 위험도 = 영향범위 내 주민수 × 사고 발생빈도
위험도 = 65명 × 0.014 = 0.91

38 화학물질관리법령상 액체상태의 유해화학물질 제조·사용시설의 사고예방을 위하여 설치해야 하는 설비로 옳지 않은 것은?

① 방지턱
② 방류벽
③ 감압설비
④ 긴급차단설비

해설 수동적 완화장치(방벽, 방호벽, 방류벽, 배수시설, 저류조 등), 능동적 완화장치(중화설비, 소화설비, 수막설비, 과류방지밸브, 플레어시스템, 긴급차단시스템 등) 등이 있다.

정답 36.① 37.③ 38.③

39 공정위험성 분석 결과를 토대로 사고시나리오를 선정할 때 영향범위를 평가하기 위한 끝점(종말점)으로 옳지 않은 것은?

① 인화성 가스 및 인화성 액체의 경우 폭발시 10psi의 과압이 걸리는 지점이다.
② 독성물질의 경우 사고시나리오 선정에 관한 기술지침에서 규정한 끝점 농도에 도달하는 지점이다.
③ 인화성 가스 및 인화성 액체의 경우 화재 시 40초 동안 5kW/m²의 복사열에 노출되는 지점이다.
④ 인화성 가스 및 인화성 액체의 경우 유출 및 누출 시 유출·누출물질의 인화하한 농도에 이르는 지점이다.

> 해설 인화성 가스 및 인화성 액체
> · 폭발 : 1 psi의 과압이 걸리는 지점
> · 화재 : 40초 동안 5kW/m²의 복사열에 노출되는 지점
> · 유출·누출 : 유출, 누출물질의 인화하한 농도에 이르는 지점을 끝점으로 한다.

40 유해화학물질 검사기관은 유해화학물질 취급시설에 대한 설치검사와 정기·수시검사 및 안전진단을 수행하여 검사결과보고서를 작성하는데, 이 중 안전진단에 대한 결과는 몇 년간 보존해야 하는가?

① 5년 ② 10년
③ 15년 ④ 20년

41 다음 중 화학물질의 분류 및 표시 등에 관한 규정에서 제시된 그림문자 중 산화성 가스를 나타내는 것은?

 ①

 ②

 ③

 ④

정답 39.① 40.④ 41.② 42.① 43.①

42 작업장 내 사용되는 물질의 효과적인 안전관리 수행을 위해 화학물질의 우선순위를 고려하여 관리한다. 이 때 사용물질의 우선순위 결정의 근거로 옳은 것은?

① 화학물질의 위해성 자료
② 화학물질 노출평가 자료
③ 화학물질 용량-반응평가 자료
④ 화학물질의 물리화학적 특성 자료

> **해설** 관리대상 화학물질의 우선순위 분류기준
> ① 화학물질 유해성 분류 및 표시 대상물질
> ② 화학안전 규제에 따라 허가, 제한, 금지 등으로 분류된 물질
> ③ 직업적 노출로 인한 사망 사례나 직업병 발생 사례 등이 확인된 물질

43 다음 중 공정위험성 분석을 위한 예비 위험분석 절차로 가장 적합한 것은?

① 위험요인 및 대상설비 파악→ 위험요인별 영향 매트릭스 작성→ 각 시나리오 누출조건 분석
② 위험요인 및 대상설비 파악→ 각 시나리오 누출조건 분석→ 위험요인별 영향 매트릭스 작성
③ 위험요인별 영향 매트릭스 작성→ 위험요인 및 대상설비 파악→ 각 시나리오 누출조건 분석
④ 위험요인별 영향 매트릭스 작성→ 각 시나리오 누출조건 분석→ 위험요인 및 대상설비 파악

정답 42.① 43.①

제 3 부

노출평가

ENGINEER ENVIRONMENTAL RISK MANAGING

CHAPTER 01 노출평가

1.1 개요

① 노출평가(Exposure assessment)는 정량적 위해성평가 단계이다.
② 어떤 유해물질에 노출되었을 경우, 그 물질에 노출된 농도(양)을 결정하는 단계이다.
③ 노출량의 산정방법에는 피부를 통한 노출량, 흡입을 통한 노출량, 경구를 통한 노출량으로 구분한다.

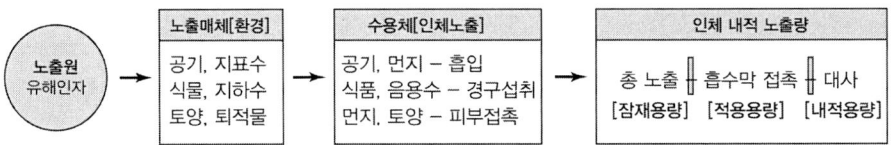

1.2 용어정의

① 노출(Exposure)/섭취 (Intake)
위해물질이 수용체와 접촉(contact)하는 것을 말하며 피부접촉, 호흡접촉, 경구접촉이 있다.

② 노출 기간(Exposure duration)
위해물질에 노출되는 총 기간을 말한다.

③ 노출 빈도(Exposure frequency)
특정 기간 동안 노출이 발생하는 횟수이다.

④ 수용체(Receptor)
위해물질에 직접 노출되거나 영향을 받는 인체 또는 생태계 구성요소를 말한다.

⑤ 노출경로(Exposure route)/노출과정(Exposure pathway)
위해물질이 매개체(medium)를 통해 수용체로 전달되는 과정으로 매개체에는 공기, 물, 토양, 음식 등이 있으며 수용체로는 인체, 생물 등이 있다.

⑥ 노출 시나리오(Exposure scenario)
위해물질이 매개체를 통해 수용체로 전달되는 과정 또는 과정의 추정을 말한다.

⑦ 노출 알고리즘(Exposure algorithm)
노출과정에 따라 노출량을 산정하는 것을 말한다.

⑧ 노출계수(Exposure factor)
노출량을 산출하는데 필요한 계수로 체중, 오염도, 섭취량, 체내 흡수율 등이 포함된다.

⑨ 급성노출(Acute exposure)
위해물질에 대한 단기노출로, 1회 노출 또는 24시간 이내 노출을 뜻한다.

⑩ 만성노출(Chronic exposure)
위해물질에 대한 장기노출로, 사람의 일생(Lifetime)은 70년을 기준으로 한다.

⑪ 급성독성(Acute toxicity)
위해물질에 대한 단기노출로 독성이 발생한다.

⑫ 만성독성(Chronic toxicity)
위해물질에 대한 장기노출로 독성이 발생한다.

⑬ 평생 일일평균노출량(LADD, Lifetime average daily dose)
일생동안 평균적인 일일노출량을 말하며, 일생동안 평균적인 일일노출농도(LADC, Lifetime average daily concentration)로도 나타낸다.

⑭ 일일평균노출량(ADD, Average daily dose)

일일평균적인 노출량을 말하며, 일일평균섭취량(CDI, Chronic daily intake)으로도 나타낸다.

⑮ 일일노출량(DI, Daily intake)

일일노출(섭취)량을 말한다.

⑯ 노출평가(Exposure assessment)

노출 수준을 정량적 또는 정성적으로 결정하는 것을 말한다.

Sketch Note Writing

[예제] 인체노출평가 계획 시 반드시 고려해야 할 요인이 아닌 것은?
① 이동매체　② 노출빈도
③ 노출인구　❹ 건강보험료

[해설]

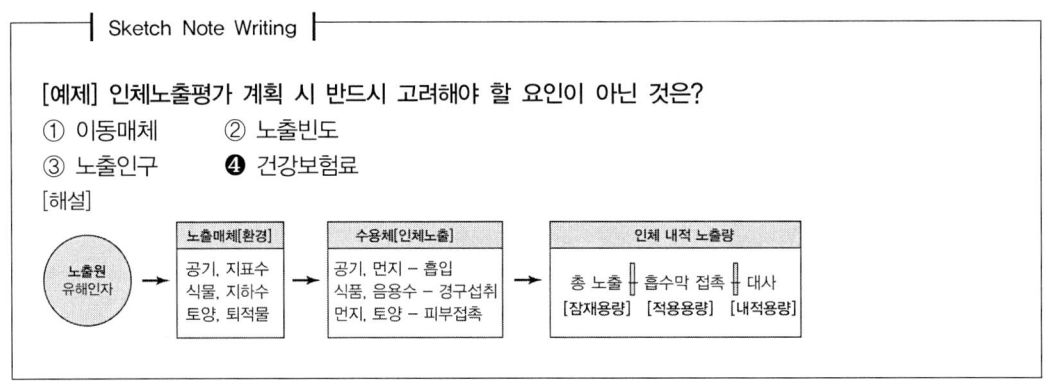

CHAPTER 02
노출 시나리오

2.1 인체노출 평가 과정

① 노출 시나리오(Exposure scenario)는 위해물질이 매개체를 통해 수용체로 전달되는 과정을 추정, 추론, 가정하는 것을 말한다.
② 노출평가 시 평가 목적에 가장 적합하도록 노출 시나리오를 작성하여야 한다.
③ 효율적인 노출평가를 위해서는 단계별 접근방법을 포함한 평가가 권장된다.

[노출시나리오를 통한 인체 노출평가 과정]

❶ 노출시나리오 작성
 자료를 수집하여 보수적인 낮은 단계의 단순한 노출시나리오를 작성한다.
❷ 사용자 또는 판매자, 대상 인구집단에 적합한지 확인 및 특성을 평가
❸ 노출경로 및 노출방식 결정
❹ 노출원의 오염수준을 결정, 문제가 있으면 수정하여 재평가한다.
❺ 체중, 오염도, 노출기간 등 노출계수를 도출
❻ 노출방식에 의한 오염물질 섭취량(용량)을 추정

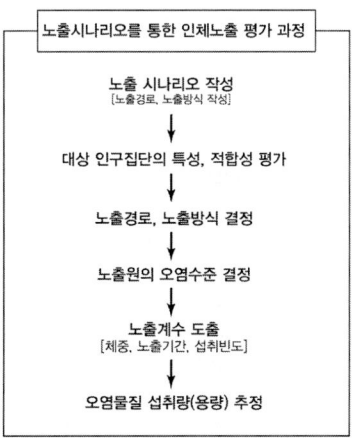

2.2 노출계수

2.2.1 노출계수의 자료선정

① 노출계수(Exposure factor)는 노출량을 산출하는데 필요한 기본 값으로 체중, 오염도, 섭취량, 체내 흡수율 등이 포함된다.
② 노출계수는 국내 자료를 우선적으로 적용하되, 자료가 없는 경우 외국의 평가기관에서 발표된 자료, 공개된 학술문헌자료를 활용할 수 있다.
③ 인체의 표준 체중은 국민건강영양조사 결과 등 체중 실측값을 근거로 산출된 값을 사용할 수 있다.
④ 식품섭취량, 화장품사용량, 제품 사용량 등의 계수는 식약처, 복지부, 환경부 등 신뢰성 있는 기관에서 제공하는 노출계수 값을 적용할 수 있다.
⑤ 체내 흡수율, 이행률 등 기본 계수 값에 대한 자료가 부족할 경우 보수적으로 가정(기본 값으로 100% 적용)하여 노출평가 할 수 있다.
⑥ 위해요소의 함량, 노출경로, 노출기간 및 빈도, 체내 축적성, 환경요인 등 노출과 관련된 요인을 고려한다.
⑦ 연령, 성별, 체중, 영양상태, 호르몬 상태, 심리적 상태, 유전적 혹은 면역학적 상태 등 개인의 민감도에 영향을 줄 수 있는 요인을 고려한다.
⑧ 노출계수 조사방법에는 온라인 조사, 면접조사, 관찰조사, 우편조사 등이 있다.

표. 노출계수 수집을 위한 설문조사방법의 특징

조사방법	특징 및 주의사항
면접조사	· 조사자가 대상자를 직접 방문하여 조사하는 방법 · 조사자가 응답자의 신뢰도, 응답환경 등을 직접 관찰가능 · 조사자가 직접 설명하므로 신뢰성이 높은 응답을 얻을 수 있음 · 조사원의 영향이 크게 작용하며 시간과 비용 면에서 비효율적이다.
전화조사	· 넓은 지역에 적용이 가능 · 시간적 측면에서 효율적 · 그림이나 도표 등의 질문내용에 제한이 있음 · 표본의 대표성 유지가 어렵다.
우편조사	· 표본에 대한 정보를 어느 정도 알고 있는 경우에 적용 · 최소의 비용으로 광범위한 조사가 가능 · 응답자가 충분한 시간을 가지고 응답할 수 있어 신뢰성이 높음 · 시간과 회수율에서 비효율 적이다.
온라인조사	· 인터넷이나 전자메일을 이용하여 수행 · 단기간에 저렴할 비용으로 조사 가능 · 응답자가 관심 집단에 국한될 수 있어 표본의 대표성과 신뢰성이 낮음
관찰조사	· 조사자가 직접 관찰하며 수행 · 시간과 비용측면에서 비효율적이나 정확한 값을 얻을 수 있다.

2.2.2 노출계수의 종류

① 일반계수

　　피부흡수, 호기량, 섭취량, 체중, 수명, 노출기간 등 일반적인 사항

② 섭취계수

　　식품, 과일, 채소, 어류, 육류 등 섭취 관련 사항

③ 활동계수

　　실내 거주기간, 작업시간, 소비자제품 사용양상 등 행동 관련 사항

Sketch Note Writing

[예제] 노출계수 수집을 위한 설문조사 방법의 특징으로 옳지 않은 것은?
① 관찰조사는 조사자가 직접 관찰하거나 비디오 녹화 등을 통해 수행한다.
❷ 면접조사는 조사원의 영향이 크게 작용하지 않아 응답의 신뢰도가 높다.
③ 전화조사는 우편조사보다 회수율이 우수하며 시간적인 측면에서 효과적이다.
④ 온라인 조사는 응답자가 관심 집단에 국한될 수 있어 표본의 대표성 문제를 갖는다.
[해설]
면접조사는 조사원의 영향이 크게 작용하며, 응답의 신뢰도가 높다.

2.3 노출량

2.3.1 노출시나리오를 활용한 노출량 산정
① 종합노출평가는 수용체에 하나의 화학물질이 다양한 노출경로를 통해 노출된 경우 노출량의 총합을 평가하는 것이다.
② 누적노출평가는 수용체에 다양한 화학물질이 다양한 노출경로를 통해 노출된 경우 노출량의 총합을 평가하는 것이다.
③ 통합노출평가는 종합노출평가와 누적노출평가를 합하여 평가하는 것이다.

2.3.2 확률론적/결정론적 노출량 평가
① 노출평가에는 확률론적 접근법 또는 결정론적 접근법(점추정 접근법)을 사용할 수 있다.
② 확률론적 접근법은 노출량을 하나의 값이 아닌 분포로 표현하는 방법으로, 과도한 가정과 예측을 하지 않도록 하는 장점이 있으나 통계적으로 적절한 분포도를 확인할 수 있도록 양적, 질적으로 우수한 자료가 필요하다.
③ 확률론적 접근법은 단계적 접근방법의 마지막 단계에서 검토될 수 있다.
④ 결정론적 접근법의 경우 만성적 노출을 가정하면 전체 자료원에서 산술평균 또는 중간값을 추출하여 사용하되, 대상물질의 검출분포나 자료의 특성 등을 고려하여 적절한 값을 적용한다. 인체시료 바이오모니터링의 경우에는 검출 분포를 고려하여 기하평균 등을 사용할 수 있다.

2.3.3 개인/집단 노출량 평가
① 개인 노출평가는 개인이 노출되는 다양한 노출 경로들에 대해 직접 조사하여 개인별 총 노출량을 평가하는 접근이다.
② 개인 노출평가 시 생체지표를 활용하여 개인의 내적 노출량을 추정할 수 있다.
③ 개인 노출평가는 개인의 실제에 가까운 노출량을 파악 하는데 도움이 되지만 전체 혹은 다른 집단의 노출과 다를 수 있으며, 비용과 시간이 많이 소요된다.
④ 집단 노출평가는 해당 집단의 노출 정보와 노출계수 정보를 활용하여 집단의 노출량을 평가하는 방법이다.
⑤ 집단 노출평가 시 확률론적 방법은 유해인자의 농도나 노출계수 등 각각의 지표가 갖고 있는 자료 분포를 활용하여 노출량의 분포를 새롭게 도출한다.
⑥ 집단 노출평가 시 결정론적 방법에서는 전형적 또는 일반적인 노출집단과 고노출집단의 노출 수준을 예측하는데 있다.
⑦ 집단 노출평가는 상대적으로 적은 비용과 시간이 소요된다.

2.3.4 인체 노출평가
① 인체노출평가는 예측가능한 모든 노출시나리오를 고려한다.
② 노출량 산정결과는 독성 참고치와 비교하여 초기평가와 상세평가를 진행한다.
③ 초기평가는 최악의 노출상황을 가정하여 보수적으로 평가를 수행한다.
④ 상세평가는 노출된 개개인의 실제적 노출상황을 최대한 반영하여 진행한다.

2.3.5 인체노출평가 시 고려인자
① 노출경로 : 흡입, 섭취, 피부접촉, 다중 노출
② 노출농도 : 공기, 물, 토양, 음식
③ 노출빈도 : 계속적, 주기적, 간헐적
④ 노출기간 : 평생, 시간, 분, 초
⑤ 노출인구 : 작업자, 일반인구, 노령인구, 산모, 태아
⑥ 이동매체 : 공기, 물, 토양, 음식

2.3.6 인체노출평가 시 연구대상에 따른 조사방법
① 전수조사란 연구대상 집단의 모든 구성원을 대상으로 실행하는 방법을 말한다.
② 확률표본조사란 연구대상 집단을 대표하는 표본을 선정하여 실행하는 방법을 말한다.
③ 일화적조사란 연구대상 집단에서 무작위로 표본을 선정하여 실행하는 방법을 말한다.

2.3.7 인체노출평가 시 연구집단에 대한 연구계획
① 측정 대상물질 : 연구대상 집단의 유해물질에 노출될 가능성, 노출경로, 노출인자 등
② 측정 장소 : 실내, 실외, 기상조건 등
③ 측정 시기 : 일간, 주간, 연간, 계절 등
④ 시료수집, 분석방법 : 시료채취, 분석기기, 정확도, 정밀도, 민감도 등을 고려한다.

2.3.8 노출경로에 따른 인체 노출량 산정
① 경구노출의 인체 노출량 산정(물, 토양, 식품)

$$\text{Oral ADD(mg/kg} \cdot \text{dat)} = \frac{C_{medium} \times IR \times EF \times ED \times ABs}{BW \times AT}$$

여기서, ADD(Average Daily Dose) : 1일 평균 노출량(mg/kg · day)
　　　　C_{medium}(Concentration) : 특정 매체의 오염도(물 μg/L, 토양 mg/kg)
　　　　IR(Intake Rate) : 섭취율(식품 mg/day, 물 L/day)
　　　　EF(Exposure Frequency) : 노출빈도(day/year)
　　　　ED(Exposure Duration) : 노출기간(year)
　　　　ABs(Absorption Factor) : 흡수율, 인체에 100% 흡수된다고 가정
　　　　BW(Body Weight) : 체중(kg)
　　　　AT(Averaging Time) : 노출량의 평균기간(day)

② 흡입노출의 인체 노출량 산정(입자상, 가스상)

$$\text{Inhalation ADD(mg/kg} \cdot \text{day)} = \frac{C_{air} \times RR \times IR \times EF \times ED \times ABs}{BW \times AT}$$

여기서, ADD(Average Daily Dose) : 1일 평균 노출량(mg/kg-day)
　　　　C_{air}(Concentration) : 입자상 또는 가스상 오염물질의 오염도(μg/m³)
　　　　RR(Retention Rate) : 폐에 남아있는 정도
　　　　IR(Inhalation Rate) : 호흡율(m³/day)
　　　　EF(Exposure Frequency) : 노출빈도(day/year)

ED(Exposure Duration) : 노출기간(year)
ABs(Absorption Factor) : 흡수율, 인체에 100% 흡수된다고 가정
BW(Body Weight) : 체중(kg)
AT(Averaging Time) : 노출량의 평균기간 (day)

③ 경피노출의 인체 노출량 산정(피부노출, 세척, 샤워, 토양)

$$\text{Inhalation ADD(mg/kg} \cdot \text{day)} = \frac{DA_{event} \times EV \times SA \times EF \times ED \times ABs}{BW \times AT}$$

여기서, ADD(Average Daily Dose) : 1일 평균 노출량(mg/kg-day)
　　　　DA$_{event}$(Absorbed Dose Per Event) : 한 번 노출에 흡수된 용량(mg/cm^3 · event)
　　　　EV(Event Frequency) : 사건빈도(events/days)
　　　　SA(Skin Surface Area Contact) : 피부 접촉면적(cm^2)
　　　　EF(Exposure Frequency) : 노출빈도(day/year)
　　　　ED(Exposure Duration) : 노출기간(year)
　　　　ABs(Absorption Factor) : 흡수율, 인체에 100% 흡수된다고 가정
　　　　BW(Body Weight) : 체중(kg)
　　　　AT(Averaging Time) : 노출량의 평균기간 (day)

④ 평생1일평균노출량(LADD, Lifetime average daily dose)은 다음과 같다.

$$\text{평생1일평균노출량} = \frac{\text{오염도}(mg/m^3) \times \text{접촉률}(m^3/day) \times \text{노출기간}(day) \times \text{흡수율}}{\text{체중}(kg) \times \text{평균기간(통상 70년}, day)}$$

⑤ 인체 내적 노출량은 피부접촉, 호흡, 섭취를 통해 위해물질이 체내로 흡수된 후 장기에 남아 있는 물질의 양을 말한다. 예를 들어, 소변 시료 중 카드뮴의 내적용량을 이용하여 노출량을 산출하면 다음과 같다.

$$\text{DI}(\mu g/kg \cdot \text{day}) = \frac{UE(\mu g/g \; creatinine) \times CE(mg/kg.day)}{Fue}$$

여기서, DI : 일일섭취량
　　　　UE : 크레아티닌(creatinine)으로 보정한 소변 중 카드뮴의 농도
　　　　CE : 1일 크레아티닌(creatinine) 배출량
　　　　Fue : 카드뮴이 소변으로 배출되는 몰분율

⑥ 실내공기 중 오염물질로부터 흡입경로를 통한 인체 노출의 비발암 위해도의 추정은 다음과 같다.

$$\text{유해지수(HI)} = \frac{\text{일일평균 흡입인체 노출농도}(mg/m^3 \cdot day)}{\text{흡입노출참고치 } RfC(mg/m^3)}$$

총 비발암 위해지수 = Σ 평가대상 공간별 비발암위해지수

⑦ 실내공기 중 오염물질로부터 흡입경로를 통한 인체 노출의 발암 위해도의 추정은 다음과 같다.

$$\text{발암위해도} = E_{inh}(\text{흡입노출량}) \times q(\text{발암잠재력})$$

$$\text{초과발암확률(단위위해도)} = \frac{q \times IR(\text{평균호흡율})}{BW}$$

Sketch Note Writing

[예제1] A화학물질이 포함된 방충제품이 비치된 드레스룸 노출 정보가 다음과 같을 때 A물질의 흡입 노출량(μg/kg/day)은? (단, 드레스룸에는 하루에 두 번 (아침, 저녁) 머문다.)

구 분	노출계수 값
드레스룸 내 물질A 농도	10 μg/m^3
체내 흡수율(Abs)	1
호흡률(IR)	20 m^3/day
체중(BW)	60 kg
1회 노출시간	10 min

① 0.023　　　　　❷ 0.046
③ 1.111　　　　　④ 2.785

[해설]

흡입노출량 $= \frac{10\mu g}{m^3} | \frac{1}{-} | \frac{20m^3}{day} | \frac{1}{60kg} | \frac{10\min}{1\text{회}} | \frac{2\text{회}}{day} | \frac{day}{1440\min} = 0.046 \mu g/kg \cdot day$

[예제2] 경피노출의 인체 노출량 산정에 필요한 정보에 해당하지 않는 것은?
❶ 섭취율　　　　　② 노출 빈도
③ 피부 흡수율　　　④ 피부 접촉 면적

[해설]
경피노출의 인체 노출량 산정(피부노출, 세척, 샤워, 토양)

Inhalation ADD(mg/kg · day) $= \frac{DA_{event} \times EV \times SA \times EF \times ED \times ABs}{BW \times AT}$

CHAPTER 03
인체노출 수준

3.1 바이오 모니터링

① 바이오모니터링(Biomonitoring)은 생체지표의 농도를 측정하는 것으로 노출경로에 따른 노출 수준을 반영할 수 있다.
② 생체지표란 생체 내에서의 노출, 위해영향, 민감성을 예측하기 위한 지표로서 노출 생체지표, 위해영향 생체지표, 민감성 생체지표로 구분한다.
③ 생체 모니터링을 통해 측정되는 유해물질의 농도기준으로 권고치와 참고치가 있다.
④ 반감기가 짧은 물질의 경우 장기적인 노출을 이해하기 어렵다.
⑤ 위해지수가 클수록 우선적으로 관리해야 한다.

3.2 생체지표

3.2.1 노출 생체지표

① 노출 생체지표란 유해물질의 노출에 대한 용량은 생체 내에서 측정된 유해인자의 잠재용량이나 대사과정에서 생성된 내적용량을 반영한 지표이다.
② 일반적으로 많이 사용되는 생체지표이며, 분석용 매질은 혈액과 소변이다.
③ 예를 들어 벤젠에 노출된 경우 매질은 혈액 또는 소변으로, 프탈레이트처럼 체내에서 빠르게 대사되는 물질의 매질은 소변으로 노출정도를 추정한다.

[이점]
① 생체지표는 시간에 따라 누적된 노출을 반영할 수 있다.
② 흡입, 경구, 피부노출 등 모든 노출 경로를 반영할 수 있다.
③ 생리학 및 생물학적 이용된 대사산물이다.
④ 경우에 따라 환경 시료보다 분석이 용이하다.
⑤ 특정한 개인의 생체시료는 노출 생체지표와 민감성 생체지표, 위해영향 생체지표의 상관성을 파악하는데 중요한 정보를 제공한다.

[제한점]
① 분석시점 이전의 노출수준을 이해하기 어렵다.
② 특히 반감기가 짧은 물질의 경우 장기적인 노출을 이해하기 어렵다.
③ 주요 노출원을 파악하기 어렵다.
④ 생체시료를 통해 파악한 노출 수준은 잠재용량, 적용용량, 내적용량 등이 다를 수 있다.
⑤ 초기 건강영향이나 질병의 종말점과 직접적으로 연계하기가 어렵다.

3.2.2 민감성 생체지표

① 민감성 생체지표란 유해물질의 노출에 대한 반응의 민감성은 개인의 유전적 또는 후천적인 영향을 받는데, 이 반응의 민감성을 평가하는 지표이다.
② 예를 들어, glutathione-S-transferase M 효소는 유해물질의 해독능력이 우수하다. 이 유전형으로 개인의 민감성을 평가하는 지표로 활용할 수 있다.

3.2.3 위해영향 생체지표
① 위해영향 생체지표란 유해물질의 노출에 대한 반응의 증상은 생화학적, 생리학적, 행동학적 등의 변화가 나타난다. 이 변화로부터 건강영향 또는 질병을 추정하는 지표이다.
② 예를 들어 유기인계 농약에 노출되면 혈액 내 아세틸콜린에스테라아제 활성이 낮아진다. 이 변화로부터 초기 농약중독으로 추정한다.

3.2.4 인체 노출/흡수 메커니즘
① 인체의 주요 노출 방식에는 흡입, 경구섭취, 피부 접촉이 있다.
② 발생원에서부터 노출되는 수용체에 도달하기까지의 물리적 경로를 노출 경로(exposure pathway)라고 한다.
③ **잠재용량**이란 노출된 유해인자가 소화기 또는 호흡기로 들어오거나 피부에 접촉한 실제 양을 의미한다.
④ **적용용량**이란 섭취를 통해 들어온 인자가 체내의 흡수막에 직접 접촉한 양을 의미한다.
⑤ **내적용량**이란 흡수막을 통과하여 체내에서 대사, 이동, 저장, 제거 등의 과정을 거치게 되는 인자의 양을 의미한다.

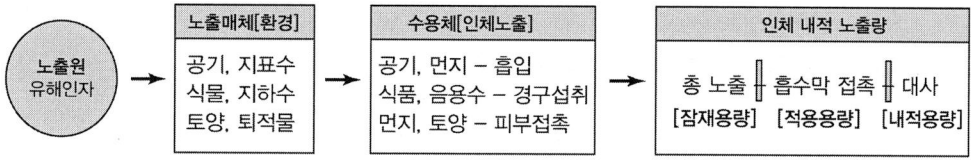

3.2.5 인체노출의 노출농도/환경농도/용량
① 노출농도는 접촉하는 시점의 운반매체에 포함된 유해물질의 농도이다.
② 환경농도는 운반매체에 포함된 유해물질의 농도이다.
③ 농도는 인체에 들어가는 유해물질의 양이다.

3.3 인체(생체)시료

3.3.1 소변 시료

① 비파괴적으로 시료채취가 가능하다.
② 많은 양의 시료확보가 가능하다
③ 시료채취 과정에서 오염될 가능성이 높다.
④ 불규칙한 소변 배설량으로 농도 보정이 필요하다
⑤ 채취시료는 신속하게 검사한다.
⑥ 보존방법은 냉동상태(-10도 ~ -20도)가 원칙이다.
⑦ 크레아티닌은 근육의 대사산물로 소변 중 일정량이 배출 되는데, 희석으로 0.3g/L이하인 경우 새로운 시료를 채취해야한다.
⑧ 소변 시료 중 카드뮴의 내적용량을 이용하여 노출량을 산출하면 다음과 같다.

$$DI(\mu g/kg \cdot day) = \frac{UE(\mu g/g\ creatinine) \times CE(mg/kg.day)}{Fue}$$

여기서, DI : 일일섭취량
UE : 크레아티닌(creatinine)으로 보정한 소변 중 카드뮴의 농도
CE : 1일 크레아티닌(creatinine) 배출량
Fue : 카드뮴이 소변으로 배출되는 몰분율

3.3.2 혈액 시료

① 휘발성 물질시료의 손실방지를 위하여 최대용량을 채취해야 한다.
② 채취시 고무마개의 혈액흡착을 고려하여야 한다.
③ 생물학적으로 정맥혈을 기준치로 하며, 동맥혈에는 적용할 수 없다.
④ 혈액 내 유해물질들은 적혈구나 혈장 단백질과 결합한다. 특히 철, 구리, 아연은 단백질과 결합하며 카드뮴, 납은 적혈구와 잘 결합한다. PCB는 지질과 결합한다.
⑤ 환경보건법상 수행하는 국민환경보건기초조사에서 중금속의 인체노출평가를 위해 납(Pb)은 혈액시료에서만 분석한다.

> **Sketch Note Writing**
>
> [예제] 환경보건법상 수행하는 국민환경보건기초 조사에서 중금속의 인체노출평가를 위해 혈액시료에서만 분석하는 물질로 옳은 것은?
> ❶ 납(Pb)　　　　　　　② 비소(As)
> ③ 수은(Hg)　　　　　　④ 구리(Cu)
> [해설]
> 환경보건법상 수행하는 국민환경보건기초조사에서 중금속의 인체노출평가를 위해 납(Pb)은 혈액시료에서만 분석한다.

3.4 인체시료(혈액, 뇨)의 전처리방법

전처리를 하는 이유는 생체시료 내의 유기물질이나 간섭물질을 제거하여 분석법에 적합하도록 만들기 위하여 시행한다.

표. 생체시료(혈액, 뇨)의 전처리방법

전처리 방법	고체상 추출, 액-액 추출, 액-기체 추출, 침전, 투과/여과, 증류/증발산, 전기영동, 초임계 유체추출 등이 있으며 일반적으로 용매를 이용하여 표적물질을 분리해 내는 고체상 추출과 액-액 추출법이 많이 사용된다.
고체상 추출	액체 또는 기체시료의 분석물질을 흡착제에 흡착시켜 전처리 하는 방법이다.
액-액 추출	액체시료의 분석물질을 분배계수의 차이로 친수성과 소수성을 분리하는 전처리 방법이다.
전기영동법	비슷한 전하를 가진 분자들이 매질을 통해 가진 크기에 따라 분리되게 하는 전처리 방법이다.

3.5 생체시료(혈액, 뇨)의 분석방법

표. 생체시료(혈액, 뇨)의 분석방법

시료	분석항목		분석방법
혈액	중금속	Pb, Mn	GF-AAS
		Hg	골드 아말감법
소변	중금속	Hg	골드 아말감법
		Cd	GF-AAS
		As	HG-AAS
	PAHs 대사물질	2-Naphthol	GC-MS
	담배연기	Cotinine	GC-MS
	농약류(Pyrethroid계)	3-PBA	GC-MS
	VOCs 대사물질	t,t-Muconic acid	친수성, HPLC-MS
		Hippuric acid	휘발성, GC-MS
		Methylhippuric acid	
		Mandelic acid	

[비고]
*Graphite Furnace[GF] 흑연로
*Atomic Absorption Spectroscopy[AAS] 원자흡광광도계
*Hydride Generation[HG] 수소연속
*Gas Chromatography[GC] 가스크로마토그래피
*Mass Spectrometer[MS] 질량분광계
*Liquid Chromatography[LC] 액체크로마토그래피

3.6 권고치와 참고치의 결과해석

3.6.1 권고치

① 권고치(guidance value)는 생체시료에서 측정된 농도가 그 농도 이상의 유해물질에 노출되었을 때 건강에 나쁜 영향을 나타내는 농도를 의미한다.
② 권고치의 대표적인 예로 독일의 HBM(human biomonitoring) 값과 미국의 BE(biomonitoring equivalents) 등이 있다.
③ HBM-I 이하는 건강 위해영향이 없으며, 조치가 불필요한 수준이다.
④ HBM-II 이상은 건강 위해영향이 있으며, 조치가 필요한 수준이다.
⑤ HBM-I이상 HBM-II 이하는 검증이 필요하며, 노출이 맞는다면 조치가 필요한 수준이다.
⑥ BE값은 규제를 위하여 설정된 섭취량으로 ADI, TDI, RfD, RfC 등을 생체지표 값으로 추산한 값이다.
⑦ BE값은 동물의 독성학적 연구에서 설정한 NOAEL, LOAEL 등을 추산하여 도출할 수 있다.
⑧ 인체 바이오모니터링 결과 소변이나 혈액에서 분석된 카드뮴 농도가 제시된 BE값보다 작으면 우선순위가 낮음을 의미한다.

3.6.2 참고치

① 참고치는 인구집단의 생체시료에서 측정된 농도를 통계적인 방법으로 추정한 값이다.
② 참고치는 인구 집단에서 측정된 유해물질 농도의 분포를 기준으로 설정한다. 일반적으로 농도 분포의 90 또는 95 백분위수 값을 사용한다.
③ 참고치를 이용하면 일반적인 수준보다 높은 수준의 유해물질에 노출된 사람들을 판별할 수 있으나 이 값은 권고치와 달리 독성학적 또는 의학적 의미를 가지지 않는다는 한계점이 있다.

Sketch Note Writing

[예제] 생체 모니터링을 통해 측정되는 유해물질의 농도 기준인 권고치 또는 참고치에 대한 설명으로 틀린 것은?
❶ HBM-I은 건강 위해영향이 커서 조치가 필요한 수준이다.
② 권고치의 대표적인 예로 독일의 HBM(human biomonitoring) 값과 미국의 BE(biomonitoring equivalents) 등이 있다.
③ 참고치는 기준 인구에서 유해물질에 노출되는 정상 범위의 상위 한계를 통계적인 방법으로 추정한 값이다.
④ 참고치를 이용하면 일반적인 수준보다 높은 수준의 유해물질에 노출된 사람들을 판별할 수 있으나 이 값은 권고치와 달리 독성학적 또는 의학적 의미를 가지지 않는다는 한계점이 있다.

[해설]
HBM-I 이하는 건강 위해영향이 없으며, 조치가 불필요한 수준이며, HBM-II 이상은 건강 위해영향이 있으며, 조치가 필요한 수준이다. 또한 HBM-I이상 HBM-II 이하는 검증이 필요하며, 노출이 맞는다면 조치가 필요한 수준이다.

CHAPTER 04

제품노출평가

4.1 용어정의

4.1.1 용어[생활화학제품 및 살생물제의 안전관리에 관한 법률]

① **화학물질**이란 원소·화합물 및 그에 인위적인 반응을 일으켜 얻은 물질과 자연 상태에서 존재하는 물질을 화학적으로 변형시키거나 추출 또는 정제한 것을 말한다.
② **위해성**이란 유해성이 있는 화학물질 또는 살생물물질이 노출될 경우 사람의 건강이나 환경에 피해를 줄 수 있는 정도를 말한다.
③ **생활화학제품**이란 가정, 사무실, 다중이용시설 등 일상적인 생활공간에서 사용되는 화학제품으로서 사람이나 환경에 화학물질의 노출을 유발할 가능성이 있는 것을 말한다.
⑤ **유해생물**이란 사람이나 동물에게 직접적 또는 간접적으로 해로운 영향을 주는 생물을 말한다.
⑥ **살생물제**(殺生物劑)란 살생물물질, 살생물제품 및 살생물처리제품을 말한다.
⑦ **살생물물질**이란 유해생물을 제거, 무해화(無害化) 또는 억제하는 기능으로 사용하는 화학물질, 천연물질 또는 미생물을 말한다.
⑨ **살생물제품**이란 유해생물의 제거 등을 목적으로 하는 제품을 말한다.
　• 한 가지 이상의 살생물물질로 구성되거나 살생물물질과 살생물물질이 아닌 화학물질·천연물질 또는 미생물이 혼합된 제품
　• 화학물질 또는 화학물질·천연물질 또는 미생물의 혼합물로부터 살생물물질을 생성하는 제품
⑩ **살생물처리제품**이란 제품의 주된 목적 외에 유해생물 제거등의 부수적인 목적을 위하여 살생물제품을 사용한 제품을 말한다.
⑪ **물질동등성**이란 서로 다른 살생물물질 간에 화학적 조성, 위해성 및 유해생물 제거등의 효과·효능이 기술적으로 동등한 성질을 말한다.

⑫ **제품유사성**이란 서로 다른 살생물제품 간에 동일한 살생물물질을 함유하고, 살생물제품에 함유된 물질의 성분·배합비율, 살생물제품의 용도, 위해성 및 유해생물 제거 등의 효과·효능이 유사한 성질을 말한다.
⑬ **나노물질**이란 다음 각 목의 어느 하나에 해당하는 물질을 말한다.
　가. 3차원의 외형치수 중 최소 1차원의 크기가 1나노미터에서 100나노미터인 입자의 개수가 50퍼센트 이상 분포하는 물질
　나. 3차원의 외형치수 중 최소 1차원의 크기가 1나노미터 이하인 풀러렌(fullerene), 그래핀 플레이크(graphene flake) 또는 단일벽 탄소나노튜브
⑭ **유족**이란 사망한 사람의 배우자·자녀·부모·손자녀·조부모 또는 형제자매를 말한다.
⑮ **안전확인대상생활화학제품**이란 환경부장관이 위해성이 있다고 지정.고시한 생활화학제품을 말한다.

생활화학제품 및 살생물제의 안전관리에 관한 법률[별표 1]

살생물제품유형

분류	살생물제품유형	설명
1. 살균제류 (소독제류)	가. 살균제	가정, 사무실, 다중이용시설 등 일상적인 생활공간에서 살균, 멸균, 소독, 항균 등의 용도로 사용하는 제품
	나. 살조제(殺藻劑)	수영장, 실내·실외 물놀이시설, 수족관 등 수중에 존재하는 조류의 생육을 억제, 사멸하는 용도로 사용하는 제품
2. 구제제류	가. 살서제(殺鼠劑)	쥐 등 설치류를 제거하기 위한 용도로 사용하는 제품
	나. 기타 척추동물 제거제	설치류를 제외한 그 밖에 유해한 척추동물을 제거하기 위한 용도로 사용하는 제품
	다. 살충제	파리, 모기, 개미, 바퀴벌레, 진드기 등 곤충을 제거하기 위한 용도로 사용하는 제품
	라. 기타 무척추동물 제거제	곤충을 제외한 그 밖에 유해한 무척추동물을 제거하기 위한 용도로 사용하는 제품
	마. 기피제	기피의 방법을 이용하여 유해생물을 무해(無害)하게 하거나 억제하기 위한 용도로 사용하는 제품
3. 보존제류 (방부제류)	가. 제품보존용 보존제	제품의 유통기한을 보장하기 위하여 제품의 보관 또는 보존을 위한 용도로 사용하는 제품
	나. 제품표면처리용 보존제	제품 표면의 초기 속성을 보호하기 위하여 제품 표면 또는 코팅을 보존하기 위한 용도로 사용하는 제품
	다. 섬유·가죽류용 보존제	섬유, 가죽, 고무 등을 보존하기 위해 사용하는 제품
	라. 목재용 보존제	목재, 목재 제품을 보존하기 위한 용도로 사용하는 제품
	마. 건축자재용 보존제	목재를 제외한 다른 건축자재, 석조, 복합 재료를 보존하기 위한 용도로 사용하는 제품

	바. 재료·장비용 보존제	다음의 재료·장비 등을 보존하기 위해 사용하는 제품 1) 산업공정에서 이용되는 재료·장비·구조물 2) 냉각 또는 처리 시스템에 사용되는 담수 등의 액체 3) 금속·유리 또는 그 밖의 재료를 가공하거나 자르거나 깎는 데 사용되는 유체(流體)
	사. 사체·박제용 보존제	인간 또는 동물의 사체나 그 일부를 보존하기 위한 용도로 사용하는 제품
4. 기타	선박·수중 시설용 오염방지제	선박, 양식 장비, 그 밖의 수중용 구조물에 대한 유해생물의 생장 또는 정착을 억제하기 위한 용도로 사용하는 제품

Sketch Note Writing

[예제] 생활화학제품 및 살생물제의 안전관리에 관한 법령(약칭 : 화학제품안전법)의 적용을 받는 물질 또는 제품에 해당하지 않는 것은?
❶ 대한민국약전에 실린 물품 중 의약외품이 아닌 것
② 사무실에서 살균, 멸균, 항균 등의 용도로 사용하는 제품
③ 제품의 유통기한을 보장하기 위하여 제품의 보관 또는 보존을 위한 용도로 사용하는 제품
④ 공공수역이 아닌 실내·실외 물놀이시설, 수족관 등 수중에 존재하는 조류의 생육을 억제하여 사멸하는 용도로 사용하는 제품

4.1.2 용어[생활화학제품 위해성평가의 대상 및 방법 등에 관한 규정]

① **계면활성제**란 친수성과 소수성 부분으로 이루어진 화합물로서 성질이 다른 두 물질이 맞닿을 경우, 표면장력을 크게 감소시켜 세정 등의 작용을 나타내게 하는 물질을 말한다.

② **역치(문턱)**란 그 수준 이하에서 유해한 영향이 발생하지 않을 것으로 기대되는 용량을 말한다.

③ **제품노출계수**란 제품에 함유된 화학물질에 대한 노출평가를 할 때 노출량 결정과 관련된 계수를 말한다.

④ **독성종말점**이란 화학물질의 위해성과 관련된 특정한 독성을 정성 및 정량적으로 표현한 것을 말한다.

⑤ **무영향관찰용량**이란 만성독성 등 노출량-반응시험에서 노출집단과 적절한 무처리 집단 간 악영향의 빈도나 심각성이 통계적으로 또는 생물학적으로 유의한 차이가 없는 노출량 혹은 노출농도를 말한다. 다만 이러한 노출량에서 어떤 영향이 일어날 수도 있으나 특정 악영향과 직접적으로 관련성이 없으면 악영향으로 간주되지 않는다.

⑥ **기준용량**이란 독성영향이 대조집단에 비해 5% 혹은 10%와 같은 특정 증가분이 발생했을 때 이에 해당되는 노출량을 추정한 값을 말하며, "기준용량 하한 값이란 노출량-반응 모형에서 추정된 기준용량의 신뢰구간의 하한 값을 말하며 BMDL(Benchmark dose lower bound)로 나타낸다.

⑦ **노출한계**란 무영향관찰용량, 무영향관찰농도 또는 기준용량 하한 값을 노출수준으로 나눈 비율(값)을 말한다.

⑧ **상대독성계수**란 화학물질 중 독성이 유사한 동종계(同種系) 화합물을 대상으로 이성체 중 가장 독성이 강한 물질의 독성을 기준으로 하여 각 이성체의 상대적인 독성값을 나타낸 계수를 말한다.

⑩ **독성참고치**란 식품 및 환경매체 등을 통하여 화학물질이 인체에 유입되었을 경우 유해한 영향이 나타나지 않는다고 판단되는 노출량을 말하며 RfD(Reference dose)로 나타낸다. 일일섭취량(TDI: Tolerable daily intake), 일일섭취허용량(ADI: Acceptable daily intake), 잠정주간섭취허용량(PTWI: Provisional tolerable weekly intake) 또는 흡입독성참고치 (RfC: Reference concentration) 값도 충분한 검토를 거쳐 RfD와 동일한 개념으로 사용할 수 있다.

⑪ **불확실성계수**란 화학물질의 독성에 대한 동물실험 결과를 인체에 외삽하거나 민감한 대상까지 적용하기 위한 임의적 보정 값을 말한다.

⑫ **상대노출기여도**란 총 노출량에 대한 노출경로별 또는 노출매체별 노출량의 비율을 말한다.

⑬ 유해지수(Hazard quotient)란 화학물질의 위해도를 표현하기 위해 인체 노출량을 RfD로 나누거나 PEC을 PNEC으로 나눈 수치를 말한다.

⑭ 수용체(Receptor)란 화학물질로 인해 영향을 받을 수 있는 생태계 내의 개체군 또는 해당 종(種)을 말한다.

⑮ 생물농축(Bioconcentration)이란 생물의 조직 내 화학물질의 농도가 환경매체 내에서의 농도에 비해 상대적으로 증가하는 것을 말하며, 그 농도비로 표시한 것을 생물농축계수라 한다.

⑯ 생물확장(Biomagnification)이란 화학물질이 생태계의 먹이 연쇄를 통해 그 물질의 농도가 포식자로 갈수록 증가하는 것을 말한다.

⑰ 무영향관찰용량/농도(NOAEL, NOEC)란 만성독성 등 노출량-반응시험에서 노출집단과 적절한 무처리 집단간 악영향의 빈도나 심각성이 통계적으로 또는 생물학적으로 유의한 차이가 없는 노출량 또는 노출농도를 말한다. 다만, 이러한 노출량에서 어떤 영향이 일어날 수도 있으나 특정 악영향과 직접적으로 관련성이 없으면 악영향으로 간주되지 않는다.

⑱ 최소영향관찰용량/농도 (LOAEL, LOEC)란 노출량-반응시험에서 노출집단과 적절한 무처리 집단간 악영향의 빈도나 심각성이 통계적으로 또는 생물학적으로 유의성 있는 증가를 보이는 노출량 중 처음으로 관찰되기 시작하는 가장 최소의 노출량을 말한다.

⑲ 예측무영향농도(PNEC, Predicted no effect concentration)란 인간 이외의 생태계에 서식하는 생물에게 유해한 영향이 나타나지 않는다고 예측되는 환경 중 농도를 말한다.

$$PNEC = \frac{LC_{50} \text{ or } NOEC}{AF(평가계수)}$$

⑳ 예측환경농도(PEC, Predicted environment concentration)란 예측모형에 의해 추정된 환경 중 화학물질의 농도를 말한다.

㉑ 종민감도분포란 특정 화학물질에 대한 독성반응 및 스트레스에 대한 생물종간 민감도, 다양성을 나타내는 누적분포를 말한다.

㉒ 2차 노출이란 제품을 직접 사용하지는 않지만, 다른 사용자가 제품을 사용하면서 배출한 물질에 간접적으로 노출되는 것을 말한다.

4.1.3 용어[어린이제품 안전 특별법]

① **"어린이제품"**이란 만 13세 이하의 어린이가 사용하거나 만 13세 이하의 어린이를 위하여 사용되는 물품 또는 그 부분품이나 부속품을 말한다. 다만, 다음 각 목의 어느 하나에 해당하는 물품 또는 그 부분품이나 부속품은 제외한다.

　가. 「약사법」 제2조에 따른 의약품 및 의약외품
　나. 「의료기기법」 제2조제1항에 따른 의료기기
　다. 「화장품법」 제2조제1호에 따른 화장품
　라. 「식품위생법」 제2조제4호에 따른 기구 및 같은 조 제5호에 따른 용기·포장
　마. 「관광진흥법」 제33조제1항에 따른 유기시설(遊技施設) 또는 유기기구(遊技機具)

② **"사업자"**란 어린이제품을 생산·조립·가공(이하 "제조"라 한다)하거나 수입·판매·대여(이하 "유통"이라 한다)하는 자를 말한다.

③ **"영업자"**란 어린이제품을 영업에 사용하는 자를 말한다.

④ **"안전성조사"**란 어린이제품이 어린이의 생명·신체에 끼치는 위해를 방지하기 위하여 어린이제품의 위험요인을 조사하는 일체의 활동을 말한다.

⑤ **"위해"**란 어린이제품에 존재하는 위험요소로서 인체의 건강을 해치거나 해칠 우려가 있는 것을 말한다.

⑥ **"어린이제품안전관리"**란 어린이의 생명·신체에 대한 위해 또는 재산상 피해를 방지하기 위하여 어린이제품의 제조 또는 유통 등을 관리하는 활동을 말한다.

⑦ **"어린이제품 공통안전기준"**이란 어린이제품에서 기본적으로 준수하여야 하는 안전기준을 말한다.

⑧ **"안전인증"**이란 제품검사(어린이제품을 시험·검사하는 것을 말한다. 이하 같다)와 공장심사(제조설비·자체검사설비·기술능력 및 제조체제를 심사하는 것을 말한다. 이하 같다)를 모두 거치거나 제품검사만을 거쳐 어린이제품의 안전성을 증명하는 것을 말한다.

⑨ **"안전인증대상어린이제품"**이란 구조·재질 및 사용방법 등으로 인하여 어린이의 생명·신체에 대한 위해 또는 재산상 피해에 대한 우려가 크다고 인정되는 어린이제품 중에서 안전인증을 통하여 그 위해를 방지할 수 있다고 인정되는 어린이제품으로서 산업통상자원부령으로 정하는 것을 말한다.

⑩ **"안전확인"**이란 제품검사를 통하여 안전성을 증명하는 것을 말한다.

⑪ **"안전확인대상어린이제품"**이란 구조·재질 및 사용방법 등으로 인하여 어린이의 생명·신체에 위해를 초래할 우려가 있는 어린이제품 중에서 제품검사로 그 위해를 방지할 수 있다고 인정되는 어린이제품으로서 산업통상자원부령으로 정하는 것을 말한다.

⑫ "공급자적합성확인대상어린이제품"이란 안전인증대상어린이제품 및 안전확인대상어린이제품을 제외한 어린이제품을 말한다.
⑬ "안전관리대상어린이제품"이란 다음 각 목의 어느 하나에 해당하는 어린이제품을 말한다.
　가. 안전인증대상어린이제품
　나. 안전확인대상어린이제품
　다. 공급자적합성확인대상어린이제품

Sketch Note Writing

[예제] 생활화학제품 및 살생물제의 안전관리에 관한 법령상 제품의 주된 목적 외에 유해생물 제거 등의 부수적인 목적을 위해 살생물제품을 사용한 제품을 뜻하는 용어는?
❶ 살생물처리제품　　　　② 살생물제품
③ 생활화학제품　　　　　④ 안전확인대상생활화학제품

[예제] 어린이제품 안전 특별법령상 안전관리대상 어린이제품에 해당하지 않는 것은?
① 안전 인증 대상 어린이제품　　② 안전 확인 대상 어린이제품
❸ 안전·품질표시 대상 어린이제품　④ 공급자 적합성 확인 대상 어린이제품

4.2 제품 노출시나리오

4.2.1 제품노출평가 대상
① 제품노출평가의 기본대상은 소비자제품이다.
② 일상적인 생활공간에서 사용되는 생활화학제품의 평가이다.
③ 사람이나 환경에 화학물질의 노출을 유발할 가능성이 있는 것을 말한다.
④ 물리적 기작을 통한 노출은 제품노출평가의 대상이 아니다.
⑤ 제품과 소비자의 접촉을 통해 유해성이 발생한다.
⑥ 제품노출평가는 일반 대중을 대상으로 실시한다.

4.2.2 제품 노출시나리오 개발

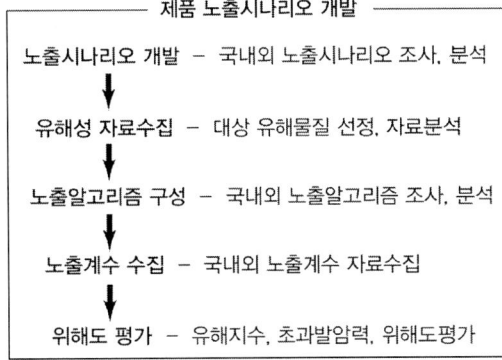
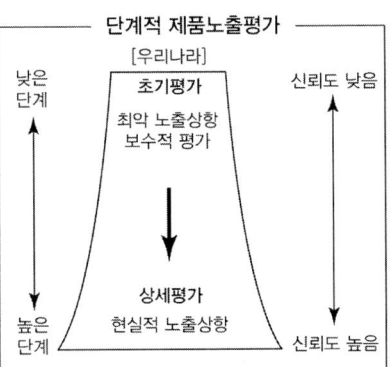

4.2.3 제품 내 화학물질의 노출경로에 따른 노출시나리오

노출경로	노출시나리오
흡입	지속적 방출, 공기 중 분사, 표면휘발, 휘발성 물질 흡입, 먼지흡입
경구	제품의 섭취, 빨거나 씹음, 손을 입으로 가져감
경피	액체형 접촉, 반고상형 접촉, 분사 중 접촉, 섬유를 통한 접촉

4.2.4 제품함유 시료채취

① 제품 내 분석을 위한 시료채취는 전체 시료를 대표할 수 있도록 균질하게 잘 흔들어야 한다. 이것이 불가능한 경우 서로 다른 곳에서 채취하여 혼합하는 것을 원칙으로 한다.
② 액체류는 시료를 잘 혼합한 후 한 번에 일정량씩 채취한다.
③ 채취한 시료는 전체의 시료 성질을 대표할 수 있도록 균질하게 잘 흔들어 혼합한다.
④ 고체류는 전체의 성질을 대표할 수 있도록 다섯 지점에서 채취한 다음 혼합하여 일정량을 시료로 사용한다.
⑤ 스프레이류는 잘 혼합하여 용기에 분사한 후 바로 시료를 채취한다.

4.3 제품함유 화학물질의 위해도 결정

4.3.1 비발암독성에 대한 위해도 판단
① 환경보건법 내 환경위해성평가 지침에 따르면, 만성노출인 NOAEL 값을 적용한 경우 노출한계가 100이하이면 위해가 있다고 판단한다. 만약 만성독성시험에 의한 값이 아닌 경우에는 불확실성계수를 반영한다.
② 불확실성계수(UF, Uncertainty factor)는 동물시험 자료를 사람에 적용할 경우, 여러 불확실성(종, 성, 개인 간 차이, 내성 등)이 존재하므로 인체노출 안전율로써 불확실성계수를 대입한다.
③ 노출평가와 용량-반응평가 결과를 바탕으로 인체노출위해수준을 추정하는데 있다. 유해지수가 1이상(HI>1)일 경우는 유해영향이 발생하며, 1이하(HI<1)일 경우에는 안전하다.

$$\text{유해지수(Hazard Index)} = \frac{1일\ 노출량(mg/kg.day)}{RfD\ or\ ADI\ or\ TDI(mg/kg)}$$

4.3.2 발암성에 대한 위해도 판단
① 발암위해도의 경우 노출한계가 10000이하인 경우 위해가 있다고 판단한다.
② 초과발암위해도(ECR, Excess cancer risk)는 평생 동안 발암물질 단위용량(mg/kg.day)에 노되었을 때, 잠재적인 발암 가능성이 초과할 확률을 말한다. 초과발암확률이 10^{-4}이상인 경우 발암위해도가 있으며 10^{-6}이하는 발암위해도가 없다고 판단한다. 즉 인구 백만명 당 1명 이하의 사망은 자연재해로 판단한다. 기타의 경우는 자연에서의 존재 수준, 분석 감도, 현실적으로 적용 가능한 최상의 저감기술 반영 여부 등을 종합적으로 고려하여 판단한다.

$$\text{초과발암위해도(ECR)} = 평생1일평균노출량(LADD,\ mg/kg \cdot day) \times 발암력(mg/kg \cdot day)^{-1}$$

③ 발암잠재력(발암력, CSF, Carcinogenic slope factor)는 노출량-반응(발암률)곡선에서 95% 상한 값에 해당하는 기울기로, 평균체중의 성인이 발암물질 단위용량(mg/kg.day)에 평생 동안 노출되었을 때 이로 인한 초과발암확률의 95% 상한 값에 해당된다. 이 곡선의 기울기(Slope factor)를 발암력(CSF, Cancer slope factor), 발암계수(SF, Slope factor), 발암잠재력(CSF, Cancer slope factor)이라 하며 단위는 노출량(mg/kg.day)의 역수(kg.day/mg)이다. 기울기 값이 클수록 발암잠재력이 크다는 것을 의미한다.

$$\text{Slope factor} = \frac{kg.day}{mg} = \frac{체중.1일}{노출량}$$

4.3.3 환경에 미치는 위해도 판단

① 정성적 생태위해도결정은 생태영향 분류에 따라 일반생태독성과 이차독성으로 구분하여 평가할 수 있다.

② 정량적 생태위해도 결정방법은 생태위해도를 별도의 확률분포로 나타내지 아니할 경우 유해지수로 위해수준을 나타내며, 이 때 유해지수가 1보다 클 경우에는 해당물질의 노출로 인한 생태 위해의 가능성이 있다고 간주한다.

③ 일반적으로 전체 생물종의 95%를 보호할 수 있는 수준을 생태위해도 허용수준으로 제시하나 이와 별도로 용도별 관리목표에 따라 생태위해도 허용수준을 다양하게 정할 수 있다.

Sketch Note Writing

[예제] 환경유해인자 A의 초과발암위해도(ECR)가 1.6×10^{-5}로 추정되었다. 평균수명을 80년으로 가정했을 때 100만명이 거주하는 도시에서 환경유해인자 A로 인해 매년 추가로 발생하는 암 사망자 수(명)는?

① 0.1 ❷ 0.2
③ 1   ④ 2

[해설]
초과발암확률이 10^{-4}이상인 경우 발암위해도가 있으며 10^{-6}이하는 발암위해도가 없다고 판단한다.
초과발암위해도(ECR)=평생1일 평균노출량(LADD, mg/kg·day)×발암잠재력(CSF, mg/kg·day)$^{-1}$
초과발암확률 값은 1.6×10^{-5} → 2×10^{-1} (10만 명당 2명, 100만 명당 약 0.2명 발암)

[예제] 평균수명이 70세, 평균 체중이 68.5kg인 성인남성이 발암물질 A가 0.6mg/kg 들어있는 식품을 매일 200g씩 35년간 섭취했다고 한다. 발암물질 A의 발암잠재력이 0.5mg/kg/d일 때 초과발암위해도는? (단, 흡수율은 100%)

❶ 5×10^{-4} ② 6×10^{-4}
③ 5×10^{-3} ④ 6×10^{-3}

[해설]
초과발암확률이 10^{-4}이상인 경우 발암위해도가 있으며 10^{-6}이하는 발암위해도가 없다고 판단한다.
초과발암위해도(ECR)=평생1일 평균노출량(LADD, mg/kg·day)×발암잠재력(CSF, mg/kg·day)$^{-1}$

$$LADD = \frac{0.6mg/kg \times 0.2kg/day \times 35years \times 365days}{68.5kg \times 70years \times 365days} = 8.76 \times 10^{-4} mg/kg \cdot day$$

$ECR = 8.76 \times 10^{-4} mg/kg \cdot day \times 0.5 mg/kg \cdot day = 4.4 \times 10^{-4}$

초과발암확률 값은 4.4×10^{-4} → 5×10^{-4}

4.4 제품함유 화학물질의 확인 및 평가항목

표. 제품함유 화학물질의 환경유해성 확인 항목

환경유해성 평가항목	세부시험항목
1. 수서생태계	가. 조류 (일차 생산자), 갑각류/물벼룩 (일차 소비자), 어류 (이차 소비자) 및 기타 종에 대한 급/만성독성 나. 저서생물에 대한 급/만성독성
2. 육상생태계	가. 토양 내 서식하는 동물, 미생물, 식물종, 기타 종에 대한 급/만성독성 나. 조류(avian)에 대한 급/만성 독성
3. 생물축적성	가. 생물농축성 나. 생물확장성

표. 제품함유 화학물질의 인체유해성 평가 항목

인체유해성 평가항목	세부시험항목
1. 독성동태, 대사 및 분포	가. 흡수 나. 분포 다. 대사 라. 배출
2. 급성독성	가. 급성 경구독성 나. 급성 흡입독성 다. 급성 경피독성 라. 기타 경로에 따른 급성독성
3. 자극/부식성/과민성	가. 피부자극성/부식성 나. 눈자극성/부식성 다. 피부과민성 라. 호흡기 과민성
4. 반복투여독성/만성독성	가. 반복투여(경구, 흡입, 경피)독성 나. 표적기관에 대한 독성
5. 생식/발달독성	가. 생식독성 나. 발달독성/최기형성
6. 신경독성	가. 신경독성 및 행동이상
7. 유전독성(변이원성)	가. 시험관 내(in vitro)시험 나. 생체 내(in vivo) 시험
8. 면역독성	가. 세포매개성 면역시험 나. 체액성 면역시험 다. 대식세포 기능시험 라. 자연살해세포 기능시험
9. 발암성	가. 동물실험(인체 대상 포함) 나. 발암기작 연구
10. 역학연구	가. 코호트 연구 나. 환자-대조군 연구

4.5 안전확인대상생활제품의 주시험법

표. 안전확인대상생활제품 함유금지 물질 주시험법

연번	항목명	주시험법
1	중금속류	중금속류-유도결합플라스마-원자발광분광법 중금속류-유도결합플라즈마-질량분석법
	수은	중금속류-유도결합플라즈마-질량분석법 수은-냉증기/원자흡수분광광도법
	6가크로뮴	6가크로뮴-액체크로마토그래피-유도결합플라스마-질량분석법
2	알데하이드류	고성능액체크로마토그래피법/질량분석법
3	나프탈렌	기체크로마토그래피/질량분석법
4	휘발성유기화합물	기체크로마토그래피/질량분석법
5	비스(2-에틸헥실)프탈레이트	기체크로마토그래피-질량분석법
6	다환방향족탄화수소	기체크로마토그래피-질량분석법
7	메틸이소티아졸리논, 5-클로로메틸이소티아졸리논, 1,2-벤즈이소치아졸리논	액체크로마토그래피/질량분석법
8	염화벤잘코늄류	고성능액체크로마토그래피법/질량분석법
9	염산 및 황산	적정법
10	노닐페놀류	고성능액체크로마토그래피법
11	구아디닌계 고분자화합물	매트릭스보조레이저탈착이온화 시간비행형 질량분석법
12	글리콜류	기체크로마토그래피/질량분석법
13	에탄올아민	액체크로마토그래피/질량분석법
14	알킬페놀에톡실레이트류 및 알킬페놀류	기체크로마토그래피/질량분석법
15	형광증백제	UV 조사법
16	유기주석화합물	기체크로마토그리피/질량분석법
17	중금속화합물류	중금속류-유도결합플라스마-원자발광분광법 유기수은화합물-냉증기/ 원자흡수분광광도법(CV-AAS)
18	톨루엔-2,4-디이소시아네이트	기체크로마토그래피/질량분석법
19	아조염료	기체크로마토그래피/질량분석법
20	d,d-시스/트란스프랄레트린	기체크로마토그래피법
21	d-시스/트란스알레트린(d-알레트린)	기체크로마토그래피법
22	d-트란스알레트린(바이오알레트린)	기체크로마토그래피법
23	d-페노트린	기체크로마토그래피법
24	델타메트린	고성능기체크로마토그래피법
25	메토플루트린	기체크로마토그래피/질량분석법
26	트란스플루트린	기체크로마토그래피/질량분석법
27	퍼메트린	기체크로마토그래피/질량분석법
28	차아염소산	적정법

4.6 제품함유 화학물질의 노출량 산정

표. 생활화학제품의 경피노출알고리즘(국립환경과학원고시 제2018-70호)

경로	시나리오	노출알고리즘	
경피	총 사용량 접촉 (예: 모든 접촉 가능 제품)	초기평가	$L_d = A_p \times W_f$
	액상형 접촉 (예: 합성세제 손세탁)	상세평가	$L_d = \dfrac{A_p \times W_f}{V_p \times D} \times TH \times As$
	반 고상형 접촉 (예: 광택 및 본드 사용)		$L_d = A_c \times W_f \times As$
	분사 중 접촉 (예: 스프레이 사용)		$L_d = R \times t \times W_f$
	섬유를 통한 접촉 (예: 섬유유연제 사용)		$L_d = A_p \times W_f \times F_1 \times F_2 \times F_3$
	노출량	$D_{der}(mg/kg.day) = L_d \times abs \times n / BW$	
	노출계수	Ld : 피부 접촉량(mg/회)	Wf : 제품 중 성분비(-)
		Ap : 제품 사용량(mg/회)	Vp : 사용제품의 부피(cm^3)
		D : 제품 희석율(-)	TH : 피부접촉 두께(0.01cm)
		As : 피부접촉 면적(cm^2)	Ac : 면적당 점착량(mg/cm^2)
		R: 분사시 피부점착량(mg/min)	t : 사용시간(min/회)
		F_1 : 사용량중 섬유잔류비(-)	F_2 : 섬유잔류량 중 방출비(-)
		F_3 : 섬유의 피부접촉비(-)	n : 사용빈도(회/day)
		abs : 체내 흡수율(-)	BW : 체중(kg)

표. 생활화학제품의 흡입노출알고리즘(국립환경과학원고시 제2018-70호)

경로	시나리오		노출알고리즘
흡입	지속적 방출 (예: 거치식 방향제)	초기평가	$C_a = \dfrac{A_e \times W_f/tr}{N \times V}$
		상세평가	$C_a = \dfrac{A_e \times W_f/tr}{V \times N} \times [1-\exp(-N \times t)], \ (tr > t)$
	공기 중 분사 (예: 스프레이 탈취제)	초기	$C_a = \dfrac{A_p \times W_f}{V}$
		상세	$C_a = \dfrac{A_p \times W_f \times F_{air}}{V \times N} \times [1-\exp(-N \times t)]/t$
	표면 휘발 (예: 욕실 세정제)	초기	$C_a = \dfrac{A_p \times W_f \times F}{V}$
		상세	$C_a = \dfrac{A_p \times W_f \times F}{V \times N} \times [1-\exp(-N \times t)]/t$
	노출 농도 (노출량)	노출농도	$C_{Inh}(mg/m^3) = C_a \times t \times n/24$
		노출량	$D_{Inh}(mg/kg-d) = C_a \times IR \times t \times n/BW$
	노출계수	Ca: 공기중 농도(mg/m^3)	Ap: 제품 분사량(mg)
			Ae: 제품 방출량(mg)
		Wf : 제품 중 성분비(-)	V : 공간 체적(m^3)
		N : 환기율(회/h)	Fair : 부유비율(-)
		IR : 호흡률(m^3/h)	n : 사용빈도(회/day)
		t : 노출시간(h/회)	BW : 체중(kg)
		tr: 제품 방출시간(h)	F : 공기중 방출비율(-)

표. 생활화학제품의 경구노출알고리즘(국립환경과학원고시 제2018-70호)

경로	시나리오	노출알고리즘	
경구	제품의 섭취 (예: 제품의 비의도적 섭취)	$D_{oral} = A \times W_f \times abs \times n/BW$	
	노출계수	Doral: 노출량(mg/kg.day)	A : 제품 섭취량(mg)
		Wf : 제품중 성분(-)	abs : 체내 흡수율(-)
		n : 사용빈도(회/day)	BW : 체중(kg)

Sketch Note Writing

[예제] 위해도와 유해지수에 관한 설명으로 옳지 않은 것은?
① 위해도를 정량화한 값을 유해지수라고 한다.
② 유해지수는 추정된 노출량과 독성참고치(RfD)의 비로 나타낸다.
❸ 흡입 노출의 경우 환경매체 중 노출농도와 독성참고치(RfD)를 이용하여 위해도를 결정해야 한다.
④ 대상 인구집단이 여러 종류의 비발암성 물질에 동시에 노출되고 여러 조건이 충족되는 경우 개별 유해지수의 합인 총 유해지수를 구할 수 있다.
[해설]

$$유해지수(HI) = \frac{일일평균 흡입인체 노출농도(mg/m^3 \cdot day)}{흡입노출참고치 RfC(mg/m^3)}$$

· 독성참고치(RfD, Reference dose) : 일생동안 매일 섭취해도 건강에 무영향수준의 노출량을 나타낸다.
· 흡입독성참고치(RfC: Reference concentration) : 일생동안 매일 섭취해도 건강에 무영향수준의 노출농도를 나타낸다.

[예제] 사무실 실내공기 중 폼알데하이드 농도가 200μg/m³이다. 이 사무실에서 6개월간 근무한 성인 남성의 폼알데하이드에 대한 평생일일평균노출량(mg/kg/d)은? (단, 성인 남성의 호흡률은 15m³/d, 평균체중은 70kg, 평균 노출기간은 70y, 피부흡수율은 100%)
① 3.67×10^{-3} ❷ 3.02×10^{-4}
③ 6.12×10^{-4} ④ 6.89×10^{-4}
[해설]

$$평생1일평균 노출량 = \frac{오염도(mg/m^3) \times 접촉률(m^3/day) \times 노출기간(day) \times 흡수율}{체중(kg) \times 평균기간(통상 70년, day)}$$

$$\frac{200\mu g}{m^3} \Big| \frac{0.5y}{} \Big| \frac{15m^3}{day} \Big| \frac{1}{70kg} \Big| \frac{1}{70y} \Big| \frac{mg}{1000\mu g} = 3.0 \times 10^{-4}$$

4.7 어린이제품 안전 특별법

표. 어린이용품의 분류(환경보건법)

대분류	소분류	제품군
완구류	유아용장난감	오뚝이, 딸랑이, 삑삑이, 치아발육기, 모빌류, 촉각놀이완구
	놀이용장난감	플라스틱인형, 봉제인형, 플라스틱장난감, 블럭류, 목재완구, 점토완구, 가루놀이용품, 풍선류
	교육용완구	교구놀이, 퍼즐류, 실험·학습완구
	게임기구	카드게임, 보드, 전자게임, 기타 게임도구
	승용완구	자동차, 유아자전거, 소서, 기타 승용완구
	미디어완구	악기류, 영상완구, 음향완구
	롤플레이완구	변장용품, 무대놀이, 소도구
	물놀이용품	튜브, 물놀이용공, 물안경, 목욕완구, 기타 물놀이도구
	악세서리	팔찌, 반지, 목걸이, 귀걸이, 핀, 머리장식품, 발목장식품, 소매장식품, 기타 어린이용 장신구류
생활용품	수유용품	젖병, 젖꼭지, 유축기, 젖병소독기, 분유케이스, 비닐팩
	위생용품	기저귀, 물티슈, 칫솔, 치아티슈(유아용), 면봉, 타올류, 손수건
	식품용기	식판, 그릇, 보관용기, 도시락, 스푼세트, 물통, 컵
	화장품	로션·크림, 파우더류, 오일류, 메이컵류, 립케어, 향수
	세정제	샴푸, 바스, 비누류
	안전용품	카시트, 어린이보호장치류
	승용제품	유모차, 보행기, 기타 캐리어
	의류/가방류	속옷, 가운류, 외출복, 신발, 가방류
	가구	침대, 책상, 의자, 옷장, 서랍장, 기타 어린이용 가구
	스포츠/여가용품	공, 글러브, 자전거, 롤러스케이트류, 스케이트보드, 씽씽카, 야외용매트, 기타 어린이 운동용품
문구/도서류	문구용품	공책류, 볼펜, 샤프·연필, 싸인펜, 지우개, 수정액, 풀, 접착제, 가위, 필통, 기타 문구용품
	회화용품	물감, 크레파스, 색연필류, 파스텔, 팔레트
	공예용품	종이접기·공예, 점토공예, 자수공예, 비즈공예, 조각용품, 모형제작도구, 색종이류, 기타 공예용품
	도서류	그림책, 스티커북, 색칠책, 스케치북, 학습지류
놀이기구	실내놀이기구	미끄럼틀, 그림벽타기, 에어바운스, 놀이용집
	물놀이기구	실내 물놀이욕조
	놀이방매트	실내 놀이용 바닥매트

표. 어린이용품의 시나리오별 노출알고리즘(환경부예규 제585호)

경로	시나리오	제품의 특성	노출알고리즘
경구	시나리오 I: 빨거나 씹음	빨거나 씹을 수 있는 제품 또는 부품	$ADD = \dfrac{M \times ET \times SA}{BW}$ ADD: 일일 섭취량$(mg/kg.day)$ M: 유해물질의 인체 전이율$(mg/cm^2.min)$ ET: 접촉시간(min/day) SA: 접촉면적(cm^2) BW: 어린이의 체중(kg)
	시나리오 II: 삼킴	액상 제품, 크기가 작은 제품, 코팅된 제품 등	$ADD = \dfrac{C \times IR}{BW}$ ADD: 일일 섭취량$(mg/kg.day)$ C: 제품 내 함유된 유해물질의 농도(mg/g) IR: 일일 섭취하는 제품의 양(g/day) BW: 어린이의 체중(kg)
	시나리오 III: 손을 입으로 가져감	손으로 만질 수 있는 제품 (목재, 플라스틱 등의 고형 제품, 표면 코팅 제품, 섬유제품 등)	$ADD = \dfrac{M \times ET \times SA \times (1 - ABs)}{BW}$ ADD: 일일 섭취량$(mg/kg.day)$ M: 유해물질의 인체 전이율$(mg/cm^2.min)$ ET: 접촉시간(min/day) SA: 접촉면적(cm^2) ABs: 피부흡수율$(unitless)$ BW: 어린이의 체중(kg)
		피부에 흡착되는 제품(점토, 크레파스 등)	$ADD = \dfrac{C \times ET \times A \times SA \times (1 - ABs)}{BW}$ ADD: 일일 섭취량$(mg/kg.day)$ C: 제품내 함유된 유해물질의 농도(mg/g) ET: 접촉시간(min/day) A: 시간당 손에 묻은 제품의 양$(g/min.cm^2)$ SA: 접촉면적(cm^2) ABs: 피부흡수율$(unitless)$ BW: 어린이의 체중(kg)
흡입	시나리오 IV, V: 휘발성물질 흡입, 먼지흡입	휘발물질 또는 먼지를 방출하는 제품	$ADD = \dfrac{C \times BR \times ET}{BW}$ ADD: 일일 섭취량$(mg/kg.day)$ C: 공기중 유해물질의 농도(mg/m^3) BR: 어린이의 호흡률(m^3/hr) ET: 노출공간에서 활동시간(hr/day) BW: 어린이의 체중(kg)

표. 어린이용품의 시나리오별 노출알고리즘(환경부예규 제585호)

경로	시나리오	제품의 특성	노출알고리즘
경피	시나리오 VI: 제품의 피부 접촉	일반적인 피부 접촉 가능 제품 (목재, 플라스틱 등의 고형제품, 표면 코팅제품, 섬유제품 등)	$ADD = \dfrac{M \times S \times ET \times ABs}{BW}$ ADD: 일일 섭취량$(mg/kg.day)$ M: 유해물질의 인체 전이율$(mg/cm^2.min)$ S: 접촉면적(cm^2) ET: 접촉시간$(\min/day)$ ABs: 피부흡수율$(unitless)$ BW: 어린이의 체중(kg)
		피부에 흡착되는 제품(점토, 크레파스 등)	$ADD = \dfrac{C \times ET \times A \times SA \times ABs}{BW}$ ADD: 일일 섭취량$(mg/kg.day)$ C: 제품내 함유된 유해물질의 농도(mg/g) ET: 접촉시간$(\min/day)$ A: 시간당 피부에 묻은 제품의 양$(g/\min.cm^2)$ SA: 접촉면적(cm^2) ABs: 피부흡수율$(unitless)$ BW: 어린이의 체중(kg)
		유체 제품 (화장품, 물감 등)	$ADD = \dfrac{C \times Q \times EF \times ABs}{BW}$ ADD: 일일 섭취량$(mg/kg.day)$ C: 제품내 함유된 화학물질의 농도(mg/g) Q: 제품의 사용량$(g/회)$ EF: 제품의 사용빈도$(회/day)$ ABs: 피부흡수율$(unitless)$ BW: 어린이의 체중(kg)

- 전이량은 제품에 함유된 유해물질의 총량 중 실제적으로 인체에 이동한 양이다.
- 빠는 행위에 의한 경구전이량은 인공침 용출 실험을 통해 추정된다.
- 생활화학제품의 노출량은 함량을 기준으로 한다.
- 전이율에 제품의 표면적과 제품 사용시간을 고려하여 전이량을 추정한다.
- 소비자 제품의 위해성평가는 일반적으로 제품 내 화학물질의 함량과 전이량을 기초로 한다.

표. 어린이제품 유해물질 공통안전기준(산업통상자원부고시 제2021-132호)

항 목		허 용 치
유해원소 용출	안티모니(Sb)	60 mg/kg 이하
	비소 (As)	25 mg/kg 이하
	바륨((Ba)	1000 mg/kg 이하
	카드뮴 (Cd)	75 mg/kg 이하
	크로뮴 (Cr)	60 mg/kg 이하
	납 (Pb)	90 mg/kg 이하
	수은(Hg)	60 mg/kg 이하
	셀레늄(Se)	500 mg/kg 이하
유해원소 함유량	총 납(Pb)	100 mg/kg 이하
	총 카드뮴(Cd)	75 mg/kg 이하
프탈레이트 가소제 총 함유량	DEHP, DBP, BBP, NINP, DIDP, DnOP, DIBP	총합 0.1% 이하
pH		4.0~7.5
폼알데하이드		75 mg/kg 이하
아릴아민		각각 30 mg/kg 이하

(1) DEHP(Diethylhexyl phthalate, 다이에틸헥실프탈레이트)
(2) DBP(Dibutyl phthalate, 다이부틸프탈레이트)
(3) BBP(Butyl benzyl phthalate, 부틸벤질프탈레이트)

표. 소비자노출평가 모델

ECETOC-TRA	유럽화학물질 생태독성 및 독성센터	초기단계(Tier 1) 노출평가모델
ConsExpo	네덜란드 국립공중보건환경연구소	소비자노출평가모델
CEM	미국 환경보호청	소비자노출평가모델

[별표]사용제한 환경유해인자 명칭 및 제한 내용(제3조 관련)[환경부고시 제2019-230호]

어린이용품 환경유해인자 사용제한 등에 관한 규정

환경유해인자 명칭 (영문명, CAS 번호)	제한내용	용도
다이-n-옥틸프탈레이트 (Di-n-octyl phthalate; DNOP, 000117-84-0)	경구노출에 따른 전이량 $9.90 \times 10^{-1} \mu g/cm^2/min$, 및 경피노출에 따른 전이량 $5.50 \times 10^{-2} \mu g/cm^2/min$을 초과하지 않아야 함	어린이용품 (어린이용 플라스틱 제품)
다이이소노닐프탈레이트 (Diiosononyl phthalate; DINP, 028553-12-0)	경구노출에 따른 전이량 $4.01 \times 10^{-1} \mu g/cm^2/min$ 및 경피노출에 따른 전이량 $2.20 \times 10^{-2} \mu g/cm^2/min$을 초과하지 않아야 함	어린이용품 (어린이용 플라스틱 제품)
트라이뷰틸 주석 (Tributyltin compounds, 688-73-3)	트라이뷰틸 주석 및 이를 0.1% 이상 함유한 혼합물질 사용을 금지	어린이용품 (어린이용 목재 제품)
노닐페놀 (Nonylphenol, 025154-52-3)	노닐페놀 및 이를 0.1% 이상 함유한 혼합물질 사용을 금지	어린이용품 (어린이용 잉크 제품)

CHAPTER 05
환경노출평가(공기, 음용수, 토양)

5.1 환경시료

5.1.1 시료채취
① 전체 오염물질의 농도를 대표할 수 있도록 균질화된 시료를 수집해야 한다.
② 균질화된 시료를 채취하기 어려울 경우 무작위적 시료채취법을 이용할 수 있다.
③ 무작위적 시료채취법은 다양한 변이가 있는 환경매체 내에서 평균값에 가까운 측정값을 얻을 수 있다.
④ 환경매체의 오염도에 대한 추가 정보가 있는 경우, 특정 지점으로 제한하여 시료를 채취할 수 있다. 이 방법을 작위적 시료채취법이라 한다.

5.1.2 시료의 종류(채취방법)

표. 환경시료의 종류(채취방법)

시료종류	설명
용기시료채취	특정 장소와 특정 시간에 채취된 시료를 의미한다. 모든 환경매체에 적용이 가능하나 해당 매체에 대해서 단편적인 정보만 제공한다는 단점이 있다.
복합시료	환경매체 내 용기채취를 여러 개를 채취 후 혼합하여 하나의 시료로 균질화한 것이다.
현장측정시료	실시간에 시료를 직접 채취하여 오염도를 관찰한다. 이 방법은 오염도가 시간에 따라 지속적으로 변하는 경우에 적용한다.

Sketch Note Writing

[예제] 환경시료 채취 방법 중 복합시료 채취에 관한 내용으로 옳지 않은 것은?
❶ 오염물질의 시·공간적 변이에 대한 정보를 얻을 수 있다.
② 여러 번 채취한 시료를 혼합하여 하나의 시료로 균질화한 것이다.
③ 용기채취시료에 비해 비용과 시간을 절감할 수 있다.
④ 특정기간이나 공간 내의 오염도에 대한 평균값을 얻기 위해 사용된다.
[해설]
환경시료 채취 방법에는 용기시료채취, 복합시료채취, 현장측정시료 방법이 있다.

> Sketch Note Writing

[예제] 다음 중 어린이제품 공통안전기준상 유해원소 용출기준이 가장 높은 물질은?
① 셀레늄(Se)   ❷ 바륨(Ba)
③ 안티모니(Sb)   ④ 납(Pb)
[해설]
바륨(Ba)의 허용치 : 1000 mg/kg 이하

5.2 환경대기 시료채취

표. 환경대기 시료채취법

1. 가스상 물질

직접채취법	시료를 분석장치(측정기)에 직접 도입하여 현장에서 분석하는 방법 채취관–분석장치–흡입펌프로 구성된다.
용기채취법	시료를 일정한 용기에 채취한 후 실험실로 운반하여 분석하는 방법 채취관–용기 또는 채취관–유량조절기–흡입펌프–용기 로 구성된다.
용매채취법	측정대상 기체와 선택적으로 흡수 또는 반응하는 용매에 시료가스를 일정 유량으로 통과시켜 채취하는 방법 채취관–여과재–채취부–흡입펌프–유량계(가스미터)로 구성된다.
고체흡착법	활성탄, 실리카겔과 같은 고체분말 표면에 기체가 흡착되는 것을 이용하는 방법 흡착관–유량계–흡입펌프로 구성한다.
저온농축법	탄화수소와 같은 기체성분을 냉각제로 냉각 응축시켜 공기로부터 분리 채취하는 방법으로 주로 기체크로마토그래프(GC)나 GC/MS 분석기에 이용한다. 여과지홀더(여과지 장착)–흡입펌프–유량계로 구성된다.

2. 입자상 물질

저용량 공기채취법	기류를 여과지에 통과 시켜 여과지 상의 대기 중에 부유하고 있는 $10\mu m$ 이하의 입자상 물질을 채취한다. 흡입펌프, 분립장치, 여과지홀더 및 유량측정부로 구성된다.
고용량 공기채취	기류를 여과지에 통과 시켜 여과지 상의 대기 중에 부유하고 있는 $0.1 \sim 100\mu m$의 입자상 물질을 채취한다. 공기흡입부, 여과지홀더, 유량측정부 및 보호상자로 구성된다

| Sketch Note Writing |

[예제] 환경시료 채취 방법 중 복합시료 채취에 관한 내용으로 옳지 않은 것은?
❶ 오염물질의 시·공간적 변이에 대한 정보를 얻을 수 있다.
② 여러 번 채취한 시료를 혼합하여 하나의 시료로 균질화한 것이다.
③ 용기채취시료에 비해 비용과 시간을 절감할 수 있다.
④ 특정기간이나 공간 내의 오염도에 대한 평균값을 얻기 위해 사용된다.
[해설]
환경시료 채취 방법에는 용기시료채취, 복합시료채취, 현장측정시료 방법이 있다.

5.3 수질 시료채취

표. 수질 시료채취법

1. 배출허용기준 적합여부 판정을 위한 시료채취	
수동 및 자동 채취방법	• 수동으로 시료를 채취할 경우에는 30분 이상 간격으로 2회 이상 채취하여 일정량의 단일시료로 한다. 단, 부득이한 사유로 6시간 이상 간격으로 채취한 시료는 각각 측정분석한 후 산술평균하여 측정분석값을 산출한다. • 자동시료채취기로 시료를 채취할 경우에는 6시간 이내에 30분 이상 간격으로 2회 이상 채취하여 일정량의 단일 시료로 한다.
측정항목에 따른 채취방법	• 수소이온농도(pH), 수온 등 현장에서 즉시 측정하여야 하는 항목인 경우에는 30분 이상 간격으로 2회 이상 측정한 후 산술평균하여 측정값을 산출한다 • 시안(CN), 노말헥산추출물질, 대장균군 등 시료채취기구 등에 의하여 시료의 성분이 유실 또는 변질 등의 우려가 있는 경우에는 30분 이상 간격으로 2개 이상의 시료를 채취하여 각각 분석한 후 산술평균하여 분석값을 산출한다.
복수시료채취방법 적용을 제외할 수 있는 경우	• 환경오염사고 또는 취약시간대 (일요일, 공휴일 및 평일 18:00~09:00 등)의 환경오염감시 등 신속한 대응이 필요한 경우 제외할 수 있다. • 사업장 내에서 발생하는 폐수를 회분식(Batch식) 등 간헐적으로 처리하여 방류하는 경우 제외할 수 있다. • 기타 부득이 복수시료채취 방법으로 시료를 채취할 수 없을 경우 제외할 수 있다.
2. 하천수 및 지하수 수질조사를 위한 시료채취	
하천수	시료는 시료의 성상, 유량, 유속 등의 시간에 따른 변화 (폐수의 경우 조업상황 등)를 고려하여 현장물의 성질을 대표할 수 있도록 채취하여야 하며, 수질 또는 유량의 변화가 심하다고 판단될 때에는 오염상태를 잘 알 수 있도록 시료의 채취횟수를 늘려야 하며, 이때에는 채취시의 유량에 비례하여 시료를 서로 섞은 다음 단일시료로 한다.
지하수	지하수 침전물로부터 오염을 피하기 위하여 보존 전에 현장에서 여과 (0.45μm) 하는 것을 권장한다. 단, 기타 휘발성유기화합물과 민감한 무기화합물질을 함유한 시료는 그대로 보관한다.

Sketch Note Writing

[예제] 기기분석을 위한 환경시료의 전처리에 대한 설명 중 틀린 것은?
① 냉동 농축은 용액의 어는점이 용매의 어는점보다 항상 낮다는 점을 이용한다.
② 고체상 추출법은 수질시료 안에 포함된 일부 화학물질등이 보이는 흡착 현상을 이용한다.
③ 속슬레(soxhlet) 추출장치는 고체에 있는 특정 성분을 용매를 이용하여 추출하는 장치이다.
❹ 수질 시료 내 비휘발성유기화합물을 추출하는 경우 주로 액-액 추출법을 사용한다.
[해설]
수질 시료 내 비휘발성유기화합물을 추출하는 경우 주로 고체상 추출법을 사용한다.

5.4 토양 시료채취

표. 토양 시료채취법

1. 일반지역	
시료채취지점 선정	대상지역을 대표할 수 있는 토양시료를 채취하기 위해, 농경지의 경우는 대상지역 내에서 지그재그 형으로 5개~10개 지점을 선정한다. 공장지역·매립지역·시가지지역 등 농경지가 아닌 기타지역의 경우는 대상지역의 중심이 되는 1개 지점과 주변 4방위의 5m~10m 거리에 있는 1개 지점씩 총5개 지점을 선정하되 대상지역에 시설물 등이 있어 각 지점간의 간격이 불충분할 경우 간격을 적절히 조절할 수 있다.
시료채취방법	• 토양오염도 검사를 위해서는 표토층(0cm~15cm) 또는 필요에 따라 일정깊이 이하의 토양시료를 채취할 수 있다. 토양시료 채취 시 토양표면의 잡초나 유기물 등 이물질 층을 제거한 후 토양시료채취기(sampler)로 약 0.5kg 채취한다. • 채취한 토양시료 중 약 300g을 분취하여 수소이온농도, 중금속 및 불소 시험용 시료는 폴리에틸렌 봉투에, 시안 및 유기물질 시험용 시료는 입구가 넓은 유리병에 넣어 보관한다.
2. 토양오염관리대상시설지역	
시료채취지점 선정	토양오염관리대상시설 부지의 경계선으로부터 1m 이내의 지역 중, 당해시설이 아닌 다른 오염원으로부터 오염되었을 개연성이 없다고 판단되는 1개 지점에서 부지내의 시료채취지점 중 깊이가 가장 깊은 곳을 기준으로 하고, 그 깊이는 표토에서 해당 깊이까지로 한다.
시료채취방법	• 토양시료는 직경 2.5cm 이상의 시료채취 봉이 들어있는 타격식이나 나선형식의 토양시추장비로 채취한다. 이때 사용하는 시추장비는 시추 중에 물이나 기름이 유입되지 않는 것이어야 한다. • 시료채취 봉을 꺼내어 오염의 개연성이 가장 높다고 판단되는 부위 ±15cm를 시료부위로 한다. 다만, 오염의 개연성이 판단되지 않을 경우는 제일 하부의 토양 30cm를 시료부위로 한다.

| Sketch Note Writing |

[예제] 다음 중 토양내 잔류성 유기오염물질이 속하는 유해인자로 옳은 것은?
① 물리적 인자　　　　　　　❷ 화학적 인자
③ 생물학적 인자　　　　　　④ 인간공학적 인자

[예제] 종민감도분포 최소자료 요건

표. 종민감도분포 이용을 위한 최소자료 요건

매체구분	최소자료 요건
물	4개 분류군에서 최소 5종 이상[조류, 갑각류, 연체류, 어류 등]
토양	4개 분류군에서 최소 5종 이상[미생물, 식물류, 톡토기류, 지렁이 등]
퇴적물	4개 분류군에서 최소 5종 이상[미생물, 빈모류, 깔따구류, 단각류 등]

5.5 환경시료 분석

5.5.1 분석방법

표. 환경시료 분석방법의 종류

분석방법	설 명
건식분석	분석하고자 하는 물질을 가열 또는 건조, 태워서 성분을 분석하는 방법이다.
습식분석	수용액 상태에서 분석하고자 하는 물질의 성분을 분석하는 방법이다.
기기분석법	분석하고자 하는 물질의 물리화학적 특성을 측정하여 성분을 분석하는 방법이다. 분석방법에는 분리기법, 질량분석법, 분광분석법, 전기화학분석법, 혼성분석기법 등이 있다.

표. 환경시료의 기기분석법 종류

기기분석방법	설 명
분리기법	혼합되어 있는 물질에서 각 화학물질마다 다양한 흡착 및 이동능력을 이용하여 물질을 분리해 내는 방법으로 기체크로마토그래피법, 액체크로마토그래피법이 있다.
질량분석법	환경시료 안에 있는 화학물질의 분자를 이온화시킨 후 전자기장을 이용하여 질량에 따라 분리시키고 질량/이온화비(m/z)를 검출하여 분석하는 방법이다.
분광분석법	환경시료 안에 있는 분자의 종류에 따라 전자기파의 상호작용이 다르다는 특성을 이용하여 시료의 화학물질을 분리하는 방법으로 원자흡수분광법, 유도결합플라즈마법 등이 있다.
전기화학분석법	분석대상 물질의 전위를 측정하는 방법이다.
혼성분석기법	몇 가지 분석기법을 같이 사용하여 분석하는 것으로 단일분석기법보다 높은 정확도와 신뢰도를 가질 수 있다.

5.5.2 기기분석의 전처리방법

표. 환경시료의 기기분석 전처리

전처리 방법		설명
추출	속슬레 추출	고체시료에 용매를 작용시켜 표적물질을 시료로부터 분리하는 방법이다.
	액-액 추출	액체시료에 용제를 작용시켜 표적물질을 시료로부터 분리하는 방법이다.
	고체상 추출	고형흡착제에 표적물질을 흡착시켜 시료로부터 분리하는 방법으로 수질시료 내 비휘발성유기화합물을 추출하는 경우 사용된다.
농축	가열농축	시료에 열을 가하여 용매를 증발시키고 용질을 축적시키는 방법이다.
	감압농축	대기압 이하에서 시료에 열을 가하여 용매를 증발시키고 용질을 축적시키는 방법이다.
	통풍농축	시료에 열풍, 질소 등을 통과 시켜 용매를 증발시키고 용질을 축적시키는 방법이다.
	냉동농축	시료를 냉동시키면 용매는 얼음고체로 되고, 용질은 액체로 분리되어 농축된다.
정제		시료 중 불순물을 제거하는 방법으로 활성탄, 실리카겔, 플로리실 등의 충진제로 정제한다.

*[기기분석]
① 기기분석은 일반적으로 신호발생장치, 검출기, 신호처리기, 출력장치 등으로 구성된다.
② 분광분석법에는 원자흡수분광법, 유도결합플라즈마, 적외선분광법 등이 있다.
③ 액체크로마토그래피는 물, 에탄올을 이동상으로 사용하여 혼합시료의 개별성분을 분리한다.
④ 기체크로마토그래피-질량분석기는 휘발성유기화합물을, 액체크로마토그래피-질량분석기는 비휘발성 유기화합물 분석에 주로 사용된다.

5.5.3 환경노출평가 모델

① 환경노출평가 예측모델평가 시 민감도 분석(sensitivity analysis)을 하여 예측 값을 확인한다.
② 환경 노출평가 모델의 예측값은 여러 단계에서 많은 가정이 있으므로 불확실성(uncertainty)이 존재한다.
③ 이미 산출되어 있는 노출계수를 이용하여 이와 물리화학적 특성이 유사한 물질에 적용할 수 있다.
④ 국내 노출계수 데이터베이스가 제한적이지만 유럽연합과 미국 등에서는 공정 또는 산업유형별 환경오염물질에 대한 노출계수를 제공하고 있다.

Sketch Note Writing

[예제] 환경시료의 분석법 중 기기분석에 대한 설명으로 옳지 않은 것은?
① 일반적으로 신호발생장치, 검출기, 신호처리기, 출력장치 등으로 구성된다.
② 분광분석법에는 원자흡수분광법, 유도결합플라즈마, 적외선분광법 등이 있다.
❸ 기체크로마토그래피는 물, 에탄올을 이동상으로 사용하여 혼합시료의 개별성분을 분리한다.
④ 기체크로마토그래피–질량분석기는 휘발성 유기화합물을, 액체크로마토그래피–질량분석기는 비휘발성 유기화합물 분석에 주로 사용된다.
[해설]
액체크로마토그래피는 물, 에탄올을 이동상으로 사용하여 혼합시료의 개별성분을 분리한다.

[예제] 기기분석을 위한 환경시료의 전처리에 대한 설명 중 틀린 것은?
① 냉동 농축은 용액의 어는점이 용매의 어는점보다 항상 낮다는 점을 이용한다.
② 고체상 추출법은 수질시료 안에 포함된 일부 화학물질등이 보이는 흡착 현상을 이용한다.
③ 속슬레(soxhlet) 추출장치는 고체에 있는 특정 성분을 용매를 이용하여 추출하는 장치이다.
❹ 수질 시료 내 비휘발성유기화합물을 추출하는 경우 주로 액–액 추출법을 사용한다.
[해설]
수질 시료 내 비휘발성유기화합물을 추출하는 경우 주로 고체상 추출법을 사용한다.

CHAPTER 06 분석 정도관리

6.1 바탕시료

6.1.1 방법바탕시료

방법바탕시료(Method blank)는 시료와 유사한 매질을 사용하여 시료를 제조한 후 추출, 농축, 정제 및 분석 과정에 따라 분석한 것을 정도관리에 적용한다. 이때 매질, 실험절차, 시약 및 측정 장비 등으로부터 발생하는 오염물질을 확인할 수 있다.

6.1.2 시약바탕시료

시약바탕시료(Reagent blank)는 시약과 매질을 사용하여 시료를 제조한 후 추출, 농축, 정제 및 분석 과정에 따라 분석한 것을 정도관리에 적용한다. 이때 매질, 실험절차, 시약 및 측정 장비 등으로부터 발생하는 오염물질을 확인할 수 있다.

6.2 검정곡선

6.2.1 검정곡선법
① 검정곡선은 분석물질의 농도변화에 따른 측정값의 변화를 수식으로 나타낸다.
② 시료 중 분석 대상 물질의 농도를 포함하도록 범위를 설정하고, 검정곡선 작성용 표준용액은 가급적 시료의 매질과 비슷하게 제조하여야 한다.
③ 검정곡선법(External standard method)은 시료의 농도와 지시값과의 상관성을 검정곡선 식에 대입하여 작성하는 방법이다.
④ 검정곡선은 직선성이 유지되는 농도범위 내에서 제조농도 3~5개를 사용한다.
⑤ 검정곡선의 감응계수는 상대표준편차의 허용범위를 벗어나면 재작성 한다.(검정곡선 작성용 표준용액의 농도 : C, 반응값 : R),

$$감응계수 = R/C$$

6.2.2 표준물첨가법
① 표준물첨가법(Standard addition method)은 시료와 동일한 매질에 일정량의 표준물질을 첨가하여 검정곡선을 작성하는 방법이다.
② 매질효과가 큰 시험 분석 방법에서 분석 대상 시료와 동일한 매질의 표준시료를 확보하지 못한 경우에 매질효과를 보정하여 분석할 수 있는 방법이다.

6.2.3 내부표준법
① 내부표준법(Internal standard calibration)은 검정곡선 작성용 표준용액과 시료에 동일한 양의 내부표준물질을 첨가하여 시험분석 절차, 기기 또는 시스템의 변동으로 발생하는 오차를 보정하기 위해 사용하는 방법이다.
② 내부표준법은 시험 분석하려는 성분과 물리·화학적 성질은 유사하나 시료에는 없는 순수 물질을 내부표준물질로 선택한다.
③ 일반적으로 내부표준물질로는 분석하려는 성분에 동위원소가 치환된 것을 많이 사용한다.

6.3 검출한계

6.3.1 기기검출한계

기기검출한계(IDL, Instrument detection limit)란 시험분석 대상물질을 기기가 검출할 수 있는 최소한의 농도 또는 양으로서, 일반적으로 S/N(signal/noise)비의 2~5배 농도 또는 바탕시료를 반복 측정 분석한 결과의 표준편차에 3배한 값 등을 말한다.

6.3.2 방법검출한계

방법검출한계(MDL, Method detection limit)란 시료와 비슷한 매질 중에서 시험분석 대상을 검출할 수 있는 최소한의 농도로서, 제시된 정량한계 부근의 농도를 포함하도록 준비한 n개의 시료를 반복 측정하여 얻은 결과의 표준편차(s)에 99 % 신뢰도에서의 t-분포값을 곱한 것이다.

$$방법검출한계 = t_{(n-1,\ \alpha=0.01)} \times s$$

여기서, $t_{(n-1,\ \alpha=0.01)}$ 는 아래의 표에서 구한다.

자유도(n-1)	2	3	4	5	6	7	8	9
t-분포값	6.96	4.54	3.75	3.36	3.14	3.00	2.90	2.82

6.3.3 정량한계

정량한계(LOQ, Limit of quantification)란 시험분석 대상을 정량화할 수 있는 측정값으로서, 제시된 정량한계 부근의 농도를 포함하도록 시료를 준비하고 이를 반복 측정하여 얻은 결과의 표준편차(s)에 10배한 값을 사용한다.

$$정량한계 = 10 \times s$$

6.3.4 현장 이중시료

현장 이중시료(Field duplicate)는 동일 위치에서 동일한 조건으로 중복 채취한 시료로서 독립적으로 분석하여 비교한다. 현장 이중시료는 필요시 하루에 20개 이하의 시료를 채취할 경우에는 1개를, 그 이상의 시료를 채취할 때에는 시료 20개당 1개를 추가로 채취하며, 동일한 조건에서 측정한 두 시료의 측정값 차를 두 시료 측정값의 평균값으로 나누어 상대편차백분율(RPD, Relative percent difference)로 구한다.

$$상대편차백분율(\%) = \frac{C_2 - C_1}{\bar{x}} \times 100 \ \%$$

6.3.5 정밀도

정밀도(precision)란 시험분석 결과의 반복성을 나타내는 것으로 반복시험하여 얻은 결과를 상대표준편차(RSD, Relative standard deviation)로 나타내며. 연속적으로 n회 측정한 결과의 평균값($\bar{x}$)과 표준편차(s)로 구한다.

$$정밀도(\%) = \frac{s}{\bar{x}} \times 100$$

6.3.6 정확도

① 정확도(Accuracy)란 시험분석 결과가 참값에 얼마나 근접하는가를 나타내는 것으로 동일한 매질의 인증시료를 확보할 수 있는 경우에는 표준절차서(SOP, Standard operational procedure)에 따라 인증표준물질을 분석한 결과값(C_M)과 인증값(C_C)과의 상대백분율로 구한다.

② 인증시료를 확보할 수 없는 경우에는 해당 표준물질을 첨가하여 시료를 분석한 분석값(C_{AM})과 첨가하지 않은 시료의 분석값(C_S)과의 차이를 첨가 농도(C_A)의 상대백분율 또는 회수율로 구한다.

$$정확도(\%) = \frac{C_M}{C_C} \times 100 = \frac{C_{AM} - C_S}{C_A} \times 100$$

핵심문제

01 어떤 물질에 대하여 5회 반복 측정한 값의 표준편차가 5일 때 방법검출한계는?
(단, 자유도=시료수-1)

자유도(n-1)	1	2	3	4	5
t-분포값(α=0.01)	7.5	5.3	4.3	4.1	3.9

① 19.5 ② 20.5
③ 21.5 ④ 26.5

해설 방법검출한계(MDL, Method detection limit)란 시료와 비슷한 매질 중에서 시험분석 대상을 검출할 수 있는 최소한의 농도로서, 제시된 정량한계 부근의 농도를 포함하도록 준비한 n개의 시료를 반복 측정하여 얻은 결과의 표준편차(s)에 99 % 신뢰도에서의 t-분포값을 곱한 것이다.

$$\text{방법검출한계} = t_{(n-1,\ \alpha=0.01)} \times s$$

표준편차(s)=5, 자유도=n-1=5-1=4, t분포값=4.1
∴ 방법검출한계 = t분포값 × s = 4.1×5 = 20.5

02 어떤 가정에서 지속적으로 방출되는 거치식 방향제를 50m³ 부피의 거실에서 사용하고 있으며 이 방향제에는 휘발성의 톨루엔이 포함되어 있다. 상세 평가할 경우 거실 공기 중의 톨루엔 농도(μg/m³)는?

구분	값
G_d : 일당 방출량(μg/d)	1000
W_f : 제품 중 성분비	1×10^{-1}
N : 환기율(회/h)	0.5

① 0.12 ② 0.17
③ 1.2 ④ 4.0

해설 $\dfrac{1}{50m^3} \Big| \dfrac{1000\mu g}{day} \Big| \dfrac{0.1}{0.5} \Big| \dfrac{hr}{} \Big| \dfrac{day}{24hr} = 0.1666\,\mu g/m^3$

정답 01.② 02.②

03 어린이용품 환경유해인자 사용제한 등에 관한 규정상 어린이 용품에 사용을 제한하는 환경유해인자에 해당하지 않는 것은?

① 노닐페놀
② 트라이뷰틸 주석
③ 다이에틸헥실프탈레이트
④ 다이이소노닐프탈레이트

해설 어린이용품 환경유해인자 4종
다이-n-옥틸프탈레이트, 노닐페놀, 트라이뷰틸 주석, 다이이소노닐프탈레이트

04 제품 노출평가 및 위해성 평가를 위한 단계를 순서대로 나열한 것은?

(1) 위해성 평가
(2) 노출시나리오 개발
(3) 유해성 자료 수집
(4) 노출알고리즘 구성
(5) 노출계수 수집

① (1) → (2) → (5) → (4) → (3)
② (2) → (3) → (4) → (5) → (1)
③ (3) → (5) → (2) → (4) → (1)
④ (2) → (5) → (1) → (4) → (3)

05 인체 시료를 분석할 때 기기분석의 정도 관리에 관한 설명으로 옳지 않은 것은?

① 정량도는 시험분석 결과의 중복성에 대한 척도이다.
② 정밀도는 반복 시험하여 얻은 결과들의 상대표준편차 또는 변동계수로 표시한다.
③ 정확도는 매질효과가 잘 보정되어 시험분석 결과가 참값에 얼마나 근접하는지를 나타내는 척도이다.
④ 연구자들은 정확도를 평가하기 위해 인증 표준물질이나 동일 매질의 표준물질에 대한 측정을 몇 회 이상 반복하여 관리기준을 산출하고 매 분석 시 control chart를 작성한다.

06 생활화학제품 및 살생물제의 안전관리에 관한 법령상의 용어 정의로 옳지 않은 것은?

① 위생용품은 건강 증진을 위해 공업적으로 생산된 물품이다.
② 생활화학제품은 사람이나 환경에 화학물질의 노출을 유발할 가능성이 있는 화학제품이다.
③ 살생물처리제품은 제품의 주된 목적 외에 유해생물 제거 등의 부수적인 목적을 위해 살생물제품을 사용한 제품이다.
④ 살생물제품은 유해생물의 제거 등을 주된 목적으로 하는 화학물질로부터 살생물질을 생성하는 제품이다.

정답 03.③ 04.② 05.① 06.①

07 어린이제품 안전 특별법령상 안전관리대상 어린이제품에 해당하지 않는 것은?

① 안전 인증 대상 어린이제품
② 안전 확인 대상 어린이제품
③ 안전·품질표시 대상 어린이제품
④ 공급자 적합성 확인 대상 어린이제품

> 해설 "안전관리대상어린이제품"이란 다음 각 목의 어느 하나에 해당하는 어린이제품을 말한다.
> 가. 안전인증대상어린이제품
> 나. 안전확인대상어린이제품
> 다. 공급자적합성확인대상어린이제품

08 노출계수 수집을 위한 설문조사 방법의 특징으로 옳지 않은 것은?

① 관찰조사는 조사자가 직접 관찰하거나 비디오 녹화 등을 통해 수행한다.
② 면접조사는 조사원의 영향이 크게 작용하지 않아 응답의 신뢰도가 높다.
③ 전화조사는 우편조사보다 회수율이 우수하며 시간적인 측면에서 효과적이다.
④ 온라인 조사는 응답자가 관심 집단에 국한될 수 있어 표본의 대표성 문제를 갖는다.

> 해설 면접조사는 조사원의 영향이 크게 작용하며, 응답의 신뢰도가 높다.

09 안전확인대상생활화학제품 시험·검사 등의 기준 및 방법 등에 관한 규정에서 제시된 함량제한물질과 주 시험법의 연결이 옳지 않은 것은?

① 수산화나트륨 : 적정법
② 메탄올 : 기체크로마토그래피법
③ 염화벤잘코늄 : 기체크로마토그래피법
④ 벤질알코올 : 고성능액체크로마토그래피법

> 해설 염화벤잘코늄 : 고성능액체크로마토그래피법/질량분석법

10 인체노출평가를 위한 연구집단 선정 시 연구대상에 따른 조사방법에 관한 내용으로 옳지 않은 것은?

① 연구대상 집단의 모든 구성원을 대상으로 실행하는 방법을 전수조사라 한다.
② 연구대상 집단을 대표하는 표본을 선정하여 실행하는 방법을 확률표본조사라 한다.
③ 노출평가를 위한 연구 집단 조사방법에는 전수조사, 확률표본조사, 일화적조사가 있다.
④ 높은 확률을 가질 것으로 기대되는 표본을 선정하여 실행하는 방법을 일화적조사라 한다.

> 해설 일화적조사란 연구대상 집단에서 무작위로 표본을 선정하여 실행하는 방법을 말한다.

정답 07.③ 08.② 09.③ 10.④

11 제품 내의 유해물질 분석과 관련하여 함량에 관한 설명으로 옳지 않은 것은?

① 일반적으로 함량은 mg/kg 단위를 사용한다.
② 함량이 높을수록 인체에 대한 위해성이 크다.
③ 함량은 화학물질 질량과 제품 질량의 비율이다.
④ 함량은 전이량에 비해 시험이 비교적 쉽고 노출평가에 쉽게 적용될 수 있다.

> **해설** 함량이 높다고 인체에 대한 위해성이 큰 것은 아니다.

12 생활화학제품 위해성평가의 대상 및 방법 등에 관한 규정에 따른 단계적인 노출평가 방식 중 상세평가에 관한 설명으로 옳은 것은?

① 합리적인 최악의 노출상황을 가정하여 수행한다.
② 최대 제품 사용가능 시나리오에 따라 보수적으로 평가를 수행한다.
③ 국내 소비자 사용행태 등 실제적인 노출상황을 최대한 반영하여 수행한다.
④ 제품 사용특성을 반영할 경우에는 노출상황을 최소한 반영하여 수행한다.

> **해설** 노출량 산정결과는 독성 참고치와 비교하여 초기평가와 상세평가를 진행한다. 상세평가는 노출된 개개인의 실제적 노출상황을 최대한 반영하여 진행한다.

13 환경시료 채취 방법 중 복합시료 채취에 관한 내용으로 옳지 않은 것은?

① 오염물질의 시·공간적 변이에 대한 정보를 얻을 수 있다.
② 여러 번 채취한 시료를 혼합하여 하나의 시료로 균질화한 것이다.
③ 용기채취시료에 비해 비용과 시간을 절감할 수 있다.
④ 특정기간이나 공간 내의 오염도에 대한 평균값을 얻기 위해 사용된다.

> **해설** 환경시료 채취 방법에는 용기시료채취, 복합시료채취, 현장측정시료 방법이 있다.

14 경피노출의 인체 노출량 산정에 필요한 정보에 해당하지 않는 것은?

① 섭취율
② 노출 빈도
③ 피부 흡수율
④ 피부 접촉 면적

> **해설** 경피노출의 인체 노출량 산정(피부노출, 세척, 샤워, 토양)
> $$\text{Inhalation ADD(mg/kg·day)} = \frac{DA_{event} \times EV \times SA \times EF \times ED \times ABs}{BW \times AT}$$

정답 11.② 12.③ 13.① 14.①

15 환경농도 계산에 관한 설명으로 옳지 않은 것은?
① 환경농도 계산은 전국 규모의 평가와 사업장 규모의 평가를 모두 포함한다.
② 전국 규모의 환경농도는 사업장 규모의 환경농도를 계산할 때 배경농도로 사용된다.
③ 전국 규모의 환경농도 예측에는 점오염원과 비점오염원을 모두 고려한다.
④ 사업장 규모의 환경농도 예측에는 굴뚝이나 배출구 등 점오염원만 고려한다.

16 다음 중 어린이제품 공통안전기준상 유해원소 용출기준이 가장 높은 물질은?
① 셀레늄(Se)
② 바륨(Ba)
③ 안티모니(Sb)
④ 납(Pb)

> 해설 바륨(Ba)의 허용치 : 1000 mg/kg 이하

17 바이오모니터링에서 특정유해물질에 대한 노출과 내적 노출량을 반영하는 지표는?
① 노출 생체지표
② 독성 생체지표
③ 민감성 생체지표
④ 위해성영향 생체지표

> 해설 바이오 모니터링은 인체시료에서 노출을 반영하는 생체지표의 농도를 측정하는 방법으로 노출 생체지표, 위해영향 생체지표, 민감성 생체지표 등이 있다.

18 전이량에 관한 설명으로 옳지 않은 것은?
① 전이량은 흡입, 경구, 경피의 노출경로별로 다르게 추정된다.
② 제품에 함유된 물질 중 인체에 흡수될 수 있는 최대량을 전이량이라 한다.
③ 전이량은 시간에 따른 면적당 화학물질의 이동비율인 전이율을 바탕으로 추정된다.
④ 직접섭취에 의한 전이량은 중금속이 대상인 경우 인공위액을 모사한 염산을 이용하여 추출 후 측정한다.

> 해설 전이량은 제품에 함유된 유해물질의 총량 중 실제적으로 인체에 이동한 양이다.

정답 15.④ 16.② 17.① 18.②

19 사무실 실내공기 중 폼알데하이드 농도가 $200\mu g/m^3$이다. 이 사무실에서 6개월간 근무한 성인 남성의 폼알데하이드에 대한 평생일일평균노출량(mg/kg/d)은? (단, 성인 남성의 호흡률은 $15m^3/d$, 평균체중은 70kg, 평균 노출기간은 70y, 피부흡수율은 100%)

① 3.67×10^{-3}
② 3.02×10^{-4}
③ 6.12×10^{-4}
④ 6.89×10^{-4}

해설 평생1일 평균노출량 = $\dfrac{오염도(mg/m^3) \times 접촉률(m^3/day) \times 노출기간(day) \times 흡수율}{체중(kg) \times 평균기간(통상 70년, day)}$

$\dfrac{200\mu g}{m^3} \Big| \dfrac{0.5y}{} \Big| \dfrac{15m^3}{day} \Big| \dfrac{}{70kg} \Big| \dfrac{}{70y} \Big| \dfrac{mg}{1000\mu g} = 3.0 \times 10^{-4}$

20 소비자제품의 인체노출경로를 결정할 때 고려사항으로 가장 적합하지 않은 것은?
① 제품의 용도
② 제품의 형태
③ 제품의 제조공정
④ 제품의 안전사용 조건

21 노출시나리오를 통한 인체 노출평가의 과정을 순서대로 옳게 나열한 것은?

> ㉠ 노출 시나리오 작성
> ㉡ 대상인구집단 파악 및 특성 평가
> ㉢ 중요한 노출원의 오염 수준 결정
> ㉣ 중요한 노출 방식에 의한 오염물질 섭취량 추정
> ㉤ 중요한 이동 경로 및 노출 방식 결정
> ㉥ 노출계수 파악

① ㉠ → ㉢ → ㉤ → ㉣ → ㉥ → ㉡
② ㉥ → ㉠ → ㉡ → ㉢ → ㉤ → ㉣
③ ㉠ → ㉡ → ㉤ → ㉢ → ㉥ → ㉣
④ ㉥ → ㉠ → ㉡ → ㉤ → ㉣ → ㉢

정답 19.② 20.③ 21.③

22 분석의 정도관리를 위해 검정곡선을 작성할 때의 설명으로 틀린 것은?

① 외부검정곡선법은 시료의 농도와 측정값의 상관관계를 검정곡선식에 대입하여 계산하는 방법이다.
② 검정곡선식은 측정대상물질의 농도 축과 측정값 축에 2차 방정식으로 상관성을 표현한다.
③ 표준물첨가법은 일정량의 표준물질의 시료와 같은 매질에 첨가하여 검정곡선을 작성하는 방법이다.
④ 내부표준법은 시료와 검정곡선 작성용 표준용액에 같은 양의 내부표준물질의 첨가하여 분석 시스템에 대한 오차를 보정하는 방법이다.

> **해설** 검정곡선법(External standard method)은 시료의 농도와 지시값과의 상관성을 검정곡선 식에 대입하여 작성하는 방법이다.

23 벼농사를 짓는 농경지가 유기인계 농약인 파라치온(parathion)으로 오염되어 있다. 이 지역주민들의 오염된 쌀 섭취를 통해 노출되는 파라치온의 일일평균노출량(mg/kg/day)으로 옳은 것은?

- 쌀의 파라치온 농도: 1.6 mg/kg
- 쌀 섭취량: 200 g/day
- 노출빈도: 365 day/year
- 노출기간: 25 years
- 평균체중: 60 kg

① 1.00×10^{-5}
② 1.54×10^{-5}
③ 2.07×10^{-5}
④ 5.33×10^{-3}

> **해설** 일일평균노출량 $= \dfrac{1.6mg}{kg} | \dfrac{0.2kg}{day} | \dfrac{1}{60kg} = 0.0053 mg/kg \cdot day$

24 환경시료 안에 있는 화학물질의 분자를 이온화시킨 후 전자기장을 이용하여 질량에 따라 분리시키고 질량/이온화비(m/z)를 검출하여 분석하는 방법으로 옳은 것은?

① 질량분석법
② 분광분석법
③ 혼성분석기법
④ 전기화학분석법

> **해설**
>
> 표. 환경시료의 기기분석법 종류
>
> | 기기분석방법 | 설 명 |
> |---|---|
> | 분리기법 | 혼합되어 있는 물질에서 각 화학물질마다 다양한 흡착 및 이동능력을 이용하여 물질을 분리해 내는 방법으로 기체크로마토그래피법, 액체크로마토그래피법이 있다. |
> | 질량분석법 | 환경시료 안에 있는 화학물질의 분자를 이온화시킨 후 전자기장을 이용하여 질량에 따라 분리시키고 질량/이온화비(m/z)를 검출하여 분석하는 방법이다. |
> | 분광분석법 | 환경시료 안에 있는 분자의 종류에 따라 전자기파의 상호작용이 다르다는 특성을 이용하여 시료의 화학물질을 분리하는 방법으로 원자흡수분광법, 유도결합플라즈마법 등이 있다. |
> | 전기화학분석법 | 분석대상 물질의 전위를 측정하는 방법이다. |
> | 혼성분석기법 | 몇 가지 분석기법을 같이 사용하여 분석하는 것으로 단일분석기법보다 높은 정확도와 신뢰도를 가질 수 있다. |

정답 22.② 23.④ 24.①

25 노출계수를 수집하기 위한 방법으로 시간과 비용이 많이 들지만 응답자가 이해하지 못한 문항에 대해 설명이 가능하여 신뢰성이 높은 응답을 얻을 수 있는 설문조사 방법은?

① 관찰조사 ② 서면조사
③ 면접조사 ④ 온라인조사

해설 조사방법에는 온라인 조사, 면접조사, 관찰조사, 우편조사 등이 있다.
- 온라인 조사는 응답의 신뢰도가 낮다.
- 면접조사는 조사원의 영향이 크게 작용한다.
- 관찰조사는 어린이의 행동특성을 조사하는데 적합하다.
- 우편조사는 응답자가 충분한 시간을 가지고 응답할 수 있다.

26 환경시료 내 물리화학적 특성을 가진 물질을 용해할 수 있는 용매를 이용하여 표적물질을 분리해내는 전처리 과정은?

① 여과(filtration) ② 정제(purification)
③ 추출(extraction) ④ 농축(concentration)

해설 추출은 용매를 이용해 시료 내 표적물질을 분리해 내는 방법으로 속슬레 추출, 액-액 추출, 고체상 추출이 있다.

27 인체노출평가 계획 시 반드시 고려해야 할 요인이 아닌 것은?

① 이동매체 ② 노출빈도
③ 노출인구 ④ 건강보험료

해설
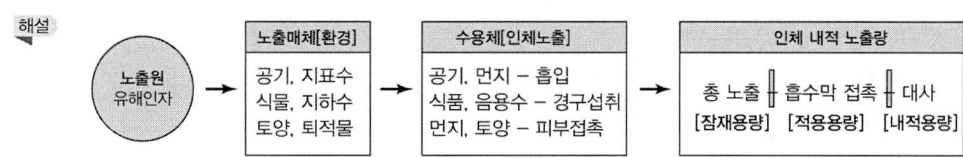

28 제품노출평가의 범주로 옳지 않은 것은?

① 기본 대상은 소비자 제품이다.
② 대상 인구집단은 일반 대중(소비자)이다
③ 물리적 기작에 의한 제품의 위험성을 포함한다.
④ 독성학적 기작에 따라 유해성이 발생하는 화학물질의 양을 추정한다.

해설 물리적 기작을 통한 노출은 제품노출평가의 대상이 아니다.

정답 25.③ 26.③ 27.④ 28.③

29 사람의 일일평균노출량(ADD, Average Daily Dose) 산정을 위해 고려해야 할 사항으로 가장 거리가 먼 것은?

① 접촉률
② 평균 키
③ 노출 기간
④ 특정 매체의 오염도

> **해설** 노출기간, 접촉률, 매체 오염도, 체중, 종, 성, 개인 간 차이, 내성 등을 고려한다.

30 A화학물질이 포함된 방충제품이 비치된 드레스룸 노출 정보가 다음과 같을 때 A물질의 흡입노출량(μg/kg/day)은? (단, 드레스룸에는 하루에 두 번 (아침, 저녁) 머문다.)

구 분	노출계수 값
드레스룸 내 물질A 농도	10μg/m³
체내 흡수율(Abs)	1
호흡률(IR)	20m³/day
체중(BW)	60 kg
1회 노출시간	10 min

① 0.023
② 0.046
③ 1.111
④ 2.785

> **해설** 흡입노출량 = $\frac{10\mu g}{m^3} \mid \frac{1}{1} \mid \frac{20m^3}{day} \mid \frac{1}{60kg} \mid \frac{10\min}{1회} \mid \frac{2회}{day} \mid \frac{day}{1440\min} = 0.046 \mu g/kg \cdot day$

31 환경보건법상 수행하는 국민환경보건기초 조사에서 중금속의 인체노출평가를 위해 혈액시료에서만 분석하는 물질로 옳은 것은?

① 납(Pb)
② 비소(As)
③ 수은(Hg)
④ 구리(Cu)

> **해설** 환경보건법상 수행하는 국민환경보건기초조사에서 중금속의 인체노출평가를 위해 납(Pb)은 혈액시료에서만 분석한다.

정답 29.② 30.② 31.①

32 환경매체의 오염도가 시간에 따라 지속적으로 변하는 경우 적용할 수 있는 시료로 가장 적절한 것은?

① 복합시료
② 분할시료
③ 현장측정시료
④ 용기채취시료

 해설

표. 환경시료의 종류(채취방법)

시료종류	설명
용기시료채취	특정 장소와 특정 시간에 채취된 시료를 의미한다. 모든 환경매체에 적용이 가능하나 해당 매체에 대해서 단편적인 정보만 제공한다는 단점이 있다.
복합시료	환경매체 내 용기채취를 여러 개를 채취 후 혼합하여 하나의 시료로 균질화한 것이다.
현장측정시료	실시간에 시료를 직접 채취하여 오염도를 관찰한다. 이 방법은 오염도가 시간에 따라 지속적으로 변하는 경우에 적용한다.

33 생활화학제품에 대한 설명으로 옳은 것은?

> 1. 생활화학제품은 사람이나 환경에 화학물질 노출을 유발할 가능성이 있다.
> 2. 생활화학제품의 위해성은 산업통상자원부에서 관리한다.
> 3. 안전확인대상 생활화학제품은 위해성평가 결과 위해성이 인정되어 안전관리가 필요한 제품이다.
> 4. 문신용 염료는 화장품으로서 식품의약품안전처에서 관리한다.

① 1, 2
② 1, 3
③ 2, 4
④ 3, 4

 해설 생활화학제품이란 가정, 사무실, 다중이용시설 등 일상적인 생활공간에서 사용되는 화학제품으로서 사람이나 환경에 화학물질의 노출을 유발할 가능성이 있는 것을 말한다.

34 인체시료의 전처리에 대한 설명으로 옳지 않은 것은?

① 전처리방법으로서 침전, 액-액 추출, 초임계 유체추출 등이 있다.
② 전기영동법은 비슷한 전하를 가진 분자들이 용해도에 따라 분리되는 전처리 방법이다.
③ 전처리를 하는 이유는 생체시료 내의 유기물을 제거하거나 분석법에 적합하도록 만들기 위해 시행하는 것이다.
④ 고체상 추출법은 액체 또는 기체시료가 선택적으로 고체상 흡착제에 흡착되게 하는 전처리 방법이다.

해설 전기영동법은 비슷한 전하를 가진 분자들이 매질을 통해 가진 크기에 따라 분리되게 하는 전처리 방법이다.

정답 32.③ 33.② 34.②

35 제품 내 화학물질에 대한 노출경로가 흡입일 때의 노출 시나리오로 옳지 않은 것은?
① 지속적 방출　　　　　　② 먼지 흡입
③ 분사 중 접촉　　　　　　④ 공기 중 분사

해설

노출경로	노출시나리오
흡입	지속적 방출, 공기 중 분사, 표면휘발, 휘발성 물질 흡입, 먼지흡입
경구	제품의 섭취, 빨거나 씹음, 손을 입으로 가져감
경피	액체형 접촉, 반고상형 접촉, 분사 중 접촉, 섬유를 통한 접촉

36 환경 경유 인체노출량 산정방법에 대한 설명으로 틀린 것은?
① 인체의 환경매체에 대한 노출계수 산정 시 노출경로별 오염물질 농도, 접촉률, 몸무게, 노출기간 등이 고려된다.
② 일일평균노출량(ADD)은 주어진 기간 동안의 노출량 추정치로서 성인을 대상으로 추정하거나 연령군별로 계산된다.
③ 인체 노출량 평가는 환경 매체 중 간접측정이나 환경 내 거동모형을 활용하여 얻어진 노출농도 결과를 사용한다.
④ 환경오염물질의 인체 노출평가는 대상물질의 정성 및 정량적 자료를 이용하여 화학물질이 인체 내부로 유입되는 노출량을 추정하는 과정이다.

해설　인체노출평가((Exposure assessment))는 인체노출량을 정량적으로 측정 또는 추정할 수 있도록 한다. 어떤 유해물질에 노출되었을 경우, 그 물질에 노출된 농도(양)을 결정하는 단계로 노출량의 산정방법에는 피부를 통한 노출량, 흡입를 통한 노출량, 경구를 통한 노출량으로 구분한다.

37 어린이제품 공통안전기준상 입에 넣어 사용할 용도로 제작된 어린이제품에 적용하는 유해원소 용출 유해물질의 kg당 허용치가 가장 높은 물질은?
① 바륨(Ba)　　　　　　② 비소(As)
③ 셀레늄(Se)　　　　　④ 안티모니(Sb)

해설　바륨(Ba)의 허용치 : 1000 mg/kg 이하

정답 35.③　36.③　37.①

38 제품 내 유해물질을 분석하기 위한 대상제품의 시료채취방법으로 옳지 않은 것은?
① 액체류는 시료를 잘 혼합한 후 한 번에 일정량씩 채취한다.
② 채취한 시료는 전체의 시료 성질을 대표할 수 있도록 균질하게 잘 흔들어 혼합한다.
③ 스프레이류는 잘 혼합하여 용기에 분사한 후 바로 시료를 채취한다.
④ 고체류는 전체의 성질을 대표할 수 있도록 두 지점에서 채취한 다음 혼합하여 일정량을 시료로 사용한다.

해설 고체류는 전체의 성질을 대표할 수 있도록 다섯 지점에서 채취한 다음 혼합하여 일정량을 시료로 사용한다.

39 EUSES(European Union System for the Evaluation of Substances) 모델을 이용하여 환경 중 농도를 예측할 때 필요한 정보가 아닌 것은?
① 배출량 정보
② 일일 평균 섭취량
③ 화학물질의 물리·화학적 특성
④ 대상 화학물질의 매체 분배 및 분해계수

해설 EUSES는 화학물질의 위해성평가 모델이다.

40 공동주택의 실내 공기를 수집하여 에틸벤젠의 농도를 분석한 결과 0.03mg/m³ 로 검출되었다. 이 주택에서 매일 8시간씩 3개월간 지낸 남성의 에틸벤젠 일일평균흡입노출량(mg/kg/day)으로 옳은 것은? (단, 호흡률은 20m³/day, 체중은 60 kg으로 가정한다.)
① 0.00083
② 0.0033
③ 0.01
④ 0.02

해설 $\frac{0.03mg}{m^3}|\frac{8hr}{day}|\frac{20m^3}{day}|\frac{1}{60kg}|\frac{day}{24hr}=0.0033mg/kg \cdot day$

41 노출 시나리오(Exposure scenario)에 관한 설명으로 잘못된 것은?
① 노출 시나리오는 위해물질이 매개체를 통해 수용체로 전달되는 과정을 추정, 추론, 가정하는 것을 말한다.
② 노출평가 시 평가 목적에 가장 적합하도록 노출 시나리오를 작성하여야 한다.
③ 효율적인 노출평가를 위해서는 단계별 접근방법을 포함한 평가가 권장된다.
④ 후기에는 자료를 수집하여 노출 상황을 가정한 시나리오를 적용한다.

해설 초기에는 자료를 수집하여 노출 상황을 가정한 시나리오를 적용한다.

정답 38.④ 39.② 40.② 41.④

42 노출계수(Exposure factor)는 노출량을 산출하는데 필요한 기본 값으로 체중, 오염도, 섭취량, 체내 흡수율 등이 포함된다. 노출계수에 관한 설명으로 옳지 않은 것은?

① 체내 흡수율, 이행률 등 기본계수 값에 대한 자료가 부족할 경우 보수적으로 가정(기본 값으로 50% 적용)하여 노출평가 할 수 있다.
② 노출계수는 국내 자료를 우선적으로 적용하되, 자료가 없는 경우 외국의 평가기관에서 발표된 자료, 공개된 학술문헌자료를 활용할 수 있다.
③ 인체의 표준 체중은 국민건강영양조사 결과 등 체중 실측값을 근거로 산출된 값을 사용하며, 일반적으로 70kg을 적용한다.
④ 식품섭취량, 화장품사용량, 제품 사용량 등의 계수는 식약처, 복지부, 환경부 등 신뢰성 있는 기관에서 제공하는 기본 값을 적용한다.

해설 체내 흡수율, 이행률 등 기본계수 값에 대한 자료가 부족할 경우 보수적으로 가정(기본 값으로 100% 적용)하여 노출평가 할 수 있다.

43 유해물질의 노출평가 접근방법으로 틀린 것은?

① 유해물질의 노출경로는 피부를 통한 노출, 흡입을 통한 노출, 경구를 통한 노출로 구분한다.
② 종합노출평가는 수용체가 하나의 화학물질에 대해 여러 노출원과 여러 노출경로를 통해 노출된 경우 노출량의 총합을 평가하는 것이다.
③ 누적노출평가는 하나의 화학물질이 다양한 노출경로를 통해 노출된 경우 노출량의 총합을 평가하는 것이다.
④ 통합노출평가는 종합노출평가와 누적노출평가를 합하여 평가하는 것이다.

해설 누적노출평가는 하나의 수용체에 다양한 화학물질이 다양한 노출경로를 통해 노출된 경우 노출량의 총합을 평가하는 것이다.

44 인체 내적 노출량은 피부접촉, 호흡, 섭취를 통해 위해물질이 체내로 흡수된 후 장기에 남아 있는 물질의 양을 말한다. 소변 시료 중 카드뮴의 내적용량을 이용하여 노출량을 산출할 때 보정하는 물질은?

① 카드뮴
② 크레아티닌(creatinine)
③ 아연
④ 망간

해설 크레아티닌(creatinine)으로 보정한 소변 중 카드뮴의 농도로 산출한다.

정답 42.① 43.③ 44.②

45 생체시료의 전처리방법에 관한 설명으로 옳지 않은 것은?

① 전처리 방법에는 고체상 추출, 액-액 추출, 액-기체 추출, 침전, 투과/여과, 증류/증발산, 전기영동, 초임계 유체추출 등이 있다.
② 고체상 추출은 액체 또는 기체시료의 분석물질을 흡착제에 흡착시켜 전처리 하는 방법이다.
③ 액-액추출은 액체시료의 분석물질을 용해도곱의 차이로 친수성과 소수성을 분리하는 전처리 방법이다.
④ 전기영동법은 비슷한 전하를 가진 분자들이 매질을 통해 가진 크기에 따라 분리되게 하는 전처리 방법이다.

> **해설** 전처리를 하는 이유는 생체시료 내의 유기물을 제거하거나 분석법에 적합하도록 만들기 위하여 시행한다. 액-액추출은 액체시료의 분석물질을 분배계수의 차이로 친수성과 소수성을 분리하는 전처리 방법이다.

46 일반적인 노출알고리즘의 설명으로 잘못된 것은?

① 노출계수(Exposure factor)는 노출량을 산출하는데 필요한 기본 값으로 체중, 오염도, 섭취량, 체내 흡수율 등이 포함된다.
② 1일평균노출량(ADD, Average daily dose) 또는 일일평균섭취량(CDI, Chronic daily intake)은 노출량의 추정치이다.
③ 평생1일평균노출량(LADD, Lifetime average daily dose)은 노출량의 추정치이다.
④ 평생1일평균노출량(LADD, Lifetime average daily dose) 산정식에서 평균노출시간(AT)은 실제 노출시간을 적용한다.

> **해설** 평생1일평균 노출량 = $\dfrac{\text{오염도}(mg/m^3) \times \text{접촉률}(m^3/day) \times \text{노출기간}(day) \times \text{흡수율}}{\text{체중}(kg) \times \text{평균기간}(\text{통상 70년}, day)}$
>
> 평생1일평균노출량(LADD, Lifetime average daily dose) 산정식에서 평균노출시간(AT)은 통상 70년이다.

47 생체시료의 분석항목별 분석방법이 옳지 않은 것은?

① Hg : 골드 아말감법
② Cd : GF-MS
③ Mn : GF-AAS
④ Cotinine : GC-MS

> **해설** Cd : GF-AAS 흑연로-원자흡광광도계

정답 45.③ 46.④ 47.②

48 실내공기 중 오염물질로부터 흡입경로를 통한 인체 노출량은 다음과 같다. 전생애 인체노출량(mg/kg·day)을 산정하시오.

- 실내거주기간 3개월
- 실내 포름알데히드 농도 300μg/m³
- 건강한 성인의 호흡률 15m³/day
- 건강한 성인의 평균체중 70kg
- 평균노출기간 365day/year×60year
- 평균수명 60년

① 2.60×10^{-4} mg/kg·day ② 2.67×10^{-4} mg/kg·day
③ 2.70×10^{-4} mg/kg·day ④ 2.76×10^{-4} mg/kg·day

해설

$$E_{inh}(mg/kg \cdot day) = \sum \frac{C_{IA} \times IR \times ET \times EF \times ED \times ABS}{BW \times AT}$$

3개월 = 3/12월 = 0.25year, 300μg/m³ = 0.3mg/m³

$$\frac{mg}{kg \cdot day} = \frac{0.25year}{} \Big| \frac{0.3mg}{m^3} \Big| \frac{15m^3}{day} \Big| \frac{1}{70kg} \Big| \frac{1}{60year} \Big| \frac{year}{365day} \Big| \frac{365day}{year} = 2.67 \times 10^{-4}$$

∴ $E_{inh} = 2.67 \times 10^{-4}$ mg/kg·day

49 다음 소변시료 중 카드뮴의 내적용량을 이용하여 트리메토프림의 내적 노출량(μg/kg.day)을 산출하시오.

- 소변시료 중 트리메토프림 농도 100ng/mL
- 소변 중 크레아틴 160mg/dL
- 나이 25세
- 크레아틴 배출량 mg/kg·day=(20-0.08×나이)
- 트리메토프림 몰분율 0.6

① 1875μg/kg·day ② 1885μg/kg·day
③ 1888μg/kg·day ④ 1889μg/kg·day

해설

$$DI(\mu g/kg \cdot day) = \frac{UE(ng/mg\ creatinine) \times CE(mg/kg.day)}{Fue}$$

크레아티닌 보정량 $UE = \frac{100ng}{mL} \Big| \frac{dL}{160mg} \Big| \frac{100mL}{dL} = 62.5\ ng/mg.creatinine$

크레아틴 배출량 CE = (20-0.08×25세) = 18mg/kg·day

∴ $DI = \frac{62.5ng}{mg} \Big| \frac{18mg}{kg.day} \Big| \frac{1}{0.6} = 1875\ ng/kg.day$

정답 48.② 49.①

50 25세 여성의 평균 소변 중 MEHP 1.7μg/L, 소변 중 크레아티닌 90mg.crea./dL로 분석 되었다. DEHP가 MEHP로 배출되는 몰분율은 0.06, DEHP 분자량은 390g/M, MEHP 분자량은 278g/M 일 때 DEHP의 내적 노출량은? 단, 25세 여성의 크레아티닌 일일 배출량은 0.014 g.crea/kg.day 이다.

① 0.622μg/kg · day
② 0.723μg/kg · day
③ 0.800μg/kg · day
④ 0.823μg/kg · day

해설 $DI(\mu g/kg \cdot day) = \dfrac{UE(\mu g/g) \times UV(L/day)}{Fue \times BW(kg)} \times \dfrac{MW_D}{MW_M}$

크레아티닌 보정량 $UE = \dfrac{dL}{90mg} \Big| \dfrac{1.7\mu g}{L} \Big| \dfrac{100mL}{dL} \Big| \dfrac{L}{10^3 mL} = 0.0019 \mu g/mg.creatinine$

$DI = \dfrac{0.0019 \mu g}{mg} \Big| \dfrac{0.014 g.crea.}{kg.day} \Big| \dfrac{1}{0.06} \Big| \dfrac{10^3 mg}{g} \Big| \dfrac{390g}{M} \Big| \dfrac{M}{278g} = 0.622 \mu g/kg.day$

51 어린이용품의 유해물질 기준에 해당하지 않는 것은?

① phthalate 가소제
② DEHP
③ 비스페놀
④ 트라이뷰틸주석

해설 어린이용품의 유해물질 기준에는 DEHP(Diethylhexyl phthalate, 다이에틸헥실프탈레이트), DBP(Dibutyl phthalate, 다이부틸프탈레이트), BBP(Butyl benzyl phthalate, 부틸벤질프탈레이트), TBT, As, Cd, Cr, Pb 등이 있다.

52 체내에서 DiBP(diisobutyl phthalate)는 MiBP(diisobutyl phthalate)로 대사된다고 가정할 때, DiBP의 내적 노출량(μg/kg · day)을 추산하라?

DiBP가 MiBP로 배출되는 몰분율은 71%, DiBP 분자량은 278g/M, MiBP 분자량은 222g/M, 체중 70kg, 일일소변배출량 1600mL/day, 소변 중 MiBP 31μg/L로 분석되었다.

① 0.12μg/kg · day
② 1.0μg/kg · day
③ 1.25μg/kg · day
④ 2.0μg/kg · day

해설 $DI(\mu g/kg \cdot day) = \dfrac{UE(\mu g/g) \times UV(L/day)}{Fue \times BW(kg)} \times \dfrac{MW_D}{MW_M}$

$DI = \dfrac{31\mu g}{L} \Big| \dfrac{1600mL}{day} \Big| \dfrac{1}{0.71} \Big| \dfrac{1}{70kg} \Big| \dfrac{10^{-3}L}{mL} \times \dfrac{278g}{M} \Big| \dfrac{M}{222g} = 1.25 \mu g/kg.day$

정답 50.① 51.③ 52.③

53 다음 조건에서 비스페놀의 내적 노출량($\mu g/kg \cdot day$)을 산정하시오.

- 소변의 비스페놀 농도 3$\mu g/L$
- 소변배출량 1200mL/day
- 체중 70kg
- 비스페놀 배출 100%

① $5.1 \times 10^{-2} \mu g/kg \cdot day$
② $5.1 \times 10^{-3} \mu g/kg \cdot day$
③ $5.1 \times 10^{-4} \mu g/kg \cdot day$
④ $5.1 \times 10^{-5} \mu g/kg \cdot day$

해설 $DI(\mu g/kg \cdot day) = \dfrac{UE(\mu g/g) \times UV(L/day)}{Fue \times BW(kg)}$

$DI = \dfrac{3\mu g}{L} \Big| \dfrac{1200 mL}{day} \Big| \dfrac{1}{70 kg} \Big| \dfrac{10^{-3} L}{mL} = 5.1 \times 10^{-2} \mu g/kg.day$

54 가정, 사무실, 다중이용시설 등 일상적인 생활공간에서 사용되는 화학제품으로서 사람이나 환경에 화학물질의 노출을 유발할 가능성이 있는 제품의 용어를 고르시오.

① 화학물질
② 생활화학제품
③ 살생물제품
④ 살생물처리제품

해설 생활화학제품이란 가정, 사무실, 다중이용시설 등 일상적인 생활공간에서 사용되는 화학제품으로서 사람이나 환경에 화학물질의 노출을 유발할 가능성이 있는 것을 말한다.

55 바이오 모니터링은 인체시료에서 노출을 반영하는 생체지표의 농도를 측정하는 방법이다. 틀린 것은?

① 노출 생체지표
② 위해영향 생체지표
③ 민감성 생체지표
④ 노출경로 생체지표

해설 바이오 모니터링은 인체시료에서 노출을 반영하는 생체지표의 농도를 측정하는 방법으로 노출 생체지표, 위해영향 생체지표, 민감성 생체지표 등이 있다.

56 제품노출평가에 대한 설명으로 옳지 않은 것은?

① 제품노출평가의 기본대상은 소비자제품이다.
② 일상적인 생활공간에서 사용되는 생활화학제품의 평가이다.
③ 사람이나 환경에 화학물질의 노출을 유발할 가능성이 있는 것을 말한다.
④ 물리적 기작을 통한 노출을 제품노출평가의 대상으로 한다.

해설 물리적 기작을 통한 노출은 제품노출평가 대상에서 제외한다.

정답 53.① 54.② 55.④ 56.④

57 제품노출평가의 시나리오에 대한 설명으로 잘못된 것은?
① 보수적 시나리오는 높은 단계의 단순한 노출시나리오를 뜻한다.
② 노출평가 시 평가 목적에 가장 적합하도록 노출 시나리오를 작성하여야 한다.
③ 효율적인 노출평가를 위해서는 단계별 접근방법을 포함한 평가가 권장된다.
④ 초기에는 자료를 수집하여 보수적인 노출 상황을 가정한 시나리오를 적용한다.

> **해설** 보수적 시나리오는 낮은 단계의 단순한 노출시나리오를 뜻한다.

58 노출계수를 산정하기 위한 조사방법에는 온라인 조사, 면접조사, 관찰조사, 우편조사 등이 있다. 잘못된 설명은?
① 관찰조사는 어린이의 행동특성을 조사하는데 적합하다.
② 우편조사는 응답자가 충분한 시간을 가지고 응답할 수 있다.
③ 온라인 조사는 응답의 신뢰도가 높다.
④ 면접조사는 조사원의 영향이 크게 작용한다.

> **해설** 온라인 조사는 응답의 신뢰도가 낮다.

59 네덜란드에서 개발한 소비자노출평가 모델은?
① QSAR
② ECOSAR
③ TOPKAT
④ ConsExpo

> **해설** QSAR, ECOSAR, TOPKAT 모델은 화학물질의 분자구조를 기반으로 독성을 예측하는 평가모델이다.

60 생활화학제품의 노출알고리즘에 대한 설명으로 옳지 않은 것은?
① 전이량은 제품에 함유된 유해물질의 총량 중 실제적으로 인체에 이동한 양이다.
② 빠는 행위에 의한 경구전이량은 인공침 용출 실험을 통해 추정된다.
③ 생활화학제품의 노출량은 함량을 기준으로 한다.
④ 모든 소비자제품의 노출시나리오는 동일하다.

> **해설** 노출시나리오는 제품의 특성에 따라 상이하다.

정답 57.① 58.③ 59.④ 60.④

61 수질시료의 채취방법으로 옳지 않은 것은?

① 시료는 목적시료의 성질을 대표할 수 있는 위치에서 시료채취용기 또는 채수기를 사용하여 채취하여야 한다.
② 수동으로 시료를 채취할 경우에는 30분 이상 간격으로 2회 이상 채취하여 일정량의 단일시료로 하는 것을 용기시료채취라 한다.
③ 시료 채취 용기는 시료를 채우기 전에 시료로 3회 이상 씻은 다음 사용한다.
④ 채취된 시료는 즉시 실험하여야 하며, 그렇지 못한 경우에는 수질오염공정시험기준에 따른다.

해설 수동으로 시료를 채취할 경우에는 30분 이상 간격으로 2회 이상 채취하여 일정량의 단일시료로 하는 것을 복수시료채취라 한다.

62 환경시료의 분석방법에 관한 설명이다. 옳은 것은?

① 기기분석은 분석하고자 하는 물질의 생화학적 특성을 측정하여 성분을 분석하는 방법이다.
② 기기분석의 구성은 신호발생장치, 여과제, 검출기, 신호처리기 등이 있다.
③ 건식분석은 분석하고자 하는 물질을 가열 또는 건조, 녹여서 분석하는 방법이다.
④ 습식분석은 수용액 상태에서 분석하고자 하는 물질의 성분을 화학적 반응을 시킨 후 분석하는 방법이다.

해설
- 기기분석은 분석하고자 하는 물질의 물리화학적 특성을 측정하여 성분을 분석하는 방법이다.
- 기기분석의 구성은 신호발생장치, 여과제, 검출기, 신호처리기 등이 있다.
- 건식분석은 분석하고자 하는 물질을 가열 또는 건조, 태워서 성분을 분석하는 방법이다.
- 습식분석은 수용액 상태에서 분석하고자 하는 물질의 성분을 분석하는 방법이다.

63 다음의 대기시료채취방법에 해당하는 것은?

- 측정대상 기체와 선택적으로 흡수 또는 반응하는 용매에 시료가스를 일정 유량으로 통과시켜 채취하는 방법이다.
- 채취관-여과재-채취부-흡입펌프-유량계(가스미터)로 구성된다.

① 직접채취 ② 용기채취
③ 용매채취 ④ 고체흡착

해설
- 직접채취는 시료를 측정기에 직접 도입하여 분석하는 방법으로 채취관-분석장치-흡입펌프로 구성된다.
- 용기채취는 시료를 일단 일정한 용기에 채취한 다음 분석에 이용하는 방법으로 채취관-용기 또는 채취관-유량조절기-흡입펌프-용기로 구성된다.
- 고체흡착은 고체분말표면에 기체가 흡착되는 것을 이용하는 방법으로 시료채취장치는 흡착관-유량계-흡입펌프로 구성한다.

정답 61.② 62.② 63.③

64 토양시료채취방법으로 잘못된 것은?

① 농경지의 경우는 대상지역 내에서 지그재그 형으로 5개~10개 지점을 선정한다.
② 시안 및 유기물질 시험용 시료는 입구가 넓은 폴리에틸렌 병에 넣어 보관한다.
③ 토양오염도 검사를 위해서는 표토층(0cm~15cm) 또는 필요에 따라 일정깊이 이하의 토양시료를 채취할 수 있다.
④ 토양시료 채취 시 토양표면의 잡초나 유기물 등 이물질 층을 제거한 후 토양시료채취기(sampler)로 약 0.5kg 채취한다.

해설 시안 및 유기물질 시험용 시료는 입구가 넓은 유리병에 넣어 보관한다.

65 기기분석의 전처리방법으로 설명이 틀린 것은?

① 가열농축은 시료에 열을 가하여 용매를 증발시키고 용질을 축적시키는 방법이다.
② 감압농축은 대기압 이하에서 시료에 열을 가하여 용매를 증발시키고 용질을 축적시키는 방법이다.
③ 액-액 추출은 액체시료에 용제를 작용시켜 표적물질을 시료로부터 분리하는 방법이다.
④ 고체상 추출방법은 고체시료에 용매를 작용시켜 표적물질을 시료로부터 분리하는 방법이다.

해설 속슬레 추출은 고체시료에 용매를 작용시켜 표적물질을 시료로부터 분리하는 방법이다.

66 분광분석법(spectroscopy)에 대한 설명은?

① 시료 내 화학물질 분자와 전자기파의 상호작용을 이용하여 분석한다.
② 시료 내 화학물질 분자를 이온화시킨 후 전기장을 이용하여 질량을 분석한다.
③ 시료의 전위를 측정하여 분석한다.
④ 여러 가지 분석기법을 동시에 적용하여 시료를 분석한다.

해설
· 질량분석법 : 시료 내 화학물질 분자를 이온화시킨 후 전기장을 이용하여 질량을 분석한다.
· 전기화학분석법 : 시료의 전위를 측정하여 분석한다.
· 혼성분석기법 : 여러 가지 분석기법을 동시에 적용하여 시료를 분석한다.

정답 64.② 65.④ 66.①

67 다음 설명하는 정도관리요소에 해당하는 것은?

> 시험분석 결과의 반복성을 나타내는 것으로 반복 시험하여 얻은 결과를 상대표준편차(RSD ; Relative Standard Deviation)로 나타내며, 연속적으로 n회 측정한 결과의 평균값과 표준편차로 구한다.

① 정밀도 ② 정확도
③ 정량한계 ④ 검출한계

해설 정밀도(precision)는 시험분석 결과의 반복성을 나타내는 것으로 반복시험하여 얻은 결과를 상대표준편차(RSD, Relative standard deviation)로 나타내며, 연속적으로 n회 측정한 결과의 평균값($\bar{x}$)과 표준편차(s)로 구한다.

$$정밀도(\%) = \frac{s}{\bar{x}} \times 100$$

68 정도관리 요소 중 정밀도를 옳게 나타낸 것은? (단, n : 연속적으로 측정한 횟수)
① 정밀도(%)=(n회 측정한 결과의 평균값/표준편차)×100
② 정밀도(%)=(표준편차/n회 측정한 결과의 평균값)×100
③ 정밀도(%)=(상대편차/n회 측정한 결과의 평균값)×100
④ 정밀도(%)=(n회 측정한 결과의 평균값/상대편차)×100

69 감응계수를 옳게 나타낸 것은? (단, 검정곡선 작성용 표준용액의 농도 : C, 반응값 : R)
① 감응계수=R/C ② 감응계수=C/R
③ 감응계수=R×C ④ 감응계수=C-R

해설 검정곡선의 감응계수는 상대표준편차의 허용범위를 벗어나면 재작성 한다.(검정곡선 작성용 표준용액의 농도 : C, 반응값 : R), 감응계수=R/C

70 정량한계(LOQ)를 옳게 표시한 것은?
① 정량한계=3×표준편차 ② 정량한계=3.3×표준편차
③ 정량한계=5×표준편차 ④ 정량한계=10×표준편차

해설 정량한계(LOQ, Limit of quantification)란 시험분석 대상을 정량화할 수 있는 측정값으로서, 제시된 정량한계 부근의 농도를 포함하도록 시료를 준비하고 이를 반복 측정하여 얻은 결과의 표준편차(s)에 10배한 값을 사용한다.
정량한계=10×s

정답 67.① 68.② 69.① 70.④

제 4 부
위해성평가

ENGINEER ENVIRONMENTAL RISK MANAGING

CHAPTER 01 생체지표(Biomarker)

1.1 개요

① 생체지표란 생체 내에서의 노출, 위해영향, 민감성을 예측하기 위한 지표로서 노출 생체지표, 위해영향 생체지표, 민감성 생체지표로 구분한다.
② 바이오모니터링(Biomonitoring)은 생체지표의 농도를 측정하는 것으로 노출경로에 따른 노출 수준을 반영할 수 있다.
③ 생체 모니터링을 통해 측정되는 유해물질의 농도기준으로 권고치와 참고치가 있다.
④ 반감기가 짧은 물질의 경우 장기적인 노출을 이해하기 어렵다.
⑤ 위해지수가 클수록 우선적으로 관리해야 한다.

1.2 생체지표

1.2.1 노출 생체지표

① 노출 생체지표란 유해물질의 노출에 대한 용량은 생체 내에서 측정된 유해인자의 잠재용량이나 대사과정에서 생성된 내적용량을 반영한 지표이다.
② 일반적으로 많이 사용되는 생체지표이며, 분석용 매질은 혈액과 소변이다.
③ 예를 들어 벤젠에 노출된 경우 매질은 혈액 또는 소변으로, 프탈레이트처럼 체내에서 빠르게 대사되는 물질의 매질은 소변으로 노출정도를 추정한다.

[이점]
① 생체지표는 시간에 따라 누적된 노출을 반영할 수 있다.
② 흡입, 경구, 피부노출 등 모든 노출 경로를 반영할 수 있다.
③ 생리학 및 생물학적 이용된 산물이다.
④ 경우에 따라 환경 시료보다 분석이 용이하다.
⑤ 특정한 개인의 생체시료는 노출 생체지표와 민감성 생체지표, 위해영향 생체지표의 상관성을 파악하는데 중요한 정보를 제공한다.

[제한점]
① 분석시점 이전의 노출수준을 이해하기 어렵다.
② 특히 반감기가 짧은 물질의 경우 장기적인 노출을 이해하기 어렵다.
③ 주요 노출원을 파악하기 어렵다.
④ 생체시료를 통해 파악한 노출 수준은 잠재용량, 적용용량, 내적용량 등이 다를 수 있다.
⑤ 초기 건강영향이나 질병의 종말점과 직접적으로 연계하기가 어렵다.

1.2.2 민감성 생체지표

① 민감성 생체지표란 유해물질의 노출에 대한 반응의 민감성은 개인의 유전적 또는 후천적인 영향을 받는데, 이 반응의 민감성을 평가하는 지표이다.
② 예를 들어, glutathione-S-transferase M 효소는 유해물질의 해독능력이 우수하다. 이 유전형으로 개인의 민감성을 평가하는 지표로 활용할 수 있다.

1.2.3 위해영향 생체지표

① 위해영향 생체지표란 유해물질의 노출에 대한 반응의 증상은 생화학적, 생리학적, 행동학적 등의 변화가 나타난다. 이 변화로부터 건강영향 또는 질병을 추정하는 지표이다.
② 예를 들어 유기인계 농약에 노출되면 혈액 내 아세틸콜린에스테라아제 활성이 낮아진다. 이 변화로부터 초기 농약중독으로 추정한다.

| Sketch Note Writing |

[예제] 노출·생체지표를 활용한 환경유해인자의 노출평가에 대한 설명으로 옳지 않은 것은?
❶ 주요 노출원을 쉽게 파악할 수 있다.
② 분석 시점 이전의 노출수준이나 변이를 이해하기 어렵다.
③ 초기 건강영향이나 질병의 종말점과 직접적으로 연계하기 어려울 수 있다.
④ 반감기가 짧은 물질의 경우 최근의 노출이나 제한된 기간의 노출 수준만을 반영할 수 있다.
[해설]
주요 노출원을 파악하기 어렵다.

[예제] 생체지표에 대한 설명으로 옳지 않은 것은?
① 특정 화학물질 노출에 반응하는 개인의 유전적 또는 후천적인 능력을 나타내는 것은 민감성 생체지표이다.
② 혈액 내 아세틸콜린에스테라아제 활성은 신경독성에 대한 생체지표로, 농약중독의 초기 위해영향 생체지표에 포함된다.
③ 노출 생체지표 활용으로는 분석 시점 이전의 노출 수준을 알아내기 어렵다.
❹ 프탈레이트처럼 체내에서 빠르게 대사되는 물질의 노출 생체지표 분석을 위해 많이 활용되는 매질은 혈액이다.
[해설]
프탈레이트처럼 체내에서 빠르게 대사되는 물질의 노출 생체지표 분석을 위해 많이 활용되는 매질은 소변이다. 벤젠에 노출되었을 경우 매질은 혈액 또는 소변 중의 벤젠 량이 노출 생체지표로 활용된다.

1.3 권고치와 참고치를 활용한 해석

1.3.1 권고치

① 권고치(guidance value)는 생체시료에서 측정된 농도가 그 농도 이상의 유해물질에 노출되었을 때 건강에 나쁜 영향을 나타내는 농도를 의미한다.
② 권고치의 대표적인 예로 독일의 HBM(human biomonitoring) 값과 미국의 BE(biomonitoring equivalents) 등이 있다.
③ HBM-I 이하는 건강 위해영향이 없으며, 조치가 불필요한 수준이다.
④ HBM-Ⅱ 이상은 건강 위해영향이 있으며, 조치가 필요한 수준이다.
⑤ HBM-I이상 HBM-Ⅱ이하는 검증이 필요하며, 노출이 맞는다면 조치가 필요한 수준이다.
⑥ BE값은 규제를 위하여 설정된 섭취량으로 ADI, TDI, RfD, RfC 등을 생체지표 값으로 추산한 값이다.
⑦ BE값은 동물의 독성학적 연구에서 설정한 NOAEL, LOAEL 등을 추산하여 도출할 수 있다.
⑧ 인체 바이오모니터링 결과 소변이나 혈액에서 분석된 카드뮴 농도가 제시된 BE값보다 작으면 우선순위가 낮음을 의미한다.

1.3.2 참고치

① 참고치는 인구집단의 생체시료에서 측정된 농도를 통계적인 방법으로 추정한 값이다.
② 참고치는 인구 집단에서 측정된 유해물질 농도의 분포를 기준으로 설정한다. 일반적으로 농도 분포의 90 또는 95 백분위수 값을 사용한다.
③ 참고치를 이용하면 일반적인 수준보다 높은 수준의 유해물질에 노출된 사람들을 판별할 수 있으나 이 값은 권고치와 달리 독성학적 또는 의학적 의미를 가지지 않는다는 한계점이 있다.

| Sketch Note Writing |

[예제] 생체 모니터링을 통해 측정되는 유해물질의 농도 기준인 권고치 또는 참고치에 대한 설명으로 틀린 것은?
❶ HBM-I은 건강 위해영향이 커서 조치가 필요한 수준이다.
② 권고치의 대표적인 예로 독일의 HBM(human biomonitoring) 값과 미국의 BE(biomonitoring equivalents) 등이 있다.
③ 참고치는 기준 인구에서 유해물질에 노출되는 정상 범위의 상위 한계를 통계적인 방법으로 추정한 값이다.
④ 참고치를 이용하면 일반적인 수준보다 높은 수준의 유해물질에 노출된 사람들을 판별할 수 있으나 이 값은 권고치와 달리 독성학적 또는 의학적 의미를 가지지 않는다는 한계점이 있다.

CHAPTER 02

환경유해인자의 인체노출

2.1 인체 노출/흡수 메커니즘

① 인체의 주요 노출 방식에는 흡입, 경구섭취, 피부 접촉이 있다.
② 발생원에서부터 노출되는 수용체에 도달하기까지의 물리적 경로를 노출 경로(exposure pathway)라고 한다.
③ 잠재용량이란 노출된 유해인자가 소화기 또는 호흡기로 들어오거나 피부에 접촉한 실제 양을 의미한다.
④ 적용용량이란 섭취를 통해 들어온 인자가 체내의 흡수막에 직접 접촉한 양을 의미한다.
⑤ 내적용량이란 흡수막을 통과하여 체내에서 대사, 이동, 저장, 제거 등의 과정을 거치게 되는 인자의 양을 의미한다.

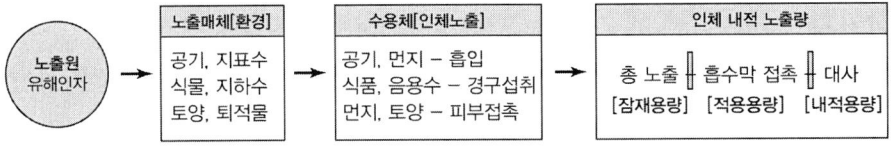

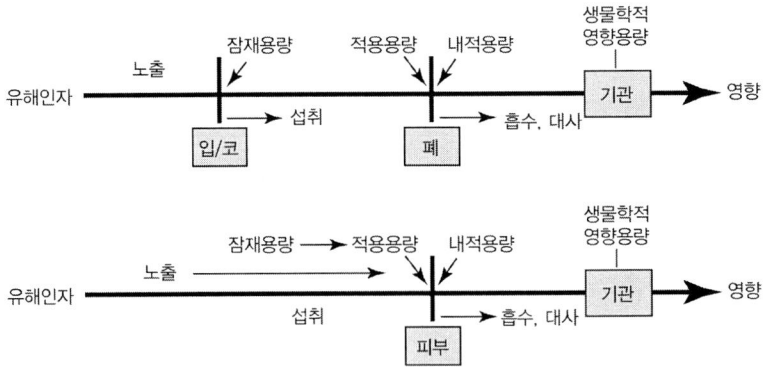

2.2 환경유해인자 노출수준

① 직접적인 노출평가는 개인모니터링이나 바이오모니터링을 하여 노출량을 측정 또는 추정한다.
② 개인모니터링은 노출이 일어나는 특정시점에 직접 측정하여 외적 노출량을 정량하는 방법이다.
③ 바이오모니터링은 소변, 혈액 등 생체지표의 농도를 측정하여 내적 노출량을 추정하는 방법이다.
④ 간접적인 노출평가는 환경모니터링이나 설문조사를 하여 노출량을 측정 또는 추정한다.
⑤ 환경모니터링은 환경 매체에서 유해인자의 농도를 분석한 뒤 수용체가 환경매체에 접촉하여 유해요인을 흡수할 수 있는 노출시나리오를 가정하여 외적 노출량을 추정하는 방법이다.

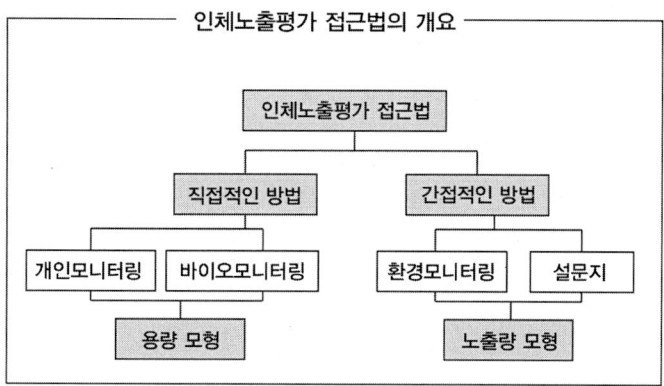

2.3 노출평가

2.3.1 노출시나리오를 활용한 노출량 산정
① 종합노출평가는 수용체에 하나의 화학물질이 다양한 노출경로를 통해 노출된 경우 노출량의 총합을 평가하는 것이다.
② 누적노출평가는 수용체에 다양한 화학물질이 다양한 노출경로를 통해 노출된 경우 노출량의 총합을 평가하는 것이다.
③ 통합노출평가는 종합노출평가와 누적노출평가를 합하여 평가하는 것이다.

2.3.2 확률론적/결정론적 노출평가
① 노출평가에는 확률론적 접근법 또는 결정론적 접근법(점추정 접근법)을 사용할 수 있다.
② 확률론적 접근법은 유해인자의 농도나 노출계수 등 자료 분포를 활용하여 노출량의 분포를 도출하는데 있다.
③ 과도한 가정과 예측을 하지 않도록 하는 장점이 있으나 통계적으로 적절한 분포도를 확인할 수 있도록 양적, 질적으로 우수한 자료가 필요하다.
④ 확률론적 접근법은 단계적 접근방법의 마지막 단계에서 검토될 수 있다.
④ 결정론적 접근법은 전형적 또는 일반적인 노출집단과 고노출집단의 노출 수준을 예측하는데 있다. 자료에서 산술평균 또는 중간 값을 추출하여 사용하되, 대상물질의 검출분포나 자료의 특성 등을 고려하여 적절한 값을 적용한다.
⑤ 인체시료 바이오모니터링의 경우에는 검출 분포를 고려하여 기하평균 등을 사용할 수 있다.

2.3.3 개인 노출평가
① 개인 노출평가는 개인이 노출되는 다양한 노출 경로들에 대해 직접 조사하여 개인별 총 노출량을 평가하는 접근이다.
② 개인 노출평가 시 생체지표를 활용하여 개인의 내적 노출량을 추정할 수 있다.
③ 개인 노출평가는 개인의 실제에 가까운 노출량을 파악 하는데 도움이 되지만 전체 혹은 다른 집단의 노출과 다를 수 있으며, 비용과 시간이 많이 소요된다.

2.3.4 집단 노출평가

① 집단 노출평가는 해당 집단의 노출 정보와 노출계수 정보를 활용하여 집단의 노출량을 평가하는 방법이다.
② 집단 노출평가 시 확률론적 방법은 유해인자의 농도나 노출계수 등 각각의 지표가 갖고 있는 자료 분포를 활용하여 노출량의 분포를 새롭게 도출한다.
③ 집단 노출평가 시 결정론적 방법에서는 전형적 또는 일반적인 노출집단과 고노출집단의 노출 수준을 예측하는데 있다.
④ 집단 노출평가는 상대적으로 적은 비용과 시간이 소요된다.
⑤ 집단노출평가에는 인구집단의 노출계수 정보와 국가 수준의 환경모니터링 정보가 사용된다.
⑥ 많은 가정과 외삽이 사용되기 때문에 사용한 변수 자료나 모형, 시나리오의 불확실성에 대한 분석을 제시해야 한다.
⑦ 집단의 평균이나 중앙값을 사용하여 전형적인 개인의 노출을 예측하는 중심경향 노출기준(CTE)값으로 노출량을 추산할 수 있다.
⑧ 중심경향노출수준(CTE)값은 해당 집단의 평균 노출을 예측하는 값이다.
⑨ 합리적인 최고노출수준(RME) 값은 일반적으로 90백분위수 이상, 최대값 미만의 값(예, 95백분위수)을 사용한다.
⑩ 시나리오 기반 노출량 산정방법은 결정론적 방법과 확률론적 방법으로 나눌 수 있다.

2.3.5 노출경로에 따른 노출량 산정

① 결정론적 접근법에서 일반적인 노출알고리즘은 다음과 같다.(예, 경구)

$$경구를\ 통한\ 노출량 = \frac{노출물질의\ 농도 \times 섭취량 \times 흡수율 \times 노출기간}{체중}$$

② 1일평균노출량(ADD, Average daily dose) 또는 일일평균섭취량(CDI, Chronic daily intake)은 다음과 같다.

$$1일\ 평균\ 노출량(mg/kg \cdot day) = \frac{오염도(mg/m^3) \times 접촉률(m^3/day) \times 노출기간(day) \times 흡수율}{체중(kg) \times 평균기간(day)}$$

③ 인체 내적 노출량은 피부접촉, 호흡, 섭취를 통해 위해물질이 체내로 흡수된 후 장기에 남아 있는 물질의 양을 말한다. 예를 들어, 소변 시료 중 카드뮴의 내적용량을 이용하여 노출량을 산출하면 다음과 같다.

$$DI(\mu g/kg \cdot day) = \frac{UE(\mu g/g\ creatinine) \times CE(mg/kg.day)}{Fue}$$

여기서, DI : 일일섭취량
UE : 크레아티닌(creatinine)으로 보정한 소변 중 카드뮴의 농도
CE : 1일 크레아티닌(creatinine) 배출량
Fue : 카드뮴이 소변으로 배출되는 몰분율

④ 평생1일평균노출량(LADD, Lifetime average daily dose)은 다음과 같다.

$$평생1일평균노출량 = \frac{오염도(mg/m^3) \times 접촉률(m^3/day) \times 노출기간(day) \times 흡수율}{체중(kg) \times 평균기간(통상\ 70년, day)}$$

⑤ 실내공기 중 오염물질로부터 흡입경로를 통한 인체 노출량(농도)은 다음과 같다.

$$E_{inh}(mg/kg \cdot day) = \sum \frac{C_{IA} \times IR \times ET \times EF \times ED \times ABS}{BW \times AT}$$

$$C_{inh}(mg/m^3) = \sum \frac{C_{IA} \times ET \times EF \times ED}{AT}$$

여기서, E_{inh} : 평가대상 시설의 흡입 노출량(mg/kg · day)
C_{inh} : 평가대상 시설의 흡입 노출농도(mg/m^3)
C_{IA} : 평가대상 시설의 실내공기 중 오염물질 농도(mg/m^3)
IR : 평가대상 시설 이용시 노출인구의 평균 호흡율(m^3/day)
ET : 평가대상 시설의 이용률(unitless)
EF : 연간 노출빈도 (days/yr)
ED : 평가대상 시설의 평균 이용기간(years)

BW : 노출 인구의 평균체중(kg)
AT : 노출 인구 평균노출시간(days)
ABS : 평가대상물질의 흡입흡수 계수(unitless)

⑥ 실내공기 중 오염물질로부터 흡입경로를 통한 인체 노출의 비발암 위해도의 추정은 다음과 같다.

$$\text{유해지수(HI)} = \frac{\text{일일평균 흡입인체 노출농도}(mg/m^3 \cdot day)}{\text{흡입노출참고치 } RfC(mg/m^3)}$$

$$\text{총 비발암 위해지수} = \Sigma \text{평가대상 공간별 비발암 위해지수}$$

⑦ 실내공기 중 오염물질로부터 흡입경로를 통한 인체 노출의 발암 위해도의 추정은 다음과 같다.

$$\text{발암위해도} = E_{inh}(\text{흡입노출량}) \times q(\text{발암잠재력})$$

$$\text{초과발암확률(단위위해도)} = \frac{q \times IR(\text{평균호흡율})}{BW}$$

| Sketch Note Writing |

[예제] 개인 및 집단 노출평가에 대한 설명으로 옳지 않은 것은?
① 개인 노출평가 시 생체지표를 활용하여 개인의 내적 노출량을 추정할 수 있다.
❷ 집단 노출평가에 따라 집단의 노출 수준을 파악할 때 막대한 비용과 시간이 소요된다.
③ 집단 노출평가 시 확률론적 방법은 유해인자의 농도나 노출계수 등 각각의 지표가 갖고 있는 자료분포를 활용하여 노출량의 분포를 새롭게 도출한다.
④ 개인 노출평가는 개인이 노출되는 다양한 노출 경로들에 대해 직접 조사하여 개인별 총 노출량을 평가하는 접근이다.
[해설]
집단 노출평가에 따라 집단의 노출 수준을 파악할 때 적은 비용과 시간이 소요된다.

CHAPTER 03

위해성(용량-반응) 평가

3.1 개념

① 용량-반응평가(Dose-response assessment)는 정량적 위해성 평가단계이다.
② 용량-반응평가는 두 단계로 시행된다.
③ 첫 번째 단계는 독성자료를 정리하는 단계이다. 자료가 부족하면 독성시험을 통해 자료를 생산한다.
④ 두 번째 단계는 독성자료와 독성시험 자료를 종합하여 독성 값을 선정한다.
⑤ 독성 값은 용량-반응곡선으로부터 산정한다.

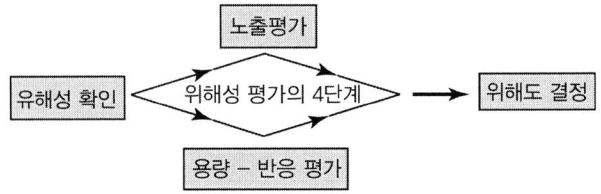

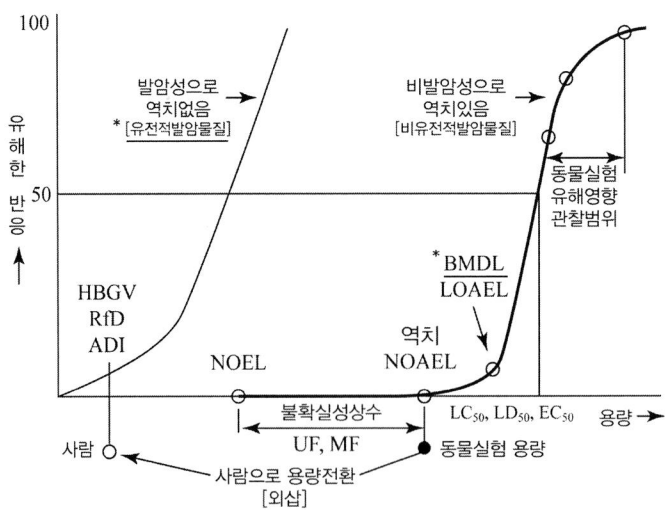

3.2 발암성 물질

① **초과발암위해도**(ECR, Excess cancer risk)
역치가 없는 유전적발암물질의 위해도를 판단하는데 있다. 평생 동안 발암물질 단위용량(mg/kg.day)에 노출되었을 때, 잠재적인 발암 가능성이 초과할 확률(추가적인 발생확률)을 말한다. 초과발암확률이 10^{-4}이상인 경우 발암위해도가 있으며 10^{-6}이하는 발암위해도가 없다고 판단한다. 즉 인구 백만명 당 1명 이하의 사망은 자연재해로 판단한다.

> 초과발암위해도(ECR)=평생1일평균노출량(LADD,mg/kg · day) · 발암잠재력(CSF,mg/kg · day)$^{-1}$

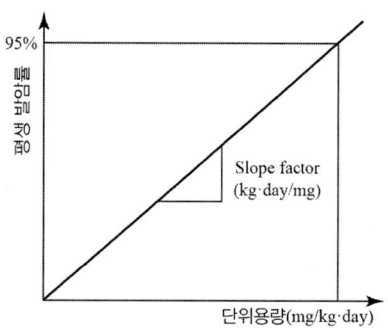

② **발암잠재력**(발암력, CSF, Carcinogenic slope factor)
노출량-반응(발암률)곡선에서 95% 상한 값에 해당하는 기울기로, 평균체중의 성인이 발암물질 단위용량(mg/kg.day)에 평생 동안 노출되었을 때 이로 인한 초과발암확률의 95% 상한 값에 해당된다. 이 곡선의 기울기(Slope factor)를 발암력(CSF, Cancer slope factor), 발암계수(SF, Slope factor), 발암잠재력(CSF, Cancer slope factor)이라 하며 단위는 노출량(mg/kg.day)의 역수(kg.day/mg)이다. 기울기 값이 클수록 발암잠재력이 크다는 것을 의미한다.

> Slope factor = $\dfrac{kg \cdot day}{mg}$ = $\dfrac{체중 \cdot 1일}{노출량}$

③ **노출안전역**(MOS, Margin of safety)/**노출한계**(MOE)
- 일반적으로 역치가 없는 유전적발암물질의 위해도를 판단하나 만성노출인 NOAEL 값을 적용한 경우 비유전적발암물질의 위해도를 판단한다.
- 노출안전역(MOS)을 노출한계(MOE, Margin of exoposure)라고도 한다.

- 노출안전 여부의 판단기준은 아니며 현재의 노출수준을 판단하는 기준이 된다.

$$\text{노출안전역(MOE)} = \frac{\text{독성시작값} POP(NOAEL \text{ or } BMDL \text{ or } T_{25} \text{ 등})}{\text{일일노출량}(EED\text{값})}$$

여기서, T_{25}는 실험동물 25%에 종양을 일으키는 체중 1kg당 일일 용량(mg/kg.day), 예를 들면 종양이 15% 발생했다면 그 용량에 25/15를 곱하여 발생용량을 산출한다.
- 일반적으로 일생동안 발암확률이 25%인 T_{25} 값을 독성시작값(POD)으로 활용한 경우, 노출안전역이 2.5×10^4 이상이면 위해도가 낮다고 판단한다.
- 기준값을 인체 노출평가에 사용되는 독성기준치 RfD, TDI 등을 사용하는 경우 MOS라 하며, 독성실험에서 도출된 NOAEL, BMDL을 사용하면 MOE라 한다.
- 환경보건법 내 환경위해성평가 지침에 따르면, 만성노출인 NOAEL 값을 적용한 경우 노출한계가 100 이하이면 위해가 있다고 판단한다.
- 노출량인 EED값이 낮을수록 MOE, MOS값은 상대적으로 크게 되어 관심대상물질로 결정될 가능성은 적어진다. MOE값이 클수록 안전하다.
- 위해도를 설명하는 다른 접근법으로 노출한계 또는 안전역 개념이 상대적인 위해도 차이를 나타내기 위하여 사용되기도 한다.
- 노출한계 값은 규제를 위한 관심 대상 물질을 결정하는 데에도 활용될 수 있다.

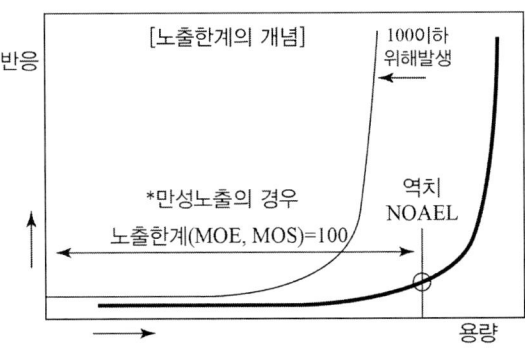

④ **독성시작값**(POD, Point of departure)

독성이 시작되는 값으로, 독성시험의 용량-반응 자료를 수학적 모델로 산정하여 추정된 기준용량의 값(mg/kg.day)이다. POD 값으로 NOEL, NOAEL, LOAEL, BMDL 등이 있다.

⑤ **벤치마크용량**(기준용량, BMD, Benchmark dose)

독성시험의 용량-반응 자료를 수학적 모델로 산정하여 추정된 기준용량의 값(mg/kg.day)이다.

⑥ **벤치마크하한값**(BMDL, Benchmark dose lower bound)

독성시험의 용량-반응 자료를 수학적 모델로 산정하여 추정된 기준용량의 값으로, 95% 신뢰구간의 하한 값을 나타낸다. 암이 발생할 확률이 5%, 10%인 벤치마크 용량 값으로 $BMDL_5$, $BMDL_{10}$ 등이 있다. 발암성 유전독성물질은 일반적으로 BMDL을 위해성 결정에 적용한다. 동물독성시험에서 산출된 $BMDL_{10}$값을 독성시작값(POD)으로 활용한 경우에는 노출안전역이 1×10^4이상이면 위해도가 낮다고 판단하며, 1×10^6이상이면 위해도를 무시할 수준으로 판단할 수 있다.

⑦ **비역치**(Non-threshold)

역치가 없는 물질로서, 유전자 변이를 통해 발암성을 나타내는 유전적 독성(Genotoxicity) 발암물질은 결국 암을 유발할 수 있기 때문에 역치가 없다.

⑧ **독성점수**(TS, Toxicity score)

여러 가지 오염물질이 공존하는 경우, 독성점수(TS, Toxicity score)를 산정하여 전체점수의 99%에 해당하는 유해물질을 선별(Screening)한다. 즉 독성물질의 우선순위를 선정한다.

$$\text{비발암물질의 경우} \quad TS = \frac{\text{노출최대농도 } C_{\max}}{RfD}$$

$$\text{발암물질의 경우} \quad TS = C_{\max} \times SF \text{ (Slope Factor, 기울기)}$$

표. 세계보건기구 산하 국제암연구소(IARC)의 화학물질 발암원성 분류체계

그룹	평가내용	예
1	· 사람에 대해 발암성이 있음 · 인체 발암성에 대한 충분한 근거자료가 있음	콜타르, 석면, 벤젠 등
2A	· 인체에 발암성이 있는 것으로 추정 · 시험동물에서 발암성 자료 충분, 인체 발암성에 대한 자료는 제한적임	아크릴아미드, 포름알데하이드, 디젤엔진 배기가스 등
2B	· 인체에 발암가능성이 있다 · 인체 발암성에 대한 자료도 제한적이고 시험동물에서 발암성 자료도 충분하지 않음	DDT, 나프탈렌, 가솔린 등
3	· 인체 발암물질로 분류하기 어렵다. · 인체나 시험동물 모두에서 발암성 자료 불충분	안트라센, 카페인, 콜레스테롤 등
4	· 인체에 대한 발암성이 없다. · 인체나 시험동물의 발암원성에 대한 자료가 부재함	카프로락탐 (나일론의 원료) 등

⑨ 독성지표 단위

발암성 독성지표	비발암성 독성지표
• 발암잠재력 Cancer slope factor [CSF, $(mg/kg/day)^{-1}$] • Oral slope factor [$(mg/kg/day)^{-1}$] • 단위위해도 Unit risk [UR, $(\mu g/m^3)^{-1}$] • 최소영향도출수준 Derived minimal effect level [DMEL, mg/kg/day]/or [mg/m^3]	• 무영향도출수준 Derived no effect level [DNEL, mg/kg/day]/or [mg/m^3] • 독성참고치 Reference concentration[RfC, mg/m^3] • 독성참고치 Reference dose[RfD, mg/kg/day] • 일일섭취허용량 Acceptable daily intake [ADI, mg/kg/day] • 일일섭취한계량 Tolerable daily intake [TDI, mg/kg/day]

⑩ 국제공인기관의 발암물질 분류

발암성 기준	국제암연구소 IARC	미국산업위생협의회 ACGIH	EU	미국국립독성프로그램 NTP	미국환경청 US EPA
인간 발암확정물질	Group 1	Group A1	Category 1	K	A
인간 발암우려물질	Group 2A	Group A2	Category 2	R	B1, B2
인간 발암가능물질	Group 2B	Group A3	Category 3		C
발암 미분류물질	Group 3	Group A4			D
인간 비발암물질	Group 4	Group A5			E

3.3 비발암성 물질

① **독성시작값**(POD, Point of departure)
독성이 시작되는 값으로, 독성시험의 용량-반응 자료를 수학적 모델로 산정하여 추정된 기준용량의 값(mg/kg.day)이다. POD 값으로 NOEL, NOAEL, LOAEL, BMDL 등이 있다.

② **무영향용량**(NOEL, No observed effect level)
노출량에 대한 반응이 없고, 영향도 없는 노출량을 말한다.

③ **무영향관찰용량**(NOAEL, No observed adverse effect level)
노출량에 대한 반응이 관찰되지 않고 영향이 없는 최대 노출량을 말한다.

④ **최소영향관찰용량**(LOAEL, Lowest observed adverse effect level)
최소영향관찰농도(LOEC, Lowest observed effect concentration)라고도 하며, 노출량에 대한 반응이 처음으로 관찰되기 시작하는 최소의 노출량을 말한다.

⑤ **역치(문턱. Threshold)**
위해물질의 노출량에 대한 반응이 관찰되지 않는 무영향관찰용량(NOAEL)을 말한다. 유전자 변이를 하지 않는 비유전적 발암물질은 어느 정도 용량까지는 노출되어도 반응이 관찰되지 않으므로 역치가 존재한다.

⑥ **외삽**(Extrapolation)
무영향관찰용량(NOAEL)에 UF(Uncertainty factor, 불확실성계수)와 MF(Modifying factor, 변형상수 또는 보정계수)을 보정하여 인체노출안전수준을 추정하는 것을 말한다.

⑦ **불확실성계수**(UF, Uncertainty factor)
동물시험 자료를 사람에 적용할 경우, 여러 불확실성(종, 성, 개인 간 차이, 내성 등)이 존재하므로 인체노출 안전율로써 불확실성계수를 대입한다.

표. 불확실성계수 사용지침

10	인체연구결과 타당성이 인정된 경우
100	인체연구결과 없음, 동물실험결과 만성유해영향이 관찰되는 경우
1000	인체연구결과 없음, 동물실험결과 만성유해영향이 관찰되지 않는 경우
1~10	NOAEL 대신에 LOAEL을 대신 쓸 경우
기 타	과학적 판단에 의한 기타 불확실성계수

> **| 예제문제 |**
>
> 1,1,1-trichloroethane NOAEL 35mg/kg/d 일 때 RfD는?
>
> [해설]
>
> $$RfD = \frac{NOAEL \text{ or } LOAEL}{\text{불확실성계수}(UF, uncertainty\ factor)}$$
>
> $$\therefore RfD = \frac{35mg/kg/d}{1000} = 0.035\,mg/kg/d$$

⑧ **변형상수**(MF, Modifying factor)

동물시험 자료를 사람에 적용할 경우, 여러 불확실성(종, 성, 개인 간 차이, 내성 등)이 존재하므로 인체노출 안전율로써 변형상수를 대입한다.

안전계수	가용데이터
1000	급성독성값 1개(1개 영양단계)
100	급성독성값 3개(3개 영양단계 각각)
100	만성독성값 1개(1개 영양단계)
50	만성독성값 2개(2개 영양단계 각각)
10	만성독성값 3개(3개 영양단계 각각)

⑨ **인체노출안전수준**(HBGV, Health based guidance value)

역치가 있는 비유전적발암물질의 위해도를 판단하며, 인체 무영향수준의 노출량으로써 독성시작값(POD)에 UF(불확실성계수)와 MF(보정계수)를 보정하여 산출한다. 인체노출 안전수준에는 RfD(독성참고치), RfC(독성참고농도), ADI(일일섭취허용량), TDI(일일섭취한계량) 등이 있다.

$$HBGV = \frac{POD(NOAEL \text{ or } LOAEL\ 등)}{UF \text{ or } UF \times MF}$$

$$RfD \text{ or } RfC = \frac{POD(NOAEL \text{ or } LOAEL\ 등)}{UF \text{ or } UF \times MF}$$

$$ADI \text{ or } TDI = \frac{POD(NOAEL \text{ or } LOAEL\ 등)}{UF \text{ or } UF \times MF}$$

ADI = POD(NOAEL 등)×안전계수

⑩ **독성참고치**(RfD, Reference dose)

일생동안 매일 섭취해도 건강에 무영향수준의 노출량을 나타낸다.

⑪ **흡입독성참고치**(RfC: Reference concentration)

일생동안 매일 섭취해도 건강에 무영향수준의 노출농도를 나타낸다.

⑫ **일일섭취허용량**(ADI, Acceptable daily intake)

의도적으로 일생동안 매일 섭취해도 건강에 무영향수준의 노출량을 나타낸다.

⑬ **일일섭취량**(TDI, Tolerable daily intake)

일생동안 매일 섭취해도 건강에 무영향수준의 노출량을 나타낸다.

⑭ **잠정주간섭취허용량**(PTWI: Provisional tolerable weekly intake)

일생동안 매주 섭취해도 건강에 무영향수준의 노출량을 나타낸다.

⑮ **유해지수**(Hazard index)
- 역치가 있는 비유전적발암물질의 위해도를 판단하는데 있다. 노출평가와 용량-반응평가 결과를 바탕으로 인체노출위해수준을 추정하는데 있다. 유해지수가 1이상(HI〉1)일 경우는 유해영향이 발생하며, 1이하(HI〈1)일 경우에는 유해영향 없다.
- 위해도를 정량화한 값을 유해지수(Hazard Quotient)라 한다.
- 유해지수 HI(Hazard Index) = $\dfrac{1일 노출량(mg/kg.day)}{RfD \text{ or } ADI \text{ or } TDI(mg/kg)}$
- 총 유해지수(HI, Hazard Index) = HQ_1(개별유해지수) + HQ_2 + ⋯ + HQ_n
- 개별유해지수(HQ, Hazard Quotient) = $\dfrac{노출량}{RfD}$
- 총 유해지수(HI)를 구하기 위해서 충족되어야 하는 조건
    - 각 영향이 서로 독립적으로 작용할 경우
    - 각 물질들의 위해수준이 충분히 작을 경우
    - 해당 비발암성 물질들의 독성이 가산성을 가정할 수 있는 경우
    - 각 영향의 표적기관과 독성기작이 같고 유사한 노출량-반응 모형을 보일 경우

⑯ **독성점수**(TS, Toxicity score)

여러 가지 오염물질이 공존하는 경우, 독성점수(TS, Toxicity score)를 산정하여 전체점수의 99%에 해당하는 유해물질을 선별(Screening)한다. 즉 독성물질의 우선순위를 선정한다.

비발암물질의 경우 TS = $\dfrac{노출최대농도\ C_{max}}{RfD}$

발암물질의 경우 TS = C_{max} × SF(Slope Factor, 기울기)

┌─ Sketch Note Writing ─┐

[예제] 다음 중 충분한 검토를 거쳐 독성참고치(RfD)와 동일한 개념으로 사용할 수 있는 것을 모두 나열한 것은? (단, 화학물질 위해성 평가의 구체적 방법등에 관한 규정 기준)

┌───┐
│ ㉠ 내용일일섭취량(TDI)   ㉡ 일일섭취허용량(ADI) │
│ ㉢ 잠정주간섭취허용량(PTWI) ㉣ 흡입노출참고치(RfC) │
└───┘

① ㉠
② ㉠, ㉡
③ ㉠, ㉡, ㉢
❹ ㉠, ㉡, ㉢, ㉣

[해설]
만성 독성 평가의 독성지표는 무영향관찰용량(NOAEL)을 외삽하여 RfD, ADI, PTWI 등을 구한다.

[예제] 위해도와 유해지수에 관한 설명으로 옳지 않은 것은?
① 위해도를 정량화한 값을 유해지수라고 한다.
② 유해지수는 추정된 노출량과 독성참고치(RfD)의 비로 나타낸다.
❸ 흡입 노출의 경우 환경매체 중 노출농도와 독성참고치(RfD)를 이용하여 위해도를 결정해야 한다.
④ 대상 인구집단이 여러 종류의 비발암성 물질에 동시에 노출되고 여러 조건이 충족되는 경우 개별 유해지수의 합인 총 유해지수를 구할 수 있다.

3.4 생태독성 자료의 해석

① **급성독성**
  수서생물의 유해서 정도를 표시하는 지표로 반수치사농도로 LC_{50}, LD_{50}, EC_{50} 등이 있다.

② **만성독성**
  수서생물의 유해서 정도를 표시하는 지표로 10% 영향농도 EC_{10}, 최소영향농도 LOEC, 최대무영향농도 NOEC 등이 있다.

③ LC_{50}(Lethal concentration for 50%)
  시험용 물고기나 동물에 독성물질을 경구투여시 50% 치사농도를 나타낸다.

④ LD_{50}(Lethal dose for 50%)
  시험용 물고기나 동물에 독성물질을 경구투여시 50% 치사량을 나타낸다.

⑤ EC_{50}(Median lethal concentration)
  시험 생물의 50%를 치사시키는 수용액상 독성물질농도를 나타낸다.

⑥ TLm(median tolerance limit)
  TLm은 독성물질 투여시 일정시간(96, 48, 24hr)후 시험용 물고기가 50%(반수) 생존할 수 있는 농도를 나타낸다.

⑦ **유독성 단위**(toxic/unit, TU)

$$TU = \sum \frac{\text{독성물질의 농도}}{\text{각 물질별 } TLm}$$

⑧ **독성시작값**(POD, Point of departure)
  독성이 시작되는 값으로, 독성시험의 용량-반응 자료를 수학적 모델로 산정하여 추정된 기준용량의 값(mg/kg.day)이다. POD 값으로 NOEL, NOAEL, LOAEL, BMDL 등이 있다.

⑨ **무영향용량**(NOEL, No observed effect level)
  노출량에 대한 반응이 없고, 영향도 없는 노출량을 말한다.

⑩ **무영향관찰용량**(NOAEL, No observed adverse effect level)
  노출량에 대한 반응이 관찰되지 않고 영향이 없는 최대 노출량을 말한다.

⑪ **최소영향관찰용량**(LOAEL, Lowest observed adverse effect level)
  최소영향관찰농도(LOEC, Lowest observed effect concentration)라고도 하며, 노출량에 대한 반응이 처음으로 관찰되기 시작하는 최소의 노출량을 말한다.

⑫ **종말점에 대한** NOAEL, LOAEL
  무영향관찰용량(NOAEL, No observed adverse effect level)은 노출량에 대한 반응이 관찰

되지 않고 영향이 없는 최고 노출량을 말하며, 최소영향관찰용량(LOAEL, Lowest observed adverse effect level)은 통계적으로 유의한 영향을 나타내는 최소의 노출량을 말한다. 다음 그래프에서 NOAEL 300mg/kg.day, LOAEL 800 mg/kg.day 이다.

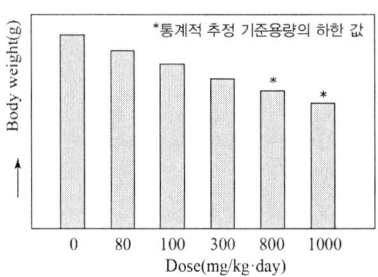

⑬ **예측무영향농도**(PNEC, Predicted No Effect Concentration)

생태독성영향평가에서 생태독성 값 중에서 가장 낮은 농도의 독성값으로부터 평가계수(AF, Assessment Factor)를 나누어 산출한다. 일반생태독성의 특성을 갖는 화학물질의 경우 물, 토양, 퇴적물 등 환경매체별 PNEC를 도출 하여야 한다. 인체위해성평가 단계 중 용량-반응평가 단계와 동일하며, 환경유해지수 HQ가 1보다 클 경우에는 생태계에 위해성이 있다.

$$PNEC = \frac{Lowest LC_{50} \text{ or } NOEC}{평가계수 AF}$$

환경유해지수 Hazard Quotient $= \frac{예측환경농도}{예측무영향농도 PNEC}$

평가계수	가용데이터
1000	급성독성값 1개(1개 영양단계)
100	급성독성값 3개(3개 영양단계 각각)
100	만성독성값 1개(1개 영양단계)
50	만성독성값 2개(2개 영양단계 각각)
10	만성독성값 3개(3개 영양단계 각각)

⑭ **종민감도분포**
- 종민감도분포 평가는 특정 생물종을 보호하기 위한 수질기준을 도출하는데 있다.
- 종민감도분포는 LC_{50} 또는 EC_{50}에 해당하는 독성값을 추출하여 종, 속별로 정리한 후 구한다.

표. 종민감도분포 이용을 위한 최소자료 요건

매체구분	최소자료 요건
물	4개 분류군에서 최소 5종 이상[조류, 갑각류, 연체류, 어류 등]
토양	4개 분류군에서 최소 5종 이상[미생물, 식물류, 톡토기류, 지렁이 등]
퇴적물	4개 분류군에서 최소 5종 이상[미생물, 빈모류, 깔따구류, 단각류 등]

3.5 불확실성 평가

3.5.1 개요
① 불확실성은 다양한 가정, 사용된 변수의 불완전성 등 때문에 발생한다.
② 불확실성에는 현재 지식의 한계, 현실을 반영하지 못한 과학기술 등이 있다.
③ 불확실성은 자료의 불확실성, 모델의 불확실성 등으로 구분한다.

3.5.2 변이와 불화실성
① 변이란 실제로 존재하는 분산 때문에 발생한다.
② 변이는 추가연구를 통해 더 정확히 이해할 수 있는 현상이지만 변이의 크기 자체를 줄일 수는 없다.
③ 불확실성은 위해성평가의 전 단계에 걸쳐 발생할 수 있다.
④ 불확실성 평가는 정성적 및 정량적 평가방법으로 나눌 수 있다.
   [불확실성의 종류]
   ① 자료의 불확실성
   ② 모델의 불확실성
   ③ 입력변수 변이
   ④ 노출시나리오의 불확실성
   ⑤ 평가의 불확실성

3.5.3 정량적 불확실성의 평가조건
① 모델 변수로 단일 값을 이용한 위해성 평가와 잠재적인 오류를 확인할 필요가 있는 경우
② 보수적인 점 추정 값을 활용한 초기위해성평가 결과 추가적인 확인 조치가 필요하다고 판단되는 경우
③ 오염지역, 오염물질, 노출경로, 독성, 위해성 인자 중에서 우선순위 결정을 위해 추가적인 연구가 필요한 경우
④ 초기위해성평가 결과는 매우 보수적으로 도출되기 때문, 오류가 있을 가능성이 높으므로 초기위해성평가에서 위해성이 높다고 판단되는 경우, 정량적 불확실성 평가를 통해 추가연구를 위한 정보를 제공해야 한다.

3.5.4 불확실성 분석

표. 불확실성 평가를 위한 단계적 접근법

단계구분	내용
0단계 (스크리닝)	초기위해성평가 단계에서 가정의 적절성 예측 노출수준과 위해도 평가에 사용된 결과 값들의 검토
1단계 (정성적 평가)	불확실성의 정도와 방향에 따른 정성적 평가의 기술 불확실성 요인별 과학적 근거 및 주관성에 대한 판단
2단계 (결정론적/정량적 평가)	점추정 값에 대한 정량적 불확실성 분석 민감도 분석을 통한 입력 값의 상대기여도
3단계 (확률론적/정량적 평가)	확률론적 평가를 통한 위해도 분포 확인 민감도분석/상관분석을 통한 입력 값의 분포 및 상대 기여도 확률론적 노출평가를 통한 불확실성의 정도와 신뢰구간 제시

[민감도 분석]

① 민감도 분석은 불확실성 평가의 2, 3단계에서 수행한다.
② 초기 위해성평가의 잠재적인 위해성이 큰 경우에 수행한다.
③ 예측된 노출수준 값에 잠재된 불확실성을 정량적으로 파악한다.
④ 점 추정과 확률적 접근법 모두에 사용된다.

Sketch Note Writing

[예제] 초기 위해성평가의 잠재적인 위해성이 큰 경우 예측된 노출수준 값에 잠재된 불확실성을 정량적으로 파악하는 방법은?
❶ 민감도 분석
② 위험도 분석
③ 유해지수 분석
④ 결정론적 분석

[예제] 환경위해도 평가 과정에서 불확실성 평가를 위한 단계적 접근법에 대한 설명으로 옳지 않은 것은?
① 0단계 : 예측노출수준과 위해도 평가에 사용된 결과 값들의 검토
② 1단계 : 불확실성 요인별 과학적 근거 및 주관성에 대한 판단
❸ 2단계 : 확률론적 평가를 통한 위해도 분포확인
④ 3단계 : 민감도분석/상관분석을 통한 입력값의 분포 및 상대 기여도 제시

CHAPTER 04
역학 연구

4.1 개요

① 역학(Epidemiology)은 전염병, 질병 등이 발생했을 때 발생원인, 발생특성 등을 조사하여 밝히는 것을 말한다.
② 역학 연구방법에는 크게 기술역학과 분석역학 두 가지로 분류한다.
③ 기술역학은 질병만을 보는 것으로 질병의 빈도, 시간적, 인적, 지역적 변수에 따라 기술한다.
④ 분석역학은 질병의 원인이 무엇인지 규명하는 것이다.
⑤ 분석역학에는 단면 연구, 환자-대조군 연구, 코호트 연구가 있다.

표. 역학 연구방법

분류	종류
기술역학	
분석역학	단면연구
	환자-대조군 연구
	코호트 연구

4.2 역학 연구방법

4.2.1 단면연구

단면연구는 단기간에 질병에 대한 위해요인과 질병(요인-질병 간의 관련성)의 관계를 분석하는 역학적 연구 형태로 대표적인 특징은 다음과 같다.
① 비교적 쉽게 수행할 수 있고 다른 역학적 연구방법에 비해 비용이 상대적으로 적게 소요된다.
② 드문 질병 및 노출에 해당하는 인구집단을 조사하기에 부적절한 역학적 연구형태이다.
③ 유병기간이 아주 짧은 질병은 질병 유행기간이 아닌 이상 단면연구가 부적절하다.
④ 노출요인과 유병의 선후관계가 명확하지 않다. 따라서 통계적인 유의성이 있다고 할지라도 질병발생과의 인과성으로 해석해서는 안 된다.

4.2.2 환자-대조군 연구

환자-대조군 연구는 특정의 질병이 있는 환자군과 질병이 없는 대조군에서 두 집단의 노출 비율을 비교하는 연구 형태로 대표적인 특징은 다음과 같다.
① 이미 질병이 있는 환자군과 대조군을 비교하므로 비용과 시간적 측면에서 효율적 이다.
② 연구 특성상 희귀 질환, 긴 잠복기를 가진 질병에 적합하다.
③ 노출-요인과 유병의 시간적 선후관계가 명확하지 않다.
④ 두 집단의 노출 정도가 다르면 요인-질병의 인과관계가 있다.

4.2.3 코호트 연구

① COHORT란 어떤 경험을 공유한 동일집단으로 정의 한다.
② 코호트 연구는 질병에 노출된 집단과 노출되지 않은 집단을 비교하는 연구이다.
③ 코호트 연구는 시작 시점과 기간에 따라 전향적 코호트연구와 후향적 코호트연구가 있다.
④ 전향적 코호트연구는 과거의 노출 직후부터 질병발생을 확인할 때까지 추적하는 연구이다.
⑤ 후향적 코호트연구는 연구시작 시점에 질병발생을 파악하고 노출여부는 과거 기록을 이용한다.

[코호트 연구의 특징]
① 원인과 결과에 대한 질병 전 과정을 관찰, 연구할 수 있다.
② 경비, 노력, 시간, 비용이 많이 든다.
③ 노출-요인과 유병의 시간적 선후관계가 명확하다.
④ 위험요인에 대한 환경노출이 드문 경우에도 연구가 가능하다.
⑤ 질병 발생률이 낮은 경우에는 연구에 어려움이 있다.

4.2.4 환경성질환의 종류

환경보건법의 환경성질환이란 환경유해인자와 상관성이 있다고 인정되는 질환으로서 환경부령으로 정하는 질환을 말한다. 환경부령으로 정하는 질환이란?
· 「물환경보전법」에 따른 수질오염물질로 인한 질환
· 「화학물질관리법」에 따른 유해화학물질로 인한 질환
· 석면으로 인한 폐질환
· 환경오염사고로 인한 건강장해
· 「실내공기질 관리법」에 따른 오염물질
· 「대기환경보전법」에 따른 대기오염물질과 관련된 질환
· 가습기살균제에 포함된 유해화학물질로 인한 폐질환을 말한다.

4.2.5 역학연구의 바이어스(Bias)

역학연구에서 해당요인과 질병과의 연관성을 잘못 측정하는 것을 바이어스라 한다. 대표적으로 3가지가 있다.

① 연구대상 선정과정의 바이어스(선택바이어스)
   연구대상을 선정하는 과정에서 발생하는 바이어스이다.
② 연구자료 측정 과정 혹은 분류과정의 바이어스(정보바이어스)
   연구 자료를 수집하는 과정에서 발생하는 바이어스이다.
③ 교란변수에 의한 바이어스(교란바이어스)
   자료분석과 결과해석 과정에서 발생하는 바이어스이다.

4.3 위험도 종류

4.3.1 상대 위험도(RR, Relative risk)

상대 위험도(Relative risk)는 요인과 질병과의 연관성을 관찰하기 위한 지표로서, 위험요인에 노출된 집단의 발병률[A/(A+C)]/비노출된 집단의 발병률[B/(B+D)]로 산출한다. 상대 위험도가 1이상 이면 해당요인과 연관성이 있다고 해석할 수 있다.

예를 들어, 다음은 100명의 환자군과 100명의 대조군을 선정하여 흡연과 폐암의 관계를 규명하고자 한다. 상대 위험도(Relative risk)는?

구 분	흡연자(폭로)	비흡연자(비폭로)	상대위험도, RR
환자군(폐암 있음)	90(A)	10(B)	[A/(A+C)]/[B/(B+D)]
대조군(폐암 없음)	70(C)	30(D)	
합계	160(A+C)	40(B+D)	

[해설]

$$RR = \frac{90/160}{10/40} = 2.25$$

4.3.2 교차비(OR, Odds ratio)

교차비(OR, Odds ratio)는 요인과 질병과의 연관성을 관찰하기 위한 지표로서, 위험요인에 노출된 집단의 발병률과 비노출된 집단의 발병률의 비를 나타낸다.

예를 들어, 다음은 100명의 환자군과 100명의 대조군을 선정하여 흡연과 폐암의 관계를 규명하고자 한다. 교차비(Odds ratio)는?

구 분	흡연자(노출)	비흡연자(비노출)	교차비, OR
환자군(폐암 있음)	90(A)	10(B)	(A/B)/(C/D)
대조군(폐암 없음)	70(C)	30(D)	또는 AD/BC

[해설]

$$OR = \frac{AD}{BC} = \frac{90 \times 30}{10 \times 70} = 3.85$$

CHAPTER 05 건강영향평가

5.1 개요

5.1.1 정의
건강영향평가(HIA, Health impact assessment)란 수행되는 정책, 계획, 프로젝트 등이 인체 건강에 미치는 영향을 분석, 평가, 방법, 절차 또는 그 조합으로 정의 한다.

5.1.2 목적
대상사업의 시행으로 인해 나타날 수 있는 긍정적인 건강영향은 최대화 하고 부정적인 건강영향은 최소화하는 것이다.

5.1.3 건강영향평가의 기능/필요성
① 정보제공 기능
　해당 사업에 대한 정보를 지방자치단체 또는 지역주민에게 제공한다.
② 주민의견 수렴기능
　주민의견 수렴으로 문제점을 도출하여 해당 사업에 반영한다.
③ 대안제시 기능
　각 분야 전문가의 참여로 문제점에 대한 대안을 제공한다.
④ 사회적 합의 점 도출기능
　설명회·공청회, 주민의견 청취 등으로부터 합리적인 정책을 결정한다.
⑤ 합리적인 정책결정 기능
　주민의견 수렴, 전문가의 대안제시로 합리적인 정책결정을 유도한다.
⑥ 사전 예방적 기능
　설명회·공청회 등으로 해당 사업에 따른 건강영향을 사전에 예방한다.
⑦ 건강친화적인 사업의 개발 기능

해당 사업의 계획단계에서 문제점에 대한 대안의 도출로 건강친화적인 사업이 가능하다.
⑧ 환경 친화적인 사업의 개발 기능
환경문제와 국민건강에 미치는 영향을 사전에 차단하여 새로운 패러다임으로 전환한다.

5.1.4 건강결정요인의 분류 및 고려사항

건강결정요인 분류	예(결정인자, 고려사항)
개인적 요인	흡연, 음주, 운동, 개인안전, 여가 활동 등
물리적 요인	수질, 대기, 폐기물, 소음진동, 폐기물, 토양, 사고 등
생물학적 요인	성, 연령, 체중, 유전자 등
사회 경제적 요인	주거, 수입, 고용, 교육, 훈련, 공공서비스, 의료, 레져, 교통 등

5.1.5 건강영향평가 대상 및 대상사업

① 건강영향평가의 대상은 민감계층 및 취약계층을 포함한 모든 사람이다.
② 환경영향평가 대상 중에서 대통령령으로 정하는 행정계획 및 개발사업에 대하여 환경유해인자가 건강에 미치는 영향을 추가하여 평가, 협의 하여야 한다(환경보건법 제17조, 건강영향 항목의 추가평가 등).
③ 건강영향평가 대상사업
환경보건법 시행령의 규정에 따른 대통령령으로 정하는 행정계획 및 개발사업

환경보건법 시행령 [별표 1]

건강영향평가 항목의 추가·평가 대상사업(제12조 관련)	
구분	대상사업의 범위
1. 산업입지 및 산업단지의 조성	가. 「산업입지 및 개발에 관한 법률」 제2조제5호가목 및 나목에 따른 국가산업단지 또는 일반산업단지 개발사업으로서 개발면적이 15만제곱미터 이상인 사업 나. 「산업집적활성화 및 공장설립에 관한 법률」 제2조제1호에 따른 공장의 설립사업으로서 조성면적이 15만제곱미터 이상인 사업. 다만, 가목에 해당하여 법 제13조에 따른 협의를 한 공장용지에 공장을 설립하는 경우는 제외한다.
2. 에너지개발	가. 「전원개발 촉진법」 제2조제2호에 따른 전원개발사업 중 발전시설용량이 1만킬로와트 이상인 화력발전소의 설치사업 나. 「전기사업법」 제2조제1호에 따른 전기사업 중 발전시설용량이 1만킬로와트 이상인 화력발전소의 설치사업

구분	대상사업의 범위

3. 폐기물처리시설, 분뇨처리시설 및 축산폐수공공처리시설의 설치	가. 「폐기물관리법」 제2조제8호에 따른 폐기물처리시설 중 다음의 어느 하나에 해당하는 시설의 설치사업
	  1) 최종처리시설 중 폐기물매립시설의 조성면적이 30만제곱미터 이상이거나 매립용적이 330만세제곱미터 이상인 매립시설
	  2) 최종처리시설 중 지정폐기물 처리시설의 조성면적이 5만제곱미터 이상이거나 매립용적이 25만세제곱미터 이상인 매립시설
	  3) 중간처리시설 중 처리능력이 1일 100톤 이상인 소각시설

	나. 「가축분뇨의 관리 및 이용에 관한 법률」 제2조제8호 또는 제9호에 따른 처리시설 또는 공공처리시설로서 처리용량이 1일 100킬로리터 이상인 시설의 설치사업. 다만, 「하수도법」 제2조제9호에 따른 공공하수처리시설로 분뇨 또는 축산폐수를 유입시켜 처리하는 처리시설은 제외한다.

Sketch Note Writing

[예제] 건강영향평가 대상사업 3가지를 쓰시오.

5.2 건강영향평가 항목 및 방법

표. 건강영향 항목의 검토 및 평가 방법

내용	항목	방 법
1. 현황조사	가. 조사항목	• 사업지역 및 주변지역의 인구, 사망률, 유병률, 인구집단분석(인구추이, 연령별·성별 인구), 어린이, 노인 등 환경취약계층의 분포 현황
	나. 조사범위	• 사업시행으로 인하여 건강영향이 미칠 것으로 예상지역의 범위를 과학적으로 예측·분석하여 평가대상지역을 설정한다.
2. 건강영향 예측	가. 예측 항목	• 예측항목은 당해 사업의 시행으로 발생하는 오염물질 중 건강에 영향을 미칠 것으로 예상되는 물질로서 아래와 같다.
		< 대기질 > • 산업단지 : SO_2, NO_2, PM10, O_3, Pb, CO, 벤젠, 포름알데히드, 스티렌, 시안화수소, 염화수소, 암모니아, 황화수소, 니켈, 크롬+6, 염화비닐, 카드뮴, 비소, 수은 ※ 산업단지 내 석유정제시설의 경우 톨루엔, 에틸벤젠, m-자일렌, n-헥산, 시클로헥산을 추가 • 발전소 : SO_2, NO_2, PM10, O_3, Pb, CO, 벤젠, 비소, 베릴륨, 카드뮴, 6가 크롬, 수은, 니켈 • 소각장 : SO_2, NO_2, PM10, O_3, Pb, CO, 염화수소, 벤젠, 다이옥신, 암모니아, 황화수소, 아세트알데히드, 수은, 비소, 카드뮴, 6가 크롬, 니켈 • 매립장 : NO_2, PM10, 황화수소, 암모니아, 벤젠, 톨루엔, 에틸벤젠, 자일렌, 1, 2-디클로로에탄, 클로로포름, 트리클로로에틸렌, 염화비닐, 사염화탄소 • 분뇨처리시설 : 복합악취, 암모니아, 황화수소, 아세트알데히드, 스티렌
		< 수질 > • Cu, Pb, Hg, CN, As, 유기 인, Cd, PCE, TCE, 6가 크롬, 페놀, PCB, 1,2-디클로로에탄, 벤젠, 클로로포름, 안티몬 ※ 당해 사업의 시행으로 발생되는 폐수의 처리수가 상수원보호구역이나 취수장, 정수장이 있는 하천·호소로 유입되는 경우에 한하여 평가(단, 처리수를 공공하수처리장으로 유입·처리하는 경우나 공업용상수원으로 유입되는 경우에는 제외)
	나. 예측 범위	• 예측범위는 조사범위를 준용한다.
	다. 예측방법 1) 스코핑	• 스코핑 매트릭스를 이용하여 설정한 평가항목, 내용, 방법 등을 서술한다.
	2) 정성적평가	• 사업 시행이 야기할 수 있는 잠재적인 건강영향을 검토하여 긍정적·부정적 건강영향 종류, 정도, 가능성 등을 종합적으로 분석한다. • 건강결정요인별로 정량적으로 평가한다.
	3) 정량적평가 가) 대기질 (악취)	• 대기오염물질 및 악취물질별 배출량 산정 • 영향 예상지역에서의 오염물질 농도 예측(대기확산모델 이용) • 대기오염물질별 C-R함수를 이용하여 건강영향을 개략적으로 검토 • 국내 역학조사 결과와의 비교 검토 • 비발암성 물질의 경우 위해도 지수 산정 • 발암성 물질의 경우 발암위해도 산정
	나) 수질	• 수질오염물질 발생량 산정 • 상수원보호구역이나 취수장 원수 중 건강영향 추가평가 항목의 현황 농도 확인 • 상수원보호구역이나 취수장에서의 오염물질 농도 예측(수질모델링 등을 이용) • 오염물질별로 평가기준과 비교하여 위해도 지수를 계산 ※ 정량적 평가자료가 부족할 경우 정성적으로 평가
	다) 소음·진동	• 사업시행으로 인하여 발생 가능한 소음 예측(소음예측모델을 이용) • 산출된 예측소음도와 소음환경기준을 우선 비교하여 소음으로 인한 건강영향을 분석 ※ 정량적 평가자료가 부족할 경우 정성적으로 평가

내용	항목	방 법
3. 저감방안		· 건강결정요인(대기질, 수질, 소음·진동)별 평가결과를 바탕으로 건강영향을 최소화 할 수 있는 저감대책을 수립한다. - 발암성 물질은 발암위해도가 10^{-6}을 초과할 경우, 비발암성 물질은 위해도 지수가 1을 초과할 경우 저감대책을 수립한다. 단, 발암성 물질의 경우국내수준을 고려 모든 저감방안을 시행 이후에도 10^{-6}을 초과할 경우 10^{-5}를 적용할 수 있다.
4. 사후환경 영향조사		· 모니터링 계획은 환경영향평가서 작성방법내용 사후환경영향조사계획의 내용을 준용한다.
5. 불가피한 건강영향		· 대상사업의 시행에 따라 건강에 영향을 미칠 것으로 예상되는 사항 중 그 저감대책이 현실적으로 곤란한 사항에 대하여는 항목별로 구분하여 분석.기재한다.

5.3 건강영향평가 추가 평가 대상물질

표. 건강환경영향평가 대상사업별 추가 평가 대상물질

대상사업	평가대상물질
산업단지	PM10, SO_2, NO_2, O_3, CO, Pb, C_6H_6, CO, Hg, As, Cd, Cr^{6+}, Ni, 암모니아, 황화수소, 포름알데히드, 염화수소, 시안화수소, 스티렌, 염화비닐 *석유정제시설의 경우 BTEX
화력발전소	PM10, SO_2, NO_2, O_3, CO, Pb, C_6H_6, CO, Hg, As, Cd, Cr^{6+}, Ni, 베릴륨
소각장	PM10, SO_2, NO_2, O_3, CO, Pb, C_6H_6, CO, Hg, As, Cd, Cr^{6+}, Ni, 암모니아, 황화수소, 아세트알데히드, 염화수소, 다이옥신
매립장	미세먼지, 암모니아, 황화수소, 이산화질소, BTEX, 염화비닐, 사염화탄소, 클로로포름, 1,2-디클로로에탄, 트리클로로에틸렌
분뇨처리장	복합악취, 암모니아, 황화수소, 아세트알데히드, 스티렌
가축분뇨처리장	복합악취, 암모니아, 황화수소, 아세트알데히드, 스티렌

5.4 건강영향평가 시 정량적 건강결정요인

표. 건강영향평가 시 건강결정요인별 정량적 평가지표 및 기준

건강결정요인	구 분	평가지표	평가기준
대기질	비발암성물질	위해도 지수	1
	발암성물질	발암위해도	$10^{-4} \sim 10^{-6}$
악취	악취물질	위해도 지수	1
수질	수질오염물질	국가환경기준	
소음진동	소음	국가환경기준	

[참고] 건강영향 항목의 추가 평가매뉴얼(환경부 2023.05)

① 건강영향평가(Health Impact Assessment, HIA)
  정책(policy), 계획(plan), 프로그램(program) 및 프로젝트(project)가 인체 건강에 미치는 영향과 그 분포를 파악하는 도구, 절차, 방법 또는 그 조합

② 건강결정요인(Health Determinant)
  건강의 변화를 나타낼 수 있는 지표로서 개인이나 집단의 건강상태에 영향을 미치는 요인

③ 위해도 지수(Hazard Quotient)
  *화학물질관리법과 상이 "유해도(Hazard)" "위해도(risk)"
  비발암성 물질에 대한 위해성 판단 기준

④ 호흡노출참고치(Reference Concentration)
  기대수명 동안 오염물질에 노출되어 흡입하였을 경우에도 위해한 영향이 나타나지 않는 값

⑤ 발암위해도(Cancer Risk)
  발암물질에 노출됨으로써 인구 집단 내 암을 일으킬 가능성

⑥ 호흡단위위해도(Inhalation Unit Risk)
  사람들이 대기 중에서 $1\mu g/m^3$의 농도로 존재하고 있는 오염물질을 평생 흡입했을 때, 발암 가능성의 상한값

⑦ 발암잠재력(Cancer Slope Factor)
  어떤 물질에 기대수명 동안 노출되었을 때 증가하는 발암 위해의 상한값

⑧ C-R(Concentration-Response) 함수
  농도반응함수의 영문 약어로서 오염물질의 농도와 건강 영향과의 관계를 나타낸 것

5.5 건강영향평가 절차

사업분석	
스크리닝(Screening)	해당사업이 건강영향평가 대상인지를 확인하는 단계
스코핑(Scoping)	건강영향평가를 위하여 평가항목, 범위, 방법 등을 과업지시서(Terms of reference)의 형태로 결정하는 단계.
평가(Appraisal)	해당사업이 해당지역의 주민 등에게 미치는 건강영향을 정량, 정성적으로 평가하는 단계
저감방안 수립	위해도 지수 1 초과, 발암 위해도 10^{-6} 초과 시 저감방안 수립
모니터링 계획수립	모니터링 계획은 환경영향평가서 작성방법, 사후환경영향조사계획의 내용을 준용한다.

[참고] 건강영향 항목의 추가 평가매뉴얼(환경부 2023.05)

① 스크리닝(Screening) : 당해 사업이 건강영향평가 대상인지를 확인하는 행위
② 스코핑(Scoping) : 건강영향평가를 위하여 평가 항목, 범위, 방법 등을 결정하는 행위
③ 정성적 평가 : 당해 사업의 시행이 야기하는 건강결정요인의 변화를 매트릭스 등을 이용하여 서술적으로 평가하는 행위
④ 계획 적정성 평가 : 건강영향 측면의 개발 계획에 대한 적정성 평가로서 개발부지 주변의 수용체 등 지역사회 특성, 오염 등 환경현황, 그리고 개발계획으로 인한 추가적인 오염부담을 지표화하여 종합적으로 평가하는 행위
⑤ 정량적 평가 : 당해 사업의 시행이 야기하는 건강결정요인의 변화를 위해도 지수 또는 발암 위해도를 이용하여 평가하는 행위
⑥ 위해도 지수(Hazard Quotient) : 비발암성 물질에 대한 위해성 판단 기준
 *화학물질관리법과 상이 "유해도(Hazard)" "위해도(risk)"

5.6 유해물질 저감대책

표. 건강영향평가 결과에 따른 유해물질의 저감대책 종류

종류	내용
1. 회피	어떤 사업이나 사업의 일부를 하지 않음으로서 영향이 발생하지 않도록 하는 것
2. 최소화	그 사업과 사업의 실행의 정도 혹은 규모를 제한(줄임)함으로써 영향을 최소화하는 것
3. 조정	영향을 받은 환경을 교정, 복원하거나 복구함으로서 그 영향을 교정하는 것
4. 감소	대상사업의 진행 동안 보전하고 유지함으로서 시간이 지난 후 영향을 감소시키거나 제거하는 것.
5. 보상	대치하거나 대체자원 또는 대체환경을 제공함으로써 영향에 대한 보상을 하는 것.

5.7 정성적/정량적 건강영향 예측

표. 건강영향평가에 사용되는 정성적/정량적 평가기법들의 장·단점

방법	장점	단점
매트릭스 (Matrices)	• 단순함 • 다른 종류의 사업이나 영향에 대해 적용 가능함 • 가중치나 서열화를 포함하여 변경 가능	• 공간적 시간적 고려사항이 잘 반영되지 않음 • 가중치나 서열화가 없으면 영향의 크기를 나타내지 못함
지도그리기 (Mapping) GIS포함	• 공간적 고려가 잘됨 • 시간적 고려가 시계 열적분석을 통해 가능함 • 단일한 혹은 다수의 원인으로부터 영향을 통합할 수 있음	• 원인-결과 관계가 명확하게 나타나지 않음 • 공간관련 자료가 많이 필요함 • 유용한 정보를 만들기 위해서는 시간과 자원이 많이 소요됨
위해도평가 (Risk Assessment)	• 원인과 결과를 연관 짓고 확률 함수를 나타나는데 용이함 • 과학적으로 납득 가능함	• 공간적 고려가 안 됨 • 일부 건강 영향에만 적용가능(화학물질과 이온화 방사선) • 검증하기가 어려움
설문조사 및 Survey	• 기초 건강 정보를 얻기에 용이함 • 대중적 관심사에 대한 정보를 얻을 수 있음 • 잠재적으로 영향을 받는 사람들을 포함할 수 있음	• 시간과 자원 측면에서 비용이 많이 듦 • 대표성을 가지는 결과를 위해서는 다량의 무작위적인 표본들이 필요함 • 조사자가 결과에 편차(bias)를 제공할 수 있음 • 대답하는 비율이 중요함 • 대조군이 필요할 수도 있음
네트워크분석 및 흐름도 (Network Analysis & Flow Diagram)	• 단순하고 비용이 적게 듦 • 원인과 결과를 관련짓기 용이함	• 공간적 시간적 고려가 적절히 안 됨 • 영향의 크기를 알 수가 없음 • 매우 복잡하고 번거로울 수 있음
그룹 방식 (Group Methods)	• 기초 상태를 결정하거나 영향을 예측하는 활용될 수 있음 • 잠재적으로 영향 받는 사람을 포함할 수 있음 • 대립되는 견해에 대해 consensus를 이루고 균형을 잡을 수 있음	• 참가자들이 의견일치를 보는데 상당한 시간이 소요될 수 있음 • 대개 대표성을 띄지 않을 수 있음 • 조사자들이 쉽게 결과에 대해 편견을 부여할 수 있음
전문가 방식 (Expert Methods)	• 전문 지식과 경험을 활용할 수 있음 • 시간이나 자원이 한정되어 있을 때 유효함 • 대립되는 견해에 대해 consensus를 이루고 균형을 잡을 수 있음	• 선택되는 전문가가 누구냐에 따라 결과가 달라질 수 있음

제4장 핵심문제

01 건강영향평가 절차를 순서대로 나열한 것은?
① 스크리닝 → 사업분석 → 스코핑 → 평가 → 저감방안 수립
② 사업분석 → 스크리닝 → 평가 → 스코핑 → 저감방안 수립
③ 사업분석 → 스크리닝 → 스코핑 → 평가 → 저감방안 수립
④ 스코핑 → 스크리닝 → 사업분석 → 저감방안 수립 → 평가

02 환경유해인자 A의 초과발암위해도(ECR)가 1.6×10^{-5}로 추정되었다. 평균수명을 80년으로 가정했을 때 100만명이 거주하는 도시에서 환경유해인자 A로 인해 매년 추가로 발생하는 암 사망자 수(명)는?
① 0.1
② 0.2
③ 1
④ 2

해설 초과발암확률이 10^{-4}이상인 경우 발암위해도가 있으며 10^{-6}이하는 발암위해도가 없다고 판단한다.
초과발암위해도(ECR)=평생1일평균노출량(LADD, mg/kg · day)×발암잠재력(CSF,mg/kg · day)$^{-1}$
초과발암확률 값은 1.6×10^{-5} → 2×10^{-1} (10만 명당 1.6명, 100만 명당 약 0.2명 발암)

03 평균수명이 70세, 평균 체중이 68.5kg인 성인남성이 발암물질 A가 0.6mg/kg 들어있는 식품을 매일 200g씩 35년간 섭취했다고 한다. 발암물질 A의 발암잠재력이 0.5mg/kg/d일 때 초과발암위해도는? (단, 흡수율은 100%)
① 5×10^{-4}
② 6×10^{-4}
③ 5×10^{-3}
④ 6×10^{-3}

해설 초과발암확률이 10^{-4}이상인 경우 발암위해도가 있으며 10^{-6}이하는 발암위해도가 없다고 판단한다.
초과발암위해도(ECR)=평생1일평균노출량(LADD, mg/kg · day)×발암잠재력(CSF,mg/kg · day)$^{-1}$
$$LADD = \frac{0.6mg/kg \times 0.2kg/day \times 35years \times 365days}{68.5kg \times 70years \times 365days} = 8.76 \times 10^{-4} mg/kg.day$$
ECR = 8.76×10^{-4}mg/kg · day×0.5mg/kg · day = 4.4×10^{-4}
초과발암확률 값은 4.4×10^{-4} → 5×10^{-4}

정답 01.③ 02.② 03.①

04 초기 위해성평가의 잠재적인 위해성이 큰 경우 예측된 노출수준 값에 잠재된 불확실성을 정량적으로 파악하는 방법은?
① 민감도 분석
② 위험도 분석
③ 유해지수 분석
④ 결정론적 분석

05 위해도와 유해지수에 관한 설명으로 옳지 않은 것은?
① 위해도를 정량화한 값을 유해지수라고 한다.
② 유해지수는 추정된 노출량과 독성참고치(RfD)의 비로 나타낸다.
③ 흡입 노출의 경우 환경매체 중 노출농도와 독성참고치(RfD)를 이용하여 위해도를 결정해야 한다.
④ 대상 인구집단이 여러 종류의 비발암성 물질에 동시에 노출되고 여러 조건이 충족되는 경우 개별 유해지수의 합인 총 유해지수를 구할 수 있다.

> **해설** 유해지수(HI) = $\dfrac{\text{일일평균 흡입인체 노출농도}(mg/m^3.day)}{\text{흡입노출참고치 } RfC(mg/m^3)}$
> · 독성참고치(RfD, Reference dose) : 일생동안 매일 섭취해도 건강에 무영향수준의 노출량을 나타낸다.
> · 흡입독성참고치(RfC: Reference concentration) : 일생동안 매일 섭취해도 건강에 무영향수준의 노출농도를 나타낸다.

06 건강영향평가에 사용되는 정성적 평가법 중 매트릭스 평가법에 관한 설명으로 거리가 가장 먼 것은?
① 단순하다.
② 공간적 고려사항이 잘 반영된다.
③ 가중치나 서열화를 포함하여 변경가능하다.
④ 다른 종류의 사업이나 영향에 적용가능하다.

> **해설** 공간적 시간적 고려사항이 잘 반영 되지 않음

정답 04.① 05.③ 06.②

07 건강영향평가 절차 중 평가 항목, 범위, 방법 등을 결정하는 단계는?

① 스코핑(scoping)　　② 평가(appraisal)
③ 스크리닝(screening)　　④ 모니터링(monitoring)

해설　건강영향평가 절차

사업분석	
↓	
스크리닝(Screening)	해당사업이 건강영향평가 대상인지를 확인하는 단계
↓	
스코핑(Scoping)	건강영향평가를 위하여 평가항목, 범위, 방법 등을 과업지시서(Terms of reference)의 형태로 결정하는 단계.
↓	
평가(Appraisal)	해당사업이 해당지역의 주민 등에게 미치는 건강영향을 정량, 정성적으로 평가하는 단계
↓	
저감방안 수립	위해도 지수 1 초과, 발암 위해도 10^{-6} 초과 시 저감방안 수립
↓	
모니터링 계획수립	모니터링 계획은 환경영향평가서 작성방법, 사후환경영향조사계획의 내용을 준용한다.

08 발암잠재력(CSF)에 관한 설명으로 옳지 않은 것은?
① 발암잠재력(CSF)은 단위위해도(unit risk)로 환산되기도 한다.
② 발암잠재력(CSF)은 발암을 나타내는 용량-반응 함수의 기울기로 단위는 mg/kg/d이다.
③ 화학물질의 발암잠재력(CSF) 정보가 없을 경우 다른 화학적인 변수를 기준으로 같은 그룹에 분류될 수 있는 다른 화학물질의 정보를 이용한다.
④ 발암잠재력(CSF)은 평균 체중의 건강한 성인이 기대수명 기간 동안 잠재적인 발암물질의 특정 수준에 노출되었을 때 그로 인해 발생할 수 있는 초과발암확률의 80% 하한값이다.

해설　발암잠재력(발암력, CSF, Carcinogenic slope factor)는 노출량-반응(발암률)곡선에서 95% 상한 값에 해당하는 기울기로, 평균체중의 성인이 발암물질 단위용량(mg/kg·day)에 평생 동안 노출되었을 때 이로 인한 초과발암확률의 95% 상한 값에 해당된다.

09 전향적 코호트(Cohort)연구와 후향적 코호트연구의 가장 큰 차이점은?
① 질병 종류　　② 유해인자 종류
③ 추적조사 시점과 기간　　④ 연구집단의 교체 여부

해설
· 전향적 코호트연구는 노출 직후부터 질병발생을 확인할 때까지 추적하는 연구이다.
· 후향적 코호트연구는 연구시작 시점에 질병발생을 파악하고 노출여부는 과거 기록을 이용한다.

정답 07.①　08.④　09.③

10 다음에서 설명하는 인체 노출평가 접근법은?

> · 인체 노출 평가 접근법 중 직접적인 방법
> · 노출이 일어나는 특정 시점에 직접적인 노출량을 기록함으로써 외적 노출량을 정량하는 방법
> · 예 : 사람의 호흡기 주변에 공기 포집장비를 부착하여 노출수준을 파악하는 방법

① 설문지/일지 ② 개인 모니터링
③ 매체 모니터링 ④ 환경 모니터링/모델링

11 석면노출과 석면폐증의 연관성을 규명하기 위해 환자군 50명과 대조군 250명을 선정하여 조사한 결과이다. 과거에 석면공장에서 일한 작업력이 있는 사람과 그렇지 않은 사람 사이의 석면폐증 발생 교차비는?

구분	석면폐증있음	석면폐증없음
직업력 있음	37	155
직업력 없음	13	95

① 0.57 ② 0.64
③ 1.13 ④ 1.74

해설 $OR = \dfrac{AD}{BC} = \dfrac{37 \times 95}{13 \times 155} = 1.74$

12 생체지표의 정의와 생체지표를 활용한 노출평가의 특징으로 옳지 않은 것은?
① 정확한 주요 노출원의 파악이 용이하다.
② 시간에 따라 누적된 노출을 반영할 수 있다.
③ 경구 섭취, 흡입, 피부 접촉 등 모든 노출경로를 반영할 수 있다.
④ 생체지표는 화학물질 노출과 관련하여 생체 내에서 측정된 화학물질이나 화학물질의 대사체를 말한다.

해설 주요 노출원을 파악하기 어렵다.

정답 10.② 11.④ 12.①

13 생체 모니터링을 통해 측정되는 유해물질 농도 기준에 관한 설명으로 옳은 것은?

① 독일 환경청의 HBM 값은 참고치(reference value)이다.
② 인체노출수준이 미국국가연구의회(NRC)의 BE 값보다 작을수록 관리우선순위가 높아진다.
③ 생체지표의 값이 HBM-Ⅱ 이상으로 나타날 경우 위해가능성이 없으며 별도의 관리조치가 필요하지 않다고 여겨진다.
④ 참고치(reference value)는 기준 인구에서 유해물질에 노출되는 정상범위의 상위한계를 통계적인 방법으로 추정한 값이다.

해설 　참고치는 인구집단의 생체시료에서 측정된 농도를 통계적인 방법으로 추정한 값이다.

14 유해물질 저감대책의 종류와 그에 관한 설명으로 옳지 않은 것은?

① 보상 : 대체자원 또는 대체환경을 제공하여 영향에 대한 보상을 하는 것
② 감소 : 영향을 받은 환경을 교정, 복원하거나 복구함으로서 그 영향을 교정하는 것
③ 최소화 : 그 사업과 사업 실행의 정도 혹은 규모를 제한함으로써 영향을 최소화하는 것
④ 회피 : 어떤 사업이나 사업의 일부를 하지 않음으로서 영향이 발생하지 않도록 하는 것

해설 　표. 건강영향평가 결과에 따른 유해물질의 저감대책 종류

종류	내용
1. 회피	어떤 사업이나 사업의 일부를 하지 않음으로서 영향이 발생하지 않도록 하는 것
2. 최소화	그 사업과 사업의 실행의 정도 혹은 규모를 제한(줄임)함으로써 영향을 최소화하는 것
3. 조정	영향을 받은 환경을 교정, 복원하거나 복구함으로서 그 영향을 교정하는 것
4. 감소	대상사업의 진행 동안 보전하고 유지함으로서 시간이 지난 후 영향을 감소시키거나 제거하는 것.
5. 보상	대치하거나 대체자원 또는 대체환경을 제공함으로써 영향에 대한 보상을 하는 것.

15 환경보건법령상 건강영향평가 대상사업에 해당하지 않는 것은?

① 식품 개발 사업
② 에너지 개발 사업
③ 산업입지 및 산업단지의 조성 사업
④ 폐기물처리시설, 분뇨처리시설 및 축산폐수공공처리시설의 설치 사업

정답 13.④　14.②　15.①

16 환경유해인자 노출에 따른 생체지표의 분류로 옳지 않은 것은?
① 노출 생체지표
② 민감성 생체지표
③ 반응성 생체지표
④ 위해영향 생체지표

해설 　생체지표란 생체 내에서의 노출, 위해영향, 민감성을 예측하기 위한 지표로서 노출 생체지표, 위해영향 생체지표, 민감성 생체지표로 구분한다.

17 역학연구에서 바이어스(bias)에 관한 설명으로 옳지 않은 것은?
① 선택 바이어스는 연구대상을 선정하는 과정에서 발생한다.
② 정보 바이어스는 연구 자료를 수집하는 과정에서 발생한다.
③ 교란 바이어스는 독립변수와 종속변수 이외의 제3의 변수에 의해 발생한다.
④ 후향적 코호트 연구는 과거의 기록으로부터 정보를 얻기 때문에 정보 바이어스가 발생할 확률이 낮다.

해설 　역학연구에서 바이어스는 선택 바이어스, 정보 바이어스, 교란 바이어스 3가지가 대표적이다.

18 집단노출평가 방법에 관한 설명으로 옳지 않은 것은?
① 집단노출평가에는 인구집단의 노출계수 정보와 국가 수준의 환경모니터링 정보가 사용된다.
② 시나리오기반 노출량 산정방법 중 결정론적 방법은 유해인자의 농도나 노출계수 등의 자료 분포를 활용하여 노출량을 추정하는 방법이다.
③ 많은 가정과 외삽이 사용되기 때문에 사용한 변수 자료나 모형, 시나리오의 불확실성에 대한 분석을 제시해야 한다.
④ 집단의 평균이나 중앙값을 사용하여 전형적인 개인의 노출을 예측하는 중심경향 노출기준 (CTE)값으로 노출량을 추산할 수 있다.

해설 　시나리오기반 노출량 산정방법 중 확률론적 방법은 유해인자의 농도나 노출계수 등의 자료 분포를 활용하여 노출량을 추정하는 방법이다.

정답 16.③ 17.④ 18.②

19 용량(dose)에 관한 설명으로 옳지 않은 것은?

① 생물학적 영향용량은 잠재용량 중 표적기관으로 이동하는 양을 의미한다.
② 섭취나 흡수를 통해 실제로 인체에 들어가는 유해인자의 양을 용량이라고 한다.
③ 용량의 크기를 파악하기 어려울 경우 섭취량을 용량과 동일한 것으로 가정할 수 있다.
④ 섭취를 통해 들어온 유해인자가 체내의 흡수막에 직접 접촉한 양을 적용용량이라고 한다.

> 해설

![유해인자 노출 경로 다이어그램: 유해인자 → 노출(입/코) → 잠재용량 → 섭취 → 폐 → 적용용량 → 흡수, 대사 → 내적용량 → 기관 → 생물학적 영향용량 → 영향]

20 생체지표(biomarker)에 관한 설명으로 가장 거리가 먼 것은?

① 노출 생체지표로 가장 많이 분석되는 매질은 혈액과 소변이다.
② 위해영향 생체지표는 유해물질의 잠재적인 독성이 야기되어 나타나는 생화학적, 생리학적, 행동학적 변화 등을 나타내는 지표이다.
③ 노출 생체지표는 생체 내에서 측정된 유해인자나 유해인자의 대사체 혹은 그 물질이 특정 분자나 세포와 작용하여 생성된 물질이다.
④ 유기인계 농약에 노출되면 혈청 아세틸콜린 에스테라아제(acetylcholinesterase)활성이 낮아질 수 있으므로 이를 농약중독의 초기 민감성 생체지표로 사용할 수 있다.

> 해설 예를 들어 유기인계 농약에 노출되면 혈액 내 아세틸콜린에스테라아제 활성이 낮아진다. 이 변화로부터 초기 농약중독으로 추정한다.

21 다음 중 인체 노출·흡수 매커니즘에 대한 설명으로 옳지 않은 것은?

① 인체의 주요 노출 방식에는 흡입, 경구섭취, 피부 접촉이 있다.
② 발생원에서부터 노출되는 수용체에 도달하기까지의 물리적 경로를 노출 경로(exposure pathway)라고 한다.
③ 내적용량이란 섭취를 통해 들어온 인자라 체내의 흡수막에 직접 접촉한 양을 의미한다.
④ 잠재 용량은 노출된 유해인자가 소화기 또는 호흡기로 들어오거나 피부에 접촉한 실제 양을 의미한다.

> 해설 적용용량이란 섭취를 통해 들어온 인자가 채내의 흡수막에 직접 접촉한 양을 의미한다.
> 내적용량이란 흡수막을 통과하여 채내에서 대사, 이동, 저장, 제거 등의 과정을 거치게 되는 인자의 양을 의미한다.

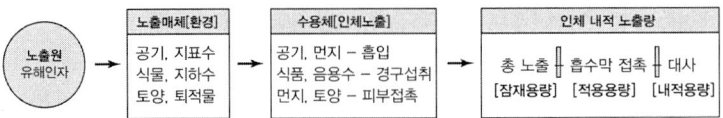

정답 19.① 20.④ 21.③

22 환경위해도 중 2개 영양단계 각각에 대한 만성생태독성 값이 존재할 때 적용하는 평가계수로 옳은 것은?

① 10
② 50
③ 100
④ 1000

> 해설

안전계수	가용데이터
1000	급성독성값 1개(1개 영양단계)
100	급성독성값 3개(3개 영양단계 각각)
100	만성독성값 1개(1개 영양단계)
50	만성독성값 2개(2개 영양단계 각각)
10	만성독성값 3개(3개 영양단계 각각)

23 건강영향평가 시 건강영향 예측을 위한 방법 중 정량적 평가 항목으로 옳지 않은 것은?

① 수질
② 방사선
③ 소음·진동
④ 대기질(악취)

> 해설 건강영향평가 시 건강결정요인별 정량적 평가지표 및 기준

건강결정요인	구 분	평가지표	평가기준
대기질	비발암성물질	위해도 지수	1
	발암성물질	발암위해도	$10^{-4} \sim 10^{-6}$
악취	악취물질	위해도 지수	1
수질	수질오염물질		국가환경기준
소음진동	소음		국가환경기준

24 환경영향평가 중 건강영향평가에서 대기질(비발암성 물질)의 위해도지수 평가기준으로 옳은 것은?

① 1
② 2
③ 3
④ 4

> 해설 대기질의 비발암성 물질 위해도지수 평가기준은 1이다. 위해지수가 1이상(HI > 1)일 경우는 유해영향이 발생하며, 1이하(HI < 1)일 경우에는 안전하다.

정답 22.② 23.② 24.①

25 생체 모니터링을 통해 측정되는 유해물질의 농도 기준인 권고치 또는 참고치에 대한 설명으로 틀린 것은?

① HBM-I은 건강 위해영향이 커서 조치가 필요한 수준이다.
② 권고치의 대표적인 예로 독일의 HBM(human biomonitoring) 값과 미국의 BE(biomonitoring equivalents) 등이 있다.
③ 참고치는 기준 인구에서 유해물질에 노출되는 정상 범위의 상위 한계를 통계적인 방법으로 추정한 값이다.
④ 참고치를 이용하면 일반적인 수준보다 높은 수준의 유해물질에 노출된 사람들을 판별할 수 있으나 이 값은 권고치와 달리 독성학적 또는 의학적 의미를 가지지 않는다는 한계점이 있다.

> **해설** HBM-I 이하는 건강 위해영향이 없으며, 조치가 불필요한 수준이며, HBM-II 이상은 건강 위해 영향이 있으며, 조치가 필요한 수준이다. 또한 HBM-I 이상 HBM-II 이하는 검증이 필요하며, 노출이 맞는다면 조치가 필요한 수준이다.

26 비발암성 물질 노출한계에 대한 설명 중 틀린 것은?

① 노출한계는 추정된 노출량(EED)과 무영향 관찰용량(NOAEL)를 이용하여 도출된다.
② 위해도를 설명하는 다른 접근법으로 노출한계 또는 안전역 개념이 상대적인 위해도 차이를 나타내기 위하여 사용되기도 한다.
③ 환경보건법 내 환경위해성평가 지침에 따르면, 노출한계가 100 이상인 경우 위해가 있다고 판단한다.
④ 노출한계 값은 규제를 위한 관심 대상 물질을 결정하는 데에도 활용될 수 있다.

> **해설** 환경보건법 내 환경위해성평가 지침에 따르면, 만성노출인 NOAEL 값을 적용한 경우 노출한계(또는 노출안전역)이 100 이하이면 위해가 있다고 판단한다.
>
> $$노출안전역(MOE) = \frac{독성시작값 POP(NOAEL \ or \ BMDL \ or \ T_{25} \ 등)}{일일노출량(EED값)}$$

정답 25.① 26.③

27 환경보건법규상 환경성질환의 범위에 해당되지 않는 것은?

① 석면으로 인한 폐질환
② 가습기살균제에 포함된 유해화학물질로 인한 폐질환
③ 유해화학물질로 인한 중독증, 신경계 및 생식계 질환
④ 공기오염으로 인한 결핵균에 의해 전염되는 감염성 질환

> 해설 환경성질환이란 환경유해인자와 상관성이 있다고 인정되는 질환으로서 환경부령으로 정하는 질환을 말한다. 환경부령으로 정하는 질환이란?
> ・「물환경보전법」에 따른 수질오염물질로 인한 질환
> ・「화학물질관리법」에 따른 유해화학물질로 인한 질환
> ・석면으로 인한 폐질환
> ・환경오염사고로 인한 건강장해
> ・「실내공기질 관리법」에 따른 오염물질
> ・「대기환경보전법」에 따른 대기오염물질과 관련된 질환
> ・가습기살균제에 포함된 유해화학물질로 인한 폐질환을 말한다.

28 화력발전소의 건강영향평가 대상물질로 옳지 않은 것은?

① 벤젠   ② 스티렌
③ 아황산가스   ④ 이산화질소

> 해설 건강환경영향평가 대상사업별 추가 평가 대상물질

대상사업	평가대상물질
산업단지	PM10, SO_2, NO_2, O_3, CO, Pb, C_6H_6, CO, Hg, As, Cd, Cr^{6+}, Ni, 암모니아, 황화수소, 포름알데히드, 염화수소, 시안화수소, 스티렌, 염화비닐 *석유정제시설의 경우 BTEX
화력발전소	PM10, SO_2, NO_2, O_3, CO, Pb, C_6H_6, CO, Hg, As, Cd, Cr^{6+}, Ni, 베릴륨
소각장	PM10, SO_2, NO_2, O_3, CO, Pb, C_6H_6, CO, Hg, As, Cd, Cr^{6+}, Ni, 암모니아, 황화수소, 아세트알데히드, 염화수소, 다이옥신
매립장	미세먼지, 암모니아, 황화수소, 이산화질소, BTEX, 염화비닐, 사염화탄소, 클로로포름, 1,2-디클로로에탄, 트리클로로에틸렌
분뇨처리장	복합악취, 암모니아, 황화수소, 아세트알데히드, 스티렌
가축분뇨처리장	복합악취, 암모니아, 황화수소, 아세트알데히드, 스티렌

정답 27.④ 28.②

29 다음 중 환경영향평가서에 위생·공중보건 항목의 건강영향평가 대상 사업으로 옳지 않은 것은?

① 에너지 개발
② 도시 및 수자원 개발
③ 산업입지 및 산업단지의 조성
④ 폐기물처리시설, 분뇨처리시설 및 축산폐수공공처리시설의 설치

해설 환경보건법 시행령 [별표 1] 건강영향평가 항목의 추가·평가 대상사업에는 에너지 개발, 산업단지 및 산업단지의 조성, 폐기물처리시설, 분뇨처리시설 및 축산폐수공공처리시설의 설치가 있다.

30 하루 물 섭취량이 2L이고, 체중이 70kg인 성인 남성이 소변에서 검출된 비스페놀 A농도가 4.1 μg/L일 때 이 남성의 비스페놀 A의 내적 노출량(μg/kg/day)은 약 얼마인가? (단, 남성 일일소변배출량 1600 mL/day, Fue(Fraction of Urinary Excretion)=1로 가정)

① 0.047 ② 0.094
③ 0.105 ④ 0.117

해설 $\dfrac{1}{70kg} \Big| \dfrac{4.1\mu g}{L} \Big| \dfrac{1600mL}{day} \Big| \dfrac{1}{몰분율 Fue 1} \Big| \dfrac{L}{1000mL} = 0.0937 \mu g/kg \cdot day$

31 성인여성의 소변에서 DEHP의 대사산물인 MEHP가 6.8 μg/L 검출되었다. 이 여성의 체중은 58kg이고 일일소변배출량은 1300 mL/day이었다. 체내에 들어온 DEHP의 70%가 소변으로 배출되었다고 가정할 때, 이 여성의 DEHP에 대한 내적노출량(μg/kg/day)으로 옳은 것은? (단, DEHP 분자량이 390.6 g/mol, MEHP 분자량: 278.3 g/mol)

① 0.16 ② 0.22
③ 0.31 ④ 0.61

해설 $\dfrac{6.8\mu g}{L} \Big| \dfrac{1}{58kg} \Big| \dfrac{1300mL}{day} \Big| \dfrac{1}{0.7} \Big| \dfrac{390.6}{278.3} \Big| \dfrac{L}{1000mL} = 0.305 \mu g/kg \cdot day$

정답 29.② 30.② 31.③

32 정량적 불확실성의 평가가 필요한 경우로 옳지 않은 것은?
① 모델 변수로 단일 값을 이용한 위해성 평가와 잠재적인 오류를 확인할 필요가 있는 경우
② 보수적인 점 추정 값을 활용한 초기위해성평가 결과 추가적인 확인 조치가 필요하다고 판단되는 경우
③ 오염지역, 오염물질, 노출경로, 독성, 위해성 인자 중에서 우선순위 결정을 위해 추가적인 연구가 필요한 경우
④ 초기위해성평가 결과는 매우 보수적으로 도출됨에도 불구하고 초기위해성평가에서 위해성이 낮다고 판단되는 경우

> 해설 초기위해성평가 결과는 매우 보수적으로 도출되기 때문, 오류가 있을 가능성이 높으므로 초기위해성평가에서 위해성이 높다고 판단되는 경우, 정량적 불확실성 평가를 통해 추가연구를 위한 정보를 제공해야 한다.

33 건강영향평가 절차 중 스코핑(scoping)에 대한 설명으로 옳은 것은?
① 당해 사업이 건강영향평가 대상인지를 확인하는 행위
② 건강영향평가를 위하여 평가 항목, 범위, 방법 등을 결정하는 행위
③ 당해 사업이 영향예상지역의 주민에게 미치는 건강영향을 정량적, 정성적으로 평가하는 단계
④ 건강영향평가 결과를 토대로 긍정적 영향은 최대화하고, 부정적 영향은 최소화하기 위한 저감대책을 수립하는 단계

> 해설 스코핑(Scoping) : 건강영향평가를 위하여 평가항목, 범위, 방법 등을 과업지시서(Terms of reference)의 형태로 결정하는 단계.

34 다음 중 경구섭취를 통해 인체에 들어가는 유해인자 양의 크기를 순서대로 나열한 것은?
① 적용용량 > 내적용량 > 잠재용량
② 잠재용량 > 적용용량 > 내적용량
③ 내적용량 > 적용용량 > 잠재용량
④ 적용용량 > 잠재용량 > 내적용량

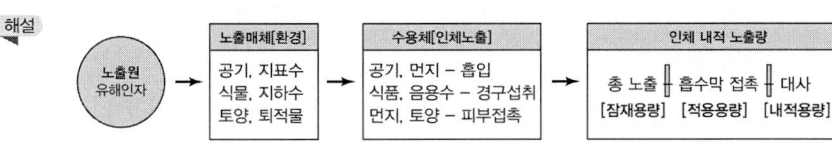

정답 32.④ 33.② 34.②

35 생체지표에 대한 설명으로 옳지 않은 것은?

① 특정 화학물질 노출에 반응하는 개인의 유전적 또는 후천적인 능력을 나타내는 것은 민감성 생체지표이다.
② 혈액 내 아세틸콜린에스테라아제 활성은 신경독성에 대한 생체지표로, 농약중독의 초기 위해영향 생체지표에 포함된다.
③ 노출 생체지표 활용으로는 분석 시점 이전의 노출 수준을 알아내기 어렵다.
④ 프탈레이트처럼 체내에서 빠르게 대사되는 물질의 노출 생체지표 분석을 위해 많이 활용되는 매질은 혈액이다.

> **해설** 프탈레이트처럼 체내에서 빠르게 대사되는 물질의 노출 생체지표 분석을 위해 많이 활용되는 매질은 소변이다. 벤젠에 노출되었을 경우 매질은 혈액 또는 소변 중의 벤젠 량이 노출 생체지표로 활용된다.

36 발암잠재력(cancer slope factor, CSF) 대한 설명으로 틀린 것은?

① 단위위해도(unit risk)로 환산할 수 있다.
② 경구, 흡입, 피부접촉 등 노출경로에 따라 발암물질의 CSF가 달라진다.
③ CSF는 공기 혹은 섭취매체 중 오염농도를 기준으로 얼마나 증가하는지를 파악할 수 있다.
④ CSF값은 용량-반응 함수의 기울기로서 단위 체중당 단위 용량만큼의 화학물질 노출에 의한 발암확률을 의미한다.

> **해설** 발암잠재력(발암력, CSF, Carcinogenic slope factor)는 노출량-반응(발암률)곡선에서 95% 상한 값에 해당하는 기울기로, 평균체중의 성인이 발암물질 단위용량(mg/kg.day)에 평생 동안 노출되었을 때 이로 인한 초과발암확률의 95% 상한 값에 해당된다.

37 개인 및 집단 노출평가에 대한 설명으로 옳지 않은 것은?

① 개인 노출평가 시 생체지표를 활용하여 개인의 내적 노출량을 추정할 수 있다.
② 집단 노출평가에 따라 집단의 노출 수준을 파악할 때 막대한 비용과 시간이 소요된다.
③ 집단 노출평가 시 확률론적 방법은 유해인자의 농도나 노출계수 등 각각의 지표가 갖고 있는 자료 분포를 활용하여 노출량의 분포를 새롭게 도출한다.
④ 개인 노출평가는 개인이 노출되는 다양한 노출 경로들에 대해 직접 조사하여 개인별 총 노출량을 평가하는 접근이다.

> **해설** 집단 노출평가에 따라 집단의 노출 수준을 파악할 때 적은 비용과 시간이 소요된다.

정답 35.④ 36.③ 37.②

38 역학 연구에서 분류하는 바이어스(bias)와 거리가 먼 것은?

① 교란변수에 의한 바이어스
② 공간차이에 의한 바이어스
③ 연구대상 선정과정의 바이어스
④ 연구자료 측정 과정 혹은 분류과정의 바이어스

> 해설 역학연구에서 해당요인과 질병과의 연관성을 잘못 측정하는 것을 바이어스라 한다. 대표적으로 연구대상 선정과정의 바이어스, 연구자료 측정 과정 혹은 분류과정의 바이어스, 교란변수에 의한 바이어스 세 가지가 있다.

39 충분한 수의 랫드를 사용한 만성경구독성실험에서 5 mg/kg/day의 NOAEL 값을 구했을 때 이를 인체위해성평가를 위한 RfD로 변환한 양(mg/kg/day)은? (단, MF는 0.75를 사용한다.)

① 0.0007
② 0.007
③ 0.07
④ 0.7

> 해설
> $$RfD = \frac{NOAEL \ or \ LOAEL}{\text{불확실성계수}(UF, uncertainty \ factor) \times MF}$$
> 여기서 만성유해영향이 관찰되지 않는 경우 불확실성계수는 1000이므로,
> $$\frac{5mg}{kg.day} \Big| \frac{1}{0.75} \Big| \frac{1}{1000} = 0.0067 mg/kg.day$$

40 역학 연구방법 중 분석역학의 단면 연구(Cross-sectional study)에 대한 설명으로 옳지 않은 것은?

① 드문 질병 및 노출에 해당하는 인구집단을 조사하기에 부적절한 역학적 연구형태이다.
② 유병기간이 아주 짧은 질병은 질병 유행기간이 아닌 이상 단면연구가 부적절하다.
③ 비교적 쉽게 수행할 수 있고 다른 역학적 연구방법에 비해 비용이 상대적으로 적게 소요된다.
④ 노출요인과 유병의 선후관계가 명확하여 통계적인 유의성이 질병발생과의 인과관계로 해석할 수 있다.

> 해설 노출요인과 유병의 선후관계가 명확하지 않다. 따라서 통계적인 유의성이 있다고 할지라도 질병발생과의 인과성으로 해석해서는 안 된다.

41 다음 [보기]가 설명하는 것으로 옳은 것은?

> **보기**
> 다양한 역학의 연구방법들 중에서 질병의 가설을 설정하는데 기여하는 역학연구의 한 방법으로 질병의 빈도와 분포를 시간적, 인적, 지역적 변수에 의해 서술하는 연구방법

① 기술역학
② 분석역학
③ 환경역학
④ 산업역학

정답 38.② 39.② 40.④ 41.①

42 건강영향평가 정의에 포함되는 다음 요소 중 우리나라 건강영향평가에서 포함하고 있는 것으로 옳은 것은?

① 계획(plan)
② 정책(policy)
③ 프로젝트(project)
④ 프로그램(program)

해설 건강영향평가는 환경영향평가 대상 중에서 대통령령으로 정하는 행정계획 및 개발사업에 대하여 환경유해인자가 건강에 미치는 영향을 추가하여 평가, 협의 하여야 한다.

43 다음 중 건강영향평가 대상 시설과 평가 대상 물질의 연결이 옳지 않은 것은?

① 산업단지 – 복합악취
② 화력발전소 – 납(Pb)
③ 매립장 – 황화수소(H_2S)
④ 분뇨처리장 – 암모니아(NH_3)

해설 복합악취-분뇨처리시설

44 환경위해도 평가 과정에서 불확실성 평가를 위한 단계적 접근법에 대한 설명으로 옳지 않은 것은?

① 0단계 : 예측노출수준과 위해도 평가에 사용된 결과 값들의 검토
② 1단계 : 불확실성 요인별 과학적 근거 및 주관성에 대한 판단
③ 2단계 : 확률론적 평가를 통한 위해도 분포확인
④ 3단계 : 민감도분석/상관분석을 통한 입력값의 분포 및 상대 기여도 제시

해설 2단계 : 점추정 값에 대한 정량적 불확실성 분석

45 환경유해인자의 인체 노출수준을 추정하는 방법에 대한 설명으로 옳지 않은 것은?

① 직접적인 노출평가는 개인 모니터링이나 바이오 모니터링 자료를 활용하여 노출량을 측정 또는 추정하는 방법이다.
② 간접적인 노출평가에는 환경모니터링 자료나 모델링 자료, 설문조사 결과 등이 활용될 수 있다.
③ 개인모니터링의 경우 노출이 일어나는 특정시점에 개인 모니터링기술을 사용하여 직접적인 노출량을 기록함으로써 내적 노출량을 정량하는 방법이다.
④ 간접적인 노출평가는 환경 매체에서 유해인자의 농도를 분석한 뒤 수용체가 환경매체에 접촉하여 유해요인을 흡수할 수 있는 노출시나리오를 가정하여 외적 노출량을 추정하는 방법이다.

해설 개인모니터링은 노출이 일어나는 특정시점에 직접 측정하여 외적 노출량을 정량하는 방법이다.

정답 42.③ 43.① 44.③ 45.③

46 환경유해인자의 인체노출 중 집단노출에 대한 설명으로 틀린 것은?

① 중심경향노출수준(CTE)값은 해당 집단의 평균 노출을 예측하는 값이다.
② 합리적인 최고노출수준(RME) 값은 일반적으로 99백분위수 값을 사용한다.
③ 시나리오 기반 노출량 산정방법은 결정론적 방법과 확률론적 방법으로 나눌 수 있다.
④ 해당 집단의 가능한 노출 정보와 함께 인구집단의 노출계수정보를 활용하여 집단의 노출량을 평가한다.

> **해설** 합리적인 최고노출수준(RME) 값은 일반적으로 90백분위수 이상, 최대값 미만의 값(예, 95백분위수)을 사용한다.

47 발암성 물질의 발암위해도와 비발암성 물질의 위해도 지수를 고려하여 대기질 건강영향평가에 대한 저감대책을 수립해야 하는 조건(기준)으로 옳은 것은?

① 발암성 물질 : 10^{-6} 초과, 비발암성 물질 : 1초과
② 발암성 물질 : 10^{-6} 초과, 비발암성 물질 : 1미만
③ 발암성 물질 : 10^{-4} 초과, 비발암성 물질 : 0.5초과
④ 발암성 물질 : 10^{-4} 초과, 비발암성 물질 : 0.5미만

> **해설** 건강결정요인이 대기질의 경우 평가기준은, 발암성 물질의 발암위해도는 $10^{-6} \sim 10^{-4}$, 비발암성 물질의 위해도 지수는 1 이다.

48 다음 중 위해성평가 시 발생 가능한 주요 불확실성 요소에 해당하지 않는 것은?

① 모델 불확실성
② 입력 변수 변이
③ 자료의 불확실성
④ 출력 변수의 불확실성

> **해설** 불확실성 요소에는 자료의 불확실성, 모델의 불확실성, 입력변수 변이, 노출시나리오의 불확실성, 평가의 불확실성이 있다.

49 위해성평가의 불확실성 평가에 대한 설명으로 옳지 않은 것은?

① 변이의 크기는 추가연구를 통해 줄일 수 있다.
② 변이란 실제로 존재하는 분산 때문에 발생한다.
③ 불확실성은 위해성평가의 전 단계에 걸쳐 발생할 수 있다.
④ 불확실성 평가는 정성적 및 정량적 평가방법으로 나눌 수 있다.

> **해설** 변이는 추가연구를 통해 더 정확히 이해할 수 있는 현상이지만 변이의 크기 자체를 줄일 수는 없다.

정답 46.② 47.① 48.④ 49.①

50 화학물질 위해성평가의 구체적 방법 등에 관한 규정상 용어에 대한 정의 중 옳지 않은 것은?

① 내부용량(internal dose)이란 화학물질 위해성과 관련된 특정한 독성을 정성 및 정량적으로 표현한 것을 말한다.
② 역치(문턱)(threshold)란 그 수준 이하에서 유해한 영향이 발생하지 않을 것으로 기대되는 용량을 말한다.
③ 노출경로(exposure pathway)란 화학물질이 배출원으로부터 사람 또는 환경에 노출될 때까지의 이동 매개체와 그 경로를 말한다.
④ 위해성평가(risk assessment)란 유해성이 있는 화학물질이 사람과 환경에 노출되는 경우 사람의 건강이나 환경에 미치는 결과를 예측하기 위해 체계적으로 검토하고 평가하는 것을 말한다.

> 해설 내적용량(internal dose)이란 흡수막을 통과하여 채내에서 대사, 이동, 저장, 제거 등의 과정을 거치게 되는 인자의 양을 의미한다.

51 연구자료 측정과정 또는 분류과정의 바이어스에 대한 설명으로 가장 거리가 먼 것은?

① 대상자 정보수집과정에서 집단 간에 측정오류가 다르게 나타나서 생길 수 있다.
② 과거의 노출에 관한 조사 시 대상자의 기억에 의존할 때 일어날 수 있다.
③ 노출군이 비노출군에 비해 자신의 병을 과다하게 보고하는 경우에 생길 수 있다.
④ 질병위험요인과 질병에 동시에 관련되어 있어 이들의 관계를 왜곡시킬 수 있다.

> 해설 역학연구에서 요인과 질병과의 연관성을 잘못 측정하거나 잘못 선정으로 발생한다.

52 다음 [보기]가 설명하는 평가기법으로 옳은 것은?

> **보기**
> · 건강영향평가에 사용되는 평가기법으로 공간적 고려가 잘되고 시계열적 분석을 통해 시간적 평가도 가능하다.
> · 다수의 원인에서 오는 영향을 통합할 수 있는 기법이라는 장점은 있지만 원인과 결과 관계를 파악하기 힘들다는 단점도 있다.

① 설문조사 ② 매트릭스
③ 지도그리기 ④ 네트워크분석

정답 50.① 51.④ 52.③

53 인체 노출·흡수 메커니즘에 관한 설명으로 옳지 않은 것은?

① 적용용량은 섭취를 통해 들어온 인자가 체내의 흡수막에 직접 접촉한 양을 의미한다.
② 잠재용량은 노출된 유해인자가 소화기 또는 호흡기로 들어오거나 피부에 접촉한 실제양을 의미한다.
③ 유해인자가 섭취나 흡수를 통해 체내로 들어왔을 때, 즉 실제로 인체에 들어가는 유해인자의 양을 용량(dose)이라고 한다.
④ 용량의 개념은 유해인자의 생물학적 영향을 예측하는 데에 용이하나, 어떠한 경우라도 섭취량(intake)을 용량과 동일한 것으로 가정할 수는 없다.

해설 유해인자가 섭취나 흡수를 통해 체내로 들어왔을 때, 즉 실제로 인체에 들어가는 유해인자의 양을 용량(dose)이라고 한다.

54 다음[보기]의 물질이 포함되어 있는 수돗물을 70kg의 성인이 매일 2L 음용했을 때 총 위해지수(HI)와 유해지수(HQ)가 가장 큰 물질의 연결이 옳은 것은? (단, 모든 물질의 흡수율은 100%로 가정한다.)

보기		
물질	농도(mg/L)	RfD(mg/kg/day)
A	0.2	0.03
B	0.6	0.05
C	0.08	0.1

① 0.36 - A
② 0.56 - C
③ 0.36 - C
④ 0.56 - B

해설 개별유해지수(HQ)

$$HQ(Hazard\ Quotient) = \frac{노출량}{RfD}$$

$$A \frac{}{70kg} | \frac{2L}{day} | \frac{0.2mg}{L} | \frac{}{0.03RfD} = 0.19$$

$$B \frac{}{70kg} | \frac{2L}{day} | \frac{0.6mg}{L} | \frac{}{0.05RfD} = 0.34$$

$$C \frac{}{70kg} | \frac{2L}{day} | \frac{0.08mg}{L} | \frac{}{0.1RfD} = 0.023$$

총 위해지수(HI)
$HI = 0.19 + 0.34 + 0.023 ≒ 0.56$

정답 53.④ 54.④

55 세계보건기구 산하 국제 암연구소(IARC)의 화학물질 발암원성 분류체계에서 2B 그룹의 설명으로 옳은 것은?

① 사람과 동물실험에서 발암원성에 대한 자료가 존재하지 않음
② 사람에 대한 자료와 동물실험 자료가 불완전하고 제한적임
③ 사람과 동물에서의 충분한 자료가 존재하고 사람 역학 자료가 충분함
④ 사람에 대한 자료가 제한적이고 동물실험에서 보다 불충분함

해설   보기1은 4그룹, 보기2는 3그룹, 보기3은 1그룹에 해당

56 환경보건법령상 환경성질환의 범위로 가장 거리가 먼 것은?

① 석면으로 인한 폐질환
② 대기오염물질과 관련된 알레르기 질환
③ 가습기살균제에 포함된 화학물질로 인한 폐질환
④ 잔디밭 야생들쥐의 배설물 흡입으로 인한 신증후군출혈열

해설   환경성질환이란 환경유해인자와 상관성이 있다고 인정되는 질환으로서 환경부령으로 정하는 질환을 말한다.

57 비발암성 물질의 개별 유해지수(HQ)를 합산한 총 유해지수(HI)를 구하기 위해서 충족되어야 하는 사항으로 옳지 않은 것은?

① 각 영향이 서로 독립적으로 작용할 경우
② 각 물질들의 위해수준이 충분히 높을 경우
③ 해당 비발암성 물질들의 독성이 가산성을 가정할 수 있는 경우
④ 각 영향의 표적기관과 독성기작이 같고 유사한 노출량-반응 모형을 보일 경우

해설   각 물질들의 위해수준이 충분히 작을 경우

58 노출·생체지표를 활용한 환경유해인자의 노출평가에 대한 설명으로 옳지 않은 것은?

① 주요 노출원을 쉽게 파악할 수 있다.
② 분석 시점 이전의 노출수준이나 변이를 이해하기 어렵다.
③ 초기 건강영향이나 질병의 종말점과 직접적으로 연계하기 어려울 수 있다.
④ 반감기가 짧은 물질의 경우 최근의 노출이나 제한된 기간의 노출 수준만을 반영할 수 있다.

해설   주요 노출원을 파악하기 어렵다.

정답   55.④   56.④   57.②   58.①

59 생체 모니터링을 통해 측정되는 유해물질의 농도기준인 권고치와 참고치에 대한 설명으로 가장 거리가 먼 것은?

① 참고치(reference value)는 독성학적 또는 의학적 의미를 가진다.
② 권고치(guidance value)는 특정 농도 이상으로 유해물질에 노출되었을 때 건강에 나쁜 영향이 나타나는 농도를 의미한다.
③ 인체노출수준이 BE(biomonitoring equivalents)값보다 클수록 보건당국이 우선적으로 관리해야 함을 의미한다.
④ 참고치(reference value)는 기준 인구에서 유해물질에 노출되는 정상 범위의 상위 한계를 통계적인 방법으로 추정한 값이다.

> **해설** 참고치를 이용하면 일반적인 수준보다 높은 수준의 유해물질에 노출된 사람들을 판별할 수 있으나 이 값은 권고치와 달리 독성학적 또는 의학적 의미를 가지지 않는다는 한계점이 있다.

60 발암물질 A의 평생일일평균노출량은 0.5 μg/kg/day, 발암잠재력은 0.25(mg/kg/day)$^{-1}$일 때, A의 초과발암위해도는?

① 0.125
② 2.0×10^{-3}
③ 0.5×10^{-4}
④ 1.25×10^{-4}

> **해설** 초과발암위해도(ECR)
> $$ECR = \frac{0.5\mu g}{kg.day} | \frac{0.25 kg.day}{mg} | \frac{mg}{10^3 \mu g} = 1.25 \times 10^{-4}$$

61 위해지수(Hazard index)는 어떠한 가정이 충족되어야 한다. 잘못된 설명은?

① 비발암물질을 가정한다.
② 위해수준이 충분히 클 경우에 계산의 의미가 있다.
③ 각 영향이 서로 독립적으로 작용한다.
④ 유사한 용량-반응 모형을 보일 때 적용한다.

> **해설** 위해수준이 충분히 작을 경우에 계산의 의미가 있다.

정답 59.① 60.④ 61.②

62 다음 중 용어 설명이 틀린 것은?

① 노출안전역(MOS, Margin of safety)은 역치가 없는 유전적발암물질의 위해도를 판단하며, 작을수록 안전하다.
② 위해지수(Hazard index)는 노출평가와 용량-반응평가 결과를 바탕으로 인체노출위해수준을 추정하는데 있다.
③ 노출량을 RfD로 나눈 값이 1보다 크면 잠재적 위해가 있다.
④ RfD를 노출량으로 나눈 값이 1보다 작으면 잠재적 위해가 있다.

> **해설** 노출안전역(MOS, Margin of safety)은 역치가 없는 유전적발암물질의 위해도를 판단하며, 클수록 안전함을 의미한다.
> $$노출안전역(MOE) = \frac{독성시작값\ BMDL\ 등}{일일노출량}$$

63 다음 조건에서 DEHP의 1일평균노출량($\mu g/kg.day$)을 산정하고, 비발암위해도를 판단하시오.

| · RfD 0.02mg/kg · day | · DEHP 0.3mg/kg |
| · 평균섭취량 130g/day | · 체중 70kg |

① $0.557\ \mu g/kg.day$, 잠재적 위해 있음 ② $0.557\ \mu g/kg.day$, 잠재적 위해 없음
③ $0.657\ \mu g/kg.day$, 잠재적 위해 있음 ④ $0.657\ \mu g/kg.day$, 잠재적 위해 없음

> **해설** 일일노출량 $= \frac{0.3mg}{kg} \mid \frac{130g}{day} \mid \frac{1}{70kg} \mid \frac{10^{-3}kg}{g} \mid \frac{10^3 \mu g}{mg} = 0.557 \mu g/kg.day$
>
> 유해지수$(HI) = \frac{일일평균\ 흡입인체\ 노출농도\ (mg/m^3.day)}{흡입노출참고치\ RfC(mg/m^3)}$
>
> $HI = \frac{0.557\ \mu g}{kg.day} \mid \frac{kg.day}{0.02mg} \mid \frac{10^{-3}mg}{\mu g} = 0.0278 < 1$ ∴ 잠재적 위해 없음

64 다음 조건에서 비스페놀의 내적 노출량($\mu g/kg.day$)을 산정하시오.

| · 소변의 비스페놀 농도 3μg/L | · 체중 70kg |
| · 소변배출량 1200mL/day | · 비스페놀 배출 100% |

① $5.1 \times 10^{-2} \mu g/kg \cdot day$ ② $5.1 \times 10^{-3} \mu g/kg \cdot day$
③ $5.1 \times 10^{-4} \mu g/kg \cdot day$ ④ $5.1 \times 10^{-5} \mu g/kg \cdot day$

> **해설** $DI(\mu g/kg.day) = \frac{UE(\mu g/g) \times UV(L/day)}{Fue \times BW(kg)}$
>
> $DI = \frac{3\mu g}{L} \mid \frac{1200mL}{day} \mid \frac{1}{70kg} \mid \frac{10^{-3}L}{mL} = 5.1 \times 10^{-2} \mu g/kg.day$

정답 62.① 63.② 64.①

65 다음 조건에서 비발암물질의 성인과 아동의 각각 1일평균노출량($mg/kg.day$)을 산정하고, 유해도를 계산하여 위해성을 판단하시오.

> · RfD 0.0002mg/kg · day　　· 노출오염도는 1개당 0.007mg
> · 아동체중 10kg　　　　　　· 성인체중 70kg
> · 섭취량 1개/day

① 성인 0.01mg/kg · day, 아동 0.07mg/kg · day
② 성인 0.001mg/kg · day, 아동 0.007mg/kg · day
③ 성인 HQ 0.3 < 1, 아동 HQ 3.0 > 1
④ 성인 HQ 0.5 < 1, 아동 HQ 3.5 > 1

해설 1일평균 노출량 = $\dfrac{오염도 \times 섭취량}{체중}$

성인 = $\dfrac{0.007mg}{1개} \Big| \dfrac{1개}{day} \Big| \dfrac{1}{성인70kg} = 0.0001\,mg/kg.day$

아동 = $\dfrac{0.007mg}{1개} \Big| \dfrac{1개}{day} \Big| \dfrac{1}{아동10kg} = 0.0007\,mg/kg.day$

유해지수(HI) = $\dfrac{일일평균 흡입인체 노출농도(mg/m^3.day)}{흡입노출참고치\,RfC(mg/m^3)}$

성인 HQ(Hazard Quotient) = $\dfrac{0.0001mg}{kg.day} \Big| \dfrac{kg.day}{0.0002mg} = 0.5 < 1$ ∴ 잠재적 위해 없음

아동 HQ = $\dfrac{0.0007mg}{kg.day} \Big| \dfrac{kg.day}{0.0002mg} = 3.5 > 1$ ∴ 잠재적 위해 있음

66 다음 조건에서 발암물질의 전생애 일일평균노출량(mg/kg · day)과 초과발암위해도를 산정하시오.

> · 평균수명 70세　　　　　　　· 평균체중 70kg
> · 식품의 발암물질농도 0.7mg/kg　· 식품의 평균섭취량 0.1kg/day
> · 식품섭취기간 35년　　　　　· 발암잠재력 0.3(mg/kg · day)$^{-1}$

① 0.005mg/kg · day, 1.5×10^{-4}　　② 0.005mg/kg · day, 1.5×10^{-5}
③ 0.0005mg/kg · day, 1.5×10^{-4}　　③ 0.0005mg/kg · day, 1.5×10^{-5}

해설 평생1일평균 노출량 = $\dfrac{오염도 \times 접촉률 \times 노출기간 \times 흡수율}{체중 \times 평균기간(통상\,70년)}$

∴ $LADD = \dfrac{0.7mg}{kg} \Big| \dfrac{0.1kg}{day} \Big| \dfrac{35years}{years} \Big| \dfrac{365day}{70kg} \Big| \dfrac{1years}{365day} \Big| \dfrac{1}{70years} = 0.0005\,mg/kg.day$

초과발암위해도(ECR) = $LADD \times q$(발암잠재력)

∴ 초과발암 위해도 = $\dfrac{0.0005mg}{kg.day} \Big| \dfrac{0.3kg.day}{mg} = 1.5 \times 10^{-4}$

정답 65.④　66.③

67 건강영향평가의 절차로 옳은 것은?

① 사업분석→ 스크리닝(Screening)→ 스코핑(Scoping)→ 평가(Appraisal)→ 저감방안 수립→ 모니터링계획 수립

② 사업분석→ 모니터링계획 수립→ 스크리닝(Screening)→ 스코핑(Scoping)→ 평가(Appraisal)→ 저감방안 수립

③ 스크리닝(Screening)→ 스코핑(Scoping)→ 평가(Appraisal)→ 저감방안 수립→ 모니터링계획 수립→ 사업분석

④ 스코핑(Scoping)→ 스크리닝(Screening)→ 평가(Appraisal)→ 저감방안 수립→ 모니터링계획 수립→ 사업분석

68 건강영향평가 대상사업이 아닌 것은?

① 산업입지 및 산업단지의 조성
② 에너지개발
③ 폐기물처리시설, 분뇨처리시설 및 축산폐수공공처리시설의 설치
④ 수자원 개발사업

69 다음 설명 중 옳지 않은 것은?

① 초과발암확률이 10^{-4} 미만인 경우 발암위해도가 있으며 10^{-6} 이상은 발암위해도가 없다고 판단한다.
② 위해지수가 1이상(HI〉1)일 경우는 유해영향이 발생하며, 1이하(HI〈1)일 경우에는 안전하다.
③ 발암잠재력(발암력, CSF, Carcinogenic slope factor)은 노출량-반응(발암률)곡선에서 95% 상한 값에 해당하는 기울기이다.
④ 초과발암위해도를 적용할 수 없는 경우 위해성기준은 위험지수 1로 한다.

해설 초과발암확률이 10^{-4} 이상인 경우 발암위해도가 있으며 10^{-6} 이하는 발암위해도가 없다고 판단한다.

정답 67.① 68.④ 69.①

70 정량적 건강영향평가의 평가지표가 아닌 것은?

① 비발암성 대기질-위해도 지수
② 악취물질-국가환경기준
③ 수질오염물질-국가환경기준
④ 소음진동-국가환경기준

> 해설 건강영향평가 시 건강결정요인별 정량적 평가지표 및 기준

건강결정요인	구 분	평가지표	평가기준
대기질	비발암성물질	위해도 지수	1
	발암성물질	발암위해도	$10^{-4} \sim 10^{-6}$
악취	악취물질	위해도 지수	1
수질	수질오염물질	국가환경기준	
소음진동	소음	국가환경기준	

71 생체지표(Biomarker)에 대한 설명으로 잘못된 것은?

① 생체지표는 노출 생체지표, 위해영향 생체지표, 민감성 생체지표로 구분할 수 있다.
② 민감성 생체지표는 특정 유해물질에 민감성을 가지고 있는 개인을 구별하는 데 이용될 수 있다.
③ 인체 시료에서 노출을 반영하는 생체지표의 농도를 측정하는 접근을 바이오모니터링(Biomonitoring)이라 한다.
④ 위해영향 생체지표는 생화학적, 생리학적, 행동학적 등의 변화를 나타내는 지표이며, 혈액 중 벤젠의 농도로 노출 정도를 추정한다.

> 해설 혈액 중 벤젠의 농도로 노출 정도를 추정하는 것은 노출 생체지표이다.

72 다음은 100명의 환자군과 100명의 대조군을 선정하여 흡연과 폐암의 관계를 규명하고자 한다. 폐암 발생의 상대위험도(Relative risk)로 옳은 것은?

구 분	흡연자(폭로)	비흡연자(비폭로)	합계
환자군(폐암)	90(A)	10(B)	100(A+B)
대조군	70(C)	30(D)	100(C+D)
합계	160(A+C)	40(B+D)	200

① 1.25
② 2.25
③ 1.11
④ 2.11

> 해설 상대 위험도(Relative risk)는 해당요인과 질병과의 연관성을 관찰하기 위한 지표로서, 위험요인에 폭로된 집단의 발병률[A/(A+C)]/비폭로된 집단의 발병률[B/(B+D)]로 산출한다. 상대 위험도가 1이상 이면 해당요인과 연관성이 있다고 해석할 수 있다.
>
> $RR = \dfrac{90/160}{10/40} = 2.25$

정답 70.② 71.④ 72.②

73 다음은 100명의 환자군과 100명의 대조군을 선정하여 흡연과 폐암의 관계를 규명하고자 한다. 폐암 발생의 교차비(Odds ratio)로 옳은 것은?

구 분	흡연자(폭로)	비흡연자(비폭로)	합계
환자군(폐암)	90(A)	10(B)	100(A+B)
대조군	70(C)	30(D)	100(C+D)
합계	160(A+C)	40(B+D)	200

① 1.25
② 2.25
③ 2.85
④ 3.85

해설 교차비(Odds ratio)는 해당요인과 질병과의 연관성을 관찰하기 위한 지표로서, 위험요인에 폭로된 집단의 발병률과 비폭로된 집단의 발병률의 교차비[AD/BC]로 산출한다.

$$OR = \frac{AD}{BC} = \frac{90 \times 30}{10 \times 70} = 3.85$$

74 1,1,1-trichloroethane NOAEL 35mg/kg·day 일 때 RfD는?

① 0.025mg/kg.day
② 0.035mg/kg.day
③ 0.045mg/kg.day
④ 0.055mg/kg.day

해설
$$RfD = \frac{NOAEL \text{ or } LOAEL}{\text{불확실성계수}(UF, uncertainty\ factor)}$$

$$\therefore RfD = \frac{35mg/kg/d}{1000} = 0.035\,mg/kg.day$$

표. 불확실성계수 사용지침

10	인체연구결과 타당성이 인정된 경우
100	인체연구결과 없음, 동물실험결과 만성유해영향이 관찰되는 경우
1000	인체연구결과 없음, 동물실험결과 만성유해영향이 관찰되지 않는 경우
1~10	NOAEL 대신에 LOAEL을 대신 쓸 경우
기 타	과학적 판단에 의한 기타 불확실성계수

75 용량-반응곡선의 기울기 값 $4 \times 10^{-6} (mg/kg/d)^{-1}$, 노출량 20mg/kg/d 일 때 십만 명당 개인 위해도는?

① 6
② 7
③ 8
④ 9

해설 발암물질의 경우 $TS = C_{max} \times SF$(Slope Factor, 기울기)

$$TS = \frac{20mg}{kg.day} | \frac{4 \times 10^{-6} kg.day}{mg} = 8 \times 10^{-5}$$

따라서 십만 명당 8명, 천만 명당 800명이 된다.

정답 73.④ 74.② 75.③

76 다음 도표를 이용하여 발암물질과 비발암물질의 독성점수를 계산하고, 순위를 선정하라.

[1] 발암물질의 독성점수와 순위가 잘못된 것은?

물질	C_{max}(mg/kg)	SF	독점점수	순위
벤젠	10	0.055	①	②
톨루엔	150	–	–	–
비소	60	1.5	③	④
납	300	–	–	–
발암물질의 독점점수 TS=SF×C_{max}				

① 0.55 ② 2
③ 95   ④ 1

해설 ③ 90

[2] 비발암물질의 독성점수와 순위가 잘못된 것은?

물질	C_{max}(mg/kg)	RfD	독점점수	순위
벤젠	10	4×10^{-3}	①	②
톨루엔	150	8×10^{-2}	1.88×10^3	4
비소	60	3×10^{-4}	③	④
납	300	5×10^{-4}	6.0×10^5	1
비발암물질의 독점점수 TS=C_{max}/RfD				

① 2.5×10^3 ② 4
③ 2.0×10^5 ④ 2

해설 ② 3

정답 76. [1]③ [2]②

77 다음은 독성 데이터를 수집한 결과이다. 평가계수와 예측무영향농도(PNEC)를 구하시오.

생물	급만성	관찰점	독성값 ng/mL
조류	급성	EC_{50}	10
조류	만성	EC_{50}	6
물벼룩	급성	EC_{50}	7
물벼룩	만성	NOEC	5
어류	급성	LC_{50}	100

안전계수	가용데이터
1000	급성독성값 1개(1개 영양단계)
100	급성독성값 3개(3개 영양단계 각각)
100	만성독성값 1개(1개 영양단계)
50	만성독성값 2개(2개 영양단계 각각)
10	만성독성값 3개(3개 영양단계 각각)

① 안전계수 50, PNEC 0.1ng/mL　② 안전계수 100, PNEC 0.1ng/mL
③ 안전계수 1000, PNEC 0.1ng/mL　④ 안전계수 10, PNEC 0.1ng/mL

해설 가장 민감한 독성 값은 물벼룩 만성 5ng/mL이며, 물벼룩과 조류 2개가 만성이므로 안전계수는 50이다. 따라서 예측무영향농도(PNEC)는 다음과 같이 산정된다.

$$PNEC = \frac{5ng/mL}{50} = 0.1\,ng/mL$$

78 바이오 모니터링에 관한 다음 설명으로 옳은 것은?

① 바이오모니터링(Biomonitoring)은 인체 노출을 반영하는 생체지표의 농도를 측정하는 것으로 노출경로에 따른 노출 수준을 반영할 수 있다.
② 반감기가 짧은 물질의 경우 장기적인 노출을 이해하는 데 용이하다.
③ 위해지수가 작을 수 록 우선적으로 관리해야 한다.
④ 초과발암확률이 10^{-4}이하인 경우 발암위해도가 있으며 10^{-6}이상은 발암위해도가 없다고 판단한다.

해설
- 반감기가 짧은 물질의 경우 장기적인 노출을 이해하기 어렵다.
- 위해지수가 클수록 우선적으로 관리해야 한다.
- 초과발암확률이 10^{-4}이상인 경우 발암위해도가 있으며 10^{-6}이하는 발암위해도가 없다고 판단한다.

제 5 부
위해도 결정 및 관리

ENGINEER ENVIRONMENTAL RISK MANAGING

CHAPTER 01
위험성 및 노출 위해성 저감

1.1 용어정의

① **유해성**(hazard)이란 화학물질 고유의 독성(toxicity)으로써, 사람의 건강이나 환경에 좋지 아니한 영향을 미치는 화학물질을 말한다.

② **위해성**(risk)이란 유해성 화학물질에 노출되는 경우 사람의 건강이나 환경에 피해를 줄 수 있는 정도로써, 노출강도에 의해 결정된다.

$$위해성(risk) = 유해성(hazard) \times 노출(exposure)$$

③ **위해도**(Risk)
오염물질에 노출됨으로써 악영향을 받게 될 개연성을 나타낸다.

④ **위해도 결정**(Risk characterization)
위해수준을 정량적으로 판단하는 것을 말한다.

⑤ **위해도 관리**(Risk management)
위해도에 대한 정치적, 사회적 의사결정 과정을 말한다.

⑥ **유해지수**(Hazard Index)
노출평가와 용량-반응평가 결과를 바탕으로 인체노출위해수준을 추정하는데 있다. 위해지수가 1이상(HI 〉 1)일 경우는 유해영향이 발생하며, 1이하(HI 〈 1)일 경우에는 안전하다.

⑦ **초과발암위해도**(ECR, Excess cancer risk)
평생 동안 발암물질 단위용량(mg/kg.day)에 노되었을 때, 잠재적인 발암 가능성이 초과할 확률을 말한다. 초과발암확률이 10^{-4} 이상인 경우 발암위해도가 있으며 10^{-6} 이하는 발암위해도가 없다고 판단한다. 즉 인구 백만명 당 1명 이하의 사망은 자연재해로 판단한다.

$$초과발암위해도(ECR) = 평생1일평균노출량(LADD, mg/kg \cdot day) \times 발암력(mg/kg \cdot day)^{-1}$$

⑧ **발암잠재력**(발암력, CSF, Carcinogenic slope factor)
노출량-반응(발암률)곡선에서 95% 상한 값에 해당하는 기울기로, 평균체중의 성인이 발암물질 단위용량(mg/kg.day)에 평생 동안 노출되었을 때 이로 인한 초과발암확률의 95% 상한 값에 해당된다. 이 곡선의 기울기(Slope factor)를 발암력(CSF, Cancer slope factor), 발암계수(SF, Slope factor), 발암잠재력(CSF, Cancer slope factor)이라 하며 단위는 노출량(mg/kg.day)의 역수(kg.day/mg)이다. 기울기 값이 클수록 발암잠재력이 크다는 것을 의미한다.

⑨ **발암 위해도**(Cancer risk)
잠재적 오염물질에 30년간 노출될 경우 암이 발생할 가능성을 말한다.

⑩ **확률론적 분석**(Probabilistic analysis)
위해물질의 노출에 대한 확률적 분포를 추정하는 방법을 말한다.

⑪ **모니터링**(Monitoring)
프로그램이 설계대로 운용되고 있는가를 평가하는 것으로 오염물질의 현장 조사, 실측, 관찰, 시료채취, 분석을 통해 평가한다.

⑫ **인체바이오모니터링**(Biomonitoring)
프로그램이 설계대로 운용되고 있는가를 평가하는 것으로 인체시료의 소변, 혈액, 머리카락, 모유 등을 분석하여 평가한다.

⑬ **역학조사**(Epidemiological survey)
전염병, 질병 등이 발생했을 때 발생원인, 발생특성 등을 조사하여 밝히는 것을 말한다.

Sketch Note Writing

[예제] 환경유해인자 A의 초과발암위해도(ECR)가 1.6×10^{-5}로 추정되었다. 평균수명을 80년으로 가정했을 때 100만명이 거주하는 도시에서 환경유해인자 A로 인해 매년 추가로 발생하는 암 사망자 수(명)는?
① 0.1   ❷ 0.2
③ 1   ④ 2

[해설]
초과발암확률이 10^{-4}이상인 경우 발암위해도가 있으며 10^{-6}이하는 발암위해도가 없다고 판단한다.
초과발암위해도(ECR)=평생1일 평균노출량(LADD, mg/kg·day)×발암잠재력(CSF, mg/kg·day)$^{-1}$
초과발암확률 값은 1.6×10^{-5} → 2×10^{-1} (10만 명당 1.6명, 100만 명당 약 0.25명 발암)

Sketch Note Writing

[예제] 평균수명이 70세, 평균 체중이 68.5kg인 성인남성이 발암물질 A가 0.6mg/kg 들어있는 식품을 매일 200g씩 35년간 섭취했다고 한다. 발암물질 A의 발암잠재력이 0.5mg/kg/d일 때 초과발암위해도는? (단, 흡수율은 100%)

❶ 5×10^{-4}
② 6×10^{-4}
③ 5×10^{-3}
④ 6×10^{-3}

[해설]
초과발암확률이 10^{-4} 이상인 경우 발암위해도가 있으며 10^{-6} 이하는 발암위해도가 없다고 판단한다.
초과발암위해도(ECR)=평생1일 평균노출량(LADD, mg/kg·day)×발암잠재력(CSF, mg/kg·day)$^{-1}$

$$LADD = \frac{0.6mg/kg \times 0.2kg/day \times 35years \times 365days}{68.5kg \times 70years \times 365days} = 8.76 \times 10^{-4} mg/kg \cdot day$$

ECR=8.76×10^{-4}mg/kg·day×0.5mg/kg·day=4.4×10^{-4}
초과발암확률 값은 4.4×10^{-4} → 5×10^{-4}

1.2 발생원 노출 저감대책

① 사업장에서의 화학물질 노출 농도는 산업안전보건법에 따라 유해인자의 노출농도 허용기준 이하로 유지되어야 한다.
② 유해인자별 노출농도의 허용기준
  - 시간가중평균값(TWA, Time Weighted Average)이란 1일 8시간 작업을 기준으로 한 평균노출농도로서 산출공식은 다음과 같다.

$$TWA = \frac{C_1 T_1 + C_2 T_2 + ... + C_n T_n}{8}$$

  여기서, C는 유해인자의 측정농도, T는 유해인자의 발생시간
③ 단시간 노출값(STEL)이란 15분간의 시간가중평균 값으로, 노출농도가 시간가중평균값(TWA)을 초과하고 단시간 노출값 이하인 경우는 다음과 같다.
  - 1회 노출 지속시간이 15분 미만이어야 하고
  - 이러한 상태가 1일 4회 이하로 발생해야 하며
  - 각 회의 간격은 60분 이상이어야 한다.
④ 작업장의 유해인자 특성 파악과정은 다음과 같다.

사업장 유해인자의 특성 파악과정	
사업장 유해인자 파악	인화성, 폭발성, 반응성, 부식성, 산화성, 발화성 등 목록 도출
↓	
노출경로 파악	피부노출, 흡입노출, 경구노출 가능성 확인
↓	
건강영향 파악	확인된 노출방식을 통해 건강영향을 일으킬 수 있는지를 파악

표. 사업장에서 노출저감 대책		
노출저감 대책	공정개선	화학적 작업공정; 인화성, 폭발성, 반응성 등 물질의 안전성 확보
		기계적 작업공정; 물리적 위해, 신체적 손상을 최소화
		생물학적 작업공정; 감염원의 노출, 노출 가능성을 차단
	저감시설	배기장치
		저감장치

| Sketch Note Writing |

[예제] 사업장 발생원의 노출량 저감 대책에 대한 설명으로 옳지 않은 것은?

① 시간가중평균값(TWA)은 1일 8시간 작업을 기준으로 한 평균 노출농도이다.
② 저감 대상물질 목록이 도출되면 공정개선과 저감시설 설치로 발생원 노출량을 저감하기 위해 노력해야 한다.
③ 유해인자의 노출농도를 허용기준 이하로 유지하기 위하여 발생원 노출저감 대책을 마련해야 한다.
❹ 노출농도가 시간가중평균값(TWA)을 초과하고 단시간 노출값(STEL)이하인 경우에는 1회 노출 지속시간이 15분 미만이고 이러한 상태가 1일 3회 이하로 발생해야 한다.

1.3 공정개선 대책

① **화학적 작업공정**
공정 과정에서의 위험물질을 대체하거나 위험물질의 사용을 최소화 하도록 공정을 변경하는 것을 의미한다.

② **기계적 작업공정**
기계의 사용, 위험한 도구의 사용 등 작업자가 물리적 위해에 노출될 수 있는 상황에서 미끄러짐, 낙상, 추락 등 신체적 손상을 최소화 하는 관리방안을 제시한다.

③ **생물학적 작업공정**
이 공정은 감염의 위험이 존재한다. 주사바늘에 의한 감염, 공기감염, 동물이나 곤충에 의한 감염 등으로부터 공정과정을 개선하는 방안을 마련한다.

1.4 작업장 유해물질 저감시설

① 배기장치
- 작업장의 먼지, 가스, 증기, 흄 등의 유해물질을 작업장 외부로 배출시키는 장치로 국소배기장치, 전체 환기장치가 있다.
- 배기장치는 작업장의 유해물질을 작업장 외부로 배출시키는 장치로써, 작업장의 환경을 개선하기 위하여 기본적으로 설치되어야 한다.
- 국소배기장치는 작업대의 상부 또는 노동자와 마주한 방향에서 흡기가 이루어지도록 설치된다.

② 저감장치
- **원심력 여과기**

  원심력을 이용하여 $10\mu m$ 이상의 고체, 액체의 먼지를 제거한다.
- **백필터 여과장치**

  함진가스를 여재에 통과시켜 입자를 관성충돌, 직접차단, 확산 등에 의해 분리, 포집하는 장치로 90% 이상의 집진효율을 가지며, $0.5\mu m$ 이상의 입자에 대해서는 99% 이상의 집진효율을 가진다.
- **전기집진장치**

  전기적 인력에 의해 전자를 띤 입자를 제거하는 장치로 주로 $0.1\sim0.9\mu m$의 작은 입자를 제거하는데 효율적이다.
- **흡수에 의한 저감장치**

  세정액으로 가스상 오염물질을 흡수하는 방식의 저감장치이다.
- **흡착에 의한 저감장치**

  활성탄 등의 고체 매질에의 흡착을 통해 제거하는 저감장치로 오염물질의 농도가 낮은 유해가스에 주로 쓰인다.

1.5 작업장 안전교육

① 작업자는 스스로 개인보호구 착용 등으로부터 노출을 방어하여야 하며 개인보호구에는 안전모, 안전화, 보안경 등이 있다.
② 작업장에서는 노동자들에 대한 안전교육을 하여야 한다.
③ 산업안전보건법에 따르면 사업주는 사업장의 노동자에 대하여 정기적으로 안전보건교육을 해야 한다.

표. 사업장 관리감독자 및 노동자의 정기안전 보건교육 내용

관리감독자	노동자(근로자)
① 작업공정의 유해·위험과 재해 예방대책에 관한 사항	① 산업안전 및 사고 예방에 관한 사항
② 표준안전작업방법 및 지도 요령에 관한 사항	② 산업보건 및 직업병 예방에 관한 사항
③ 관리감독자의 역할과 임무에 관한 사항	③ 건강증진 및 질병 예방에 관한 사항
④ 산업보건 및 직업병 예방에 관한 사항	④ 유해·위험 작업환경 관리에 관한 사항
⑤ 유해·위험 작업환경 관리에 관한 사항	⑤ 「산업안전보건법」 및 일반관리에 관한 사항
⑥ 「산업안전보건법」 및 일반관리에 관한 사항	⑥ 산업재해보상보험 제도에 관한 사항

| Sketch Note Writing |

[예제1] 작업공정을 개선하여 노출을 저감하는 방법에 대한 설명으로 옳지 않은 것은?
❶ 작업자가 개인보호구 착용 등으로 노출을 차단할 수 있도록 안전교육을 강화한다.
② 위험요소가 있는 화학물질을 사용하는 공정에서는 위험물질을 대체하도록 공정을 변경한다.
③ 기계의 사용 등으로 작업자라 물리적 위해에 노출될 경우 신체적 손상을 최소화하도록 공정을 개선한다.
④ 미생물 등 생물학적 요인에 노출되어 감염의 위험이 존재할 경우 작업공정에서 감염원에의 노출 가능한 과정을 확인하여 공정을 개선한다.
[해설]
작업공정을 개선하여 노출을 차단, 저감한다. 작업자가 개인보호구 착용 등으로 노출을 차단할 수 있도록 안전교육의 강화는 작업장 안전교육에 해당한다.

[예제2] 작업장의 안전교육을 위하여 사업주가 관리 감독자 및 근로자에게 실시해야 하는 교육으로 구분할 때, 다음 중 근로자를 대상으로 실시하는 교육내용에 해당하는 것은?
❶ 산업안전 및 사고 예방에 관한 사항
② 산업보건 및 직업병 예방에 관한 사항
③ 표준안전작업방법 및 지도 요령에 관한 사항
④ 작업공정의 유해·위험과 재해 예방대책에 관한 사항

CHAPTER 02 제품 위해성 저감

2.1 소비자제품 위해성 파악

2.1.1 비발암독성에 대한 위해도 판단

① 환경보건법 내 환경위해성평가 지침에 따르면, 만성노출인 NOAEL 값을 적용한 경우 노출한계가 100 이하이면 위해가 있다고 판단한다. 만약 만성독성시험에 의한 값이 아닌 경우에는 불확실성계수를 반영한다.

② 불확실성계수(UF, Uncertainty factor)는 동물시험 자료를 사람에 적용할 경우, 여러 불확실성(종, 성, 개인 간 차이, 내성 등)이 존재하므로 인체노출 안전율로써 불확실성계수를 대입한다.

③ 노출평가와 용량-반응평가 결과를 바탕으로 인체노출위해수준을 추정하는데 있다. 유해지수가 1이상(HI〉1)일 경우는 유해영향이 발생하며, 1이하(HI〈1)일 경우에는 안전하다.

$$\text{Hazard Index} = \frac{\text{1일 노출량}(mg/kg.day)}{RfD \text{ or } ADI \text{ or } TDI(mg/kg)}$$

2.1.2 발암성에 대한 위해도 판단

① 발암위해도의 경우 노출한계가 10000이하인 경우 위해가 있다고 판단한다.
② 초과발암위해도 값은 대상집단(작업자, 일반인 등)에 기준하여 10^{-6}, 10^{-5}, 10^{-4}로 구분하여 이를 초과하는 경우 위해성이 있는 것으로 판단하여 노출저감 방안을 마련해야 한다.
③ 초과발암위해도(ECR, Excess cancer risk)는 평생 동안 발암물질 단위용량(mg/kg.day)에 노되었을 때, 잠재적인 발암 가능성이 초과할 확률을 말한다.
④ 초과발암확률이 10^{-4}이상인 경우 발암위해도가 있으며 10^{-6}이하는 발암위해도가 없다고 판단한다. 즉 인구 백만명 당 1명 이하의 사망은 자연재해로 판단한다. 기타의 경우는 자연에서의 존재 수준, 분석 감도, 현실적으로 적용 가능한 최상의 저감기술 반영 여부 등을 종합적으로 고려하여 판단한다.

$$\text{초과발암위해도(ECR)} = \text{평생1일평균노출량(LADD, mg/kg · day)} \times \text{발암력(mg/kg · day)}^{-1}$$

⑤ 발암잠재력(발암력, CSF, Carcinogenic slope factor)는 노출량-반응(발암률)곡선에서 95% 상한 값에 해당하는 기울기로, 평균체중의 성인이 발암물질 단위용량(mg/kg.day)에 평생 동안 노출되었을 때 이로 인한 초과발암확률의 95% 상한 값에 해당된다. 이 곡선의 기울기(Slope factor)를 발암력(CSF, Cancer slope factor), 발암계수(SF, Slope factor), 발암잠재력(CSF, Cancer slope factor)이라 하며 단위는 노출량(mg/kg.day)의 역수(kg.day/mg)이다. 기울기 값이 클수록 발암잠재력이 크다는 것을 의미한다.

$$\text{Slope factor} = \frac{kg.day}{mg} = \frac{\text{체중.1일}}{\text{노출량}}$$

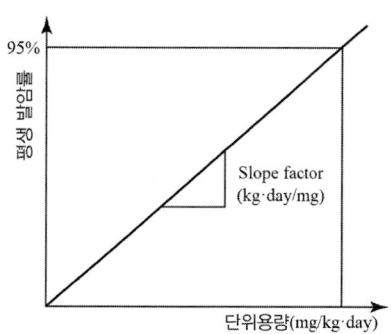

2.2 소비자제품 노출 최소화 방안

표. 소비자제품 노출저감 방안

저감대상 제품 선정	저감대상 후보 목록작성, 저감대상 우선순위 결정
↓	
저감 방법	대체물질 사용, 대체제품 사용, 제품 사용방법 개선
↓	
저감대책 수립	물질별 저감대책 수립

2.3 소비자 유해성정보 전달

① 소비자에게 유해성정보를 전달하여 소비자가 자발적으로 제품을 선택하고 사용하는 패턴을 변화할 수 있도록 유도한다.
② 소비자 유해성의 정보는 주로 제품 라벨, 설명서 등을 통해 이루어진다.

Sketch Note Writing

[예제] 소비자제품의 인체노출경로를 결정할 때 고려사항으로 가장 적합하지 않는 것은?
① 제품의 용도
② 제품의 형태
❸ 제품의 제조공정
④ 제품의 안전사용 조건

CHAPTER 03 환경위해성 저감

3.1 배출량 저감 대책

3.1.1 사업장 환경위해성 저감 대책

표. 사업장의 환경위해성 저감 대책

사업장 화학물질 파악	- 사업장 취급 물질 목록 작성 - 각 공정에서 사용되는 물질의 종류와 양 파악
환경위해성 평가	- 물질별 매체별 배출량 파악 - 물질별 매체별 노출량 산정 - 물질별 유해성 확인
저감 대책	- 우선순위 저감대상 물질목록 선정 - 물질별 저감대책 수립

3.1.2 사업장 유해화학물질 배출량 저감 기술

표. 사업장 유해화학물질 배출량 저감 대책

1단계 : 전공정관리	화학물질의 도입과정에서의 위해 저감
2단계 : 성분관리	취급물질의 특성에 따라 대체물질 사용을 검토
3단계 : 공정관리	공정과정에서의 배출 최소화
4단계 : 환경오염방지시설 설치를 통한 관리	환경오염방지시설의 설치를 통하여 최종 환경배출을 차단

3.1.3 사업장 환경위해성 평가 수행 시 파악할 내용
① 환경 중으로 배출되는 화학물질의 종류와 배출량
② 화학물질의 이동 등 노출경로
③ 화학물질로 인해 영향받는 대상(인간 및 생태계)
④ 영향 받는 대상이 노출되는 방식 및 그로 인한 건강영향
⑤ 위해성평가 결과에 따른 물질별 저감 목표

3.2 노출시나리오 작성 규정

3.2.1 노출시나리오 작성 고려사항

① 노출시나리오는 위해성 보고서 작성을 위한 핵심절차이며, 이 작성절차는 반복될 수 있다.
② 초기 노출시나리오에서 인체 건강 및 환경에 대한 위해성이 충분히 통제되지 않는다고 판정되면, 위해성이 충분히 통제됨을 입증할 목적으로 유해성평가 및 노출평가에서 하나 또는 다수의 요소를 수정하는 반복 과정이 필요하다.
③ 유해성평가를 수정하기 위해서는 추가적인 유해성 정보의 확보가 필요하다.
   [예] 보다 노출기간이 긴 만성시험자료 또는 보다 상위개념의 유전독성시험자료 확보 등
④ 노출평가를 수정하기 위해서는 노출시나리오에서 취급조건 및 위해성 관리대책을 적절히 변경하거나 보다 정밀한 노출량을 추정하는 과정이 필요하다.
⑤ 화학물질 공정과 이에 따른 노출정도, 소비자노출, 환경배출 등 전 생애에 걸친 다음과 같은 취급조건에 대한 설명을 포함한다.
   ・화학물질의 제조, 가공 또는 사용되는 물리화학적 형태를 포함한 관련공정
   ・공정과 관련된 작업자의 활동 및 화학물질에 대한 작업자의 노출기간, 빈도
   ・소비자의 활동 및 화학물질에 대한 소비자의 노출기간, 빈도
   ・다른 환경영역과 하수처리시설로의 화학물질 배출기간, 빈도 및 유입되는 환경영역에서의 희석
⑥ 화학물질이 인체(작업자 및 소비자를 포함) 및 다른 환경영역에 직·간접적으로 노출되는 것을 줄이거나 피하기 위한 위해성 관리대책을 기술한다.

3.2.2 노출평가 수행단계

표. 노출평가 수행단계	
1단계 : 전생애 단계 또는 용도별 노출시나리오 작성	제조, 혼합, 산업적 사용, 전문적 사용, 소비자 사용
↓	
2단계 : 각 대상별 노출예측	환경배출, 환경을 통한 인체 간접노출, 소비자 노출, 작업자 노출

| Sketch Note Writing |

[예제] 환경 노출평가를 위해 작성하는 노출시나리오에 관한 설명으로 옳지 않은 것은?
① 정량적 노출량 추정의 기초가 된다.
② 국소배기장치, 특정한 형태의 장갑 등의 위해성관리대책이 포함된다.
❸ 사용된 물질의 양, 운영 온도 등의 취급조건은 포함되지 않는다.
④ 물질의 전 생애 단계에 따라 분류하여 작성하며 각 단계에서 수행되는 용도에 관해 모두 기술해야 한다.

[해설]
사용된 물질의 양, 운영 온도 등 취급조건을 포함한다.

3.2.3 초기 가정(초기 노출시나리오) 작성단계

표. 초기 노출시나리오 작성단계	
1. 초기 노출시나리오 작성	수집된 자료에 기초하여 작성한다. 물질의 전 생애 단계(제조, 조제, 산업적 사용, 전문적 사용, 소비자 사용), 용도, 공정
↓	
2. 초기 노출시나리오 확인 [하위사용자 대상 소통단계]	하위사용자, 판매자를 대상으로 초기 시나리오에 기술된 내용에 대한 확인 작업을 수행한다.
↓	
3. 노출량 수정 및 위해도 결정	작성된 초기 시나리오를 통해 노출량을 추정하고 위해도를 결정한다.
↓	
4. 초기 노출시나리오 정교화	초기 시나리오를 바탕으로 안전성 확인이 이뤄지지 않을 경우 유해성 평가 또는 노출평가를 재 수행한다.
↓	
5. 통합 노출시나리오 도출	안전성 확인이 이뤄진 경우, 노출시나리오 내 모든 취급조건 및 위해성 관리 대책을 연결하여 통합 노출시나리오를 도출한다.

3.2.4 하위사용자 소통

① 하위사용자란 영업활동과정에서 화학물질 또는 혼합물을 사용하는 자(화학물질 또는 혼합물을 제조, 수입, 판매하는 자 또는 소비자는 제외)로 정의 한다.
② 노출시나리오 작성을 위해서는 초기 노출시나리오 작성 5단계 중 2단계에서 하위사용자와 소통이 필요하다.
③ 하위사용자 및 판매자와의 정보공유

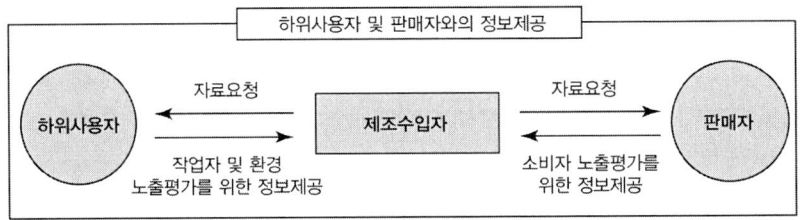

| Sketch Note Writing |

[예제] 노출시나리오 작성 시 하위사용자와 소통이 필요한 단계로 옳은 것은?
❶ 작성된 초기 노출시나리오 확인 단계
② 노출량 추정 및 위해도 결정 단계
③ 초기 노출시나리오 정교화 작업 단계
④ 통합 노출시나리오 도출 단계

3.2.5 위해성 자료의 작성

위해성 자료는 아래의 형식에 따라 각 구성항목에 대한 내용을 포함하여 작성한다.

1. 위해성 관리대책의 요약
2. 화학물질의 식별정보 및 물리적·화학적 특성
3. 제조 및 확인된 용도
4. 분류 및 표시
5. 물리적·화학적 위험성평가
   가. 폭발성
   나. 인화성
   다. 산화성
6. 환경에 대한 유해성(분해성 및 농축성 등 거동)평가
7. 환경에 대한 유해성(생태영향)평가
   가. 수생 환경영역(침전물 포함)
   나. 육생 환경영역
   다. 하수처리시설의 미생물 활성
8. 인체 건강에 대한 유해성평가
   가. 급성독성
   나. 자극성·부식성
   다. 과민성
   라. 반복투여독성
   마. 변이원성
   바. 발암성
   사. 생식독성
   아. 다른 영향
   자. 무영향수준 또는 독성참고치 도출
9. 잔류성·축적성 평가
10. 노출평가
    [노출시나리오 1의 제목]
       – 노출시나리오
       – 노출예측
    [노출시나리오 2의 제목]
       – 노출시나리오
       – 노출예측
       ....(노출시나리오에 따라 추가)
11. 안전성 확인
    [노출시나리오 1의 제목]
       – 환경
       – 인체 건강
    [노출시나리오 2의 제목]
       – 환경
       – 인체 건강
       ....(노출시나리오에 따라 추가)
    [전체적인 노출(관련된 모든 배출/유출원의 조합)]
       – 환경
       – 인체 건강
11. 제1호부터 제10호까지의 규정에서 정한 사항 외에 화학물질의 위해성에 관한 자료의 작성방법에 관한 세부사항은 국립환경과학원장이 정하여 고시한다.

CHAPTER 04
위해성 소통

4.1 위해성 소통의 구성요소

표. 위해성 소통의 단계 [예, 소비자 위해성 소통]

위해 요인 인지 및 분석	위해상항 분석하고 해당 위해의 특별범주를 결정
↓	
위해성 소통의 목적 및 대상자 선정	위해성 소통의 수행목적 및 그에 따른 전략수립, 의사결정 과정에 참여하거나 정보를 제공받는 대상자 선정
↓	
위해성 소통에 활용할 정보/매체/소통방법 선정	정보소통과 이해관계자 간 의사소통 시 사용할 매체의 선정
↓	
위해성 소통의 수행/평가/보완	수행된 이행방안에 따라 위해성 소통, 지속적 모니터링을 통해 수행결과를 평가, 단계별 미흡한 부분을 보완

4.2 사업장 위해성 소통

4.2.1 사업장 위해성 평가를 수행할 때 고려사항
① 유해인자가 가지고 있는 유해성
② 사용하는 유해물질의 시간적 빈도와 기간
③ 사용하는 유해물질의 공간적 분포
④ 노출대상의 특성
⑤ 유해물질 사용 사업장의 조직적 특성

4.2.2 사업장 위해성 소통의 기본원칙
① 신속성이 실현될 수 있어야 한다.
② 신뢰성을 확보하기 위해 조직의 최고 책임자를 활용할 수 있도록 계획한다.
③ 일관성을 유지할 수 있도록 계획한다.
④ 개방성을 가지고 최대한 공개하고 공유할 수 있도록 한다.
⑤ 공감을 얻을 수 있도록 피해자의 관심과 위로를 반영한 계획을 수립한다.

4.2.3 사업장 위해성 소통 관련법규
① '산업안전보건법'에 따른 작업환경조건
② '산업안전보건법'에 따른 위해성관리 대책
③ '화평법'에 따른 화학물질의 위해성

4.3 소비자 위해성 소통

4.3.1 소비자 위해성 소통 관련법규

[화평법]

① **제32조(제품에 들어있는 중점관리물질의 신고)** 중점관리물질이 들어있는 제품을 생산하거나 수입하는 자는 다음 각 호의 요건에 모두 해당하는 경우에는 환경부령으로 정하는 바에 따라 해당 제품에 들어있는 중점관리물질의 명칭, 함량 및 유해성정보, 노출정보, 제품에 들어있는 중점관리물질의 용도에 대하여 생산 또는 수입 전에 환경부장관에게 신고하여야 한다.<2020. 5. 26>
  - 제품 1개당 개별 중점관리물질의 함유량이 0.1중량퍼센트를 초과할 것
  - 제품 전체에 들어있는 중점관리물질의 물질별 총량이 연간 1톤을 초과할 것

[생활화학제품 및 살생물제의 안전관리에 관한 법률]

① **제7조(실태조사)** 환경부장관은 생활화학제품으로 인한 국민 건강 또는 환경상의 위해 예방 및 안전확인대상생활화학제품의 지정 여부 결정에 필요한 자료 수집 등을 위하여 생활화학제품을 제조, 수입, 판매 또는 유통하는 자를 대상으로 다음 각 호의 사항에 대한 실태조사를 할 수 있다.
  - 생활화학제품의 종류, 제조·수입·판매량 및 용도에 관한 사항
  - 생활화학제품의 성분·배합비율 및 유해성에 관한 사항
  - 그 밖에 생활화학제품의 안전관리를 위하여 환경부장관이 필요하다고 인정하는 사항

② **제8조(위해성평가 등)** 환경부장관은 생활화학제품이 다음 각 호의 어느 하나에 해당하는 경우에는 해당 생활화학제품에 대하여 환경부령으로 정하는 바에 따라 위해성평가를 할 수 있다. <2020. 5. 26.>
  - 제7조제1항에 따른 실태조사를 한 결과 생활화학제품의 위해성이 우려되는 경우
  - 생활화학제품에 들어있는 화학물질의 위해성이 크다는 우려가 국내외에서 제기되는 경우

③ **제9조(안전확인대상생활화학제품의 안전기준)** 환경부장관은 안전확인대상생활화학제품에 대하여 종류별로 위해성 등에 관한 안전기준을 정하여 고시할 수 있다. 안전기준에는 다음 각 호의 사항이 포함되어야 한다.<2020. 5. 26>

- 안전확인대상생활화학제품에 들어있으면 아니 되는 화학물질
- 안전확인대상생활화학제품에 들어있는 화학물질의 함유량, 용출량 또는 발산량에 관한 기준
- 용기·포장 또는 그 내용물의 누출로 인한 위해성이 우려되는 경우 그 용기 또는 포장에 관한 기준(어린이, 임산부 등 해당 제품으로부터 발생하는 화학물질 등의 노출에 취약한 계층의 안전사고 방지를 위한 내용을 포함한다)

④ **제10조(안전기준의 확인 및 표시기준 등)** 제9조제1항에 따라 안전기준이 고시된 안전확인대상생활화학제품을 제조 또는 수입하려는 자는 제41조제1항에 따라 지정을 받은 시험·검사기관으로부터 해당 안전확인대상생활화학제품이 안전기준에 적합한지 확인을 받아야 한다. 안전확인대상생활화학제품을 제조하거나 수입하여 국내에 판매 또는 유통시키려는 자는 안전확인대상생활화학제품 겉면 또는 포장에 다음 각 호의 사항을 한글로 표시(이하 "표시기준"이라 한다)하여야 한다. 이 경우 한자 또는 외국어를 함께 기재할 수 있다.<2020. 3. 24>

- 안전확인대상생활화학제품의 명칭
- 제조 또는 수입하는 자의 성명 또는 상호, 주소 및 연락처
- 안전확인대상생활화학제품에 사용된 화학물질에 관하여 환경부령으로 정하는 사항
- 중량 또는 용량
- 사용할 때의 주의사항
- 제4항에 따라 신고한 사항
- 제6항에 따라 승인을 받은 사항
- 그 밖에 환경부령으로 정하는 사항

4.3.2 안전확인대상생활화학제품의 소비자 위해성 소통 계획수립 고려사항
① 안전확인대상생활화학제품에 대한 잠재적인 위해성을 분석한다.
② 안전확인대상생활화학제품에 대한 소비자 실태조사를 계획한다.
③ 안전확인대상생활화학제품에 대한 위해성 소통을 계획한다.
④ 안전확인대상생활화학제품에 대한 사회적인 인식을 증진시키기 위한 위해성소통을 계획한다.
⑤ 사용 대상자에 따라 위해성이 달라질 수 있으므로 안전확인대상생활화학제품의 품목별 소비자 특성을 분석한다.
⑥ 특정한 공간적인 한계에서 위해성이 더 크게 나타날 수 있기 때문에 공간의 크기, 공기순환 정도, 환기정도에 따른 위해성 특성을 파악한다.

4.3.3 안전확인대상생활화학제품의 소비자 위해성 소통 실행
① 안전확인대상생활화학제품에 대한 소비자 위해성 소통전략을 수립한다.
② 안전확인대상생활화학제품의 유해화학물질 함유량, 취급실태, 소비실태, 평균 사용량 등에 대한 사용실태조사를 실시한다.
③ 안전확인대상생활화학제품에 대한 위해성 소통을 한다.
④ 안전확인대상생활화학제품에 대한 위해성 소통을 평가하고 그 결과를 반영한다.

4.4 지역사회 위해성 소통

① '화평법'에 따른 허가물질의 지정
② '화평법'에 따른 유해성 심사 결과의 공개
③ '화관법'에 따른 화학물질 조사결과 및 정보의 공개
④ '화관법'에 따른 사고대비물질 지정
⑤ '화관법'에 따른 위해관리계획서 작성 및 제출

4.5 공급망 위해성 소통

4.5.1 공급망 위해성 소통 관련법규
① '화평법'에 따른 화학물질의 정보제공, 하위사용자 등의 정보제공, 화학물질의 정보제공을 위한 통보 등
② '화관법'에 따른 운반계획서 관련사항

4.5.2 운반계획서 작성 대상
① 운반계획서 작성 대상은 유독물질 5000kg 이상
② 허가물질, 금지물질, 제한물질, 사고대비물질 3000kg 이상
③ 유해화학물질의 운반자, 운반시간, 운반경로, 노선 등을 내용으로 하는 운반계획서를 작성하여 환경부장관에게 제출하여야 한다.

Sketch Note Writing

[예제] 화학물질관리법규상 운반계획서 작성에 대한 내용으로 옳은 것은?
① 허가물질로써 1000kg이상 시 운반계획서를 작성한다.
❷ 유독물질로써 5000kg이상 시 운반계획서를 작성한다.
③ 제한물질로써 2000kg이상 시 운반계획서를 작성한다.
④ 금지물질로써 2000kg이상 시 운반계획서를 작성한다.

CHAPTER 05
관련법규 이해

5.1 환경보건법

5.1.1 목적
이 법은 환경오염과 유해화학물질 등이 국민건강 및 생태계에 미치는 영향 및 피해를 조사·규명 및 감시하여 국민건강에 대한 위협을 예방하고, 이를 줄이기 위한 대책을 마련함으로써 국민건강과 생태계의 건전성을 보호·유지할 수 있도록 함을 목적으로 한다.

5.1.2 정의
① **"환경보건"**이란 「환경정책기본법」 제3조제4호에 따른 환경오염과 「화학물질관리법」 제2조제7호에 따른 유해화학물질 등(이하 "환경유해인자"라 한다)이 사람의 건강과 생태계에 미치는 영향을 조사·평가하고 이를 예방·관리하는 것을 말한다.
② **"환경성질환"**이란 역학조사(疫學調査) 등을 통하여 환경유해인자와 상관성이 있다고 인정되는 질환으로서 제9조에 따른 환경보건위원회 심의를 거쳐 환경부령으로 정하는 질환을 말한다.
③ **"위해성평가"**란 환경유해인자가 사람의 건강이나 생태계에 미치는 영향을 예측하기 위하여 환경유해인자에의 노출과 환경유해인자의 독성(毒性) 정보를 체계적으로 검토·평가하는 것을 말한다.
④ **"역학조사"**란 특정 인구집단이나 특정 지역에서 환경유해인자로 인한 건강피해가 발생하였거나 발생할 우려가 있는 경우에 질환과 사망 등 건강피해의 발생 규모를 파악하고 환경유해인자와 질환 사이의 상관관계를 확인하여 그 원인을 규명하기 위한 활동을 말한다.
⑤ **"환경매체"**란 환경유해인자를 수용체에 전달하는 대기, 물, 토양 등을 말한다.
⑥ **"수용체"**란 환경매체를 통하여 전달되는 환경유해인자에 따라 영향을 받는 사람과 동식물을 포함한 생태계를 말한다.

⑦ **"어린이"** 란 13세 미만인 사람을 말한다.
⑧ **"어린이활동공간"** 이란 어린이가 주로 활동하거나 머무르는 공간으로서 어린이놀이시설, 어린이집 등 영유아 보육시설, 유치원, 초등학교 등 대통령령으로 정하는 것을 말한다.

5.1.3 기본이념

① 사전예방

환경유해인자와 수용체의 피해 사이에 과학적 상관성이 명확히 증명되지 아니하는 경우에도 그 환경유해인자의 무해성(無害性)이 최종적으로 증명될 때까지 경제적·기술적으로 가능한 범위에서 수용체에 미칠 영향을 예방하기 위한 적절한 조치와 시책을 마련하여야 한다.

② 민감 취약계층의 우선보호

어린이 등 환경유해인자의 노출에 민감한 계층과 환경오염이 심한 지역의 국민을 우선적으로 보호하고 배려하여야 한다.

③ 수용체 중심의 접근

수용체 보호의 관점에서 환경매체별 계획과 시책을 통합·조정하여야 한다.

④ 참여와 알 권리의 보장

환경유해인자에 따라 영향을 받는 인구집단은 위해성 등에 관한 적절한 정보를 제공받는 등 관련 정책의 결정 과정에 참여할 수 있어야 한다.

5.2 화학물질의 등록 및 평가 등에 관한 법률

5.2.1 제1조(목적)

이 법은 화학물질의 등록·신고 및 유해성(有害性)·위해성(危害性)에 관한 심사·평가, 유해화학물질 지정에 관한 사항을 규정하고, 화학물질에 대한 정보를 생산·활용하도록 함으로써 국민건강 및 환경을 보호하는 것을 목적으로 한다.

5.2.2 제2조(정의)

① "**화학물질**"이란 원소·화합물 및 그에 인위적인 반응을 일으켜 얻어진 물질과 자연 상태에서 존재하는 물질을 화학적으로 변형시키거나 추출 또는 정제한 것을 말한다.
② "**혼합물**"이란 두 가지 이상의 물질로 구성된 물질 또는 용액을 말한다.
③ "**기존화학물질**"이란 다음의 화학물질을 말한다.
  1991년 2월 2일 이후 종전의 「유해화학물질 관리법」에 따라 유해성심사를 받은 화학물질로서 환경부장관이 고시한 화학물질
④ "**신규화학물질**"이란 기존화학물질을 제외한 모든 화학물질을 말한다.
⑤ "**유독물질**"이란 유해성이 있는 화학물질로서 대통령령으로 정하는 기준에 따라 환경부장관이 지정하여 고시한 것을 말한다.
⑥ "**허가물질**"이란 위해성이 있다고 우려되는 화학물질로서 환경부장관의 허가를 받아 제조·수입·사용하도록 제25조에 따라 환경부장관이 관계 중앙행정기관의 장과의 협의와 제7조에 따른 화학물질평가위원회의 심의를 거쳐 고시한 것을 말한다.
⑦ "**제한물질**"이란 특정 용도로 사용되는 경우 위해성이 크다고 인정되는 화학물질로서 그 용도로의 제조, 수입, 판매, 보관·저장, 운반 또는 사용을 금지하기 위하여 제27조에 따라 환경부장관이 관계 중앙행정기관의 장과의 협의와 제7조에 따른 화학물질평가위원회의 심의를 거쳐 고시한 것을 말한다.
⑧ "**금지물질**"이란 위해성이 크다고 인정되는 화학물질로서 모든 용도로의 제조, 수입, 판매, 보관·저장, 운반 또는 사용을 금지하기 위하여 제27조에 따라 환경부장관이 관계 중앙행정기관의 장과의 협의와 제7조에 따른 화학물질평가위원회의 심의를 거쳐 고시한 것을 말한다.
⑨ "**유해화학물질**"이란 유독물질, 허가물질, 제한물질 및 금지물질을 말한다.

⑩ "**중점관리물질**"이란 다음 각 목의 어느 하나에 해당하는 화학물질 중에서 위해성이 있다고 우려되어 제7조에 따른 화학물질평가위원회의 심의를 거쳐 환경부장관이 정하여 고시하는 것을 말한다.
- 사람 또는 동물에게 암, 돌연변이, 생식능력 이상 또는 내분비계 장애를 일으키거나 일으킬 우려가 있는 물질
- 사람 또는 동식물의 체내에 축적성이 높고, 환경 중에 장기간 잔류하는 물질
- 사람에게 노출되는 경우 폐, 간, 신장 등의 장기에 손상을 일으킬 수 있는 물질
- 사람 또는 동식물에게 가목부터 다목까지의 물질과 동등한 수준 또는 그 이상의 심각한 위해를 줄 수 있는 물질

⑪ "**유해성**"이란 화학물질의 독성 등 사람의 건강이나 환경에 좋지 아니한 영향을 미치는 화학물질 고유의 성질을 말한다.

⑫ "**위해성**"이란 유해성이 있는 화학물질이 노출되는 경우 사람의 건강이나 환경에 피해를 줄 수 있는 정도를 말한다.

⑬ "**총칭명**"(總稱名)이란 자료보호를 목적으로 화학물질의 본래의 이름을 대체하여 명명한 이름을 말한다.

⑭ "**사업자**"란 영업의 목적으로 화학물질을 제조·수입·사용·판매하는 자를 말한다.

⑮ "**제품**"이란 소비자기본법에 따른 소비자가 사용하는 물품 또는 그 부분품이나 부속품으로서 소비자에게 화학물질의 노출을 유발할 가능성이 있는 혼합물로 이루어진 제품, 화학물질이 유출되지 아니하는 고체 형태의 제품을 말한다.

⑯ "**하위사용자**"란 영업활동 과정에서 화학물질 또는 혼합물을 사용하는 자(법인의 경우에는 국내에 설립된 경우로 한정한다)를 말한다. 다만, 화학물질 또는 혼합물을 제조·수입·판매하는 자 또는 소비자는 제외한다.

⑰ "**판매**"란 화학물질, 혼합물 또는 제품을 시장에 출시하는 행위를 말한다.

⑱ "**척추동물대체시험**"이란 화학물질의 유해성, 위해성 등에 관한 정보를 생산하는 과정에서 살아있는 척추동물의 사용을 최소화하거나 부득이하게 척추동물을 사용하는 경우 불필요한 고통을 경감시키는 시험을 말한다.

5.2.3 제10조(화학물질의 등록 등)

① 연간 100킬로그램 이상 신규화학물질 또는 연간 1톤 이상 기존화학물질을 제조·수입하려는 자(제4항제2호에 해당하는 자는 제외한다)는 제조 또는 수입 전에 환경부장관에게 등록하여야 한다.<2018. 3. 20.>

② 제1항에도 불구하고 기존화학물질을 제조·수입하려는 자는 다음 각 호에서 정하는 등록유예기간(이하 "등록유예기간"이라 한다) 동안에는 등록을 하지 아니하고 제조·수입할 수 있다.

1. 연간 1톤 이상으로 사람 또는 동물에게 암, 돌연변이, 생식능력 이상을 일으키거나 일으킬 우려가 있는 물질로 평가위원회의 심의를 거쳐 환경부장관이 지정·고시한 기존화학물질 및 연간 1천톤 이상의 기존화학물질을 제조·수입하려는 경우: 2021년 12월 31일
2. 연간 100톤 이상 1천톤 미만의 기존화학물질을 제조·수입하려는 경우: 2024년 12월 31일
3. 연간 1톤 이상 100톤 미만의 기존화학물질을 제조·수입하려는 경우: 2030년 12월 31일 이내의 범위에서 대통령령으로 정하는 기간

③ 제2항에 따라 등록유예기간 동안 등록을 하지 아니하고 제조·수입하려는 자는 환경부령으로 정하는 바에 따라 제조 또는 수입 전에 환경부장관에게 다음 각 호의 사항을 신고하여야 하며, 신고한 사항 중 대통령령으로 정하는 사항이 변경된 경우에는 환경부령으로 정하는 바에 따라 환경부장관에게 변경신고를 하여야 한다.<2018. 3. 20.>

1. 화학물질의 명칭
2. 연간 제조량 또는 수입량
3. 화학물질의 분류·표시
4. 화학물질의 용도
5. 그 밖에 제조 또는 수입하려는 자의 상호 등 환경부령으로 정하는 사항

④ 다음 각 호의 어느 하나에 해당하는 자는 해당 각 호의 신규화학물질을 제조 또는 수입하기 전에 환경부장관에게 신고하여야 한다.<2018. 3. 20.>

1. 연간 100킬로그램 미만의 신규화학물질을 제조·수입하려는 자
2. 다음 각 목의 어느 하나에 해당하는 신규화학물질에 대하여 종전의 「유해화학물질관리법」(법률 제11862호로 개정되기 전의 것을 말한다) 제10조제1항제3호에 따라 유해성심사 면제확인을 받은 자로서 그 면제확인을 받은 바에 따라 해당 신규화학물질을 제조·수입하려는 자

가. 연간 100킬로그램 이하로 제조되거나 수입되는 신규화학물질
　　나. 신규화학물질이 아닌 화학물질로만 구성된 고분자화합물질로서 환경부장관이 정하여 고시하는 신규화학물질

5.2.4 시행규칙[별표8]

■ 화학물질의 등록 및 평가 등에 관한 법률 시행규칙 [별표 8] 〈개정 2019. 12. 20.〉

화학물질의 용도와 관련한 노출정보 작성방법(제12조제1항 관련)

1. 용도의 범주: 주요 용도의 확인
   가. 산업적/전문적 용도
   나. 소비자 용도

2. 용도에 관한 구체적 기술
   가. 산업적/전문적 용도
      1) 가) 밀폐된 시스템에서의 사용
         나) 매트릭스 내부 또는 표면의 함유물로써의 사용
         다) 비분산적 사용
         라) 광범위한 분산적 사용
         마) 그 밖의 사용으로 구분하여 작성
      2) 시설의 형태를
         가) 저장보관시설,
         나) 이송운반시설,
         다) 사용시설,
         라) 환경오염방지시설,
         마) 그 밖의 시설로 구분하여 작성
   나. 소비자 용도 : 소비자의 구체적인 사용례를 작성

3. 주요 노출경로(화학물질이 배출원으로부터 인체 또는 환경에 노출될 때까지의 이동 매개체와 그 경로를 말한다)에 관한 구체적 기술
   가. 인체 노출: 1) 입, 2) 피부, 3) 흡입, 4) 그 밖의로 구분하여 작성
   나. 환경 노출: 1) 수계, 2) 대기, 3) 폐기물, 4) 토양, 5) 그 밖의로 구분하여 작성

4. 노출형태에 관한 구체적 기술
   가. 돌발적·간헐적
   나. 가끔씩
   다. 지속적·빈번한
   라. 그 밖의로 구분하여 작성

5. 제조·사용량 및 제조·사용일수에 관한 기술
   가. 일일 평균 제조·사용량을 작성
   나. 연간 예상 제조·사용 일수를 작성

5.2.5 시행규칙[별표2]

화학물질의 등록 및 평가 등에 관한 법률 시행규칙 [별표 2] 〈개정 2019. 12. 20.〉

위해성 관련 자료의 작성방법(제5조제1항제2호 관련)

위해성에 관한 자료(이하 "위해성 자료"라 한다)의 작성에 관한 일반원칙
  가. 위해성 자료는 화학물질의 제조·수입자가 제조·수입하는 화학물질로부터 발생하는 위해성이 제조 또는 사용 과정에서 적절한 방법으로 안전하게 통제되고 있는지에 대하여 평가를 하고 작성하여야 한다.
  나. 화학물질의 제조 및 하위 사용자로부터 확인한 용도를 포함한 모든 용도에 따른 화학물질의 전 생애 단계를 고려하여 작성하여야 한다.
  다. 위해성 자료는 화학물질의 잠재적 유해성과 권고되는 위해관리수단·취급조건 등을 고려하면서 이미 알고 있거나 합리적으로 예상할 수 있는 사람 또는 환경에 대한 노출 수준을 비교하여 작성하여야 한다.
  라. 구조 유사성으로 인해 물리적·화학적 특성, 인체 및 환경의 유해성이 유사하거나 규칙적인 경향을 가지는 하나의 그룹이나 물질 카테고리로 간주되어 어떤 화학물질에 대한 위해성 자료가 다른 화학물질에 대한 위해성 자료의 작성에 충분하다고 판단되는 경우 그 자료를 이용하여 위해성 자료를 작성할 수 있다. 이 경우 그 타당성에 대한 증거를 함께 제시하여야 한다.
  마. 위해성 자료를 작성하는데 있어서 시험계획서에 따른 추가적인 시험 정보가 필요한 경우에는, 해당 정보의 필요성을 함께 적어야 한다.
  바. 위해성 자료에는 다음의 평가 단계를 포함해야 한다. 다만, 다음 1)부터 5)까지를 평가한 결과 화학물질이 별표 7제2호부터 제5호까지의 규정에 따른 유해성 분류에 해당하지 않으면서 영 별표 1의2 제2호가목·나목의 잔류성·생물축적성 기준에 해당하지 않는 경우에는 6) 및 7)의 평가를 생략할 수 있다.
   1) 물리적·화학적 위험성평가
   2) 환경에 대한 유해성(분해성 및 농축성 등 거동)평가
   3) 환경에 대한 유해성(생태영향)평가
   4) 인체 건강에 대한 유해성평가
   5) 잔류성·축적성 평가
   6) 노출평가(노출시나리오 개발 및 노출예측)
   7) 안전성 확인
  사. 바목 6)의 노출평가는 화학물질 제조자 자신의 용도와 하위사용자의 용도를 확인하여 해당 화학물질이 전 생애 동안 제조·사용되는 방법과, 사람과 환경에 대한 노출을 통제하거나 하위사용자에게 통제하도록 권고하는 방법에 관한 일련의 세부 조건인 노출시나리오를 상세히 기술하는 것을 말한다.

5.3 화학물질관리법

5.3.1 목적

이 법은 화학물질로 인한 국민건강 및 환경상의 위해(危害)를 예방하고 화학물질을 적절하게 관리하는 한편, 화학물질로 인하여 발생하는 사고에 신속히 대응함으로써 화학물질로부터 모든 국민의 생명과 재산 또는 환경을 보호하는 것을 목적으로 한다.

5.3.2 정의(제2조)

① **화학물질**이란 원소·화합물 및 그에 인위적인 반응을 일으켜 얻어진 물질과 자연 상태에서 존재하는 물질을 화학적으로 변형시키거나 추출 또는 정제한 것을 말한다.
② **유독물질**이란 유해성(有害性)이 있는 화학물질로서 대통령령으로 정하는 기준에 따라 환경부장관이 정하여 고시한 것을 말한다.
③ **허가물질**이란 위해성(危害性)이 있다고 우려되는 화학물질로서 환경부장관의 허가를 받아 제조, 수입, 사용하도록 고시한 것을 말한다.
④ **제한물질**이란 특정 용도로 사용되는 경우 위해성이 크다고 인정되는 화학물질로서 그 용도로의 제조, 수입, 판매, 보관·저장, 운반 또는 사용을 금지하기 위하여 환경부장관이 고시한 것을 말한다.
⑤ **금지물질**이란 위해성이 크다고 인정되는 화학물질로서 모든 용도로의 제조, 수입, 판매, 보관·저장, 운반 또는 사용을 금지하기 위하여 환경부장관이 고시한 것을 말한다.
⑥ **사고대비물질**이란 화학물질 중에서 급성독성(急性毒性)·폭발성 등이 강하여 화학사고의 발생 가능성이 높거나 화학사고가 발생한 경우에 그 피해 규모가 클 것으로 우려되는 화학물질로서 화학사고 대비가 필요하다고 인정하여 환경부장관이 지정·고시한 화학물질을 말한다.
⑦ **유해화학물질**이란 유독물질, 허가물질, 제한물질 또는 금지물질, 사고대비물질, 그 밖에 유해성 또는 위해성이 있거나 그러할 우려가 있는 화학물질을 말한다.
⑧ **유해화학물질 영업**이란 유해화학물질 중 허가물질 및 금지물질을 제외한 나머지 물질에 대한 영업을 말한다.
⑨ **유해성(hazard)**이란 화학물질 고유의 독성(toxicity)으로써, 사람의 건강이나 환경에 좋지 아니한 영향을 미치는 화학물질을 말한다.
⑩ **위해성(risk)**이란 유해성 화학물질에 노출되는 경우 사람의 건강이나 환경에 피해를 줄 수 있는 정도로써, 노출강도에 의해 결정된다.

$$\text{위해성(risk)} = \text{유해성(hazard)} \times \text{노출(exposure)}$$

⑪ **취급시설**이란 화학물질을 제조, 보관·저장, 운반(항공기·선박·철도를 이용한 운반은 제외한다) 또는 사용하는 시설이나 설비를 말한다.
⑫ **취급**이란 화학물질을 제조, 수입, 판매, 보관·저장, 운반 또는 사용하는 것을 말한다.
⑬ **화학사고**란 시설의 교체 등 작업 시 작업자의 과실, 시설 결함·노후화, 자연재해, 운송사고 등으로 인하여 화학물질이 사람이나 환경에 유출·누출되어 발생하는 일체의 상황을 말한다.

5.3.3 유해화학물질 표시를 위한 유해성 항목(제12조제3항 관련)[별표 3] 〈개정 2021. 4. 1.〉

1. 물리적 위험성은 다음과 같이 분류한다.

    가. "폭발성 물질"이란 자체의 화학반응에 의하여 주위환경에 손상을 입힐 수 있는 온도, 압력과 속도를 가진 가스를 발생시키는 고체·액체물질이나 혼합물을 말한다.

    나. "인화성 가스"란 섭씨 20도, 표준압력 101.3킬로파스칼(kPa)에서 공기와 혼합하여 인화범위에 있는 가스와 섭씨 54도 이하 공기 중에서 자연발화하는 가스를 말한다.

    다. "에어로졸"이란 재충전이 불가능한 금속·유리 또는 플라스틱 용기에 압축가스·액화가스 또는 용해가스를 충전하고 내용물을 가스에 현탁시킨 고체나 액상 입자로, 액상 또는 가스상에서 폼·페이스트·분말상으로 배출하는 분사장치를 갖춘 것을 말한다.

    라. "산화성 가스"란 일반적으로 산소를 공급함으로써 공기와 비교하여 다른 물질의 연소를 더 잘 일으키거나 연소를 돕는 가스를 말한다.

    마. "고압가스"란 200킬로파스칼(kPa) 이상의 게이지 압력 상태로 용기에 충전되어 있는 가스 또는 액화되거나 냉동액화된 가스를 말한다.

    바. "인화성 액체"란 인화점이 섭씨 60도 이하인 액체를 말한다.

    사. "인화성 고체"란 쉽게 연소되는 고체(분말, 과립상 또는 페이스트 형태의 물질로 성냥불씨와 같은 점화원을 잠깐만 접촉하여도 쉽게 점화되거나, 화염이 빠르게 확산되는 물질을 말한다)나 마찰에 의해 화재를 일으키거나 화재를 돕는 고체를 말한다.

    아. "자기반응성(自己反應性) 물질 및 혼합물"이란 열적(熱的)으로 불안정하여 산소의 공급이 없어도 강하게 발열 분해하기 쉬운 액체·고체물질이나 혼합물을 말한다.

    자. "자연발화성 액체"란 적은 양으로도 공기와 접촉하여 5분 안에 발화할 수 있는 액체를 말한다.

    차. "자연 발화성 고체"란 적은 양으로도 공기와 접촉하여 5분 안에 발화할 수 있는 고체를 말한다.

    카. "자기발열성(自己發熱性) 물질 및 혼합물"이란 자연발화성 물질이 아니면서 주위에서 에너지를 공급받지 않고 공기와 반응하여 스스로 발열하는 고체·액체물질이나 혼합물을 말한다.

    타. "물반응성 물질 및 혼합물"이란 물과의 상호작용에 의하여 자연발화성이 되거나 인화성 가스를 위험한 수준의 양으로 발생하는 고체·액체물질이나 혼합물을 말한다.

    파. "산화성 액체"란 그 자체로는 연소하지 않더라도 일반적으로 산소를 발생시켜 다른 물질을 연소시키거나 연소를 돕는 액체를 말한다.

    하. "산화성 고체"란 그 자체로는 연소하지 않더라도 일반적으로 산소를 발생시켜 다른

물질을 연소시키거나 연소를 돕는 고체를 말한다.
거. "유기과산화물"이란 1개 또는 2개의 수소 원자가 유기라디칼에 의하여 치환된 과산화수소의 유도체인 2개의 -O-O- 구조를 갖는 액체나 고체 유기물질을 말한다.
너. "금속부식성 물질"이란 화학적인 작용으로 금속을 손상 또는 파괴시키는 물질이나 혼합물을 말한다.

2. 건강 유해성은 다음과 같이 분류한다.
    가. "급성독성 물질"이란 입이나 피부를 통하여 1회 또는 24시간 이내에 수 회로 나누어 투여하거나 4시간 동안 흡입노출시켰을 때 유해한 영향을 일으키는 물질을 말한다.
    나. "피부 부식성 또는 자극성 물질"이란 최대 4시간 동안 접촉시켰을 때 비가역적(非可逆的)인 피부손상을 일으키는 물질(피부 부식성 물질) 또는 회복 가능한 피부손상을 일으키는 물질(피부 자극성 물질)을 말한다.
    다. "심한 눈 손상 또는 눈 자극성 물질"이란 눈 앞쪽 표면에 접촉시켰을 때 21일 이내에 완전히 회복되지 않는 눈 조직 손상을 일으키거나 심한 물리적 시력감퇴를 일으키는 물질(심한 눈 손상 물질) 또는 21일 이내에 완전히 회복 가능한 어떤 변화를 눈에 일으키는 물질(눈 자극성 물질)을 말한다.
    라. "호흡기 또는 피부 과민성 물질"이란 호흡을 통하여 노출되어 기도에 과민 반응을 일으키거나 피부 접촉을 통하여 알레르기 반응을 일으키는 물질을 말한다.
    마. "생식세포 변이원성(變異原性) 물질"이란 자손에게 유전될 수 있는 사람의 생식세포에 돌연변이를 일으킬 수 있는 물질을 말한다.
    바. "발암성 물질"이란 암을 일으키거나 암의 발생을 증가시키는 물질을 말한다.
    사. "생식독성 물질"이란 생식 기능, 생식 능력 또는 태아 발육에 유해한 영향을 일으키는 물질을 말한다.
    아. "특정 표적장기(標的臟器) 독성 물질(1회 노출)"이란 1회 노출에 의하여 특이한 비치사적(非致死的 : 죽음에 이르지 않는 정도) 특정 표적장기 독성을 일으키는 물질을 말한다.
    자. "특정 표적장기(標的臟器) 독성 물질(반복 노출)"이란 반복 노출에 의하여 특정 표적장기 독성을 일으키는 물질을 말한다.
    차. "흡인 유해성 물질"이란 액체나 고체 화학물질이 입이나 코를 통하여 직접적으로 또는 구토로 인하여 간접적으로 기관(氣管) 및 더 깊은 호흡기관(呼吸器官)으로 유입되어 화학폐렴, 다양한 폐 손상이나 사망과 같은 심각한 급성 영향을 일으키는 물질을 말한다.

3. 환경 유해성은 다음과 같이 분류한다.
   가. "**수생환경 유해성 물질**"이란 단기간 또는 장기간 노출에 의하여 물 속에 사는 수생생물과 수생생태계에 유해한 영향을 일으키는 물질을 말한다.
   나. "**오존층 유해성 물질**"이란 몬트리올 의정서의 부속서에 등재된 모든 관리대상 물질을 말한다.

5.3.4 화학물질확인(제9조)

화학물질을 제조하거나 수입하려는 자는 환경부령으로 정하는 바에 따라 해당 화학물질이나 그 성분이 다음 각 호의 어느 하나에 해당하는지를 확인하고, 그 내용을 환경부장관에게 제출하여야 한다.

① 「화학물질의 등록 및 평가 등에 관한 법률」 제2조제3호에 따른 기존화학물질
② 「화학물질의 등록 및 평가 등에 관한 법률」 제2조제4호에 따른 신규화학물질
③ 유독물질
④ 허가물질
⑤ 제한물질
⑥ 금지물질
⑦ 사고대비물질

5.3.5 화학물질 통계조사

① 환경부장관은 2년마다 화학물질의 취급과 관련된 취급현황, 취급시설 등에 관한 통계조사를 실시하여야 한다.

② 통계조사의 대상은 다음과 같다.
- 대기환경보전법 또는 물환경보전법에 따라 배출시설의 설치 허가를 받거나 설치 신고를 한 사업장
- 화학물질을 제조·보관·저장·사용하거나 수출입하는 사업장
- 그 밖에 환경부장관이 인정하여 고시한 대상

③ 통계조사의 내용은 다음과 같다.
- 업종, 업체명, 사업장 소재지, 유입수계(流入水系) 등 사업자의 일반 정보
- 제조·수입·판매·사용 등 취급하는 화학물질의 종류, 용도, 제품명 및 취급량
- 화학물질의 입·출고량, 보관·저장량 및 수출입량 등의 유통량
- 화학물질 취급시설의 종류, 위치 및 규모 관련 정보
- 물질별 연간 입고량, 연간 사용량 등 화학물질 취급현황
- 자가매립량, 폐기물 이동량 등 배출량 조사대상 화학물질별 배출·이동량
- 그 밖에 환경부장관이 인정하여 고시하는 정보

④ 환경부장관은 화학물질 통계조사와 화학물질 배출량조사를 완료한 때에는 사업장별로 그 결과를 지체 없이 공개하여야 한다. 다만, 다음 각 호의 어느 하나에 해당하는 경우에는 그러하지 아니한다.
- 공개할 경우 국가안전보장·질서유지 또는 공공복리에 현저한 지장을 초래할 것으로 인정되는 경우
- 조사 결과의 신뢰성이 낮아 그 이용에 혼란이 초래될 것으로 인정되는 경우
- 기업의 영업비밀과 관련, 일부 조사 결과를 공개하지 아니할 필요가 있다고 인정되는 경우

5.3.6 화학물질 종합정보시스템 구축 및 운영

① 환경부장관은 유해화학물질 취급시설 설치현황 등 화학물질의 안전관리, 화학사고 발생 이력(履歷) 및 화학사고 대비·대응 등과 관련된 정보를 수집·보급하기 위하여 화학물질 종합정보시스템을 구축·운영하여야 한다.
② 화학물질 종합정보시스템에 의하여 확보된 정보를 화학사고 대응 관계 기관 및 국민에게 제공하여야 한다.
③ 화학물질 종합정보시스템의 구축·운영 등에 필요한 사항은 환경부령으로 정한다.

5.3.7 유해화학물질 취급자의 실적보고 등[시행규칙 제53조]

① 법 제49조제1항에 따라 별지 제68호서식의 실적보고서에 세부실적보고서를 첨부하여 매년 8월 31일까지 협회에 제출해야 한다. 다만, 화학물질 통계조사를 위하여 지방환경관서의 장에게 일부 자료를 제출한 경우에는 이미 제출한 자료를 제외하고 제출할 수 있다.
② 협회는 제1항 본문에 따라 제출된 전년도 실적보고서를 종합·분석하여 매년 10월 31일까지 화학물질안전원장에게 제출해야 한다.
③ 다음 각 호의 어느 하나에 해당하는 자는 해당 화학물질의 취급과 관련된 사항을 5년간 환경부령으로 정하는 바에 따라 기록·보존하여야 한다.
- 제9조제1항에 따라 화학물질확인을 한 자
- 제18조제1항 단서에 따라 금지물질의 제조·수입·판매 허가를 받은 자
- 제19조에 따른 허가물질의 제조·수입·사용 허가를 받은 자
- 제20조제1항에 따라 제한물질의 수입허가를 받은 자나 같은 조 제2항에 따라 유독물질의 수입신고를 한 자
- 제21조제1항에 따라 제한물질·금지물질의 수출승인을 받은 자
- 제28조에 따라 유해화학물질 영업허가를 받은 자
- 제29조제2호에 따라 유해화학물질에 해당하는 시험용·연구용·검사용 시약을 판매하는 자
- 제40조에 따라 사고대비물질을 취급하는 자

Sketch Note Writing

[예제] 화학물질관리법령상 환경부장관은 몇 년마다 화학물질 통계조사를 실시해야 하는가?
① 1년   ❷ 2년
③ 4년   ④ 5년

5.4 생활화학제품 및 살생물제의 안전관리에 관한 법률

5.4.1 제1조(목적)

이 법은 생활화학제품의 위해성(危害性) 평가, 살생물물질(殺生物物質) 및 살생물제품의 승인, 살생물처리제품의 기준, 살생물제품에 의한 피해의 구제 등에 관한 사항을 규정함으로써 국민의 건강 및 환경을 보호하고 공공의 안전에 이바지하는 것을 목적으로 한다.<개정 2021. 5. 18.>

5.4.2 제2조(생활화학제품 및 살생물제 관리의 기본원칙)

① 생활화학제품 및 살생물제와 사람, 동물의 건강과 환경에 대한 피해 사이에 과학적 상관성이 명확히 증명되지 아니하는 경우에도 그 생활화학제품 및 살생물제가 사람, 동물의 건강과 환경에 해로운 영향을 미치지 아니하도록 사전에 배려하여 안전하게 관리되어야 한다.
② 어린이, 임산부 등 생활화학제품 또는 살생물제로부터 발생하는 화학물질 등의 노출에 취약한 계층을 우선적으로 배려하여 관리되어야 한다.
③ 오용과 남용으로 인한 피해를 예방하기 위하여 생활화학제품 및 살생물제의 안전에 관한 정보가 정확하고 신속하게 제공되어야 한다.

5.4.3 제3조(정의)

① **화학물질**이란 원소·화합물 및 그에 인위적인 반응을 일으켜 얻은 물질과 자연 상태에서 존재하는 물질을 화학적으로 변형시키거나 추출 또는 정제한 것을 말한다.

② **위해성**이란 유해성이 있는 화학물질 또는 살생물물질이 노출될 경우 사람의 건강이나 환경에 피해를 줄 수 있는 정도를 말한다.

③ **생활화학제품**이란 가정, 사무실, 다중이용시설 등 일상적인 생활공간에서 사용되는 화학제품으로서 사람이나 환경에 화학물질의 노출을 유발할 가능성이 있는 것을 말한다.

④ **안전확인대상생활화학제품**이란 환경부장관이 위해성평가를 한 결과 위해성이 있다고 인정되어 지정·고시한 생활화학제품을 말한다.

⑤ **유해생물**이란 사람이나 동물에게 직접적 또는 간접적으로 해로운 영향을 주는 생물을 말한다.

⑥ **살생물제**(殺生物劑)란 살생물물질, 살생물제품 및 살생물처리제품을 말한다.

⑦ **살생물물질**이란 유해생물을 제거, 무해화(無害化) 또는 억제하는 기능으로 사용하는 화학물질, 천연물질 또는 미생물을 말한다.

⑧ **살생물제품**이란 유해생물의 제거 등을 주된 목적으로 하는 다음 각 목의 어느 하나에 해당하는 제품을 말한다.
- 한 가지 이상의 살생물물질로 구성되거나 살생물물질과 살생물물질이 아닌 화학물질·천연물질 또는 미생물이 혼합된 제품
- 화학물질 또는 화학물질·천연물질 또는 미생물의 혼합물로부터 살생물물질을 생성하는 제품

⑨ **살생물처리제품**이란 제품의 주된 목적 외에 유해생물 제거 등의 부수적인 목적을 위하여 살생물제품을 사용한 제품을 말한다.

⑩ **물질동등성**이란 서로 다른 살생물물질 간에 화학적 조성, 위해성 및 유해생물 제거등의 효과·효능이 기술적으로 동등한 성질을 말한다.

⑪ **제품유사성**이란 서로 다른 살생물제품 간에 동일한 살생물물질(물질동등성을 인정받은 것을 포함한다)을 함유하고, 살생물제품에 함유된 물질의 성분·배합비율, 살생물제품의 용도, 위해성 및 유해생물 제거등의 효과·효능이 유사한 성질을 말한다.

⑫ **유족**이란 사망한 사람의 배우자(사실상 혼인 관계에 있는 사람을 포함한다)·자녀·부모·손자녀·조부모 또는 형제자매를 말한다.

5.4.4 [별표1]살생물제품유형

생활화학제품 및 살생물제의 안전관리에 관한 법률 시행규칙 [별표 1]

살생물제품유형(제9조제1항 관련)

분류	살생물제품유형	설명
1. 살균제류 (소독제류)	가. 살균제	가정, 사무실, 다중이용시설 등 일상적인 생활공간에서 살균, 멸균, 소독, 항균 등의 용도로 사용하는 제품
	나. 살조제(殺藻劑)	수영장, 실내·실외 물놀이시설, 수족관 등 수중에 존재하는 조류의 생육을 억제, 사멸하는 용도로 사용하는 제품
2. 구제제류	가. 살서제(殺鼠劑)	쥐 등 설치류를 제거하기 위한 용도로 사용하는 제품
	나. 기타 척추동물 제거제	설치류를 제외한 그 밖에 유해한 척추동물을 제거하기 위한 용도로 사용하는 제품
	다. 살충제	파리, 모기, 개미, 바퀴벌레, 진드기 등 곤충을 제거하기 위한 용도로 사용하는 제품
	라. 기타 무척추동물 제거제	곤충을 제외한 그 밖에 유해한 무척추동물을 제거하기 위한 용도로 사용하는 제품
	마. 기피제	기피의 방법을 이용하여 유해생물을 무해(無害)하게 하거나 억제하기 위한 용도로 사용하는 제품
3. 보존제류 (방부제류)	가. 제품보존용 보존제	제품의 유통기한을 보장하기 위하여 제품의 보관 또는 보존을 위한 용도로 사용하는 제품
	나. 제품표면처리용 보존제	제품 표면의 초기 속성을 보호하기 위하여 제품 표면 또는 코팅을 보존하기 위한 용도로 사용하는 제품
	다. 섬유·가죽류용 보존제	섬유, 가죽, 고무 등을 보존하기 위해 사용하는 제품
	라. 목재용 보존제	목재, 목재 제품을 보존하기 위한 용도로 사용하는 제품
	마. 건축자재용 보존제	목재를 제외한 다른 건축자재, 석조, 복합 재료를 보존하기 위한 용도로 사용하는 제품
	바. 재료·장비용 보존제	다음의 재료·장비 등을 보존하기 위해 사용하는 제품 1) 산업공정에서 이용되는 재료·장비·구조물 2) 냉각 또는 처리 시스템에 사용되는 담수 등의 액체 3) 금속·유리 또는 그 밖의 재료를 가공하거나 자르거나 깎는 데 사용되는 유체(流體)
	사. 사체·박제용 보존제	인간 또는 동물의 사체나 그 일부를 보존하기 위한 용도로 사용하는 제품
4. 기타	선박·수중 시설용 오염방지제	선박, 양식 장비, 그 밖의 수중용 구조물에 대한 유해생물의 생장 또는 정착을 억제하기 위한 용도로 사용하는 제품

5.5 공정안전보고서의 제출·심사·확인 및 이행상태평가 등에 관한 규정 기준
[고용노동부고시 제2020-55호, 2020. 1. 15., 일부개정]

제2조(정의)

"공정위험성평가 기법"이란 사업장내에 존재하는 위험에 대하여 정성(定性)적 또는 정량(定量)적으로 위험성 등을 평가하는 방법으로서 체크리스트기법, 상대위험순위 결정 기법, 작업자 실수 분석 기법, 사고예상 질문 분석 기법, 위험과 운전분석 기법, 이상위험도 분석 기법, 결함수 분석 기법, 사건수 분석 기법, 원인결과 분석 기법, 예비위험 분석 기법, 공정위험 분석 기법, 공정안정성 분석 기법, 방호계층 분석 기법 등을 말한다.

① **체크리스트(Checklist)기법**"이란 공정 및 설비의 오류, 결함상태, 위험상황 등을 목록화한 형태로 작성하여 경험적으로 비교함으로써 위험성을 파악하는 방법을 말한다.

② **상대위험순위결정(Dow and Mond Indices, DMI)기법**"이란 공정 및 설비에 존재하는 위험에 대하여 상대위험 순위를 수치로 지표화하여 그 피해정도를 나타내는 방법을 말한다.

③ **작업자실수분석(Human Error Analysis, HEA)기법**"이란 설비의 운전원, 보수반원, 기술자 등의 실수에 의해 작업에 영향을 미칠 수 있는 요소를 평가하고 그 실수의 원인을 파악·추적하여 정량(定量)적으로 실수의 상대적 순위를 결정하는 방법을 말한다.

④ **사고예상질문분석(What-if)기법**"이란 공정에 잠재하고 있는 위험요소에 의해 야기될 수 있는 사고를 사전에 예상·질문을 통하여 확인·예측하여 공정의 위험성 및 사고의 영향을 최소화하기 위한 대책을 제시하는 방법을 말한다.

⑤ **위험과 운전분석(Hazard and Operability Studies, HAZOP)기법**"이란 공정에 존재하는 위험 요소들과 공정의 효율을 떨어뜨릴 수 있는 운전상의 문제점을 찾아내어 그 원인을 제거하는 방법을 말한다.

⑥ **이상위험도분석(Failure Modes Effects and Criticality Analysis, FMECA)기법**"이란 공정 및 설비의 고장의 형태 및 영향, 고장형태별 위험도 순위 등을 결정하는 방법을 말한다.

⑦ **결함수분석(Fault Tree Analysis, FTA)기법**"이란 사고의 원인이 되는 장치의 이상이나 고장의 다양한 조합 및 작업자 실수 원인을 연역적으로 분석하는 방법을 말한다.

⑧ **"사건수분석(Event Tree Analysis, ETA)기법"**이란 초기사건으로 알려진 특정한 장치의 이상 또는 운전자의 실수에 의해 발생되는 잠재적인 사고결과를 정량(定量)적으로 평가·분석하는 방법을 말한다.

⑨ **"원인결과분석(Cause-Consequence Analysis, CCA)기법"**이란 잠재된 사고의 결과 및 사고의 근본적인 원인을 찾아내고 사고결과와 원인 사이의 상호 관계를 예측하여 위험성을 정량(定量)적으로 평가하는 방법을 말한다.

⑩ **"예비위험분석(Preliminary Hazard Analysis, PHA)기법"**이란 공정 또는 설비 등에 관한 상세한 정보를 얻을 수 없는 상황에서 위험물질과 공정 요소에 초점을 맞추어 초기위험을 확인하는 방법을 말한다.

⑪ **"공정위험분석(Process Hazard Review, PHR)기법"**이란 기존설비 또는 공정안전보고서(이하 "보고서"라 한다)를 제출·심사 받은 설비에 대하여 설비의 설계·건설·운전 및 정비의 경험을 바탕으로 위험성을 평가·분석하는 방법을 말한다.

⑫ **"공정안전성 분석 기법**(K-PSR, KOSHA Process safety review)"이란 설치·가동 중인 화학공장의 공정안전성(Process safety)을 재검토하여 사고위험성을 분석(Review)하는 방법을 말한다.

⑬ **"방호계층 분석 기법**(Layer of protection analysis, LOPA)"이란 사고의 빈도나 강도를 감소시키는 독립방호계층의 효과성을 평가하는 방법을 말한다.

⑭ **"작업안전 분석 기법**(Job Safety Analysis, JSA)"이란 특정한 작업을 주요 단계(Key step)로 구분하여 각 단계별 유해위험요인(Hazards)과 잠재적인 사고(Accidents)를 파악하고 이를 제거, 최소화 또는 예방하기 위한 대책을 개발하기위해 작업을 연구하는 방법을 말한다.

| Sketch Note Writing |

[예제] 생활화학제품 및 살생물제의 안전관리에 관한 법령상의 용어 정의로 옳지 않은 것은?
❶ 위생용품은 건강 증진을 위해 공업적으로 생산된 물품이다.
② 생활화학제품은 사람이나 환경에 화학물질의 노출을 유발할 가능성이 있는 화학제품이다.
③ 살생물처리제품은 제품의 주된 목적 외에 유해생물 제거 등의 부수적인 목적을 위해 살생물제품을 사용한 제품이다.
④ 살생물제품은 유해생물의 제거 등을 주된 목적으로 하는 화학물질로부터 살생물질을 생성하는 제품이다.

| Sketch Note Writing |

[예제] 기존시설의 공정위험성을 분석할 때 기존 분석결과를 활용하거나 해당 공정에 적합한 분석기법을 적용할 수 있는데, 이 때 적용할 수 있는 분석기법과 가장 거리가 먼 것은?
① 체크리스트 기법
② 사건수 분석 기법
③ 상대위험순위 결정 기법
❹ 화학공정 정량적 위험성평가 기법

제5장 핵심문제

01 안전확인대상생활화학제품의 소비자 위해성 소통계획 수립단계에서의 고려사항과 거리가 가장 먼 것은?

① 안전확인대상생활화학제품에 대한 사회적인 인식을 증진시키기 위한 위해성소통을 계획한다.
② 사용 대상자에 따라 위해성이 달라질 수 있으므로 안전확인대상생활화학제품의 품목별 소비자 특성을 분석한다.
③ 시중에 유통되고 있는 안전확인대상생활화학제품을 수거하여 성분비에 관한 측정 계획 및 안전기준 마련 계획을 수립한다.
④ 특정한 공간적인 한계에서 위해성이 더 크게 나타날 수 있기 때문에 공간의 크기, 공기순환정도, 환기정도에 따른 위해성 특성을 파악한다.

> **해설** 안전확인대상생활화학제품에 대한 소비자 위해성 소통은 위해성 분석, 위해성 평가, 위해성 관리 등으로부터 위해성 관리대책을 수립하는데 있다.

02 화학물질 노출에 따른 작업자 위해성 평가를 위한 노출시나리오 작성 시 고려해야 할 노출경로로 가장 적합하지 않은 것은?

① 경구 노출
② 흡입 노출
③ 경피 전신노출
④ 경피 국소노출

03 환경보건법령상의 용어 정의에 관한 내용 중 (   )안에 알맞은 말을 순서대로 나열한 것은?

> 환경보건이란 (ㄱ)과 유해화학물질 등의 (ㄴ)가 사람의 건강과 (ㄷ)에 미치는 영향을 조사·평가하고 이를 예방·관리하는 것을 말한다.

① ㄱ : 환경오염, ㄴ : 환경위해인자, ㄷ : 자연환경
② ㅅ : 환경공해, ㄴ : 환경위해인자, ㄷ : 생태계
③ ㄱ : 환경공해, ㄴ : 환경유해인자, ㄷ : 자연환경
④ ㄱ : 환경오염, ㄴ : 환경유해인자, ㄷ : 생태계

> **해설** 환경보건법 제2조

정답 01.③ 02.① 03.④

04 특수화학설비를 설치하는 경우 내부의 이상상태를 조기에 파악하기 위하여 설치하는 장치에 해당하지 않는 것은?
① 온도계
② 유량계
③ 자동경보장치
④ 통기설비

05 노출농도가 시간가중평균값(TWA)을 초과하고 단시간노출값(STEL) 이하인 경우 단시간 노출값(STEL)의 정의 및 적용 조건에 관한 내용으로 옳지 않은 것은?
① 1회 노출 지속시간이 15분 미만이어야 한다.
② 주어진 조건의 상태가 1일 4회 이하로 발생해야 한다.
③ 단시간노출값이란 15분간의 시간가중 평균값을 말한다.
④ 주어진 조건이 발생하는 각 회의 간격이 60분 이하이어야 한다.

해설 ▸ 각 회의 간격은 60분 이상이어야 한다.

06 환경 노출평가를 위해 작성하는 노출시나리오에 관한 설명으로 옳지 않은 것은?
① 정량적 노출량 추정의 기초가 된다.
② 국소배기장치, 특정한 형태의 장갑 등의 위해성관리대책이 포함된다.
③ 사용된 물질의 양, 운영 온도 등의 취급조건은 포함되지 않는다.
④ 물질의 전 생애 단계에 따라 분류하여 작성하며 각 단계에서 수행되는 용도에 관해 모두 기술해야 한다.

해설 ▸ 사용된 물질의 양, 운영 온도 등 취급조건을 포함한다.

정답 04.④ 05.④ 06.③

07 화학물질의 등록 및 평가 등에 관한 법령상 위해성에 관한 자료의 작성방법으로 옳지 않은 것은?

① 화학물질의 제조 및 하위 사용자로부터 확인한 용도를 포함한 모든 용도에 따른 화학물질의 전 생애 단계를 고려하여 작성해야 한다.
② 제조·수입하는 화학물질로부터 발생하는 위해성이 제조 또는 사용과정에서 적절한 방법으로 안전하게 통제되고 있는지에 대해 평가를 하고 작성해야 한다.
③ 화학물질의 잠재적 유해성과 권고되는 위해관리수단·취급조건 등을 고려하면서 이미 알고 있거나 합리적으로 예상할 수 있는 사람 또는 환경에 대한 노출 수준을 비교하여 작성해야 한다.
④ 구조 유사성으로 인해 물리적·화학적 특성이 유사해 어떤 화학물질에 대한 위해성자료가 다른 화학물질에 대한 위해성자료 작성에 충분하다고 판단되는 경우에도 그 자료를 이용해 위해성자료를 작성하지는 않아야 한다.

> **해설** 구조 유사성으로 인해 물리적·화학적 특성, 인체 및 환경의 유해성이 유사하거나 규칙적인 경향을 가지는 하나의 그룹이나 물질 카테고리로 간주되어 어떤 화학물질에 대한 위해성 자료가 다른 화학물질에 대한 위해성 자료의 작성에 충분하다고 판단되는 경우 그 자료를 이용하여 위해성 자료를 작성할 수 있다. 이 경우 그 타당성에 대한 증거를 함께 제시하여야 한다.

08 위해성 소통의 4단계에 해당하지 않는 것은?

① 물질별 저감대책 수립
② 위해 요인 인지 및 분석
③ 위해성 소통의 수행/평가/보완
④ 위해성 소통의 목적 및 대상자 선정

> **해설**
>
> | 표. 위해성 소통의 단계 [예. 소비자 위해성 소통] ||
> |---|---|
> | 위해 요인 인지 및 분석 | 위해상항 분석하고 해당 위해의 특별범주를 결정 |
> | 위해성 소통의 목적 및 대상자 선정 | 위해성 소통의 수행목적 및 그에 따른 전략수립, 의사결정 과정에 참여하거나 정보를 제공받는 대상자 선정 |
> | 위해성 소통에 활용할 정보/매체/소통방법 선정 | 정보소통과 이해관계자 간 의사소통 시 사용할 매체의 선정 |
> | 위해성 소통의 수행/평가/보완 | 수행된 이행방안에 따라 위해성 소통, 지속적 모니터링을 통해 수행결과를 평가, 단계별 미흡한 부분을 보완 |

정답 07.④ 08.①

09 다음에서 설명하는 공정에 사용하기 적합하지 않은 공정위험성평가기법은? (단, 공정안전보고서의 제출·심사·확인 및 이행상태평가 등에 관한 규정 기준)

> 제조공정 중 반응, 분리(증류, 추출 등), 이송시스템 및 전기·계장시스템 등의 단위공정

① 이상위험도 분석기법　　② 작업자실수 분석기법
③ 사건수 분석기법　　　　④ 원인결과 분석기법

> 해설　"작업자실수분석(Human Error Analysis, HEA)기법"이란 설비의 운전원, 보수반원, 기술자 등의 실수에 의해 작업에 영향을 미칠 수 있는 요소를 평가하고 그 실수의 원인을 파악·추적하여 정량(定量)적으로 실수의 상대적 순위를 결정하는 방법을 말한다.

10 사업장 위해성 평가 수행 시 고려해야할 사항과 거리가 가장 먼 것은?
① 유해인자의 유해성
② 화학물질의 사용 빈도
③ 작업장 내 오염원의 위치 등의 공간적 분포
④ 화학물질의 등록 및 평가 등에 관한 법령에 따른 화학물질의 등록 여부

11 생활화학제품 및 살생물제의 안전관리에 관한 법령(약칭 : 화학제품안전법)의 적용을 받는 물질 또는 제품에 해당하지 않는 것은?
① 대한민국약전에 실린 물품 중 의약외품이 아닌 것
② 사무실에서 살균, 멸균, 향균 등의 용도로 사용하는 제품
③ 제품의 유통기한을 보장하기 위하여 제품의 보관 또는 보존을 위한 용도로 사용하는 제품
④ 공공수역이 아닌 실내·실외 물놀이시설, 수족관 등 수중에 존재하는 조류의 생육을 억제하여 사멸하는 용도로 사용하는 제품

> 해설　생활화학제품이란 가정, 사무실, 다중이용시설 등 일상적인 생활공간에서 사용되는 화학제품으로서 사람이나 환경에 화학물질의 노출을 유발할 가능성이 있는 것을 말한다. 살생물제(殺生物劑)란 살생물물질, 살생물제품 및 살생물처리제품을 말한다.

12 화학물질관리법령상 유해화학물질 표시를 위한 유해성 항목 중 물리적 위험성에 해당하지 않는 것은?
① 인화성 가스　　② 급성독성 물질
③ 산화성 가스　　④ 자기발열성 물질

> 해설　급성독성 물질은 건강 유해성에 해당된다.

정답　09.②　10.④　11.①　12.②

13 환경위해성 저감대책을 수립하기 위한 절차를 순서대로 나열한 것은?

① 환경위해성평가 → 사업장 취급 화학물질 파악 → 저감대책수립
② 사업장 취급 화학물질 파악 → 환경위해성평가 → 저감대책수립
③ 저감대책수립 → 사업장 취급 화학물질 파악 → 환경위해성평가
④ 사업장 취급 화학물질 파악 → 저감대책수립 → 환경위해성평가

해설

표. 사업장의 환경위해성 저감 대책

사업장 화학물질 파악	- 사업장 취급 물질 목록 작성, - 각 공정에서 사용되는 물질의 종류와 양 파악
↓	
환경위해성 평가	- 물질별 매체별 배출량 파악 - 물질별 매체별 노출량 산정 - 물질별 유해성 확인
↓	
저감 대책	- 우선순위 저감대상 물질목록 선정 - 물질별 저감대책 수립

14 지역사회 위해성 소통에 관한 법률과 그 내용의 연결이 옳지 않은 것은?

① 화학물질의 등록 및 평가 등에 관한 법률 - 화학물질의 유해성심사 및 위해성 평가
② 화학물질의 등록 및 평가 등에 관한 법률 - 허가물질의 지정
③ 화학물질관리법 - 사고대비물질의 지정
④ 화학물질관리법 - 공정안전보고서 작성

해설 '화관법'에 따른 위해관리계획서 작성 및 제출

15 유해화학물질 배출량저감 기술의 적용 단계를 순서대로 나열한 것은?

ㄱ. 공정관리	ㄴ. 전과정관리
ㄷ. 성분관리	ㄹ. 환경오염방지시설 설치를 통한 관리

① ㄱ → ㄴ → ㄷ → ㄹ
② ㄴ → ㄷ → ㄱ → ㄹ
③ ㄴ → ㄱ → ㄷ → ㄹ
④ ㄱ → ㄷ → ㄴ → ㄹ

16 생활화학제품 및 살생물제의 안전관리에 관한 법령상 제품의 주된 목적 외에 유해생물 제거 등의 부수적인 목적을 위해 살생물제품을 사용한 제품을 뜻하는 용어는?

① 살생물처리제품
② 살생물제품
③ 생활화학제품
④ 안전확인대상생활화학제품

정답 13.② 14.④ 15.② 16.①

17 화학물질의 등록 및 평가 등에 관한 법령상의 위해성 평가 대상 화학물질에 대한 설명 중 ( )안에 알맞은 숫자는?

> 등록한 화학물질 중 제조 또는 수입되는 양이 연간 ( )톤 이상이거나 유해성심사 결과 위해성평가가 필요하다고 인정되는 화학물질에 대해서는 유해성 심사 결과를 기초로 환경부령이 정하는 바에 따라 위해성평가를 하고 그 결과를 등록한자에게 통지해야 한다.

① 1
② 10
③ 50
④ 100

18 화학물질관리법령상의 용어 정의로 옳지 않은 것은?
① 취급이란 화학물질을 제조·수입, 판매, 보관·저장, 운반 또는 사용하는 것을 말한다.
② 유해성이란 화학물질의 독성 등 사람의 건강이나 환경에 좋지 아니한 영향을 미치는 화학물질 고유의 성질을 말한다.
③ 화학사고란 시설 교체 등의 작업 시 작업자의 과실, 시설결함, 노후화 등으로 인하여 화학물질이 사람이나 환경에 유출·누출되어 발생하는 모든 상황을 말한다.
④ 위해성이란 유해성이 없는 화학물질이 노출되지 않고 사람의 건강이나 환경에 피해를 줄 수 있는 최대 정도를 말한다.

해설 위해성(risk)이란 유해성 화학물질에 노출되는 경우 사람의 건강이나 환경에 피해를 줄 수 있는 정도로써, 노출강도에 의해 결정된다.

19 안전확인대상생활화학제품에 대한 소비자 위해성소통에 관한 내용으로 옳지 않은 것은?
① 안전확인대상생활화학제품의 잠재적인 위험성을 분석한다.
② 안전확인대상생활화학제품을 생산하는 공정정보를 소비자에게 제공한다.
③ 안전확인대상생활화학제품의 유해화학물질 함유량, 취급실태, 소비실태, 평균사용량등에 대한 조사를 실시한다.
④ 안전확인대상생활화학제품에 대한 위해성 소통을 평가하고 그 결과를 반영한다.

해설 생산하는 공정정보의 제공은 소비자 위해성소통과 무관하다.

정답 17.② 18.④ 19.②

20 초기 노출 시나리오 작성에 필요한 물질의 전 생애 단계를 제조, 조제(혼합), 산업적 사용, 전문적 사용, 소비자 사용으로 구분할 때에 관한 설명으로 옳지 않은 것은?

① 소비자 사용 : 소비자가 제품을 사용하는 것
② 제조 : 화학물질을 제조하여 중간체로 바로 사용하는 것
③ 산업적 사용 : 제조, 조제(혼합)를 제외한 사업장에서 물질을 사용하는 것
④ 조제(혼합) : 대상물질을 내수 구매 또는 수입하여 혼합제로 배합(화학적 구조의 변화는 제외)

해설

표. 노출평가 수행단계

1단계 : 전생애 단계 또는 용도별 노출시나리오 작성	제조, 혼합, 산업적 사용, 전문적 사용, 소비자 사용
2단계 : 각 대상별 노출예측	환경배출, 환경을 통한 인체 간접노출, 소비자 노출, 작업자 노출

21 사업장 위해성 평가를 수행할 때 반드시 고려해야 할 사항으로 옳지 않은 것은?

① 유해인자가 가지고 있는 유해성
② 유해물질 사용 사업장의 조직적 특성
③ 유해물질 취급자의 건강 정보
④ 사용하는 유해물질의 시간적 빈도와 기간

해설 ①,②,④외에 사용하는 유해물질의 공간적 분포, 노출대상의 특성이 있다.

22 환경보건법의 기본이념으로 옳지 않은 것은?

① 사전예방주의 원칙
② 수용체 중심 접근의 원칙
③ 사업주 중심의 원칙
④ 취약 민감계층 보호 우선의 원칙

정답 20.④ 21.③ 22.③

23 화학물질의 등록 및 평가 등에 관한 법률상 하위사용자로 옳은 것은?

① 일반 소비자
② 화학물질 제조자
③ 화학물질 판매자
④ 영업활동과정에서 화학물질 또는 혼합물을 사용하는 자

해설 하위사용자란 영업활동과정에서 화학물질 또는 혼합물을 사용하는 자(화학물질 또는 혼합물을 제조, 수입, 판매하는 자 또는 소비자는 제외)로 정의 한다.

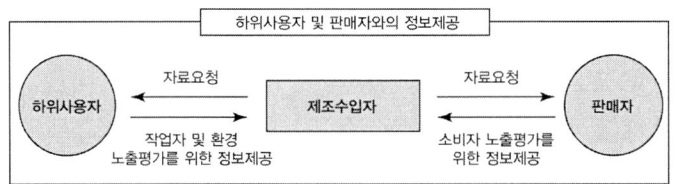

24 살생물제의 구성으로 적절하지 않은 것은?

① 관리대상물질
② 살생물처리제품
③ 살생물제품
④ 살생물물질

해설 살생물제(殺生物劑)란 살생물물질, 살생물제품 및 살생물처리제품을 말한다.

25 사업장 발생원의 노출량 저감 대책에 대한 설명으로 옳지 않은 것은?

① 시간가중평균값(TWA)은 1일 8시간 작업을 기준으로 한 평균 노출농도이다.
② 저감 대상물질 목록이 도출되면 공정개선과 저감시설 설치로 발생원 노출량을 저감하기 위해 노력해야 한다.
③ 유해인자의 노출농도를 허용기준 이하로 유지하기 위하여 발생원 노출저감 대책을 마련해야 한다.
④ 노출농도가 시간가중평균값(TWA)을 초과하고 단시간 노출값(STEL)이하인 경우에는 1회 노출 지속시간이 15분 미만이고 이러한 상태가 1일 3회 이하로 발생해야 한다.

해설 단시간 노출값이란 15분간의 시간가중평균값으로서 노출농도가 시간가중평균값을 초과하고 단시간 노출값 이하인 경우에는
㉮ 1회 노출 지속시간이 15분 미만이어야 하고
㉯ 이러한 상태가 1일 4회 이하로 발생해야 하며
㉰ 각 회의 간격은 60분 이상이어야 한다.

정답 23.④ 24.① 25.④

26 작업공정을 개선하여 노출을 저감하는 방법에 대한 설명으로 옳지 않은 것은?

① 작업자가 개인보호구 착용 등으로 노출을 차단할 수 있도록 안전교육을 강화한다.
② 위험요소가 있는 화학물질을 사용하는 공정에서는 위험물질을 대체하도록 공정을 변경한다.
③ 기계의 사용 등으로 작업자라 물리적 위해에 노출될 경우 신체적 손상을 최소화하도록 공정을 개선한다.
④ 미생물 등 생물학적 요인에 노출되어 감염의 위험이 존재할 경우 작업공정에서 감염원에의 노출 가능한 과정을 확인하여 공정을 개선한다.

> 해설 작업공정을 개선하여 노출을 차단, 저감한다. 작업자가 개인보호구 착용 등으로 노출을 차단할 수 있도록 안전교육의 강화는 작업장 안전교육에 해당한다.

27 안전확인대상 생활화학제품에 대한 소비자 위해성 소통의 단계를 순서대로 나타낸 것으로 옳은 것은?

> ㉠ 위해성 소통에 활용할 정보, 매체, 소통방법 선정
> ㉡ 위해성 소통의 목적 및 대상자 선정
> ㉢ 위해성 소통의 수행 및 평가
> ㉣ 위해 요인 인지 및 분석

① ㉠ → ㉡ → ㉢ → ㉣
② ㉠ → ㉣ → ㉡ → ㉢
③ ㉣ → ㉠ → ㉢ → ㉡
④ ㉣ → ㉡ → ㉠ → ㉢

표. 위해성 소통의 단계 [예. 소비자 위해성 소통]

위해 요인 인지 및 분석	위해상항 분석하고 해당 위해의 특별범주를 결정
위해성 소통의 목적 및 대상자 선정	위해성 소통의 수행목적 및 그에 따른 전략수립, 의사결정 과정에 참여하거나 정보를 제공받는 대상자 선정
위해성 소통에 활용할 정보/매체/소통방법 선정	정보소통과 이해관계자 간 의사소통 시 사용할 매체의 선정
위해성 소통의 수행/평가/보완	수행된 이행방안에 따라 위해성 소통, 지속적 모니터링을 통해 수행결과를 평가, 단계별 미흡한 부분을 보완

정답 26.① 27.④

28 작업장 위해성 감소를 위한 유해물질 저감시설에 대한 설명으로 옳지 않은 것은?

① 배기장치는 작업장의 유해물질을 작업장 외부로 배출시키는 장치로써, 작업장의 환경을 개선하기 위하여 기본적으로 설치되어야 한다.
② 국소배기장치는 작업대의 상부 또는 노동자와 마주한 방향에서 흡기가 이루어지도록 설치된다.
③ 백필터여과장치는 함진가스를 여재에 통과시켜 입자를 관성충돌, 직접차단, 확산 등에 의해 분리, 포집하는 장치이다.
④ 전기집진장치는 전기적 인력에 의하여 전하를 띤 입자를 제거하는 장치로, 주로 $10\mu m$ 이상의 입자를 제거하는데 효율적이다.

> **해설** 전기집진장치는 전기적 인력에 의하여 전하를 띤 입자를 제거하는 장치로, 주로 $0.1 \sim 0.9 \mu m$의 작은 입자를 제거하는데 효율적이다.

29 노출시나리오 작성 시 하위사용자와 소통이 필요한 단계로 옳은 것은?

① 작성된 초기 노출시나리오 확인 단계
② 노출량 추정 및 위해도 결정 단계
③ 초기 노출시나리오 정교화 작업 단계
④ 통합 노출시나리오 도출 단계

> **해설**
>
> 표. 초기 노출시나리오 작성단계
>
> | 단계 | 설명 |
> |---|---|
> | 1. 초기 노출시나리오 작성 | 수집된 자료에 기초하여 작성한다. 물질의 전 생애 단계(제조, 조제, 산업적 사용, 전문적 사용, 소비자 사용), 용도, 공정 |
> | 2. 초기 노출시나리오 확인 [하위사용자 대상 소통단계] | 하위사용자, 판매자를 대상으로 초기 시나리오에 기술된 내용에 대한 확인 작업을 수행한다. |
> | 3. 노출량 수정 및 위해도 결정 | 작성된 초기 시나리오를 통해 노출량을 추정하고 위해도를 결정한다. |
> | 4. 초기 노출시나리오 정교화 | 초기 시나리오를 바탕으로 안전성 확인이 이뤄지지 않을 경우 유해성 평가 또는 노출평가를 재 수행한다. |
> | 5. 통합 노출시나리오 도출 | 안전성 확인이 이뤄진 경우, 노출시나리오 내 모든 취급조건 및 위해성 관리 대책을 연결하여 통합 노출시나리오를 도출한다. |

정답 28.④ 29.①

30 작업장의 안전교육을 위하여 사업주가 관리 감독자 및 근로자에게 실시해야 하는 교육으로 구분할 때, 다음 중 근로자를 대상으로 실시하는 교육내용이 아닌 것은?

① 산업안전 및 사고 예방에 관한 사항
② 산업보건 및 직업병 예방에 관한 사항
③ 건강증진 및 질병 예방에 관한 사항
④ 작업공정의 유해·위험과 재해 예방대책에 관한 사항

해설

표. 사업장 관리감독자 및 노동자의 정기안전 보건교육 내용

관리감독자	노동자(근로자)
① 작업공정의 유해·위험과 재해 예방대책에 관한 사항 ② 표준안전작업방법 및 지도 요령에 관한 사항 ③ 관리감독자의 역할과 임무에 관한 사항 ④ 산업보건 및 직업병 예방에 관한 사항 ⑤ 유해·위험 작업환경 관리에 관한 사항 ⑥ 「산업안전보건법」 및 일반관리에 관한 사항	① 산업안전 및 사고 예방에 관한 사항 ② 산업보건 및 직업병 예방에 관한 사항 ③ 건강증진 및 질병 예방에 관한 사항 ④ 유해·위험 작업환경 관리에 관한 사항 ⑤ 「산업안전보건법」 및 일반관리에 관한 사항 ⑥ 산업재해보상보험 제도에 관한 사항

31 화학물질의 등록 및 평가 등에 관한 법률상 작성해야 하는 노출시나리오에 대한 설명으로 옳지 않은 것은?

① 노출시나리오는 위해성 보고서 작성을 위한 핵심절차이며, 이 작성절차는 반복될 수 있다.
② 유해성평가를 수정하기 위해서는 반드시 노출기간이 짧은 급성시험자료를 포함한 추가적인 유해성 정보의 확보가 필요하다.
③ 초기 노출시나리오에서 인체 건강 및 환경에 대한 위해성이 충분히 통제되니 않는다고 판정되면, 위해성이 충분히 통제됨을 입증할 목적으로 유해성평가 및 노출평가에서 하나 또는 다수의 요소를 수정하는 반복 과정이 필요하다.
④ 화학물질이 인체(작업자 및 소비자를 포함) 및 다른 환경영역에 직·간접적으로 노출되는 것을 줄이거나 피하기 위한 위해성 관리대책을 기술한다.

해설 유해성평가를 수정하기 위해서는 추가적인 유해성 정보의 확보가 필요하다. 예, 보다 노출기간이 긴 만성시험자료 또는 보다 상위개념의 유전독성시험자료 확보 등

32 화학물질에 대한 소비자 노출의 대표적인 노출방식(exposure route)으로 옳지 않은 것은?
① 흡입노출   ② 침습노출
③ 경구노출   ④ 경피노출

해설 인체노출은 크게 경피노출, 흡입노출, 경구노출로 구분한다.

정답 30.④ 31.② 32.②

33 지역사회 위해성 소통의 수행과 가장 거리가 먼 것은?
① 화학물질관리법에 따른 사고대비물질을 지정한다.
② 화학물질관리법에 따른 위해관리계획서를 작성 및 제출한다.
③ 안전확인대상 생활화학제품에 대한 소비자 위해성 소통계획을 수립한다.
④ 화학물질의 등록 및 평가 등에 관한 법률에 따른 유해성심사 결과를 공개한다.

> **해설** 안전확인대상 생활화학제품에 대한 소통은 소비자 위해성 소통이다.

34 화학물질의 등록 및 평가 등에 관한 법률상 화학물질등록 대상으로 옳은 것은? (단, 화학물질의 등록 등 면제에 해당하는 경우는 제외)
① 연간 1톤 이상의 기존화학물질을 제조·수입하는 자
② 연간 1톤 미만의 기존화학물질 제조·수입하는 자
③ 연간 100kg 미만의 신규화학물질 제조·수입·사용하는 자
④ 연간 100kg 이상의 기존화학물질을 제조·수입·사용하는 자

> **해설** 화학물질등록 대상은 기존화학물질 연간 1톤 이상, 신규화학물질 연간 100kg 이상이 해당된다.

35 화학물질관리법규상 운반계획서 작성에 대한 내용으로 옳은 것은?
① 허가물질 5000kg이상 시 운반계획서를 작성한다.
② 금지물질 3000kg이상 시 운반계획서를 작성한다.
③ 제한물질 2000kg이상 시 운반계획서를 작성한다.
④ 사고대비물질 1000kg이상 시 운반계획서를 작성한다.

> **해설** 운반계획서의 작성은 유독물질 5000kg이상 허가물질, 금지물질, 제한물질, 사고대비물질은 3000kg이상 시 운반계획서를 작성한다.

36 환경위해도 결정의 방법에 따라 환경위해성 평가 수행 시 파악할 내용으로 옳지 않은 것은?
① 화학물질의 이동 등 노출경로
② 영향받는 대상의 피해복구 종료시점 결정
③ 환경 중으로 배출되는 화학물질의 종류와 배출량
④ 영향 받는 대상이 노출되는 방식 및 그로 인한 건강위해

> **해설** 화학물질로 인해 영향받는 대상(인간 및 생태계)의 노출방식 및 그로인한 건강영향

정답 33.③ 34.① 35.①,② 36.②

37 다음 중 유해성의 확인과정에 포함되지 않는 자료는?
① 감수성 자료
② 생체내 동물시험자료
③ 기존의 동물독성시험자료
④ 인구집단에서 나타나는 역학연구자료

38 화학물질관리법규상 운반계획서를 작성해야 하는 유독물질의 최소 운반 중량(kg)으로 옳은 것은?
① 2000
② 3000
③ 4000
④ 5000

> 해설 운반계획서의 작성은 유독물질 5000kg이상 허가물질, 금지물질, 제한물질, 사고대비물질은 3000kg이상 시 운반계획서를 작성한다.

39 유해물질의 노출 및 독성에 근거하여 유해한 결과가 나타날 확률로 정의된 용어로 옳은 것은?
① 독성
② 위험성
③ 유해성
④ 위해성

> 해설 "위해성"이란 유해성이 있는 화학물질이 노출되는 경우 사람의 건강이나 환경에 피해를 줄 수 있는 정도를 말한다.

40 환경위해성 저감대책 수립 후 사업장에서 유해화학물질 배출량 저감을 위한 최종 관리단계는?
① 성분관리
② 공정관리
③ 도입과정관리
④ 환경오염방지시설 설치를 통한 관리

> 해설 4단계 : 환경오염방지시설 설치를 통한 관리-방지시설 설치로 최종 환경배출 차단

표. 사업장 유해화학물질 배출량 저감 대책

1단계 : 전공정관리	화학물질의 도입과정에서의 위해 저감
2단계 : 성분관리	취급물질의 특성에 따라 대체물질 사용을 검토
3단계 : 공정관리	공정과정에서의 배출 최소화
4단계 : 환경오염방지시설 설치를 통한 관리	환경오염방지시설의 설치를 통하여 최종 환경배출을 차단

정답 37.① 38.④ 39.④ 40.④

41 화학물질의 잠재적 위해도의 크기를 평가하기 위해 수행하는 안전성 확인은 무엇으로 정량화 되는가?
① 역치
② 무영향수준
③ 무영향농도
④ 위해도결정비

해설 위해도 결정(Risk characterization)은 위해수준을 정량적으로 판단하는 것을 말한다.

42 화학물질의 등록 및 평가 등에 관한 법률상 등록유예기간 동안 등록을 하지 않고 기존화학물질을 제조·수입하려는 자가 제조 또는 수입 전에 환경부장관에게 신고해야하는 사항으로 옳지 않은 것은? (단, 그 밖에 제조 또는 수입하려는 자의 상호 등 환경부령으로 정하는 사항은 제외한다.)
① 화학물질의 명칭
② 화학물질의 매출액
③ 화학물질의 분류·표시
④ 연간 제조량 또는 수입량

해설 보기 외에 화학물질의 용도, 그밖의 제조 또는 수입하려는 자의 상호 등이 있다.

43 위험성 및 노출 위해성 저감을 위해 작업공정을 개선하는 방법으로 옳지 않은 것은?
① 화학적 작업공정에서 생성되는 물질의 안전성을 검토하여 관리방안을 제시한다.
② 화학적 작업공정에서는 인화성, 폭발성, 반응성, 부식성, 산화성, 발화성, 휘발성이 있는 물질을 원칙적으로 사용하지 않는다.
③ 기계적 작업공정에서는 기계나 도구에 의한 물리적 위해 및 반복적 행동으로 인한 신체적 손상을 최소화한다.
④ 생물학적 작업공정에서는 감염원의 노출이 가능한 과정을 확인하고 노출 가능성을 차단하도록 공정과정을 개선한다.

해설 화학적 작업공정에서는 인화성, 폭발성, 반응성, 부식성, 산화성, 발화성, 휘발성 등 목록을 도출한다.

44 위해성 보고서 작성을 위한 핵심절차인 노출시나리오의 작성 시 고려사항에 대한 설명으로 옳지 않은 것은?
① 위해성 보고서는 최종의 노출시나리오에 근거하여 작성한다.
② 노출시나리오는 위해성 보고서 작성을 위한 핵심절차이며, 이 작성절차는 반복될 수 있다.
③ 유해성 평가를 수정하기 위해서는 이전 보다 노출기간이 짧은 급성시험자료 및 하위개념의 유전독성 시험자료가 필요하다.
④ 노출평가를 수정하기 위해서는 노출시나리오에서 취급조건 및 위해성 관리대책을 적절히 변경하는 과정이 필요하다.

해설 유해성평가를 수정하기 위해서는 추가적인 유해성 정보의 확보가 필요하다.
[예] 보다 노출기간이 긴 만성시험자료 또는 보다 상위개념의 유전독성시험자료 확보 등

정답 41.④ 42.② 43.② 44.③

45 화학물질 노출시나리오 작성 시 고려사항으로 틀린 것은?

① 위해성보고서는 최종의 노출시나리오에 근거하여 작성한다.
② 노출시나리오는 위해성보고서 작성을 위한 핵심절차이며, 이 작성절차는 반복될 수 없다.
③ 위해성보고서는 이용 가능한 모든 유해성 정보, 취급조건 및 위해성관리대책에 대한 초기 가정에 따른 예상노출량에 근거하여 작성한다.
④ 위해성이 충분히 통제되지 않는다고 판정되면, 위해성이 충분히 통제됨을 입증할 목적으로 다수의 요소를 수정하는 반복과정이 필요하다.

> 해설 노출시나리오는 위해성 보고서 작성을 위한 핵심절차이며, 이 작성절차는 반복될 수 있다.

46 다음 ( )안에 들어갈 용어로 옳은 것은?

> 적절한 정보의 공유는 유해인자에 대한 대응책을 제시하고 불안감을 해소하며 발생 가능한 분쟁의 해결이나 합의를 도출할 수 있는 원천이 될 수 있다. 이러한 정보 공유와 이해를 위해 수행되는 제반의 과정 혹은 체계를 ( )이라 한다.

① 위해성관리(RM)
② 위해성융합(RI)
③ 위해성평가(RA)
④ 위해성소통(RC)

47 사업장 화학물질 위해성 소통을 위해 다음 [보기]중 사업장에서 위해성 평가 시 고려해야 할 사항으로 옳은 것을 모두 고른 것은?

> 보기
> ㄱ. 유해인자가 가지고 있는 유해성
> ㄴ. 안전확인대상 생활화학제품 노출평가
> ㄷ. 시간 빈도 및 공간적 분포
> ㄹ. 사업장의 조직적 특성

① ㄱ, ㄴ
② ㄱ, ㄹ
③ ㄴ, ㄷ, ㄹ
④ ㄱ, ㄷ, ㄹ

정답 45.② 46.④ 47.④

48 소비자가 사용하는 제품의 위해성을 발암물질과 비발암물질로 구분하여 결정할 때 고려해야 할 사항으로 옳지 않은 것은?

① 비발암물질일 경우에는 유해지수를 산출하여 위해성을 판단한다.
② 발암물질일 경우에는 초과발암위해도를 산출하여 위해성을 결정한다.
③ 초과발암위해도의 계산은 인체노출량에 발암가중치를 더하여 나타낸다.
④ 유해지수가 1이상일 경우에는 위해성이 있는 것으로 판단하여 노출저감 방안을 마련해야 한다.

해설 초과발암위해도 = 평생 1일 평균 노출량×발암력

49 노출시나리오 작성을 위해 작업자 및 환경 노출평가를 위해 정보를 제공하는 자로 옳은 것은?
① 하위사용자
② 화학물질 판매자
③ 화학물질 수입자
④ 화학물질 제조자

해설
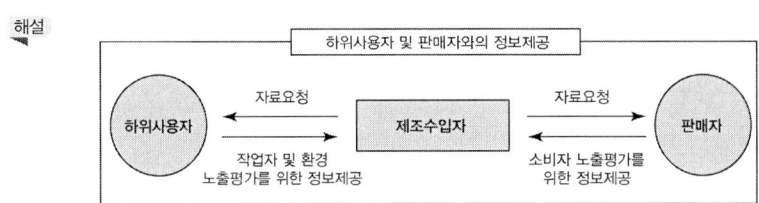

50 산업안전보건법상 사업장에서 다음 화학물질별 노출농도의 허용기준 중 단시간 노출값(STEL)을 가지는 유해인자는?
① 니켈
② 벤젠
③ 폼알데하이드
④ 디메틸포름아미드

51 다음 [보기] 중 위해성 소통 단계를 올바르게 나열한 것은?

> **보기**
> ㄱ. 위해성 소통에 활용할 정보/매체/소통방법 선정
> ㄴ. 위해성 소통의 수행/평가/보완
> ㄷ. 위해성소통의 목적 및 대상자 선정
> ㄹ. 위해 요인 인지 및 분석

① ㄱ → ㄴ → ㄹ → ㄷ
② ㄱ → ㄴ → ㄷ → ㄹ
③ ㄹ → ㄷ → ㄱ → ㄴ
④ ㄹ → ㄷ → ㄴ → ㄱ

정답 48.③ 49.① 50.② 51.③

52 다음 중 제품에 대한 소비자 노출 중 직접노출에 해당하지 않는 것은?
① 아기 젖병을 통한 화학물질의 노출
② 옷의 염료나 직물에 처리된 화학물질의 노출
③ 샤워나 세안 시 사용되는 화장품을 통한 화학물질 노출
④ 건축자재에서 발생하는 먼지 입자에 흡착된 물질이 포함된 실내공기의 노출

53 환경보건법상 사용되는 용어와 그 정의의 연결이 틀린 것은?
① 환경보건 : 환경정책기본법에 따른 환경오염과 유해화학물질 관리법에 따른 유해화학물질 등이 사람의 건강과 생태계에 미치는 영향을 조사·평가하고 이를 예방·관리하는 것
② 환경성질환 : 역학조사 등을 통하여 환경유해인자와 상관성이 있다고 인정되는 질환으로서 환경보건위원회 심의와 보건복지부장관과의 협의를 거쳐 환경부령으로 정하는 질환
③ 위해성평가 : 환경유해인자가 사람의 건강이나 생태계에 미치는 영향을 예측하기 위하여 환경유해인자에의 노출과 환경유해인자의 독성정보를 체계적으로 검토·평가하는 것
④ 수용체 : 환경매체를 통하여 전달되는 환경유해인자에 따라 영향을 받는 사람

　해설　 과거 유해화학물질관리법이 현재는 화학물질관리법으로 변경되었음.

54 생활화학제품 및 살생물제의 안전관리제에 관한 법률상 다음 [보기]가 설명하는 것으로 옳은 것은?

> **보기**
> 유해생물을 제거, 무해화 또는 억제하는 기능으로 사용하는 화학물질, 천연물질 또는 미생물을 말한다.

① 살생물제품　　　　　　　　② 살생물물질
③ 생활화학제품　　　　　　　④ 살생물처리제품

55 사업장에서는 유해화학물질의 배출량 저감기술의 적용과 관련하여 4단계 과정을 수행한다. 순서대로 올바르게 나열한 것은?

> ㄱ. 공정과정에서의 배출 최소화
> ㄴ. 취급물질의 특성에 따른 대체물질 사용 검토
> ㄷ. 화학물질의 도입과정에서의 위해 저감
> ㄹ. 환경오염방지시설의 설치를 통하여 최종 환경배출을 저감

① ㄴ → ㄷ → ㄹ → ㄱ　　　　② ㄴ → ㄷ → ㄱ → ㄹ
③ ㄷ → ㄱ → ㄹ → ㄴ　　　　④ ㄷ → ㄴ → ㄱ → ㄹ

정답　52.④　53.①,④　54.②　55.④

56 다음 중 위해성소통(risk communication)에 대한 설명으로 옳은 것을 모두 나열한 것은?

> ㄱ. 위해성소통은 이해관계자간에 위해와 관련된 정보 및 견해를 소통한다.
> ㄴ. 사업장의 위해소통은 사업장 내부의 공정관리에 국한된다.
> ㄷ. 위해성소통의 목적은 공공의 걱정을 감소시키는 것이 아니라 과학적인 방법론이 올바른 정책결정에 도입이 될 수 있도록 하는데 있다.
> ㄹ. 안전확인대상 생활화학제품은 소비자에 대한 위해성소통 대상이다.
> ㅁ. 화학물질 공급망은 위해성소통의 대상이 아니다.

① ㄱ, ㄷ
② ㄱ, ㄷ, ㄹ
③ ㄴ, ㄹ, ㅁ
④ ㄱ, ㄴ, ㄹ, ㅁ

57 다음 [보기]에서 환경위해성 저감 대책의 단계를 순서대로 가장 올바르게 나열한 것은?

> **보기**
> ㄱ. 사업장 취급 물질 목록 작성
> ㄴ. 우선순위 저감대상물질 목록 산정
> ㄷ. 물질별 저감대책 수립
> ㄹ. 물질별 매체별 배출량 파악 및 노출량 산정

① ㄱ → ㄹ → ㄴ → ㄷ
② ㄱ → ㄷ → ㄴ → ㄹ
③ ㄷ → ㄴ → ㄹ → ㄱ
④ ㄷ → ㄱ → ㄴ → ㄹ

58 화학물질관리법상 운반계획서 제출 대상이 아닌 것은?
① 유독물질 4000킬로그램
② 허가물질 4000킬로그램
③ 제한물질 4000킬로그램
④ 금지물질 4000킬로그램

> **해설** 운반계획서의 작성은 유독물질 5000kg이상 허가물질, 금지물질, 제한물질, 사고대비물질은 3000kg이상 시 운반계획서를 작성한다.

정답 56.② 57.① 58.①

59 사고대비물질을 일정 수량 이상으로 취급하는 사업장의 지역사회 위해성 소통에 대한 설명으로 옳지 않은 것은?

① 사고대비물질을 환경부령으로 정하는 수량이상으로 취급하는 자는 위해관리계획서를 3년마다 작성하여야 한다.
② 사고대비물질을 취급하는 자는 화학사고 발생 시 영향 범위에 있는 주민에게 취급화학물질의 정보, 주민대피 등을 매년 1회 이상 고지하여야 한다.
③ 위해성 소통의 대상 주민은 위해성의 크기, 화학사고 시 주변지역 영향 범위 등을 고려하여 선정한다.
④ 위해성 소통에 직간접적으로 참여한 사람들이 평가과정에 함께 참여할 수 있도록 조직한다.

> 해설 사고대비물질을 환경부령으로 정하는 수량이상으로 취급하는 자는 위해관리계획서를 5년마다 작성하여야 한다.

60 화학물질의 등록 및 평가 등에 관한 법률상 (   )에 알맞은 용어는?

> (   )이란 다음의 어느 하나에 해당하는 화학물질 중에서 위해성이 있다고 우려되어 화학물질평가위원회의 심의를 거쳐 환경부장관이 정하여 고시하는 것
> 가. 사람 또는 동물에게 암, 돌연변이, 생식능력 이상 또는 내분비계 장애를 일으키거나 일으킬 우려가 있는 물질
> 나. 사람 또는 동식물의 체내에 축적성이 높고, 환경 중에 장기간 잔류하는 물질
> 다. 사람에게 노출되는 경우 폐, 간, 신장 등의 장기에 손상을 일으킬 수 있는 물질
> 라. 사람 또는 동식물에게 위 3개의 물질과 동등한 수준 또는 그 이상의 심각한 위해를 줄 수 있는 물질

① 유독물질
② 금지물질
③ 제한물질
④ 중점관리물질

정답 59.① 60.④

61 다음 조건에서 비발암물질의 성인과 아동의 각각 1일평균노출량($mg/kg \cdot day$)을 산정하고, 유해도를 계산하여 위해성을 판단하시오.

> · RfD 0.0002 mg/kg · day · 노출오염도는 1개당 0.007mg
> · 아동체중 10kg   · 성인체중 70kg
> · 섭취량 1개/day

① 성인 0.01mg/kg · day, 아동 0.07mg/kg · day
② 성인 0.001mg/kg · day, 아동 0.007mg/kg · day
③ 성인 HQ 0.3 < 1, 아동 HQ 3.0 > 1
④ 성인 HQ 0.5 < 1, 아동 HQ 3.5 > 1

해설

$$성인 = \frac{0.007mg}{개} \Big| \frac{1개}{day} \Big| \frac{1}{성인 70kg} = 0.0001\,mg/kg.day$$

$$아동 = \frac{0.007mg}{개} \Big| \frac{1개}{day} \Big| \frac{1}{아동 10kg} = 0.0007\,mg/kg.day$$

$$성인\,HQ = \frac{0.0001mg}{kg.day} \Big| \frac{kg.day}{0.0002mg} = 0.5 < 1 \quad \therefore 잠재적\ 위해\ 없음$$

$$아동\,HQ = \frac{0.0007mg}{kg.day} \Big| \frac{kg.day}{0.0002mg} = 3.5 > 1 \quad \therefore 잠재적\ 위해\ 있음$$

62 유해지수(Hazard index)는 어떠한 가정이 충족되어야 한다. 잘못된 설명은?
① 비발암물질을 가정한다.
② 위해수준이 충분히 클 경우에 계산의 의미가 있다.
③ 각 영향이 서로 독립적으로 작용한다.
④ 유사한 용량-반응 모형을 보일 때 적용한다.

해설 위해수준이 충분히 작을 경우에 계산의 의미가 있다.

63 다음은 위해성 소통에 대한 설명이다. 적절하지 않은 것은?
① 위해성은 유해성과 노출량의 곱으로 정의한다.
② 위해성 소통은 이해관계자간에 위해와 관련된 정보, 의사의 소통을 말한다.
③ 소통방법에는 언어적 요소, 비언어적 요소, 정보교환, 견해, 의사 등이 있다.
④ 위해성 소통의 목적은 일방적인 정보 전달로 공공의 올바른 정책결정에 있다.

해설 위해성 소통의 목적은 일방적인 정보 전달이 아닌 공공의 올바른 정책결정에 있다.

정답 61.④ 62.② 63.④

64 다음 설명 중 옳지 않은 것은?

① 초과발암확률이 10^{-4}이하인 경우 발암위해도가 있으며 10^{-6}이상은 발암위해도가 없다고 판단한다.
② 위해지수가 1이상(HI 〉 1)일 경우는 유해영향이 발생하며, 1이하(HI 〈 1)일 경우에는 안전하다.
③ 발암잠재력(발암력, CSF, Carcinogenic slope factor)은 노출량-반응(발암률)곡선에서 95% 상한 값에 해당하는 기울기이다.
④ 초과발암위해도를 적용할 수 없는 경우 위해성기준은 위험지수 1로 한다.

> **해설** 초과발암확률이 10^{-4}이상인 경우 발암위해도가 있으며 10^{-6}이하는 발암위해도가 없다고 판단한다.

65 다음 조건에서 DEHP의 1일평균노출량($\mu g/kg \cdot day$)을 산정하고, 비발암위해도를 판단하시오.

| ・RfD 0.02mg/kg・day | ・DEHP 0.3mg/kg |
| ・평균섭취량 130g/day | ・체중 70kg |

① $0.557\mu g/kg \cdot day$, 잠재적 위해 있음   ② $0.557\mu g/kg \cdot day$, 잠재적 위해 없음
③ $0.657\mu g/kg \cdot day$, 잠재적 위해 있음   ④ $0.657\mu g/kg \cdot day$, 잠재적 위해 없음

> **해설** $ADD = \dfrac{0.3mg}{kg} \Big| \dfrac{130g}{day} \Big| \dfrac{1}{70kg} \Big| \dfrac{10^{-3}kg}{g} \Big| \dfrac{10^{3}\mu g}{mg} = 0.557\mu g/kg.day$
>
> $HQ = \dfrac{0.557\mu g}{kg.day} \Big| \dfrac{kg.day}{0.02mg} \Big| \dfrac{10^{-3}mg}{\mu g} = 0.0278 < 1$ ∴ 잠재적 위해 없음

66 노출시나리오를 작성하고자 한다. 하위사용자와 제조수입자, 판매자의 정보공유가 잘못된 것은?

① 하위사용자 : 작업자 및 환경 노출평가를 위한 정보제공
② 제조, 수입자 : 노출시나리오 작성을 위한 자료요청
③ 판매자 : 소비자 노출평가를 위한 정보제공
④ 영업자 : 기초 노출량 정보제공

> **해설** 하위사용자 ⇄(작업자노출자료제공/자료요청) 제조.수입업자 ⇄(자료요청/소비자노출정보제공) 판매자

정답 64.① 65.② 66.④

67 초기시나리오 작성의 단계적 순서가 바르게 나열된 것은?

> ㉠ 수집된 자료를 기초로 시나리오 작성
> ㉡ 작성된 시나리오가 하위사용자, 판매자 등에 적합한지 여부를 확인
> ㉢ 시나리오를 기초로 노출량, 위해도 추정 및 결정
> ㉣ 위해도 결정, 안전성이 확보되지 않으면 노출량, 위해도 평가의 재검토
> ㉤ 취급시설, 위해성관리 등을 고려하여 시나리오 도출

① ㉠㉡㉢㉣㉤
② ㉡㉠㉢㉣㉤
③ ㉢㉠㉡㉣㉤
④ ㉣㉠㉡㉢㉤

68 사업장에서 유해화학물질의 단계별 저감 기술에 대한 설명이 잘못된 것은?
① 1단계: 전공정관리-전과정의 평가
② 2단계: 성분관리-대체물질 사용 검토
③ 3단계: 공정관리-공정과정에서 배출억제
④ 4단계: 환경오염방지시설-오염물질의 배출차단

해설 1단계 : 전공정관리-사업장의 작업 전 화학물질의 도입과정에서 위해 저감

69 사고대비물질에 관한 설명으로 잘못된 것은?
① 사고발생의 가능성이 높은 물질
② 사고가 발생한 경우에 피해가 클 것으로 우려되는 화학물질
③ 국제기구 등에서 사람의 건강 및 환경에 위해를 미칠 수 있다고 판단되는 물질
④ 사람의 건강 및 체내에 축적성이 높고 장기간 잔류하는 물질

해설 사람의 건강 및 체내에 축적성이 높고 장기간 잔류하는 물질은 중점관리물질에 해당한다.

70 화학물질의 심사·평가 등과 관련한 화학물질평가위원회를 두도록 되어있는 법률은?
① 생활화학제품 및 살생물제의 안전관리에 관한 법률
② 환경보건법
③ 화학물질의 등록 및 평가 등에 관한 법률
④ 화학물질관리법

정답 67.① 68.① 69.④ 70.③

71 환경부장관은 화학물질 통계조사와 화학물질 배출량조사를 완료한 때에는 사업장별로 그 결과를 지체 없이 공개하여야 한다. 이 제도는?
① PRTR
② RRTP
③ RPRT
④ PTRR

> 해설 PRTR(Pollutant release and transfer register)

72 화학물질관리법에서의 유해화학물질이 아닌 것은?
① 위해물질
② 허가물질
③ 제한물질
④ 금지물질

> 해설 유해화학물질에는 유독물질, 허가물질, 제한물질, 금지물질, 사고대비물질이 있다.

73 화학물질관리법 시행규칙에서 규정하고 있는 운반계획서를 작성해야 하는 대상으로 잘못된 것은?
① 유독물질 5000킬로그램 이상
② 허가물질, 제한물질 3000킬로그램 이상
③ 금지물질 3000킬로그램 이상
④ 사고대비물질 5000킬로그램 이상

> 해설 허가물질, 제한물질, 금지물질, 사고대비물질 3000킬로그램 이상은 운반계획서를 작성해야 한다.

74 화학물질의 등록 등 신청 시 제출 자료에 해당하지 않는 것은?
① 제조・수입하려는 자의 명칭, 소재지 및 대표자
② 화학물질의 명칭, 분자식・구조식 등 화학물질의 식별 정보
③ 화학물질의 용도
④ 화학물질의 배출량

> 해설 화학물질 배출원 및 배출량 조사, 화학물질 통계조사, 정보공개는 화학물질관리법의 내용이다.

75 화학물질의 등록 및 평가 등에 관한 법률에 포함되지 않는 내용은?
① 화학물질의 등록・신고
② 화학물질의 유해성(有害性)・위해성(危害性)에 관한 심사
③ 유해화학물질 지정에 관한 사항
④ 화학물질 배출원 및 배출량 조사

> 해설 화학물질 배출원 및 배출량 조사, 화학물질 통계조사, 정보공개는 화학물질관리법의 내용이다.

정답 71.① 72.① 73.④ 74.④ 75.④

76 화학물질로 인하여 발생하는 사고에 신속히 대응함으로써 화학물질로부터 모든 국민의 생명과 재산 또는 환경을 보호하는 것을 목적으로 하는 법률은?
① 환경보건법
② 화학물질의 등록 및 평가 등에 관한 법률
③ 화학물질관리법
④ 생활화학제품 및 살생물제의 안전관리에 관한 법률

77 사업장의 위해성 소통에서, 고려사항으로 옳지 않은 것은?
① 사업장의 조직적 특성
② 유해인자 노출대상
③ 유해물질의 공급자 정보
④ 취급하는 유해화학물질의 유해성정보

78 산업안전보건법의 정기안전보건교육내용이 틀린 것은?
① 관리감독자 : 작업공정의 유해·위험과 재해 예방대책에 관한 사항
② 관리감독자 : 건강증진 및 질병 예방에 관한 사항
③ 근로자 : 산업재해보상보험 제도에 관한 사항
④ 근로자 : 산업안전 및 사고 예방에 관한 사항

해설   근로자 : 건강증진 및 질병 예방에 관한 사항

79 다음은 생활화학제품 및 살생물제의 안전관리에 관한 법률과 관련 용어 설명이다. 잘못된 것은?
① 생활화학제품이란 가정, 사무실, 다중이용시설 등 일상적인 생활공간에서 사용되는 화학제품으로서 사람이나 환경에 화학물질의 노출을 유발할 가능성이 있는 것을 말한다.
② 안전확인대상 생활화학제품이란 환경부장관이 위해성평가를 한 결과 위해성이 있다고 인정되어 지정·고시한 생활화학제품을 말한다.
③ 살생물처리제품이란 제품의 주된 목적 외에 유해생물 제거 등의 부수적인 목적을 위하여 살생물제품을 사용한 제품을 말한다.
④ 살생물물질이란 유해생물을 제거, 무해화(無害化) 또는 억제하는 기능으로 사용하는 화학물질로 천연물질 또는 미생물은 제외한다.

해설   살생물물질이란 유해생물을 제거, 무해화(無害化) 또는 억제하는 기능으로 사용하는 화학물질, 천연물질 또는 미생물을 말한다.

정답   76.③   77.③   78.②   79.④

80 다음 중 생활화학제품에 대한 소비자 위해성 소통의 근간이 되는 주요 법령에 해당하는 것은?
① 산업안전보건법
② 환경영향평가법
③ 화학물질의 등록 및 평가 등에 관한 법률
④ 화학물질관리법

해설　화학물질의 등록 및 평가 등에 관한 법률에서는 소비자 위해성 소통과 관련 유해화학물질 함유제품의 신고, 판매금지 등을 명시하고 있다.

81 환경보건법의 목적이 아닌 것은?
① 국민건강 및 생태계에 미치는 영향감시
② 피해의 조사 및 규명
③ 국민건강에 대한 위협을 예방
④ 철저한 매체관리

해설　환경오염과 유해화학물질 등이 국민건강 및 생태계에 미치는 영향 및 피해를 조사·규명 및 감시하여 국민건강에 대한 위협을 예방하고, 이를 줄이기 위한 대책을 마련함으로써 국민건강과 생태계의 건전성을 보호·유지할 수 있도록 함을 목적으로 한다.

82 환경보건법에 포함되지 않는 내용은?
① 화학물질 배출원 및 배출량 조사
② 환경유해인자가 수용체에 미칠 영향을 예방
③ 환경유해인자의 노출에 민감한 계층의 우선적 보호
④ 위해성 등에 관한 적절한 정보를 제공

해설　화학물질 배출원 및 배출량 조사, 화학물질 통계조사, 정보공개는 화학물질관리법의 내용이다.

정답　80.③　81.④　82.①

제 6 부
과년도 문제
[필기 · 실기]

환경위해관리기사 필기
2019년 11월 02일 시행

제1과목 유해성 확인 및 독성평가

01 수서생물에 대한 생태독성 자료의 수집 및 평가에 대한 설명으로 옳지 않은 것은?

① 수서생물의 유해성은 조류, 물벼룩류, 어류의 급·만성 독성시험을 통해 평가한다.
② 수서독성 시험은 시험물질을 시험수에 녹여 노출하기 때문에 시험수 내의 시험물질 농도를 적절하게 유지시켜 주어야 한다.
③ 급성독성은 단기간 노출되었을 때에 나타나는 독성으로, 1~3주 동안 노출한 후 유해성의 정도를 표시하는 지표를 산출한다.
④ 물질의 특성을 고려하여 유수식(flow through), 지수식(static), 반지수식(semi-static) 등의 노출 방법을 결정한다.

해설 급성독성(Acute toxicity)은 위해물질에 단기노출로 독성이 발생하며, 시험방법에는 LC_{50}, LD_{50}, EC_{50}이 있다.

02 화학물질의 분류 및 표시지에 관한 세계조화시스템(GHS)에 대한 설명으로 옳지 않은 것은?

① H200~H290은 건강 유해성에 관한 유해·위험 문구이다.
② 물리적 위험성, 건강 유해성, 환경 유해성으로 분류한다.
③ GHS를 통해 화학물질의 유해·위험성을 명확한 기준에 따라 적절하게 분류할 수 있게 되었다.
④ 세계적으로 통일된 분류기준에 따라 화학물질의 유해성·위험성을 분류하고, 통일된 형태의 경고표지 및 MSDS로 정보를 전달하는 방법을 말한다.

해설 H-code 유해 위험문구(hazard statement), P-code 예방조치문구(precautionary statement)

정답 01.③ 02.①

03 발암성 물질의 평가에 활용되는 독성지표로 옳지 않은 것은?

① 단위위해도(UR)
② 발암잠재력(CSF)
③ 최소영향수준(DMEL)
④ 무영향관찰농도(PNEC)

해설 무영향관찰농도(NOEC), 예측무영향관찰농도(PNEC)

04 다음 중 토양내 잔류성 유기오염물질이 속하는 유해인자로 옳은 것은?

① 물리적 인자
② 화학적 인자
③ 생물학적 인자
④ 인간공학적 인자

05 어떤 화학물질의 용량별 치사율의 독성실험 결과가 다음과 같을 때 최소영향관찰용량(mg/kg/day)은?

용량(mg/kg/day)	0	10	50	100	500
치사율 (%)	0	0	10	30	60

① 10
② 50
③ 100
④ 500

해설 최소영향관찰농도(LOEC, Lowest observed effect concentration)는 노출량에 대한 반응이 처음으로 관찰되기 시작하는 최소의 노출량을 말한다.

06 물질보건안전자료(MSDS)에 대한 설명으로 옳지 않은 것은?

① 화학물질의 물리·화학적 특성 등 물질 상세정보가 포함되어 있다.
② 누출사고 등 응급/비상 시 대처법에 대한 내용이 포함되어 있다.
③ 16개 항목별 포함되어야할 사항이 GHS에 의해 규정되어 있다.
④ H-code는 유해성, P-code는 위험성에 관한 문구를 나타낸다.

해설 H-code 유해 위험문구(hazard statement),
P-code 예방조치문구(precautionary statement)

정답 03.④ 04.② 05.② 06.④

07 다음 [보기]의 목적을 가지는 법률로 옳은 것은?

> **보기**
> 화학물질로 인한 국민건강 및 환경상의 위해를 예방하고 화학물질을 적절하게 관리하는 한편, 화학물질로 인하여 발생하는 사고에 신속히 대응함으로써 화학물질로부터 모든 국민의 생명과 재산 또는 환경을 보호하는 것을 목적으로 한다.

① 환경보건법
② 화학물질관리법
③ 화학물질의 등록 및 평가 등에 관한 법률
④ 생활화학제품 및 살생물제의 안전관리에 관한 법률

08 발암성 분류기준 중 '인간 발암 우려물질'인 경우, 해당기관과 분류의 구분이 옳지 않은 것은?

① 국제암연구소(IARC) - Group 2B
② 미국국립독성프로그램(NTP) - R
③ 유럽연합(EU) - Category 2
④ 미국 산업위생전문가협의회(ACGIH) - Group A2

> **해설** 국제암연구소(IARC) – Group 2A, 유럽연합(EU) – Category 2, 미국 산업위생전문가협의회(ACGIH) – Group A2, 미국국립독성프로그램(NTP) – R

09 생태독성을 평가하는 지표 중 급성독성의 지표와 그 내용으로 옳은 것은?

① EC_{10}(10% 영향농도): 수중 노출 시 시험생물의 10%에 영향이 나타나는 농도
② EC_{50}(반수영향농도): 수중 노출 시 시험생물의 50%에서 영향이 나타나는 농도
③ LOEC(최소영향농도): 수중 노출 시 생체에 영향이 나타나는 최소 농도
④ NOEC(최대무영향농도): 수중 노출 시 생체에 아무런 영향이 나타나지 않는 최대 농도

> **해설** 급성독성(Acute toxicity)은 위해물질에 단기노출로 독성이 발생하며, 시험방법에는 LC_{50}, LD_{50}, EC_{50}이 있다.

정답 07.② 08.① 09.②

10 화학물질의 등록 및 평가 등에 관한 법령상 화학물질의 용도분류체계 중 용도분류와 그 내용이 옳지 않은 것은?

① 열전달제: 연소반응을 통해 에너지를 얻을 수 있는 물질
② 비농업용 농약 및 소독제: 유해한 생물을 죽이거나 활동을 방해·저해하는 물질
③ 세정 및 세척제: 표면에 오염물이나 불순물을 제거하는 데 사용하는 물질
④ 계면활성제·표면활성제: 한 분자 내에 친수기와 소수기를 지닌 화합물로 액체의 표면에 부착해서 표면장력을 크게 저하시켜 활성화해주는 물질

해설 열전달제: 열을 전달하고 열을 제거하는 물질

11 VEGA 모델에서 제공하는 독성 예측값으로 적절하지 않은 것은?

① 유전독성(mutagenicity)
② 발생독성(development toxicity)
③ 피부감각성(skin sensitization)
④ 생존가능성(alive possibility)

해설 VEGA 모델은 인체독성 예측 모델로 유전독성, 발생독성, 피부감각성, 내분비계 독성 예측 값을 제공한다.

12 다음 [보기]가 설명하는 유해화학물질로 옳은 것은?

> **보기**
> 화학물질관리법상 위해성이 있다고 우려되는 화학물질로서 환경부장관의 허가를 받아 제조, 수입, 사용하도록 환경부장관이 관계 중앙행정기관의 장과의 협의와 화학물질평가위원회의 심의를 거쳐 고시한 물질이다.

① 화학물질
② 허가물질
③ 혼합물질
④ 방사선물질

13 토양 독성시험 방법 중 여과지접촉시험(filter paper contact test)에 대한 설명으로 옳지 않은 것은?

① 시험이 비교적 쉽고 빠르며, 재현성이 좋다.
② 토양 독성을 평가하기 위한 스크리닝 방법이다.
③ 지렁이를 시험물질에 8시간 동안 노출시킨 후 치사율을 관찰한다.
④ 지렁이를 시험물질에 6시간 노출시킨 후 성장과 번식을 관찰한다.

해설 지렁이 급성독성시험법은 여과지 접촉시험, 인공토양시험이 활용되고 있다. 여과지 접촉시험은 Eisenia 종 10마리를 시험물질 용액에 적신 여과지를 이용하여 48시간 노출시킨 후 치사율을 관찰하는 것이다. 인공토양시험은 인공토양에 화학물질을 뿌리고 Eisenia 종 지렁이를 토양표면 위에서 사육하는 방법이다. 6주간 노출 후 성체 지렁이의 무게를 측정하고 성장과 번식에 대한 영향을 평가한다.

정답 10.① 11.④ 12.② 13.③,④

14 화학물질관리법상 유해화학물질의 정의로 옳지 않은 것은?

① 금지물질 - 위해성이 크다고 인정되는 화학물질
② 제한물질 - 특정 용도로 사용되는 유해성이 크다고 인정되는 화학물질
③ 유독물질 - 유해성이 있는 화학물질로서 대통령령으로 정하는 기준에 따라 환경부장관이 정하여 고시한 물질
④ 사고대비물질 - 화학물질 중에서 급성독성과 폭발성이 강하여 화학사고의 발생가능성이 높거나 화학사고가 발생한 경우 그 피해 규모가 클 것으로 우려되는 화학물질

해설 제한물질이란 위해성이 크다고 인정되는 화학물질로서 그 용도로의 제조, 수입, 판매, 보관·저장, 운반 또는 사용을 제한하기 위하여 환경부장관이 고시한 것을 말한다.

15 다음 중 생태독성 시험법에 대한 설명으로 옳은 것은?

① 가장 둔감한 동물종의 독성 값을 통해 예측무영향농도(PNEC)를 산출한다.
② 수서독성 시험은 시험동물의 먹이를 통해 시험물질을 체내로 강제 투입한다.
③ 퇴적물 독성시험은 주로 박테리아류를 대상으로 이루어진다.
④ 토양 독성평가는 주로 곰팡이, 지렁이 등을 이용하여 수행된다.

16 발암성 물질의 평가에 활용되는 독성지표와 단위로 옳지 않은 것은?

① Oral slope factor [(mg/kg/day)$^{-1}$]
② Inhalation unit risk [(μg/m^3)$^{-1}$]
③ Derived minimal effect level [mg/kg/day]
④ Derived no effect level [mg/kg/day]

해설 독성지표 단위

발암성 독성지표	비발암성 독성지표
• 발암잠재력 Cancer slope factor [CSF, (mg/kg/day)$^{-1}$] • Oral slope factor [(mg/kg/day)$^{-1}$] • 단위위해도 Unit risk [UR, (μg/m^3)$^{-1}$] • 최소영향도출수준 Derived minimal effect level [DMEL, mg/kg/day]/or [mg/m^3]	• 무영향도출수준 Derived no effect level [DNEL, mg/kg/day]/or [mg/m^3] • 독성참고치 Reference concentration[RfC, mg/m^3] • 독성참고치 Reference dose[RfD, mg/kg/day] • 일일섭취허용량 Acceptable daily intake [ADI, mg/kg/day] • 일일섭취한계량 Tolerable daily intake [TDI, mg/kg/day]

*발암성 물질의 독성지표로는 단위위해도(UR), 발암잠재력(CSF), 최소영향도출수준(DMEL)이 있으며 비발암성 물질의 독성지표로는 무영향도출수준(DNEL), RfC, ADI, TDI, NOEL, NOAEL 등이 있다.

정답 14.② 15.④ 16.④

17 비발암물질의 용량-반응 평가에서 도출된 유해성지표(NOAEL, LOAEL)와 독성참고치(RfD)의 용량 관계를 바르게 나타낸 것은?

① LOAEL > RfD > NOAEL
② LOAEL > NOAEL > RfD
③ RfD > LOAEL > NOAEL
④ RfD > NOAEL > LOAEL

해설 용량-반응곡선

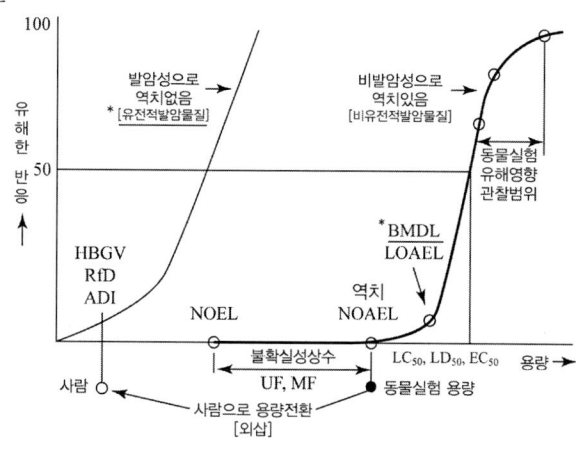

18 화학물질관리법규상 유해화학물질의 취급기준으로 옳지 않은 것은?

① 용기는 온도, 압력, 습도와 같은 대기조건에 영향을 받지 않도록 할 것
② 고체 유해화학물질을 용기에 담아 이동할 때에는 용기 높이의 80% 이상을 담지 않도록 할 것
③ 고체 유해화학물질은 밀폐한 상태로 보관하고 액체, 기체인 경우에는 완전히 밀폐상태로 보관할 것
④ 인화성을 지닌 유해화학물질은 자기발열성 및 자기반응성물질과 함께 보관하거나 운반하지 말 것

해설 용기 높이의 90% 이상을 담지 않도록 할 것

19 수서 생태독성에 영향을 주는 인자에 대한 설명으로 옳지 않은 것은?

① 온도가 낮아지면 아연의 독성이 증가한다.
② pH가 낮아지면 금속물질의 용해도가 증가한다.
③ 카드뮴과 구리의 경도가 증가함에 따라 독성이 감소한다.
④ 산소의 포화수준이 높아지면 암모니아의 수서독성이 감소한다.

해설 온도가 낮아지면 용해도 감소로 아연의 독성이 감소하며, 온도가 증가하면 아연의 독성은 증가 한다.

정답 17.② 18.② 19.①

20 NOAEL(No Observed Adverse Effect Level)에 대한 설명으로 옳지 않은 것은?

① 무영향관찰용량이라 한다.
② 임상시험을 통해 인체에 영향을 미치지 않는 투여 용량이다.
③ 동물 시험에서 유해한 영향이 확인되지 않는 최고 투여 용량이다.
④ 독성자료로부터 얻은 화학물질의 NOAEL에 불확실성 변수 또는 외삽 변수를 적용하여 인간 혹은 환경에서 예상되는 예측무영향 수준을 산출한다.

해설 무영향관찰용량(NOAEL)은 동물실험의 노출량에 대한 반응이 관찰되지 않고 영향이 없는 최대 노출량을 말한다.

제2과목 유해화학물질 안전관리

21 장외영향평가서 내의 원하지 않는 사고의 빈도나 강도를 감소시키기 위하여 독립방호계층의 효용성을 평가하는 분석도구로 옳은 것은?

① LOPA(Layer of protection analysis)
② IPL(Independent protection layer)
③ IPLA(Independent protection layer analysis)
④ IPLOA(Independent protection layer of analysis)

해설 주요 개시사건의 전형적인 빈도 산출은 해당 단위공장의 특성에 따라 방호계층분석기법(LOPA) 또는 OGP의 위험성 평가자료방식 중 하나를 적용한다.

22 장외영향평가서 작성 시 유해화학물질의 유해성을 알리기 위한 정보 중 유해화학 물질의 일반정보로 옳지 않은 것은?

① 물질명
② 조성농도
③ CAS 번호
④ 물질 사용 공정명

해설 유해화학 물질의 일반정보

구분	세부내용	
1. 취급물질의 일반정보	가. 물질명	나. 유사명
	다. CAS번호	라. UN번호
	마. 유해화학물질 관리번호	바. 농도(또는 함량 %)
	사. 일일사용량	아. 연간취급량
	자. 최대저장량	차. 용도
	카. 제조자 정보	
	타. 공급자/유통업자 정보(구매해서 사용 시)	

정답 20.② 21.① 22.④

23 화학물질관리법상 유해화학물질 취급기준에 대한 설명으로 옳은 것은?

① 유해화학물질 취급 중에는 음료수 외에는 섭취하지 않는다.
② 폭발성 물질과 같이 불안정한 물질은 절대 취급하지 않도록 한다.
③ 유해화학물질을 버스, 철도 등 대중교통 수단을 이용하여 운반할 때에는 누출되지 않도록 밀폐하여야 한다.
④ 유해화학물질이 묻어있는 표면에 용접을 하지 않는다. 다만, 화기 작업허가 등 안전조치를 취한 경우에는 그러하지 아니하다.

24 화학물질의 분류 및 표시 등에 관한 규정상 인화성 액체를 분류하는 3가지 기준에 해당하지 않는 것은?

① 인화점이 23℃ 미만이고 초기끓는점이 35℃를 초과하는 액체
② 인화점이 23℃ 미만이고 초기끓는점이 35℃ 이하인 액체
③ 인화점이 23℃ 이상 60℃ 이하인 액체
④ 인화점이 100℃ 이상인 액체

25 동일한 실내 공간 내에 A와 B 2대의 제조시설이 위치한 공장이 있다. 개별 취급시설별로 취급하는 유해화학물질의 일일 취급량 및 기준은 아래 표와 같을 대 소량기준값과 소량여부 판단결과의 연결이 옳은 것은?

제조시설	취급물질 정보			
	물질명	일일취급량(kg)	일일취급기준(kg)	보관·저장기준(kg)
A	a	50	50	750
B	b	50	100	1500

① 0.1 – 소량기준 초과
② 0.1 – 소량기준 미만
③ 1.5 – 소량기준 초과
④ 1.5 – 소량기준 미만

해설 소량기준(R) 값이 1미만이면 소량기준 미만, 1초과이면 소량기준 초과이다.

$$R = \frac{\text{일일취급량}\,C_1}{\text{일일취급기준}\,T_1} + \frac{C_2}{T_2} \cdots \frac{C_n}{T_n}$$

$$\therefore R = \frac{50kg}{50kg} + \frac{50kg}{100kg} = 1.5 > \text{소량기준 초과}$$

정답 23.④ 24.④ 25.③

26. 장외영향평가에서 기존시설의 공정위험성을 분석할 때 기존 분석결과를 활용하거나 해당 공정에 적합한 분석기법을 적용할 수 있는데, 이 때 적용할 수 있는 분석기법과 가장 거리가 먼 것은?

① 체크리스트 기법
② 사건수 분석 기법
③ 상대위험순위 결정 기법
④ 화학공정 정량적 위험성평가 기법

해설 공정 위험성 분석은 체크리스트 기법, 상대위험순위 결정기법, 작업자 실수분석기법, 사고예상 질문분석 기법, 위험과 운전분석기법, 이상위험도 분석기법, 결함수 분석기법, 사건수 분석기법, 원인결과 분석기법, 예비위험 분석기법 중 적정한 기법을 선정하여 작성한다.

27. 효과적인 화학물질의 관리를 위해 위해성이 높은 물질은 우선순위를 부여하여 관리할 수 있다. 이 때 관리대상 우선순위 분류기준으로 가장 거리가 먼 것은?

① 화학물질 유해성 분류 및 표시 대상물질
② 생활화학제품에서 많이 사용하는 것이 확인된 물질
③ 화학안전 규제에 따라 허가, 제한, 금지 등으로 분류된 물질
④ 직업적 노출로 인한 사망 사례나 직업병 발생 사례 등이 확인된 물질

28. 유해화학물질이 시험생산용일 경우 유해화학물질 취급시설 운영자가 작성하는 화학물질의 시범생산계획서에 포함되지 않는 내용은?

① 취급물질 정보
② 취급시설 정보
③ 시범 생산 공정의 주요 내용
④ 지방환경관서 허가 절차도

29. 화학물질관리법상 유해성에 대한 정의로 옳은 것은?

① 병원균이 질병을 일으킬 수 있는 능력
② 화학물질을 통해 사망이나 심각한 질병이 유발될 수 있는 정도
③ 특정 화학물질에 노출되어 사람의 건강이나 환경에 피해를 줄 수 있는 정도
④ 화학물질의 독성 등 사람의 건강이나 환경에 좋지 아니한 영향을 미치는 화학물질 고유의 성질

해설 유해성(hazard)이란 화학물질 고유의 독성(toxicity)으로써, 사람의 건강이나 환경에 좋지 아니한 영향을 미치는 화학물질을 말한다.

정답 26.④ 27.② 28.④ 29.④

30 물질안전보건자료(MSDS)작성의 원칙으로 옳지 않은 것은?

① 정보가 부족한 경우나 이용 가능하지 않은 경우에는 기재하지 않는다.
② 물질안전보건자료에 포함되는 정보는 명확하게 작성되어야 한다.
③ 물질안전보건자료에서 사용되는 용어는 은어, 두문자어 및 약어의 사용을 피해야한다.
④ 물질안전보건자료에는 법적으로 정해진 기재사항이 모두 포함되어야 한다.

> **해설** 정보가 부족한 경우나 이용 가능하지 않은 경우에는 이러한 사실을 명확히 기재하여야 한다.

31 화학물질관리법상 유해화학물질 취급자가 안전사고 예방을 위해 해당 유해화학물질에 적합한 개인보호구를 착용하지 않아도 되는 경우로 옳지 않은 것은? (단, 환경부령으로 정하는 경우는 제외)

① 85dB의 소음이 발생하는 시설인 경우
② 기체의 유해화학물질을 취급하는 경우
③ 액체의 유해화학물질에서 증기가 발생할 우려가 있는 경우
④ 고체 상태의 유해화학물질에서 분말이나 미립자 형태 등이 체류하거나 비산할 우려가 있는 경우

> **해설** 답 ②③④

32 장외영향평가 시 작성해야 할 취급시설 입지정보 중 전체 배치도에 포함되지 않는 내용은?

① 건물 및 설비 위치
② 주요 기기의 설치 높이
③ 건물과 건물 사이의 거리
④ 건물과 단위 설비 간의 거리

> **해설** 전체배치도(Overall layout)는 해당 사업장 내 각종 건물 및 설비 위치, 건물과 건물 사이의 거리, 건물과 단위 설비간의 거리, 기타 조정실, 사무실 위치 등의 내용을 포함하여야 한다.

33 최악의 사고시나리오에 대한 설명으로 옳지 않은 것은?

① 최악의 사고시나리오 분석 시 대기온도는 25℃, 대기습도는 50%를 적용한다.
② 최악의 사고시나리오에 대한 영향범위를 분석할 때의 대기조건은 초당 1.5m의 풍속으로 하고 대기안정도는 'D'(중립)로 한다.
③ 유해화학물질이 최대로 저장된 단일 저장용기 또는 배관 등에서 화재·폭발 및 유출·누출되어 사람이나 환경에 미치는 영향범위가 최대인 사고시나리오이다.
④ 모든 독성물질의 누출사고를 대표할 수 있는 사고시나리오와 모든 인화성물질의 화재·폭발사고를 대표할 수 있는 사고 시나리오를 각각 하나씩 선정하여야 한다.

정답 30.① 31.②, ③, ④ 32.② 33.②

해설

[표] 시나리오 분석조건

구분	최악의 사고시나리오	대안 사고시나리오
정의	최악의 사고시나리오란 유해화학물질을 최대량 보유한 저장용기 또는 배관 등에서 화재·폭발 및 유출·누출되어 사람 및 환경에 미치는 영향범위가 최대인 경우의 사고시나리오를 말한다. • 모든 인화성 물질의 화재 폭발사고를 대표할 수 있는 사고시나리오를 1개 선정 • 모든 독성물질의 누출사고를 대표할 수 사고시나리오 1개 선정	대안의 사고시나리오란 최악의 사고시나리오보다 현실적으로 발생 가능성이 높고 사람이나 환경에 미치는 영향이 사업장 밖까지 미치는 경우의 사고시나리오 중에서 영향범위가 최대인 경우의 시나리오를 말한다. • 화재 폭발사고는 유해화학물질 중 과압, 복사열의 영향범위가 가장 큰 경우를 1개 선정 • 유출 누출사고는 유해화학물질별로 독성 영향범위가 가장 큰 경우를 각각 선정
풍속	1.5m/초	실제 기상조건
대기 안정도	F(매우안정)	D(중립)
대기온도	25℃	최소 1년간 지역의 평균온도
대기습도	50%	최소 1년간 지역의 평균습도
누출원의 높이	지표면	실제 누출 높이
지표면 굴곡도	도시 또는 전원지형	도시 또는 전원지형
누출물질 온도	냉동액체는 운전온도, 이외의 액체는 낮의 최고온도	운전온도

34 장외영향평가에서 공정개요 작성에 해당되지 않는 내용은?

① 화학반응 및 처리방법 ② 사고대비물질의 운전조건
③ 사고대비물질의 안전조건 ④ 사고대비물질의 반응조건

해설 공정 개요는 유해화학물질을 취급하는 공정위주로 해당 공정에서 일어나는 화학반응 및 처리방법, 운전조건, 반응조건 등의 사항들을 포함한다.

35 화학물질관리법상 장외영향평가서를 작성해야 하는 경우로 옳지 않은 것은?

① 신규시설 설치 시 ② 화학사고 발생 시
③ 공정의 50% 이상 변경 시 ④ 기존시설 범위를 벗어난 시설의 증설 시

해설 유해화학물질 취급시설을 설치·운영하는 자로서 화학사고가 발생하였거나, 화학사고 발생이 우려되는 경우는 수시검사 대상이다.

36 화학물질관리법상 유해화학물질의 취급행위에 해당하지 않는 것은?

① 제조 ② 사용
③ 저장 ④ 항공기를 통한 운반

해설 운반업은 유해화학물질(허가·금지물질 제외)을 운반(항공기, 선박, 철도를 이용한 운반은 제외)하는 영업

정답 34.③ 35.② 36.④

37 장외영향평가서 작성 내용 중 기본평가 정보에 해당하지 않는 것은?

① 기상정보
② 공정정보
③ 사업장 일반정보
④ 취급시설의 인·허가 정보

해설

[표] 간이/표준 작성수준

구 분	세부내용	간이	표준
Ⅰ. 기본평가정보	1. 사업장 일반정보 및 취급시설 개요	●	●
	2. 취급 유해화학물질의 목록 및 유해성 정보 등	●	●
	3. 취급시설 목록 및 명세	●	●
	4. 공정정보, 운전절차 및 유의사항	●	●
	5. 취급시설 입지정보	●	●
	6. 주변지역 입지정보	X	●
	7. 기상정보	X	●
Ⅱ. 장외평가정보	1. 공정 위험성 분석	X	●
	2. 사고시나리오 선정	X	●
	3. 사업장 주변지역 영향평가	X	●
	4. 위험도 분석	X	●
	5. 안전성 확보방안	X	●
Ⅲ. 타 법률과의 관계정보	ㅇ 해당 취급시설의 인·허가 관계정보	●	●

38 최악의 사고시나리오, 대안의 사고시나리오 및 사고시나리오에 따라 발생할 수 있는 사고에 대한 응급조치계획 작성 시 포함되는 내용으로 옳지 않은 것은?

① 사고복구 및 응급의료 비용 확보계획
② 내·외부 확산 차단 또는 방지 대책
③ 방제자원(인원 또는 장비) 투입 등의 방제계획
④ 사고시설의 자동차단시스템 혹은 비상운전(단계별 차단) 계획

해설

[표] 응급조치계획서 작성 시 포함되어야 할 내용

구 분	세부 내용
1. 사고시설의 자동차단시스템 혹은 비상운전(단계별 차단) 계획	자동차단 시스템 자동 긴급차단밸브 자동 인터록 작동, 중앙제어설비 수동조작 공정, 설비 가동중지
2. 내·외부 확산 차단 또는 방지 대책	저압, 고압 누출원 봉쇄 기체, 액체 확산방지 화재, 폭발 확대방지
3. 방재자원(인원 또는 장비) 투입 등의 방재계획	방재인원 투입, 방재장비 투입, 개인보호장구 착용
4. 비상대피 및 응급의료 계획	비상대피 계획, 응급의료 계획

정답 37.④ 38.①

39 위해관리계획서에서 유해성 정보의 구성 항목으로 옳지 않은 것은?

① 취급 방법
② 사고예방 정보
③ 취급물질의 일반정보
④ 안정/반응 위험 특성

> **해설** 유해성 정보에는 취급물질의 일반정보, 위험·유해성 분류 및 표시정보, 물리·화학적 성질, 화재·폭발위험 특성, 안정/반응 위험 특성, 인체 유해성, 환경 유해성, 취급방법, 사고대응 정보, 관련 법령에 의한 규제정보 및 기타 참고사항 등이 있다.

40 공정위험성 분석자료 작성 시 공정안전정보에 포함되는 것으로 옳은 것은?

① 공정개요
② 방제장비
③ 유해성 정보
④ 사고대비물질 목록

> **해설** 공정 개요는 유해화학물질을 취급하는 공정위주로 해당 공정에서 일어나는 화학반응 및 처리방법, 운전조건, 반응조건 등의 사항들을 포함한다.

제3과목 노출평가

41 노출시나리오를 통한 인체 노출평가의 과정을 순서대로 옳게 나열한 것은?

> ㉠ 노출 시나리오 작성
> ㉡ 대상인구집단 파악 및 특성 평가
> ㉢ 중요한 노출원의 오염 수준 결정
> ㉣ 중요한 노출 방식에 의한 오염물질 섭취량 추정
> ㉤ 중요한 이동 경로 및 노출 방식 결정
> ㉥ 노출계수 파악

① ㉠ → ㉢ → ㉤ → ㉣ → ㉥ → ㉡
② ㉥ → ㉠ → ㉡ → ㉢ → ㉤ → ㉣
③ ㉠ → ㉡ → ㉤ → ㉢ → ㉥ → ㉣
④ ㉥ → ㉠ → ㉡ → ㉤ → ㉣ → ㉢

정답 39.② 40.① 41.③

42 분석의 정도관리를 위해 검정곡선을 작성할 때의 설명으로 틀린 것은?

① 외부검정곡선법은 시료의 농도와 측정값의 상관관계를 검정곡선식에 대입하여 계산하는 방법이다.
② 검정곡선식은 측정대상물질의 농도 축과 측정값 축에 2차 방정식으로 상관성을 표현한다.
③ 표준물첨가법은 일정량의 표준물질의 시료와 같은 매질에 첨가하여 검정곡선을 작성하는 방법이다.
④ 내부표준법은 시료와 검정곡선 작성용 표준용액에 같은 양의 내부표준물질의 첨가하여 분석 시스템에 대한 오차를 보정하는 방법이다.

해설 검정곡선법(External standard method)은 시료의 농도와 지시값과의 상관성을 검정곡선 식에 대입하여 작성하는 방법이다.

43 벼농사를 짓는 농경지가 유기인계 농약인 파라치온(parathion)으로 오염되어 있다. 이 지역 주민들의 오염된 쌀 섭취를 통해 노출되는 파라치온의 일일평균노출량(mg/kg/day)으로 옳은 것은?

- 쌀의 파라치온 농도: 1.6 mg/kg
- 쌀 섭취량: 200 g/day
- 노출빈도: 365 day/year
- 노출기간: 25 years
- 평균체중: 60 kg

① 1.00×10^{-5} ② 1.54×10^{-5}
③ 2.07×10^{-5} ④ 5.33×10^{-3}

해설 일일평균노출량 = $\dfrac{1.6mg}{kg} \Big| \dfrac{0.2kg}{day} \Big| \dfrac{1}{60kg} = 0.0053 mg/kg \cdot day$

44 환경시료 안에 있는 화학물질의 분자를 이온화시킨 후 전자기장을 이용하여 질량에 따라 분리시키고 질량/이온화비(m/z)를 검출하여 분석하는 방법으로 옳은 것은?

① 질량분석법   ② 분광분석법
③ 혼성분석기법 ④ 전기화학분석법

정답 42.② 43.④ 44.①

해설 [표] 환경시료의 기기분석법 종류

기기분석방법	설 명
분리기법	혼합되어 있는 물질에서 각 화학물질마다 다양한 흡착 및 이동능력을 이용하여 물질을 분리해 내는 방법으로 기체크로마토그래피법, 액체크로마토그래피법이 있다.
질량분석법	환경시료 안에 있는 화학물질의 분자를 이온화시킨 후 전자기장을 이용하여 질량에 따라 분리시키고 질량/이온화비(m/z)를 검출하여 분석하는 방법이다.
분광분석법	환경시료 안에 있는 분자의 종류에 따라 전자기파의 상호작용이 다르다는 특성을 이용하여 시료의 화학물질을 분리하는 방법으로 원자흡수분광법, 유도결합플라즈마법 등이 있다.
전기화학분석법	분석대상 물질의 전위를 측정하는 방법이다.
혼성분석기법	몇 가지 분석기법을 같이 사용하여 분석하는 것으로 단일분석기법보다 높은 정확도와 신뢰도를 가질 수 있다.

45 노출계수를 수집하기 위한 방법으로 시간과 비용이 많이 들지만 응답자가 이해하지 못한 문항에 대해 설명이 가능하여 신뢰성이 높은 응답을 얻을 수 있는 설문조사 방법은?

① 관찰조사　　　　　　　② 서면조사
③ 면접조사　　　　　　　④ 온라인조사

해설　조사방법에는 온라인 조사, 면접조사, 관찰조사, 우편조사 등이 있다.
• 온라인 조사는 응답의 신뢰도가 낮다.
• 면접조사는 조사원의 영향이 크게 작용한다.
• 관찰조사는 어린이의 행동특성을 조사하는데 적합하다.
• 우편조사는 응답자가 충분한 시간을 가지고 응답할 수 있다.

46 환경시료 내 물리화학적 특성을 가진 물질을 용해할 수 있는 용매를 이용하여 표적물질을 분리해내는 전처리 과정은?

① 여과(filtration)　　　　② 정제(purification)
③ 추출(extraction)　　　④ 농축(concentration)

해설　추출은 용매를 이용해 시료 내 표적물질을 분리해 내는 방법으로 속슬레 추출, 액-액 추출, 고체상 추출이 있다.

47 인체노출평가 계획 시 반드시 고려해야 할 요인이 아닌 것은?

① 이동매체　　　　　　　② 노출빈도
③ 노출인구　　　　　　　④ 건강보험료

해설
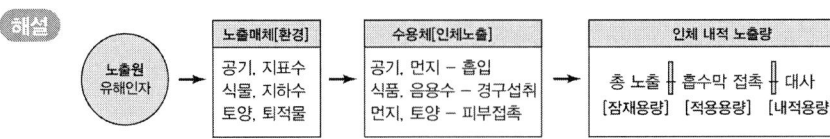

정답　45. ③　46. ③　47. ④

48 제품노출평가의 범주로 옳지 않은 것은?

① 기본 대상은 소비자 제품이다.
② 대상 인구집단은 일반 대중(소비자)이다
③ 물리적 기작에 의한 제품의 위험성을 포함한다.
④ 독성학적 기작에 따라 유해성이 발생하는 화학물질의 양을 추정한다.

해설 물리적 기작을 통한 노출은 제품노출평가의 대상이 아니다.

49 사람의 일일평균노출량(ADD, Average Daily Dose) 산정을 위해 고려해야 할 사항으로 가장 거리가 먼 것은?

① 접촉률
② 평균 키
③ 노출 기간
④ 특정 매체의 오염도

해설 불확실성계수(UF, Uncertainty factor)는 동물시험 자료를 사람에 적용할 경우, 여러 불확실성(종, 성, 개인 간 차이, 내성 등)이 존재하므로 인체노출 안전율로써 불확실성계수를 대입한다.

50 A화학물질이 포함된 방충제품이 비치된 드레스룸 노출 정보가 다음과 같을 때 A물질의 흡입노출량(μg/kg/day)은? (단, 드레스룸에는 하루에 두 번 (아침, 저녁) 머문다.)

구 분	노출계수 값
드레스룸 내 물질 A농도	$10\mu g/m^3$
체내 흡수율(Abs)	1
호흡률(IR)	$20m^3/day$
체중(BW)	60kg
1회 노출시간	10min

① 0.023
② 0.046
③ 1.111
④ 2.785

해설 흡입노출량 $= \dfrac{10\mu g}{m^3} | \dfrac{1}{} | \dfrac{20m^3}{day} | \dfrac{}{60kg} | \dfrac{10\min}{1회} | \dfrac{2회}{day} | \dfrac{day}{1440\min} = 0.046\mu g/kg \cdot day$

51 환경보건법상 수행하는 국민환경보건기초 조사에서 중금속의 인체노출평가를 위해 혈액시료에서만 분석하는 물질로 옳은 것은?

① 납(Pb)
② 비소(As)
③ 수은(Hg)
④ 구리(Cu)

해설 환경보건법상 수행하는 국민환경보건기초조사에서 중금속의 인체노출평가를 위해 납(Pb)은 혈액시료에서만 분석한다.

정답 48.③ 49.② 50.② 51.①

52 환경매체의 오염도가 시간에 따라 지속적으로 변하는 경우 적용할 수 있는 시료로 가장 적절한 것은?

① 복합시료
② 분할시료
③ 현장측정시료
④ 용기채취시료

해설

[표] 환경시료의 종류

시료종류	설 명
용기시료채취	특정 장소와 특정 시간에 채취된 시료를 의미한다. 모든 환경매체에 적용이 가능하나 해당 매체에 대해서 단편적인 정보만 제공한다는 단점이 있다.
복합시료	환경매체 내 용기채취를 여러 개를 채취 후 혼합하여 하나의 시료로 균질화한 것이다.
현장측정시료	실시간에 시료를 직접 채취하여 오염도를 관찰한다. 이 방법은 오염도가 시간에 따라 지속적으로 변하는 경우에 적용한다.

53 생활화학제품에 대한 설명으로 옳은 것은?

1. 생활화학제품은 사람이나 환경에 화학물질 노출을 유발할 가능성이 있다.
2. 생활화학제품의 위해성은 산업통상자원부에서 관리한다.
3. 안전확인대상 생활화학제품은 위해성평가 결과 위해성이 인정되어 안전관리가 필요한 제품이다.
4. 문신용 염료는 화장품으로서 식품의약품안전처에서 관리한다.

① 1, 2
② 1, 3
③ 2, 4
④ 3, 4

해설 생활화학제품이란 가정, 사무실, 다중이용시설 등 일상적인 생활공간에서 사용되는 화학제품으로서 사람이나 환경에 화학물질의 노출을 유발할 가능성이 있는 것을 말한다.

54 인체시료의 전처리에 대한 설명으로 옳지 않은 것은?

① 전처리방법으로서 침전, 액-액 추출, 초임계 유체추출 등이 있다.
② 전기영동법은 비슷한 전하를 가진 분자들이 용해도에 따라 분리되는 전처리 방법이다.
③ 전처리를 하는 이유는 생체시료 내의 유기물을 제거하거나 분석법에 적합하도록 만들기 위해 시행하는 것이다.
④ 고체상 추출법은 액체 또는 기체시료가 선택적으로 고체상 흡착제에 흡착되게 하는 전처리 방법이다.

해설 전기영동법은 비슷한 전하를 가진 분자들이 매질을 통해 가진 크기에 따라 분리되게 하는 전처리 방법이다.

정답 52.③ 53.② 54.②

55 제품 내 화학물질에 대한 노출경로가 흡입일 때의 노출 시나리오로 옳지 않은 것은?

① 지속적 방출
② 먼지 흡입
③ 분사 중 접촉
④ 공기 중 분사

해설

노출경로	노출시나리오
흡입	지속적 방출, 공기 중 분사, 표면휘발, 휘발성 물질 흡입, 먼지흡입
경구	제품의 섭취, 빨거나 씹음, 손을 입으로 가져감
경피	액체형 접촉, 반고상형 접촉, 분사 중 접촉, 섬유를 통한 접촉

56 환경 경유 인체노출량 산정방법에 대한 설명으로 틀린 것은?

① 인체의 환경매체에 대한 노출계수 산정 시 노출경로별 오염물질 농도, 접촉률, 몸무게, 노출기간 등이 고려된다.
② 일일평균노출량(ADD)은 주어진 기간 동안의 노출량 추정치로서 성인을 대상으로 추정하거나 연령군별로 계산된다.
③ 인체 노출량 평가는 환경 매체 중 간접측정이나 환경 내 거동모형을 활용하여 얻어진 노출농도 결과를 사용한다.
④ 환경오염물질의 인체 노출평가는 대상물질의 정성 및 정량적 자료를 이용하여 화학물질이 인체 내부로 유입되는 노출량을 추정하는 과정이다.

해설 인체노출평가((Exposure assessment))는 인체노출량을 정량적으로 측정 또는 추정할 수 있도록 한다. 어떤 유해물질에 노출되었을 경우, 그 물질에 노출된 농도(양)을 결정하는 단계로 노출량의 산정방법에는 피부를 통한 노출량, 흡입를 통한 노출량, 경구를 통한 노출량으로 구분한다.

57 어린이제품 공통안전기준상 입에 넣어 사용할 용도로 제작된 어린이제품에 적용하는 유해원소 용출 유해물질의 kg당 허용치가 가장 높은 물질은?

① 바륨(Ba)
② 비소(As)
③ 셀레늄(Se)
④ 안티모니(Sb)

정답 55.③ 56.③ 57.①

해설

[표] 어린이제품 유해물질 공통안전기준(산업통상자원부고시 제2021-132호)

항 목		허 용 치
유해원소 용출	안티모니(Sb)	60 mg/kg 이하
	비소 (As)	25 mg/kg 이하
	바륨((Ba)	1000 mg/kg 이하
	카드뮴 (Cd)	75 mg/kg 이하
	크로뮴 (Cr)	60 mg/kg 이하
	납 (Pb)	90 mg/kg 이하
	수은(Hg)	60 mg/kg 이하
	셀레늄(Se)	500 mg/kg 이하
유해원소 함유량	총 납(Pb)	100 mg/kg 이하
	총 카드뮴(Cd)	75 mg/kg 이하
프탈레이트 가소제 총 함유량	DEHP, DBP, BBP, NINP, DIDP, DnOP, DIBP	총합 0.1 % 이하
pH		4.0~7.5
폼알데하이드		75 mg/kg 이하
아릴아민		각각 30 mg/kg 이하

(1) DEHP(Diethylhexyl phthalate, 다이에틸헥실프탈레이트)
(2) DBP(Dibutyl phthalate, 다이부틸프탈레이트)
(3) BBP(Butyl benzyl phthalate, 부틸벤질프탈레이트)

58 제품 내 유해물질을 분석하기 위한 대상제품의 시료채취방법으로 옳지 않은 것은?

① 액체류는 시료를 잘 혼합한 후 한 번에 일정량씩 채취한다.
② 채취한 시료는 전체의 시료 성질을 대표할 수 있도록 균질하게 잘 흔들어 혼합한다.
③ 스프레이류는 잘 혼합하여 용기에 분사한 후 바로 시료를 채취한다.
④ 고체류는 전체의 성질을 대표할 수 있도록 두 지점에서 채취한 다음 혼합하여 일정량을 시료로 사용한다.

해설 고체류는 전체의 성질을 대표할 수 있도록 다섯 지점에서 채취한 다음 혼합하여 일정량을 시료로 사용한다.

59 EUSES(European Union System for the Evaluation of Substances) 모델을 이용하여 환경 중 농도를 예측할 때 필요한 정보가 아닌 것은?

① 배출량 정보
② 일일 평균 섭취량
③ 화학물질의 물리·화학적 특성
④ 대상 화학물질의 매체 분배 및 분해계수

해설 EUSES는 화학물질의 위해성평가 모델이다.

정답 58.④ 59.②

60 공동주택의 실내 공기를 수집하여 에틸벤젠의 농도를 분석한 결과 0.03mg/m³로 검출되었다. 이 주택에서 매일 8시간씩 3개월간 지낸 남성의 에틸벤젠 일일평균흡입노출량(mg/kg/day)으로 옳은 것은? (단, 호흡률은 20m³/day, 체중은 60 kg으로 가정한다.)

① 0.00083　　② 0.0033　　③ 0.01　　④ 0.02

 $\dfrac{0.03mg}{m^3}\Big|\dfrac{8hr}{day}\Big|\dfrac{20m^3}{day}\Big|\dfrac{1}{60kg}\Big|\dfrac{day}{24hr}=0.0033mg/kg\cdot day$

제4과목　위해성평가

61 다음 중 인체 노출·흡수 매커니즘에 대한 설명으로 옳지 않은 것은?

① 인체의 주요 노출 방식에는 흡입, 경구섭취, 피부 접촉이 있다.
② 발생원에서부터 노출되는 수용체에 도달하기까지의 물리적 경로를 노출 경로(exposure pathway)라고 한다.
③ 내적용량이란 섭취를 통해 들어온 인자라 체내의 흡수막에 직접 접촉한 양을 의미한다.
④ 잠재 용량은 노출된 유해인자가 소화기 또는 호흡기로 들어오거나 피부에 접촉한 실제 양을 의미한다.

해설　적용용량이란 섭취를 통해 들어온 인자가 체내의 흡수막에 직접 접촉한 양을 의미한다.
내적용량이란 흡수막을 통과하여 채내에서 대사, 이동, 저장, 제거 등의 과정을 거치게 되는 인자의 양을 의미한다.

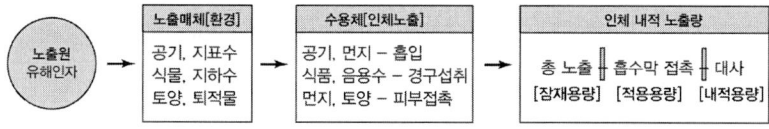

62 환경위해도 중 2개 영양단계 각각에 대한 만성생태독성 값이 존재할 때 적용하는 평가계수로 옳은 것은?

① 10　　② 50　　③ 100　　④ 1000

안전계수	가용데이터
1000	급성독성값 1개(1개 영양단계)
100	급성독성값 3개(3개 영양단계 각각)
100	만성독성값 1개(1개 영양단계)
50	만성독성값 2개(2개 영양단계 각각)
10	만성독성값 3개(3개 영양단계 각각)

정답　60.②　61.③　62.②

63 건강영향평가 시 건강영향 예측을 위한 방법 중 정량적 평가 항목으로 옳지 않은 것은?

① 수질
② 방사선
③ 소음·진동
④ 대기질(악취)

해설

[표] 건강결정요인별 정량적 평가지표 및 기준

건강결정요인	구 분	평가지표	평가기준
대기질	비발암성물질	위해도 지수	1
	발암성물질	발암위해도	$10^{-4} \sim 10^{-6}$
악취	악취물질	위해도 지수	1
수질	수질오염물질	국가환경기준	
소음진동	소음	국가환경기준	

64 환경영향평가 중 건강영향평가에서 대기질(비발암성 물질)의 위해도지수 평가기준으로 옳은 것은?

① 1
② 2
③ 3
④ 4

참고 대기질의 비발암성 물질 위해도지수 평가기준은 1이다. 위해지수가 1이상(HI〉1)일 경우는 유해영향이 발생하며, 1이하(HI〈1)일 경우에는 안전하다.

65 생체 모니터링을 통해 측정되는 유해물질의 농도 기준인 권고치 또는 참고치에 대한 설명으로 틀린 것은?

① HBM-I은 건강 위해영향이 커서 조치가 필요한 수준이다.
② 권고치의 대표적인 예로 독일의 HBM(human biomonitoring) 값과 미국의 BE(biomonitoring equivalents) 등이 있다.
③ 참고치는 기준 인구에서 유해물질에 노출되는 정상 범위의 상위 한계를 통계적인 방법으로 추정한 값이다.
④ 참고치를 이용하면 일반적인 수준보다 높은 수준의 유해물질에 노출된 사람들을 판별할 수 있으나 이 값은 권고치와 달리 독성학적 또는 의학적 의미를 가지지 않는다는 한계점이 있다.

해설 HBM-I 이하는 건강 위해영향이 없으며, 조치가 불필요한 수준이며, HBM-II이상은 건강 위해영향이 있으며, 조치가 필요한 수준이다. 또한 HBM-I이상 HBM-II이하는 검증이 필요하며, 노출이 맞는다면 조치가 필요한 수준이다.

정답 63.② 64.① 65.①

66 비발암성 물질 노출한계에 대한 설명 중 틀린 것은?

① 노출한계는 추정된 노출량(EED)과 무영향 관찰용량(NOAEL)를 이용하여 도출된다.
② 위해도를 설명하는 다른 접근법으로 노출한계 또는 안전역 개념이 상대적인 위해도 차이를 나타내기 위하여 사용되기도 한다.
③ 환경보건법 내 환경위해성평가 지침에 따르면, 노출한계가 100 이상인 경우 위해가 있다고 판단한다.
④ 노출한계 값은 규제를 위한 관심 대상 물질을 결정하는 데에도 활용될 수 있다.

해설 환경보건법 내 환경위해성평가 지침에 따르면, 만성노출인 NOAEL 값을 적용한 경우 노출한계(또는 노출안전역)이 100 이하이면 위해가 있다고 판단한다.

$$노출안전역(MOE) = \frac{독성시작값 POP(NOAEL\ or\ BMDL\ or\ T_{25}\ 등)}{일일노출량(EED값)}$$

67 환경보건법규상 환경성질환의 범위에 해당되지 않는 것은?

① 석면으로 인한 폐질환
② 가습기살균제에 포함된 유해화학물질로 인한 폐질환
③ 유해화학물질로 인한 중독증, 신경계 및 생식계 질환
④ 공기오염으로 인한 결핵균에 의해 전염되는 감염성 질환

해설 환경성질환이란 환경유해인자와 상관성이 있다고 인정되는 질환으로서 환경부령으로 정하는 질환을 말한다. 환경부령으로 정하는 질환이란?
- 「물환경보전법」에 따른 수질오염물질로 인한 질환
- 「화학물질관리법」에 따른 유해화학물질로 인한 질환
- 석면으로 인한 폐질환
- 환경오염사고로 인한 건강장해
- 「실내공기질 관리법」에 따른 오염물질
- 「대기환경보전법」에 따른 대기오염물질과 관련된 질환
- 가습기살균제에 포함된 유해화학물질로 인한 폐질환을 말한다.

68 화력발전소의 건강영향평가 대상물질로 옳지 않은 것은?

① 벤젠
② 스티렌
③ 아황산가스
④ 이산화질소

정답 66.③ 67.④ 68.②

해설

[표] 건강환경영향평가 대상사업별 추가 평가 대상물질

대상사업	평가대상물질
산업단지	PM_{10}, SO_2, NO_2, O_3, CO, Pb, C_6H_6, CO, Hg, As, Cd, Cr^{6+}, Ni, 암모니아, 황화수소, 포름알데히드, 염화수소, 시안화수소, 스티렌, 염화비닐 *석유정제시설의 경우 BTEX
화력발전소	PM_{10}, SO_2, NO_2, O_3, CO, Pb, C_6H_6, CO, Hg, As, Cd, Cr^{6+}, Ni, 베릴륨
소각장	PM_{10}, SO_2, NO_2, O_3, CO, Pb, C_6H_6, CO, Hg, As, Cd, Cr^{6+}, Ni, 암모니아, 황화수소, 아세트알데히드, 염화수소, 다이옥신
매립장	미세먼지, 암모니아, 황화수소, 이산화질소, BTEX, 염화비닐, 사염화탄소, 클로로포름, 1,2-디클로로에탄, 트리클로로에틸렌
분뇨처리장	복합악취, 암모니아, 황화수소, 아세트알데히드, 스티렌
가축분뇨처리장	복합악취, 암모니아, 황화수소, 아세트알데히드, 스티렌

69 다음 중 환경영향평가서에 위생·공중보건 항목의 건강영향평가 대상 사업으로 옳지 않은 것은?

① 에너지 개발
② 도시 및 수자원 개발
③ 산업입지 및 산업단지의 조성
④ 폐기물처리시설, 분뇨처리시설 및 축산폐수공공처리시설의 설치

해설 환경보건법 시행령 [별표 1] 건강영향평가 항목의 추가·평가 대상사업에는 에너지 개발, 산업단지 및 산업단지의 조성, 폐기물처리시설, 분뇨처리시설 및 축산폐수공공처리시설의 설치가 있다.

70 하루 물 섭취량이 2L이고, 체중이 70kg인 성인 남성이 소변에서 검출된 비스페놀 A농도가 4.1 µg/L일 때 이 남성의 비스페놀 A의 내적 노출량(µg/kg/day)은 약 얼마인가? (단, 남성 일일소변배출량 1600 mL/day, Fue(Fraction of Urinary Excretion)=1로 가정)

① 0.047
② 0.094
③ 0.105
④ 0.117

해설 $\dfrac{1}{70\text{kg}} \Big| \dfrac{4.1\mu g}{L} \Big| \dfrac{1600\text{mL}}{\text{day}} \Big| \dfrac{1}{\text{몰분율}Fue1} \Big| \dfrac{L}{1000\text{mL}} = 0.0937 \mu g/\text{kg}\cdot\text{day}$

정답 69.② 70.②

71. 성인여성의 소변에서 DEHP의 대사산물인 MEHP가 6.8 µg/L 검출되었다. 이 여성의 체중은 58kg이고 일일소변배출량은 1300 mL/day이었다. 체내에 들어온 DEHP의 70%가 소변으로 배출되었다고 가정할 때, 이 여성의 DEHP에 대한 내적노출량(µg/kg/day)으로 옳은 것은? (단, DEHP 분자량이 390.6 g/mol, MEHP 분자량: 278.3 g/mol)

① 0.16
② 0.22
③ 0.31
④ 0.61

해설 $\dfrac{6.8\mu g}{L} \Big| \dfrac{1}{58kg} \Big| \dfrac{1300mL}{day} \Big| \dfrac{1}{0.7} \Big| \dfrac{390.6}{278.3} \Big| \dfrac{L}{1000mL} = 0.305 \mu g/kg \cdot day$

72. 정량적 불확실성의 평가가 필요한 경우로 옳지 않은 것은?

① 모델 변수로 단일 값을 이용한 위해성 평가와 잠재적인 오류를 확인할 필요가 있는 경우
② 보수적인 점 추정 값을 활용한 초기위해성평가 결과 추가적인 확인 조치가 필요하다고 판단되는 경우
③ 오염지역, 오염물질, 노출경로, 독성, 위해성 인자 중에서 우선순위 결정을 위해 추가적인 연구가 필요한 경우
④ 초기위해성평가 결과는 매우 보수적으로 도출됨에도 불구하고 초기위해성평가에서 위해성이 낮다고 판단되는 경우

해설 초기위해성평가 결과는 매우 보수적으로 도출되기 때문, 오류가 있을 가능성이 높으므로 초기위해성평가에서 위해성이 높다고 판단되는 경우, 정량적 불확실성 평가를 통해 추가연구를 위한 정보를 제공해야 한다.

73. 건강영향평가 절차 중 스코핑(scoping)에 대한 설명으로 옳은 것은?

① 당해 사업이 건강영향평가 대상인지를 확인하는 행위
② 건강영향평가를 위하여 평가 항목, 범위, 방법 등을 결정하는 행위
③ 당해 사업이 영향예상지역의 주민에게 미치는 건강영향을 정량적, 정성적으로 평가하는 단계
④ 건강영향평가 결과를 토대로 긍정적 영향은 최대화하고, 부정적 영향은 최소화하기 위한 저감대책을 수립하는 단계

해설 스코핑(Scoping) : 건강영향평가를 위하여 평가항목, 범위, 방법 등을 과업지시서(Terms of reference)의 형태로 결정하는 단계.

정답 71.③ 72.④ 73.②

74 다음 중 경구섭취를 통해 인체에 들어가는 유해인자 양의 크기를 순서대로 나열한 것은?

① 적용용량 > 내적용량 > 잠재용량   ② 잠재용량 > 적용용량 > 내적용량
③ 내적용량 > 적용용량 > 잠재용량   ④ 적용용량 > 잠재용량 > 내적용량

해설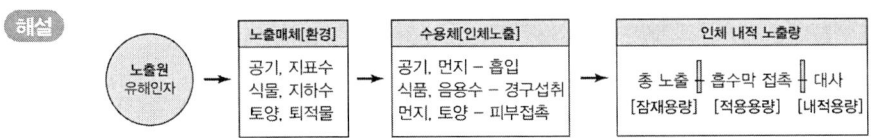

75 생체지표에 대한 설명으로 옳지 않은 것은?

① 특정 화학물질 노출에 반응하는 개인의 유전적 또는 후천적인 능력을 나타내는 것은 민감성 생체지표이다.
② 혈액 내 아세틸콜린에스터라아제 활성은 신경독성에 대한 생체지표로, 농약중독의 초기 위해영향 생체지표에 포함된다.
③ 노출 생체지표 활용으로는 분석 시점 이전의 노출 수준을 알아내기 어렵다.
④ 프탈레이트처럼 체내에서 빠르게 대사되는 물질의 노출 생체지표 분석을 위해 많이 활용되는 매질은 혈액이다.

해설 프탈레이트처럼 체내에서 빠르게 대사되는 물질의 노출 생체지표 분석을 위해 많이 활용되는 매질은 소변이다. 벤젠에 노출되었을 경우 매질은 혈액 또는 소변 중의 벤젠 량이 노출 생체지표로 활용된다.

76 발암잠재력(cancer slope factor, CSF) 대한 설명으로 틀린 것은?

① 단위위해도(unit risk)로 환산할 수 있다.
② 경구, 흡입, 피부접촉 등 노출경로에 따라 발암물질의 CSF가 달라진다.
③ CSF는 공기 혹은 섭취매체 중 오염농도를 기준으로 얼마나 증가하는지를 파악할 수 있다.
④ CSF값은 용량-반응 함수의 기울기로서 단위 체중당 단위 용량만큼의 화학물질 노출에 의한 발암확률을 의미한다.

해설 발암잠재력(발암력, CSF, Carcinogenic slope factor)는 노출량-반응(발암률)곡선에서 95% 상한 값에 해당하는 기울기로, 평균체중의 성인이 발암물질 단위용량(mg/kg.day)에 평생 동안 노출되었을 때 이로 인한 초과발암확률의 95% 상한 값에 해당된다.

정답 74.② 75.④ 76.③

77 개인 및 집단 노출평가에 대한 설명으로 옳지 않은 것은?

① 개인 노출평가 시 생체지표를 활용하여 개인의 내적 노출량을 추정할 수 있다.
② 집단 노출평가에 따라 집단의 노출 수준을 파악할 때 막대한 비용과 시간이 소요된다.
③ 집단 노출평가 시 확률론적 방법은 유해인자의 농도나 노출계수 등 각각의 지표가 갖고 있는 자료 분포를 활용하여 노출량의 분포를 새롭게 도출한다.
④ 개인 노출평가는 개인이 노출되는 다양한 노출 경로들에 대해 직접 조사하여 개인별 총 노출량을 평가하는 접근이다.

해설 집단 노출평가에 따라 집단의 노출 수준을 파악할 때 적은 비용과 시간이 소요된다.

78 역학 연구에서 분류하는 바이어스(bias)와 거리가 먼 것은?

① 교란변수에 의한 바이어스
② 공간차이에 의한 바이어스
③ 연구대상 선정과정의 바이어스
④ 연구자료 측정 과정 혹은 분류과정의 바이어스

해설 역학연구에서 해당요인과 질병과의 연관성을 잘못 측정하는 것을 바이어스라 한다. 대표적으로 연구대상 선정과정의 바이어스, 연구자료 측정 과정 혹은 분류과정의 바이어스, 교란변수에 의한 바이어스 세 가지가 있다.

79 충분한 수의 랫드를 사용한 만성경구독성실험에서 5 mg/kg/day의 NOAEL 값을 구했을 때 이를 인체위해성평가를 위한 RfD로 변환한 양(mg/kg/day)은? (단, MF는 0.75를 사용한다.)

① 0.0007
② 0.007
③ 0.07
④ 0.7

해설 $RfD = \dfrac{NOAEL \text{ or } LOAEL}{\text{불확실성계수(UF, uncertainty factor)} \times MF}$

여기서 만성유해영향이 관찰되지 않는 경우 불확실성계수는 10000이므로,

$\dfrac{5\,\text{mg}}{\text{kg} \cdot \text{day}} \left| \dfrac{1}{0.75} \right| \dfrac{1}{1000} = 0.0067\,\text{mg/kg} \cdot \text{day}$

정답 77.② 78.② 79.②

80 역학 연구방법 중 분석역학의 단면 연구(Cross-sectional study)에 대한 설명으로 옳지 않은 것은?

① 드문 질병 및 노출에 해당하는 인구집단을 조사하기에 부적절한 역학적 연구형태이다.
② 유병기간이 아주 짧은 질병은 질병 유행기간이 아닌 이상 단면연구가 부적절하다.
③ 비교적 쉽게 수행할 수 있고 다른 역학적 연구방법에 비해 비용이 상대적으로 적게 소요된다.
④ 노출요인과 유병의 선후관계가 명확하여 통계적인 유의성이 질병발생과의 인과관계로 해석할 수 있다.

해설 노출요인과 유병의 선후관계가 명확하지 않다. 따라서 통계적인 유의성이 있다고 할지라도 질병발생과의 인과성으로 해석해서는 안 된다.

제5과목 위해도 결정 및 관리

81 사업장 위해성 평가를 수행할 때 반드시 고려해야 할 사항으로 옳지 않은 것은?

① 유해인자가 가지고 있는 유해성
② 유해물질 사용 사업장의 조직적 특성
③ 유해물질 취급자의 건강 정보
④ 사용하는 유해물질의 시간적 빈도와 기간

해설 ①②④외에 사용하는 유해물질의 공간적 분포, 노출대상의 특성이 있다.

82 환경보건법의 기본이념으로 옳지 않은 것은?

① 사전예방주의 원칙
② 수용체 중심 접근의 원칙
③ 참여와 알권리 보장의 원칙
④ 취약 민감계층 보호 우선의 원칙

해설 전체 답.
어린이 등 환경유해인자의 노출에 민감한 계층과 환경오염이 심한 지역의 국민을 우선적으로 보호하고 배려하여야 한다.

정답 80.④ 81.③ 82.전항정답

83 화학물질의 등록 및 평가 등에 관한 법률상 하위사용자로 옳은 것은?

① 일반 소비자
② 화학물질 제조자
③ 화학물질 판매자
④ 영업활동과정에서 화학물질 또는 혼합물을 사용하는 자

> **해설** 하위사용자란 영업활동과정에서 화학물질 또는 혼합물을 사용하는 자(화학물질 또는 혼합물을 제조, 수입, 판매하는 자 또는 소비자는 제외)로 정의 한다.

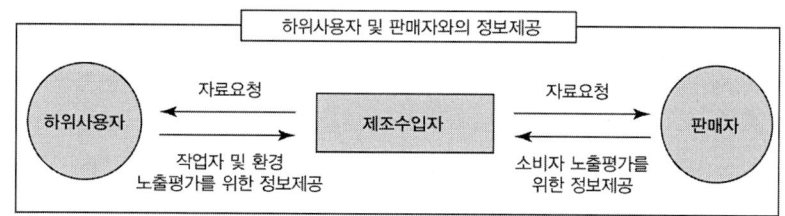

84 살생물제의 구성으로 적절하지 않은 것은?

① 관리대상물질
② 살생물처리제품
③ 살생물제품
④ 살생물물질

> **해설** 살생물제(殺生物劑)란 살생물물질, 살생물제품 및 살생물처리제품을 말한다.

85 사업장 발생원의 노출량 저감 대책에 대한 설명으로 옳지 않은 것은?

① 시간가중평균값(TWA)은 1일 8시간 작업을 기준으로 한 평균 노출농도이다.
② 저감 대상물질 목록이 도출되면 공정개선과 저감시설 설치로 발생원 노출량을 저감하기 위해 노력해야 한다.
③ 유해인자의 노출농도를 허용기준 이하로 유지하기 위하여 발생원 노출저감 대책을 마련해야 한다.
④ 노출농도가 시간가중평균값(TWA)을 초과하고 단시간 노출값(STEL)이하인 경우에는 1회 노출 지속시간이 15분 미만이고 이러한 상태가 1일 3회 이하로 발생해야 한다.

> **해설** 단시간 노출값이란 15분간의 시간가중평균값으로서 노출농도가 시간가중평균값을 초과하고 단시간 노출값 이하인 경우에는 ㉮ 1회 노출 지속시간이 15분 미만이어야 하고 ㉯ 이러한 상태가 1일 4회 이하로 발생해야 하며 ㉰ 각 회의 간격은 60분 이상이어야 한다.

정답 83.④ 84.① 85.④

86 작업공정을 개선하여 노출을 저감하는 방법에 대한 설명으로 옳지 않은 것은?

① 작업자가 개인보호구 착용 등으로 노출을 차단할 수 있도록 안전교육을 강화한다.
② 위험요소가 있는 화학물질을 사용하는 공정에서는 위험물질을 대체하도록 공정을 변경한다.
③ 기계의 사용 등으로 작업자라 물리적 위해에 노출될 경우 신체적 손상을 최소화하도록 공정을 개선한다.
④ 미생물 등 생물학적 요인에 노출되어 감염의 위험이 존재할 경우 작업공정에서 감염원에의 노출 가능한 과정을 확인하여 공정을 개선한다.

해설 작업공정을 개선하여 노출을 차단, 저감한다. 작업자가 개인보호구 착용 등으로 노출을 차단할 수 있도록 안전교육의 강화는 작업장 안전교육에 해당한다.

87 안전확인대상 생활화학제품에 대한 소비자 위해성 소통의 단계를 순서대로 나타낸 것으로 옳은 것은?

㉠ 위해성 소통에 활용할 정보, 매체, 소통방법 선정
㉡ 위해성 소통의 목적 및 대상자 선정
㉢ 위해성 소통의 수행 및 평가
㉣ 위해 요인 인지 및 분석

① ㉠ → ㉡ → ㉢ → ㉣
② ㉠ → ㉣ → ㉡ → ㉢
③ ㉣ → ㉠ → ㉢ → ㉡
④ ㉣ → ㉡ → ㉠ → ㉢

해설

위해성 소통의 단계 [예, 소비자 위해성 소통]

위해 요인 인지 및 분석	위해상황 분석하고 해당 위해의 특별범주를 결정
위해성 소통의 목적 및 대상자 선정	위해성 소통의 수행목적 및 그에 따른 전략수립, 의사결정 과정에 참여하거나 정보를 제공받는 대상자 선정
위해성 소통에 활용할 정보/매체/소통방법 선정	정보소통과 이해관계자 간 의사소통 시 사용할 매체의 선정
위해성 소통의 수행/평가/보완	수행된 이행방안에 따라 위해성 소통, 지속적 모니터링을 통해 수행결과를 평가, 단계별 미흡한 부분을 보완

정답 86.① 87.④

88 작업장 위해성 감소를 위한 유해물질 저감시설에 대한 설명으로 옳지 않은 것은?

① 배기장치는 작업장의 유해물질을 작업장 외부로 배출시키는 장치로써, 작업장의 환경을 개선하기 위하여 기본적으로 설치되어야 한다.
② 국소배기장치는 작업대의 상부 또는 노동자와 마주한 방향에서 흡기가 이루어지도록 설치된다.
③ 백필터여과장치는 함진가스를 여재에 통과시켜 입자를 관성충돌, 직접차단, 확산 등에 의해 분리, 포집하는 장치이다.
④ 전기집진장치는 전기적 인력에 의하여 전하를 띤 입자를 제거하는 장치로, 주로 10㎛ 이상의 입자를 제거하는데 효율적이다.

 전기집진장치는 전기적 인력에 의하여 전하를 띤 입자를 제거하는 장치로, 주로 0.1~0.9㎛의 작은 입자를 제거하는데 효율적이다.

89 노출시나리오 작성 시 하위사용자와 소통이 필요한 단계로 옳은 것은?

① 작성된 초기 노출시나리오 확인 단계
② 노출량 추정 및 위해도 결정 단계
③ 초기 노출시나리오 정교화 작업 단계
④ 통합 노출시나리오 도출 단계

초기 노출시나리오 작성 5단계

1. 초기 노출시나리오 작성	수집된 자료에 기초하여 작성한다. 물질의 전 생애 단계(제조, 조제, 산업적 사용, 전문적 사용, 소비자 사용), 용도, 공정
2. 초기 노출시나리오 확인 [하위사용자 대상 소통단계]	하위사용자, 판매자를 대상으로 초기 시나리오에 기술된 내용에 대한 확인 작업을 수행한다.
3. 노출량 수정 및 위해도 결정	작성된 초기 시나리오를 통해 노출량을 추정하고 위해도를 결정한다.
4. 초기 노출시나리오 정교화	초기 시나리오를 바탕으로 안전성 확인이 이뤄지지 않을 경우 유해성 평가 또는 노출평가를 재 수행한다.
5. 통합 노출시나리오 도출	안전성 확인이 이뤄진 경우, 노출시나리오 내 모든 취급조건 및 위해성 관리 대책을 연결하여 통합 노출시나리오를 도출한다.

정답 88.④ 89.①

90 작업장의 안전교육을 위하여 사업주가 관리 감독자 및 근로자에게 실시해야 하는 교육으로 구분할 때, 다음 중 근로자를 대상으로 실시하는 교육내용에 해당하는 것은?

① 산업안전 및 사고 예방에 관한 사항
② 산업보건 및 직업병 예방에 관한 사항
③ 표준안전작업방법 및 지도 요령에 관한 사항
④ 작업공정의 유해·위험과 재해 예방대책에 관한 사항

해설 ③④는 관리감독자에 해당사항이다.

[표] 사업장 관리감독자 및 노동자의 정기안전 보건교육 내용

관리감독자	노동자(근로자)
① 작업공정의 유해·위험과 재해 예방대책에 관한 사항 ② 표준안전작업방법 및 지도 요령에 관한 사항 ③ 관리감독자의 역할과 임무에 관한 사항 ④ 산업보건 및 직업병 예방에 관한 사항 ⑤ 유해·위험 작업환경 관리에 관한 사항 ⑥ 「산업안전보건법」 및 일반관리에 관한 사항	① 산업안전 및 사고 예방에 관한 사항 ② 산업보건 및 직업병 예방에 관한 사항 ③ 건강증진 및 질병 예방에 관한 사항 ④ 유해·위험 작업환경 관리에 관한 사항 ⑤ 「산업안전보건법」 및 일반관리에 관한 사항 ⑥ 산업재해보상보험 제도에 관한 사항

91 화학물질의 등록 및 평가 등에 관한 법률상 작성해야 하는 노출시나리오에 대한 설명으로 옳지 않은 것은?

① 노출시나리오는 위해성 보고서 작성을 위한 핵심절차이며, 이 작성절차는 반복될 수 있다.
② 유해성평가를 수정하기 위해서는 반드시 노출기간이 짧은 급성시험자료를 포함한 추가적인 유해성 정보의 확보가 필요하다.
③ 초기 노출시나리오에서 인체 건강 및 환경에 대한 위해성이 충분히 통제되니 않는다고 판정되면, 위해성이 충분히 통제됨을 입증할 목적으로 유해성평가 및 노출평가에서 하나 또는 다수의 요소를 수정하는 반복 과정이 필요하다.
④ 화학물질이 인체(작업자 및 소비자를 포함) 및 다른 환경영역에 직·간접적으로 노출되는 것을 줄이거나 피하기 위한 위해성 관리대책을 기술한다.

해설 유해성평가를 수정하기 위해서는 추가적인 유해성 정보의 확보가 필요하다. 예, 보다 노출기간이 긴 만성시험자료 또는 보다 상위개념의 유전독성시험자료 확보 등

92 화학물질에 대한 소비자 노출의 대표적인 노출방식(exposure route)으로 옳지 않은 것은?

① 흡입노출   ② 침습노출   ③ 경구노출   ④ 경피노출

해설 인체노출은 크게 경피노출, 흡입노출, 경구노출로 구분한다.

정답 90.①, ② 91.② 92.②

93 지역사회 위해성 소통의 수행과 가장 거리가 먼 것은?

① 화학물질관리법에 따른 사고대비물질을 지정한다.
② 화학물질관리법에 따른 위해관리계획서를 작성 및 제출한다.
③ 안전확인대상 생활화학제품에 대한 소비자 위해성 소통계획을 수립한다.
④ 화학물질의 등록 및 평가 등에 관한 법률에 따른 유해성심사 결과를 공개한다.

해설 안전확인대상 생활화학제품에 대한 소통은 소비자 위해성 소통이다.

94 화학물질의 등록 및 평가 등에 관한 법률상 화학물질등록 대상으로 옳은 것은? (단, 화학물질의 등록 등 면제에 해당하는 경우는 제외)

① 연간 1톤 이상의 기존화학물질을 제조·수입하는 자
② 연간 1톤 미만의 기존화학물질 제조·수입하는 자
③ 연간 100kg 미만의 신규화학물질 제조·수입·사용하는 자
④ 연간 100kg 이상의 기존화학물질을 제조·수입·사용하는 자

해설 화학물질등록 대상은 기존화학물질 연간 1톤 이상, 신규화학물질 연간 100kg 이상이 해당된다.

95 화학물질관리법규상 운반계획서 작성에 대한 내용으로 옳은 것은?

① 비소는 허가물질로써 3000kg이상 시 운반계획서를 작성한다.
② 염화비닐은 유독물질로써 3000kg이상 시 운반계획서를 작성한다.
③ 황화니켈은 제한물질로써 5000kg이상 시 운반계획서를 작성한다.
④ 디클로로벤지딘은 금지물질로써 5000kg이상 시 운반계획서를 작성한다.

해설 전체 답.
운반계획서의 작성은 유독물질 5000kg이상 허가물질, 금지물질, 제한물질, 사고대비물질은 3000kg이상 시 운반계획서를 작성한다.

96 환경위해도 결정의 방법에 따라 환경위해성 평가 수행 시 파악할 내용으로 옳지 않은 것은?

① 화학물질의 이동 등 노출경로
② 영향받는 대상의 피해복구 종료시점 결정
③ 환경 중으로 배출되는 화학물질의 종류와 배출량
④ 영향 받는 대상이 노출되는 방식 및 그로 인한 건강위해

해설 화학물질로 인해 영향받는 대상(인간 및 생태계)

정답 93.③ 94.① 95.①, ②, ③, ④ 96.②

97 다음 중 유해성의 확인과정에 포함되지 않는 자료는?

① 감수성 자료 ② 생체내 동물시험자료
③ 기존의 동물독성시험자료 ④ 인구집단에서 나타나는 역학연구자료

> **해설** 위해성 확인은 어떤 위해물질에 노출되었을 때, 그 물질의 위해성 여부를 결정하는 단계로서 국내외 전문기관, 대학, 학회 등 위해요소의 객관적 입증자료를 확인한다.

98 화학물질관리법규상 운반계획서를 작성해야 하는 유독물질의 최소 운반 중량(kg)으로 옳은 것은?

① 2000 ② 3000
③ 4000 ④ 5000

> **해설** 운반계획서의 작성은 유독물질 5000kg이상 허가물질, 금지물질, 제한물질, 사고대비물질은 3000kg이상 시 운반계획서를 작성한다.

99 유해물질의 노출 및 독성에 근거하여 유해한 결과가 나타날 확률로 정의된 용어로 옳은 것은?

① 독성 ② 위험성
③ 유해성 ④ 위해성

> **해설** "위해성"이란 유해성이 있는 화학물질이 노출되는 경우 사람의 건강이나 환경에 피해를 줄 수 있는 정도를 말한다.

100 환경위해성 저감대책 수립 후 사업장에서 유해화학물질 배출량 저감을 위한 최종 관리단계는?

① 성분관리 ② 공정관리
③ 도입과정관리 ④ 환경오염방지시설 설치를 통한 관리

> **해설** 4단계 : 환경오염방지시설 설치를 통한 관리-방지시설 설치로 최종 환경배출 차단

사업장 유해화학물질 배출량 저감 대책

1단계 : 전공정관리	화학물질의 도입과정에서의 위해 저감
2단계 : 성분관리	취급물질의 특성에 따라 대체물질 사용을 검토
3단계 : 공정관리	공정과정에서의 배출 최소화
4단계 : 환경오염방지시설 설치를 통한 관리	환경오염방지시설의 설치를 통하여 최종 환경배출을 차단

정답 97.① 98.④ 99.④ 100.④

환경위해관리기사 필기

제❸회 2020년 08월 22일 시행

제1과목 유해성 확인 및 독성평가

01 화학물질관리법령상 환경부장관이 실시하는 화학물질 통계조사 주기로 옳은 것은?

① 1년 ② 2년
③ 3년 ④ 4년

해설 환경부장관은 2년마다 화학물질의 취급과 관련된 취급현황, 취급시설 등에 관한 통계조사를 실시하여야 한다.

02 다음 [보기]가 나타내는 수서생물의 급·만성 독성시험의 대상 생물로 옳은 것은?

[보기]

구분	지표	독성영향 관찰
급성독성	24시간 또는 48시간 EC_{50}, LC_{50}	유영 저해, 치사
만성독성	7일간 이상 시험의 NOEC	치사, 번식, 성장

① 어류(Fish) ② 조류(Alage)
③ 박테리아(Bacteria) ④ 물벼룩류(Invertebrate)

03 다음 화학물질 건강유해성 그림문자가 의미하는 것으로 옳지 않은 것은?

① 흡입하면 유해함 ② 피부에 자극을 일으킴
③ 눈에 심한 자극을 일으킴 ④ 종양을 일으킬 것으로 의심됨

해설 그림문자는 1. 급성독성물질의 경우 [흡입]흡입하면 유해함, [경구]삼키면 유독함, [경피]피부와 접촉하면 유해함 2. 피부 부식성/피부자극성 물질 3. 심한 눈 손상/눈 자극성 물질

정답 01.② 02.④ 03.④

04 다음 중 산업환경 유해인자 분류가 다른 한 가지는?

① 고압가스　　　　　　　② 생식독성 물질
③ 흡인 유해성 물질　　　④ 호흡기 과민성 물질

해설　고압가스는 화학물질 물리적 위험성 분류, 보기 2.3.4는 건강 유해성 분류

05 화학물질관리법령상 유해화학물질을 취급하는 자가 해당 유해화학물질의 용기나 포장에 표시해야할 항목으로 옳지 않은 것은?

① 명칭　　　　　　　　　② 신호어
③ 예방조치 문구　　　　④ 폐기 시 주의사항

해설　용기나 포장에 표시해야할 항목 ; 명칭, 그림문자, 신호어, 유해·위험 문구, 예방조치 문구, 공급자정보, 국제연합번호

06 가교원리를 적용하여 혼합물의 유해성을 분류할 때, 가교원리를 적용할 수 있는 기준으로 옳지 않은 것은?

① 배치(Batch)
② 희석(Dilution)
③ 고유해성 혼합물의 농축(Concentration)
④ 하나의 독성구분 내에서의 외삽(Extrapolation)

해설　가교원리 적용 : 희석, 배치, 농축, 내삽, 유사 혼합물, 에어로졸

07 위해성 평가에 활용되는 독성지표 중 최소영향도출수준(DMEL)에 관한 설명으로 틀린 것은?

① 해당 화학물질의 독성 역치가 존재하지 않는 발암물질에 사용된다.
② 노출 수준이 DMEL보다 낮으면 위해 우려가 매우 낮다고 판정할 수 있다.
③ DMEL 도출 시 용량-반응 곡선이 선형인 경우 내삽을 통해 T_{25} 대신 BMD_{10}을 산출한다.
④ DMEL 도출 시 1-3단계까지 산출 보정된 값이 T_{25}인 경우, 고용량에서 저용량으로 위해도 외삽인자를 적용한다.

해설　DMEL 도출 시 용량-반응 곡선이 선형반응에 해당되는 경우 T_{25}를 산출한다.

정답　04.①　05.④　06.④　07.③

08 종민감도분포(SSD)를 활용하여 예측무영향농도(PNEC)를 산출하고자 할 때 다음의 설명 중 옳지 않은 것은?

① 퇴적물 환경은 4개 분류군 최소 5종 이상을 활용해야 한다.
② 물 환경은 3개 분류군에서 최소 4개 종 이상을 활용해야 한다.
③ 토양 환경은 5개 분류군에서 최소 6종 이상을 활용해야 한다.
④ 종민감도분포를 활용하기 위한 생태독성자료가 부족한 경우 평가계수를 고려할 수 없다.

해설 문제 오류 답,2,3,4

09 다음 중 수서생물의 유해성의 정도를 표시하는 지표와 설명의 연결이 옳지 않은 것은?

① LC_{50}(반수치사농도) : 수중 노출 시 시험생물의 50%에 영향이 나타나는 농도
② EC_{10}(10% 영향농도) : 수중 노출 시 시험생물의 10%에 영향이 나타나는 농도
③ LOEC(최소영향관찰농도) : 수중 노출 시 생체에 영향이 나타나는 최소 농도
④ NOEC(무영향관찰농도) : 수중 노출 시 생체에 아무런 영향이 나타나지 않는 최대 농도

해설 LC_{50}(반수치사농도)은 시험용 물고기나 동물에 독성물질을 경구투여시 50% 치사농도를 나타낸다.

10 유럽연합(EU)의 CMR 화학물질 분류의 구분 중 Category 1B의 의미로 옳은 것은?

① CMR 독성물질
② 인체 CMR 독성추정물질
③ 인체 CMR 독성가능물질
④ 모유전이를 통한 생식독성물질

해설 CMR(발암성, 변이원성, 생식독성) 화학물질 분류의 Category 1A은 CMR독성물질, Category 1B는 인체 CMR독성추정물질, Category 2는 인체 CMR독성가능물질, EFFECTS ON OR VIA LACTATION은 모유전이를 통한 생식독성물질이다.

11 화학물질관리법령상 다음 [보기]가 의미하는 용어로 옳은 것은?

> **보기**
> 화학물질 중에서 급성독성·폭발성 등이 강하여 화학사고의 발생 가능성이 높거나 화학사고가 발생한 경우에 그 피해 규모가 클 것으로 우려되는 화학물질

① 유독물질
② 제한물질
③ 허가물질
④ 사고대비물질

정답 08.②,③,④ 09.① 10.② 11.④

12 독성 예측 모델인 정량적 구조활성모형(QSAR)에 관한 설명으로 옳지 않은 것은?

① 기본적으로 구조가 비슷한 화합물의 활성이 유사할 것이라는 가정에서 시작한다.
② 구조와 활성 간의 상관관계를 찾아 모델을 만들고, 예측하는데 활용한다.
③ 화학물질의 구조적 특징을 표현해주는 표현자(descriptor)가 필요하다.
④ 예측된 독성값의 신뢰성과 활용이 가능한 종말점이 충분하다는 장점이 있다.

> **해설** 예측된 독성값의 신뢰성과 활용이 가능한 관찰점이 부족하다는 단점이 있다.

13 다음 중 발암성 물질의 위해성평가에 활용되는 독성지표로 옳지 않은 것은?

① 발암잠재력
② 단위위해도
③ 일일섭취한계량
④ 최소영향도출수준

> **해설** 발암성 물질의 독성지표로는 단위위해도(UR), 발암잠재력(CSF), 최소영향수준(DMEL)이 있으며 비발암성 물질의 독성지표로는 NOEL, NOAEL 등이 있다.

14 퇴적물 환경의 특성과 퇴적물 독성시험에 관한 설명으로 옳지 않은 것은?

① 퇴적물을 물에 분산시켜 독성 영향을 평가한다.
② 퇴적물은 수질이나 대기에 비하여 균질하지 않은 특성이 있다.
③ 저서생물의 생존, 성장, 생식능력 등에 대한 영향을 평가한다.
④ 깔따구(Chironomus reparius)는 퇴적물 독성시험에 사용된다.

> **해설** 퇴적물 독성시험은 저서생물의 생존, 성장, 생식능력이 퇴적물에 영향을 받았는지 평가하는 시험이다. 따라서 화학물질을 인위적으로 오염시킨 퇴적물을 만들고 여기에 시험동물을 노출시킨다.

15 화학물질의 분류 및 표지에 관한 세계조화시스템(GHS)에서 건강 유해성에 대한 분류와 설명의 연결이 옳지 않은 것은?

① 발암성 물질 – 암을 일으키거나 암의 발생을 증가시키는 물질
② 생식독성물질 – 생식기능, 생식능력 또는 태아 발생, 발육에 유해한 영향을 주는 물질
③ 생식세포 변이원성 물질 – 자손에게 유전될 수 있는 사람의 생식세포에 돌연변이를 일으킬 수 있는 물질
④ 급성독성 물질 – 입 또는 피부를 통해 3회 또는 24시간 이내에 수회로 나누어 물질을 투여하거나 12시간 동안 흡입노출 시켰을 때 유해한 영향을 일으키는 물질

> **해설** 입 또는 피부를 통하여 1회 또는 24시간 이내에 수회로 나누어 투여되거나 호흡기를 통하여 4시간 동안 노출시 나타나는 유해한 영향을 말한다.

정답 12.④ 13.③ 14.① 15.④

16 다음 중 유해인자에 관한 설명으로 옳지 않은 것은?

① 유해성이 큰 유해인자는 위해성도 크다.
② 유해인자의 위해성은 유해성에 노출을 곱한 것을 말한다.
③ 유해인자는 성질에 따라 물리적, 화학적, 생물학적 인자로 구분할 수 있다.
④ 유해인자의 유해성은 물질의 물리·화학적 성상, 기온, 습도 등 노출당시 환경 등에 따라 다르게 나타난다.

> **해설** 유해성은 독성을 말하며 위해성은 유해성에 노출을 곱한 것을 말한다.
> 위해성(risk)은 유해성 화학물질에 노출되는 경우 사람의 건강이나 환경에 피해를 줄 수 있는 정도로써, 노출강도에 의해 결정된다.

17 용량-반응평가에서 언급되는 유해성 지표에 대한 설명으로 옳지 않은 것은?

① 반수치사량(LD_{50})은 급성독성을 평가하는 지표이다.
② 무영향관찰용량(NOAEL)은 만성독성을 평가하는 지표이다.
③ 최소영향관찰용량(LOAEL)은 동물시험에서 유해한 영향이 확인된 최저투여 용량을 말한다.
④ 무영향관찰용량(NOAEL)은 동물시험에서 유해한 영향이 확인되지 않은 최저투여 용량을 말한다.

> **해설** 무영향관찰용량(NOAEL, No observed adverse effect level)은 노출량에 대한 반응이 관찰되지 않고 영향이 없는 최대 노출량을 말한다.

18 다음 [보기]가 설명하는 생태독성에 영향을 주는 인자로 옳은 것은?

> [보기]
> 이것의 수치가 낮은 상태에서는 금속물질의 용해도가 증가하여, 생체이용률이 증가하고, 생체독성이 증가한다.

① 온도
② pH
③ 경도
④ 산소농도

정답 16.① 17.④ 18.②

19 다음 중 물질안전보건자료(MSDS) 16항목에 포함되지 않는 것은?

① 유해성·위험성 ② 노출 및 노출량
③ 취급 및 저장방법 ④ 환경에 미치는 영향

해설 MSDS 작성항목 : 화학제품과 회사에 관한 정보, 유해성·위험성, 구성성분의 명칭 및 함유량, 응급조치 요령, 폭발·화재시 대처방법, 누출 사고 시 대처방법, 취급 및 저장방법, 노출방지 및 개인보호구, 물리화학적 특성, 안정성 및 반응성, 독성에 관한 정보, 환경에 미치는 영향, 폐기시 주의사항, 운송에 필요한 정보, 법적 규제현황, 그 밖의 참고사항

20 다음 중 환경부 환경통계포털의 화학물질의 통계 조사 자료에서 확인할 수 있는 항목이 아닌 것은?

① 화학물질 배출량 ② 화학물질 유통현황
③ 주요 제조 화학물질 ④ 주요 발암물질 유통량

해설 통계조사의 내용은 다음과 같다.
- 업종, 업체명, 사업장 소재지, 유입수계(流入水系) 등 사업자의 일반 정보
- 제조·수입·판매·사용 등 취급하는 화학물질의 종류, 용도, 제품명 및 취급량
- 화학물질의 입·출고량, 보관·저장량 및 수출입량 등의 유통량
- 화학물질 취급시설의 종류, 위치 및 규모 관련 정보
- 그 밖에 환경부장관이 인정하여 고시하는 정보

제2과목　유해화학물질 안전관리

21 장외영향평가서 작성 등에 관한 규정상 공정 위험성 분석 시 예비위험 분석기법을 적용하여 작성할 때 고려할 사항으로 가장 거리가 먼 것은?

① 용기 또는 배관의 무게 ② 유해화학물질의 위험 유형
③ 취급하는 유해화학물질의 종류 ④ 운전온도 및 운전압력 등 운전조건

해설 배관의 호칭직경, 분류기호, 재질, 플랜지의 호칭압력 등

22 다음 중 물질안전보건자료 작성 시 유해성 항목에 포함되지 않는 것은? (단, 추가적인 유해성은 제외한다.)

① 물리적 위험성 ② 건강 유해성
③ 환경 유해성 ④ 생태 위해성

해설 유해화학물질의 유해성 분류는 물리적 위험성, 건강 유해성, 환경 유해성으로 분류한다.

정답 19.② 20.① 21.① 22.④

23 공정개요 작성 시 포함되는 운전 및 반응조건에 대한 설명으로 옳지 않은 것은?

① 정상상황 시의 운전조건에 대해서만 작성한다.
② 해당 설비가 이상 작동할 때 경계해야 할 운전조건을 포함한다.
③ 온도는 ℃, 압력은 MPa, 수위는 mm의 단위를 주로 사용한다.
④ 공정을 구성하고 있는 단위설비의 온도, 압력, 수위 등에 대한 내용을 포함한다.

해설 공정개요는 유해화학물질을 취급하는 공정위주로 해당 공정에서 일어나는 화학반응 및 처리방법, 운전조건, 반응조건 등의 공정안전정보 사항을 포함한다.

24 유해·위험물질을 취급하는 제조공정과 설비를 대상으로 화재·폭발·누출 사고의 위험성을 도출하고, 실제 화학사고로 연결될 가능성과 발생 시 피해의 크기를 예측·평가·분석하는 기법으로 옳지 않은 것은?

① 체크리스트 평가 기법
② 사고예상 질문 분석 기법
③ 절대위험순위 결정 기법
④ 위험과 운전분석 기법

해설 공정 위험성 분석은 체크리스트 기법, 상대위험순위 결정기법, 작업자 실수분석기법, 사고예상 질문분석 기법, 위험과 운전분석기법, 이상위험도 분석기법, 결함수 분석기법, 사건수 분석기법, 원인결과 분석기법, 예비위험 분석기법 중 적정한 기법을 선정하여 작성한다.

25 혼합물의 유해성을 산정하기 위한 방법 중 가산방식을 이용하는 유해성 항목으로 옳은 것은?

① 발암성
② 호흡기 과민성
③ 수생환경 유해성
④ 생식세포 변이원성

해설 보기 1.2.4는 비가산방식 보기3은 가산방식에 해당된다.

26 다음 [보기]의 ( )에 들어갈 내용으로 옳은 것은?

> **보기**
> 화학물질관리법령상 유해화학물질 취급시설 운영자가 장외영향평가서를 제출할 때에는 취급시설 설치 공사 착공일 ( )이전에 신청서와 장외영향평가서 3부를 화학물질안전원장에게 제출하여야 한다.

① 7일
② 15일
③ 30일
④ 90일

정답 23.① 24.③ 25.③ 26.③

27 장외영향평가에서 다음 [보기]가 설명하는 것으로 옳은 것은?

> **보기**
> 화재, 폭발 및 유출·누출 사고로 인한 영향이 사업장 외부에 미치거나, 사업장 외부까지 영향은 미치지 않으나 근로자에게 심각한 영향을 줄 수 있는 사고를 가정하여 기술하는 것

① 장외평가
② 사고시나리오
③ 대안의 사고시나리오
④ 최악의 사고시나리오

28 사고시나리오 분석조건에서 유해화학물질별 끝점(End point)농도 기준은 다음 [보기]를 적용할 수 있는데, 이때 가장 우선적으로 적용하는 기준은?

> **보기**
> 가. 미국산업위생학회(AIHA)에서 발표하는 ERPG-2
> 나. 미국 환경보호청(EPA)에서 발표하는 1시간 AEGL-2
> 다. 미국 에너지부(DOE)에서 발표하는 PAC-2
> 라. 미국직업안전보건청(NIOSH)에서 발표하는 IDLH 수치의 10%

① 가
② 나
③ 다
④ 라

29 영향범위 내 주민수가 65명이고 사고 발생빈도가 1.4×10^{-2}일 때 영향범위의 위험도로 옳은 것은?

① 0.65
② 65
③ 0.91
④ 91

해설 위험도 = 영향범위 내 주민수 × 사고 발생빈도
위험도 = 65명 × 0.014 = 0.91

정답 27.② 28.① 29.③

30 장외영향평가 작성 시 주변지역 입지정보에 포함되어야 할 내용으로 옳지 않은 것은? (단, 유해화학물질 취급시설 외벽으로부터 보호대상까지의 안전거리 고시에서 규정하고 있는 보호대상으로 한다.)

① 사업장이 위치하고 있는 행정구역
② 주거용·상업용·공공건물 위치도 및 명세
③ 유해화학물질 취급시설 위치도 및 명세
④ 사업장 주변의 총인구수·총가구수·농작지현황

해설 해당 사업장의 위치도와 주민분포, 사업장 주변의 주거용, 상업용, 공공건물, 자연보호구역 등의 보호대상 시설물의 목록 및 명세서를 작성

31 화학물질관리법령상 액체상태의 유해화학물질 제조·사용시설의 사고예방을 위하여 설치해야 하는 설비로 옳지 않은 것은?

① 방지턱   ② 방류벽
③ 감압설비   ④ 긴급차단설비

해설 수동적 완화장치(방벽, 방호벽, 방류벽, 배수시설, 저류조 등), 능동적 완화장치(중화설비, 소화설비, 수막설비, 과류방지밸브, 플레어시스템, 긴급차단시스템 등) 등이 있다.

32 공정위험성 분석 결과를 토대로 사고시나리오를 선정할 때 영향범위를 평가하기 위한 끝점(종말점)으로 옳지 않은 것은?

① 인화성 가스 및 인화성 액체의 경우 폭발시 10psi의 과압이 걸리는 지점이다.
② 독성물질의 경우 사고시나리오 선정에 관한 기술지침에서 규정한 끝점 농도에 도달하는 지점이다.
③ 인화성 가스 및 인화성 액체의 경우 화재 시 40초 동안 $5kW/m^2$의 복사열에 노출되는 지점이다.
④ 인화성 가스 및 인화성 액체의 경우 유출 및 누출 시 유출·누출물질의 인화하한 농도에 이르는 지점이다.

해설 인화성 가스 및 인화성 액체
- 폭발 : 1psi의 과압이 걸리는 지점
- 화재 : 40초 동안 $5kW/m^2$의 복사열에 노출되는 지점
- 유출·누출 : 유출, 누출물질의 인화하한 농도에 이르는 지점을 끝점으로 한다.

정답 30.③ 31.③ 32.①

33 유해화학물질 검사기관은 유해화학물질 취급시설에 대한 설치검사와 정기·수시검사 및 안전진단을 수행하여 검사결과보고서를 작성하는데, 이 중 안전진단에 대한 결과는 몇 년간 보존해야 하는가?

① 5년 ② 10년
③ 15년 ④ 20년

34 다음 중 화학물질의 분류 및 표시 등에 관한 규정에서 제시된 그림문자 중 산화성 가스를 나타내는 것은?

①  ②

③  ④

35 장외영향평가 작성 시 주변지역 입지정보를 작성할 때 포함되는 보호대상 목록 및 명세 내용 중 보호대상의 종류와 그 설명으로 옳지 않은 것은?

① 주택·업무시설 – 사람을 수용하는 건축물로서 500명 이상 수용할 수 있거나 바닥면적의 합계가 1천제곱미터 이상인 것
② 노유자시설 – 어린이집, 아동복지시설, 노인복지시설, 장애인복지시설, 그 밖에 이와 비슷한 것으로서 20명 이상 소용할 수 있는 건축물
③ 관광휴게시설 – 야외음악당, 야외극장, 어린이회관, 공원·유원지 또는 관광지에 부수되는 시설로서 바닥면적의 합계가 1천제곱미터 이상인 것
④ 운수시설 – 여객자동차터미널, 철도역사, 공항터미널, 항만터미널, 그 밖에 이와 유사한 공간으로 일일 300명 이상이 이용하는 시설

해설 문화 집회시설, 종교시설, 판매시설은 300명 이상 수용할 수 있거나 바닥면적의 합계가 1천제곱미터 이상인 것

정답 33.④ 34.② 35.①

36 위해관리계획서에서 사고대비물질의 유해성 정보의 구성 항목으로 옳지 않은 것은? (단, 기타 참고사항은 제외한다.)

① 노출계수 정보
② 사고대응 정보
③ 화재폭발 위험 특성
④ 취급물질의 일반정보

해설 유해성 정보
① 취급물질의 일반정보
② 위험·유해성 분류 및 표시정보
③ 물리·화학적 성질, 화재·폭발위험 특성
④ 안정/반응 위험 특성
⑤ 인체 유해성, 환경 유해성
⑥ 취급방법
⑦ 사고대응 정보
⑧ 관련 법령에 의한 규제정보 및 기타 참고사항 등이 포함되어야 한다.

37 다음 중 장외영향평가서의 변경 사유로 옳지 않은 것은?

① 동일 사업장 내의 취급시설을 증설하는 경우
② 연간 제조량 또는 사용량의 누적된 증가량이 100분의 50 이상인 경우
③ 시범생산시간이 60일 이내인 시범생산용 유해화학물질이 품목으로 추가되는 경우
④ 업종별 보관·저장시설의 총 용량 또는 운반시설 용량의 누적된 증가량이 100분의 50 이상인 경우

해설 장외영향평가서의 장외 평가정보가 변경된 경우(시범 생산기간이 60일 이내인 시범생산인 경우 제외)

38 작업장 내 사용되는 물질의 효과적인 안전관리 수행을 위해 화학물질의 우선순위를 고려하여 관리한다. 이 때 사용물질의 우선순위 결정의 근거로 옳은 것은?

① 화학물질의 위해성 자료
② 화학물질 노출평가 자료
③ 화학물질 용량-반응평가 자료
④ 화학물질의 물리화학적 특성 자료

해설 관리대상 화학물질의 우선순위 분류기준
① 화학물질 유해성 분류 및 표시 대상물질
② 화학안전 규제에 따라 허가, 제한, 금지 등으로 분류된 물질
③ 직업적 노출로 인한 사망 사례나 직업병 발생 사례 등이 확인된 물질

정답 36.① 37.③ 38.①

39 다음 중 공정위험성 분석을 위한 예비 위험분석 절차로 가장 적합한 것은?

① 위험요인 및 대상설비 파악 → 위험요인별 영향 매트릭스 작성 → 각 시나리오 누출조건 분석
② 위험요인 및 대상설비 파악 → 각 시나리오 누출조건 분석 → 위험요인별 영향 매트릭스 작성
③ 위험요인별 영향 매트릭스 작성 → 위험요인 및 대상설비 파악 → 각 시나리오 누출조건 분석
④ 위험요인별 영향 매트릭스 작성 → 각 시나리오 누출조건 분석 → 위험요인 및 대상설비 파악

40 다음 중 위해관리계획서 구성 항목이 아닌 것은?

① 사업장 공정안전 정보
② 화학사고 발생 시 주민의 소산계획
③ 화학사고대비 교육, 훈련 및 자체점검 계획
④ 취급하는 사고대비물질 목록 및 유해성 정보

> **해설** 사업장 일반정보, 사고대비물질취급시설의 공정안전정보 등

제3과목 노출평가

41 스프레이 탈취제에 대한 흡입노출평가 시 사용되는 노출계수로 옳지 않은 것은?

① 분사량
② 노출시간
③ 체표면적
④ 공간체적

> **해설** 공기 중 분사 시 노출계수로 분사량, 성분비, 부유비율, 공간체적, 환기율, 노출시간이 있다.

42 환경시료 내 포함된 분자의 종류에 따라 전자기파(electromagnetic radiation)와의 상호작용이 다르다는 특성을 이용하여 시료의 화학물질을 분석하는 방법은?

① 분리기법
② 분광분석법
③ 질량분석법
④ 전기화학분석법

> **해설** 환경시료 안에 있는 분자의 종류에 따라 전자기파의 상호작용이 다르다는 특성을 이용하여 시료의 화학물질을 분리하는 방법으로 원자흡수분광법, 유도결합플라즈마법 등이 있다.

정답 39.① 40.① 41.③ 42.②

43 다음 [보기]가 설명하는 노출평가로 옳은 것은?

> **보기**
> · 수용체가 하나의 화학물질에 대해 여러노출원과 여러 노출경로를 통해 노출된 경우 노출량의 총합을 평가하는 것
> · 이것을 위해서는 수용체의 행동학적 양상을 복합적으로 고려하여 노출시나리오를 작성해야 한다.

① 종합노출평가 ② 누적노출평가
③ 통합노출평가 ④ 개별노출평가

44 인체 시료에서 노출을 반영하는 생체지표에 관한 설명으로 옳지 않은 것은?
① 노출 생체지표를 통해 유해인자의 노출원을 쉽게 파악할 수 있다.
② 노출 생체지표는 특정 유해물질에 대한 노출과 내적 노출량을 반영하는 지표이다.
③ 유해물질의 잠재적인 독성에 의해 일어나는 생화학적 변화를 나타내는 지표는 위해영향 생체지표이다.
④ 민감성 생체지표는 특정 유해물질에 민감성을 가지고 있는 개인을 구별하는데 이용할 수 있다.

해설 주요 노출원을 파악하기 어렵다.

45 제품 내 화학물질에 대한 노출경로가 흡입일 때의 노출시나리오로 옳지 않은 것은?
① 표면 휘발 ② 먼지 흡입
③ 지속적 방출 ④ 손을 입으로 가져감

해설 흡입일 때 지속적 방출, 공기 중 분사, 표면휘발, 휘발성 물질 흡입, 먼지흡입이 있으며 손을 입으로 가져감은 경구노출이다.

46 환경 경유 인체 노출량에 대한 설명으로 가장 거리가 먼 것은?
① 일일평균노출량(ADD)은 주어진 기간 동안 노출량 추정치이다.
② 인체 노출량은 노출경로별 오염물질 농도, 접촉률, 몸무게, 노출기간 등을 포함하여 산정한다.
③ 평생일일평균노출량(LADD)은 평생 동안의 일일평균 노출량 추정치로서 발암 위해도 평가에 활용한다.
④ 평생일일평균노출량(LADD) 산정 식에서 평균노출시간(AT)은 반드시 50년을 적용한다.

해설 평생1일평균노출량(LADD, Lifetime average daily dose) 산정식에서 평균노출시간(AT)은 통상 70년이다.

정답 43.① 44.① 45.④ 46.④

47 5% 리모넨을 함유한 스프레이 방향제를 화장실에서 2mg 분사하였다. 이 때 공기 중 리모넨의 농도와 스프레이 분산 후 화장실에서 2시간 동안 머무른 54kg 성인여성의 리모넨 흡입노출량으로 알맞게 짝지어진 것은? (단, 화장실의 부피 : 4m³, 체내 흡수율 : 100%, 성인여성 호흡률 : 18m³/day, 스프레이는 하루에 한번 분사하며, 초기단계의 노출알고리즘을 사용한다.)

① 0.025mg/m³ – 0.69 μg/kg/day
② 0.025mg/m³ – 1.38 μg/kg/day
③ 0.1mg/m³ – 0.69 μg/kg/day
④ 0.1mg/m³ – 1.38 μg/kg/day

해설 초기 공기중 농도

$$C_a = \frac{A_p \times W_f}{V}$$

$$C_a = \frac{2mg \times 5\%}{4m^3 \times 100} = 0.025 mg/m^3$$

노출량

$$D_{Inh}(mg/kg.d) = C_a \times IR \times t \times n / BW$$

$$\frac{0.025mg}{m^3} \left| \frac{18m^3}{day} \right| \frac{2hr}{day} \left| \frac{1회}{54kg} \right| \frac{day}{24hr} \left| \frac{10^3 \mu g}{mg} \right. = 0.69 \mu g/kg.day$$

48 어린이제품안전특별법상 어린이제품에 함유된 유해화학물질 안전요건 중 유해원소 용출항목이 아닌 것은?

① 납
② 카드뮴
③ 노닐페놀
④ 안티모니

해설 유해원소 용출 항목에는 As, Ba, Cd, Pb, Hg, Se가 있다.

49 어린이제품 공통안전기준상 유해화학물질인 프탈레이트계 가소제의 허용치의 최대 총합(%)의 기준으로 옳은 것은? (단, 타법에서 지정하는 물품 또는 그 부분품이나 부속품은 제외한다. 프탈레이트계 가소제는 DEHP, DBP, BBP, DINP, DnOP를 의미한다.)

① 0.01% 이하
② 0.1% 이하
③ 1% 이하
④ 10% 이하

해설 프탈레이트계 가소제 허용치는 총합 0.1% 이하이다.

정답 47.① 48.③ 49.②

50 안전확인대상생활화학제품 시험·검사 등의 기준 및 방법 등에 관한 규정상 금속류 시료의 전처리방법에 대한 내용으로 옳지 않은 것은? (단, 안전확인대상생활화학제품에 함유될 수 없는 화학물질 확인을 위한 표준 시험절차로 한다.)

① 시약은 질산, 염산 등이 있다.
② 산 분해법은 셀레늄과 수은 분석에 적용된다.
③ 전처리에 사용되는 시약은 목적성분을 함유하지 않은 높은 순도의 시약을 사용한다.
④ 마이크로파를 이용하여 유기물 및 방해물질을 제거하는 방법은 마이크로파 산분해법이다.

해설 산분해법은 셀레늄(Se), 수은(Hg) 분석에 적용하지 않는다.

51 환경시료의 분석법 중 기기분석에 대한 설명으로 옳지 않은 것은?

① 일반적으로 신호발생장치, 검출기, 신호처리기, 출력장치 등으로 구성된다.
② 분광분석법에는 원자흡수분광법, 유도결합플라즈마, 적외선분광법 등이 있다.
③ 기체크로마토그래피는 물, 에탄올을 이동상으로 사용하여 혼합시료의 개별성분을 분리한다.
④ 기체크로마토그래피-질량분석기는 휘발성 유기화합물을, 액체크로마토그래피-질량분석기는 비휘발성 유기화합물 분석에 주로 사용된다.

해설 액체크로마토그래피는 물, 에탄올을 이동상으로 사용하여 혼합시료의 개별성분을 분리한다.

52 다음 [보기]가 설명하는 제품의 노출계수 수집을 위한 설문조사 방법은?

[보기]
· 표본에 대한 정보를 어느 정도 알고 있는 경우에 적용
· 최소의 비용과 노력으로 광범위한 조사가 가능하며, 응답자가 충분한 시간을 가지고 응답할 수 있고 자발적인 응답이라 응답의 신뢰성이 높음

① 전화조사방법
② 관찰조사방법
③ 우편조사방법
④ 온라인(인터넷)조사방법

정답 50.② 51.③ 52.③

53 최근에 신축된 아파트의 실내에서 1급 발암물질로 알려진 폼알데하이드의 농도를 측정하였더니 $200\mu g/m^3$이었다. 노출량 발암 위해성 평가를 위해 이 아파트에서 6개월간 거주한 성인 여성의 전생애 인체 노출량(mg/kg/day)은 약 얼마인가? (단, 성인 여성의 호흡률은 $0.53m^3/h$, 평균체중은 56.4kg, 평균 노출기간은 365day/year×70year, 폼알데하이드의 흡수율 및 폐 존재율은 100%로 가정한다.)

① 1.34×10^{-4} ② 3.22×10^{-4}
③ 1.34×10^{-3} ④ 3.22×10^{-3}

해설 $E_{inh}(mg/kg.day) = \sum \dfrac{C_{IA} \times IR \times ET \times EF \times ED \times ABS}{BW \times AT}$

6개월 = 6/12월 = 0.5year
$200\mu g/m^3 = 0.2mg/m^3$

$\dfrac{mg}{kg.day} = \dfrac{0.5year}{} | \dfrac{0.2mg}{m^3} | \dfrac{0.53 \times 24m^3}{day} |$

$\dfrac{}{56.4kg} | \dfrac{}{70year} | \dfrac{year}{365day} | \dfrac{365day}{year} = 3.22 \times 10^{-4}$

∴ $E_{inh} = 3.22 \times 10^{-4}$ mg/kg.day

54 기기분석을 위한 환경시료의 전처리에 대한 설명 중 틀린 것은?

① 냉동 농축은 용액의 어는점이 용매의 어는점보다 항상 낮다는 점을 이용한다.
② 고체상 추출법은 수질시료 안에 포함된 일부 화학물질등이 보이는 흡착 현상을 이용한다.
③ 속슬레(soxhlet) 추출장치는 고체에 있는 특정 성분을 용매를 이용하여 추출하는 장치이다.
④ 수질 시료 내 비휘발성유기화합물을 추출하는 경우 주로 액-액 추출법을 사용한다.

해설 수질 시료 내 비휘발성유기화합물을 추출하는 경우 주로 고체상 추출법을 사용한다.

55 인체시료 분석을 위한 전처리 방법으로 옳지 않은 것은?

① 투석/여과법 ② 크로마토그래피법
③ 고체상 추출(SPE)법 ④ 액-액 추출(LLE)법

해설 크로마토그래피법는 기기분석법이다.

정답 53.② 54.④ 55.②

56 다음 중 시간활동 노출계수에 포함되지 않는 것은? (단, 한국 노출계수 핸드북 기준으로 한다.)

① 수명
② 인구유동성
③ 직업유동성
④ 교통수단 이용시간

> **해설** 수명은 전생애인체노출량의 노출계수에 해당된다.

57 유해화학물질의 환경노출량 산정에 대한 설명으로 틀린 것은?

① 환경 노출평가 예측 모델 평가 시 민감도 분석(sensitivity analysis)은 필요 없다.
② 환경 노출평가 모델의 예측값은 여러단계에서 많은 가정이 있으므로 불확실성(uncertainty)이 존재한다.
③ 이미 산출되어 있는 노출계수를 이용하여 이와 물리화학적 특성이 유사한 물질에 적용할 수 있다.
④ 국내 노출계수 데이터베이스가 제한적이지만 유럽연합과 미국 등에서는 공정 또는 산업 유형별 환경오염물질에 대한 노출계수를 제공하고 있다.

> **해설** 환경노출평가 예측모델평가 시 민감도 분석(sensitivity analysis)을 하여 예측 값을 확인한다.

58 환경시료 채취 방법에 대한 설명으로 옳지 않은 것은?

① 시료채취 장소와 지점에 따라 환경 내에서 오염물질의 농도가 다를 수 있다.
② 해당 환경 내에서 전체 오염물질의 농도를 대표할 수 있도록 균질화된 시료를 수집해야 한다.
③ 특정 장소를 제한하여 시료를 채취하는 작위적 시료채취방법은 환경노출평가에 사용할 수 없다.
④ 다양한 변이가 있는 환경매체에서 평균값에 가까운 측정값을 얻기 위해 무작위적 시료채취법을 이용하여 시료를 채취한다.

> **해설** 환경매체의 오염도에 대한 추가 정보가 있는 경우, 특정 지점으로 제한하여 시료를 채취할 수 있다. 이 방법을 작위적 시료채취법이라 한다.

정답 56.① 57.① 58.③

59 다음 조건을 이용하여 벤젠이 방출되는 오염지역에 15년간 살아온 45세 남성의 평생 일일 평균 노출량(LADD, mg/kg/day)은? (단, 흡수율은 100%로 가정한다.)

> **보기**
> · 대기 중 벤젠의 농도 : $0.003mg/m^3$
> · 노출빈도 : 365day/year
> · 평균체중 : 70kg
> · 호흡률 : $15m^3$/day

① 1.37×10^{-4} ② 1.37×10^{-3}
③ 2.14×10^{-4} ④ 2.14×10^{-3}

해설 평생1일평균 노출량 = $\dfrac{\text{오염도} \times \text{접촉률} \times \text{노출기간} \times \text{흡수율}}{\text{체중} \times \text{평균기간(통상 70년)}}$

$$\frac{mg}{kg \cdot day} = \frac{0.003mg}{m^3} \left| \frac{15m^3}{day} \right| \frac{15year}{} \left| \frac{1}{70kg} \right| \frac{1}{70year} = 1.37 \times 10^{-4} mg/kg \cdot day$$

60 제품의 유해물질 전이량에 대한 설명으로 옳지 않은 것은?

① 전이율에 제품의 표면적과 제품 사용시간을 고려하여 전이량을 추정한다.
② 전이량은 제품에 함유되어 있는 유해물질의 총량 중에서 인체로 실제 이동하는 양이다.
③ 소비자 제품의 위해성평가는 일반적으로 제품 내 화학물질의 함량과 전이량을 기초로 한다.
④ 전이량은 흡수되는 양과 차이가 없으므로 실제로 전이량은 흡수량으로 대체하여 사용할 수 있다.

해설 전이량은 제품에 함유되어 있는 유해물질의 총량 중에서 인체로 실제 이동하는 양이다.

정답 59.① 60.④

제4과목 위해성평가

61 다음 [보기]가 설명하는 것으로 옳은 것은?

> **보기**
> 다양한 역학의 연구방법들 중에서 질병의 가설을 설정하는데 기여하는 역학연구의 한 방법으로 질병의 빈도와 분포를 시간적, 인적, 지역적 변수에 의해 서술하는 연구방법

① 기술역학 ② 분석역학
③ 환경역학 ④ 산업역학

62 건강영향평가 정의에 포함되는 다음 요소 중 우리나라 건강영향평가에서 포함하고 있는 것으로 옳은 것은?

① 계획(plan) ② 정책(policy)
③ 프로젝트(project) ④ 프로그램(program)

해설 건강영향평가는 환경영향평가 대상 중에서 대통령령으로 정하는 행정계획 및 개발사업에 대하여 환경유해인자가 건강에 미치는 영향을 추가하여 평가, 협의 하여야 한다.

63 다음 중 건강영향평가 대상 시설과 평가 대상 물질의 연결이 옳지 않은 것은?

① 산업단지 – 복합악취 ② 화력발전소 – 납(Pb)
③ 매립장 – 황화수소(H_2S) ④ 분뇨처리장 – 암모니아(NH_3)

해설 복합악취-분뇨처리시설

64 환경위해도 평가 과정에서 불확실성 평가를 위한 단계적 접근법에 대한 설명으로 옳지 않은 것은?

① 0단계 : 예측노출수준과 위해도 평가에 사용된 결과 값들의 검토
② 1단계 : 불확실성 요인별 과학적 근거 및 주관성에 대한 판단
③ 2단계 : 확률론적 평가를 통한 위해도 분포확인
④ 3단계 : 민감도분석/상관분석을 통한 입력값의 분포 및 상대 기여도 제시

해설 2단계 : 점추정 값에 대한 정량적 불확실성 분석

정답 61.① 62.③ 63.① 64.③

65 환경유해인자의 인체 노출수준을 추정하는 방법에 대한 설명으로 옳지 않은 것은?

① 직접적인 노출평가는 개인 모니터링이나 바이오 모니터링 자료를 활용하여 노출량을 측정 또는 추정하는 방법이다.
② 간접적인 노출평가에는 환경모니터링 자료나 모델링 자료, 설문조사 결과 등이 활용될 수 있다.
③ 개인모니터링의 경우 노출이 일어나는 특정시점에 개인 모니터링기술을 사용하여 직접적인 노출량을 기록함으로써 내적 노출량을 정량하는 방법이다.
④ 간접적인 노출평가는 환경 매체에서 유해인자의 농도를 분석한 뒤 수용체가 환경매체에 접촉하여 유해요인을 흡수할 수 있는 노출시나리오를 가정하여 외적 노출량을 추정하는 방법이다.

해설 개인모니터링은 노출이 일어나는 특정시점에 직접 측정하여 외적 노출량을 정량하는 방법이다.

66 환경유해인자의 인체노출 중 집단노출에 대한 설명으로 틀린 것은?

① 중심경향노출수준(CTE)값은 해당 집단의 평균 노출을 예측하는 값이다.
② 합리적인 최고노출수준(RME) 값은 일반적으로 99백분위수 값을 사용한다.
③ 시나리오 기반 노출량 산정방법은 결정론적 방법과 확률론적 방법으로 나눌 수 있다.
④ 해당 집단의 가능한 노출 정보와 함께 인구집단의 노출계수정보를 활용하여 집단의 노출량을 평가한다.

해설 합리적인 최고노출수준(RME) 값은 일반적으로 90백분위수 이상, 최대값 미만의 값(예, 95백분위수)을 사용한다.

67 발암성 물질의 발암위해도와 비발암성 물질의 위해도 지수를 고려하여 대기질 건강영향평가에 대한 저감대책을 수립해야 하는 조건(기준)으로 옳은 것은?

① 발암성 물질 : 10^{-6} 초과, 비발암성 물질 : 1초과
② 발암성 물질 : 10^{-6} 초과, 비발암성 물질 : 1미만
③ 발암성 물질 : 10^{-4} 초과, 비발암성 물질 : 0.5초과
④ 발암성 물질 : 10^{-4} 초과, 비발암성 물질 : 0.5미만

해설 건강결정요인이 대기질의 경우 평가기준은, 발암성 물질의 발암위해도는 $10^{-6} \sim 10^{-4}$, 비발암성 물질의 위해도 지수는 1 이다.

정답 65.③ 66.② 67.①

68 다음 중 위해성평가 시 발생 가능한 주요 불확실성 요소에 해당하지 않는 것은?

① 모델 불확실성
② 입력 변수 변이
③ 자료의 불확실성
④ 출력 변수의 불확실성

해설 불확실성 요소에는 자료의 불확실성, 모델의 불확실성, 입력변수 변이, 노출시나리오의 불확실성, 평가의 불확실성이 있다.

69 위해성평가의 불확실성 평가에 대한 설명으로 옳지 않은 것은?

① 변이의 크기는 추가연구를 통해 줄일 수 있다.
② 변이란 실제로 존재하는 분산 때문에 발생한다.
③ 불확실성은 위해성평가의 전 단계에 걸쳐 발생할 수 있다.
④ 불확실성 평가는 정성적 및 정량적 평가방법으로 나눌 수 있다.

해설 변이는 추가연구를 통해 더 정확히 이해할 수 있는 현상이지만 변이의 크기 자체를 줄일 수는 없다.

70 화학물질 위해성평가의 구체적 방법 등에 관한 규정상 용어에 대한 정의 중 옳지 않은 것은?

① 내부용량(internal dose)이란 화학물질 위해성과 관련된 특정한 독성을 정성 및 정량적으로 표현한 것을 말한다.
② 역치(문턱)(threshold)란 그 수준 이하에서 유해한 영향이 발생하지 않을 것으로 기대되는 용량을 말한다.
③ 노출경로(exposure pathway)란 화학물질이 배출원으로부터 사람 또는 환경에 노출될 때까지의 이동 매개체와 그 경로를 말한다.
④ 위해성평가(risk assessment)란 유해성이 있는 화학물질이 사람과 환경에 노출되는 경우 사람의 건강이나 환경에 미치는 결과를 예측하기 위해 체계적으로 검토하고 평가하는 것을 말한다.

해설 내적용량(internal dose)이란 흡수막을 통과하여 채내에서 대사, 이동, 저장, 제거 등의 과정을 거치게 되는 인자의 양을 의미한다.

정답 68.④ 69.① 70.①

71 연구자료 측정과정 또는 분류과정의 바이어스에 대한 설명으로 가장 거리가 먼 것은?

① 대상자 정보수집과정에서 집단 간에 측정오류가 다르게 나타나서 생길 수 있다.
② 과거의 노출에 관한 조사 시 대상자의 기억에 의존할 때 일어날 수 있다.
③ 노출군이 비노출군에 비해 자신의 병을 과다하게 보고하는 경우에 생길 수 있다.
④ 질병위험요인과 질병에 동시에 관련되어 있어 이들의 관계를 왜곡시킬 수 있다.

해설 역학연구에서 요인과 질병과의 연관성을 잘못 측정하거나 잘못 선정으로 발생한다.

72 다음 [보기]가 설명하는 평가기법으로 옳은 것은?

> **보기**
> · 건강영향평가에 사용되는 평가기법으로 공간적 고려가 잘되고 시계열적 분석을 통해 시간적 평가도 가능하다.
> · 다수의 원인에서 오는 영향을 통합할 수 있는 기법이라는 장점은 있지만 원인과 결과 관계를 파악하기 힘들다는 단점도 있다.

① 설문조사　　　　　　　② 매트릭스
③ 지도그리기　　　　　　④ 네트워크분석

73 인체 노출·흡수 메커니즘에 관한 설명으로 옳지 않은 것은?

① 적용용량은 섭취를 통해 들어온 인자가 체내의 흡수막에 직접 접촉한 양을 의미한다.
② 잠재용량은 노출된 유해인자가 소화기 또는 호흡기로 들어오거나 피부에 접촉한 실제양을 의미한다.
③ 유해인자가 섭취나 흡수를 통해 체내로 들어왔을 때, 즉 실제로 인체에 들어가는 유해인자의 양을 용량(dose)이라고 한다.
④ 용량의 개념은 유해인자의 생물학적 영향을 예측하는 데에 용이하나, 어떠한 경우라도 섭취량(intake)을 용량과 동일한 것으로 가정할 수는 없다.

해설 유해인자가 섭취나 흡수를 통해 체내로 들어왔을 때, 즉 실제로 인체에 들어가는 유해인자의 양을 용량(dose)이라고 한다.

정답 71.④　72.③　73.④

74 다음[보기]의 물질이 포함되어 있는 수돗물을 70kg의 성인이 매일 2L 음용했을 때 총 위해지수(HI)와 유해지수(HQ)가 가장 큰 물질의 연결이 옳은 것은? (단, 모든 물질의 흡수율은 100%로 가정한다.)

[보기]		
물질	농도(mg/L)	RfD(mg/kg/day)
A	0.2	0.03
B	0.6	0.05
C	0.08	0.1

① 0.36 – A ② 0.56 – C
③ 0.36 – C ④ 0.56 – B

해설 개별유해지수(HQ)

$$HQ(Hazard\ Quotient) = \frac{노출량}{RfD}$$

$$A \frac{}{70kg} | \frac{2L}{day} | \frac{0.2mg}{L} | \frac{}{0.03RfD} = 0.19$$

$$B \frac{}{70kg} | \frac{2L}{day} | \frac{0.6mg}{L} | \frac{}{0.05RfD} = 0.34$$

$$C \frac{}{70kg} | \frac{2L}{day} | \frac{0.08mg}{L} | \frac{}{0.1RfD} = 0.023$$

총 위해지수(HI)
$HI = 0.19 + 0.34 + 0.023 ≒ 0.56$

75 세계보전기구 산하 국제 암연구소(IARC)의 화학물질 발암원성 분류체계에서 2B 그룹의 설명으로 옳은 것은?

① 사람과 동물실험에서 발암원성에 대한 자료가 존재하지 않음
② 사람에 대한 자료와 동물실험 자료가 불완전하고 제한적임
③ 사람과 동물에서의 충분한 자료가 존재하고 사람 역학 자료가 충분함
④ 사람에 대한 자료가 제한적이고 동물실험에서 보다 불충분함

해설 보기1은 4그룹, 보기2는 3그룹, 보기3은 1그룹에 해당

정답 74.④ 75.④

76 환경보건법령상 환경성질환의 범위로 가장 거리가 먼 것은?

① 석면으로 인한 폐질환
② 대기오염물질과 관련된 알레르기 질환
③ 가습기살균제에 포함된 화학물질로 인한 폐질환
④ 잔디밭 야생들쥐의 배설물 흡입으로 인한 신증후군출혈열

해설 환경성질환이란 환경유해인자와 상관성이 있다고 인정되는 질환으로서 환경부령으로 정하는 질환을 말한다.

77 비발암성 물질의 개별 유해지수(HQ)를 합산한 총 유해지수(HI)를 구하기 위해서 충족되어야 하는 사항으로 옳지 않은 것은?

① 각 영향이 서로 독립적으로 작용할 경우
② 각 물질들의 위해수준이 충분히 높을 경우
③ 해당 비발암성 물질들의 독성이 가산성을 가정할 수 있는 경우
④ 각 영향의 표적기관과 독성기작이 같고 유사한 노출량-반응 모형을 보일 경우

해설 각 물질들의 위해수준이 충분히 작을 경우

78 노출·생체지표를 활용한 환경유해인자의 노출평가에 대한 설명으로 옳지 않은 것은?

① 주요 노출원을 쉽게 파악할 수 있다.
② 분석 시점 이전의 노출수준이나 변이를 이해하기 어렵다.
③ 초기 건강영향이나 질병의 종말점과 직접적으로 연계하기 어려울 수 있다.
④ 반감기가 짧은 물질의 경우 최근의 노출이나 제한된 기간의 노출 수준만을 반영할 수 있다.

해설 주요 노출원을 파악하기 어렵다.

정답 76.④ 77.② 78.①

79 생체 모니터링을 통해 측정되는 유해물질의 농도기준인 권고치와 참고치에 대한 설명으로 가장 거리가 먼 것은?

① 참고치(reference value)는 독성학적 또는 의학적 의미를 가진다.
② 권고치(guidance value)는 특정 농도 이상으로 유해물질에 노출되었을 때 건강에 나쁜 영향이 나타나는 농도를 의미한다.
③ 인체노출수준이 BE(biomonitoring equivalents)값보다 클수록 보건당국이 우선적으로 관리해야 함을 의미한다.
④ 참고치(reference value)는 기준 인구에서 유해물질에 노출되는 정상 범위의 상위 한계를 통계적인 방법으로 추정한 값이다.

> **해설** 참고치를 이용하면 일반적인 수준보다 높은 수준의 유해물질에 노출된 사람들을 판별할 수 있으나 이 값은 권고치와 달리 독성학적 또는 의학적 의미를 가지지 않는다는 한계점이 있다.

80 발암물질 A의 평생일일평균노출량은 $0.5\,\mu g/kg/day$, 발암잠재력은 $0.25(mg/kg/day)^{-1}$일 때, A의 초과발암위해도는?

① 0.125
② 2.0×10^{-3}
③ 0.5×10^{-4}
④ 1.25×10^{-4}

> **해설** 초과발암위해도(ECR)
> $$ECR = \frac{0.5\,\mu g}{kg \cdot day} \left| \frac{0.25\,kg \cdot day}{mg} \right| \frac{mg}{10^3\,\mu g} = 1.25 \times 10^{-4}$$

제5과목 위해도 결정 및 관리

81 화학물질의 잠재적 위해도의 크기를 평가하기 위해 수행하는 안전성 확인은 무엇으로 정량화 되는가?

① 역치
② 무영향수준
③ 무영향농도
④ 위해도결정비

> **해설** 위해도 결정(Risk characterization)은 위해수준을 정량적으로 판단하는 것을 말한다.

정답 79.① 80.④ 81.④

82 화학물질의 등록 및 평가 등에 관한 법률상 등록유예기간 동안 등록을 하지 않고 기존화학물질을 제조·수입하려는 자가 제조 또는 수입 전에 환경부장관에게 신고해야하는 사항으로 옳지 않은 것은? (단, 그 밖에 제조 또는 수입하려는 자의 상호 등 환경부령으로 정하는 사항은 제외한다.)

① 화학물질의 명칭
② 화학물질의 매출액
③ 화학물질의 분류·표시
④ 연간 제조량 또는 수입량

해설 보기 외에 화학물질의 용도, 그밖의 제조 또는 수입하려는 자의 상호 등이 있다.

83 위험성 및 노출 위해성 저감을 위해 작업공정을 개선하는 방법으로 옳지 않은 것은?

① 화학적 작업공정에서 생성되는 물질의 안전성을 검토하여 관리방안을 제시한다.
② 화학적 작업공정에서는 인화성, 폭발성, 반응성, 부식성, 산화성, 발화성, 휘발성이 있는 물질을 원칙적으로 사용하지 않는다.
③ 기계적 작업공정에서는 기계나 도구에 의한 물리적 위해 및 반복적 행동으로 인한 신체적 손상을 최소화한다.
④ 생물학적 작업공정에서는 감염원의 노출이 가능한 과정을 확인하고 노출 가능성을 차단하도록 공정과정을 개선한다.

해설 화학적 작업공정에서는 인화성, 폭발성, 반응성, 부식성, 산화성, 발화성, 휘발성 등 목록을 도출한다.

84 위해성 보고서 작성을 위한 핵심절차인 노출시나리오의 작성 시 고려사항에 대한 설명으로 옳지 않은 것은?

① 위해성 보고서는 최종의 노출시나리오에 근거하여 작성한다.
② 노출시나리오는 위해성 보고서 작성을 위한 핵심절차이며, 이 작성절차는 반복될 수 있다.
③ 유해성 평가를 수정하기 위해서는 이전 보다 노출기간이 짧은 급성시험자료 및 하위개념의 유전독성 시험자료가 필요하다.
④ 노출평가를 수정하기 위해서는 노출시나리오에서 취급조건 및 위해성 관리대책을 적절히 변경하는 과정이 필요하다.

해설 유해성평가를 수정하기 위해서는 추가적인 유해성 정보의 확보가 필요하다.
[예] 보다 노출기간이 긴 만성시험자료 또는 보다 상위개념의 유전독성시험자료 확보 등

정답 82.② 83.② 84.③

85 화학물질 노출시나리오 작성 시 고려사항으로 틀린 것은?

① 위해성보고서는 최종의 노출시나리오에 근거하여 작성한다.
② 노출시나리오는 위해성보고서 작성을 위한 핵심절차이며, 이 작성절차는 반복될 수 없다.
③ 위해성보고서는 이용 가능한 모든 유해성 정보, 취급조건 및 위해성관리대책에 대한 초기 가정에 따른 예상노출량에 근거하여 작성한다.
④ 위해성이 충분히 통제되지 않는다고 판정되면, 위해성이 충분히 통제됨을 입증할 목적으로 다수의 요소를 수정하는 반복과정이 필요하다.

> **해설** 노출시나리오는 위해성 보고서 작성을 위한 핵심절차이며, 이 작성절차는 반복될 수 있다.

86 다음 (   )안에 들어갈 용어로 옳은 것은?

> 적절한 정보의 공유는 유해인자에 대한 대응책을 제시하고 불안감을 해소하며 발생 가능한 분쟁의 해결이나 합의를 도출할 수 있는 원천이 될 수 있다. 이러한 정보 공유와 이해를 위해 수행되는 제반의 과정 혹은 체계를 (   )이라 한다.

① 위해성관리(RM)
② 위해성융합(RI)
③ 위해성평가(RA)
④ 위해성소통(RC)

87 사업장 화학물질 위해성 소통을 위해 다음 [보기]중 사업장에서 위해성 평가 시 고려해야 할 사항으로 옳은 것을 모두 고른 것은?

> [보기]
> ㄱ. 유해인자가 가지고 있는 유해성
> ㄴ. 안전확인대상 생활화학제품 노출평가
> ㄷ. 시간 빈도 및 공간적 분포
> ㄹ. 사업장의 조직적 특성

① ㄱ, ㄴ
② ㄱ, ㄹ
③ ㄴ, ㄷ, ㄹ
④ ㄱ, ㄷ, ㄹ

정답 85.② 86.④ 87.④

88 소비자가 사용하는 제품의 위해성을 발암물질과 비발암물질로 구분하여 결정할 때 고려해야 할 사항으로 옳지 않은 것은?

① 비발암물질일 경우에는 유해지수를 산출하여 위해성을 판단한다.
② 발암물질일 경우에는 초과발암위해도를 산출하여 위해성을 결정한다.
③ 초과발암위해도의 계산은 인체노출량에 발암가중치를 더하여 나타낸다.
④ 유해지수가 1이상일 경우에는 위해성이 있는 것으로 판단하여 노출저감 방안을 마련해야 한다.

> **해설** 초과발암위해도 = 평생 1일 평균노출량 × 발암력

89 노출시나리오 작성을 위해 작업자 및 환경 노출평가를 위해 정보를 제공하는 자로 옳은 것은?

① 하위사용자 ② 화학물질 판매자
③ 화학물질 수입자 ④ 화학물질 제조자

> **해설**
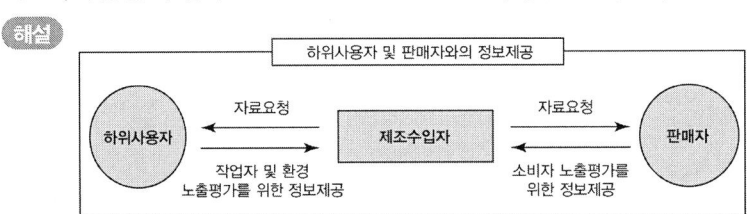

90 산업안전보건법상 사업장에서 다음 화학물질별 노출농도의 허용기준 중 단시간 노출값(STEL)을 가지는 유해인자는?

① 니켈 ② 벤젠
③ 폼알데하이드 ④ 디메틸포름아미드

정답 88.③ 89.① 90.②

91 다음 [보기] 중 위해성 소통 단계를 올바르게 나열한 것은?

> **보기**
> ㄱ. 위해성 소통에 활용할 정보/매체/소통방법 선정
> ㄴ. 위해성 소통의 수행/평가/보완
> ㄷ. 위해성소통의 목적 및 대상자 선정
> ㄹ. 위해 요인 인지 및 분석

① ㄱ → ㄴ → ㄹ → ㄷ
② ㄱ → ㄴ → ㄷ → ㄹ
③ ㄹ → ㄷ → ㄱ → ㄴ
④ ㄹ → ㄷ → ㄴ → ㄱ

92 다음 중 제품에 대한 소비자 노출 중 직접노출에 해당하지 않는 것은?
① 아기 젖병을 통한 화학물질의 노출
② 옷의 염료나 직물에 처리된 화학물질의 노출
③ 샤워나 세안 시 사용되는 화장품을 통한 화학물질 노출
④ 건축자재에서 발생하는 먼지 입자에 흡착된 물질이 포함된 실내공기의 노출

93 환경보건법상 사용되는 용어와 그 정의의 연결이 틀린 것은?
① 환경보건 : 환경정책기본법에 따른 환경오염과 유해화학물질 관리법에 따른 유해화학물질 등이 사람의 건강과 생태계에 미치는 영향을 조사·평가하고 이를 예방·관리하는 것
② 환경성질환 : 역학조사 등을 통하여 환경유해인자와 상관성이 있다고 인정되는 질환으로서 환경보건위원회 심의와 보건복지부장관과의 협의를 거쳐 환경부령으로 정하는 질환
③ 위해성평가 : 환경유해인자가 사람의 건강이나 생태계에 미치는 영향을 예측하기 위하여 환경유해인자에의 노출과 환경유해인자의 독성정보를 체계적으로 검토·평가하는 것
④ 수용체 : 환경매체를 통하여 전달되는 환경유해인자에 따라 영향을 받는 사람

해설 과거 유해화학물질관리법이 현재는 화학물질관리법으로 변경되었음.

정답 91.③ 92.④ 93.①,④

94 생활화학제품 및 살생물제의 안전관리제에 관한 법률상 다음 [보기]가 설명하는 것으로 옳은 것은?

> **보기**
> 유해생물을 제거, 무해화, 또는 억제하는 기능으로 사용하는 화학물질, 천연물질 또는 미생물을 말한다.

① 살생물제품 ② 살생물물질
③ 생활화학제품 ④ 살생물처리제품

95 사업장에서는 유해화학물질의 배출량 저감기술의 적용과 관련하여 4단계 과정을 수행한다. 순서대로 올바르게 나열한 것은?

> ㄱ. 공정과정에서의 배출 최소화
> ㄴ. 취급물질의 특성에 따른 대체물질 사용 검토
> ㄷ. 화학물질의 도입과정에서의 위해 저감
> ㄹ. 환경오염방지시설의 설치를 통하여 최종 환경배출을 저감

① ㄴ → ㄷ → ㄹ → ㄱ ② ㄴ → ㄷ → ㄱ → ㄹ
③ ㄷ → ㄱ → ㄹ → ㄴ ④ ㄷ → ㄴ → ㄱ → ㄹ

96 다음 중 위해성소통(risk communication)에 대한 설명으로 옳은 것을 모두 나열한 것은?

> ㄱ. 위해성소통은 이해관계자간에 위해와 관련된 정보 및 견해를 소통한다.
> ㄴ. 사업장의 위해소통은 사업장 내부의 공정관리에 국한된다.
> ㄷ. 위해성소통의 목적은 공공의 걱정을 감소시키는 것이 아니라 과학적인 방법론이 올바른 정책결정에 도입이 될 수 있도록 하는데 있다.
> ㄹ. 안전확인대상 생활화학제품은 소비자에 대한 위해성소통 대상이다.
> ㅁ. 화학물질 공급망은 위해성소통의 대상이 아니다.

① ㄱ, ㄷ ② ㄱ, ㄷ, ㄹ
③ ㄴ, ㄹ, ㅁ ④ ㄱ, ㄴ, ㄹ, ㅁ

정답 94.② 95.④ 96.②

97 다음 [보기]에서 환경위해성 저감 대책의 단계를 순서대로 가장 올바르게 나열한 것은?

> **보기**
> ㄱ. 사업장 취급 물질 목록 작성
> ㄴ. 우선순위 저감대상물질 목록 산정
> ㄷ. 물질별 저감대책 수립
> ㄹ. 물질별 매체별 배출량 파악 및 노출량 산정

① ㄱ → ㄹ → ㄴ → ㄷ
② ㄱ → ㄷ → ㄴ → ㄹ
③ ㄷ → ㄴ → ㄹ → ㄱ
④ ㄷ → ㄱ → ㄴ → ㄹ

98 화학물질관리법상 운반계획서 제출 대상이 아닌 것은?

① 유독물질 4000킬로그램
② 허가물질 4000킬로그램
③ 제한물질 4000킬로그램
④ 금지물질 4000킬로그램

해설 운반계획서의 작성은 유독물질 5000kg이상 허가물질, 금지물질, 제한물질, 사고대비물질은 3000kg이상 시 운반계획서를 작성한다.

99 사고대비물질을 일정 수량 이상으로 취급하는 사업장의 지역사회 위해성 소통에 대한 설명으로 옳지 않은 것은?

① 사고대비물질을 환경부령으로 정하는 수량이상으로 취급하는 자는 위해관리계획서를 3년마다 작성하여야 한다.
② 사고대비물질을 취급하는 자는 화학사고 발생 시 영향 범위에 있는 주민에게 취급화학물질의 정보, 주민대피 등을 매년 1회 이상 고지하여야 한다.
③ 위해성 소통의 대상 주민은 위해성의 크기, 화학사고 시 주변지역 영향 범위 등을 고려하여 선정한다.
④ 위해성 소통에 직간접적으로 참여한 사람들이 평가과정에 함께 참여할 수 있도록 조직한다.

해설 사고대비물질을 환경부령으로 정하는 수량이상으로 취급하는 자는 위해관리계획서를 5년마다 작성하여야 한다.

정답 97.① 98.① 99.①

100 화학물질의 등록 및 평가 등에 관한 법률상 (   )에 알맞은 용어는?

> (   )이란 다음의 어느 하나에 해당하는 화학물질 중에서 위해성이 있다고 우려되어 화학물질평가위원회의 심의를 거쳐 환경부장관이 정하여 고시하는 것
> 가. 사람 또는 동물에게 암, 돌연변이, 생식능력 이상 또는 배분비계 장애를 일으키거나 일으킬 우려가 있는 물질
> 나. 사람 또는 동식물의 체내에 축적성이 높고, 환경 중에 장기간 잔류하는 물질
> 다. 사람에게 노출되는 경우 폐, 간, 신장 등의 장기에 손상을 일으킬 수 있는 물질
> 라. 사람 또는 동식물에게 위 3개의 물질과 동등한 수준 또는 그 이상의 심각한 위해를 줄 수 있는 물질

① 유독물질
② 금지물질
③ 제한물질
④ 중점관리물질

정답 100.④

환경위해관리기사 필기
2021년 08월 14일 시행
제❸회

제1과목 유해성 확인 및 독성평가

01 화학물질관리법령상 환경부장관은 몇 년마다 화학물질 통계조사를 실시해야 하는가?

① 1년   ② 2년
③ 4년   ④ 5년

해설 환경부장관은 2년마다 화학물질의 취급과 관련된 취급현황, 취급시설 등에 관한 통계조사를 실시하여야 한다.

02 혼합물 자체에 대한 자료가 없으나 가교원리를 적용할 수 있는 경우 해당 혼합물의 독성을 분류할 수 있다. 화학물질의 분류 및 표시 등에 관한 규정상 적용할 수 있는 가교원리에 해당하지 않는 것은?

① 희석   ② 에어로졸
③ 고유해성 혼합물의 농축   ④ 실질적으로 상이한 혼합물

해설 가교원리에 해당하는 분류에는 희석, 배치, 농축, 내삽, 유사 혼합물, 에어로졸이 있다.

03 화학물질관리법령상 유해화학물질의 취급기준에 관한 설명으로 옳지 않은 것은?

① 화재, 폭발 등의 위험성이 높은 유해화학물질은 가연성물질과 접촉되지 않도록 할 것
② 고체 유해화학물질을 용기에 담아 이동할 때에는 용기 높이의 90%이상을 담지 않도록 할 것
③ 별도의 안전조치를 취하지 않은 경우 유해화학물질이 묻어있는 표면에 용접을 하지 말 것
④ 유해화학물질을 취급할 때 증기가 발생하는 경우 해당 증기를 포집하기 위한 국소배기장치를 설치하고 사고 발생 시 가동을 시작할 것

해설 유해화학물질을 계량하고 공정에 투입할 때 증기가 발생하는 경우에는 해당 증기를 포집하기 위한 국소배기장치를 설치하고 가동할 것

정답 01.② 02.④ 03.④

04 용량-반응평가에서 도출된 DNEL 값을 최종적으로 사용하는 위해성 평가의 단계는?

① 유해성 확인 ② 위해도 결정
③ 노출 평가 ④ 위해성 소통

해설 비발암성 독성지표에는 Derived no effect level[DNEL], Reference concentration[RfC], Reference dose[RfD], Acceptable daily intake[ADI], Tolerable daily intake[TDI] 등이 있다.

$$\text{Hazard Index} = \frac{1일\ 노출량(mg/kg.day)}{RfD\ or\ ADI\ or\ TDI(mg/kg)}$$

05 다음 중 변이원성을 확인하기 위한 시험법에 해당하지 않는 것은?

① 생식독성 시험 ② 유전자 변이시험
③ 염색체 손상시험 ④ 생체 내 DNA 복구시험

해설 변이원성 시험법

구분	시험법
유전자 변이시험	원생동물 시험, 진핵동물 시험, 박테리아 돌연변이시험, 유전자 돌연변이시험
염색체 손상시험	시험관 내 시험, 생체 내 시험, 포유동물 세포발생시험, 염색체 교환시험
염색체 손상/복구	포유동물 세포의 DNA손상/복구시험
결합체 형성검정	생체 내 DNA 복구시험

06 반복투여 독성시험에 관한 설명으로 옳지 않은 것은?

① 반복투여 독성시험(28일)을 아급성 독성시험이라 한다.
② 반복투여 독성시험(90일)을 아질성 독성시험이라 한다.
③ 경구 반복투여 독성시험, 경피 반복투여독성시험, 흡입 반복투여 독성시험으로 구분된다.
④ 포유류에 시험물질을 특정기간 동안 매일 반복 투여했을 때 나타나는 생체의 기능 및 형태 변화를 관찰하는 것이다.

해설 반복투여독성시험

① 반복투여독성시험이란 '시험물질을 시험동물에 반복 투여하여 중·장기간 내에 나타나는 독성의 NOEL, NOAEL 등을 검사하는 시험'을 말한다.
② 시험의 대상물질을 동물에게 중·장기간 매일 반복적으로 투여하였을 때 나타나는 독성을 평가하는 시험이다.
③ 실험기간은 14일, 28일, 90일(3개월)로서 1년 미만의 투여기간을 가지는 것이 보통이다.
④ 실험기간이 1년 미만인 독성시험을 아급성 독성시험 또는 단기 독성시험이라 한다.
⑤ 일반적으로 시험물질을 동물에게 경구로(oral) 투여하는 방법은 크게 위장관 내 삽입(gavage)하는 방법과 사료 또는 음수에 혼합하여 자유 급식(feeding)하는 방법이 있다.
⑥ 반복투여독성시험의 평가 항목은 기간(시기)에 따라 크게 투여 전 평가, 투여 기간 중 평가, 부검일 평가, 부검 후 평가로 나눌 수 있다.

정답 04.② 05.① 06.②

07 시험수 내의 시험물질 농도를 적절하게 유지하기 위한 수서생물의 노출방법에 해당하지 않는 것은?

① 유수식　　　　　　　　② 지수식
③ 반지수식　　　　　　　④ 필터식

> 해설　수서생물의 노출방법에는 유수식, 지수식, 반지수식 시험이 있다.

08 다음 중 인체독성 예측 모델은?

① VEGA　　　　　　　　② ECOSAR
③ TOPKAT　　　　　　　④ MCASE

> 해설

모델	분류군 기반	독성 예측 값
ECOSAR	화학물질의 구조	어류, 물벼룩, 조류의 급만성 독성 예측
TOPKAT	분자구조의 수치화, 암호화	기존 어류, 물벼룩의 독성시험 데이터로 예측
MCASE	물리 화학적 특성, 활성/비활성 특성	기존 어류, 물벼룩의 독성시험 데이터로 예측
OASIS	화학물질 구조, 생물농축계수	기존의 급성독성자료로 예측
TEST	화학물질의 구조, CAS 번호	어류, 물벼룩의 LC_{50}, 랫트의 LD_{50}, 농축계수 예측
VEGA	인체독성	유전독성, 발생독성, 피부감각성, 내분비계 독성 예측
QSAR	화학물질의 구조특성, 원자개수, 분자량	무영향예측농도
Cons EXPO	생활화학제품	제품노출평가

09 화학물질 등록 및 평가 등에 관한 법령상 관계 중앙행정기관 장과의 협의와 화학물질 평가위원회의 심의를 거쳐 고시하는 유해화학물질의 종류에 해당하지 않는 것은?

① 제한물질　　　　　　　② 허가물질
③ 금지물질　　　　　　　④ 사고대비물질

> 해설　사고대비물질은 환경부장관이 지정·고시한 화학물질을 말한다.

10 화학물질의 건강 유해성 분류 시 단일물질에 대한 급성독성 추정값(ATE)을 구하는 지표에 해당하는 것은?

① 반수치사량　　　　　　② 반수유효량
③ 반수중독량　　　　　　④ 반수흡입량

> 해설　급성독성 추정치(ATE, Acute Toxicity Estimate)는 추정된 과반수 치사량을 의미한다. LD_{50}, LC_{50}

정답　07.④　08.①　09.④　10.①

11 경구노출에 대한 인체 만성 독성 평가의 기준이 되는 독성 지표와 거리가 가장 먼 것은?

① 최소영향관찰용량(LOAEL) ② 잠정주간섭취허용량(PTWI)
③ 독성참고치(RfD) ④ 1일섭취허용량(ADI)

> 해설 만성 독성 평가의 독성지표는 무영향관찰용량(NOAEL)을 외삽하여 RfD, ADI, PTWI 등을 구한다.

12 발암성 독성지표 중 흡입 unit risk의 단위는?

① mg/m^3 ② $(\mu g/m^3)^{-1}$
③ $(mg/kg \cdot d)^{-1}$ ④ $mg/kg \cdot d$

> 해설 Inhalation unit risk $[(\mu g/m^3)^{-1}]$

13 화학물질의 구조를 기반으로 독성을 예측할 수 있는 모델에 해당하지 않는 것은?

① TOPKAT ② TEST
③ ECOSAR ④ ECETOC TRA

> 해설

모델	분류군 기반	독성 예측 값
ECOSAR	화학물질의 구조	어류, 물벼룩, 조류의 급만성 독성 예측
TOPKAT	분자구조의 수치화, 암호화	기존 어류, 물벼룩의 독성시험 데이터로 예측
MCASE	물리 화학적 특성, 활성/비활성 특성	기존 어류, 물벼룩의 독성시험 데이터로 예측
OASIS	화학물질 구조, 생물농축계수	기존의 급성독성자료로 예측
TEST	화학물질의 구조, CAS 번호	어류, 물벼룩의 LC_{50}, 랫트의 LD_{50}, 농축계수 예측
VEGA	인체독성	유전독성, 발생독성, 피부감각성, 내분비계 독성 예측
QSAR	화학물질의 구조특성, 원자개수, 분자량	무영향예측농도
Cons EXPO	생활화학제품	제품노출평가

14 화학물질위해성평가의 구체적 방법 등에 관한 규정상의 종민감도분포 이용을 위한 최소자료 요건으로 옳은 것은?

① 물 : 3개 분류군에서 최소 4종이상 ② 토양 : 4개 분류군에서 최소 4종이상
③ 물 : 4개 분류군에서 최소 5종이상 ④ 토양 : 5개 분류군에서 최소 5종이상

> 해설 종민감도분포 이용을 위한 최소자료 요건

매체구분	최소자료 요건
물	4개 분류군에서 최소 5종 이상[조류, 갑각류, 연체류, 어류 등]
토양	4개 분류군에서 최소 5종 이상[미생물, 식물류, 톡토기류, 지렁이 등]
퇴적물	4개 분류군에서 최소 5종 이상[미생물, 빈모류, 깔따구류, 단각류 등]

정답 11.① 12.② 13.④ 14.③

15 화학물질 통계조사 및 화학물질 배출량조사를 완료한 때에 화학물질 종합정보시스템 등에 공개해야 하는 기본 공개범위에 해당하지 않는 것은?

① 업체명, 소재지, 종업원 수 등 사업자의 일반정보
② 유해화학물질 최소 보관·저장량 및 화학사고 발생현황
③ 물질별 연간 입고량, 연간 사용량 등 화학물질 취급현황
④ 자가매립량, 폐기물 이동량 등 배출량 조사대상 화학물질별 배출·이동량

> **해설** 통계조사의 내용은 다음과 같다.
> • 업종, 업체명, 사업장 소재지, 유입수계(流入水系) 등 사업자의 일반 정보
> • 제조·수입·판매·사용 등 취급하는 화학물질의 종류, 용도, 제품명 및 취급량
> • 화학물질의 입·출고량, 보관·저장량 및 수출입량 등의 유통량
> • 화학물질 취급시설의 종류, 위치 및 규모 관련 정보
> • 그 밖에 환경부장관이 인정하여 고시하는 정보

16 화학물질의 표시에 사용하는 그림문자에 관한 설명으로 옳지 않은 것은?

① 그림문자의 모양은 1개의 정점에서 바로 세워진 마름모 형태이어야 한다.
② 해골과 X자형 뼈의 그림문자가 사용되는 경우에는 감탄부호는 사용해서는 안 된다.
③ 그림문자는 흰 배경 위에 검은 심벌을 두고 분명히 보이는 충분한 폭의 적색 테두리로 둘러싸야 한다.
④ 부식성 심벌이 사용되는 경우에는 피부 또는 눈 자극성을 나타내는 감탄부호와 함께 사용해야 한다.

> **해설** 두 가지 이상의 유해성·위험성이 있는 경우 해당하는 모든 그림문자를 표시해야 한다. 다만, 다음에 해당되는 경우에는 이에 따른다.
> • "해골과 X자형 뼈" 그림문자와 "감탄부호(!)" 그림문자가 모두 해당되는 경우에는 "해골과 X자형 뼈"의 그림문자만을 표시한다.
> • 부식성 그림문자와 피부자극성 또는 눈자극성 그림문자에 모두 해당되는 경우에는 부식성 그림문자만을 표시한다.
> • 호흡기과민성 그림문자와 피부과민성, 피부자극성 또는 눈자극성 그림문자가 모두 해당되는 경우에는 호흡기과민성 그림문자만을 표시한다.

정답 15.② 16.④

17 생태독성 자료의 해석에 관한 설명으로 옳지 않은 것은?

① 급·만성 생태독성에서 얻은 가장 민감한 생물종의 독성값에 적절한 평가계수를 적용하여 예측무영향관찰농도(PNEC)를 산출한다.
② 만성 생태독성의 지표인 최소영향관찰농도(LOEC), 무영향관찰농도(NOEC)는 용량-반응 곡선에서 찾을 수 있다.
③ 각각의 종말점에 대해 유의한 변화를 초래한 농도군 중 가장 낮은 농도를 무영향관찰농도(NOEC)로 결정한다.
④ 급성 생태독성의 지표인 LC_{50}, EC_{50}는 주로 컴퓨터프로그램을 이용하여 얻은 점 추정된 값을 의미한다.

> 해설) 각각의 종말점에 대해 유의한 변화를 초래한 농도군 중 가장 높은 농도를 무영향관찰농도(NOEC)로 결정한다.

18 화학물질의 등록 및 평가 등에 관한 법령상 화학물질의 용도에 따른 분류와 그에 대한 설명의 연결이 옳지 않은 것은?

① 착화제 : 다른 물질을 발색하도록 하는 물질
② 연료 : 연소반응을 통해 에너지를 얻을 수 있는 물질
③ 전도제 : 섬유류와 플라스틱류의 대전성능을 개선하기 위해서 제조공정에서 첨가·도포하는 물질
④ 가황제 : 고무와 같은 화합물에 가교반응을 일으켜 탄성을 부여하는 동시에 단단하게 하는 물질

> 해설) 착화제 : 주로 중금속 이온인 다른 물질에 배위자(配位子)로서 배위되어 착물(복합체)을 형성하는 물질

19 다음 중 충분한 검토를 거쳐 독성참고치(RfD)와 동일한 개념으로 사용할 수 있는 것을 모두 나열한 것은? (단, 화학물질 위해성 평가의 구체적 방법등에 관한 규정 기준)

> ㉠ 내용일일섭취량(TDI)
> ㉡ 일일섭취허용량(ADI)
> ㉢ 잠정주간섭취허용량(PTWI)
> ㉣ 흡입노출참고치(RfC)

① ㉠
② ㉠, ㉡
③ ㉠, ㉡, ㉢
④ ㉠, ㉡, ㉢, ㉣

> 해설) 만성 독성 평가의 독성지표는 무영향관찰용량(NOAEL)을 외삽하여 RfD, ADI, PTWI 등을 구한다.

정답 17.③ 18.① 19.④

20 최소영향수준(DMEL)의 도출 과정을 순서대로 나열한 것은?

> 가. 최소영향수준 도출
> 나. T_{25} 및 BMD_{10} 산출
> 다. 시작점 보정
> 라. 용량기술자 선정

① 다 – 나 – 라 – 가
② 나 – 가 – 라 – 다
③ 다 – 라 – 가 – 나
④ 라 – 나 – 다 – 가

제2과목 유해화학물질 안전관리

21 사고시나리오 선정 시 사용하는 용어 중 다음에서 설명하는 것은?

> 사람이나 환경에 영향을 미칠 수 있는 독성농도, 과압, 복사열 등의 수치에 도달하는 지점

① 끝점
② 최대량
③ 파과점
④ 한계량

22 물질안전보건자료(MSDS) 작성 시 포함되어야 할 항목과 거리가 가장 먼 것은?

① 응급조치 요령
② 물리화학적 특성
③ 독성에 관한 정보
④ 위해성에 관한 자료

해설 유해성, 위험성이 포함된다.

23 사고시나리오 분석에 적용하는 조건에 관한 설명으로 옳은 것은?

① 현지기상을 적용하지 않을 경우 대기온도 25℃, 대기습도 50%를 적용한다.
② 조건에 따라 운전온도가 변하는 경우 영향 범위가 최소가 되는 최저점의 온도를 적용한다.
③ 현지기상을 적용하는 경우 최소 10년간 해당지역의 평균 온도 및 평균 습도를 적용한다.
④ 풍속 또는 대기안정도를 확인할 수 없는 경우 풍속은 10m/s, 대기안정도는 약간 불안정함을 적용한다.

해설 ① 최악의 사고시나리오 분석은 초당 1.5m의 풍속으로 하고, 대기안정도는 [사고시나리오 선정에 관한 기술지침, 붙임2]의 "F" 로 한다.

정답 20.④ 21.① 22.④ 23.①

② 대안의 사고시나리오 분석은 실제 해당 지역의 기상조건을 이용한다. 단, 풍속 및 대기안정도를 확인할 수 없는 경우에는 풍속은 초당 3m로, 대기안정도는 [사고시나리오 선정에 관한 기술지침, 붙임2]의 "D" 로 한다.
③ 최악의 사고시나리오 분석의 경우
　• 대기온도 25℃, 대기습도 50%를 적용한다.
④ 대안의 사고시나리오 분석의 경우
　• 현지기상을 적용하는 경우에는 최소 1년간 해당지역의 평균 온도 및 평균습도를 적용한다.
　• 현지기상을 적용하지 않을 경우에는 대기온도 25℃, 대기습도 50%를 적용한다.

24 다음 중 시간가중평균노출기준(TWA, ppm)이 가장 높은 물질은?

① 나프탈렌　② 니트로메탄
③ 암모니아　④ 불소

해설 산업안전보건법

$$TWA = \frac{CT + CT + \cdots C_n T_n}{8}$$

여기서, C : 유해인자 측정농도(ppm), T : 유해인자 발생시간(hr)
- 시간가중평균노출기준 : TWA(time weighted average)란 1일 8시간 작업을 기준으로 유해인자의 평균 측정농도를 말한다.
- 단시간노출기준 : STEL(short term exposure limit)란 1회 15분간 유해인자에 노출되는 경우의 허용농도이다.

25 물질안전보건자료(MSDS)의 작성 원칙으로 옳지 않은 것은?

① 물질안전보건자료 작성에 필요한 용어, 기술지침은 한국산업안전보건공단이 정할 수 있다.
② 물질안전보건자료를 작성할 때에는 취급근로자의 건강보호목적에 맞도록 성실하게 작성해야 한다.
③ 물질안전보건자료는 한글로 작성하는 것을 원칙으로 하되 화학물질명, 외국기관명 등의 고유명사는 영어로 표기할 수 있다.
④ 실험실에서 시험·연구목적으로 사용하는 시약으로서 물질안전보건자료가 외국어로 작성된 경우 한국어로 번역하여 작성해야 한다.

해설 실험실에서 시험·연구목적으로 사용하는 시약으로서 물질안전보건자료가 외국어로 작성된 경우에는 한국어로 번역하지 아니할 수 있다.

정답 24.③　25.④

26 화학물질관리법령상 유해화학물질 운반시설에 관한 설명으로 옳지 않은 것은?

① 운반차량은 유해화학물질 누출·유출로 인한 피해를 줄일 수 있도록 지정된 것에 주·정차 해야 한다.
② 유해화학물질 누출·유출로 인한 피해를 줄이거나 피해의 확대를 방지할 수 있도록 필요한 조치를 해야 한다.
③ 운반과정에서 운반시설에 적재된 유해화학물질이 쏟아지지 않도록 유해화학물질 및 그 운반용기를 고정해야 한다.
④ 운반시설에 유해화학물질을 적재(積載) 또는 하역(荷役)하려는 경우에는 유해화학물질이 외부로 누출·유출되지 않도록 지정된 장소에서 해야 한다.

해설 운반차량은 유해화학물질 누출·유출로 인한 피해를 줄일 수 있도록 안전한 곳에 주·정차해야 한다.

27 화학물질관리법령상 유해화학물질 운반차량 중 1톤 초과 차량에 표시하는 유해·위험성 우선순위가 가장 높은 것은?

① 폭발성 물질   ② 자연 발화성 물질
③ 인화성 액체   ④ 방사성 물질

해설 유해·위험성 우선순위 : 방사성 물질 > 폭발성 물질 > 가스 > 인화성 액체

28 화학물질관리법령상 유해화학물질 취급시설의 보수 및 시설 변경 등의 작업을 실시할 때에 관한 설명 중 (   )안에 가장 적합하지 않은 내용은?

> 유해화학물질 취급시설의 보수 및 시설 변경 등의 작업을 실시하는 경우에는 (   )등을 적은 표지를 작업 현장과 인접하여 사람들이 잘 볼 수 있는 곳에 게시해야 한다.

① 시설명 및 공사 규모   ② 작업 종류 및 작업 일정
③ 작업 관리자의 성명 및 연락처   ④ 유해화학물질 취급설비의 운전조건

정답 26.① 27.④ 28.④

29 다음과 같은 혼합물 분류기준을 가지는 건강유해성 항목은?

구분	구분기준
1A	구분 1A인 성분의 함량이 0.3%이상인 혼합물
1B	구분 1B인 성분의 함량이 0.3%이상 인 혼합물
2	구분 2인 성분의 함량이 3.0%이상인 혼합물
수유독성	수유독성을 가지는 성분의 함량이 0.3% 이상인 혼합물

① 발암성　　　　　　　　② 생식독성
③ 생식세포 변이원성　　　④ 특정표적장기독성

해설　"생식독성 물질"이란 생식 기능, 생식 능력 또는 태아 발육에 유해한 영향을 일으키는 물질을 말한다.

30 유해화학물질 취급시설의 외벽으로부터 보호대상까지의 안전거리를 결정하기 위해 보호대상을 갑종 보호대상과 을종 보호대상으로 분류할 때, 갑종 보호대상에 해당하지 않는 것은?

① 병원 등 의료시설
② 주유소 및 석유판매소
③ 교회 등 300명 이상 수용할 수 있는 종교시설
④ 영화상영관, 전시장, 그 밖에 이와 유사한 시설로서 300명 이상 수용할 수 있는 시설

해설　갑종보호대상에는 문화집회시설, 종교시설, 판매시설, 운수시설, 의료시설, 교육연구시설, 노유자시설, 숙박시설, 관광시설, 수련시설, 주택 등이 있다.

31 다음 중 급성 독성 물질을 나타내는 GHS 그림문자는?

 ①　　　　　　　　 ②

 ③　　　　　　　　 ④

정답　29.②　30.②　31.③

32 화학물질관리법령상 유해화학물질 표시를 위한 유해성 항목 중 물리적 위험성에 관한 설명으로 옳지 않은 것은?

① 인화성 액체는 인화점이 섭씨 60도 이상인 액체를 말한다.
② 산화성 가스는 산소를 공급함으로써 공기와 비교하여 다른 물질의 연소를 더 잘 일으키거나 연소를 돕는 가스를 말한다.
③ 자기반응성 물질 및 혼합물은 열적으로 불안정해 산소의 공급이 없어도 강하게 발열 분해 하기 쉬운 액체·고체물질이나 혼합물을 말한다.
④ 폭발성 물질은 자체의 화학반응에 의해 주위환경에 손상을 입힐 수 있는 온도, 압력과 속도를 가진 가스를 발생시키는 고체·액체물질이나 혼합물을 말한다.

해설 인화성 액체는 인화점이 섭씨 60도 이하인 액체를 말한다.

33 공정위험성평가 기법에 해당하지 않는 것은?

① 체크리스트 기법
② 사고예상 질문분석기법
③ 이상위험도 분석기법
④ 사고시나리오 분석기법

해설 공정 위험성 분석은 체크리스트 기법, 상대위험순위 결정기법, 작업자 실수분석기법, 사고예상 질문분석기법, 위험과 운전분석기법, 이상위험도 분석기법, 결함수 분석기법, 사건수 분석기법, 원인결과 분석기법, 예비위험 분석기법 중 적정한 기법을 선정하여 작성한다.

34 화학물질관리법령상 유해화학물질을 취급하는 자가 유해화학물질을 보관하기 전에 보관계획서를 작성하여 환경부장관의 확인을 받아야하는 경우에 해당하지 않는 것은?

① 200kg의 허가물질을 보관하고자 할 경우
② 400kg의 금지물질을 보관하고자 할 경우
③ 400kg의 유독물질을 보관하고자 할 경우
④ 200kg의 사고대비물질을 보관하고자 할 경우

해설 규칙 제10조(유해화학물질의 진열량·보관량 제한 등) 유해화학물질을 취급하는 자가 유해화학물질을 환경부령으로 정하는 일정량을 초과하여 진열·보관하고자 하는 경우에는 사전에 진열·보관계획서를 작성하여 환경부장관의 확인을 받아야 한다.
  1. 유독물질: 500킬로그램
  2. 허가물질, 제한물질, 금지물질 또는 사고대비물질: 100킬로그램

정답 32.① 33.④ 34.③

35 화학물질 및 물리적 인자의 노출기준에서 사용하는 노출기준 종류에 해당하지 않는 것은?

① 최고노출기준(C)
② 장시간노출기준(LTEL)
③ 단시간노출기준(STEL)
④ 시간가중평균노출기준(TWA)

해설 산업안전보건법
① 시간가중평균노출기준 : TWA(time weighted average)란 1일 8시간 작업을 기준으로 유해인자의 평균 측정농도를 말한다.
② 단시간노출기준 : STEL(short term exposure limit)란 1회 15분간 유해인자에 노출되는 경우의 허용농도이다.
③ 최대노출기준 : C(ceiling)

36 공정위험성 분석결과를 토대로 사고시나리오를 선정하기 위해 유해화학물질의 끝점을 결정할 때 적용 기준에 해당하지 않는 것은?

① 미국 에너지부(DOE)의 PAC-2
② 미국산업위생학회(AIHA)의 ERPG-2
③ 미국 환경보호청(EPA)의 1시간 AEGL-2
④ 미국직업안전보건청(NIOSH)의 IDLH 수치 50%

해설 끝점 결정기준에는 미국 에너지부(DOE)의 PAC-2, 미국산업위생학회(AIHA)의 ERPG-2, 미국 환경보호청(EPA)의 1시간 AEGL-2, 미국산업위생학회(AIHA)의 ERPG2 등이 있으며 미국산업위생학회(AIHA)에서 발표하는 ERPG2(Emergency response planning guideline 2)를 우선 적용한다.

37 화학물질관리법령상 유해화학물질을 취급하는 자가 유해화학물질에 관한 표시를 해야 할 대상으로 옳지 않은 것은?

① 유해화학물질의 용기·포장
② 유해화학물질 보관·저장시설과 진열·보관 장소
③ 유해화학물질 운반차량(컨테이너, 이동식 탱크로리 등은 제외)
④ 유해화학물질 취급시설(일정한 규모 미만의 유해화학물질 취급시설은 제외)을 설치·운영하는 사업장

해설 유해화학물질을 취급하는 자는 해당 유해화학물질의 용기나 포장에 다음 각 호의 사항이 포함되어 있는 유해화학물질에 관한 표시를 하여야 한다.
- 유해화학물질 보관·저장시설과 진열·보관 장소, 유해화학물질 운반차량(컨테이너, 이동식 탱크로리 등을 포함한다), 유해화학물질의 용기·포장, 유해화학물질 취급시설을 설치·운영하는 사업장

정답 35.② 36.④ 37.③

38 유해화학물질 취급시설의 안전진단 주기의 기준이 되는 서류는?

① 화학사고예방관리계획서　　② 안전진단결과보고서
③ 공정안전보고서　　　　　　④ 정기검사결과서

해설 안전진단 주기
- 가위험도 유해화학물질 취급시설 : 화학사고예방관리계획서 검토결과서를 받은 날부터 매 4년
- 나위험도 유해화학물질 취급시설 : 검토결과서를 받은 날부터 매 8년
- 다위험도 유해화학물질 취급시설 : 검토결과서를 받은 날부터 매 12년

39 개별 단위 설비에서 보유할 수 있는 유해화학물질의 최대량이 5kg일 때, 최악의 사고 시나리오를 작성하기 위해 구한 유해화학 물질의 누출률(g/min)은?

① 0.5　　② 50
③ 500　　④ 5000

해설 용기나 배관에 있는 최대량이 10분(600초)동안 누출로 고려한다.

$$누출률 R_R(kg/분) = \frac{누출량 Q_R(kg)}{10} \quad \therefore \frac{5kg}{10} = 500g/\min$$

40 사고시나리오의 영향범위를 예측하기 위한 모델 중 공기보다 무거운 가스가 누출될 경우 적용 가능한 모델에 해당하지 않는 것은?

① SLAB 모델　　　　　　　　② Gaussian plume 모델
③ BM(Britter & McQuaid) 모델　④ HMP(Hoot, Meroney & Peterka) 모델

해설 영향범위를 예측하기 위한 모델 중 공기보다 무거운 가스가 누출될 경우 적용 가능한 모델에는 SLAB, BM(Britter & McQuaid), HMP(Hoot, Meroney & Peterka) 모델 등이 있다.

정답 38.①　39.③　40.②

제3과목 노출평가

41 어떤 물질에 대하여 5회 반복 측정한 값의 표준편차가 5일 때 방법검출한계는? (단, 자유도=시료수-1)

자유도(n-1)	1	2	3	4	5
t-분포값(α=0.01)	7.5	5.3	4.3	4.1	3.9

① 19.5
② 20.5
③ 21.5
④ 26.5

해설 방법검출한계(MDL, Method detection limit)란 시료와 비슷한 매질 중에서 시험분석 대상을 검출할 수 있는 최소한의 농도로서, 제시된 정량한계 부근의 농도를 포함하도록 준비한 n개의 시료를 반복측정하여 얻은 결과의 표준편차(s)에 99 % 신뢰도에서의 t-분포값을 곱한 것이다.

방법검출한계 = $t_{(n-1,\, \alpha=0.01)} \times s$

표준편차(s)=5, 자유도(n-1)=5개 시료-1=4, t-분포값=4.1

∴ 방법검출한계 = t분포값×s = 4.1×5 = 20.5

42 어떤 가정에서 지속적으로 방출되는 거치식 방향제를 50m³ 부피의 거실에서 사용하고 있으며 이 방향제에는 휘발성의 톨루엔이 포함되어 있다. 상세 평가할 경우 거실 공기 중의 톨루엔 농도(μg/m³)는?

구분	값
G_d : 일당 방출량(μg/d)	1000
W_f : 제품 중 성분비	1×10⁻¹
N : 환기율(회/h)	0.5

① 0.12
② 0.17
③ 1.2
④ 4.0

해설 $\dfrac{1}{50m^3} \Big| \dfrac{1000\mu g}{day} \Big| \dfrac{0.1}{0.5} \Big| \dfrac{hr}{} \Big| \dfrac{day}{24hr} = 0.1666 \,\mu g/m^3$

43 어린이용품 환경유해인자 사용제한 등에 관한 규정상 어린이 용품에 사용을 제한하는 환경유해인자에 해당하지 않는 것은?

① 노닐페놀
② 트라이뷰틸 주석
③ 다이에틸헥실프탈레이트
④ 다이이소노닐프탈레이트

해설 어린이용품 환경유해인자 4종
다이-n-옥틸프탈레이트, 노닐페놀, 트라이뷰틸 주석, 다이이소노닐프탈레이트

정답 41.② 42.② 43.③

44 제품 노출평가 및 위해성 평가를 위한 단계를 순서대로 나열한 것은?

> (1) 위해성 평가
> (2) 노출시나리오 개발
> (3) 유해성 자료 수집
> (4) 노출알고리즘 구성
> (5) 노출계수 수집

① (1) → (2) → (5) → (4) → (3)
② (2) → (3) → (4) → (5) → (1)
③ (3) → (5) → (2) → (4) → (1)
④ (2) → (5) → (1) → (4) → (3)

45 인체 시료를 분석할 때 기기분석의 정도 관리에 관한 설명으로 옳지 않은 것은?

① 정량도는 시험분석 결과의 중복성에 대한 척도이다.
② 정밀도는 반복 시험하여 얻은 결과들의 상대표준편차 또는 변동계수로 표시한다.
③ 정확도는 매질효과가 잘 보정되어 시험분석 결과가 참값에 얼마나 근접하는지를 나타내는 척도이다.
④ 연구자들은 정확도를 평가하기 위해 인증 표준물질이나 동일 매질의 표준물질에 대한 측정을 몇 회 이상 반복하여 관리기준을 산출하고 매 분석 시 control chart를 작성한다.

46 생활화학제품 및 살생물제의 안전관리에 관한 법령상의 용어 정의로 옳지 않은 것은?

① 위생용품은 건강 증진을 위해 공업적으로 생산된 물품이다.
② 생활화학제품은 사람이나 환경에 화학물질의 노출을 유발할 가능성이 있는 화학제품이다.
③ 살생물처리제품은 제품의 주된 목적 외에 유해생물 제거 등의 부수적인 목적을 위해 살생물제품을 사용한 제품이다.
④ 살생물제품은 유해생물의 제거 등을 주된 목적으로 하는 화학물질로부터 살생물질을 생성하는 제품이다.

정답 44.② 45.① 46.①

47 어린이제품 안전 특별법령상 안전관리대상 어린이제품에 해당하지 않는 것은?

① 안전 인증 대상 어린이제품
② 안전 확인 대상 어린이제품
③ 안전·품질표시 대상 어린이제품
④ 공급자 적합성 확인 대상 어린이제품

> **해설** "안전관리대상어린이제품"이란 다음 각 목의 어느 하나에 해당하는 어린이제품을 말한다.
> 가. 안전인증대상어린이제품
> 나. 안전확인대상어린이제품
> 다. 공급자적합성확인대상어린이제품

48 노출계수 수집을 위한 설문조사 방법의 특징으로 옳지 않은 것은?

① 관찰조사는 조사자가 직접 관찰하거나 비디오 녹화 등을 통해 수행한다.
② 면접조사는 조사원의 영향이 크게 작용하지 않아 응답의 신뢰도가 높다.
③ 전화조사는 우편조사보다 회수율이 우수하며 시간적인 측면에서 효과적이다.
④ 온라인 조사는 응답자가 관심 집단에 국한될 수 있어 표본의 대표성 문제를 갖는다.

> **해설** 면접조사는 조사원의 영향이 크게 작용하며, 응답의 신뢰도가 높다.

49 안전확인대상생활화학제품 시험·검사 등의 기준 및 방법 등에 관한 규정에서 제시된 함량 제한물질과 주 시험법의 연결이 옳지 않은 것은?

① 수산화나트륨 : 적정법
② 메탄올 : 기체크로마토그래피법
③ 염화벤잘코늄 : 기체크로마토그래피법
④ 벤질알코올 : 고성능액체크로마토그래피법

> **해설** 염화벤잘코늄 : 고성능액체크로마토그래피법/질량분석법

50 인체노출평가를 위한 연구집단 선정 시 연구대상에 따른 조사방법에 관한 내용으로 옳지 않은 것은?

① 연구대상 집단의 모든 구성원을 대상으로 실행하는 방법을 전수조사라 한다.
② 연구대상 집단을 대표하는 표본을 선정하여 실행하는 방법을 확률표본조사라 한다.
③ 노출평가를 위한 연구 집단 조사방법에는 전수조사, 확률표본조사, 일화적조사가 있다.
④ 높은 확률을 가질 것으로 기대되는 표본을 선정하여 실행하는 방법을 일화적조사라 한다.

> **해설** 일화적조사란 연구대상 집단에서 무작위로 표본을 선정하여 실행하는 방법을 말한다.

정답 47.③ 48.② 49.③ 50.④

51 제품 내의 유해물질 분석과 관련하여 함량에 관한 설명으로 옳지 않은 것은?

① 일반적으로 함량은 mg/kg 단위를 사용한다.
② 함량이 높을수록 인체에 대한 위해성이 크다.
③ 함량은 화학물질 질량과 제품 질량의 비율이다.
④ 함량은 전이량에 비해 시험이 비교적 쉽고 노출평가에 쉽게 적용될 수 있다.

해설 함량이 높다고 인체에 대한 위해성이 큰 것은 아니다.

52 생활화학제품 위해성평가의 대상 및 방법 등에 관한 규정에 따른 단계적인 노출평가 방식 중 상세평가에 관한 설명으로 옳은 것은?

① 합리적인 최악의 노출상황을 가정하여 수행한다.
② 최대 제품 사용가능 시나리오에 따라 보수적으로 평가를 수행한다.
③ 국내 소비자 사용행태 등 실제적인 노출상황을 최대한 반영하여 수행한다.
④ 제품 사용특성을 반영할 경우에는 노출상황을 최소한 반영하여 수행한다.

해설 노출량 산정결과는 독성 참고치와 비교하여 초기평가와 상세평가를 진행한다. 상세평가는 노출된 개개인의 실제적 노출상황을 최대한 반영하여 진행한다.

53 환경시료 채취 방법 중 복합시료 채취에 관한 내용으로 옳지 않은 것은?

① 오염물질의 시·공간적 변이에 대한 정보를 얻을 수 있다.
② 여러 번 채취한 시료를 혼합하여 하나의 시료로 균질화한 것이다.
③ 용기채취시료에 비해 비용과 시간을 절감할 수 있다.
④ 특정기간이나 공간 내의 오염도에 대한 평균값을 얻기 위해 사용된다.

해설 환경시료 채취 방법에는 용기시료채취, 복합시료채취, 현장측정시료 방법이 있다.

54 경피노출의 인체 노출량 산정에 필요한 정보에 해당하지 않는 것은?

① 섭취율
② 노출 빈도
③ 피부 흡수율
④ 피부 접촉 면적

해설 경피노출의 인체 노출량 산정(피부노출, 세척, 샤워, 토양)

$$\text{Inhalation ADD(mg/kg·day)} = \frac{DA_{event} \times EV \times SA \times EF \times ED \times ABs}{BW \times AT}$$

정답 51.② 52.③ 53.① 54.①

55 환경농도 계산에 관한 설명으로 옳지 않은 것은?

① 환경농도 계산은 전국 규모의 평가와 사업장 규모의 평가를 모두 포함한다.
② 전국 규모의 환경농도는 사업장 규모의 환경농도를 계산할 때 배경농도로 사용된다.
③ 전국 규모의 환경농도 예측에는 점오염원과 비점오염원을 모두 고려한다.
④ 사업장 규모의 환경농도 예측에는 굴뚝이나 배출구 등 점오염원만 고려한다.

56 다음 중 어린이제품 공통안전기준상 유해원소 용출기준이 가장 높은 물질은?

① 셀레늄(Se) ② 바륨(Ba)
③ 안티모니(Sb) ④ 납(Pb)

> **해설** 바륨(Ba)의 허용치 : 1000 mg/kg 이하

57 바이오모니터링에서 특정유해물질에 대한 노출과 내적 노출량을 반영하는 지표는?

① 노출 생체지표 ② 독성 생체지표
③ 민감성 생체지표 ④ 위해성영향 생체지표

> **해설** 바이오 모니터링은 인체시료에서 노출을 반영하는 생체지표의 농도를 측정하는 방법으로 노출 생체지표, 위해영향 생체지표, 민감성 생체지표 등이 있다.

58 전이량에 관한 설명으로 옳지 않은 것은?

① 전이량은 흡입, 경구, 경피의 노출경로별로 다르게 추정된다.
② 제품에 함유된 물질 중 인체에 흡수될 수 있는 최대량을 전이량이라 한다.
③ 전이량은 시간에 따른 면적당 화학물질의 이동비율인 전이율을 바탕으로 추정된다.
④ 직접섭취에 의한 전이량은 중금속이 대상인 경우 인공위액을 모사한 염산을 이용하여 추출 후 측정한다.

> **해설** 전이량은 제품에 함유된 유해물질의 총량 중 실제적으로 인체에 이동한 양이다.

정답 55.④ 56.② 57.① 58.②

59 사무실 실내공기 중 폼알데하이드 농도가 $200\mu g/m^3$이다. 이 사무실에서 6개월간 근무한 성인 남성의 폼알데하이드에 대한 평생일일평균노출량(mg/kg/d)은? (단, 성인 남성의 호흡률은 15m³/d, 평균체중은 70kg, 평균 노출기간은 70y, 피부흡수율은 100%)

① $3.67×10^{-3}$ ② $3.02×10^{-4}$
③ $6.12×10^{-4}$ ④ $6.89×10^{-4}$

> **해설** 평생1일평균 노출량 = $\dfrac{오염도(mg/m^3) \times 접촉률(m^3/day) \times 노출기간(day) \times 흡수율}{체중(kg) \times 평균기간(통상\ 70년, day)}$
>
> $\dfrac{200\mu g}{m^3} | \dfrac{0.5y}{day} | \dfrac{15m^3}{} | \dfrac{1}{70kg} | \dfrac{1}{70y} | \dfrac{mg}{1000\mu g} = 3.0 \times 10^{-4}$

60 소비자제품의 인체노출경로를 결정할 때 고려사항으로 가장 적합하지 않은 것은?

① 제품의 용도   ② 제품의 형태
③ 제품의 제조공정   ④ 제품의 안전사용 조건

제4과목 위해성평가

61 건강영향평가 절차를 순서대로 나열한 것은?

① 스크리닝 → 사업분석 → 스코핑 → 평가 → 저감방안 수립
② 사업분석 → 스크리닝 → 평가 → 스코핑 → 저감방안 수립
③ 사업분석 → 스크리닝 → 스코핑 → 평가 → 저감방안 수립
④ 스코핑 → 스크리닝 → 사업분석 → 저감방안 수립 → 평가

62 환경유해인자 A의 초과발암위해도(ECR)가 $1.6×10^{-5}$로 추정되었다. 평균수명을 80년으로 가정했을 때 100만명이 거주하는 도시에서 환경유해인자 A로 인해 매년 추가로 발생하는 암 사망자 수(명)는?

① 0.1   ② 0.2
③ 1   ④ 2

> **해설** 초과발암확률이 10^{-4}이상인 경우 발암위해도가 있으며 10^{-6}이하는 발암위해도가 없다고 판단한다.
> 초과발암위해도(ECR) = 평생 1일 평균노출량(LADD, mg/kg·day)×발암잠재력(CSF, mg/kg·day)$^{-1}$
> 초과발암확률 값은 $1.6×10^{-5}$ → $2×10^{-1}$(10만 명당 1.6명, 100만 명당 약 0.2명 발암)

정답 59.② 60.③ 61.③ 62.②

63 평균수명이 70세, 평균 체중이 68.5kg인 성인남성이 발암물질 A가 0.6mg/kg 들어있는 식품을 매일 200g씩 35년간 섭취했다고 한다. 발암물질 A의 발암잠재력이 0.5mg/kg/d일 때 초과발암위해도는? (단, 흡수율은 100%)

① 5×10^{-4}
② 6×10^{-4}
③ 5×10^{-3}
④ 6×10^{-3}

해설 초과발암확률이 10^{-4}이상인 경우 발암위해도가 있으며 10^{-6}이하는 발암위해도가 없다고 판단한다.

초과발암위해도(ECR) = 평생 1일 평균노출량(LADD, mg/kg·day)×발암잠재력(CSF, mg/kg·day)$^{-1}$

$$LADD = \frac{0.6mg/kg \times 0.2kg/day \times 35 years \times 365 days}{68.5kg \times 70 years \times 365 days} = 8.76\times10^{-4} mg/kg.day$$

$ECR = 8.76\times10^{-4} mg/kg.day \times 0.5mg/kg.day = 4.4\times10^{-4}$

초과발암확률 값은 4.4×10^{-4} → 5×10^{-4}(95% 상한 값 slope factor)

64 초기 위해성평가의 잠재적인 위해성이 큰 경우 예측된 노출수준 값에 잠재된 불확실성을 정량적으로 파악하는 방법은?

① 민감도 분석
② 위험도 분석
③ 유해지수 분석
④ 결정론적 분석

65 위해도와 유해지수에 관한 설명으로 옳지 않은 것은?

① 위해도를 정량화한 값을 유해지수라고 한다.
② 유해지수는 추정된 노출량과 독성참고치(RfD)의 비로 나타낸다.
③ 흡입 노출의 경우 환경매체 중 노출농도와 독성참고치(RfD)를 이용하여 위해도를 결정해야 한다.
④ 대상 인구집단이 여러 종류의 비발암성 물질에 동시에 노출되고 여러 조건이 충족되는 경우 개별 유해지수의 합인 총 유해지수를 구할 수 있다.

해설 위해지수$(HI) = \frac{일일평균흡입인체노출농도(mg/m^3.day)}{흡입노출참고치 RfC(mg/m^3)}$

- 독성참고치(RfD, Reference dose) : 일생동안 매일 섭취해도 건강에 무영향수준의 노출량을 나타낸다.
- 흡입독성참고치(RfC: Reference concentration) : 일생동안 매일 섭취해도 건강에 무영향수준의 노출농도를 나타낸다.

정답 63.① 64.① 65.③

66 건강영향평가에 사용되는 정성적 평가법 중 매트릭스 평가법에 관한 설명으로 거리가 가장 먼 것은?

① 단순하다.
② 공간적 고려사항이 잘 반영된다.
③ 가중치나 서열화를 포함하여 변경가능하다.
④ 다른 종류의 사업이나 영향에 적용가능하다.

해설 공간적 시간적 고려사항이 잘 반영 되지 않음

67 건강영향평가 절차 중 평가 항목, 범위, 방법 등을 결정하는 단계는?

① 스코핑(scoping) ② 평가(appraisal)
③ 스크리닝(screening) ④ 모니터링(monitoring)

해설 건강영향평가 절차

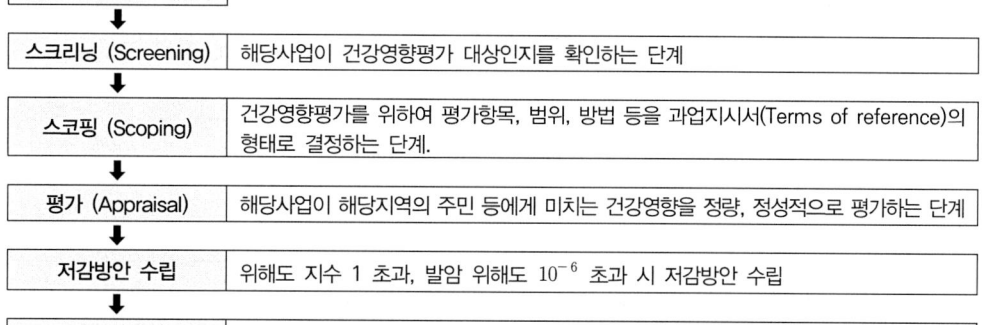

68 발암잠재력(CSF)에 관한 설명으로 옳지 않은 것은?

① 발암잠재력(CSF)은 단위위해도(unit risk)로 환산되기도 한다.
② 발암잠재력(CSF)은 발암을 나타내는 용량-반응 함수의 기울기로 단위는 mg/kg/d이다.
③ 화학물질의 발암잠재력(CSF) 정보가 없을 경우 다른 화학적인 변수를 기준으로 같은 그룹에 분류될 수 있는 다른 화학물질의 정보를 이용한다.
④ 발암잠재력(CSF)은 평균 체중의 건강한 성인이 기대수명 기간 동안 잠재적인 발암물질의 특징 수준에 노출되었을 때 그로 인해 발생할 수 있는 초과발암확률의 80% 하한값이다.

해설 발암잠재력(발암력, CSF, Carcinogenic slope factor)는 노출량-반응(발암률)곡선에서 95% 상한 값에 해당하는 기울기로, 평균체중의 성인이 발암물질 단위용량(mg/kg.day)에 평생 동안 노출되었을 때 이로 인한 초과발암확률의 95% 상한 값에 해당된다.

정답 66.② 67.① 68.④

69 전향적 코호트(Cohort)연구와 후향적 코호트연구의 가장 큰 차이점은?

① 질병 종류 ② 유해인자 종류
③ 추적조사 시점과 기간 ④ 연구집단의 교체 여부

해설
- 전향적 코호트연구는 노출 직후부터 질병발생을 확인할 때까지 추적하는 연구이다.
- 후향적 코호트연구는 연구시작 시점에 질병발생을 파악하고 노출여부는 과거 기록을 이용한다.

70 다음에서 설명하는 인체 노출평가 접근법은?

- 인체 노출 평가 접근법 중 직접적인 방법
- 노출이 일어나는 특정 시점에 직접적인 노출량을 기록함으로써 외적 노출량을 정량하는 방법
- 예 : 사람의 호흡기 주변에 공기 포집장비를 부착하여 노출수준을 파악하는 방법

① 설문지/일지 ② 개인 모니터링
③ 매체 모니터링 ④ 환경 모니터링/모델링

71 석면노출과 석면폐증의 연관성을 규명하기 위해 환자군 50명과 대조군 250명을 선정하여 조사한 결과이다. 과거에 석면공장에서 일한 작업력이 있는 사람과 그렇지 않은 사람 사이의 석면폐증 발생 교차비는?

구분	석면폐증있음	석면폐증없음
직업력 있음	37	155
직업력 없음	13	95

① 0.57 ② 0.64
③ 1.13 ④ 1.74

해설 $OR = \dfrac{AD}{BC} = \dfrac{37 \times 95}{13 \times 155} = 1.74$

72 생체지표의 정의와 생체지표를 활용한 노출평가의 특징으로 옳지 않은 것은?

① 정확한 주요 노출원의 파악이 용이하다.
② 시간에 따라 누적된 노출을 반영할 수 있다.
③ 경구 섭취, 흡입, 피부 접촉 등 모든 노출경로를 반영할 수 있다.
④ 생체지표는 화학물질 노출과 관련하여 생체 내에서 측정된 화학물질이나 화학물질의 대사체를 말한다.

해설 주요 노출원을 파악하기 어렵다.

정답 69.③ 70.② 71.④ 72.①

73 생체 모니터링을 통해 측정되는 유해물질 농도 기준에 관한 설명으로 옳은 것은?

① 독일 환경청의 HBM 값은 참고치(reference value)이다.
② 인체노출수준이 미국국가연구의회(NRC)의 BE 값보다 작을수록 관리우선순위가 높아진다.
③ 생체지표의 값이 HBM-II 이상으로 나타날 경우 위해가능성이 없으며 별도의 관리조치가 필요하지 않다고 여겨진다.
④ 참고치(reference value)는 기준 인구에서 유해물질에 노출되는 정상범위의 상위한계를 통계적인 방법으로 추정한 값이다.

해설 참고치는 인구집단의 생체시료에서 측정된 농도를 통계적인 방법으로 추정한 값이다.

74 유해물질 저감대책의 종류와 그에 관한 설명으로 옳지 않은 것은?

① 보상 – 대체자원 또는 대체환경을 제공하여 영향에 대한 보상을 하는 것
② 감소 – 영향을 받은 환경을 교정, 복원하거나 복구함으로서 그 영향을 교정하는 것
③ 최소화 – 그 사업과 사업 실행의 정도 혹은 규모를 제한함으로써 영향을 최소화하는 것
④ 회피 – 어떤 사업이나 사업의 일부를 하지 않음으로서 영향이 발생하지 않도록 하는 것

해설 건강영향평가 결과에 따른 유해물질의 저감대책 종류

종류	내용
1. 회피	어떤 사업이나 사업의 일부를 하지 않음으로서 영향이 발생하지 않도록 하는 것
2. 최소화	그 사업과 사업의 실행의 정도 혹은 규모를 제한(줄임)함으로써 영향을 최소화하는 것
3. 조정	영향을 받은 환경을 교정, 복원하거나 복구함으로서 그 영향을 교정하는 것
4. 감소	대상사업의 진행 동안 보전하고 유지함으로서 시간이 지난 후 영향을 감소시키거나 제거하는 것
5. 보상	대치하거나 대체자원 또는 대체환경을 제공함으로써 영향에 대한 보상을 하는 것

75 환경보건법령상 건강영향평가 대상사업에 해당하지 않는 것은?

① 식품 개발 사업
② 에너지 개발 사업
③ 산업일지 및 산업단지의 조성 사업
④ 폐기물처리시설, 분뇨처리시설 및 축산폐수공공처리시설의 설치 사업

76 환경유해인자 노출에 따른 생체지표의 분류로 옳지 않은 것은?

① 노출 생체지표
② 민감성 생체지표
③ 반응성 생체지표
④ 위해영향 생체지표

해설 생체지표란 생체 내에서의 노출, 위해영향, 민감성을 예측하기 위한 지표로서 노출 생체지표, 위해영향 생체지표, 민감성 생체지표로 구분한다.

정답 73.④ 74.② 75.① 76.③

77 역학연구에서 바이어스(bias)에 관한 설명으로 옳지 않은 것은?

① 선택 바이어스는 연구대상을 선정하는 과정에서 발생한다.
② 정보 바이어스는 연구 자료를 수집하는 과정에서 발생한다.
③ 교란 바이어스는 독립변수와 종속변수 이외의 제3의 변수에 의해 발생한다.
④ 후향적 코호트 연구는 과거의 기록으로부터 정보를 얻기 때문에 정보 바이어스가 발생할 확률이 낮다.

해설 역학연구에서 바이어스는 선택 바이어스, 정보 바이어스, 교란 바이어스 3가지가 대표적이다.

78 집단노출평가 방법에 관한 설명으로 옳지 않은 것은?

① 집단노출평가에는 인구집단의 노출계수 정보와 국가 수준의 환경모니터링 정보가 사용된다.
② 시나리오기반 노출량 산정방법 중 결정론적 방법은 유해인자의 농도나 노출계수 등의 자료 분포를 활용하여 노출량을 추정하는 방법이다.
③ 많은 가정과 외삽이 사용되기 때문에 사용한 변수 자료나 모형, 시나리오의 불확실성에 대한 분석을 제시해야 한다.
④ 집단의 평균이나 중앙값을 사용하여 전형적인 개인의 노출을 예측하는 중심경향 노출기준(CTE)값으로 노출량을 추산할 수 있다.

해설 시나리오기반 노출량 산정방법 중 확률론적 방법은 유해인자의 농도나 노출계수 등의 자료 분포를 활용하여 노출량을 추정하는 방법이다.

79 용량(dose)에 관한 설명으로 옳지 않은 것은?

① 생물학적 영향용량은 잠재용량 중 표적기관으로 이동하는 양을 의미한다.
② 섭취나 흡수를 통해 실제로 인체에 들어가는 유해인자의 양을 용량이라고 한다.
③ 용량의 크기를 파악하기 어려울 경우 섭취량을 용량과 동일한 것으로 가정할 수 있다.
④ 섭취를 통해 들어온 유해인자가 체내의 흡수막에 직접 접촉한 양을 적용용량이라고 한다.

해설

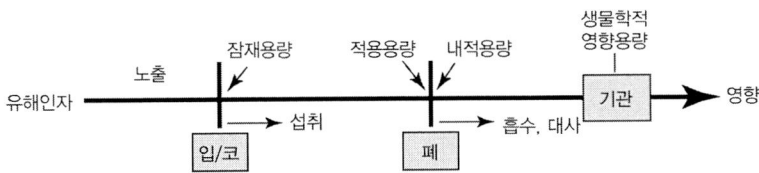

정답 77.④ 78.② 79.①

80 생체지표(biomarker)에 관한 설명으로 가장 거리가 먼 것은?

① 노출 생체지표로 가장 많이 분석되는 매질은 혈액과 소변이다.
② 위해영향 생체지표는 유해물질의 잠재적인 독성이 야기되어 나타나는 생화학적, 생리학적, 행동학적 변화 등을 나타내는 지표이다.
③ 노출 생체지표는 생체 내에서 측정된 유해인자나 유해인자의 대사체 혹은 그 물질이 특정 분자나 세포와 작용하여 생성된 물질이다.
④ 유기인계 농약에 노출되면 혈청 아세틸콜린 에스테라아제(acetylcholinesterase)활성이 낮아질 수 있으므로 이를 농약중독의 초기 민감성 생체지표로 사용할 수 있다.

해설 예를 들어 유기인계 농약에 노출되면 혈액 내 아세틸콜린 에스테라아제 활성이 낮아진다. 이 변화로부터 초기 농약중독으로 추정한다.

제5과목 위해도 결정 및 관리

81 안전확인대상생활화학제품의 소비자 위해성 소통계획 수립단계에서의 고려사항과 거리가 가장 먼 것은?

① 안전확인대상생활화학제품에 대한 사회적인 인식을 증진시키기 위한 위해성소통을 계획한다.
② 사용 대상자에 따라 위해성이 달라질 수 있으므로 안전확인대상생활화학제품의 품목별 소비자 특성을 분석한다.
③ 시중에 유통되고 있는 안전확인대상생활화학제품을 수거하여 성분비에 관한 측정 계획 및 안전기준 마련 계획을 수립한다.
④ 특정한 공간적인 한계에서 위해성이 더 크게 나타날 수 있기 때문에 공간의 크기, 공기순환정도, 환기정도에 따른 위해성 특성을 파악한다.

해설 안전확인대상생활화학제품에 대한 소비자 위해성 소통은 위해성 분석, 위해성 평가, 위해성 관리 등으로부터 위해성 관리대책을 수립하는데 있다.

82 화학물질 노출에 따른 작업자 위해성 평가를 위한 노출시나리오 작성 시 고려해야 할 노출경로로 가장 적합하지 않은 것은?

① 경구 노출
② 흡입 노출
③ 경피 전신노출
④ 경피 국소노출

정답 80.④ 81.③ 82.①

83 환경보건법령상의 용어 정의에 관한 내용 중 ( )안에 알맞은 말을 순서대로 나열한 것은?

> 환경보건이란 (ㄱ)과 유해화학물질 등의 (ㄴ)가 사람의 건강과 (ㄷ)에 미치는 영향을 조사·평가하고 이를 예방·관리하는 것을 말한다.

① ㄱ : 환경오염, ㄴ : 환경위해인자, ㄷ : 자연환경
② ㅅ : 환경공해, ㄴ : 환경위해인자, ㄷ : 생태계
③ ㄱ : 환경공해, ㄴ : 환경유해인자, ㄷ : 자연환경
④ ㄱ : 환경오염, ㄴ : 환경유해인자, ㄷ : 생태계

해설 환경보건법 제2조

84 특수화학설비를 설치하는 경우 내부의 이상상태를 조기에 파악하기 위하여 설치하는 장치에 해당하지 않는 것은?

① 온도계
② 유량계
③ 자동경보장치
④ 통기설비

85 노출농도가 시간가중평균값(TWA)을 초과하고 단시간노출값(STEL) 이하인 경우 단시간 노출값(STEL)의 정의 및 적용 조건에 관한 내용으로 옳지 않은 것은?

① 1회 노출 지속시간이 15분 미만이어야 한다.
② 주어진 조건의 상태가 1일 4회 이하로 발생해야 한다.
③ 단시간노출값이란 15분간의 시간가중 평균값을 말한다.
④ 주어진 조건이 발생하는 각 회의 간격이 60분 이하이어야 한다.

해설 각 회의 간격은 60분 이상이어야 한다.

86 환경 노출평가를 위해 작성하는 노출시나리오에 관한 설명으로 옳지 않은 것은?

① 정량적 노출량 추정의 기초가 된다.
② 국소배기장치, 특정한 형태의 장갑 등의 위해성관리대책이 포함된다.
③ 사용된 물질의 양, 운영 온도 등의 취급조건은 포함되지 않는다.
④ 물질의 전 생애 단계에 따라 분류하여 작성하며 각 단계에서 수행되는 용도에 관해 모두 기술해야 한다.

해설 사용된 물질의 양, 운영 온도 등 취급조건을 포함한다.

정답 83.④ 84.④ 85.④ 86.③

87 화학물질의 등록 및 평가 등에 관한 법령상 위해성에 관한 자료의 작성방법으로 옳지 않은 것은?

① 화학물질의 제조 및 하위 사용자로부터 확인한 용도를 포함한 모든 용도에 따른 화학물질의 전 생애 단계를 고려하여 작성해야 한다.
② 제조·수입하는 화학물질로부터 발생하는 위해성이 제조 또는 사용과정에서 적절한 방법으로 안전하게 통제되고 있는지에 대해 평가를 하고 작성해야 한다.
③ 화학물질의 잠재적 유해성과 권고되는 위해관리수단·취급조건 등을 고려하면서 이미 알고 있거나 합리적으로 예상할 수 있는 사람 또는 환경에 대한 노출 수준을 비교하여 작성해야 한다.
④ 구조 유사성으로 인해 물리적·화학적 특성이 유사해 어떤 화학물질에 대한 위해성자료가 다른 화학물질에 대한 위해성자료 작성에 충분하다고 판단되는 경우에도 그 자료를 이용해 위해성자료를 작성하지는 않아야 한다.

해설 구조 유사성으로 인해 물리적·화학적 특성, 인체 및 환경의 유해성이 유사하거나 규칙적인 경향을 가지는 하나의 그룹이나 물질 카테고리로 간주되어 어떤 화학물질에 대한 위해성 자료가 다른 화학물질에 대한 위해성 자료의 작성에 충분하다고 판단되는 경우 그 자료를 이용하여 위해성 자료를 작성할 수 있다. 이 경우 그 타당성에 대한 증거를 함께 제시하여야 한다.

88 위해성 소통의 4단계에 해당하지 않는 것은?

① 물질별 저감대책 수립
② 위해 요인 인지 및 분석
③ 위해성 소통의 수행/평가/보완
④ 위해성 소통의 목적 및 대상자 선정

해설 위해성 소통의 단계 [예, 소비자 위해성 소통]

위해 요인 인지 및 분석	위해상황 분석하고 해당 위해의 특별범주를 결정
위해성 소통의 목적 및 대상자 선정	위해성 소통의 수행목적 및 그에 따른 전략수립, 의사결정 과정에 참여하거나 정보를 제공받는 대상자 선정
위해성 소통에 활용할 정보/매체/소통방법 선정	정보소통과 이해관계자 간 의사소통 시 사용할 매체의 선정
위해성 소통의 수행/평가/보완	수행된 이행방안에 따라 위해성 소통, 지속적 모니터링을 통해 수행결과를 평가, 단계별 미흡한 부분을 보완

정답 87.④ 88.①

89 다음에서 설명하는 공정에 사용하기 적합하지 않은 공정위험성평가기법은? (단, 공정안전보고서의 제출·심사·확인 및 이행상태평가 등에 관한 규정 기준)

> 제조공정 중 반응, 분리(증류, 추출 등), 이송시스템 및 전기·계장시스템 등의 단위공정

① 이상위험도 분석기법 ② 작업자실수 분석기법
③ 사건수 분석기법 ④ 원인결과 분석기법

해설 "작업자실수분석(Human Error Analysis, HEA)기법"이란 설비의 운전원, 보수반원, 기술자 등의 실수에 의해 작업에 영향을 미칠 수 있는 요소를 평가하고 그 실수의 원인을 파악·추적하여 정량(定量)적으로 실수의 상대적 순위를 결정하는 방법을 말한다.

90 사업장 위해성 평가 수행 시 고려해야 할 사항과 거리가 가장 먼 것은?

① 유해인자의 유해성
② 화학물질의 사용 빈도
③ 작업장 내 오염원의 위치 등의 공간적 분포
④ 화학물질의 등록 및 평가 등에 관한 법령에 따른 화학물질의 등록 여부

91 생활화학제품 및 살생물제의 안전관리에 관한 법령(약칭 : 화학제품안전법)의 적용을 받는 물질 또는 제품에 해당하지 않는 것은?

① 대한민국약전에 실린 물품 중 의약외품이 아닌 것
② 사무실에서 살균, 멸균, 향균 등의 용도로 사용하는 제품
③ 제품의 유통기한을 보장하기 위하여 제품의 보관 또는 보존을 위한 용도로 사용하는 제품
④ 공공수역이 아닌 실내·실외 물놀이시설, 수족관 등 수중에 존재하는 조류의 생육을 억제하여 사멸하는 용도로 사용하는 제품

해설 생활화학제품이란 가정, 사무실, 다중이용시설 등 일상적인 생활공간에서 사용되는 화학제품으로서 사람이나 환경에 화학물질의 노출을 유발할 가능성이 있는 것을 말한다. 살생물제(殺生物劑)란 살생물물질, 살생물제품 및 살생물처리제품을 말한다.

정답 89.② 90.④ 91.①

92 화학물질관리법령상 유해화학물질 표시를 위한 유해성 항목 중 물리적 위험성에 해당하지 않는 것은?

① 인화성 가스
② 급성독성 물질
③ 산화성 가스
④ 자기발열성 물질

해설 급성독성 물질은 건강 유해성에 해당된다.

93 환경위해성 저감대책을 수립하기 위한 절차를 순서대로 나열한 것은?

① 환경위해성평가 → 사업장 취급 화학물질 파악 → 저감대책수립
② 사업장 취급 화학물질 파악 → 환경위해성평가 → 저감대책수립
③ 저감대책수립 → 사업장 취급 화학물질 파악 → 환경위해성평가
④ 사업장 취급 화학물질 파악 → 저감대책수립 → 환경위해성평가

해설 사업장의 환경위해성 저감 대책

사업장 화학물질 파악	- 사업장 취급 물질 목록 작성, - 각 공정에서 사용되는 물질의 종류와 양 파악
환경위해성 평가	- 물질별 매체별 배출량 파악 - 물질별 매체별 노출량 산정 - 물질별 유해성 확인
저감 대책	- 우선순위 저감대상 물질목록 선정 - 물질별 저감대책 수립

94 지역사회 위해성 소통에 관한 법률과 그 내용의 연결이 옳지 않은 것은?

① 화학물질의 등록 및 평가 등에 관한 법률 – 화학물질의 유해성심사 및 위해성 평가
② 화학물질의 등록 및 평가 등에 관한 법률 – 허가물질의 지정
③ 화학물질관리법 – 사고대비물질의 지정
④ 화학물질관리법 – 공정안전보고서 작성

해설 '화관법'에 따른 화학사고예방관리계획서 작성 및 제출

정답 92.② 93.② 94.④

95 유해화학물질 배출량저감 기술의 적용 단계를 순서대로 나열한 것은?

> ㄱ. 공정관리
> ㄴ. 전과정관리
> ㄷ. 성분관리
> ㄹ. 환경오염방지시설 설치를 통한 관리

① ㄱ → ㄴ → ㄷ → ㄹ
② ㄴ → ㄷ → ㄱ → ㄹ
③ ㄴ → ㄱ → ㄷ → ㄹ
④ ㄱ → ㄷ → ㄴ → ㄹ

96 생활화학제품 및 살생물제의 안전관리에 관한 법령상 제품의 주된 목적 외에 유해생물 제거 등의 부수적인 목적을 위해 살생물제품을 사용한 제품을 뜻하는 용어는?

① 살생물처리제품
② 살생물제품
③ 생활화학제품
④ 안전확인대상생활화학제품

97 화학물질의 등록 및 평가 등에 관한 법령상의 위해성 평가 대상 화학물질에 대한 설명 중 (   )안에 알맞은 숫자는?

> 등록한 화학물질 중 제조 또는 수입되는 양이 연간 (   )톤 이상이거나 유해성심사 결과 위해성평가가 필요하다고 인정되는 화학물질에 대해서는 유해성 심사 결과를 기초로 환경부령이 정하는 바에 따라 위해성평가를 하고 그 결과를 등록한자에게 통지해야 한다.

① 1
② 10
③ 50
④ 100

98 화학물질관리법령상의 용어 정의로 옳지 않은 것은?

① 취급이란 화학물질을 제조·수입, 판매, 보관·저장, 운반 또는 사용하는 것을 말한다.
② 유해성이란 화학물질의 독성 등 사람의 건강이나 환경에 좋지 아니한 영향을 미치는 화학물질 고유의 성질을 말한다.
③ 화학사고란 시설 교체 등의 작업 시 작업자의 과실, 시설결함, 노후화 등으로 인하여 화학물질이 사람이나 환경에 유출·누출되어 발생하는 모든 상황을 말한다.
④ 위해성이란 유해성이 없는 화학물질이 노출되지 않고 사람의 건강이나 환경에 피해를 줄 수 있는 최대 정도를 말한다.

해설 위해성(risk)이란 유해성 화학물질에 노출되는 경우 사람의 건강이나 환경에 피해를 줄 수 있는 정도로써, 노출강도에 의해 결정된다.

정답 95.② 96.① 97.② 98.④

99 안전확인대상생활화학제품에 대한 소비자 위해성소통에 관한 내용으로 옳지 않은 것은?

① 안전확인대상생활화학제품의 잠재적인 위험성을 분석한다.
② 안전확인대상생활화학제품을 생산하는 공정정보를 소비자에게 제공한다.
③ 안전확인대상생활화학제품의 유해화학물질 함유량, 취급실태, 소비실태, 평균사용량등에 대한 조사를 실시한다.
④ 안전확인대상생활화학제품에 대한 위해성 소통을 평가하고 그 결과를 반영한다.

해설 생산하는 공정정보의 제공은 소비자 위해성소통과 무관하다.

100 초기 노출 시나리오 작성에 필요한 물질의 전 생애 단계를 제조, 조제(혼합), 산업적 사용, 전문적 사용, 소비자 사용으로 구분할 때에 관한 설명으로 옳지 않은 것은?

① 소비자 사용 : 소비자가 제품을 사용하는 것
② 제조 : 화학물질을 제조하여 중간체로 바로 사용하는 것
③ 산업적 사용 : 제조, 조제(혼합)를 제외한 사업장에서 물질을 사용하는 것
④ 조제(혼합) : 대상물질을 내수 구매 또는 수입하여 혼합제로 배합(화학적 구조의 변화는 제외)

해설 초기 노출시나리오 작성단계

1. 초기 노출시나리오 작성	수집된 자료에 기초하여 작성한다. 물질의 전 생애 단계(제조, 조제, 산업적 사용, 전문적 사용, 소비자 사용), 용도, 공정
2. 초기 노출시나리오 확인 [하위사용자 대상 소통단계]	하위사용자, 판매자를 대상으로 초기 시나리오에 기술된 내용에 대한 확인 작업을 수행한다.
3. 노출량 수정 및 위해도 결정	작성된 초기 시나리오를 통해 노출량을 추정하고 위해도를 결정한다.
4. 초기 노출시나리오 정교화	초기 시나리오를 바탕으로 안전성 확인이 이뤄지지 않을 경우 유해성 평가 또는 노출평가를 재 수행한다.
5. 통합 노출시나리오 도출	안전성 확인이 이뤄진 경우, 노출시나리오 내 모든 취급조건 및 위해성 관리 대책을 연결하여 통합 노출시나리오를 도출한다.

정답 99.② 100.④

환경위해관리기사 필기 CBT 모의고사
2022년 07월 02일 시행

제1과목 유해성 확인 및 독성평가

01 가교원리를 적용하여 혼합물의 유해성을 분류할 때, 가교원리를 적용할 수 있는 기준으로 옳지 않은 것은?

① 배치(Batch)
② 희석(Dilution)
③ 고유해성 혼합물의 농축(Concentration)
④ 하나의 독성구분 내에서의 외삽(Extrapolation)

해설 가교원리 적용 ; 희석, 배치, 농축, 내삽, 유사 혼합물, 에어로졸

02 다음 중 발암성 물질의 위해성평가에 활용되는 독성지표로 옳지 않은 것은?

① 발암잠재력
② 단위위해도
③ 일일섭취한계량
④ 최소영향도출수준

해설 발암성 물질의 독성지표로는 단위위해도(UR), 발암잠재력(CSF), 최소영향수준(DMEL)이 있으며 비발암성 물질의 독성지표로는 NOEL, NOAEL 등이 있다.

03 VEGA 모델에서 제공하는 독성 예측값으로 적절하지 않은 것은?

① 유전독성(mutagenicity)
② 발생독성(development toxicity)
③ 피부감각성(skin sensitization)
④ 생존가능성(alive possibility)

해설 VEGA 모델은 인체독성 예측 모델로 유전독성, 발생독성, 피부감각성, 내분비계 독성 예측 값을 제공한다.

정답 01.④ 02.③ 03.④

04 다음 중 물질안전보건자료(MSDS) 16항목에 포함되지 않는 것은?

① 유해성·위험성
② 노출 및 노출량
③ 취급 및 저장방법
④ 환경에 미치는 영향

> **해설** MSDS 작성항목 : 화학제품과 회사에 관한 정보, 유해성·위험성, 구성성분의 명칭 및 함유량, 응급조치 요령, 폭발·화재시 대처방법, 누출 사고 시 대처방법, 취급 및 저장방법, 노출방지 및 개인보호구, 물리화학적 특성, 안정성 및 반응성, 독성에 관한 정보, 환경에 미치는 영향, 폐기시 주의사항, 운송에 필요한 정보, 법적 규제현황, 그 밖의 참고사항

05 다음 중 충분한 검토를 거쳐 독성참고치(RfD)와 동일한 개념으로 사용할 수 있는 것을 모두 나열한 것은? (단, 화학물질 위해성 평가의 구체적 방법등에 관한 규정 기준)

㉠ 내용일일섭취량(TDI)	㉡ 일일섭취허용량(ADI)
㉢ 잠정주간섭취허용량(PTWI)	㉣ 흡입노출참고치(RfC)

① ㉠
② ㉠, ㉡
③ ㉠, ㉡, ㉢
④ ㉠, ㉡, ㉢, ㉣

06 발암성 물질의 평가에 활용되는 독성지표로 옳지 않은 것은?

① 단위위해도(UR)
② 발암잠재력(CSF)
③ 최소영향수준(DMEL)
④ 무영향관찰농도(PNEC)

> **해설** 비발암성 물질의 독성지표로는 NOEL, NOAEL 등이 있다.

07 발암성 분류기준 중 '인간 발암 우려물질'인 경우, 해당기관과 분류의 구분이 옳지 않은 것은?

① 국제암연구소(IARC) – Group 2B
② 미국국립독성프로그램(NTP) – R
③ 유럽연합(EU) – Category 2
④ 미국 산업위생전문가협의회(ACGIH) – Group A2

> **해설** 국제암연구소(IARC) – Group 2A, 유럽연합(EU) – Category 2, 미국 산업위생전문가협의회(ACGIH) – Group A2, 미국국립독성프로그램(NTP) – R

정답 04.② 05.④ 06.④ 07.①

08 용량-반응평가에서 언급되는 유해성 지표에 대한 설명으로 옳지 않은 것은?

① 반수치사량(LD_{50})은 급성독성을 평가하는 지표이다.
② 무영향관찰용량(NOAEL)은 만성독성을 평가하는 지표이다.
③ 최소영향관찰용량(LOAEL)은 동물시험에서 유해한 영향이 확인된 최저투여 용량을 말한다.
④ 무영향관찰용량(NOAEL)은 동물시험에서 유해한 영향이 확인되지 않은 최저투여 용량을 말한다.

해설 무영향관찰용량(NOAEL, No observed adverse effect level)은 노출량에 대한 반응이 관찰되지 않고 영향이 없는 최대 노출량을 말한다.

09 화학물질관리법상 유해화학물질의 정의로 옳지 않은 것은?

① 금지물질 – 위해성이 크다고 인정되는 화학물질
② 제한물질 – 특정 용도로 사용되는 유해성이 크다고 인정되는 화학물질
③ 유독물질 – 유해성이 있는 화학물질로서 대통령령으로 정하는 기준에 따라 환경부장관이 정하여 고시한 물질
④ 사고대비물질 – 화학물질 중에서 급성독성과 폭발성이 강하여 화학사고의 발생가능성이 높거나 화학사고가 발생한 경우 그 피해 규모가 클 것으로 우려되는 화학물질

해설 제한물질이란 위해성이 크다고 인정되는 화학물질로서 그 용도로의 제조, 수입, 판매, 보관·저장, 운반 또는 사용을 금지하기 위하여 환경부장관이 고시한 것을 말한다.

정답 08.④ 09.②

10 비발암물질의 용량-반응 평가에서 도출된 유해성지표(NOAEL, LOAEL)와 독성참고치(RfD)의 용량 관계를 바르게 나타낸 것은?

① LOAEL > RfD > NOAEL
② LOAEL > NOAEL > RfD
③ RfD > LOAEL > NOAEL
④ RfD > NOAEL > LOAEL

해설 용량-반응곡선

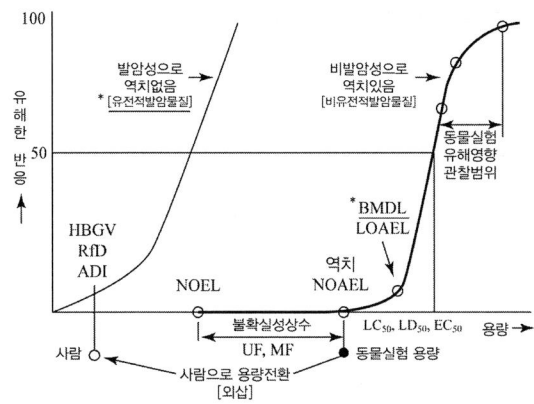

11 NOAEL(No Observed Adverse Effect Level)에 대한 설명으로 옳지 않은 것은?

① 무영향관찰용량이라 한다.
② 임상시험을 통해 인체에 영향을 미치지 않는 투여 용량이다.
③ 동물 시험에서 유해한 영향이 확인되지 않는 최고 투여 용량이다.
④ 독성자료로부터 얻은 화학물질의 NOAEL에 불확실성 변수 또는 외삽 변수를 적용하여 인간 혹은 환경에서 예상되는 예측무영향 수준을 산출한다.

해설 무영향관찰용량(NOAEL)은 동물실험의 노출량에 대한 반응이 관찰되지 않고 영향이 없는 최대 노출량을 말한다.

12 다음 화학물질 건강유해성 그림문자가 의미하는 것으로 옳지 않은 것은?

① 흡입하면 유해함
② 피부에 자극을 일으킴
③ 눈에 심한 자극을 일으킴
④ 종양을 일으킬 것으로 의심됨

해설 그림문자는 1. 급성독성물질의 경우 [흡입]흡입하면 유해함, [경구]삼키면 유독함, [경피]피부와 접촉하면 유해함 2. 피부 부식성/피부자극성 물질 3. 심한 눈 손상/눈 자극성 물질

정답 10.② 11.② 12.④

13 경구노출에 대한 인체 만성 독성 평가의 기준이 되는 독성 지표와 거리가 가장 먼 것은?

① 최소영향관찰용량(LOAEL) ② 잠정주간섭취허용량(PTWI)
③ 독성참고치(RfD) ④ 1일섭취허용량(ADI)

해설 만성 독성 평가의 독성지표는 무영향관찰용량(NOAEL)을 외삽하여 RfD, ADI, PTWI 등을 구한다.

14 화학물질위해성평가의 구체적 방법 등에 관한 규정상의 종민감도분포 이용을 위한 최소자료 요건으로 옳은 것은?

① 물 : 3개 분류군에서 최소 4종이상 ② 토양 : 4개 분류군에서 최소 4종이상
③ 물 : 4개 분류군에서 최소 5종이상 ④ 토양 : 5개 분류군에서 최소 5종이상

해설 종민감도분포 이용을 위한 최소자료 요건

매체구분	최소자료 요건
물	4개 분류군에서 최소 5종 이상[조류, 갑각류, 연체류, 어류 등]
토양	4개 분류군에서 최소 5종 이상[미생물, 식물류, 톡토기류, 지렁이 등]
퇴적물	4개 분류군에서 최소 5종 이상[미생물, 빈모류, 깔따구류, 단각류 등]

15 생태독성 자료의 해석에 관한 설명으로 옳지 않은 것은?

① 급·만성 생태독성에서 얻은 가장 민감한 생물종의 독성값에 적절한 평가계수를 적용하여 예측무영향관찰농도(PNEC)를 산출한다.
② 만성 생태독성의 지표인 최소영향관찰농도(LOEC), 무영향관찰농도(NOEC)는 용량-반응 곡선에서 찾을 수 있다.
③ 각각의 종말점에 대해 유의한 변화를 초래한 농도군 중 가장 낮은 농도를 무영향관찰농도(NOEC)로 결정한다.
④ 급성 생태독성의 지표인 LC_{50}, EC_{50}는 주로 컴퓨터프로그램을 이용하여 얻은 점 추정된 값을 의미한다.

해설 각각의 종말점에 대해 유의한 변화를 초래한 농도군 중 가장 높은 농도를 무영향관찰농도(NOEC)로 결정한다.

정답 13.① 14.③ 15.③

16 다음 [보기]가 설명하는 생태독성에 영향을 주는 인자로 옳은 것은?

> [보기]
> 이것의 수치가 낮은 상태에서는 금속물질의 용해도가 증가하여, 생체이용률이 증가하고, 생체독성이 증가한다.

① 온도
② pH
③ 경도
④ 산소농도

17 화학물질의 분류 및 표지에 관한 세계조화시스템(GHS)에서 건강 유해성에 대한 분류와 설명의 연결이 옳지 않은 것은?

① 발암성 물질 – 암을 일으키거나 암의 발생을 증가시키는 물질
② 생식독성물질 – 생식기능, 생식능력 또는 태아 발생, 발육에 유해한 영향을 주는 물질
③ 생식세포 변이원성 물질 – 자손에게 유전될 수 있는 사람의 생식세포에 돌연변이를 일으킬 수 있는 물질
④ 급성독성 물질 – 입 또는 피부를 통해 3회 또는 24시간 이내에 수회로 나누어 물질을 투여하거나 12시간 동안 흡입노출 시켰을 때 유해한 영향을 일으키는 물질

해설 입 또는 피부를 통하여 1회 또는 24시간 이내에 수회로 나누어 투여되거나 호흡기를 통하여 4시간 동안 노출시 나타나는 유해한 영향을 말한다.

18 화학물질관리법령상 다음 [보기]가 의미하는 용어로 옳은 것은?

> [보기]
> 화학물질 중에서 급성독성·폭발성 등이 강하여 화학사고의 발생 가능성이 높거나 화학사고가 발생한 경우에 그 피해 규모가 클 것으로 우려되는 화학물질

① 유독물질
② 제한물질
③ 허가물질
④ 사고대비물질

정답 16.② 17.④ 18.④

19 종민감도분포(SSD)를 활용하여 예측무영향농도(PNEC)를 산출하고자 할 때 다음의 설명 중 옳은 것은?

① 퇴적물 환경은 4개 분류군 최소 5종 이상을 활용해야 한다.
② 물 환경은 3개 분류군에서 최소 4개 종 이상을 활용해야 한다.
③ 토양 환경은 5개 분류군에서 최소 6종 이상을 활용해야 한다.
④ 종민감도분포를 활용하기 위한 생태독성자료가 부족한 경우 평가계수를 고려할 수 없다.

해설 종민감도분포 이용을 위한 최소자료 요건

매체구분	최소자료 요건
물	4개 분류군에서 최소 5종 이상[조류, 갑각류, 연체류, 어류 등]
토양	4개 분류군에서 최소 5종 이상[미생물, 식물류, 톡토기류, 지렁이 등]
퇴적물	4개 분류군에서 최소 5종 이상[미생물, 빈모류, 깔따구류, 단각류 등]

20 화학물질의 등록 및 평가 등에 관한 법령상 화학물질의 용도분류체계 중 용도분류와 그 내용이 옳지 않은 것은?

① 열전달제 : 연소반응을 통해 에너지를 얻을 수 있는 물질
② 비농업용 농약 및 소독제 : 유해한 생물을 죽이거나 활동을 방해·저해하는 물질
③ 세정 및 세척제 : 표면에 오염물이나 불순물을 제거하는 데 사용하는 물질
④ 계면활성제·표면활성제 : 한 분자 내에 친수기와 소수기를 지닌 화합물로 액체의 표면에 부착해서 표면장력을 크게 저하시켜 활성화해주는 물질

해설 열전달제 : 열을 전달하고 열을 제거하는 물질

제2과목 유해화학물질 안전관리

21 다음 중 공정위험성 분석을 위한 예비 위험분석 절차로 가장 적합한 것은?

① 위험요인 및 대상설비 파악→ 위험요인별 영향 매트릭스 작성→ 각 시나리오 누출조건 분석
② 위험요인 및 대상설비 파악→ 각 시나리오 누출조건 분석→ 위험요인별 영향 매트릭스 작성
③ 위험요인별 영향 매트릭스 작성→ 위험요인 및 대상설비 파악→ 각 시나리오 누출조건 분석
④ 위험요인별 영향 매트릭스 작성→ 각 시나리오 누출조건 분석→ 위험요인 및 대상설비 파악

정답 19.① 20.① 21.①

22 다음 중 화학물질의 분류 및 표시 등에 관한 규정에서 제시된 그림문자 중 산화성 가스를 나타내는 것은?

23 유해화학물질 검사기관은 유해화학물질 취급시설에 대한 설치검사와 정기·수시검사 및 안전진단을 수행하여 검사결과보고서를 작성하는데, 이 중 안전진단에 대한 결과는 몇 년간 보존해야 하는가?

① 5년 ② 10년
③ 15년 ④ 20년

24 영향범위 내 주민수가 65명이고 사고 발생빈도가 1.4×10-2일 때 영향범위의 위험도로 옳은 것은?

① 0.65 ② 65
③ 0.91 ④ 91

해설 위험도 = 영향범위 내 주민수 × 사고 발생빈도
위험도 = 65명 × 0.014 = 0.91

25 화학물질관리법상 유해화학물질 취급자가 안전사고 예방을 위해 해당 유해화학물질에 적합한 개인보호구를 착용하여야 하는 경우가 아닌 것은?(단, 환경부령으로 정하는 경우는 제외)

① 눈이나 피부 등에 자극성이 없는 유해화학물질을 취급하는 경우
② 기체의 유해화학물질을 취급하는 경우
③ 액체의 유해화학물질에서 증기가 발생할 우려가 있는 경우
④ 실험실 등 실내에서 유해화학물질을 취급하는 경우

해설 눈이나 피부 등에 자극성이 있는 유해화학물질을 취급하는 경우

정답 22.② 23.④ 24.③ 25.①

26 물질안전보건자료(MSDS)작성의 원칙으로 옳지 않은 것은?

① 정보가 부족한 경우나 이용 가능하지 않은 경우에는 기재하지 않는다.
② 물질안전보건자료에 포함되는 정보는 명확하게 작성되어야 한다.
③ 물질안전보건자료에서 사용되는 용어는 은어, 두문자어 및 약어의 사용을 피해야한다.
④ 물질안전보건자료에는 법적으로 정해진 기재사항이 모두 포함되어야 한다.

해설 정보가 부족한 경우나 이용 가능하지 않은 경우에는 이러한 사실을 명확히 기재하여야 한다.

27 유해화학물질이 시험생산용일 경우 유해화학물질 취급시설 운영자가 작성하는 화학물질의 시범생산계획서에 포함되지 않는 내용은?

① 취급물질 정보
② 취급시설 정보
③ 시범 생산 공정의 주요 내용
④ 지방환경관서 허가 절차도

28 화학물질의 분류 및 표시 등에 관한 규정상 인화성 액체를 분류하는 3가지 기준에 해당하지 않는 것은?

① 인화점이 23°C 미만이고 초기끓는점이 35°C를 초과하는 액체
② 인화점이 23°C 미만이고 초기끓는점이 35°C 이하인 액체
③ 인화점이 23°C 이상 60°C 이하인 액체
④ 인화점이 100°C 이상인 액체

29 사고시나리오의 영향범위를 예측하기 위한 모델 중 공기보다 무거운 가스가 누출될 경우 적용 가능한 모델에 해당하지 않는 것은?

① SLAB 모델
② Gaussian plume 모델
③ BM(Britter & McQuaid) 모델
④ HMP(Hoot, Meroney & Peterka) 모델

해설 영향범위를 예측하기 위한 모델 중 공기보다 무거운 가스가 누출될 경우 적용 가능한 모델에는 SLAB, BM(Britter & McQuaid), HMP(Hoot, Meroney & Peterka) 모델 등이 있다.

정답 26.① 27.④ 28.④ 29.②

30 화학물질관리법령상 액체상태의 유해화학물질 제조·사용시설의 사고예방을 위하여 설치해야 하는 설비로 옳지 않은 것은?

① 방지턱　　　　　　　　② 방류벽
③ 감압설비　　　　　　　④ 긴급차단설비

> **해설** 수동적 완화장치(방벽, 방호벽, 방류벽, 배수시설, 저류조 등), 능동적 완화장치(중화설비, 소화설비, 수막설비, 과류방지밸브, 플레어시스템, 긴급차단시스템 등) 등이 있다.

31 혼합물의 유해성을 산정하기 위한 방법 중 가산방식을 이용하는 유해성 항목으로 옳은 것은?

① 발암성　　　　　　　　② 호흡기 과민성
③ 수생환경 유해성　　　　④ 생식세포 변이원성

> **해설** 보기 1.2.4는 비가산방식 보기3은 가산방식에 해당된다.

32 공정개요 작성 시 포함되는 운전 및 반응조건에 대한 설명으로 옳지 않은 것은?

① 정상상황 시의 운전조건에 대해서만 작성한다.
② 해당 설비가 이상 작동할 때 경계해야 할 운전조건을 포함한다.
③ 온도는 ℃, 압력은 MPa, 수위는 mm의 단위를 주로 사용한다.
④ 공정을 구성하고 있는 단위설비의 온도, 압력, 수위 등에 대한 내용을 포함한다.

> **해설** 공정개요는 유해화학물질을 취급하는 공정위주로 해당 공정에서 일어나는 화학반응 및 처리방법, 운전조건, 반응조건 등의 공정안전정보 사항을 포함한다.

33 공정위험성 분석자료 작성 시 공정안전정보에 포함되는 것으로 옳은 것은?

① 공정개요　　　　　　　② 방제장비
③ 유해성 정보　　　　　　④ 사고대비물질 목록

> **해설** 공정 개요는 유해화학물질을 취급하는 공정위주로 해당 공정에서 일어나는 화학반응 및 처리방법, 운전조건, 반응조건 등의 사항들을 포함한다.

정답 30.③　31.③　32.①　33.①

34 화학물질관리법상 유해화학물질의 취급행위에 해당하지 않는 것은?

① 제조　　　　　　　　② 사용
③ 저장　　　　　　　　④ 항공기를 통한 운반

> **해설** 운반업은 유해화학물질(허가·금지물질 제외)을 운반(항공기, 선박, 철도를 이용한 운반은 제외)하는 영업

35 개별 단위 설비에서 보유할 수 있는 유해화학물질의 최대량이 5kg일 때, 최악의 사고 시나리오를 작성하기 위해 구한 유해화학 물질의 누출률(g/min)은?

① 0.5　　　　　　　　② 50
③ 500　　　　　　　　④ 5000

> **해설** 용기나 배관에 있는 최대량이 10분(600초)동안 누출로 고려한다.
>
> $$누출률 R_R(kg/분) = \frac{누출량\ Q_R(kg)}{10} \quad \therefore \frac{5kg}{10} = 500g/\min$$

36 공정위험성 분석결과를 토대로 사고시나리오를 선정하기 위해 유해화학물질의 끝점을 결정할 때 적용 기준에 해당하지 않는 것은?

① 미국 에너지부(DOE)의 PAC-2
② 미국산업위생학회(AIHA)의 ERPG-2
③ 미국 환경보호청(EPA)의 1시간 AEGL-2
④ 미국직업안전보건청(NIOSH)의 IDLH 수치 50%

> **해설** 끝점 결정기준에는 미국 에너지부(DOE)의 PAC-2, 미국산업위생학회(AIHA)의 ERPG-2, 미국 환경보호청(EPA)의 1시간 AEGL-2, 미국산업위생학회(AIHA)의 ERPG2 등이 있으며 미국산업위생학회(AIHA)에서 발표하는 ERPG2(Emergency response planning guideline 2)를 우선 적용한다.

37 공정위험성평가 기법에 해당하지 않는 것은?

① 체크리스트 기법　　　　　② 사고예상 질문분석기법
③ 이상위험도 분석기법　　　④ 사고시나리오 분석기법

> **해설** 공정 위험성 분석은 체크리스트 기법, 상대위험순위 결정기법, 작업자 실수분석기법, 사고예상 질문분석기법, 위험과 운전분석기법, 이상위험도 분석기법, 결함수 분석기법, 사건수 분석기법, 원인결과 분석기법, 예비위험 분석기법 중 적정한 기법을 선정하여 작성한다.

정답 34.④　35.③　36.④　37.④

38 유해화학물질 취급시설의 외벽으로부터 보호대상까지의 안전거리를 결정하기 위해 보호대상을 갑종 보호대상과 을종 보호대상으로 분류할 때, 갑종 보호대상에 해당하지 않는 것은?

① 병원 등 의료시설
② 주유소 및 석유판매소
③ 교회 등 300명 이상 수용할 수 있는 종교시설
④ 영화상영관, 전시장, 그 밖에 이와 유사한 시설로서 300명 이상 수용할 수 있는 시설

해설 갑종보호대상에는 문화집회시설, 종교시설, 판매시설, 운수시설, 의료시설, 교육연구시설, 노유자시설, 숙박시설, 관광시설, 수련시설, 주택 등이 있다.

39 화학물질관리법령상 유해화학물질 운반차량 중 1톤 초과 차량에 표시하는 유해·위험성 우선순위가 가장 높은 것은?

① 폭발성 물질   ② 자연 발화성 물질
③ 인화성 액체   ④ 방사성 물질

해설 유해·위험성 우선순위 : 방사성 물질 > 폭발성 물질 > 가스 > 인화성 액체

40 사고시나리오 선정 시 사용하는 용어 중 다음에서 설명하는 것은?

> 사람이나 환경에 영향을 미칠 수 있는 독성농도, 과압, 복사열 등의 수치에 도달하는 지점

① 끝점   ② 최대량
③ 파과점   ④ 한계량

정답 38.② 39.④ 40.①

제3과목   노출평가

41 안전확인대상생활화학제품 시험·검사 등의 기준 및 방법 등에 관한 규정에서 제시된 함량 제한물질과 주 시험법의 연결이 옳지 않은 것은?

① 수산화나트륨 : 적정법
② 메탄올 : 기체크로마토그래피법
③ 염화벤잘코늄 : 기체크로마토그래피법
④ 벤질알코올 : 고성능액체크로마토그래피법

해설 염화벤잘코늄 : 고성능액체크로마토그래피법 / 질량분석법

42 25세 여성의 평균 소변 중 MEHP $1.7\,\mu g/L$, 소변 중 크레아티닌 90mg.crea./dL로 분석 되었다. DEHP가 MEHP로 배출되는 몰분율은 0.06, DEHP 분자량은 390g/M, MEHP 분자량은 278g/M 일 때 DEHP의 내적 노출량은? 단, 25세 여성의 크레아티닌 일일 배출량은 0.014 g.crea/kg.day 이다.

① $0.622\,\mu g/kg.day$
② $0.723\,\mu g/kg.day$
③ $0.800\,\mu g/kg.day$
④ $0.823\,\mu g/kg.day$

해설 $DI(\mu g/kg.day) = \dfrac{UE(\mu g/g) \times UV(L/day)}{Fue \times BW(kg)} \times \dfrac{MW_D}{MW_M}$

크레아티닌 보정량 $UE = \dfrac{dL}{90mg} \Big| \dfrac{1.7\mu g}{L} \Big| \dfrac{100mL}{dL} \Big| \dfrac{L}{10^3 mL} = 0.0019\,\mu g/mg.\,creatinine$

$DI = \dfrac{0.0019\mu g}{mg} \Big| \dfrac{0.014\,g.crea.}{kg.day} \Big| \dfrac{1}{0.06} \Big| \dfrac{10^3 mg}{g} \Big| \dfrac{390g}{M} \Big| \dfrac{M}{278g} = 0.622\,\mu g/kg.day$

정답 41.③   42.①

43 어떤 가정에서 지속적으로 방출되는 거치식 방향제를 50m³ 부피의 거실에서 사용하고 있으며 이 방향제에는 휘발성의 톨루엔이 포함되어 있다. 상세 평가할 경우 거실 공기 중의 톨루엔 농도($\mu g/m^3$)는?

구분	값
G_d : 일당 방출량($\mu g/d$)	1000
W_f : 제품 중 성분비	1×10^{-1}
N : 환기율(회/h)	0.5

① 0.12　　　　　　② 0.17
③ 1.2　　　　　　　④ 4.0

해설 $\frac{1}{50m^3} \left| \frac{1000\mu g}{day} \right| \frac{0.1}{1} \left| \frac{hr}{0.5} \right| \frac{day}{24hr} = 0.1666 \mu g/m^3$

44 생활화학제품 및 살생물제의 안전관리에 관한 법령상의 용어 정의로 옳지 않은 것은?

① 위생용품은 건강 증진을 위해 공업적으로 생산된 물품이다.
② 생활화학제품은 사람이나 환경에 화학물질의 노출을 유발할 가능성이 있는 화학제품이다.
③ 살생물처리제품은 제품의 주된 목적 외에 유해생물 제거 등의 부수적인 목적을 위해 살생물제품을 사용한 제품이다.
④ 살생물제품은 유해생물의 제거 등을 주된 목적으로 하는 화학물질로부터 살생물질을 생성하는 제품이다.

45 어린이제품 안전 특별법령상 안전관리대상 어린이제품에 해당하지 않는 것은?

① 안전 인증 대상 어린이제품　　② 안전 확인 대상 어린이제품
③ 안전·품질표시 대상 어린이제품　④ 공급자 적합성 확인 대상 어린이제품

해설 "안전관리대상어린이제품"이란 다음 각 목의 어느 하나에 해당하는 어린이제품을 말한다.
　　가. 안전인증대상어린이제품
　　나. 안전확인대상어린이제품
　　다. 공급자적합성확인대상어린이제품

정답 43.② 44.① 45.③

46 인체노출평가를 위한 연구집단 선정 시 연구대상에 따른 조사방법에 관한 내용으로 옳지 않은 것은?

① 연구대상 집단의 모든 구성원을 대상으로 실행하는 방법을 전수조사라 한다.
② 연구대상 집단을 대표하는 표본을 선정하여 실행하는 방법을 확률표본조사라 한다.
③ 노출평가를 위한 연구 집단 조사방법에는 전수조사, 확률표본조사, 일화적조사가 있다.
④ 높은 확률을 가질 것으로 기대되는 표본을 선정하여 실행하는 방법을 일화적조사라 한다.

해설 일화적조사란 연구대상 집단에서 무작위로 표본을 선정하여 실행하는 방법을 말한다.

47 어린이용품 환경유해인자 사용제한 등에 관한 규정상 어린이 용품에 사용을 제한하는 환경유해인자에 해당하지 않는 것은?

① 노닐페놀
② 트라이뷰틸 주석
③ 다이에틸헥실프탈레이트
④ 다이이소노닐프탈레이트

해설 어린이용품 환경유해인자 4종
다이-n-옥틸프탈레이트, 노닐페놀, 트라이뷰틸 주석, 다이이소노닐프탈레이트

48 경피노출의 인체 노출량 산정에 필요한 정보에 해당하지 않는 것은?

① 섭취율
② 노출 빈도
③ 피부 흡수율
④ 피부 접촉 면적

해설 경피노출의 인체 노출량 산정(피부노출, 세척, 샤워, 토양)

$$Inhalation\ ADD(mg/kg.day) = \frac{DA_{event} \times EV \times SA \times EF \times ED \times ABs}{BW \times AT}$$

49 다음 중 어린이제품 공통안전기준상 유해원소 용출기준이 가장 높은 물질은?

① 셀레늄(Se)
② 바륨(Ba)
③ 안티모니(Sb)
④ 납(Pb)

해설 바륨(Ba)의 허용치 : 1000 mg/kg 이하

정답 46.④ 47.③ 48.① 49.②

50 바이오모니터링에서 특정유해물질에 대한 노출과 내적 노출량을 반영하는 지표는?

① 노출 생체지표 ② 독성 생체지표
③ 민감성 생체지표 ④ 위해성영향 생체지표

해설 바이오 모니터링은 인체시료에서 노출을 반영하는 생체지표의 농도를 측정하는 방법으로 노출 생체지표, 위해영향 생체시표, 민감성 생체지표 등이 있다.

51 소비자제품의 인체노출경로를 결정할 때 고려사항으로 가장 적합하지 않는 것은?

① 제품의 용도 ② 제품의 형태
③ 제품의 제조공정 ④ 제품의 안전사용 조건

52 사무실 실내공기 중 폼알데하이드 농도가 $200\mu g/m^3$이다. 이 사무실에서 6개월간 근무한 성인 남성의 폼알데하이드에 대한 평생일일평균노출량(mg/kg/d)은? (단, 성인 남성의 호흡률은 15m³/d, 평균체중은 70kg, 평균 노출기간은 70y, 피부흡수율은 100%)

① 3.67×10^{-3} ② 3.02×10^{-4}
③ 6.12×10^{-4} ④ 6.89×10^{-4}

해설 평생1일평균 노출량 = $\dfrac{\text{오염도}(mg/m^3) \times \text{접촉률}(m^3/day) \times \text{노출기간}(day) \times \text{흡수율}}{\text{체중}(kg) \times \text{평균기간(통상 70년, }day)}$

$\dfrac{200\mu g}{m^3} \Big| \dfrac{0.5y}{} \Big| \dfrac{15m^3}{day} \Big| \dfrac{}{70kg} \Big| \dfrac{}{70y} \Big| \dfrac{mg}{1000\mu g} = 3.0 \times 10^{-4}$

정답 50.① 51.③ 52.②

53 노출시나리오를 통한 인체 노출평가의 과정을 순서대로 옳게 나열한 것은?

> ㉠ 노출 시나리오 작성
> ㉡ 대상인구집단 파악 및 특성 평가
> ㉢ 중요한 노출원의 오염 수준 결정
> ㉣ 중요한 노출 방식에 의한 오염물질 섭취량 추정
> ㉤ 중요한 이동 경로 및 노출 방식 결정
> ㉥ 노출계수 파악

① ㉠ → ㉢ → ㉤ → ㉣ → ㉥ → ㉡
② ㉥ → ㉠ → ㉡ → ㉢ → ㉤ → ㉣
③ ㉠ → ㉡ → ㉤ → ㉢ → ㉥ → ㉣
④ ㉥ → ㉠ → ㉡ → ㉤ → ㉣ → ㉢

54 노출계수를 수집하기 위한 방법으로 시간과 비용이 많이 들지만 응답자가 이해하지 못한 문항에 대해 설명이 가능하여 신뢰성이 높은 응답을 얻을 수 있는 설문조사 방법은?

① 관찰조사
② 서면조사
③ 면접조사
④ 온라인조사

해설 조사방법에는 온라인 조사, 면접조사, 관찰조사, 우편조사 등이 있다.
· 온라인 조사는 응답의 신뢰도가 낮다.
· 면접조사는 조사원의 영향이 크게 작용한다.
· 관찰조사는 어린이의 행동특성을 조사하는데 적합하다.
· 우편조사는 응답자가 충분한 시간을 가지고 응답할 수 있다.

55 환경시료 내 물리화학적 특성을 가진 물질을 용해할 수 있는 용매를 이용하여 표적물질을 분리해내는 전처리 과정은?

① 여과(filtration)
② 정제(purification)
③ 추출(extraction)
④ 농축(concentration)

해설 추출은 용매를 이용해 시료 내 표적물질을 분리해 내는 방법으로 속슬레 추출, 액-액 추출, 고체상 추출이 있다.

정답 53.③ 54.③ 55.③

56 벼농사를 짓는 농경지가 유기인계 농약인 파라치온(parathion)으로 오염되어 있다. 이 지역 주민들의 오염된 쌀 섭취를 통해 노출되는 파라치온의 일일평균노출량(mg/kg/day)으로 옳은 것은?

- 쌀의 파라치온 농도: 1.6 mg/kg
- 쌀 섭취량: 200 g/day
- 노출빈도: 365 day/year
- 노출기간: 25 years
- 평균체중: 60 kg

① 1.00×10^{-5}
② 1.54×10^{-5}
③ 2.07×10^{-5}
④ 5.33×10^{-3}

해설 일일평균노출량 = $\dfrac{1.6mg}{kg} \bigg| \dfrac{0.2kg}{day} \bigg| \dfrac{1}{60kg} = 0.0053 mg/kg \cdot day$

57 사람의 일일평균노출량(ADD, Average Daily Dose) 산정을 위해 고려해야 할 사항으로 가장 거리가 먼 것은?

① 접촉률
② 평균 키
③ 노출 기간
④ 특정 매체의 오염도

해설 노출기간, 접촉률, 매체 오염도, 체중, 종, 성, 개인 간 차이, 내성 등을 고려한다.

58 환경보건법상 수행하는 국민환경보건기초 조사에서 중금속의 인체노출평가를 위해 혈액시료에서만 분석하는 물질로 옳은 것은?

① 납(Pb)
② 비소(As)
③ 수은(Hg)
④ 구리(Cu)

해설 환경보건법상 수행하는 국민환경보건기초조사에서 중금속의 인체노출평가를 위해 납(Pb)은 혈액시료에서만 분석한다.

정답 56.④ 57.② 58.①

59 공동주택의 실내 공기를 수집하여 에틸벤젠의 농도를 분석한 결과 0.03mg/m³로 검출되었다. 이 주택에서 매일 8시간씩 3개월간 지낸 남성의 에틸벤젠 일일평균흡입노출량 (mg/kg/day)으로 옳은 것은? (단, 호흡률은 20m³/day, 체중은 60 kg으로 가정한다.)

① 0.00083
② 0.0033
③ 0.01
④ 0.02

해설 $\frac{0.03mg}{m^3} | \frac{8hr}{day} | \frac{20m^3}{day} | \frac{1}{60kg} | \frac{day}{24hr} = 0.0033 mg/kg \cdot day$

60 인체 내적 노출량은 피부접촉, 호흡, 섭취를 통해 위해물질이 체내로 흡수된 후 장기에 남아있는 물질의 양을 말한다. 소변 시료 중 카드뮴의 내적용량을 이용하여 노출량을 산출할 때 보정하는 물질은?

① 카드뮴
② 크레아티닌(creatinine)
③ 아연
④ 망간

해설 크레아티닌(creatinine)으로 보정한 소변 중 카드뮴의 농도로 산출한다.

제4과목 위해성평가

61 바이오 모니터링에 관한 다음 설명으로 옳은 것은?

① 바이오모니터링(Biomonitoring)은 인체 노출을 반영하는 생체지표의 농도를 측정하는 것으로 노출경로에 따른 노출 수준을 반영할 수 있다.
② 반감기가 짧은 물질의 경우 장기적인 노출을 이해하는 데 용이하다.
③ 위해지수가 작을 수 록 우선적으로 관리해야 한다.
④ 초과발암확률이 10^{-4}이하인 경우 발암위해도가 있으며 10^{-6}이상은 발암위해도가 없다고 판단한다.

해설
· 반감기가 짧은 물질의 경우 장기적인 노출을 이해하기 어렵다.
· 위해지수가 클수록 우선적으로 관리해야 한다.
· 초과발암확률이 10^{-4}이상인 경우 발암위해도가 있으며 10^{-6}이하는 발암위해도가 없다고 판단한다.

정답 59.② 60.② 61.①

62 용량-반응곡선의 기울기 값 4×10^{-6}(mg/kg/d)$^{-1}$, 노출량 20mg/kg/d 일 때 십만 명당 개인 위해도는?

① 6
② 7
③ 8
④ 9

해설 발암물질의 경우 $TS = C_{max} \times SF(Slope\ Factor,\ 기울기)$

$$TS = \frac{20mg}{kg.day} | \frac{4 \times 10^{-6} kg.day}{mg} = 8 \times 10^{-5}$$

따라서 십만 명당 8명, 천만 명당 800명이 된다.

63 건강영향평가 대상사업이 아닌 것은?

① 산업입지 및 산업단지의 조성
② 에너지개발
③ 폐기물처리시설, 분뇨처리시설 및 축산폐수공공처리시설의 설치
④ 수자원 개발사업

64 생체지표(Biomarker)에 대한 설명으로 잘못된 것은?

① 생체지표는 노출 생체지표, 위해영향 생체지표, 민감성 생체지표로 구분할 수 있다.
② 민감성 생체지표는 특정 유해물질에 민감성을 가지고 있는 개인을 구별하는 데 이용될 수 있다.
③ 인체 시료에서 노출을 반영하는 생체지표의 농도를 측정하는 접근을 바이오모니터링(Biomonitoring)이라 한다.
④ 위해영향 생체지표는 생화학적, 생리학적, 행동학적 등의 변화를 나타내는 지표이며, 혈액 중 벤젠의 농도로 노출 정도를 추정한다.

해설 혈액 중 벤젠의 농도로 노출 정도를 추정하는 것은 노출 생체지표이다.

정답 62.③ 63.④ 64.④

65 1.1.1-trichloroethane NOAEL 35mg/kg.day 일 때 RfD는?

① 0.025mg/kg.day ② 0.035mg/kg.day
③ 0.045mg/kg.day ④ 0.055mg/kg.day

해설 $RfD = \dfrac{NOAEL \text{ or } LOAEL}{불확실성계수(UF, \text{ } uncertainty \text{ } factor)}$

$\therefore RfD = \dfrac{35mg/kg/d}{1000} = 0.035 \, mg/kg.day$

[표] 불확실성계수 사용지침

10	인체연구결과 타당성이 인정된 경우
100	인체연구결과 없음, 동물실험결과 만성유해영향이 관찰되는 경우
1000	인체연구결과 없음, 동물실험결과 만성유해영향이 관찰되지 않는 경우
1~10	NOAEL 대신에 LOAEL을 대신 쓸 경우
기 타	과학적 판단에 의한 기타 불확실성계수

66 정량적 건강영향평가의 평가지표가 아닌 것은?

① 비발암성 대기질-위해도 지수 ② 악취물질-국가환경기준
③ 수질오염물질-국가환경기준 ④ 소음진동-국가환경기준

해설
[표] 건강결정요인별 정량적 평가지표 및 기준

건강결정요인	구 분	평가지표	평가기준
대기질	비발암성물질	위해도 지수	1
	발암성물질	발암위해도	$10^{-4} \sim 10^{-6}$
악취	악취물질	위해도 지수	1
수질	수질오염물질	국가환경기준	
소음진동	소음	국가환경기준	

정답 65.② 66.②

67 건강영향평가의 절차로 옳은 것은?

① 사업분석→ 스크리닝(Screening)→ 스코핑(Scoping)→ 평가(Appraisal)→ 저감방안 수립→ 모니터링계획 수립
② 사업분석→ 모니터링계획 수립→ 스크리닝(Screening)→ 스코핑(Scoping)→ 평가(Appraisal)→ 저감방안 수립
③ 스크리닝(Screening)→ 스코핑(Scoping)→ 평가(Appraisal)→ 저감방안 수립→ 모니터링계획 수립→ 사업분석
④ 스코핑(Scoping)→ 스크리닝(Screening)→ 평가(Appraisal)→ 저감방안 수립→ 모니터링계획 수립→ 사업분석

68 다음 조건에서 비스페놀의 내적 노출량($\mu g/kg \cdot day$)을 산정하시오.

| · 소변의 비스페놀 농도 $3\mu g/L$ | · 체중 70kg |
| · 소변배출량 1,200mL/day | · 비스페놀 배출 100% |

① $5.1 \times 10^{-2} \mu g/kg \cdot day$
② $5.1 \times 10^{-3} \mu g/kg \cdot day$
③ $5.1 \times 10^{-4} \mu g/kg \cdot day$
④ $5.1 \times 10^{-5} \mu g/kg \cdot day$

해설 $DI(\mu g/kg \cdot day) = \dfrac{UE(\mu g/g) \times UV(L/day)}{Fue \times BW(kg)}$

$DI = \dfrac{3\mu g}{L} | \dfrac{1200mL}{day} | \dfrac{1}{70kg} | \dfrac{10^{-3}L}{mL} = 5.1 \times 10^{-2} \mu g/kg \cdot day$

69 위해지수(Hazard index)는 어떠한 가정이 충족되어야 한다. 잘못된 설명은?

① 비발암물질을 가정한다.
② 위해수준이 충분히 클 경우에 계산의 의미가 있다.
③ 각 영향이 서로 독립적으로 작용한다.
④ 유사한 용량-반응 모형을 보일 때 적용한다.

해설 위해수준이 충분히 작을 경우에 계산의 의미가 있다.

정답 67.① 68.① 69.②

70 발암물질 A의 평생일일평균노출량은 $0.5\,\mu g/kg/day$, 발암잠재력은 $0.25(mg/kg/day)^{-1}$일 때, A의 초과발암위해도는?

① 0.125
② 2.0×10^{-3}
③ 0.5×10^{-4}
④ 1.25×10^{-4}

해설 초과발암위해도(ECR)
$$ECR = \frac{0.5\,\mu g}{kg \cdot day} \Big| \frac{0.25\,kg \cdot day}{mg} \Big| \frac{mg}{10^3\,\mu g} = 1.25 \times 10^{-4}$$

71 인체 노출·흡수 메커니즘에 관한 설명으로 옳지 않은 것은?

① 적용용량은 섭취를 통해 들어온 인자가 체내의 흡수막에 직접 접촉한 양을 의미한다.
② 잠재용량은 노출된 유해인자가 소화기 또는 호흡기로 들어오거나 피부에 접촉한 실제양을 의미한다.
③ 유해인자가 섭취나 흡수를 통해 체내로 들어왔을 때, 즉 실제로 인체에 들어가는 유해인자의 양을 용량(dose)이라고 한다.
④ 용량의 개념은 유해인자의 생물학적 영향을 예측하는 데에 용이하나, 어떠한 경우라도 섭취량(intake)을 용량과 동일한 것으로 가정할 수는 없다.

해설 유해인자가 섭취나 흡수를 통해 체내로 들어왔을 때, 즉 실제로 인체에 들어가는 유해인자의 양을 용량(dose)이라고 한다.

72 환경보건법령상 환경성질환의 범위로 가장 거리가 먼 것은?

① 석면으로 인한 폐질환
② 대기오염물질과 관련된 알레르기 질환
③ 가습기살균제에 포함된 화학물질로 인한 폐질환
④ 잔디밭 야생들쥐의 배설물 흡입으로 인한 신증후군출혈열

해설 환경성질환이란 환경유해인자와 상관성이 있다고 인정되는 질환으로서 환경부령으로 정하는 질환을 말한다.

정답 70.④ 71.④ 72.④

73 노출·생체지표를 활용한 환경유해인자의 노출평가에 대한 설명으로 옳지 않은 것은?

① 주요 노출원을 쉽게 파악할 수 있다.
② 분석 시점 이전의 노출수준이나 변이를 이해하기 어렵다.
③ 초기 건강영향이나 질병의 종말점과 직접적으로 연계하기 어려울 수 있다.
④ 반감기가 짧은 물질의 경우 최근의 노출이나 제한된 기간의 노출 수준만을 반영할 수 있다.

해설 주요 노출원을 파악하기 어렵다.

74 다음 중 위해성평가 시 발생 가능한 주요 불확실성 요소에 해당하지 않는 것은?

① 모델 불확실성
② 입력 변수 변이
③ 자료의 불확실성
④ 출력 변수의 불확실성

해설 불확실성 요소에는 자료의 불확실성, 모델의 불확실성, 입력변수 변이, 노출시나리오의 불확실성, 평가의 불확실성이 있다.

75 발암잠재력(cancer slope factor, CSF) 대한 설명으로 틀린 것은?

① 단위위해도(unit risk)로 환산할 수 있다.
② 경구, 흡입, 피부접촉 등 노출경로에 따라 발암물질의 CSF가 달라진다.
③ CSF는 공기 혹은 섭취매체 중 오염농도를 기준으로 얼마나 증가하는지를 파악할 수 있다.
④ CSF값은 용량-반응 함수의 기울기로서 단위 체중당 단위 용량만큼의 화학물질 노출에 의한 발암확률을 의미한다.

해설 발암잠재력(발암력, CSF, Carcinogenic slope factor)는 노출량-반응(발암률)곡선에서 95% 상한 값에 해당하는 기울기로, 평균체중의 성인이 발암물질 단위용량(mg/kg.day)에 평생 동안 노출되었을 때 이로 인한 초과발암확률의 95% 상한 값에 해당된다.

정답 73.① 74.④ 75.③

76 충분한 수의 랫드를 사용한 만성경구독성실험에서 5 mg/kg/day의 NOAEL 값을 구했을 때 이를 인체위해성평가를 위한 RfD로 변환한 양(mg/kg/day)은? (단, MF는 0.75를 사용한다.)

① 0.0007　　　　　　　　② 0.007
③ 0.07　　　　　　　　　④ 0.7

해설 $RfD = \dfrac{NOAEL \; or \; LOAEL}{불확실성계수(UF, \; uncertainty \; factor) \times MF}$

여기서 만성유해영향이 관찰되지 않는 경우 불확실성계수는 1000이므로,

$\dfrac{5mg}{kg \cdot day} \Big| \dfrac{1}{0.75} \Big| \dfrac{1}{1000} = 0.0067 \, mg/kg \cdot day$

77 환경유해인자의 인체노출 중 집단노출에 대한 설명으로 틀린 것은?

① 중심경향노출수준(CTE)값은 해당 집단의 평균 노출을 예측하는 값이다.
② 합리적인 최고노출수준(RME) 값은 일반적으로 99백분위수 값을 사용한다.
③ 시나리오 기반 노출량 산정방법은 결정론적 방법과 확률론적 방법으로 나눌 수 있다.
④ 해당 집단의 가능한 노출 정보와 함께 인구집단의 노출계수정보를 활용하여 집단의 노출량을 평가한다.

해설 합리적인 최고노출수준(RME) 값은 일반적으로 90백분위수 이상, 최대값 미만의 값(예, 95백분위수)을 사용한다.

78 다음 중 건강영향평가 대상 시설과 평가 대상 물질의 연결이 옳지 않은 것은?

① 산업단지 – 복합악취　　　② 화력발전소 – 납(Pb)
③ 매립장 – 황화수소(H_2S)　　④ 분뇨처리장 – 암모니아(NH_3)

해설 복합악취-분뇨처리시설

정답 76.② 77.② 78.①

79 성인여성의 소변에서 DEHP의 대사산물인 MEHP가 6.8 μg/L 검출되었다. 이 여성의 체중은 58kg이고 일일소변배출량은 1300 mL/day이었다. 체내에 들어온 DEHP의 70%가 소변으로 배출되었다고 가정할 때, 이 여성의 DEHP에 대한 내적노출량(μg/kg/day)으로 옳은 것은? (단, DEHP 분자량이 390.6 g/mol, MEHP 분자량: 278.3 g/mol)

① 0.16 ② 0.22
③ 0.31 ④ 0.61

해설 $\dfrac{6.8\mu g}{L} | \dfrac{1}{58 kg} | \dfrac{1300 mL}{day} | \dfrac{1}{0.7} | \dfrac{390.6}{278.3} | \dfrac{L}{1000 mL} = 0.305 \mu g/kg \cdot day$

80 하루 물 섭취량이 2L이고, 체중이 70kg인 성인 남성이 소변에서 검출된 비스페놀 A농도가 4.1 μg/L일 때 이 남성의 비스페놀 A의 내적 노출량(μg/kg/day)은 약 얼마인가? (단, 남성 일일소변배출량 1600 mL/day, Fue(Fraction of Urinary Excretion)=1로 가정)

① 0.047 ② 0.094
③ 0.105 ④ 0.117

해설 $\dfrac{1}{70 kg} | \dfrac{4.1\mu g}{L} | \dfrac{1600 mL}{day} | \dfrac{1}{몰분율 Fue\ 1} | \dfrac{L}{1000 mL} = 0.0937 \mu g/kg \cdot day$

제5과목 위해도 결정 및 관리

81 특수화학설비를 설치하는 경우 내부의 이상상태를 조기에 파악하기 위하여 설치하는 장치에 해당하지 않는 것은?

① 온도계 ② 유량계
③ 자동경보장치 ④ 통기설비

정답 79.③ 80.② 81.④

82 위해성 소통의 4단계에 해당하지 않는 것은?

① 물질별 저감대책 수립
② 위해 요인 인지 및 분석
③ 위해성 소통의 수행/평가/보완
④ 위해성 소통의 목적 및 대상자 선정

해설 위해성 소통의 단계 [예, 소비자 위해성 소통]

위해 요인 인지 및 분석	위해상황 분석하고 해당 위해의 특별범주를 결정
위해성 소통의 목적 및 대상자 선정	위해성 소통의 수행목적 및 그에 따른 전략수립, 의사결정 과정에 참여하거나 정보를 제공받는 대상자 선정
위해성 소통에 활용할 정보/매체/소통방법 선정	정보소통과 이해관계자 간 의사소통 시 사용할 매체의 선정
위해성 소통의 수행/평가/보완	수행된 이행방안에 따라 위해성 소통, 지속적 모니터링을 통해 수행결과를 평가, 단계별 미흡한 부분을 보완

83 사업장 위해성 평가 수행 시 고려해야할 사항과 거리가 가장 먼 것은?

① 유해인자의 유해성
② 화학물질의 사용 빈도
③ 작업장 내 오염원의 위치 등의 공간적 분포
④ 화학물질의 등록 및 평가 등에 관한 법령에 따른 화학물질의 등록 여부

84 화학물질관리법령상 유해화학물질 표시를 위한 유해성 항목 중 물리적 위험성에 해당하지 않는 것은?

① 인화성 가스
② 급성독성 물질
③ 산화성 가스
④ 자기발열성 물질

해설 급성독성 물질은 건강 유해성에 해당된다.

정답 82.① 83.④ 84.②

85 유해화학물질 배출량저감 기술의 적용 단계를 순서대로 나열한 것은?

> ㄱ. 공정관리
> ㄴ. 전과정관리
> ㄷ. 성분관리
> ㄹ. 환경오염방지시설 설치를 통한 관리

① ㄱ → ㄴ → ㄷ → ㄹ
② ㄴ → ㄷ → ㄱ → ㄹ
③ ㄴ → ㄱ → ㄷ → ㄹ
④ ㄱ → ㄷ → ㄴ → ㄹ

86 화학물질관리법령상의 용어 정의로 옳지 않은 것은?

① 취급이란 화학물질을 제조·수입, 판매, 보관·저장, 운반 또는 사용하는 것을 말한다.
② 유해성이란 화학물질의 독성 등 사람의 건강이나 환경에 좋지 아니한 영향을 미치는 화학물질 고유의 성질을 말한다.
③ 화학사고란 시설 교체 등의 작업 시 작업자의 과실, 시설결함, 노후화 등으로 인하여 화학물질이 사람이나 환경에 유출·누출되어 발생하는 모든 상황을 말한다.
④ 위해성이란 유해성이 없는 화학물질이 노출되지 않고 사람의 건강이나 환경에 피해를 줄 수 있는 최대 정도를 말한다.

해설 위해성(risk)이란 유해성 화학물질에 노출되는 경우 사람의 건강이나 환경에 피해를 줄 수 있는 정도로써, 노출강도에 의해 결정된다.

87 환경보건법의 기본이념으로 옳지 않은 것은?

① 사전예방주의 원칙
② 수용체 중심 접근의 원칙
③ 사업주 중심의 원칙
④ 취약 민감계층 보호 우선의 원칙

88 작업장 위해성 감소를 위한 유해물질 저감시설에 대한 설명으로 옳지 않은 것은?

① 배기장치는 작업장의 유해물질을 작업장 외부로 배출시키는 장치로써, 작업장의 환경을 개선하기 위하여 기본적으로 설치되어야 한다.
② 국소배기장치는 작업대의 상부 또는 노동자와 마주한 방향에서 흡기가 이루어지도록 설치된다.
③ 백필터여과장치는 함진가스를 여재에 통과시켜 입자를 관성충돌, 직접차단, 확산 등에 의해 분리, 포집하는 장치이다.
④ 전기집진장치는 전기적 인력에 의하여 전하를 띤 입자를 제거하는 장치로, 주로 10μm 이상의 입자를 제거하는데 효율적이다.

해설 전기집진장치는 전기적 인력에 의하여 전하를 띤 입자를 제거하는 장치로, 주로 0.1~0.9μm의 작은 입자를 제거하는데 효율적이다.

89 화학물질에 대한 소비자 노출의 대표적인 노출방식(exposure route)으로 옳지 않은 것은?

① 흡입노출 ② 침습노출
③ 경구노출 ④ 경피노출

해설 인체노출은 크게 경피노출, 흡입노출, 경구노출로 구분한다.

90 유해물질의 노출 및 독성에 근거하여 유해한 결과가 나타날 확률로 정의된 용어로 옳은 것은?

① 독성 ② 위험성
③ 유해성 ④ 위해성

해설 "위해성"이란 유해성이 있는 화학물질이 노출되는 경우 사람의 건강이나 환경에 피해를 줄 수 있는 정도를 말한다.

91 화학물질의 잠재적 위해도의 크기를 평가하기 위해 수행하는 안전성 확인은 무엇으로 정량화 되는가?

① 역치 ② 무영향수준
③ 무영향농도 ④ 위해도결정비

해설 위해도 결정(Risk characterization)은 위해수준을 정량적으로 판단하는 것을 말한다.

정답 88.④ 89.② 90.④ 91.④

92 다음 ( )안에 들어갈 용어로 옳은 것은?

> 적절한 정보의 공유는 유해인자에 대한 대응책을 제시하고 불안감을 해소하며 발생 가능한 분쟁의 해결이나 합의를 도출할 수 있는 원천이 될 수 있다. 이러한 정보 공유와 이해를 위해 수행되는 제반의 과정 혹은 체계를 ( )이라 한다.

① 위해성관리(RM) ② 위해성융합(RI)
③ 위해성평가(RA) ④ 위해성소통(RC)

93 생활화학제품 및 살생물제의 안전관리제에 관한 법률상 다음 [보기]가 설명하는 것으로 옳은 것은?

> [보기]
> 유해생물을 제거, 무해화 또는 억제하는 기능으로 사용하는 화학물질, 천연물질 또는 미생물을 말한다.

① 살생물제품 ② 살생물물질
③ 생활화학제품 ④ 살생물처리제품

94 위해지수(Hazard index)는 어떠한 가정이 충족되어야 한다. 잘못된 설명은?

① 비발암물질을 가정한다.
② 위해수준이 충분히 클 경우에 계산의 의미가 있다.
③ 각 영향이 서로 독립적으로 작용한다.
④ 유사한 용량-반응 모형을 보일 때 적용한다.

  해설 위해수준이 충분히 작을 경우에 계산의 의미가 있다.

정답 92.④ 93.② 94.②

95 다음 설명 중 옳지 않은 것은?

① 초과발암확률이 10^{-4}이하인 경우 발암위해도가 있으며 10^{-6}이상은 발암위해도가 없다고 판단한다.
② 위해지수가 1이상(HI > 1)일 경우는 유해영향이 발생하며, 1이하(HI < 1)일 경우에는 안전하다.
③ 발암잠재력(발암력, CSF, Carcinogenic slope factor)은 노출량-반응(발암률)곡선에서 95% 상한 값에 해당하는 기울기이다.
④ 초과발암위해도를 적용할 수 없는 경우 위해성기준은 위험지수 1로 한다.

해설 초과발암확률이 10^{-4}이상인 경우 발암위해도가 있으며 10^{-6}이하는 발암위해도가 없다고 판단한다.

96 사업장에서 유해화학물질의 단계별 저감 기술에 대한 설명이 잘못된 것은?

① 1단계 : 전공정관리-전과정의 평가
② 2단계 : 성분관리-대체물질 사용 검토
③ 3단계 : 공정관리-공정과정에서 배출억제
④ 4단계 : 환경오염방지시설-오염물질의 배출차단

해설 1단계 : 전공정관리-사업장의 작업 전 화학물질의 도입과정에서 위해 저감

97 화학물질의 심사·평가 등과 관련한 화학물질평가위원회를 두도록 되어있는 법률은?

① 생활화학제품 및 살생물제의 안전관리에 관한 법률
② 환경보건법
③ 화학물질의 등록 및 평가 등에 관한 법률
④ 화학물질관리법

98 사업장의 위해성 소통에서, 고려사항으로 옳지 않은 것은?

① 사업장의 조직적 특성
② 유해인자 노출대상
③ 유해물질의 공급자 정보
④ 취급하는 유해화학물질의 유해성정보

정답 95.① 96.① 97.③ 98.③

99 환경보건법에 포함되지 않는 내용은?

① 화학물질 배출원 및 배출량 조사
② 환경유해인자가 수용체에 미칠 영향을 예방
③ 환경유해인자의 노출에 민감한 계층의 우선적 보호
④ 위해성 등에 관한 적절한 정보를 제공

해설 화학물질 배출원 및 배출량 조사, 화학물질 통계조사, 정보공개는 화학물질관리법의 내용이다.

100 산업안전보건법의 정기안전보건교육내용이 틀린 것은?

① 관리감독자 : 작업공정의 유해·위험과 재해 예방대책에 관한 사항
② 관리감독자 : 건강증진 및 질병 예방에 관한 사항
③ 근로자 : 산업재해보상보험 제도에 관한 사항
④ 근로자 : 산업안전 및 사고 예방에 관한 사항

해설 근로자 : 건강증진 및 질병 예방에 관한 사항

정답 99.① 100.②

환경위해관리기사 필기 CBT 모의고사
제3회 2023년 07월 08일 시행

제1과목 유해성 확인 및 독성평가

01 화학물질관리법령상 유해화학물질의 취급기준에 관한 설명으로 옳지 않은 것은?

① 화재, 폭발 등의 위험성이 높은 유해화학물질은 가연성물질과 접촉되지 않도록 할 것
② 고체 유해화학물질을 용기에 담아 이동할 때에는 용기 높이의 90%이상을 담지 않도록 할 것
③ 별도의 안전조치를 취하지 않은 경우 유해화학물질이 묻어있는 표면에 용접을 하지 말 것
④ 유해화학물질을 취급할 때 증기가 발생하는 경우 해당 증기를 포집하기 위한 국소배기장치를 설치하고 사고 발생 시 가동을 시작할 것

> 해설 유해화학물질을 계량하고 공정에 투입할 때 증기가 발생하는 경우에는 해당 증기를 포집하기 위한 국소배기장치를 설치하고 가동할 것

02 가교원리를 적용하여 혼합물의 유해성을 분류할 때, 가교원리를 적용할 수 있는 기준으로 옳지 않은 것은?

① 배치(Batch)
② 희석(Dilution)
③ 고유해성 혼합물의 농축(Concentration)
④ 하나의 독성구분 내에서의 외삽(Extrapolation)

> 해설 가교원리 적용 ; 희석, 배치, 농축, 내삽, 유사 혼합물, 에어로졸

정답 01.④ 02.④

03 다음 중 발암성 물질의 위해성평가에 활용되는 독성지표로 옳지 않은 것은?

① 발암잠재력
② 단위위해도
③ 일일섭취한계량
④ 최소영향도출수준

해설 발암성 물질의 독성지표로는 단위위해도(UR), 발암잠재력(CSF), 최소영향수준(DMEL)이 있으며 비발암성 물질의 독성지표로는 NOEL, NOAEL 등이 있다.

04 화학물질관리법령상 환경부장관은 몇 년마다 화학물질 통계조사를 실시해야 하는가?

① 1년
② 2년
③ 4년
④ 5년

해설 환경부장관은 2년마다 화학물질의 취급과 관련된 취급현황, 취급시설 등에 관한 통계조사를 실시하여야 한다.

05 물질보건안전자료(MSDS)에 대한 설명으로 옳지 않은 것은?

① 화학물질의 물리·화학적 특성 등 물질 상세정보가 포함되어 있다.
② 누출사고 등 응급/비상 시 대처법에 대한 내용이 포함되어 있다.
③ 16개 항목별 포함되어야할 사항이 GHS에 의해 규정되어 있다.
④ H-code는 유해성, P-code는 위험성에 관한 문구를 나타낸다.

해설 H-code 유해 위험문구(hazard statement), P-code 예방조치문구(precautionary statement)

06 다음 중 충분한 검토를 거쳐 독성참고치(RfD)와 동일한 개념으로 사용할 수 있는 것을 모두 나열한 것은? (단, 화학물질 위해성 평가의 구체적 방법등에 관한 규정 기준)

㉠ 내용일일섭취량(TDI)
㉡ 일일섭취허용량(ADI)
㉢ 잠정주간섭취허용량(PTWI)
㉣ 흡입노출참고치(RfC)

① ㉠
② ㉠, ㉡
③ ㉠, ㉡, ㉢
④ ㉠, ㉡, ㉢, ㉣

정답 03.③ 04.② 05.④ 06.④

07 발암성 물질의 평가에 활용되는 독성지표로 옳지 않은 것은?

① 단위위해도(UR) ② 발암잠재력(CSF)
③ 최소영향수준(DMEL) ④ 무영향관찰농도(PNEC)

> 해설 비발암성 물질의 독성지표로는 NOEL, NOAEL 등이 있다.

08 최소영향수준(DMEL)의 도출 과정을 순서대로 나열한 것은?

> 가. 최소영향수준 도출
> 나. T_{25} 및 BMD_{10} 산출
> 다. 시작점 보정
> 라. 용량기술자 선정

① 다 - 나 - 라 - 가 ② 나 - 가 - 라 - 다
③ 다 - 라 - 가 - 나 ④ 라 - 나 - 다 - 가

09 용량-반응평가에서 언급되는 유해성 지표에 대한 설명으로 옳지 않은 것은?

① 반수치사량(LD_{50})은 급성독성을 평가하는 지표이다.
② 무영향관찰용량(NOAEL)은 만성독성을 평가하는 지표이다.
③ 최소영향관찰용량(LOAEL)은 동물시험에서 유해한 영향이 확인된 최저투여 용량을 말한다.
④ 무영향관찰용량(NOAEL)은 동물시험에서 유해한 영향이 확인되지 않은 최저투여 용량을 말한다.

> 해설 무영향관찰용량(NOAEL, No observed adverse effect level)은 노출량에 대한 반응이 관찰되지 않고 영향이 없는 최대 노출량을 말한다.

정답 07.④ 08.④ 09.④

10 용량-반응평가에서 도출된 DNEL 값을 최종적으로 사용하는 위해성 평가의 단계는?

① 유해성 확인   ② 위해도 결정
③ 노출 평가   ④ 위해성 소통

해설 비발암성 독성지표에는 Derived no effect level[DNEL], Reference concentration[RfC], Reference dose[RfD], Acceptable daily intake[ADI], Tolerable daily intake[TDI] 등이 있다.

$$Hazard\ Index = \frac{1일\ 노출량(mg/kg.day)}{RfD\ or\ ADI\ or\ TDI(mg/kg)}$$

11 비발암물질의 용량-반응 평가에서 도출된 유해성지표(NOAEL, LOAEL)와 독성참고치(RfD)의 용량 관계를 바르게 나타낸 것은?

① LOAEL > RfD > NOAEL   ② LOAEL > NOAEL > RfD
③ RfD > LOAEL > NOAEL   ④ RfD > NOAEL > LOAEL

해설 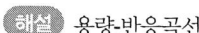 용량-반응곡선

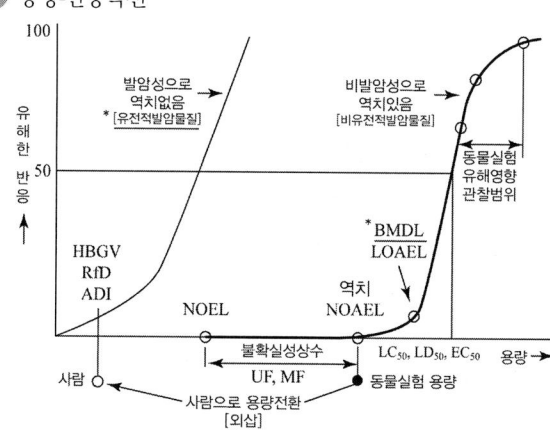

12 NOAEL(No Observed Adverse Effect Level)에 대한 설명으로 옳지 않은 것은?

① 무영향관찰용량이라 한다.
② 임상시험을 통해 인체에 영향을 미치지 않는 투여 용량이다.
③ 동물 시험에서 유해한 영향이 확인되지 않는 최고 투여 용량이다.
④ 독성자료로부터 얻은 화학물질의 NOAEL에 불확실성 변수 또는 외삽 변수를 적용하여 인간 혹은 환경에서 예상되는 예측무영향 수준을 산출한다.

해설 무영향관찰용량(NOAEL)은 동물실험의 노출량에 대한 반응이 관찰되지 않고 영향이 없는 최대 노출량을 말한다.

정답 10.② 11.② 12.②

13 다음 화학물질 건강유해성 그림문자가 의미하는 것으로 옳지 않은 것은?

① 흡입하면 유해함
② 피부에 자극을 일으킴
③ 눈에 심한 자극을 일으킴
④ 종양을 일으킬 것으로 의심됨

해설 그림문자는 1. 급성독성물질의 경우 [흡입]흡입하면 유해함, [경구]삼키면 유독함, [경피]피부와 접촉하면 유해함 2. 피부 부식성/피부자극성 물질 3. 심한 눈 손상/눈 자극성 물질

14 경구노출에 대한 인체 만성 독성 평가의 기준이 되는 독성 지표와 거리가 가장 먼 것은?

① 최소영향관찰용량(LOAEL)
② 잠정주간섭취허용량(PTWI)
③ 독성참고치(RfD)
④ 1일섭취허용량(ADI)

해설 만성 독성 평가의 독성지표는 무영향관찰용량(NOAEL)을 외삽하여 RfD, ADI, PTWI 등을 구한다.

15 화학물질위해성평가의 구체적 방법 등에 관한 규정상의 종민감도분포 이용을 위한 최소자료 요건으로 옳은 것은?

① 물 : 3개 분류군에서 최소 4종이상
② 토양 : 4개 분류군에서 최소 4종이상
③ 물 : 4개 분류군에서 최소 5종이상
④ 토양 : 5개 분류군에서 최소 5종이상

해설 종민감도분포 이용을 위한 최소자료 요건

매체구분	최소자료 요건
물	4개 분류군에서 최소 5종 이상[조류, 갑각류, 연체류, 어류 등]
토양	4개 분류군에서 최소 5종 이상[미생물, 식물류, 톡토기류, 지렁이 등]
퇴적물	4개 분류군에서 최소 5종 이상[미생물, 빈모류, 깔따구류, 단각류 등]

정답 13.④ 14.① 15.③

16 생태독성 자료의 해석에 관한 설명으로 옳지 않은 것은?

① 급·만성 생태독성에서 얻은 가장 민감한 생물종의 독성값에 적절한 평가계수를 적용하여 예측무영향관찰농도(PNEC)를 산출한다.
② 만성 생태독성의 지표인 최소영향관찰농도(LOEC), 무영향관찰농도(NOEC)는 용량-반응 곡선에서 찾을 수 있다.
③ 각각의 종말점에 대해 유의한 변화를 초래한 농도군 중 가장 낮은 농도를 무영향관찰농도(NOEC)로 결정한다.
④ 급성 생태독성의 지표인 LC_{50}, EC_{50}는 주로 컴퓨터프로그램을 이용하여 얻은 점 추정된 값을 의미한다.

> 해설) 각각의 종말점에 대해 유의한 변화를 초래한 농도군 중 가장 높은 농도를 무영향관찰농도(NOEC)로 결정한다.

17 경구노출에 대한 인체 만성 독성 평가의 기준이 되는 독성 지표와 거리가 가장 먼 것은?

① 최소영향관찰용량(LOAEL)   ② 잠정주간섭취허용량(PTWI)
③ 독성참고치(RfD)   ④ 1일섭취허용량(ADI)

> 해설) 만성 독성 평가의 독성지표는 무영향관찰용량(NOAEL)을 외삽하여 RfD, ADI, PTWI 등을 구한다.

18 화학물질의 구조를 기반으로 독성을 예측할 수 있는 모델에 해당하지 않는 것은?

① TOPKAT   ② TEST
③ ECOSAR   ④ ECETOC TRA

> 해설)

모델	분류군 기반	독성 예측 값
ECOSAR	화학물질의 구조	어류, 물벼룩, 조류의 급만성 독성 예측
TOPKAT	분자구조의 수치화, 암호화	기존 어류, 물벼룩의 독성시험 데이터로 예측
MCASE	물리 화학적 특성, 활성/비활성 특성	기존 어류, 물벼룩의 독성시험 데이터로 예측
OASIS	화학물질 구조, 생물농축계수	기존의 급성독성자료로 예측
TEST	화학물질의 구조, CAS 번호	어류, 물벼룩의 LC_{50}, 랫트의 LD_{50}, 농축계수 예측
VEGA	인체독성	유전독성, 발생독성, 피부감각성, 내분비계 독성 예측
QSAR	화학물질의 구조특성, 원자개수, 분자량	무영향예측농도
Cons EXPO	생활화학제품	제품노출평가

정답 16.③ 17.① 18.④

19 화학물질관리법령상 다음 [보기]가 의미하는 용어로 옳은 것은?

> [보기]
> 화학물질 중에서 급성독성·폭발성 등이 강하여 화학사고의 발생 가능성이 높거나 화학사고가 발생한 경우에 그 피해 규모가 클 것으로 우려되는 화학물질

① 유독물질
② 제한물질
③ 허가물질
④ 사고대비물질

20 화학물질의 표시에 사용하는 그림문자에 관한 설명으로 옳지 않은 것은?
① 그림문자의 모양은 1개의 정점에서 바로 세워진 마름모 형태이어야 한다.
② 해골과 X자형 뼈의 그림문자가 사용되는 경우에는 감탄부호는 사용해서는 안 된다.
③ 그림문자는 흰 배경 위에 검은 심벌을 두고 분명히 보이는 충분한 폭의 적색 테두리로 둘러싸야 한다.
④ 부식성 심벌이 사용되는 경우에는 피부 또는 눈 자극성을 나타내는 감탄부호와 함께 사용해야 한다.

해설 두 가지 이상의 유해성·위험성이 있는 경우 해당하는 모든 그림문자를 표시해야 한다. 다만, 다음에 해당되는 경우에는 이에 따른다.
- "해골과 X자형 뼈" 그림문자와 "감탄부호(!)" 그림문자가 모두 해당되는 경우에는 "해골과 X자형 뼈"의 그림문자만을 표시한다.
- 부식성 그림문자와 피부자극성 또는 눈자극성 그림문자에 모두 해당되는 경우에는 부식성 그림문자만을 표시한다.
- 호흡기과민성 그림문자와 피부과민성, 피부자극성 또는 눈자극성 그림문자가 모두 해당되는 경우에는 호흡기과민성 그림문자만을 표시한다.

정답 19.④ 20.④

제2과목 유해화학물질 안전관리

21 사고시나리오 선정 시 사용하는 용어 중 다음에서 설명하는 것은?

> 사람이나 환경에 영향을 미칠 수 있는 독성농도, 과압, 복사열 등의 수치에 도달하는 지점

① 끝점 ② 최대량
③ 파과점 ④ 한계량

22 다음 중 공정위험성 분석을 위한 예비 위험분석 절차로 가장 적합한 것은?

① 위험요인 및 대상설비 파악→ 위험요인별 영향 매트릭스 작성→ 각 시나리오 누출조건 분석
② 위험요인 및 대상설비 파악→ 각 시나리오 누출조건 분석→ 위험요인별 영향 매트릭스 작성
③ 위험요인별 영향 매트릭스 작성→ 위험요인 및 대상설비 파악→ 각 시나리오 누출조건 분석
④ 위험요인별 영향 매트릭스 작성→ 각 시나리오 누출조건 분석→ 위험요인 및 대상설비 파악

23 다음 중 화학물질의 분류 및 표시 등에 관한 규정에서 제시된 그림문자 중 산화성 가스를 나타내는 것은?

①

②

③

④

정답 21.① 22.① 23.②

24 사고시나리오 분석에 적용하는 조건에 관한 설명으로 옳은 것은?

① 현지기상을 적용하지 않을 경우 대기온도 25℃, 대기습도 50%를 적용한다.
② 조건에 따라 운전온도가 변하는 경우 영향 범위가 최소가 되는 최저점의 온도를 적용한다.
③ 현지기상을 적용하는 경우 최소 10년간 해당지역의 평균 온도 및 평균 습도를 적용한다.
④ 풍속 또는 대기안정도를 확인할 수 없는 경우 풍속은 10m/s, 대기안정도는 약간 불안정함을 적용한다.

해설 ① 최악의 사고시나리오 분석은 초당 1.5m의 풍속으로 하고, 대기안정도는 [사고시나리오 선정에 관한 기술지침, 붙임2]의 "F" 로 한다.
② 대안의 사고시나리오 분석은 실제 해당 지역의 기상조건을 이용한다. 단, 풍속 및 대기안정도를 확인할 수 없는 경우에는 풍속은 초당 3m로, 대기안정도는 [사고시나리오 선정에 관한 기술지침, 붙임2]의 "D" 로 한다.
③ 최악의 사고시나리오 분석의 경우
 • 대기온도 25℃, 대기습도 50%를 적용한다.
④ 대안의 사고시나리오 분석의 경우
 • 현지기상을 적용하는 경우에는 최소 1년간 해당지역의 평균 온도 및 평균습도를 적용한다.
 • 현지기상을 적용하지 않을 경우에는 대기온도 25℃, 대기습도 50%를 적용한다.

25 화학물질관리법령상 유해화학물질 취급시설의 보수 및 시설 변경 등의 작업을 실시할 때에 관한 설명 중 (   )안에 가장 적합하지 않은 내용은?

> 유해화학물질 취급시설의 보수 및 시설 변경 등의 작업을 실시하는 경우에는 (   )등을 적은 표지를 작업 현장과 인접하여 사람들이 잘 볼 수 있는 곳에 게시해야 한다.

① 시설명 및 공사 규모
② 작업 종류 및 작업 일정
③ 작업 관리자의 성명 및 연락처
④ 유해화학물질 취급설비의 운전조건

26 물질안전보건자료(MSDS)작성의 원칙으로 옳지 않은 것은?

① 정보가 부족한 경우나 이용 가능하지 않은 경우에는 기재하지 않는다.
② 물질안전보건자료에 포함되는 정보는 명확하게 작성되어야 한다.
③ 물질안전보건자료에서 사용되는 용어는 은어, 두문자어 및 약어의 사용을 피해야한다.
④ 물질안전보건자료에는 법적으로 정해진 기재사항이 모두 포함되어야 한다.

해설 정보가 부족한 경우나 이용 가능하지 않은 경우에는 이러한 사실을 명확히 기재하여야 한다.

정답 24.① 25.④ 26.①

27 유해화학물질 취급시설의 안전진단 주기의 기준이 되는 서류는?

① 화학사고예방관리계획서 ② 안전진단결과보고서
③ 공정안전보고서 ④ 정기검사결과서

해설 안전진단 주기
- 가위험도 유해화학물질 취급시설 : 화학사고예방관리계획서 검토결과서를 받은 날부터 매 4년
- 나위험도 유해화학물질 취급시설 : 검토결과서를 받은 날부터 매 8년
- 다위험도 유해화학물질 취급시설 : 검토결과서를 받은 날부터 매 12년

28 개별 단위 설비에서 보유할 수 있는 유해화학물질의 최대량이 5kg일 때, 최악의 사고 시나리오를 작성하기 위해 구한 유해화학 물질의 누출률(g/min)은?

① 0.5 ② 50
③ 500 ④ 5000

해설 용기나 배관에 있는 최대량이 10분(600초)동안 누출로 고려한다.

$$누출률 R_R(kg/분) = \frac{누출량 Q_R(kg)}{10} \quad \therefore \frac{5kg}{10} = 500 g/\min$$

29 화학물질관리법상 유해화학물질 취급기준에 대한 설명으로 옳은 것은?

① 유해화학물질 취급 중에는 음료수 외에는 섭취하지 않는다.
② 폭발성 물질과 같이 불안정한 물질은 절대 취급하지 않도록 한다.
③ 유해화학물질을 버스, 철도 등 대중교통 수단을 이용하여 운반할 때에는 누출되지 않도록 밀폐하여야 한다.
④ 유해화학물질이 묻어있는 표면에 용접을 하지 않는다. 다만, 화기 작업허가 등 안전조치를 취한 경우에는 그러하지 아니하다.

해설
- 유해화학물질의 취급 중에 음식물, 음료 등을 섭취하지 말 것
- 화재, 폭발 등 위험성이 높은 유해화학물질은 가연성 물질과 접촉되지 않도록 하고, 열·스파크·불꽃 등의 점화원(點火源)을 제거할 것
- 버스, 철도, 지하철 등 대중 교통수단을 이용하여 유해화학물질을 운반하지 말 것

정답 27.① 28.③ 29.④

30 유해화학물질이 시험생산용일 경우 유해화학물질 취급시설 운영자가 작성하는 화학물질의 시범생산계획서에 포함되지 않는 내용은?

① 취급물질 정보
② 취급시설 정보
③ 시범 생산 공정의 주요 내용
④ 지방환경관서 허가 절차도

31 혼합물의 유해성을 산정하기 위한 방법 중 가산방식을 이용하는 유해성 항목으로 옳은 것은?

① 발암성
② 호흡기 과민성
③ 수생환경 유해성
④ 생식세포 변이원성

해설   보기 1.2.4는 비가산방식 보기3은 가산방식에 해당된다.

32 화학물질관리법상 유해화학물질의 취급행위에 해당하지 않는 것은?

① 제조
② 사용
③ 저장
④ 항공기를 통한 운반

해설   운반업은 유해화학물질(허가·금지물질 제외)을 운반(항공기, 선박, 철도를 이용한 운반은 제외)하는 영업

33 공정위험성 분석자료 작성 시 공정안전정보에 포함되는 것으로 옳은 것은?

① 공정개요
② 방제장비
③ 유해성 정보
④ 사고대비물질 목록

해설   공정 개요는 유해화학물질을 취급하는 공정위주로 해당 공정에서 일어나는 화학반응 및 처리방법, 운전조건, 반응조건 등의 사항들을 포함한다.

정답   30.④   31.③   32.④   33.①

34 유해·위험물질을 취급하는 제조공정과 설비를 대상으로 화재·폭발·누출 사고의 위험성을 도출하고, 실제 화학사고로 연결될 가능성과 발생 시 피해의 크기를 예측·평가·분석하는 기법으로 옳지 않은 것은?

① 체크리스트 평가 기법
② 사고예상 질문 분석 기법
③ 절대위험순위 결정 기법
④ 위험과 운전분석 기법

> 해설 공정 위험성 분석은 체크리스트 기법, 상대위험순위 결정기법, 작업자 실수분석기법, 사고예상 질문분석기법, 위험과 운전분석기법, 이상위험도 분석기법, 결함수 분석기법, 사건수 분석기법, 원인결과 분석기법, 예비위험 분석기법 중 적정한 기법을 선정하여 작성한다.

35 영향범위 내 주민수가 65명이고 사고 발생빈도가 1.4×10^{-2}일 때 영향범위의 위험도로 옳은 것은?

① 0.65
② 65
③ 0.91
④ 91

> 해설 위험도 = 영향범위 내 주민수 × 사고 발생빈도
> 위험도 = 65명 × 0.014 = 0.91

36 공정위험성 분석결과를 토대로 사고시나리오를 선정하기 위해 유해화학물질의 끝점을 결정할 때 적용 기준에 해당하지 않는 것은?

① 미국 에너지부(DOE)의 PAC-2
② 미국산업위생학회(AIHA)의 ERPG-2
③ 미국 환경보호청(EPA)의 1시간 AEGL-2
④ 미국직업안전보건청(NIOSH)의 IDLH 수치 50%

> 해설 끝점 결정기준에는 미국 에너지부(DOE)의 PAC-2, 미국산업위생학회(AIHA)의 ERPG-2, 미국 환경보호청(EPA)의 1시간 AEGL-2, 미국산업위생학회(AIHA)의 ERPG2 등이 있으며 미국산업위생학회(AIHA)에서 발표하는 ERPG2(Emergency response planning guideline 2)를 우선 적용한다.

정답 34.③ 35.③ 36.④

37 유해화학물질 검사기관은 유해화학물질 취급시설에 대한 설치검사와 정기·수시검사 및 안전진단을 수행하여 검사결과보고서를 작성하는데, 이 중 안전진단에 대한 결과는 몇 년간 보존해야 하는가?

① 5년　　　　　　　　　　② 10년
③ 15년　　　　　　　　　　④ 20년

38 유해화학물질 취급시설의 외벽으로부터 보호대상까지의 안전거리를 결정하기 위해 보호대상을 갑종 보호대상과 을종 보호대상으로 분류할 때, 갑종 보호대상에 해당하지 않는 것은?

① 병원 등 의료시설
② 주유소 및 석유판매소
③ 교회 등 300명 이상 수용할 수 있는 종교시설
④ 영화상영관, 전시장, 그 밖에 이와 유사한 시설로서 300명 이상 수용할 수 있는 시설

> **해설** 갑종보호대상에는 문화집회시설, 종교시설, 판매시설, 운수시설, 의료시설, 교육연구시설, 노유자시설, 숙박시설, 관광시설, 수련시설, 주택 등이 있다.

39 화학물질관리법령상 유해화학물질 운반차량 중 1톤 초과 차량에 표시하는 유해·위험성 우선순위가 가장 높은 것은?

① 폭발성 물질　　　　　　② 자연 발화성 물질
③ 인화성 액체　　　　　　④ 방사성 물질

> **해설** 유해·위험성 우선순위 : 방사성 물질 > 폭발성 물질 > 가스 > 인화성 액체

40 다음 중 공정위험성 분석을 위한 예비 위험분석 절차로 가장 적합한 것은?

① 위험요인 및 대상설비 파악 → 위험요인별 영향 매트릭스 작성 → 각 시나리오 누출조건 분석
② 위험요인 및 대상설비 파악 → 각 시나리오 누출조건 분석 → 위험요인별 영향 매트릭스 작성
③ 위험요인별 영향 매트릭스 작성 → 위험요인 및 대상설비 파악 → 각 시나리오 누출조건 분석
④ 위험요인별 영향 매트릭스 작성 → 각 시나리오 누출조건 분석 → 위험요인 및 대상설비 파악

정답 37.④　38.②　39.④　40.①

제3과목 노출평가

41 어린이용품 환경유해인자 사용제한 등에 관한 규정상 어린이 용품에 사용을 제한하는 환경유해인자에 해당하지 않는 것은?

① 노닐페놀
② 트라이뷰틸 주석
③ 다이에틸헥실프탈레이트
④ 다이이소노닐프탈레이트

해설 어린이용품 환경유해인자 4종
다이-n-옥틸프탈레이트, 노닐페놀, 트라이뷰틸 주석, 다이이소노닐프탈레이트

42 인체노출평가를 위한 연구집단 선정 시 연구대상에 따른 조사방법에 관한 내용으로 옳지 않은 것은?

① 연구대상 집단의 모든 구성원을 대상으로 실행하는 방법을 전수조사라 한다.
② 연구대상 집단을 대표하는 표본을 선정하여 실행하는 방법을 확률표본조사라 한다.
③ 노출평가를 위한 연구 집단 조사방법에는 전수조사, 확률표본조사, 일화적조사가 있다.
④ 높은 확률을 가질 것으로 기대되는 표본을 선정하여 실행하는 방법을 일화적조사라 한다.

해설 일화적조사란 연구대상 집단에서 무작위로 표본을 선정하여 실행하는 방법을 말한다.

43 어떤 가정에서 지속적으로 방출되는 거치식 방향제를 $50m^3$ 부피의 거실에서 사용하고 있으며 이 방향제에는 휘발성의 톨루엔이 포함되어 있다. 상세 평가할 경우 거실 공기 중의 톨루엔 농도($\mu g/m^3$)는?

구분	값
G_d : 일당 방출량($\mu g/d$)	1000
W_f : 제품 중 성분비	1×10^{-1}
N : 환기율(회/h)	0.5

① 0.12
② 0.17
③ 1.2
④ 4.0

해설 $\dfrac{1}{50m^3} | \dfrac{1000\mu g}{day} | \dfrac{0.1}{} | \dfrac{hr}{0.5} | \dfrac{day}{24hr} = 0.1666 \mu g/m^3$

정답 41.③ 42.④ 43.②

44 생활화학제품 및 살생물제의 안전관리에 관한 법령상의 용어 정의로 옳지 않은 것은?

① 위생용품은 건강 증진을 위해 공업적으로 생산된 물품이다.
② 생활화학제품은 사람이나 환경에 화학물질의 노출을 유발할 가능성이 있는 화학제품이다.
③ 살생물처리제품은 제품의 주된 목적 외에 유해생물 제거 등의 부수적인 목적을 위해 살생물제품을 사용한 제품이다.
④ 살생물제품은 유해생물의 제거 등을 주된 목적으로 하는 화학물질로부터 살생물질을 생성하는 제품이다.

45 다음 중 어린이제품 공통안전기준상 유해원소 용출기준이 가장 높은 물질은?

① 셀레늄(Se)
② 바륨(Ba)
③ 안티모니(Sb)
④ 납(Pb)

해설 바륨(Ba)의 허용치 : 1000 mg/kg 이하

46 인체노출평가를 위한 연구집단 선정 시 연구대상에 따른 조사방법에 관한 내용으로 옳지 않은 것은?

① 연구대상 집단의 모든 구성원을 대상으로 실행하는 방법을 전수조사라 한다.
② 연구대상 집단을 대표하는 표본을 선정하여 실행하는 방법을 확률표본조사라 한다.
③ 노출평가를 위한 연구 집단 조사방법에는 전수조사, 확률표본조사, 일화적조사가 있다.
④ 높은 확률을 가질 것으로 기대되는 표본을 선정하여 실행하는 방법을 일화적조사라 한다.

해설 일화적조사란 연구대상 집단에서 무작위로 표본을 선정하여 실행하는 방법을 말한다.

47 바이오모니터링에서 특정유해물질에 대한 노출과 내적 노출량을 반영하는 지표는?

① 노출 생체지표
② 독성 생체지표
③ 민감성 생체지표
④ 위해성영향 생체지표

해설 바이오 모니터링은 인체시료에서 노출을 반영하는 생체지표의 농도를 측정하는 방법으로 노출 생체지표, 위해영향 생체지표, 민감성 생체지표 등이 있다.

정답 44.① 45.② 46.④ 47.①

48 경피노출의 인체 노출량 산정에 필요한 정보에 해당하지 않는 것은?

① 섭취율
② 노출 빈도
③ 피부 흡수율
④ 피부 접촉 면적

해설 경피노출의 인체 노출량 산정(피부노출, 세척, 샤워, 토양)

$$\text{Inhalation ADD}(mg/kg \cdot day) = \frac{DA_{event} \times EV \times SA \times EF \times ED \times ABs}{BW \times AT}$$

49 전이량에 관한 설명으로 옳지 않은 것은?

① 전이량은 흡입, 경구, 경피의 노출경로별로 다르게 추정된다.
② 제품에 함유된 물질 중 인체에 흡수될 수 있는 최대량을 전이량이라 한다.
③ 전이량은 시간에 따른 면적당 화학물질의 이동비율인 전이율을 바탕으로 추정된다.
④ 직접섭취에 의한 전이량은 중금속이 대상인 경우 인공위액을 모사한 염산을 이용하여 추출 후 측정한다.

해설 전이량은 제품에 함유된 유해물질의 총량 중 실제적으로 인체에 이동한 양이다.

50 사무실 실내공기 중 폼알데하이드 농도가 $200\mu g/m^3$이다. 이 사무실에서 6개월간 근무한 성인 남성의 폼알데하이드에 대한 평생일일평균노출량(mg/kg/d)은? (단, 성인 남성의 호흡률은 15m³/d, 평균체중은 70kg, 평균 노출기간은 70y, 피부흡수율은 100%)

① 3.67×10^{-3}
② 3.02×10^{-4}
③ 6.12×10^{-4}
④ 6.89×10^{-4}

해설 평생1일평균 노출량 = $\frac{\text{오염도}(mg/m^3) \times \text{접촉률}(m^3/day) \times \text{노출기간}(day) \times \text{흡수율}}{\text{체중}(kg) \times \text{평균기간}(통상 70년, day)}$

$$\frac{200\mu g}{m^3} \Big| \frac{0.5y}{} \Big| \frac{15m^3}{day} \Big| \frac{1}{70kg} \Big| \frac{1}{70y} \Big| \frac{mg}{1000\mu g} = 3.0 \times 10^{-4}$$

51 소비자제품의 인체노출경로를 결정할 때 고려사항으로 가장 적합하지 않는 것은?

① 제품의 용도
② 제품의 형태
③ 제품의 제조공정
④ 제품의 안전사용 조건

정답 48.① 49.② 50.② 51.③

52 분석의 정도관리를 위해 검정곡선을 작성할 때의 설명으로 틀린 것은?

① 외부검정곡선법은 시료의 농도와 측정값의 상관관계를 검정곡선식에 대입하여 계산하는 방법이다.
② 검정곡선식은 측정대상물질의 농도 축과 측정값 축에 2차 방정식으로 상관성을 표현한다.
③ 표준물첨가법은 일정량의 표준물질의 시료와 같은 매질에 첨가하여 검정곡선을 작성하는 방법이다.
④ 내부표준법은 시료와 검정곡선 작성용 표준용액에 같은 양의 내부표준물질의 첨가하여 분석 시스템에 대한 오차를 보정하는 방법이다.

> **해설** 검정곡선법(External standard method)은 시료의 농도와 지시값과의 상관성을 검정곡선 식에 대입하여 작성하는 방법이다.

53 노출시나리오를 통한 인체 노출평가의 과정을 순서대로 옳게 나열한 것은?

> ㉠ 노출 시나리오 작성
> ㉡ 대상인구집단 파악 및 특성 평가
> ㉢ 중요한 노출원의 오염 수준 결정
> ㉣ 중요한 노출 방식에 의한 오염물질 섭취량 추정
> ㉤ 중요한 이동 경로 및 노출 방식 결정
> ㉥ 노출계수 파악

① ㉠ → ㉢ → ㉤ → ㉣ → ㉥ → ㉡
② ㉥ → ㉠ → ㉡ → ㉢ → ㉥ → ㉣
③ ㉠ → ㉡ → ㉤ → ㉢ → ㉥ → ㉣
④ ㉥ → ㉠ → ㉡ → ㉤ → ㉣ → ㉢

54 노출계수를 수집하기 위한 방법으로 시간과 비용이 많이 들지만 응답자가 이해하지 못한 문항에 대해 설명이 가능하여 신뢰성이 높은 응답을 얻을 수 있는 설문조사 방법은?

① 관찰조사
② 서면조사
③ 면접조사
④ 온라인조사

> **해설** 조사방법에는 온라인 조사, 면접조사, 관찰조사, 우편조사 등이 있다.
> • 온라인 조사는 응답의 신뢰도가 낮다.
> • 면접조사는 조사원의 영향이 크게 작용한다.
> • 관찰조사는 어린이의 행동특성을 조사하는데 적합하다.
> • 우편조사는 응답자가 충분한 시간을 가지고 응답할 수 있다.

정답 52.② 53.③ 54.③

55 환경시료 내 물리화학적 특성을 가진 물질을 용해할 수 있는 용매를 이용하여 표적물질을 분리해내는 전처리 과정은?

① 여과(filtration)
② 정제(purification)
③ 추출(extraction)
④ 농축(concentration)

> **해설** 추출은 용매를 이용해 시료 내 표적물질을 분리해 내는 방법으로 속슬레 추출, 액-액 추출, 고체상 추출이 있다.

56 벼농사를 짓는 농경지가 유기인계 농약인 파라치온(parathion)으로 오염되어 있다. 이 지역 주민들의 오염된 쌀 섭취를 통해 노출되는 파라치온의 일일평균노출량(mg/kg/day)으로 옳은 것은?

- 쌀의 파라치온 농도: 1.6 mg/kg
- 쌀 섭취량: 200 g/day
- 노출빈도: 365 day/year
- 노출기간: 25 years
- 평균체중: 60 kg

① 1.00×10^{-5}
② 1.54×10^{-5}
③ 2.07×10^{-5}
④ 5.33×10^{-3}

> **해설** 일일평균노출량 $= \dfrac{1.6mg}{kg} \Big| \dfrac{0.2kg}{day} \Big| \dfrac{1}{60kg} = 0.0053 mg/kg \cdot day$

57 사람의 일일평균노출량(ADD, Average Daily Dose) 산정을 위해 고려해야 할 사항으로 가장 거리가 먼 것은?

① 접촉률
② 평균 키
③ 노출 기간
④ 특정 매체의 오염도

> **해설** 노출기간, 접촉률, 매체 오염도, 체중, 종, 성, 개인 간 차이, 내성 등을 고려한다.

정답 55.③ 56.④ 57.②

58 환경보건법상 수행하는 국민환경보건기초 조사에서 중금속의 인체노출평가를 위해 혈액시료에서만 분석하는 물질로 옳은 것은?

① 납(Pb) ② 비소(As)
③ 수은(Hg) ④ 구리(Cu)

> **해설** 환경보건법상 수행하는 국민환경보건기초조사에서 중금속의 인체노출평가를 위해 납(Pb)은 혈액시료에서만 분석한다.

59 환경시료 안에 있는 화학물질의 분자를 이온화시킨 후 전자기장을 이용하여 질량에 따라 분리시키고 질량/이온화비(m/z)를 검출하여 분석하는 방법으로 옳은 것은?

① 질량분석법 ② 분광분석법
③ 혼성분석기법 ④ 전기화학분석법

> **해설** [표] 환경시료의 기기분석법 종류
>
> | 기기분석방법 | 설 명 |
> |---|---|
> | 분리기법 | 혼합되어 있는 물질에서 각 화학물질마다 다양한 흡착 및 이동능력을 이용하여 물질을 분리해 내는 방법으로 기체크로마토그래피법, 액체크로마토그래피법이 있다. |
> | 질량분석법 | 환경시료 안에 있는 화학물질의 분자를 이온화시킨 후 전자기장을 이용하여 질량에 따라 분리시키고 질량/이온화비(m/z)를 검출하여 분석하는 방법이다. |
> | 분광분석법 | 환경시료 안에 있는 분자의 종류에 따라 전자기파의 상호작용이 다르다는 특성을 이용하여 시료의 화학물질을 분리하는 방법으로 원자흡수분광법, 유도결합플라즈마법 등이 있다. |
> | 전기화학분석법 | 분석대상 물질의 전위를 측정하는 방법이다. |
> | 혼성분석기법 | 몇 가지 분석기법을 같이 사용하여 분석하는 것으로 단일분석기법보다 높은 정확도와 신뢰도를 가질 수 있다. |

60 일반적인 노출알고리즘의 설명으로 잘못된 것은?

① 노출계수(Exposure factor)는 노출량을 산출하는데 필요한 기본 값으로 체중, 오염도, 섭취량, 체내 흡수율 등이 포함된다.
② 1일평균노출량(ADD, Average daily dose) 또는 일일평균섭취량(CDI, Chronic daily intake)은 노출량의 추정치이다.
③ 평생1일평균노출량(LADD, Lifetime average daily dose)은 노출량의 추정치이다.
④ 평생1일평균노출량(LADD, Lifetime average daily dose) 산정식에서 평균노출시간(AT)은 실제 노출시간을 적용한다.

> **해설** 평생1일평균 노출량 = $\dfrac{\text{오염도}(mg/m^3) \times \text{접촉률}(m^3/day) \times \text{노출기간}(day) \times \text{흡수율}}{\text{체중}(kg) \times \text{평균기간}(\text{통상 70년}, day)}$
>
> 평생1일평균노출량(LADD, Lifetime average daily dose) 산정식에서 평균노출시간(AT)은 통상 70년이다.

정답 58.① 59.① 60.④

제4과목 위해성평가

61 건강영향평가 절차를 순서대로 나열한 것은?

① 스크리닝 → 사업분석 → 스코핑 → 평가 → 저감방안 수립
② 사업분석 → 스크리닝 → 평가 → 스코핑 → 저감방안 수립
③ 사업분석 → 스크리닝 → 스코핑 → 평가 → 저감방안 수립
④ 스코핑 → 스크리닝 → 사업분석 → 저감방안 수립 → 평가

62 바이오 모니터링에 관한 다음 설명으로 옳은 것은?

① 바이오모니터링(Biomonitoring)은 인체 노출을 반영하는 생체지표의 농도를 측정하는 것으로 노출경로에 따른 노출 수준을 반영할 수 있다.
② 반감기가 짧은 물질의 경우 장기적인 노출을 이해하는 데 용이하다.
③ 위해지수가 작을 수 록 우선적으로 관리해야 한다.
④ 초과발암확률이 10^{-4}이하인 경우 발암위해도가 있으며 10^{-6}이상은 발암위해도가 없다고 판단한다.

해설 · 반감기가 짧은 물질의 경우 장기적인 노출을 이해하기 어렵다.
· 위해지수가 클수록 우선적으로 관리해야 한다.
· 초과발암확률이 10^{-4}이상인 경우 발암위해도가 있으며 10^{-6}이하는 발암위해도가 없다고 판단한다.

63 환경유해인자 A의 초과발암위해도(ECR)가 $1.6×10^{-5}$로 추정되었다. 평균수명을 80년으로 가정했을 때 100만명이 거주하는 도시에서 환경유해인자 A로 인해 매년 추가로 발생하는 암 사망자 수(명)는?

① 0.1
② 0.2
③ 1
④ 2

해설 초과발암확률이 10^{-4}이상인 경우 발암위해도가 있으며 10^{-6}이하는 발암위해도가 없다고 판단한다.
초과발암위해도(ECR) = 평생 1일 평균노출량(LADD, mg/kg·day)×발암잠재력(CSF, mg/kg·day)$^{-1}$
초과발암확률 값은 $1.6×10^{-5}$ → $2×10^{-1}$(10만 명당 1.6명, 100만 명당 약 0.2명 발암)

정답 61.③ 62.① 63.②

64 건강영향평가 대상사업이 아닌 것은?

① 산업입지 및 산업단지의 조성
② 에너지개발
③ 폐기물처리시설, 분뇨처리시설 및 축산폐수공공처리시설의 설치
④ 수자원 개발사업

65 평균수명이 70세, 평균 체중이 68.5kg인 성인남성이 발암물질 A가 0.6mg/kg 들어있는 식품을 매일 200g씩 35년간 섭취했다고 한다. 발암물질 A의 발암잠재력이 0.5mg/kg/d일 때 초과 발암위해도는? (단, 흡수율은 100%)

① 5×10^{-4} ② 6×10^{-4}
③ 5×10^{-3} ④ 6×10^{-3}

> **해설** 초과발암확률이 10^{-4}이상인 경우 발암위해도가 있으며 10^{-6}이하는 발암위해도가 없다고 판단한다.
> 초과발암위해도(ECR) = 평생1일 평균노출량($LADD, mg/kg.day$) × 발암잠재력($CSF, mg/kg.day)^{-1}$
> $LADD = \dfrac{0.6mg/kg \times 0.2kg/day \times 35years \times 365days}{68.5kg \times 70years \times 365days} = 8.76 \times 10^{-4} mg/kg.day$
> $ECR = 8.76 \times 10^{-4} mg/kg.day \times 0.5mg/kg.day = 4.4 \times 10^{-4}$
> 초과발암확률 값은 $4.4 \times 10^{-4} \rightarrow 5 \times 10^{-4}$

66 정량적 건강영향평가의 평가지표가 아닌 것은?

① 비발암성 대기질-위해도 지수
② 악취물질-국가환경기준
③ 수질오염물질-국가환경기준
④ 소음진동-국가환경기준

> **해설**
>
> [표] 건강결정요인별 정량적 평가지표 및 기준
>
> | 건강결정요인 | 구 분 | 평가지표 | 평가기준 |
> |---|---|---|---|
> | 대기질 | 비발암성물질 | 위해도 지수 | 1 |
> | | 발암성물질 | 발암위해도 | $10^{-4} \sim 10^{-6}$ |
> | 악취 | 악취물질 | 위해도 지수 | 1 |
> | 수질 | 수질오염물질 | 국가환경기준 | |
> | 소음진동 | 소음 | 국가환경기준 | |

정답 64.④ 65.① 66.②

67 전향적 코호트(Cohort)연구와 후향적 코호트연구의 가장 큰 차이점은?

① 질병 종류　　　　　　　　② 유해인자 종류
③ 추적조사 시점과 기간　　　④ 연구집단의 교체 여부

해설 · 전향적 코호트연구는 노출 직후부터 질병발생을 확인할 때까지 추적하는 연구이다.
· 후향적 코호트연구는 연구시작 시점에 질병발생을 파악하고 노출여부는 과거 기록을 이용한다.

68 유해물질 저감대책의 종류와 그에 관한 설명으로 옳지 않은 것은?

① 보상 : 대체자원 또는 대체환경을 제공하여 영향에 대한 보상을 하는 것
② 감소 : 영향을 받은 환경을 교정, 복원하거나 복구함으로서 그 영향을 교정하는 것
③ 최소화 : 그 사업과 사업 실행의 정도 혹은 규모를 제한함으로써 영향을 최소화하는 것
④ 회피 : 어떤 사업이나 사업의 일부를 하지 않음으로서 영향이 발생하지 않도록 하는 것

해설 [표] 건강영향평가 결과에 따른 유해물질의 저감대책 종류

종류	내용
1. 회피	어떤 사업이나 사업의 일부를 하지 않음으로서 영향이 발생하지 않도록 하는 것
2. 최소화	그 사업과 사업의 실행의 정도 혹은 규모를 제한(줄임)함으로써 영향을 최소화하는 것
3. 조정	영향을 받은 환경을 교정, 복원하거나 복구함으로서 그 영향을 교정하는 것
4. 감소	대상사업의 진행 동안 보전하고 유지함으로서 시간이 지난 후 영향을 감소시키거나 제거하는 것
5. 보상	대치하거나 대체자원 또는 대체환경을 제공함으로써 영향에 대한 보상을 하는 것

69 유해지수(Hazard index)는 어떠한 가정이 충족되어야 한다. 잘못된 설명은?

① 비발암물질을 가정한다.
② 위해수준이 충분히 클 경우에 계산의 의미가 있다.
③ 각 영향이 서로 독립적으로 작용한다.
④ 유사한 용량-반응 모형을 보일 때 적용한다.

해설 위해수준이 충분히 작을 경우에 계산의 의미가 있다.

정답 67.③　68.②　69.②

70 비발암성 물질 노출한계에 대한 설명 중 틀린 것은?

① 노출한계는 추정된 노출량(EED)과 무영향 관찰용량(NOAEL)를 이용하여 도출된다.
② 위해도를 설명하는 다른 접근법으로 노출한계 또는 안전역 개념이 상대적인 위해도 차이를 나타내기 위하여 사용되기도 한다.
③ 환경보건법 내 환경위해성평가 지침에 따르면, 노출한계가 100 이상인 경우 위해가 있다고 판단한다.
④ 노출한계 값은 규제를 위한 관심 대상 물질을 결정하는 데에도 활용될 수 있다.

해설 환경보건법 내 환경위해성평가 지침에 따르면, 만성노출인 NOAEL 값을 적용한 경우 노출한계(또는 노출안전역)이 100 이하이면 위해가 있다고 판단한다.

$$\text{노출안전역}(MOE) = \frac{\text{독성시작값} POP(NOAEL \ or \ BMDL \ or \ T_{25} \ 등)}{\text{일일노출량}(EED\text{값})}$$

71 인체 노출·흡수 메커니즘에 관한 설명으로 옳지 않은 것은?

① 적용용량은 섭취를 통해 들어온 인자가 체내의 흡수막에 직접 접촉한 양을 의미한다.
② 잠재용량은 노출된 유해인자가 소화기 또는 호흡기로 들어오거나 피부에 접촉한 실제양을 의미한다.
③ 유해인자가 섭취나 흡수를 통해 체내로 들어왔을 때, 즉 실제로 인체에 들어가는 유해인자의 양을 용량(dose)이라고 한다.
④ 용량의 개념은 유해인자의 생물학적 영향을 예측하는 데에 용이하나, 어떠한 경우라도 섭취량(intake)을 용량과 동일한 것으로 가정할 수는 없다.

해설 유해인자가 섭취나 흡수를 통해 체내로 들어왔을 때, 즉 실제로 인체에 들어가는 유해인자의 양을 용량(dose)이라고 한다.

72 성인여성의 소변에서 DEHP의 대사산물인 MEHP가 6.8 μg/L 검출되었다. 이 여성의 체중은 58kg이고 일일소변배출량은 1300 mL/day이었다. 체내에 들어온 DEHP의 70%가 소변으로 배출되었다고 가정할 때, 이 여성의 DEHP에 대한 내적노출량(μg/kg/day)으로 옳은 것은? (단, DEHP 분자량이 390.6 g/mol, MEHP 분자량: 278.3 g/mol)

① 0.16
② 0.22
③ 0.31
④ 0.61

해설 $\frac{6.8 \mu g}{L} | \frac{1}{58 kg} | \frac{1300 mL}{day} | \frac{1}{0.7} | \frac{390.6}{278.3} | \frac{L}{1000 mL} = 0.305 \mu g/kg \cdot day$

정답 70.③ 71.④ 72.③

73 노출·생체지표를 활용한 환경유해인자의 노출평가에 대한 설명으로 옳지 않은 것은?

① 주요 노출원을 쉽게 파악할 수 있다.
② 분석 시점 이전의 노출수준이나 변이를 이해하기 어렵다.
③ 초기 건강영향이나 질병의 종말점과 직접적으로 연계하기 어려울 수 있다.
④ 반감기가 짧은 물질의 경우 최근의 노출이나 제한된 기간의 노출 수준만을 반영할 수 있다.

해설 주요 노출원을 파악하기 어렵다.

74 발암잠재력(cancer slope factor, CSF) 대한 설명으로 틀린 것은?

① 단위위해도(unit risk)로 환산할 수 있다.
② 경구, 흡입, 피부접촉 등 노출경로에 따라 발암물질의 CSF가 달라진다.
③ CSF는 공기 혹은 섭취매체 중 오염농도를 기준으로 얼마나 증가하는지를 파악할 수 있다.
④ CSF값은 용량-반응 함수의 기울기로서 단위 체중당 단위 용량만큼의 화학물질 노출에 의한 발암확률을 의미한다.

해설 발암잠재력(발암력, CSF, Carcinogenic slope factor)는 노출량-반응(발암률)곡선에서 95% 상한 값에 해당하는 기울기로, 평균체중의 성인이 발암물질 단위용량(mg/kg.day)에 평생 동안 노출되었을 때 이로 인한 초과발암확률의 95% 상한 값에 해당된다.

75 개인 및 집단 노출평가에 대한 설명으로 옳지 않은 것은?

① 개인 노출평가 시 생체지표를 활용하여 개인의 내적 노출량을 추정할 수 있다.
② 집단 노출평가에 따라 집단의 노출 수준을 파악할 때 막대한 비용과 시간이 소요된다.
③ 집단 노출평가 시 확률론적 방법은 유해인자의 농도나 노출계수 등 각각의 지표가 갖고 있는 자료 분포를 활용하여 노출량의 분포를 새롭게 도출한다.
④ 개인 노출평가는 개인이 노출되는 다양한 노출 경로들에 대해 직접 조사하여 개인별 총 노출량을 평가하는 접근이다.

해설 집단 노출평가에 따라 집단의 노출 수준을 파악할 때 적은 비용과 시간이 소요된다.

정답 73.① 74.③ 75.②

76 충분한 수의 랫드를 사용한 만성경구독성실험에서 5 mg/kg/day의 NOAEL 값을 구했을 때 이를 인체위해성평가를 위한 RfD로 변환한 양(mg/kg/day)은? (단, MF는 0.75를 사용한다.)

① 0.0007
② 0.007
③ 0.07
④ 0.7

해설 $RfD = \dfrac{NOAEL \text{ or } LOAEL}{불확실성계수(UF, uncertainty\ factor) \times MF}$

여기서 만성유해영향이 관찰되지 않는 경우 불확실성계수는 1000이므로,

$\dfrac{5mg}{kg.day} \Big| \dfrac{}{0.75} \Big| \dfrac{}{1000} = 0.0067 mg/kg.day$

77 역학 연구에서 분류하는 바이어스(bias)와 거리가 먼 것은?

① 교란변수에 의한 바이어스
② 공간차이에 의한 바이어스
③ 연구대상 선정과정의 바이어스
④ 연구자료 측정 과정 혹은 분류과정의 바이어스

해설 역학연구에서 해당요인과 질병과의 연관성을 잘못 측정하는 것을 바이어스라 한다. 대표적으로 연구대상 선정과정의 바이어스, 연구자료 측정 과정 혹은 분류과정의 바이어스, 교란변수에 의한 바이어스 세 가지가 있다.

78 다음 중 건강영향평가 대상 시설과 평가 대상 물질의 연결이 옳지 않은 것은?

① 산업단지 - 복합악취
② 화력발전소 - 납(Pb)
③ 매립장 - 황화수소(H_2S)
④ 분뇨처리장 - 암모니아(NH_3)

해설 복합악취-분뇨처리시설

정답 76.② 77.② 78.①

79. 성인여성의 소변에서 DEHP의 대사산물인 MEHP가 6.8 μg/L 검출되었다. 이 여성의 체중은 58kg이고 일일소변배출량은 1300 mL/day이었다. 체내에 들어온 DEHP의 70%가 소변으로 배출되었다고 가정할 때, 이 여성의 DEHP에 대한 내적노출량(μg/kg/day)으로 옳은 것은? (단, DEHP 분자량이 390.6 g/mol, MEHP 분자량: 278.3 g/mol)

① 0.16
② 0.22
③ 0.31
④ 0.61

해설 $\frac{6.8\mu g}{L} | \frac{1300mL}{day} | \frac{1}{58kg} | \frac{1}{0.7} | \frac{390.6}{278.3} | \frac{L}{1000mL} = 0.305\mu g/kg \cdot day$

80. 발암성 물질의 발암위해도와 비발암성 물질의 위해도 지수를 고려하여 대기질 건강영향평가에 대한 저감대책을 수립해야 하는 조건(기준)으로 옳은 것은?

① 발암성 물질 : 10^{-6} 초과, 비발암성 물질 : 1초과
② 발암성 물질 : 10^{-6} 초과, 비발암성 물질 : 1미만
③ 발암성 물질 : 10^{-4} 초과, 비발암성 물질 : 0.5초과
④ 발암성 물질 : 10^{-4} 초과, 비발암성 물질 : 0.5미만

해설 건강결정요인이 대기질의 경우 평가기준은, 발암성 물질의 발암위해도는 $10^{-6} \sim 10^{-4}$, 비발암성 물질의 위해도 지수는 1 이다.

제5과목 위해도 결정 및 관리

81. 안전확인대상생활화학제품의 소비자 위해성 소통계획 수립단계에서의 고려사항과 거리가 가장 먼 것은?

① 안전확인대상생활화학제품에 대한 사회적인 인식을 증진시키기 위한 위해성소통을 계획한다.
② 사용 대상자에 따라 위해성이 달라질 수 있으므로 안전확인대상생활화학제품의 품목별 소비자 특성을 분석한다.
③ 시중에 유통되고 있는 안전확인대상생활화학제품을 수거하여 성분비에 관한 측정 계획 및 안전기준 마련 계획을 수립한다.
④ 특정한 공간적인 한계에서 위해성이 더 크게 나타날 수 있기 때문에 공간의 크기, 공기순환정도, 환기정도에 따른 위해성 특성을 파악한다.

해설 안전확인대상생활화학제품에 대한 소비자 위해성 소통은 위해성 분석, 위해성 평가, 위해성 관리 등으로부터 위해성 관리대책을 수립하는데 있다.

정답 79.③ 80.① 81.③

82 위해성 소통의 4단계에 해당하지 않는 것은?

① 물질별 저감대책 수립
② 위해 요인 인지 및 분석
③ 위해성 소통의 수행/평가/보완
④ 위해성 소통의 목적 및 대상자 선정

해설 [표] 위해성 소통의 단계[예, 소비자 위해성 소통]

위해 요인 인지 및 분석	위해상황 분석하고 해당 위해의 특별범주를 결정
위해성 소통의 목적 및 대상자 선정	위해성 소통의 수행목적 및 그에 따른 전략수립, 의사결정 과정에 참여하거나 정보를 제공받는 대상자 선정
위해성 소통에 활용할 정보/매체/소통방법 선정	정보소통과 이해관계자 간 의사소통 시 사용할 매체의 선정
위해성 소통의 수행/평가/보완	행된 이행방안에 따라 위해성 소통, 지속적 모니터링을 통해 수행결과를 평가, 단계별 미흡한 부분을 보완

83 노출농도가 시간가중평균값(TWA)을 초과하고 단시간노출값(STEL) 이하인 경우 단시간 노출값(STEL)의 정의 및 적용 조건에 관한 내용으로 옳지 않은 것은?

① 1회 노출 지속시간이 15분 미만이어야 한다.
② 주어진 조건의 상태가 1일 4회 이하로 발생해야 한다.
③ 단시간노출값이란 15분간의 시간가중 평균값을 말한다.
④ 주어진 조건이 발생하는 각 회의 간격이 60분 이하이어야 한다.

해설 각 회의 간격은 60분 이상이어야 한다.

84 화학물질관리법령상 유해화학물질 표시를 위한 유해성 항목 중 물리적 위험성에 해당하지 않는 것은?

① 인화성 가스
② 급성독성 물질
③ 산화성 가스
④ 자기발열성 물질

해설 급성독성 물질은 건강 유해성에 해당된다.

정답 82.① 83.④ 84.②

85 유해화학물질 배출량저감 기술의 적용 단계를 순서대로 나열한 것은?

> ㄱ. 공정관리
> ㄴ. 전과정관리
> ㄷ. 성분관리
> ㄹ. 환경오염방지시설 설치를 통한 관리

① ㄱ → ㄴ → ㄷ → ㄹ
② ㄴ → ㄷ → ㄱ → ㄹ
③ ㄴ → ㄱ → ㄷ → ㄹ
④ ㄱ → ㄷ → ㄴ → ㄹ

86 화학물질의 등록 및 평가 등에 관한 법령상 위해성에 관한 자료의 작성방법으로 옳지 않은 것은?

① 화학물질의 제조 및 하위 사용자로부터 확인한 용도를 포함한 모든 용도에 따른 화학물질의 전 생애 단계를 고려하여 작성해야 한다.
② 제조·수입하는 화학물질로부터 발생하는 위해성이 제조 또는 사용과정에서 적절한 방법으로 안전하게 통제되고 있는지에 대해 평가를 하고 작성해야 한다.
③ 화학물질의 잠재적 유해성과 권고되는 위해관리수단·취급조건 등을 고려하면서 이미 알고 있거나 합리적으로 예상할 수 있는 사람 또는 환경에 대한 노출 수준을 비교하여 작성해야 한다.
④ 구조 유사성으로 인해 물리적·화학적 특성이 유사해 어떤 화학물질에 대한 위해성자료가 다른 화학물질에 대한 위해성자료 작성에 충분하다고 판단되는 경우에도 그 자료를 이용해 위해성자료를 작성하지는 않아야 한다.

> 해설 구조 유사성으로 인해 물리적·화학적 특성, 인체 및 환경의 유해성이 유사하거나 규칙적인 경향을 가지는 하나의 그룹이나 물질 카테고리로 간주되어 어떤 화학물질에 대한 위해성 자료가 다른 화학물질에 대한 위해성 자료의 작성에 충분하다고 판단되는 경우 그 자료를 이용하여 위해성 자료를 작성할 수 있다. 이 경우 그 타당성에 대한 증거를 함께 제시하여야 한다.

87 사업장 위해성 평가 수행 시 고려해야할 사항과 거리가 가장 먼 것은?

① 유해인자의 유해성
② 화학물질의 사용 빈도
③ 작업장 내 오염원의 위치 등의 공간적 분포
④ 화학물질의 등록 및 평가 등에 관한 법령에 따른 화학물질의 등록 여부

정답 85.② 86.④ 87.④

88 작업장 위해성 감소를 위한 유해물질 저감시설에 대한 설명으로 옳지 않은 것은?

① 배기장치는 작업장의 유해물질을 작업장 외부로 배출시키는 장치로써, 작업장의 환경을 개선하기 위하여 기본적으로 설치되어야 한다.
② 국소배기장치는 작업대의 상부 또는 노동자와 마주한 방향에서 흡기가 이루어지도록 설치된다.
③ 백필터여과장치는 함진가스를 여재에 통과시켜 입자를 관성충돌, 직접차단, 확산 등에 의해 분리, 포집하는 장치이다.
④ 전기집진장치는 전기적 인력에 의하여 전하를 띤 입자를 제거하는 장치로, 주로 10㎛ 이상의 입자를 제거하는데 효율적이다.

해설 전기집진장치는 전기적 인력에 의하여 전하를 띤 입자를 제거하는 장치로, 주로 0.1~0.9㎛의 작은 입자를 제거하는데 효율적이다.

89 화학물질에 대한 소비자 노출의 대표적인 노출방식(exposure route)으로 옳지 않은 것은?

① 흡입노출
② 침습노출
③ 경구노출
④ 경피노출

해설 인체노출은 크게 경피노출, 흡입노출, 경구노출로 구분한다.

90 화학물질관리법령상 유해화학물질 표시를 위한 유해성 항목 중 물리적 위험성에 해당하지 않는 것은?

① 인화성 가스
② 급성독성 물질
③ 산화성 가스
④ 자기발열성 물질

해설 급성독성 물질은 건강 유해성에 해당된다.

91 화학물질의 잠재적 위해도의 크기를 평가하기 위해 수행하는 안전성 확인은 무엇으로 정량화 되는가?

① 역치
② 무영향수준
③ 무영향농도
④ 위해도결정비

해설 위해도 결정(Risk characterization)은 위해수준을 정량적으로 판단하는 것을 말한다.

정답 88.④ 89.② 90.② 91.④

92 다음 (   )안에 들어갈 용어로 옳은 것은?

> 적절한 정보의 공유는 유해인자에 대한 대응책을 제시하고 불안감을 해소하며 발생 가능한 분쟁의 해결이나 합의를 도출할 수 있는 원천이 될 수 있다. 이러한 정보 공유와 이해를 위해 수행되는 제반의 과정 혹은 체계를 (   )이라 한다.

① 위해성관리(RM) ② 위해성융합(RI)
③ 위해성평가(RA) ④ 위해성소통(RC)

93 지역사회 위해성 소통에 관한 법률과 그 내용의 연결이 옳지 않은 것은?
① 화학물질의 등록 및 평가 등에 관한 벌류 – 화학물질의 유해성심사 및 위해성 평가
② 화학물질의 등록 및 평가 등에 관한 법률 – 허가물질의 지정
③ 화학물질관리법 – 사고대비물질의 지정
④ 화학물질관리법 – 공정안전보고서 작성

해설 '화관법'에 따른 위해관리계획서 작성 및 제출

94 생활화학제품 및 살생물제의 안전관리에 관한 법령상 제품의 주된 목적 외에 유해생물 제거 등의 부수적인 목적을 위해 살생물제품을 사용한 제품을 뜻하는 용어는?
① 살생물처리제품 ② 살생물제품
③ 생활화학제품 ④ 안전확인대상생활화학제품

95 생활화학제품 및 살생물제의 안전관리제에 관한 법률상 다음 [보기]가 설명하는 것으로 옳은 것은?

> [보기]
> 유해생물을 제거, 무해화 또는 억제하는 기능으로 사용하는 화학물질, 천연물질 또는 미생물을 말한다.

① 살생물제품 ② 살생물물질
③ 생활화학제품 ④ 살생물처리제품

정답 92.④ 93.④ 94.① 95.②

96 화학물질의 등록 및 평가 등에 관한 법률상 하위사용자로 옳은 것은?

① 일반 소비자
② 화학물질 제조자
③ 화학물질 판매자
④ 영업활동과정에서 화학물질 또는 혼합물을 사용하는 자

해설 하위사용자란 영업활동과정에서 화학물질 또는 혼합물을 사용하는 자(화학물질 또는 혼합물을 제조, 수입, 판매하는 자 또는 소비자는 제외)로 정의 한다.

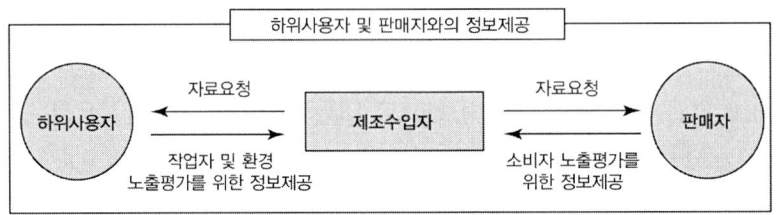

97 다음 설명 중 옳지 않은 것은?

① 초과발암확률이 10^{-4}이하인 경우 발암위해도가 있으며 10^{-6}이상은 발암위해도가 없다고 판단한다.
② 위해지수가 1이상(HI > 1)일 경우는 유해영향이 발생하며, 1이하(HI < 1)일 경우에는 안전하다.
③ 발암잠재력(발암력, CSF, Carcinogenic slope factor)은 노출량-반응(발암률)곡선에서 95% 상한 값에 해당하는 기울기이다.
④ 초과발암위해도를 적용할 수 없는 경우 위해성기준은 위험지수 1로 한다.

해설 초과발암확률이 10^{-4}이상인 경우 발암위해도가 있으며 10^{-6}이하는 발암위해도가 없다고 판단한다.

98 사업장에서 유해화학물질의 단계별 저감 기술에 대한 설명이 잘못된 것은?

① 1단계 : 전공정관리-전과정의 평가
② 2단계 : 성분관리-대체물질 사용 검토
③ 3단계 : 공정관리-공정과정에서 배출억제
④ 4단계 : 환경오염방지시설-오염물질의 배출차단

해설 1단계 : 전공정관리-사업장의 작업 전 화학물질의 도입과정에서 위해 저감

정답 96.④ 97.① 98.①

99 환경보건법에 포함되지 않는 내용은?

① 화학물질 배출원 및 배출량 조사
② 환경유해인자가 수용체에 미칠 영향을 예방
③ 환경유해인자의 노출에 민감한 계층의 우선적 보호
④ 위해성 등에 관한 적절한 정보를 제공

해설 화학물질 배출원 및 배출량 조사, 화학물질 통계조사, 정보공개는 화학물질관리법의 내용이다.

100 산업안전보건법의 정기안전보건교육내용이 틀린 것은?

① 관리감독자 : 작업공정의 유해·위험과 재해 예방대책에 관한 사항
② 관리감독자 : 건강증진 및 질병 예방에 관한 사항
③ 근로자 : 산업재해보상보험 제도에 관한 사항
④ 근로자 : 산업안전 및 사고 예방에 관한 사항

해설 근로자 : 건강증진 및 질병 예방에 관한 사항

정답 99.① 100.②

환경위해관리기사 필기 CBT 모의고사
2024년 07월 05일 시행

제❸회

제1과목 유해성 확인 및 독성평가

01 용량-반응평가에서 언급되는 유해성 지표에 대한 설명으로 옳지 않은 것은?

① 반수치사량(LD_{50})은 급성독성을 평가하는 지표이다.
② 무영향관찰용량(NOAEL)은 만성독성을 평가하는 지표이다.
③ 최소영향관찰용량(LOAEL)은 동물시험에서 유해한 영향이 확인된 최저투여 용량을 말한다.
④ 무영향관찰용량(NOAEL)은 동물시험에서 유해한 영향이 확인되지 않은 최저투여 용량을 말한다.

해설 무영향관찰용량(NOAEL, No observed adverse effect level)은 노출량에 대한 반응이 관찰되지 않고 영향이 없는 최대 노출량을 말한다.

02 다음 중 유해인자에 관한 설명으로 옳지 않은 것은?

① 유해성이 큰 유해인자는 위해성도 크다.
② 유해인자의 위해성은 유해성에 노출을 곱한 것을 말한다.
③ 유해인자는 성질에 따라 물리적, 화학적, 생물학적 인자로 구분할 수 있다.
④ 유해인자의 유해성은 물질의 물리·화학적 성상, 기온, 습도 등 노출당시 환경 등에 따라 다르게 나타난다.

해설 유해성은 독성을 말하며 위해성은 유해성에 노출을 곱한 것을 말한다.
위해성(risk)은 유해성 화학물질에 노출되는 경우 사람의 건강이나 환경에 피해를 줄 수 있는 정도로써, 노출강도에 의해 결정된다.

정답 01.④ 02.①

03 생태독성 자료의 해석에 관한 설명으로 옳지 않은 것은?

① 급·만성 생태독성에서 얻은 가장 민감한 생물종의 독성값에 적절한 평가계수를 적용하여 예측무영향관찰농도(PNEC)를 산출한다.
② 만성 생태독성의 지표인 최소영향관찰농도(LOEC), 무영향관찰농도(NOEC)는 용량-반응 곡선에서 찾을 수 있다.
③ 각각의 종말점에 대해 유의한 변화를 초래한 농도군 중 가장 낮은 농도를 무영향관찰농도(NOEC)로 결정한다.
④ 급성 생태독성의 지표인 LC_{50}, EC_{50}는 주로 컴퓨터프로그램을 이용하여 얻은 점 추정된 값을 의미한다.

해설 각각의 종말점에 대해 유의한 변화를 초래한 농도군 중 가장 높은 농도를 무영향관찰농도(NOEC)로 결정한다.

04 다음 중 급성 독성 물질을 나타내는 GHS 그림문자는?

05 화학물질관리법령상 유해화학물질 표시를 위한 유해성 항목 중 물리적 위험성에 관한 설명으로 옳지 않은 것은?

① 인화성 액체는 인화점이 섭씨 60도 이상인 액체를 말한다.
② 산화성 가스는 산소를 공급함으로써 공기와 비교하여 다른 물질의 연소를 더 잘 일으키거나 연소를 돕는 가스를 말한다.
③ 자기반응성 물질 및 혼합물은 열적으로 불안정해 산소의 공급이 없어도 강하게 발열 분해 하기 쉬운 액체·고체물질이나 혼합물을 말한다.
④ 폭발성 물질은 자체의 화학반응에 의해 주위환경에 손상을 입힐 수 있는 온도, 압력과 속도를 가진 가스를 발생시키는 고체·액체물질이나 혼합물을 말한다.

해설 인화성 액체는 인화점이 섭씨 60도 이하인 액체를 말한다.

정답 03.③ 04.③ 05.①

06 발암성 독성지표 중 흡입 unit risk의 단위는?

① mg/m^3
② $(\mu g/m^3)^{-1}$
③ $(mg/kg \cdot d)^{-1}$
④ $mg/kg \cdot d$

해설 Inhalation unit risk $[(\mu g/m^3)^{-1}]$

07 수서생물에 대한 생태독성 자료의 수집 및 평가에 대한 설명으로 옳지 않은 것은?

① 수서생물의 유해성은 조류, 물벼룩류, 어류의 급·만성 독성시험을 통해 평가한다.
② 수서독성 시험은 시험물질을 시험수에 녹여 노출하기 때문에 시험수 내의 시험물질 농도를 적절하게 유지시켜 주어야 한다.
③ 급성독성은 단기간 노출되었을 때에 나타나는 독성으로, 1~3주 동안 노출한 후 유해성의 정도를 표시하는 지표를 산출한다.
④ 물질의 특성을 고려하여 유수식(flow through), 지수식(static), 반지수식(semi-static) 등의 노출 방법을 결정한다.

해설 급성독성(Acute toxicity)은 위해물질에 단기노출로 독성이 발생하며, 시험방법에는 LC_{50}, LD_{50}, EC_{50}이 있다.

08 발암성 물질의 평가에 활용되는 독성지표로 옳지 않은 것은?

① 단위위해도(UR)
② 발암잠재력(CSF)
③ 최소영향수준(DMEL)
④ 무영향관찰농도(PNEC)

해설 비발암성 물질의 독성지표로는 NOEL, NOAEL 등이 있다.

09 생태독성을 평가하는 지표 중 급성독성의 지표와 그 내용으로 옳은 것은?

① EC_{10}(10% 영향농도) : 수중 노출 시 시험생물의 10%에 영향이 나타나는 농도
② EC_{50}(반수영향농도) : 수중 노출 시 시험생물의 50%에서 영향이 나타나는 농도
③ LOEC(최소영향농도) : 수중 노출 시 생체에 영향이 나타나는 최소 농도
④ NOEC(최대무영향농도) : 수중 노출 시 생체에 아무런 영향이 나타나지 않는 최대 농도

해설 급성독성(Acute toxicity)은 위해물질에 단기노출로 독성이 발생하며, 시험방법에는 LC_{50}, LD_{50}, EC_{50}이 있다.

정답 06.② 07.③ 08.④ 09.②

10 NOAEL(No Observed Adverse Effect Level)에 대한 설명으로 옳지 않은 것은?

① 무영향관찰용량이라 한다.
② 임상시험을 통해 인체에 영향을 미치지 않는 투여 용량이다.
③ 동물 시험에서 유해한 영향이 확인되지 않는 최고 투여 용량이다.
④ 독성자료로부터 얻은 화학물질의 NOAEL에 불확실성 변수 또는 외삽 변수를 적용하여 인간 혹은 환경에서 예상되는 예측무영향 수준을 산출한다.

> **해설** 무영향관찰용량(NOAEL)은 동물실험의 노출량에 대한 반응이 관찰되지 않고 영향이 없는 최대 노출량을 말한다.

11 환경유해인자 A의 초과발암위해도(ECR)가 1.6×10^{-5}로 추정되었다. 평균수명을 80년으로 가정했을 때 100만명이 거주하는 도시에서 환경유해인자 A로 인해 매년 추가로 발생하는 암 사망자 수(명)는?

① 0.1
② 0.2
③ 1
④ 2

> **해설** 초과발암확률이 10^{-4}이상인 경우 발암위해도가 있으며 10^{-6}이하는 발암위해도가 없다고 판단한다.
> 초과발암위해도(ECR)=평생1일평균노출량(LADD,mg/kg·day)×발암잠재력(CSF,mg/kg·day)$^{-1}$
> 초과발암확률 값 1.6×10^{-5} → 2×10^{-1}(10만 명당 1.6명, 100만 명당 약 0.2명 암 발생)

12 화학물질관리법상 유해화학물질의 정의로 옳지 않은 것은?

① 금지물질 – 위해성이 크다고 인정되는 화학물질
② 제한물질 – 특정 용도로 사용되는 유해성이 크다고 인정되는 화학물질
③ 유독물질 – 유해성이 있는 화학물질로서 대통령령으로 정하는 기준에 따라 환경부장관이 정하여 고시한 물질
④ 사고대비물질 – 화학물질 중에서 급성독성과 폭발성이 강하여 화학사고의 발생가능성이 높거나 화학사고가 발생한 경우 그 피해 규모가 클 것으로 우려되는 화학물질

> **해설** 제한물질이란 위해성이 크다고 인정되는 화학물질로서 그 용도로의 제조, 수입, 판매, 보관·저장, 운반 또는 사용을 금지하기 위하여 환경부장관이 고시한 것을 말한다.

정답 10.② 11.② 12.②

13 다음 중 산업환경 유해인자 분류가 다른 한 가지는?

① 고압가스 ② 생식독성 물질
③ 흡인 유해성 물질 ④ 호흡기 과민성 물질

해설 고압가스는 화학물질 물리적 위험성 분류, 보기 2.3.4는 건강 유해성 분류

14 혼합물 자체에 대한 자료가 없으나 가교원리를 적용할 수 있는 경우 해당 혼합물의 독성을 분류할 수 있다. 화학물질의 분류 및 표시 등에 관한 규정상 적용할 수 있는 가교원리에 해당하지 않는 것은?

① 희석 ② 에어로졸
③ 고유해성 혼합물의 농축 ④ 실질적으로 상이한 혼합물

해설 가교원리에 해당하는 분류에는 희석, 배치, 농축, 내삽, 유사 혼합물, 에어로졸이 있다.

15 화학물질관리법령상 환경부장관은 몇 년마다 화학물질 통계조사를 실시해야 하는가?

① 1년 ② 2년
③ 4년 ④ 5년

해설 환경부장관은 2년마다 화학물질의 취급과 관련된 취급현황, 취급시설 등에 관한 통계조사를 실시하여야 한다.

16 화학물질 등록 및 평가 등에 관한 법령상 관계 중앙행정기관 장과의 협의와 화학물질 평가위원회의 심의를 거쳐 고시하는 유해화학물질의 종류에 해당하지 않는 것은?

① 제한물질 ② 허가물질
③ 금지물질 ④ 사고대비물질

해설 사고대비물질은 환경부장관이 지정·고시한 화학물질을 말한다.

정답 13.① 14.④ 15.② 16.④

17 위해성 평가에 활용되는 독성지표 중 최소영향도출수준(DMEL)에 관한 설명으로 틀린 것은?

① 해당 화학물질의 독성 역치가 존재하지 않는 발암물질에 사용된다.
② 노출 수준이 DMEL보다 낮으면 위해 우려가 매우 낮다고 판정할 수 있다.
③ DMEL 도출 시 용량-반응 곡선이 선형인 경우 내삽을 통해 T_{25} 대신 BMD_{10}을 산출한다.
④ DMEL 도출 시 1-3단계까지 산출 보정된 값이 T_{25}인 경우, 고용량에서 저용량으로 위해도 외삽인자를 적용한다.

해설 DMEL 도출 시 용량-반응 곡선이 선형반응에 해당되는 경우 T_{25}를 산출한다.

18 다음 중 발암성 물질의 위해성평가에 활용되는 독성지표로 옳지 않은 것은?

① 발암잠재력
② 단위위해도
③ 일일섭취한계량
④ 최소영향도출수준

해설 발암성 물질의 독성지표로는 단위위해도(UR), 발암잠재력(CSF), 최소영향수준(DMEL)이 있으며 비발암성 물질의 독성지표로는 NOEL, NOAEL 등이 있다.

19 물질보건안전자료(MSDS)에 대한 설명으로 옳지 않은 것은?

① 화학물질의 물리·화학적 특성 등 물질 상세정보가 포함되어 있다.
② 누출사고 등 응급/비상 시 대처법에 대한 내용이 포함되어 있다.
③ 16개 항목별 포함되어야할 사항이 GHS에 의해 규정되어 있다.
④ H-code는 유해성, P-code는 위험성에 관한 문구를 나타낸다.

해설 H-code 유해 위험문구(hazard statement), P-code 예방조치문구(precautionary statement)

20 독성 예측 모델인 정량적 구조활성모형(QSAR)에 관한 설명으로 옳지 않은 것은?

① 기본적으로 구조가 비슷한 화합물의 활성이 유사할 것이라는 가정에서 시작한다.
② 구조와 활성 간의 상관관계를 찾아 모델을 만들고, 예측하는데 활용한다.
③ 화학물질의 구조적 특징을 표현해주는 표현자(descriptor)가 필요하다.
④ 예측된 독성값의 신뢰성과 활용이 가능한 종말점이 충분하다는 장점이 있다.

해설 예측된 독성값의 신뢰성과 활용이 가능한 관찰점이 부족하다는 단점이 있다.

정답 17.③ 18.③ 19.④ 20.④

제2과목 유해화학물질 안전관리

21 유해화학물질 취급시설의 안전진단 주기의 기준이 되는 서류는?

① 화학사고예방관리계획서 ② 안전진단결과보고서
③ 공정안전보고서 ④ 정기검사결과서

해설 안전진단 주기
- 가위험도 유해화학물질 취급시설: 화학사고예방관리계획서 검토결과서를 받은 날부터 매 4년
- 나위험도 유해화학물질 취급시설: 검토결과서를 받은 날부터 매 8년
- 다위험도 유해화학물질 취급시설: 검토결과서를 받은 날부터 매 12년

22 퇴적물 환경의 특성과 퇴적물 독성시험에 관한 설명으로 옳지 않은 것은?

① 퇴적물을 물에 분산시켜 독성 영향을 평가한다.
② 퇴적물은 수질이나 대기에 비하여 균질하지 않은 특성이 있다.
③ 저서생물의 생존, 성장, 생식능력 등에 대한 영향을 평가한다.
④ 깔따구(Chironomus reparius)는 퇴적물 독성시험에 사용된다.

해설 퇴적물 독성시험은 저서생물의 생존, 성장, 생식능력이 퇴적물에 영향을 받았는지 평가하는 시험이다. 따라서 화학물질을 인위적으로 오염시킨 퇴적물을 만들고 여기에 시험동물을 노출시킨다.

23 효과적인 화학물질의 관리를 위해 위해성이 높은 물질은 우선순위를 부여하여 관리할 수 있다. 이 때 관리대상 우선순위 분류기준으로 가장 거리가 먼 것은?

① 화학물질 유해성 분류 및 표시 대상물질
② 생활화학제품에서 많이 사용하는 것이 확인된 물질
③ 화학안전 규제에 따라 허가, 제한, 금지 등으로 분류된 물질
④ 직업적 노출로 인한 사망 사례나 직업병 발생 사례 등이 확인된 물질

해설 관리대상 화학물질의 우선순위 분류기준
① 화학물질 유해성 분류 및 표시 대상물질
② 화학안전 규제에 따라 허가, 제한, 금지 등으로 분류된 물질
③ 직업적 노출로 인한 사망 사례나 직업병 발생 사례 등이 확인된 물질

정답 21.① 22.① 23.②

24 유해화학물질 검사기관은 유해화학물질 취급시설에 대한 설치검사와 정기·수시검사 및 안전진단을 수행하여 검사결과보고서를 작성하는데, 이 중 안전진단에 대한 결과는 몇 년간 보존해야 하는가?

① 5년
② 10년
③ 15년
④ 20년

25 화학물질관리법상 유해성에 대한 정의로 옳은 것은?

① 병원균이 질병을 일으킬 수 있는 능력
② 화학물질을 통해 사망이나 심각한 질병이 유발될 수 있는 정도
③ 특정 화학물질에 노출되어 사람의 건강이나 환경에 피해를 줄 수 있는 정도
④ 화학물질의 독성 등 사람의 건강이나 환경에 좋지 아니한 영향을 미치는 화학물질 고유의 성질

> **해설** 유해성(hazard)이란 화학물질 고유의 독성(toxicity)으로써, 사람의 건강이나 환경에 좋지 아니한 영향을 미치는 화학물질을 말한다.

26 공정위험성 분석 결과를 토대로 사고시나리오를 선정할 때 영향범위를 평가하기 위한 끝점(종말점)으로 옳지 않은 것은?

① 인화성 가스 및 인화성 액체의 경우 폭발시 10psi의 과압이 걸리는 지점이다.
② 독성물질의 경우 사고시나리오 선정에 관한 기술지침에서 규정한 끝점 농도에 도달하는 지점이다.
③ 인화성 가스 및 인화성 액체의 경우 화재 시 40초 동안 $5kW/m^2$의 복사열에 노출되는 지점이다.
④ 인화성 가스 및 인화성 액체의 경우 유출 및 누출 시 유출·누출물질의 인화하한 농도에 이르는 지점이다.

> **해설** 인화성 가스 및 인화성 액체
> · 폭발 : 1 psi의 과압이 걸리는 지점
> · 화재 : 40초 동안 $5kW/m^2$의 복사열에 노출되는 지점
> · 유출·누출 : 유출, 누출물질의 인화하한 농도에 이르는 지점을 끝점으로 한다.

정답 24.④ 25.④ 26.①

27 혼합물의 유해성을 산정하기 위한 방법 중 가산방식을 이용하는 유해성 항목으로 옳은 것은?

① 발암성 ② 호흡기 과민성
③ 수생환경 유해성 ④ 생식세포 변이원성

> **해설** 보기 1.2.4는 비가산방식 보기3은 가산방식에 해당된다.

28 다음 중 물질안전보건자료 작성 시 유해성 항목에 포함되지 않는 것은? (단, 추가적인 유해성은 제외한다.)

① 물리적 위험성 ② 건강 유해성
③ 환경 유해성 ④ 생태 위험성

> **해설** 유해화학물질의 유해성 분류는 물리적 위험성, 건강 유해성, 환경 유해성으로 분류한다.

29 영향범위 내 주민수가 65명이고 사고 발생빈도가 1.4×10^{-2}일 때 영향범위의 위험도로 옳은 것은?

① 0.65 ② 65
③ 0.91 ④ 91

> **해설** 위험도 = 영향범위 내 주민수 × 사고 발생빈도
> 위험도 = 65명 × 0.014 = 0.91

정답 27.③ 28.④ 29.③

30 사고시나리오 분석에 적용하는 조건에 관한 설명으로 옳은 것은?

① 현지기상을 적용하지 않을 경우 대기온도 25°C, 대기습도 50%를 적용한다.
② 조건에 따라 운전온도가 변하는 경우 영향 범위가 최소가 되는 최저점의 온도를 적용한다.
③ 현지기상을 적용하는 경우 최소 10년간 해당지역의 평균 온도 및 평균 습도를 적용한다.
④ 풍속 또는 대기안정도를 확인할 수 없는 경우 풍속은 10m/s, 대기안정도는 약간 불안정함을 적용한다.

해설
① 최악의 사고시나리오 분석은 초당 1.5m의 풍속으로 하고, 대기안정도는 [사고시나리오 선정에 관한 기술지침, 붙임2]의 "F" 로 한다.
② 대안의 사고시나리오 분석은 실제 해당 지역의 기상조건을 이용한다. 단, 풍속 및 대기안정도를 확인할 수 없는 경우에는 풍속은 초당 3m로, 대기안정도는 [사고시나리오 선정에 관한 기술지침, 붙임2]의 "D" 로 한다.
③ 최악의 사고시나리오 분석의 경우
   · 대기온도 25°C, 대기습도 50%를 적용한다.
④ 대안의 사고시나리오 분석의 경우
   · 현지기상을 적용하는 경우에는 최소 1년간 해당지역의 평균 온도 및 평균습도를 적용한다.
   · 현지기상을 적용하지 않을 경우에는 대기온도 25°C, 대기습도 50%를 적용한다.

31 화학물질관리법령상 유해화학물질 취급시설의 보수 및 시설 변경 등의 작업을 실시할 때에 관한 설명 중 (   )안에 가장 적합하지 않은 내용은?

> 유해화학물질 취급시설의 보수 및 시설 변경 등의 작업을 실시하는 경우에는 (   )등을 적은 표지를 작업 현장과 인접하여 사람들이 잘 볼 수 있는 곳에 게시해야 한다.

① 시설명 및 공사 규모
② 작업 종류 및 작업 일정
③ 작업 관리자의 성명 및 연락처
④ 유해화학물질 취급설비의 운전조건

32 화학물질관리법령상 액체상태의 유해화학물질 제조·사용시설의 사고예방을 위하여 설치해야 하는 설비로 옳지 않은 것은?

① 방지턱
② 방류벽
③ 감압설비
④ 긴급차단설비

해설 수동적 완화장치(방벽, 방호벽, 방류벽, 배수시설, 저류조 등), 능동적 완화장치(중화설비, 소화설비, 수막설비, 과류방지밸브, 플레어시스템, 긴급차단시스템 등) 등이 있다.

정답 30.① 31.④ 32.③

33. 유해화학물질이 시험생산용일 경우 유해화학물질 취급시설 운영자가 작성하는 화학물질의 시범생산계획서에 포함되지 않는 내용은?

① 취급물질 정보
② 취급시설 정보
③ 시범 생산 공정의 주요 내용
④ 지방환경관서 허가 절차도

34. 공정위험성 분석결과를 토대로 사고시나리오를 선정하기 위해 유해화학물질의 끝점을 결정할 때 적용 기준에 해당하지 않는 것은?

① 미국 에너지부(DOE)의 PAC-2
② 미국산업위생학회(AIHA)의 ERPG-2
③ 미국 환경보호청(EPA)의 1시간 AEGL-2
④ 미국직업안전보건청(NIOSH)의 IDLH 수치 50%

35. 작업장 내 사용되는 물질의 효과적인 안전관리 수행을 위해 화학물질의 우선순위를 고려하여 관리한다. 이 때 사용물질의 우선순위 결정의 근거로 옳은 것은?

① 화학물질의 위해성 자료
② 화학물질 노출평가 자료
③ 화학물질 용량-반응평가 자료
④ 화학물질의 물리화학적 특성 자료

해설 관리대상 화학물질의 우선순위 분류기준
① 화학물질 유해성 분류 및 표시 대상물질
② 화학안전 규제에 따라 허가, 제한, 금지 등으로 분류된 물질
③ 직업적 노출로 인한 사망 사례나 직업병 발생 사례 등이 확인된 물질

정답 33.④ 34.④ 35.①

36 사고시나리오 분석조건에서 유해화학물질별 끝점(End point)농도 기준은 다음 [보기]를 적용할 수 있는데, 이때 가장 우선적으로 적용하는 기준은?

> [보기]
> 가. 미국산업위생학회(AIHA)에서 발표하는 ERPG-2
> 나. 미국 환경보호청(EPA)에서 발표하는 1시간 AEGL-2
> 다. 미국 에너지부(DOE)에서 발표하는 PAC-2
> 라. 미국직업안전보건청(NIOSH)에서 발표하는 IDLH 수치의 10%

① 가
② 나
③ 다
④ 라

해설 끝점 결정기준에는 미국 에너지부(DOE)의 PAC-2, 미국산업위생학회(AIHA)의 ERPG-2, 미국 환경보호청(EPA)의 1시간 AEGL-2, 미국산업위생학회(AIHA)의 ERPG2 등이 있으며 미국산업위생학회(AIHA)에서 발표하는 ERPG2(Emergency response planning guideline 2)를 우선 적용한다.

37 화학물질관리법상 유해화학물질 취급자가 안전사고 예방을 위해 해당 유해화학물질에 적합한 개인보호구를 착용하여야 하는 경우가 아닌 것은?(단, 환경부령으로 정하는 경우는 제외)

① 눈이나 피부 등에 자극성이 없는 유해화학물질을 취급하는 경우
② 기체의 유해화학물질을 취급하는 경우
③ 액체의 유해화학물질에서 증기가 발생할 우려가 있는 경우
④ 실험실 등 실내에서 유해화학물질을 취급하는 경우

해설 눈이나 피부 등에 자극성이 있는 유해화학물질을 취급하는 경우

38 화학물질의 분류 및 표시 등에 관한 규정상 인화성 액체를 분류하는 3가지 기준에 해당하지 않는 것은?

① 인화점이 23°C 미만이고 초기끓는점이 35°C를 초과하는 액체
② 인화점이 23°C 미만이고 초기끓는점이 35°C 이하인 액체
③ 인화점이 23°C 이상 60°C 이하인 액체
④ 인화점이 100°C 이상인 액체

정답 36.① 37.① 38.④

39 다음 중 시간가중평균노출기준(TWA, ppm)이 가장 높은 물질은?

① 나프탈렌 ② 니트로메탄
③ 암모니아 ④ 불소

해설 산업안전보건법 $TWA = \dfrac{CT + CT + \cdots C_n T_n}{8}$

C : 유해인자측정농도(ppm), T : 유해인자발생시간(hr)
- 시간가중평균노출기준 : TWA(time weighted average)란 1일 8시간 작업을 기준으로 유해인자의 평균 측정농도를 말한다.
- 단시간노출기준 : STEL(short term exposure limit)란 1회 15분간 유해인자에 노출되는 경우의 허용농도이다.

40 사고시나리오 선정 시 사용하는 용어 중 다음에서 설명하는 것은?

> "사람이나 환경에 영향을 미칠 수 있는 독성농도, 과압, 복사열 등의 수치에 도달하는 지점"

① 끝점 ② 최대량
③ 파과점 ④ 한계량

제3과목 노출평가

41 생활화학제품 및 살생물제의 안전관리에 관한 법령상 제품의 주된 목적 외에 유해생물 제거 등의 부수적인 목적을 위해 살생물제품을 사용한 제품을 뜻하는 용어는?

① 살생물처리제품 ② 살생물제품
③ 생활화학제품 ④ 안전확인대상생활화학제품

42 경피노출의 인체 노출량 산정에 필요한 정보에 해당하지 않는 것은?

① 섭취율 ② 노출 빈도
③ 피부 흡수율 ④ 피부 접촉 면적

해설 경피노출의 인체 노출량 산정(피부노출, 세척, 샤워, 토양)

$$Inhalation\,ADD(mg/kg.day) = \dfrac{DA_{event} \times EV \times SA \times EF \times ED \times ABs}{BW \times AT}$$

정답 39.③ 40.① 41.① 42.①

43 환경보건법상 수행하는 국민환경보건기초 조사에서 중금속의 인체노출평가를 위해 혈액시료에서만 분석하는 물질로 옳은 것은?

① 납(Pb)
② 비소(As)
③ 수은(Hg)
④ 구리(Cu)

해설 환경보건법상 수행하는 국민환경보건기초조사에서 중금속의 인체노출평가를 위해 납(Pb)은 혈액시료에서만 분석한다.

44 생활화학제품 및 살생물제의 안전관리에 관한 법령(약칭 : 화학제품안전법)의 적용을 받는 물질 또는 제품에 해당하지 않는 것은?

① 대한민국약전에 실린 물품 중 의약외품이 아닌 것
② 사무실에서 살균, 멸균, 항균 등의 용도로 사용하는 제품
③ 제품의 유통기한을 보장하기 위하여 제품의 보관 또는 보존을 위한 용도로 사용하는 제품
④ 공공수역이 아닌 실내·실외 물놀이시설, 수족관 등 수중에 존재하는 조류의 생육을 억제하여 사멸하는 용도로 사용하는 제품

45 노출계수 수집을 위한 설문조사 방법의 특징으로 옳지 않은 것은?

① 관찰조사는 조사자가 직접 관찰하거나 비디오 녹화 등을 통해 수행한다.
② 면접조사는 조사원의 영향이 크게 작용하지 않아 응답의 신뢰도가 높다.
③ 전화조사는 우편조사보다 회수율이 우수하며 시간적인 측면에서 효과적이다.
④ 온라인 조사는 응답자가 관심 집단에 국한될 수 있어 표본의 대표성 문제를 갖는다.

해설 면접조사는 조사원의 영향이 크게 작용하며, 응답의 신뢰도가 높다.

46 어린이제품 안전 특별법령상 안전관리대상 어린이제품에 해당하지 않는 것은?

① 안전 인증 대상 어린이제품
② 안전 확인 대상 어린이제품
③ 안전·품질표시 대상 어린이제품
④ 공급자 적합성 확인 대상 어린이제품

정답 43.① 44.① 45.② 46.③

47 인체 시료를 분석할 때 기기분석의 정도 관리에 관한 설명으로 옳지 않은 것은?

① 정량도는 시험분석 결과의 중복성에 대한 척도이다.
② 정밀도는 반복 시험하여 얻은 결과들의 상대표준편차 또는 변동계수로 표시한다.
③ 정확도는 매질효과가 잘 보정되어 시험분석 결과가 참값에 얼마나 근접하는지를 나타내는 척도이다.
④ 연구자들은 정확도를 평가하기 위해 인증 표준물질이나 동일 매질의 표준물질에 대한 측정을 몇 회 이상 반복하여 관리기준을 산출하고 매 분석 시 control chart를 작성한다.

48 환경농도 계산에 관한 설명으로 옳지 않은 것은?

① 환경농도 계산은 전국 규모의 평가와 사업장 규모의 평가를 모두 포함한다.
② 전국 규모의 환경농도는 사업장 규모의 환경농도를 계산할 때 배경농도로 사용된다.
③ 전국 규모의 환경농도 예측에는 점오염원과 비점오염원을 모두 고려한다.
④ 사업장 규모의 환경농도 예측에는 굴뚝이나 배출구 등 점오염원만 고려한다.

49 사무실 실내공기 중 폼알데하이드 농도가 $200\mu g/m^3$이다. 이 사무실에서 6개월간 근무한 성인 남성의 폼알데하이드에 대한 평생일일평균노출량(mg/kg/d)은? (단, 성인 남성의 호흡률은 $15m^3/d$, 평균체중은 70kg, 평균 노출기간은 70y, 피부흡수율은 100%)

① 3.67×10^{-3}
② 3.02×10^{-4}
③ 6.12×10^{-4}
④ 6.89×10^{-4}

해설 평생1일평균 노출량 = $\dfrac{오염도(mg/m^3) \times 접촉률(m^3/day) \times 노출기간(day) \times 흡수율}{체중(kg) \times 평균기간(통상 70년, day)}$

$\dfrac{200\mu g}{m^3} \Big| \dfrac{0.5y}{} \Big| \dfrac{15m^3}{day} \Big| \dfrac{1}{70kg} \Big| \dfrac{1}{70y} \Big| \dfrac{mg}{1000\mu g} = 3.0 \times 10^{-4}$

정답 47.① 48.④ 49.②

50 A화학물질이 포함된 방충제품이 비치된 드레스룸 노출 정보가 다음과 같을 때 A물질의 흡입노출량(μg/kg/day)은? (단, 드레스룸에는 하루에 두 번 (아침, 저녁) 머문다.)

구 분	노출계수 값
드레스룸 내 물질 A농도	$10\mu g/m^3$
체내 흡수율(Abs)	1
호흡률(IR)	$20m^3$/day
체중(BW)	60kg
1회 노출시간	10min

① 0.023 ② 0.046
③ 1.111 ④ 2.785

해설 흡입노출량 $= \dfrac{10\mu g}{m^3} | \dfrac{1}{~} | \dfrac{20m^3}{day} | \dfrac{1}{60kg} | \dfrac{10\min}{1회} | \dfrac{2회}{day} | \dfrac{day}{1440\min} = 0.046\mu g/kg \cdot day$

51 평균수명이 70세, 평균 체중이 68.5kg인 성인남성이 발암물질 A가 0.6mg/kg 들어있는 식품을 매일 200g씩 35년간 섭취했다고 한다. 발암물질 A의 발암잠재력이 0.5mg/kg/d일 때 초과 발암위해도는? (단, 흡수율은 100%)

① 5×10^{-4} ② 6×10^{-4}
③ 5×10^{-3} ④ 6×10^{-3}

해설 초과발암확률이 10^{-4}이상인 경우 발암위해도가 있으며 10^{-6}이하는 발암위해도가 없다고 판단한다.

초과발암위해도(ECR) = 평생1일 평균노출량($LADD, mg/kg.day$) × 발암잠재력($CSF, mg/kg.day$)$^{-1}$

$LADD = \dfrac{0.6mg/kg \times 0.2kg/day \times 35years \times 365days}{68.5kg \times 70years \times 365days} = 8.76 \times 10^{-4} mg/kg.day$

$ECR = 8.76 \times 10^{-4} mg/kg.day \times 0.5mg/kg.day = 4.4 \times 10^{-4}$

초과발암확률 값은 $4.4 \times 10^{-4} \to 5 \times 10^{-4}$

정답 50.② 51.①

52 위해도와 유해지수에 관한 설명으로 옳지 않은 것은?

① 위해도를 정량화한 값을 유해지수라고 한다.
② 유해지수는 추정된 노출량과 독성참고치(RfD)의 비로 나타낸다.
③ 흡입 노출의 경우 환경매체 중 노출농도와 독성참고치(RfD)를 이용하여 위해도를 결정해야 한다.
④ 대상 인구집단이 여러 종류의 비발암성 물질에 동시에 노출되고 여러 조건이 충족되는 경우 개별 유해지수의 합인 총 유해지수를 구할 수 있다.

해설 유해지수$(HI) = \dfrac{\text{일일평균 흡입인체 노출농도}(mg/m^3 \cdot day)}{\text{흡입노출참고치 } RfC(mg/m^3)}$

- 독성참고치(RfD, Reference dose) : 일생동안 매일 섭취해도 건강에 무영향수준의 노출량을 나타낸다.
- 흡입독성참고치(RfC: Reference concentration) : 일생동안 매일 섭취해도 건강에 무영향수준의 노출농도를 나타낸다.

53 건강영향평가 대상사업이 아닌 것은?

① 산업입지 및 산업단지의 조성
② 에너지개발
③ 폐기물처리시설, 분뇨처리시설 및 축산폐수공공처리시설의 설치
④ 수자원 개발사업

54 제품 노출평가 및 위해성 평가를 위한 단계를 순서대로 나열한 것은?

(1) 위해성 평가
(2) 노출시나리오 개발
(3) 유해성 자료 수집
(4) 노출알고리즘 구성
(5) 노출계수 수집

① (1) → (2) → (5) → (4) → (3)
② (2) → (3) → (4) → (5) → (1)
③ (3) → (5) → (2) → (4) → (1)
④ (2) → (5) → (1) → (4) → (3)

정답 52.③ 53.④ 54.②

55 기기분석을 위한 환경시료의 전처리에 대한 설명 중 틀린 것은?

① 냉동 농축은 용액의 어는점이 용매의 어는점보다 항상 낮다는 점을 이용한다.
② 고체상 추출법은 수질시료 안에 포함된 일부 화학물질등이 보이는 흡착 현상을 이용한다.
③ 속슬레(soxhlet) 추출장치는 고체에 있는 특정 성분을 용매를 이용하여 추출하는 장치이다.
④ 수질 시료 내 비휘발성유기화합물을 추출하는 경우 주로 액-액 추출법을 사용한다.

해설 수질 시료 내 비휘발성유기화합물을 추출하는 경우 주로 고체상 추출법을 사용한다.

56 전이량에 관한 설명으로 옳지 않은 것은?

① 전이량은 흡입, 경구, 경피의 노출경로별로 다르게 추정된다.
② 제품에 함유된 물질 중 인체에 흡수될 수 있는 최대량을 전이량이라 한다.
③ 전이량은 시간에 따른 면적당 화학물질의 이동비율인 전이율을 바탕으로 추정된다.
④ 직접섭취에 의한 전이량은 중금속이 대상인 경우 인공위액을 모사한 염산을 이용하여 추출 후 측정한다.

해설 전이량은 제품에 함유된 유해물질의 총량 중 실제적으로 인체에 이동한 양이다.

57 바이오모니터링에서 특정유해물질에 대한 노출과 내적 노출량을 반영하는 지표는?

① 노출 생체지표
② 독성 생체지표
③ 민감성 생체지표
④ 위해성영향 생체지표

해설 바이오 모니터링은 인체시료에서 노출을 반영하는 생체지표의 농도를 측정하는 방법으로 노출 생체지표, 위해영향 생체지표, 민감성 생체지표 등이 있다.

58 다음 중 어린이제품 공통안전기준상 유해원소 용출기준이 가장 높은 물질은?

① 셀레늄(Se)
② 바륨(Ba)
③ 안티모니(Sb)
④ 납(Pb)

해설 바륨(Ba)의 허용치 : 1000 mg/kg 이하

정답 55.④ 56.② 57.① 58.②

59 환경시료 채취 방법 중 복합시료 채취에 관한 내용으로 옳지 않은 것은?

① 오염물질의 시·공간적 변이에 대한 정보를 얻을 수 있다.
② 여러 번 채취한 시료를 혼합하여 하나의 시료로 균질화한 것이다.
③ 용기채취시료에 비해 비용과 시간을 절감할 수 있다.
④ 특정기간이나 공간 내의 오염도에 대한 평균값을 얻기 위해 사용된다.

해설 환경시료 채취 방법에는 용기시료채취, 복합시료채취, 현장측정시료 방법이 있다.

60 다음 중 토양내 잔류성 유기오염물질이 속하는 유해인자로 옳은 것은?

① 물리적 인자
② 화학적 인자
③ 생물학적 인자
④ 인간공학적 인자

제4과목 위해성평가

61 유해물질 저감대책의 종류와 그에 관한 설명으로 옳지 않은 것은?

① 보상 : 대체자원 또는 대체환경을 제공하여 영향에 대한 보상을 하는 것
② 감소 : 영향을 받은 환경을 교정, 복원하거나 복구함으로서 그 영향을 교정하는 것
③ 최소화 : 그 사업과 사업 실행의 정도 혹은 규모를 제한함으로써 영향을 최소화하는 것
④ 회피 : 어떤 사업이나 사업의 일부를 하지 않음으로서 영향이 발생하지 않도록 하는 것

해설 [표] 건강영향평가 결과에 따른 유해물질의 저감대책 종류

종류	내용
1. 회피	어떤 사업이나 사업의 일부를 하지 않음으로서 영향이 발생하지 않도록 하는 것
2. 최소화	그 사업과 사업의 실행의 정도 혹은 규모를 제한(줄임)함으로써 영향을 최소화하는 것
3. 조정	영향을 받은 환경을 교정, 복원하거나 복구함으로서 그 영향을 교정하는 것
4. 감소	대상사업의 진행 동안 보전하고 유지함으로서 시간이 지난 후 영향을 감소시키거나 제거하는 것
5. 보상	대치하거나 대체자원 또는 대체환경을 제공함으로써 영향에 대한 보상을 하는 것

정답 59.① 60.② 61.②

62 전향적 코호트(Cohort)연구와 후향적 코호트연구의 가장 큰 차이점은?

① 질병 종류　　　　　　　　② 유해인자 종류
③ 추적조사 시점과 기간　　　④ 연구집단의 교체 여부

> **해설** · 전향적 코호트연구는 노출 직후부터 질병발생을 확인할 때까지 추적하는 연구이다.
> · 후향적 코호트연구는 연구시작 시점에 질병발생을 파악하고 노출여부는 과거 기록을 이용한다.

63 위해지수(Hazard index)는 어떠한 가정이 충족되어야 한다. 잘못된 설명은?

① 비발암물질을 가정한다.
② 위해수준이 충분히 클 경우에 계산의 의미가 있다.
③ 각 영향이 서로 독립적으로 작용한다.
④ 유사한 용량-반응 모형을 보일 때 적용한다.

> **해설** 위해수준이 충분히 작을 경우에 계산의 의미가 있다.

64 개인 및 집단 노출평가에 대한 설명으로 옳지 않은 것은?

① 개인 노출평가 시 생체지표를 활용하여 개인의 내적 노출량을 추정할 수 있다.
② 집단 노출평가에 따라 집단의 노출 수준을 파악할 때 막대한 비용과 시간이 소요된다.
③ 집단 노출평가 시 확률론적 방법은 유해인자의 농도나 노출계수 등 각각의 지표가 갖고 있는 자료 분포를 활용하여 노출량의 분포를 새롭게 도출한다.
④ 개인 노출평가는 개인이 노출되는 다양한 노출 경로들에 대해 직접 조사하여 개인별 총 노출량을 평가하는 접근이다.

> **해설** 집단 노출평가에 따라 집단의 노출 수준을 파악할 때 적은 비용과 시간이 소요된다.

65 환경유해인자 노출에 따른 생체지표의 분류로 옳지 않은 것은?

① 노출 생체지표　　　　　② 민감성 생체지표
③ 반응성 생체지표　　　　④ 위해영향 생체지표

> **해설** 생체지표란 생체 내에서의 노출, 위해영향, 민감성을 예측하기 위한 지표로서 노출 생체지표, 위해영향 생체지표, 민감성 생체지표로 구분한다.

정답 62.③　63.②　64.②　65.③

66 다음은 100명의 환자군과 100명의 대조군을 선정하여 흡연과 폐암의 관계를 규명하고자 한다. 폐암 발생의 상대위험도(Relative risk)로 옳은 것은?

구 분	흡연자(폭로)	비흡연자(비폭로)	합계
환자군(폐암)	90(A)	10(B)	100(A+B)
대조군	70(C)	30(D)	100(C+D)
합계	160(A+C)	40(B+D)	200

① 1.25 ② 2.25
③ 1.11 ④ 2.11

해설 상대 위험도(Relative risk)는 해당요인과 질병과의 연관성을 관찰하기 위한 지표로서, 위험요인에 폭로된 집단의 발병률[A/(A+C)]/비폭로된 집단의 발병률[B/(B+D)]로 산출한다. 상대 위험도가 1이상이면 해당요인과 연관성이 있다고 해석할 수 있다.

$$RR = \frac{90/160}{10/40} = 2.25$$

67 생체 모니터링을 통해 측정되는 유해물질의 농도 기준인 권고치 또는 참고치에 대한 설명으로 틀린 것은?

① HBM-I은 건강 위해영향이 커서 조치가 필요한 수준이다.
② 권고치의 대표적인 예로 독일의 HBM(human biomonitoring) 값과 미국의 BE(biomonitoring equivalents) 등이 있다.
③ 참고치는 기준 인구에서 유해물질에 노출되는 정상 범위의 상위 한계를 통계적인 방법으로 추정한 값이다.
④ 참고치를 이용하면 일반적인 수준보다 높은 수준의 유해물질에 노출된 사람들을 판별할 수 있으나 이 값은 권고치와 달리 독성학적 또는 의학적 의미를 가지지 않는다는 한계점이 있다.

정답 66.② 67.①

68 다음 중 충분한 검토를 거쳐 독성참고치(RfD)와 동일한 개념으로 사용할 수 있는 것을 모두 나열한 것은? (단, 화학물질 위해성 평가의 구체적 방법등에 관한 규정 기준)

> ㉠ 내용일일섭취량(TDI)
> ㉡ 일일섭취허용량(ADI)
> ㉢ 잠정주간섭취허용량(PTWI)
> ㉣ 흡입노출참고치(RfC)

① ㉠
② ㉠, ㉡
③ ㉠, ㉡, ㉢
④ ㉠, ㉡, ㉢, ㉣

 만성 독성 평가의 독성지표는 무영향관찰용량(NOAEL)을 외삽하여 RfD, ADI, PTWI 등을 구한다.

69 다음 [보기]의 물질이 포함되어 있는 수돗물을 70kg의 성인이 매일 2L 음용했을 때 총 위해지수(HI)와 유해지수(HQ)가 가장 큰 물질의 연결이 옳은 것은? (단, 모든 물질의 흡수율은 100%로 가정한다.)

[보기]

물질	농도(mg/L)	RfD(mg/kg/day)
A	0.2	0.03
B	0.6	0.05
C	0.08	0.1

① 0.36 – A
② 0.56 – C
③ 0.36 – C
④ 0.56 – B

해설 개별유해지수(HQ)

$$HQ(Hazard\ Quotient) = \frac{노출량}{RfD}$$

$$A\frac{}{70kg}|\frac{2L}{day}|\frac{0.2mg}{L}|\frac{}{0.03RfD} = 0.19$$

$$B\frac{}{70kg}|\frac{2L}{day}|\frac{0.6mg}{L}|\frac{}{0.05RfD} = 0.34$$

$$C\frac{}{70kg}|\frac{2L}{day}|\frac{0.08mg}{L}|\frac{}{0.1RfD} = 0.023$$

총 위해지수(HI)

$HI = 0.19 + 0.34 + 0.023 ≒ 0.56$

정답 68.④ 69.④

70 생체지표의 정의와 생체지표를 활용한 노출평가의 특징으로 옳지 않은 것은?

① 정확한 주요 노출원의 파악이 용이하다.
② 시간에 따라 누적된 노출을 반영할 수 있다.
③ 경구 섭취, 흡입, 피부 접촉 등 모든 노출경로를 반영할 수 있다.
④ 생체지표는 화학물질 노출과 관련하여 생체 내에서 측정된 화학물질이나 화학물질의 대사체를 말한다.

해설 주요 노출원을 파악하기 어렵다.

71 역학연구에서 바이어스(bias)에 관한 설명으로 옳지 않은 것은?

① 선택 바이어스는 연구대상을 선정하는 과정에서 발생한다.
② 정보 바이어스는 연구 자료를 수집하는 과정에서 발생한다.
③ 교란 바이어스는 독립변수와 종속변수 이외의 제3의 변수에 의해 발생한다.
④ 후향적 코호트 연구는 과거의 기록으로부터 정보를 얻기 때문에 정보 바이어스가 발생할 확률이 낮다.

해설 역학연구에서 바이어스는 선택 바이어스, 정보 바이어스, 교란 바이어스 3가지가 대표적이다.

72 초기 위해성평가의 잠재적인 위해성이 큰 경우 예측된 노출수준 값에 잠재된 불확실성을 정량적으로 파악하는 방법은?

① 민감도 분석
② 위험도 분석
③ 유해지수 분석
④ 결정론적 분석

73 발암성 물질의 발암위해도와 비발암성 물질의 위해도 지수를 고려하여 대기질 건강영향평가에 대한 저감대책을 수립해야 하는 조건(기준)으로 옳은 것은?

① 발암성 물질 : 10^{-6} 초과, 비발암성 물질 : 1초과
② 발암성 물질 : 10^{-6} 초과, 비발암성 물질 : 1미만
③ 발암성 물질 : 10^{-4} 초과, 비발암성 물질 : 0.5초과
④ 발암성 물질 : 10^{-4} 초과, 비발암성 물질 : 0.5미만

해설 건강결정요인이 대기질의 경우 평가기준은, 발암성 물질의 발암위해도는 $10^{-6} \sim 10^{-4}$, 비발암성 물질의 위해도 지수는 1 이다.

정답 70.① 71.④ 72.① 73.①

74 건강영향평가 절차 중 평가 항목, 범위, 방법 등을 결정하는 단계는?

① 스코핑(scoping)   ② 평가(appraisal)
③ 스크리닝(screening)   ④ 모니터링(monitoring)

해설 건강영향평가 절차

사업분석	
↓	
스크리닝 (Screening)	해당사업이 건강영향평가 대상인지를 확인하는 단계
↓	
스코핑 (Scoping)	건강영향평가를 위하여 평가항목, 범위, 방법 등을 과업지시서(Terms of reference)의 형태로 결정하는 단계.
↓	
평가 (Appraisal)	해당사업이 해당지역의 주민 등에게 미치는 건강영향을 정량, 정성적으로 평가하는 단계
↓	
저감방안 수립	위해도 지수 1 초과, 발암 위해도 10^{-6} 초과 시 저감방안 수립
↓	
모니터링 계획수립	모니터링 계획은 환경영향평가서 작성방법, 사후환경영향조사계획의 내용을 준용한다.

75 노출·생체지표를 활용한 환경유해인자의 노출평가에 대한 설명으로 옳지 않은 것은?

① 주요 노출원을 쉽게 파악할 수 있다.
② 분석 시점 이전의 노출수준이나 변이를 이해하기 어렵다.
③ 초기 건강영향이나 질병의 종말점과 직접적으로 연계하기 어려울 수 있다.
④ 반감기가 짧은 물질의 경우 최근의 노출이나 제한된 기간의 노출 수준만을 반영할 수 있다.

해설 주요 노출원을 파악하기 어렵다.

76 다음 조건에서 비스페놀의 내적 노출량($\mu g/kg.day$)을 산정하시오.

| ・소변의 비스페놀 농도 $3\mu g/L$ | ・체중 70kg |
| ・소변배출량 1,200mL/day | ・비스페놀 배출 100% |

① $5.1 \times 10^{-2} \mu g/kg \cdot day$ ② $5.1 \times 10^{-3} \mu g/kg \cdot day$
③ $5.1 \times 10^{-4} \mu g/kg \cdot day$ ④ $5.1 \times 10^{-5} \mu g/kg \cdot day$

해설 $DI(\mu g/kg.day) = \dfrac{UE(\mu g/g) \times UV(L/day)}{Fue \times BW(kg)}$

$DI = \dfrac{3\mu g}{L} | \dfrac{1200 mL}{day} | \dfrac{1}{70 kg} | \dfrac{10^{-3} L}{mL} = 5.1 \times 10^{-2} \mu g/kg.day$

정답 74.① 75.① 76.①

77 생체지표에 대한 설명으로 옳지 않은 것은?
① 특정 화학물질 노출에 반응하는 개인의 유전적 또는 후천적인 능력을 나타내는 것은 민감성 생체지표이다.
② 혈액 내 아세틸콜린에스터라아제 활성은 신경독성에 대한 생체지표로, 농약중독의 초기 위해영향 생체지표에 포함된다.
③ 노출 생체지표 활용으로는 분석 시점 이전의 노출 수준을 알아내기 어렵다.
④ 프탈레이트처럼 체내에서 빠르게 대사되는 물질의 노출 생체지표 분석을 위해 많이 활용되는 매질은 혈액이다.

해설 프탈레이트처럼 체내에서 빠르게 대사되는 물질의 노출 생체지표 분석을 위해 많이 활용되는 매질은 소변이다. 벤젠에 노출되었을 경우 매질은 혈액 또는 소변 중의 벤젠 량이 노출 생체지표로 활용된다.

78 환경위해도 평가 과정에서 불확실성 평가를 위한 단계적 접근법에 대한 설명으로 옳지 않은 것은?
① 0단계 : 예측노출수준과 위해도 평가에 사용된 결과 값들의 검토
② 1단계 : 불확실성 요인별 과학적 근거 및 주관성에 대한 판단
③ 2단계 : 확률론적 평가를 통한 위해도 분포확인
④ 3단계 : 민감도분석/상관분석을 통한 입력값의 분포 및 상대 기여도 제시

79 다음 중 경구섭취를 통해 인체에 들어가는 유해인자 양의 크기를 순서대로 나열한 것은?
① 적용용량 > 내적용량 > 잠재용량
② 잠재용량 > 적용용량 > 내적용량
③ 내적용량 > 적용용량 > 잠재용량
④ 적용용량 > 잠재용량 > 내적용량

정답 77.④ 78.③ 79.②

80 건강영향평가 시 건강영향 예측을 위한 방법 중 정량적 평가 항목으로 옳지 않은 것은?

① 수질
② 방사선
③ 소음·진동
④ 대기질(악취)

해설

[표] 건강결정요인별 정량적 평가지표 및 기준

건강결정요인	구 분	평가지표	평가기준
대기질	비발암성물질	위해도 지수	1
	발암성물질	발암위해도	$10^{-4} \sim 10^{-6}$
악취	악취물질	위해도 지수	1
수질	수질오염물질	국가환경기준	
소음진동	소음	국가환경기준	

제5과목 위해도 결정 및 관리

81 환경보건법의 기본이념으로 옳지 않은 것은?

① 사전예방주의 원칙
② 수용체 중심 접근의 원칙
③ 사업주 중심의 원칙
④ 취약 민감계층 보호 우선의 원칙

82 화학물질의 등록 및 평가 등에 관한 법령상 위해성에 관한 자료의 작성방법으로 옳지 않은 것은?

① 화학물질의 제조 및 하위 사용자로부터 확인한 용도를 포함한 모든 용도에 따른 화학물질의 전 생애 단계를 고려하여 작성해야 한다.
② 제조·수입하는 화학물질로부터 발생하는 위해성이 제조 또는 사용과정에서 적절한 방법으로 안전하게 통제되고 있는지에 대해 평가를 하고 작성해야 한다.
③ 화학물질의 잠재적 유해성과 권고되는 위해관리수단·취급조건 등을 고려하면서 이미 알고 있거나 합리적으로 예상할 수 있는 사람 또는 환경에 대한 노출 수준을 비교하여 작성해야 한다.
④ 구조 유사성으로 인해 물리적·화학적 특성이 유사해 어떤 화학물질에 대한 위해성자료가 다른 화학물질에 대한 위해성자료 작성에 충분하다고 판단되는 경우에도 그 자료를 이용해 위해성자료를 작성하지는 않아야 한다.

해설 구조 유사성으로 인해 물리적·화학적 특성, 인체 및 환경의 유해성이 유사하거나 규칙적인 경향을 가지는 하나의 그룹이나 물질 카테고리로 간주되어 어떤 화학물질에 대한 위해성 자료가 다른 화학물질에 대한 위해성 자료의 작성에 충분하다고 판단되는 경우 그 자료를 이용하여 위해성 자료를 작성할 수 있다. 이 경우 그 타당성에 대한 증거를 함께 제시하여야 한다.

정답 80.② 81.③ 82.④

83. 소비자제품의 인체노출경로를 결정할 때 고려사항으로 가장 적합하지 않은 것은?
① 제품의 용도
② 제품의 형태
③ 제품의 제조공정
④ 제품의 안전사용 조건

84. 기존시설의 공정위험성을 분석할 때 기존 분석결과를 활용하거나 해당 공정에 적합한 분석기법을 적용할 수 있는데, 이 때 적용할 수 있는 분석기법과 가장 거리가 먼 것은?
① 체크리스트 기법
② 사건수 분석 기법
③ 상대위험순위 결정 기법
④ 화학공정 정량적 위험성평가 기법

85. 지역사회 위해성 소통에 관한 법률과 그 내용의 연결이 옳지 않은 것은?
① 화학물질의 등록 및 평가 등에 관한 법률 – 화학물질의 유해성심사 및 위해성 평가
② 화학물질의 등록 및 평가 등에 관한 법률 – 허가물질의 지정
③ 화학물질관리법 – 사고대비물질의 지정
④ 화학물질관리법 – 공정안전보고서 작성

> **해설** '화관법'에 따른 위해관리계획서 작성 및 제출

86. 노출시나리오 작성 시 하위사용자와 소통이 필요한 단계로 옳은 것은?
① 작성된 초기 노출시나리오 확인 단계
② 노출량 추정 및 위해도 결정 단계
③ 초기 노출시나리오 정교화 작업 단계
④ 통합 노출시나리오 도출 단계

정답 83.③ 84.④ 85.④ 86.①

87 화학물질관리법령상의 용어 정의로 옳지 않은 것은?

① 취급이란 화학물질을 제조·수입, 판매, 보관·저장, 운반 또는 사용하는 것을 말한다.
② 유해성이란 화학물질의 독성 등 사람의 건강이나 환경에 좋지 아니한 영향을 미치는 화학물질 고유의 성질을 말한다.
③ 화학사고란 시설 교체 등의 작업 시 작업자의 과실, 시설결함, 노후화 등으로 인하여 화학물질이 사람이나 환경에 유출·누출되어 발생하는 모든 상황을 말한다.
④ 위해성이란 유해성이 없는 화학물질이 노출되지 않고 사람의 건강이나 환경에 피해를 줄 수 있는 최대 정도를 말한다.

해설 위해성(risk)이란 유해성 화학물질에 노출되는 경우 사람의 건강이나 환경에 피해를 줄 수 있는 정도로써, 노출강도에 의해 결정된다.

88 사업장 위해성 평가를 수행할 때 반드시 고려해야 할 사항으로 옳지 않은 것은?

① 유해인자가 가지고 있는 유해성
② 유해물질 사용 사업장의 조직적 특성
③ 유해물질 취급자의 건강 정보
④ 사용하는 유해물질의 시간적 빈도와 기간

해설 ①②④외에 사용하는 유해물질의 공간적 분포, 노출대상의 특성이 있다.

89 화학물질관리법규상 운반계획서 작성에 대한 내용으로 옳은 것은?

① 허가물질로써 1000kg이상 시 운반계획서를 작성한다.
② 유독물질로써 5000kg이상 시 운반계획서를 작성한다.
③ 제한물질로써 2000kg이상 시 운반계획서를 작성한다.
④ 금지물질로써 2000kg이상 시 운반계획서를 작성한다.

90 사업장 위해성 평가 수행 시 고려해야할 사항과 거리가 가장 먼 것은?

① 유해인자의 유해성
② 화학물질의 사용 빈도
③ 작업장 내 오염원의 위치 등의 공간적 분포
④ 화학물질의 등록 및 평가 등에 관한 법령에 따른 화학물질의 등록 여부

정답 87.④ 88.③ 89.② 90.④

91 생활화학제품 및 살생물제의 안전관리에 관한 법령상의 용어 정의로 옳지 않은 것은?

① 위생용품은 건강 증진을 위해 공업적으로 생산된 물품이다.
② 생활화학제품은 사람이나 환경에 화학물질의 노출을 유발할 가능성이 있는 화학제품이다.
③ 살생물처리제품은 제품의 주된 목적 외에 유해생물 제거 등의 부수적인 목적을 위해 살생물제품을 사용한 제품이다.
④ 살생물제품은 유해생물의 제거 등을 주된 목적으로 하는 화학물질로부터 살생물질을 생성하는 제품이다.

92 화학물질관리법령상 유해화학물질 표시를 위한 유해성 항목 중 물리적 위험성에 해당하지 않는 것은?

① 인화성 가스
② 급성독성 물질
③ 산화성 가스
④ 자기발열성 물질

해설 급성독성 물질은 건강 유해성에 해당된다.

93 환경보건법령상의 용어 정의에 관한 내용 중 (   )안에 알맞은 말을 순서대로 나열한 것은?

> 환경보건이란 (ㄱ)과 유해화학물질 등의 (ㄴ)가 사람의 건강과 (ㄷ)에 미치는 영향을 조사·평가하고 이를 예방·관리하는 것을 말한다.

① ㄱ : 환경오염, ㄴ : 환경위해인자, ㄷ : 자연환경
② ㅅ : 환경공해, ㄴ : 환경위해인자, ㄷ : 생태계
③ ㄱ : 환경공해, ㄴ : 환경유해인자, ㄷ : 자연환경
④ ㄱ : 환경오염, ㄴ : 환경유해인자, ㄷ : 생태계

해설 환경보건법 제2조

정답 91.① 92.② 93.④

94 사업장 발생원의 노출량 저감 대책에 대한 설명으로 옳지 않은 것은?

① 시간가중평균값(TWA)은 1일 8시간 작업을 기준으로 한 평균 노출농도이다.
② 저감 대상물질 목록이 도출되면 공정개선과 저감시설 설치로 발생원 노출량을 저감하기 위해 노력해야 한다.
③ 유해인자의 노출농도를 허용기준 이하로 유지하기 위하여 발생원 노출저감 대책을 마련해야 한다.
④ 노출농도가 시간가중평균값(TWA)을 초과하고 단시간 노출값(STEL)이하인 경우에는 1회 노출 지속시간이 15분 미만이고 이러한 상태가 1일 3회 이하로 발생해야 한다.

95 인체 노출·흡수 메커니즘에 관한 설명으로 옳지 않은 것은?

① 적용용량은 섭취를 통해 들어온 인자가 체내의 흡수막에 직접 접촉한 양을 의미한다.
② 잠재용량은 노출된 유해인자가 소화기 또는 호흡기로 들어오거나 피부에 접촉한 실제양을 의미한다.
③ 유해인자가 섭취나 흡수를 통해 체내로 들어왔을 때, 즉 실제로 인체에 들어가는 유해인자의 양을 용량(dose)이라고 한다.
④ 용량의 개념은 유해인자의 생물학적 영향을 예측하는 데에 용이하나, 어떠한 경우라도 섭취량(intake)을 용량과 동일한 것으로 가정할 수는 없다.

해설 유해인자가 섭취나 흡수를 통해 체내로 들어왔을 때, 즉 실제로 인체에 들어가는 유해인자의 양을 용량(dose)이라고 한다.

96 환경 노출평가를 위해 작성하는 노출시나리오에 관한 설명으로 옳지 않은 것은?

① 정량적 노출량 추정의 기초가 된다.
② 국소배기장치, 특정한 형태의 장갑 등의 위해성관리대책이 포함된다.
③ 사용된 물질의 양, 운영 온도 등의 취급조건은 포함되지 않는다.
④ 물질의 전 생애 단계에 따라 분류하여 작성하며 각 단계에서 수행되는 용도에 관해 모두 기술해야 한다.

해설 사용된 물질의 양, 운영 온도 등 취급조건을 포함한다.

정답 94.④ 95.④ 96.③

97 노출농도가 시간가중평균값(TWA)을 초과하고 단시간노출값(STEL) 이하인 경우 단시간 노출값(STEL)의 정의 및 적용 조건에 관한 내용으로 옳지 않은 것은?

① 1회 노출 지속시간이 15분 미만이어야 한다.
② 주어진 조건의 상태가 1일 4회 이하로 발생해야 한다.
③ 단시간노출값이란 15분간의 시간가중 평균값을 말한다.
④ 주어진 조건이 발생하는 각 회의 간격이 60분 이하이어야 한다.

해설 각 회의 간격은 60분 이상이어야 한다.

98 살생물제의 구성으로 적절하지 않은 것은?

① 관리대상물질
② 살생물처리제품
③ 살생물제품
④ 살생물물질

해설 살생물제(殺生物劑)란 살생물물질, 살생물제품 및 살생물처리제품을 말한다.

99 작업공정을 개선하여 노출을 저감하는 방법에 대한 설명으로 옳지 않은 것은?

① 작업자가 개인보호구 착용 등으로 노출을 차단할 수 있도록 안전교육을 강화한다.
② 위험요소가 있는 화학물질을 사용하는 공정에서는 위험물질을 대체하도록 공정을 변경한다.
③ 기계의 사용 등으로 작업자라 물리적 위해에 노출될 경우 신체적 손상을 최소화하도록 공정을 개선한다.
④ 미생물 등 생물학적 요인에 노출되어 감염의 위험이 존재할 경우 작업공정에서 감염원에의 노출 가능한 과정을 확인하여 공정을 개선한다.

해설 작업공정을 개선하여 노출을 차단, 저감한다. 작업자가 개인보호구 착용 등으로 노출을 차단할 수 있도록 안전교육의 강화는 작업장 안전교육에 해당한다.

정답 97.④ 98.① 99.①

100 작업장의 안전교육을 위하여 사업주가 관리 감독자 및 근로자에게 실시해야 하는 교육으로 구분할 때, 다음 중 근로자를 대상으로 실시하는 교육내용이 아닌 것은?

① 산업안전 및 사고 예방에 관한 사항
② 산업보건 및 직업병 예방에 관한 사항
③ 건강증진 및 질병 예방에 관한 사항
④ 작업공정의 유해·위험과 재해 예방대책에 관한 사항

해설

[표] 사업장 관리감독자 및 노동자의 정기안전 보건교육 내용

관리감독자	노동자(근로자)
① 작업공정의 유해·위험과 재해 예방대책에 관한 사항 ② 표준안전작업방법 및 지도 요령에 관한 사항 ③ 관리감독자의 역할과 임무에 관한 사항 ④ 산업보건 및 직업병 예방에 관한 사항 ⑤ 유해·위험 작업환경 관리에 관한 사항 ⑥ 「산업안전보건법」 및 일반관리에 관한 사항	① 산업안전 및 사고 예방에 관한 사항 ② 산업보건 및 직업병 예방에 관한 사항 ③ 건강증진 및 질병 예방에 관한 사항 ④ 유해·위험 작업환경 관리에 관한 사항 ⑤ 「산업안전보건법」 및 일반관리에 관한 사항 ⑥ 산업재해보상보험 제도에 관한 사항

정답 100.④

환경위해관리기사 실기 복원문제

제 1 회   2019년 12월 08일 시행

*수험생의 기억에 의존하여 복원된 문제로서, 실제 문제와 상이할 수 있음을 참고하시기 바랍니다.

---

01 다음은 무엇을 설명한 용어인가? [4점]

① 원소, 분자로 이루어진 물질로 인위적인 반응 또는 자연 상태에서 존재하는 화합물을 말한다.
② 화학물질 고유의 독성(toxicity)으로써, 사람의 건강이나 생태계에 좋지 아니한 영향을 미치는 화학물질을 말한다.

답 ① _____ ② _____

해설 ① 화학물질 ② 유해성(hazard)

---

02 유해화학물질에는 어떠한 것이 있는가? 다섯 가지를 쓰시오. [5점]

답 ① _____ ② _____
③ _____ ④ _____
⑤ _____

해설 ① 유독물질 ② 허가물질 ③ 제한물질
④ 금지물질 ⑤ 사고대비물질

---

03 다음에서 설명하고 있는 물질과 종류 수를 쓰시오. [4점]

급성독성, 폭발성 등이 강하여 화학사고가 발생할 가능성이 높거나 발생할 경우, 그 피해 규모가 클 것으로 우려되는 화학물질로서 화학사고 대비를 위하여 환경부장관이 고시한 것을 말한다.

답 ① 물질 : _____ ② 종류(수) : _____

해설 ① 사고대비물질 ② 97종(2019.12.20. 개정)

04 다음 유해화학물질에 관한 그림문자를 보기에서 찾아 쓰시오. [5점]

[보기]
산화성가스, 냉장액화가스, 인화성가스, 폭발성물질, 피부과민성

① ② ③
④ ⑤

답 ① _____ ② _____
③ _____ ④ _____
⑤ _____

해설 ① 폭발성물질 ② 인화성가스 ③ 산화성가스
④ 피부과민성 ⑤ 냉장액화가스

---

05 다음 ( )안에 알맞은 내용을 쓰시오. [4점]

사고대비물질을 환경부령이 정하는 수량 이상으로 취급하는 자는 「화학물질관리법」에 따라 (①)를 작성하여 (②)년마다 환경부장관에게 제출해야 한다.

답 ① _____ ② _____

해설 ① 위해관리계획서 ② 5년

---

06 다음은 장외영향평가에 관한 설명이다. ( )안에 알맞은 내용을 쓰시오. [4점]

유해화학물질 취급시설의 설치를 마친 자는 취급시설 가동 이전 실시 검사기관에서 (①)검사를 받고, 유해화학물질 취급시설을 설치·운영하는 자는 1년 마다 (②)검사를 받아야 한다.

답 ① _____ ② _____

해설 ① 설치검사 ② 정기검사

07 다음은 노출시나리오를 통한 인체 노출평가 과정이다. ( )안에 알맞은 말을 넣으시오. [6점]

```
노출시나리오 작성
      ↓
대상 인구집단의 특성, 적합성 평가
      ↓
     ( ① )
      ↓
     ( ② )
      ↓
     ( ③ )
      ↓
오염물질 섭취(용량) 추정
```

답　①_____　②_____　③_____

해설　① 노출경로　② 노출원의 오염수준　③ 노출계수

---

08 최악의 사고시나리오는 유해화학물질이 최대로 저장된 단일 저장용기 또는 배관 등에서 화재·폭발 및 유출·누출되어 사람 및 환경에 미치는 영향범위가 최대인 사고시나리오이다. 분석조건으로 풍속 1.5m/초, 대기온도 25℃, 대기습도( )% 이다. ( )안에 알맞은 내용은? [4점]

답　①_____

해설　50%

---

09 노출계수의 종류를 쓰시오. [6점]

답　①_____　②_____　③_____

해설　① 일반계수　② 섭취계수　③ 활동계수

10
다음은 1일평균노출량(ADD, Average daily dose) 또는 일일평균섭취량(CDI, Chronic daily intake)의 공식이다. 다음 식의 C, IR, ED, ABS 명칭과 단위를 쓰시오. [6점]

$$ADD(mg/kg \cdot day) = \frac{C \times IR \times ED \times ABS}{BW}$$

답 ① C _____ ② IR _____ ③ ED _____ ④ ABS _____

해설 $ADD(mg/kg \cdot day) =$
$\dfrac{오염도 C(mg/m^3) \times 접촉률 IR(m^3/day) \times 노출기간 ED(day) \times 흡수율 ABS}{체중 BW(kg)}$

11
최소영향관찰용량(LOAEL)에 대하여 설명하시오. [4점]

답 _____

해설 최소영향관찰농도(LOEC, Lowest observed effect concentration)라고도 하며, 노출량에 대한 반응이 처음으로 관찰되기 시작하는 최소의 노출량을 말한다.

12
변이원성에 대하여 설명하시오. [4점]

답 _____

해설 변이원성이란 유전자의 DNA 구조가 손상되거나 그 양이 영구적으로 바뀌는 것을 의미한다. 변이원성 물질은 다양한 세포의 염색체 수, 염색체 구조의 변이를 초래한다.

13
다음 보기를 보고 건강영향평가 절차를 순서대로 쓰시오. [6점]

[보기]
① 모니터링 계획   ② 스크리닝   ③ 평가   ④ 스코핑
⑤ 사업분석   ⑥ 저감방안 수립

답 ___ → ___ → ___ → ___ → ___

해설 ⑤ → ② → ④ → ③ → ⑥ → ①

사업분석	
스크리닝 (Screening)	해당 사업이 건강영향평가 대상인지를 확인하는 단계
스코핑 (Scoping)	건강영향평가를 위하여 평가항목, 범위, 방법 등을 과업지시서(Terms of reference)의 형태로 결정하는 단계.
평가 (Appraisal)	해당 사업이 해당지역의 주민 등에게 미치는 건강영향을 정량, 정성적으로 평가하는 단계
저감방안 수립	위해도 지수 1 초과, 발암 위해도 10^{-6} 초과 시 저감방안 수립
모니터링 계획수립	모니터링 계획은 환경영향평가서 작성방법, 사후환경영향조사계획의 내용을 준용한다.

14 다음을 설명하시오. [6점]

① 끝점　　② 함량　　③ 전이량

답　①
　　②
　　③

해설　① 끝점 ; 사람이나 환경에 영향을 미칠 수 있는 독성농도, 과압, 복사열 등의 수치에 도달하는 지점을 말한다.
② 함량 ; 화학물질 질량 대 제품 질량의 비로서 단위는 mg/kg이다.
③ 전이량 ; 제품에 함유된 유해물질이 매개체로부터 수용체에 전달되는 양을 의미한다.

15 최소영향수준(DMEL)은 독성물질의 역치가 존재하지 않는 발암물질의 경우 도출한다. 다음에서 4단계 DMEL을 도출 하시오. [6점]

[DMEL 도출절차]
1단계 ; 용량기술자 선정(BMD, BMDL10 등)
2단계 ; T25, BMD10 산출
3단계 ; 시작점 보정, 노출경로를 감안하여 보정한다.
4단계 ; DMEL 도출(　　　　　　　　　)

답　①　　　　　　　　　　　　　　②

해설　4단계 ; DMEL 도출은 고용량에서 저용량으로의 위해도 외삽인자를 적용하여 최소영향수준을 도출한다. 외삽인자는 10^{-6}위해도인 경우 T25는 250000, BMD10은 100000을 적용한다.

16 다음은 국제공인기관의 발암물질 분류이다. 독성이 강한 것부터 순서대로 나열하시오. [6점]

① 미국산업위생협의회 ACGIH ; Group A2
② 국제암연구소 IARC ; Group 2B
③ 미국국립독성프로그램 NTP ; K

답 _____ → _____ → _____

해설 ③ → ① → ②

발암성 기준	국제암연구소 ARC	미국산업위생협의회 ACGIH	EU	미국국립독성프로그램 NTP	미국환경청 US EPA
인간 발암확정물질	Group 1	Group A1	Category 1	K	A
인간 발암우려물질	Group 2A	Group A2	Category 2	R	B1, B2
인간 발암가능물질	Group 2B	Group A3	Category 3		C
발암 미분류물질	Group 3	Group A4			D
인간 비발암물질	Group 4	Group A5			E

17 반수치사농도 LC_{50}에 대하여 설명하시오. [4점]

해설 LC_{50}(Lethal concentration for 50%)은 용량-반응시험에서 시험용 물고기나 동물에 독성물질을 경구투여시 50% 치사농도를 나타낸다.

18 하루 물 섭취량이 2L이고 만성독성 A의 RfD가 0.035mg/kg/day일 때 최소영향관찰용량은? [4점]

① 계산과정
② 답

해설 $RfD = \dfrac{NOAEL \text{ or } LOAEL}{\text{불확실성계수}(UF, \text{uncertainty factor})}$

동물시험결과 만성유해영향이 관찰되지 않는 경우 불확실성계수는 1000이므로,
∴ NOAEL = 0.035mg/kg/day × 1000 = 35mg/kg/day

19 저장시설 $10m^3$, $20m^3$, $30m^3$이 들어가는 방류벽의 용량은 최소 몇 m^3 이상 이어야 하는가? [4점]
① 계산과정
② 답

해설 두 개 이상의 설비가 들어가는 방류벽의 최소용량은 설비 중 저장용량이 큰 쪽의 110%이므로 $30m^3 \times 1.1 = 33m^3$이다.

20 검출한계와 정량한계를 설명하시오. [6점]
① 검출한계
② 정량한계

해설 ① 검출한계란 시험분석 대상을 검출할 수 있는 최소 농도 또는 양으로서 기기검출한계와 방법검출한계로 구분할 수 있다.
② 정량한계(LOQ, Limit of quantification)란 시험분석 대상을 정량화할 수 있는 측정값으로서, 제시된 정량한계 부근의 농도를 포함하도록 시료를 준비하고 이를 반복 측정하여 얻은 결과의 표준편차(s)에 10배한 값을 사용한다.
정량한계=10×s

환경위해관리기사 실기 복원문제
2020년 10월 17일 시행

*수험생의 기억에 의존하여 복원된 문제로서, 실제 문제와 상이할 수 있음을 참고하시기 바랍니다.

---

01 건강영향평가 시 정량적 건강결정요인 4가지를 쓰시오.[4점]

답 ① _____ ② _____
   ③ _____ ④ _____

해설 건강영향평가 시 건강결정요인별 정량적 평가지표 및 기준

건강결정요인	구 분	평가지표	평가기준
대기질	비발암성물질	위해도 지수	1
	발암성물질	발암위해도	$10^{-4} \sim 10^{-6}$
악취	악취물질	위해도 지수	1
수질	수질오염물질	국가환경기준	
소음진동	소음	국가환경기준	

---

02 다음 보기를 보고 건강영향평가 절차를 순서대로 쓰시오.[6점]

[보기]
① 모니터링 계획 ② 스크리닝 ③ 평가 ④ 스코핑
⑤ 사업분석 ⑥ 저감방안 수립

답 ___ → ___ → ___ → ___ → ___ → ___

해설 ⑤ → ② → ④ → ③ → ⑥ → ①

사업분석	
스크리닝 (Screening)	해당사업이 건강영향평가 대상인지를 확인하는 단계
스코핑 (Scoping)	건강영향평가를 위하여 평가항목, 범위, 방법 등을 과업지시서(Terms of reference)의 형태로 결정하는 단계.
평가 (Appraisal)	해당사업이 해당지역의 주민 등에게 미치는 건강영향을 정량, 정성적으로 평가하는 단계
저감방안 수립	위해도 지수 1 초과, 발암 위해도 10^{-6} 초과 시 저감방안 수립
모니터링 계획수립	모니터링 계획은 환경영향평가서 작성방법, 사후환경영향조사계획의 내용을 준용한다.

03 독성평가 예측모델 QSAR의 분류군기반 3가지와 독성예측 값 1가지를 쓰시오. [4점]

답 ①_____ ②_____
  ③_____ ④_____

해설

예측모델	분류군 기반	독성 예측 값
ECOSAR	화학물질의 구조	어류, 물벼룩, 조류의 급만성 독성 예측
TOPKAT	분자구조의 수치화, 암호화	기존 어류, 물벼룩의 독성시험 데이터로 예측
MCASE	물리 화학적 특성, 활성/비활성 특성	기존 어류, 물벼룩의 독성시험 데이터로 예측
OASIS	화학물질 구조, 생물농축계수	기존의 급성독성자료로 예측
TEST	화학물질의 구조, CAS 번호	어류, 물벼룩의 LC_{50}, 랫트의 LD_{50}, 농축계수 예측
VEGA	인체독성	유전독성, 발생독성, 피부감각성, 내분비계 독성 예측
QSAR	화학물질의 구조특성, 원자개수, 분자량	무영향예측농도
Cons EXPO	생활화학제품	제품노출평가

04 다음 용어의 정의를 쓰시오. [5점]

[보기]
① 화학사고 ② 단위설비 ③ 실내
④ 공사착공일 ⑤ 시범생산

답 ①_____ ②_____
  ③_____ ④_____
  ⑤_____

해설
① 화학사고란 화학물질의 화재, 폭발 또는 유출·누출 등으로부터 사람이나 환경에 피해를 야기하는 일체의 상황을 말한다.
② 단위설비란 탑류, 반응기, 드럼류, 열교환기류, 탱크류, 가열로류 등과 이에 연결되어 있는 펌프, 압축기, 배관 등 부속장치 또는 설비 일체를 말한다.
③ 실내란 사면과 천정이 물리적 격벽으로 분리되고 출입구·비상구 등이 상시 닫혀있는 공간을 말한다.
④ 공사착공일이란 터파기 등 토목공사 이후에 유해화학물질 취급시설 및 설비를 실제로 설치·이전하는 공사를 시작하는 날을 말한다.
⑤ 시범생산이란 기존시설의 공정조건이나 취급하는 물질 등을 변경하여 시제품을 생산하는 것을 말하며, 운전조건 조정을 위한 시운전 등은 시범생산에 해당하지 아니한다.

05 유해화학물질의 종류 4가지를 쓰시오. [4점]

답 ① _____ ② _____
③ _____ ④ _____

해설 유해화학물질이란 유독물질, 허가물질, 제한물질, 금지물질, 사고대비물질을 말한다.

06 다음 ( )안에 알맞은 용어를 쓰시오. [2점]

(①)이란 유해화학물질 중 허가물질 및 금지물질을 제외한 나머지 물질에 대한 영업을 말한다.
(②)이란 급성독성(急性毒性), 폭발성 등이 강하여 화학사고가 발생할 가능성이 높거나 발생할 경우, 그 피해 규모가 클 것으로 우려되는 화학물질로서 화학사고 대비를 위하여 환경부장관이 고시한 것을 말한다.

답 ① _____ ② _____

해설 ① 유해화학물질 영업이란 유해화학물질 중 허가물질 및 금지물질을 제외한 나머지 물질에 대한 영업을 말한다.
② 사고대비물질이란 급성독성(急性毒性), 폭발성 등이 강하여 화학사고가 발생할 가능성이 높거나 발생할 경우, 그 피해 규모가 클 것으로 우려되는 화학물질로서 화학사고 대비를 위하여 환경부장관이 고시한 것을 말한다.

07 유해화학물질을 취급하는 자는 해당 유해화학물질에 적합한 개인보호장구를 착용하여야 한다. 6가지를 쓰시오. [6점]

답 ① _____ ② _____
③ _____ ④ _____
⑤ _____ ⑥ _____

해설 ① 기체의 유해화학물질을 취급하는 경우
② 액체의 유해화학물질에서 증기가 발생할 우려가 있는 경우
③ 고체의 유해화학물질에서 분말 등이 비산할 우려가 있는 경우
④ 눈이나 피부 등에 자극성이 있는 유해화학물질을 취급하는 경우
⑤ 유해화학물질을 이송하는 과정에서 안전조치를 하여야 하는 경우
⑥ 유해화학물질을 하역(荷役)하거나 적재(積載)하는 경우

08 다음은 노출시나리오를 통한 인체 노출평가 과정이다. ( )안에 알맞은 말을 넣으시오.[6점]

```
노출시나리오 작성
      ↓
대상 인구집단의 특성, 적합성 평가
      ↓
     ( ① )
      ↓
     ( ② )
      ↓
     ( ③ )
      ↓
오염물질 섭취(용량) 추정
```

답 ① _____ ② _____
③ _____

해설 ① 노출경로 ② 노출원의 오염수준 ③ 노출계수

09 생태독성의 영향인자 6가지를 쓰시오.[6점]

답 ① _____ ② _____
③ _____ ④ _____
⑤ _____ ⑥ _____

해설 ① 산소농도 : 산소의 농도가 낮으면 암모니아의 수서독성이 증가한다.
② 온도 : 온도가 증가하면 아연의 독성은 증가한다.
③ 독성물질의 농도 : phenol, permethrin은 농도가 낮으면 독성이 감소한다.
④ pH : pH가 낮으면 중금속은 용해도가 증가하여 생체이용률과 독성이 증가한다.
⑤ 경도 : 경도가 증가하면 납, 구리, 카드뮴 등의 중금속은 독성이 감소한다.
⑥ 급성, 만성독성 : 급성독성은 단시간 노출되었을 때 성장저해, 만성독성은 장시간 노출되었을 때 성장저해를 나타낸다.

10 위해관리계획서의 이행점검 3가지를 쓰고 설명하시오.[6점]

답 ① _____ ② _____
③ _____

해설 ① 최초점검 : 위해관리계획서를 처음 제출한 자는 적합 여부를 통보받은 날부터 2년 이내에 실시
② 정기점검 : 최초점검 또는 직전 정기점검 결과를 통보받은 날부터 4년이 경과한 날을 기준으로 3개월 이내에 실시
③ 특별점검 : 화학사고가 발생한 후 응급조치 등의 이행 여부를 확인할 필요가 있는 경우

11 교차비(Odds ratio)의 정의를 쓰시오.[4점]

답 정의 :

해설 교차비(Odds ratio)는 코호트 연구에서 해당요인과 질병과의 연관성을 관찰하기 위한 지표이다.

12 하루 물 섭취량이 2L이고 만성독성 A의 RfD가 0.035mg/kg/day일 때 무영향관찰용량(NOAEL)은? [4점]

답 ① 계산과정 : _____ ② 답 :

해설 $RfD = \dfrac{NOAEL \text{ or } LOAEL}{\text{불확실성계수}(UF, \text{uncertainty factor})}$

동물시험결과 만성유해영향이 관찰되지 않는 경우 불확실성계수는 1000이므로,
∴ NOAEL = 0.035mg/kg/day × 1000 = 35mg/kg/day

13 역학연구에서 해당요인과 질병과의 연관성을 잘못 측정하는 것을 바이어스라 한다. 대표적인 바이어스 3가지를 쓰고 설명하시오.[6점]

답 ① _____ ② _____
③ _____

해설 ① 연구대상 선정과정의 바이어스(선택바이어스) : 연구대상을 선정하는 과정에서 발생하는 바이어스이다.
② 연구자료 측정 과정 혹은 분류과정의 바이어스(정보바이어스) : 연구 자료를 수집하는 과정에서 발생하는 바이어스이다.
③ 교란변수에 의한 바이어스(교란바이어스) : 자료분석과 결과해석 과정에서 발생하는 바이어스이다.

14 유사 혼합물의 유해성 자료만 있는 경우 가교원리를 적용하여 혼합물의 유해성을 분류한다. 가교원리 5가지를 쓰시오.[5점]

답 ① _____ ② _____
  ③ _____ ④ _____
  ⑤ _____

해설

표. 가교원리

구분	내용
배치(Batch)	같은 생산업체에서 관리하는 경우, 각각 다른 뱃치에서 생산된 혼합물은 동일한 유해성으로 분류한다.
희석(Dilution)	혼합물 중 가장 낮은 유해성 물질A에 A보다 낮은 유해물질을 희석하는 경우, 새로운 혼합물의 유해성은 A로 분류한다.
농축(Concentration)	혼합물이 유해성 구분1에 해당되고 구분1의 농도가 증가하면, 새로운 혼합물의 유해성은 구분1로 분류한다.
내삽(Interpolation)	A,B로 구성된 혼합물의 유해성이 동일하고 C혼합물의 유해성이 A,B의 중간일 경우, C의 유해성은 A,B의 유해성으로 분류한다.
유사 혼합물	A,B와 B,C로 각각 구성된 혼합물이 있는 경우, B의 유해성이 같고 A,C의 유해성이 같으면 두 혼합물은 동등한 유해성으로 분류한다.
에어로졸	에어로졸 혼합물에 첨가한 추진제가 분무 과정에서 혼합물의 유해성에 영향을 주지 않는다면, 비 에어로졸 상태의 유해성으로 분류한다.

15 산업안전보건법에 따른 산업환경 유해인자의 분류에서 화학적 인자의 물리적 위험성에 대한 다음 용어의 정의를 쓰시오.[4점]

① 폭발성 물질 ② 자기발열성 물질
③ 인화성 액체 ④ 산화성 액체

답 ① _____ ② _____
  ③ _____ ④ _____

해설

[표] 산업안전보건법에 따른 산업환경 유해인자의 분류

화학적 인자[물리적 위험성]	
폭발성 물질	자체의 화학반응으로 고온, 고압력, 고에너지를 발생
인화성 가스/액체/고체/에어로졸	대기 중에서 쉽게 연소하는 물질
산화성 가스/액체/고체	일반적으로 산소를 발생시켜 다른 물질을 연소시키는 물질
자연발화성 액체/고체	공기와 접촉하여 5분 안에 발화할 수 있는 물질
자기발열성 물질	공기와 반응하여 스스로 발열하는 물질
자기반응성 물질	산소가 공급되지 않아도 강렬하게 발열, 분해하기 쉬운 물질
물 반응성 물질	물과 상호작용으로 자연발화되거나 인화성 가스를 발생
금속 부식성 물질	화학적인 작용으로 금속에 손상 또는 부식을 일으키는 물질
유기과산화물	과산화수소의 유도체를 포함한 액체 또는 고체 유기물질
고압가스	20℃, 200kPa 이상의 압력 하에서 용기에 충전되어 있는 가스

16 다음 유해화학물질에 관한 그림문자를 보기에서 찾아 쓰시오.[3점]

[보기]
산화성가스, 냉장액화가스, 인화성가스, 폭발성물질, 피부과민성

①    ②    ③

답 ① _____ ② _____
    ③ _____

해설 ① 폭발성물질   ② 인화성가스   ③ 산화성가스

17 다음 조건에서 비스페놀의 내적 노출량($\mu g/kg \cdot day$)을 산정하시오.[5점]

- 소변의 비스페놀 농도 : $3\mu g/L$
- 소변배출량 : 1200mL/day
- 체중 : 70kg
- 비스페놀 배출 : 100%

해설 $DI(\mu g/kg \cdot day) = \dfrac{UE(\mu g/g) \times UV(L/day)}{Fue \times BW(kg)}$

$DI = \dfrac{3\mu g}{L} \Big| \dfrac{1200mL}{day} \Big| \dfrac{1}{70kg} \Big| \dfrac{10^{-3}L}{mL} = 5.1 \times 10^{-2} \mu g/kg \cdot day$

18 사고시나리오의 위험도 분석에 따른 위험도를 구하는 공식을 쓰시오. [4점]

답 _____

해설 위험도=영향범위 반경 내 주민수×사고발생빈도[Σ(기기고장빈도×안전성향상도)]

19 위해관리계획서의 이행점검 시 다음 (　)안에 알맞은 점검주기를 쓰시오. [4점]

[1] 최초점검
위해관리계획서를 처음 제출한 자는 적합 여부를 통보받은 날부터 (①)년 이내에 실시한다.

[2] 정기점검
최초점검 또는 직전 정기점검 결과를 통보받은 날부터 (②)년이 경과한 날을 기준으로 (③)개월 이내에 실시. 다만, 환경부장관은 직전의 점검결과를 고려하여 6개월부터 (④)년의 범위에서 점검시기를 달리 정하여 고시할 수 있다.

답 ① _____ ② _____
③ _____ ④ _____

해설 [1] 최초점검
위해관리계획서를 처음 제출한 자는 적합 여부를 통보받은 날부터 2년 이내에 실시한다.

[2] 정기점검
최초점검 또는 직전 정기점검 결과를 통보받은 날부터 4년이 경과한 날을 기준으로 3개월 이내에 실시. 다만, 환경부장관은 직전의 점검결과를 고려하여 6개월부터 3년의 범위에서 점검시기를 달리 정하여 고시할 수 있다.

20 화학물질의 등록 및 평가 등에 관한법률에서 규정하고 있는 중점관리물질 3가지를 쓰시오. [6점]

답 ① _____ ② _____
③ _____

해설 발암성, 변이원성, 생식독성, 내분비계 장애물질

21 실내공기 중 오염물질로부터 흡입경로를 통한 인체 노출량은 다음과 같다. 전생애 인체 노출량(mg/kg·day)을 산정하시오.[6점]

- 실내거주기간 3개월
- 실내 포름알데히드 농도 300μg/m³
- 건강한 성인의 호흡률 15m³/day
- 건강한 성인의 평균체중 70kg
- 평균노출기간 365day/year×60year
- 평균수명 60년

해설 $E_{inh}(mg/kg \cdot day) = \sum \dfrac{C_{IA} \times IR \times ET \times EF \times ED \times ABS}{BW \times AT}$

3개월 = 3/12월 = 0.25year,   300μg/m³ = 0.3mg/m³

$\dfrac{mg}{kg \cdot day} = \dfrac{0.25year}{} \Big| \dfrac{0.3mg}{m^3} \Big| \dfrac{15m^3}{day} \Big| \dfrac{}{70kg} \Big| \dfrac{}{60year} \Big| \dfrac{year}{365day} \Big| \dfrac{365day}{year} = 2.67 \times 10^{-4}$

∴ $E_{inh} = 2.67 \times 10^{-4}$ mg/kg·day

환경위해관리기사 실기 복원문제
제 3 회
2021년 10월 16일 시행

*수험생의 기억에 의존하여 복원된 문제로서, 실제 문제와 상이할 수 있음을 참고하시기 바랍니다.

---

01 다음 그래프는 물벼룩의 만성독성 위해물질에 대한 실험결과이다. 그래프에서 종말점의 NOAEL, LOAEL 값은? [6점]

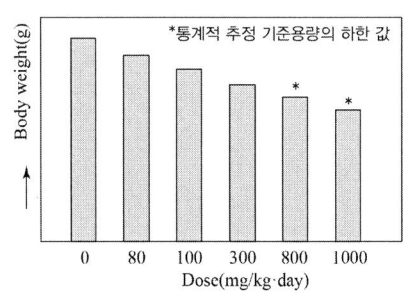

답 ① NOAEL : _____   ② LOAEL : _____

해설 ① NOAEL   300 mg/kg · day
② LOAEL   800 mg/kg · day

---

02 최악사고시나리오의 기상조건 4가지에 대한 숫자와 기호를 쓰시오 [4점]

답 ① 풍속 : _____   ② 대기안정도 : _____

③ 대기온도 : _____   ④ 대기습도 : _____

해설 ① 풍속: 1.5m/s   ② 대기안정도: F(매우안정)
③ 대기온도: 25°C   ④ 대기습도: 50%

03 제품 내 분석을 위한 액체시료 및 고체시료의 채취방법에 대하여 작성하시오. [7점]

답 ① 액체시료 : _____ ② 고체시료 : _____

해설 ① 액체류는 시료를 잘 혼합한 후 한 번에 일정량씩 채취한다.
② 고체류는 전체의 성질을 대표할 수 있도록 다섯 지점에서 채취한 다음 혼합하여 일정량을 시료로 사용한다.

04 생활화학제품 및 살생물제의 안전관리에 관한 다음 용어의 정의를 쓰시오. [6점]

답 ① 살생물물질 : _____ ② 살생물제품 : _____
③ 살생물처리제품 : _____

해설 ① **살생물물질**이란 유해생물을 제거, 무해화(無害化) 또는 억제하는 기능으로 사용하는 화학물질, 천연물질 또는 미생물을 말한다.
② **살생물제품**이란 유해생물의 제거 등을 목적으로 하는 제품을 말한다.
  • 한 가지 이상의 살생물물질로 구성되거나 살생물물질과 살생물물질이 아닌 화학물질·천연물질 또는 미생물이 혼합된 제품
  • 화학물질 또는 화학물질·천연물질 또는 미생물의 혼합물로부터 살생물물질을 생성하는 제품
③ **살생물처리제품**이란 제품의 주된 목적 외에 유해생물 제거등의 부수적인 목적을 위하여 살생물제품을 사용한 제품을 말한다.

05 소비자제품 노출 최소화 방안의 2단계 노출저감 방법 3가지를 쓰시오. [6점]

답 ① _____ ② _____
③ _____

해설 ① 대체물질 사용
② 대체제품 사용
③ 제품 사용방법 개선

06 다음 용어의 정의에 대하여 설명하시오. [6점]

① 정밀도　　　　② 정확도　　　　③ 정량한계

답　① 정밀도 : _____　② 정확도 : _____

③ 정량한계 : _____

해설 ① **정밀도**(precision)란 시험분석 결과의 반복성을 나타내는 것으로 반복시험하여 얻은 결과를 상대표준편차(RSD, Relative standard deviation)로 나타내며. 연속적으로 n회 측정한 결과의 평균값($\bar{x}$)과 표준편차(s)로 구한다.

$$정밀도(\%) = \frac{s}{x} \times 100$$

② **정확도**(Accuracy)란 시험분석 결과가 참값에 얼마나 근접하는가를 나타내는 것으로 동일한 매질의 인증시료를 확보할 수 있는 경우에는 표준절차서(SOP, Standard operational procedure)에 따라 인증표준물질을 분석한 결과값(C_M)과 인증값(C_C)과의 상대백분율로 구한다. 인증시료를 확보할 수 없는 경우에는 해당 표준물질을 첨가하여 시료를 분석한 분석값(C_{AM})과 첨가하지 않은 시료의 분석값(C_S)과의 차이를 첨가 농도(C_A)의 상대백분율 또는 회수율로 구한다.

$$정확도(\%) = \frac{C_M}{C_C} \times 100 = \frac{C_{AM} - C_S}{C_A} \times 100$$

③ **정량한계**(LOQ, Limit of quantification)란 시험분석 대상을 정량화할 수 있는 측정값으로서, 제시된 정량한계 부근의 농도를 포함하도록 시료를 준비하고 이를 반복 측정하여 얻은 결과의 표준편차(s)에 10배한 값을 사용한다.

정량한계 $= 10 \times s$

07 탱크로리 용량 100cm³에서 액체인 급성 독성물질이 순간적으로 누출되어 액체층을 형성하는 경우, 액체층의 표면적(cm²)은? (단, 방류벽 등과 같은 확산방지 조치가 되어 있지 않으며, 최악의 사고시나리오 조건에 따른다.) [4점]

해설 액체표면적 $= \dfrac{100 cm^3}{1 cm^H} = 100 cm^2$　*액체층의 깊이 1cm로 가정한다.

08 초과발암위해도(ECR, Excess cancer risk)의 계산식과 관련 인자 2가지에 대하여 설명하시오. [6점]

답 ① 계산식 : _____ ② _____
③ _____

해설 ① **계산식** ; 초과발암위해도(ECR)=평생 1일 평균노출량(LADD, mg/kg·day)×발암력(mg/kg·day)$^{-1}$
② **평생 일일평균노출량**(LADD, Lifetime average daily dose) ; 일생동안 평균적인 일일노출량을 말하며, 일생동안 평균적인 일일노출농도(LADC, Lifetime average daily concentration)로도 나타낸다.
③ **발암잠재력**(발암력, CSF, Carcinogenic slope factor) ; 노출량-반응(발암률)곡선에서 95% 상한 값에 해당하는 기울기로, 평균체중의 성인이 발암물질 단위용량(mg/kg.day)에 평생 동안 노출되었을 때 이로 인한 초과발암확률의 95% 상한 값에 해당된다.

09 환경보건법에 따른 초과발암위해도와 위험지수에 대한 위해성기준을 쓰시오. [4점]

답 ① 초과발암위해도 : _____ ② 위험지수 : _____

해설 ① 초과발암위해도를 적용할 경우 위해성기준은 10^{-6} ~ 10^{-4}의 범위에서 환경부장관이 정한다.
② 초과발암위해도를 적용할 수 없는 경우 위해성기준은 위험지수 1로 한다.

10 다음은 급성독성에 관한 설명이다. ( )안에 알맞은 말을 써넣으시오. [4점]

> 입 또는 피부를 통하여 1회 또는 (　①　) 이내에 수회로 나누어 투여되거나 호흡기를 통하여 (　②　) 동안 노출시 나타나는 유해한 영향을 말한다.

답 ① _____ ② _____

해설 입 또는 피부를 통하여 1회 또는 **(24시간)** 이내에 수회로 나누어 투여되거나 호흡기를 통하여 **(4시간)** 동안 노출시 나타나는 유해한 영향을 말한다.

11. 최소영향도출수준(DMEL)의 도출 절차 4단계를 쓰시오. [4점]

답 ① _____ ② _____
    ③ _____ ④ _____

해설 ① 1단계 용량기술자 선정 : 발암물질의 경우 유전독성, 발암성 시험 결과로부터 가장 낮은 영향농도를 용량기술자로 선정한다.
② 2단계 T_{25} 또는 BMD_{10}산출 : T_{25}는 실험동물 25%에 종양을 일으키는 체중 1kg당 일일 용량(mg/kg.day), DMEL 도출 시 용량-반응 곡선이 선형반응에 해당되는 경우 T_{25}를 산출한다. 예를 들면 종양이 15% 발생했다면 그 용량에 25/15를 곱하여 발생용량을 산출한다.
③ 3단계 시작점을 보정한다.
④ 4단계 DMEL 도출 : 1-3단계까지 산출 보정된 값이 T_{25}인 경우, 고용량에서 저용량으로 위해도 외삽인자를 적용한다.

12. 다음 용어를 쓰고 설명하시오. [6점]

답 ① 잠재용량 : _____ ② 적용용량 : _____
    ③ 내적용량 : _____

해설 ① **잠재용량**이란 노출된 유해인자가 소화기 또는 호흡기로 들어오거나 피부에 접촉한 실제 양을 의미한다.
② **적용용량**이란 섭취를 통해 들어온 인자가 체내의 흡수막에 직접 접촉한 양을 의미한다.
③ **내적용량**이란 흡수막을 통과하여 체내에서 대사, 이동, 저장, 제거 등의 과정을 거치게 되는 인자의 양을 의미한다.

13. 다음 그림문자가 나타내는 유해화학물질의 유해성 항목에 따른 구분 5가지를 쓰시오 [5점]

답 ① _____ ② _____
    ③ _____ ④ _____
    ⑤ _____

해설 ① 생식세포 변이원성   ② 발암성
③ 생식독성   ④ 호흡기 과민성
⑤ 흡인 유해성   ⑥ 특정표적장기 독성

14. MSDS의 작성항목 5가지 이상을 쓰시오. [5점]

해설
① 화학제품과 회사에 관한 정보
② 유해성·위험성
③ 구성성분의 명칭 및 함유량
④ 응급조치 요령
⑤ 폭발·화재시 대처방법
⑥ 누출 사고 시 대처방법
⑦ 취급 및 저장방법
⑧ 노출방지 및 개인보호구
⑨ 물리화학적 특성
⑩ 안정성 및 반응성

15. 유해화학물질의 종류 5가지를 쓰시오. [5점]

답 ①   ②
③   ④
⑤

해설 유독물질, 허가물질, 제한물질, 금지물질, 사고대비물질

16. 위해성평가 절차 4단계를 쓰시오. [4점]

답 ①   ②
③   ④

해설 ① 유해성 확인 ② 용량-반응 평가 ③ 노출평가 ④ 위해도 결정

17 사업장 유해화학물질 배출량 저감 대책 4단계를 쓰시오. [4점]

답 ① _____ ② _____
　　③ _____ ④ _____

해설 사업장 유해화학물질 배출량 저감 대책

1단계 : 전공정관리	화학물질의 도입과정에서의 위해 저감
↓	
2단계 : 성분관리	취급물질의 특성에 따라 대체물질 사용을 검토
↓	
3단계 : 공정관리	공정과정에서의 배출 최소화
↓	
4단계 : 환경오염방지시설 설치를 통한 관리	환경오염방지시설의 설치를 통하여 최종 환경배출을 차단

18 독성 예측모델 2개를 쓰고 설명하시오. (단, QSAR 모델은 제외한다.)

답 ① _____ ② _____

해설

모델	분류군 기반	독성 예측 값
ECOSAR	화학물질의 구조	어류, 물벼룩, 조류의 급만성 독성 예측
TOPKAT	분자구조의 수치화, 암호화	기존 어류, 물벼룩의 독성시험 데이터로 예측
MCASE	물리 화학적 특성, 활성/비활성 특성	기존 어류, 물벼룩의 독성시험 데이터로 예측
OASIS	화학물질 구조, 생물농축계수	기존의 급성독성자료로 예측
TEST	화학물질의 구조, CAS 번호	어류, 물벼룩의 LC_{50}, 랫트의 LD_{50}, 농축계수 예측
VEGA	인체독성	유전독성, 발생독성, 피부감각성, 내분비계 독성 예측
Cons EXPO	생활화학제품	제품노출평가

19 유해지수(Hazard index)는 역치가 있는 비유전적발암물질의 위해도를 판단하는데 있다. 총 유해지수를 구하기 위해서 충족되어야 하는 조건 4가지를 쓰시오.

답 ① _____ ② _____
③ _____ ④ _____

해설 ① 각 영향이 서로 독립적으로 작용할 경우
② 각 물질들의 위해수준이 충분히 작을 경우
③ 해당 비발암성 물질들의 독성이 가산성을 가정할 수 있는 경우
④ 각 영향의 표적기관과 독성기작이 같고 유사한 노출량-반응 모형을 보일 경우

20 체중 15kg의 애기가 크레파스를 가지고 놀다가 입으로 200g/day을 섭취하였다. 일일 노출량의 55%가 흡수되며 크레파스의 납 함량은 0.5mg/kg, 손바닥 면적은 200cm²일 때, 크레파스를 통해 섭취되는 납의 노출량(mg/kg/day)은?

해설 노출량 $= \dfrac{1}{15kg} \Big| \dfrac{200g}{day} \Big| \dfrac{0.55}{} \Big| \dfrac{0.5mg}{kg} \Big| \dfrac{kg}{1000g} = 0.0036\,mg/kg/day$

환경위해관리기사 실기 복원문제
2022년 11월 19일 시행

*수험생의 기억에 의존하여 복원된 문제로서, 실제 문제와 상이할 수 있음을 참고하시기 바랍니다.

---

01 하루 물 섭취량이 2L이고, 체중이 70kg인 성인 남성이 소변에서 검출된 비스페놀 A농도가 4.1 μg/L일 때 이 남성의 비스페놀 A의 내적 노출량(μg/kg/day)은 약 얼마인가? (단, 남성 일일소변배출량 1600 mL/day, Fue(Fraction of Urinary Excretion)=1로 가정)

답   ① 답 : _____   ② 계산과정 :

해설 $\dfrac{1}{70kg} \Big| \dfrac{4.1\mu g}{L} \Big| \dfrac{1600 mL}{day} \Big| \dfrac{1}{몰분율\,Fue\,1} \Big| \dfrac{L}{1000 mL} = 0.0937 \mu g/kg \cdot day$

---

02 체중 15kg의 애기가 크레파스를 가지고 놀다가 입으로 200g/day을 섭취하였다. 일일 노출량의 55%가 흡수되며 크레파스의 납 함량은 0.5mg/kg, 손바닥 면적은 200cm²일 때, 크레파스를 통해 섭취되는 납의 노출량(mg/kg/day)은?

답   ① 답 : _____   ② 계산과정 :

해설 노출량 = $\dfrac{1}{15kg} \Big| \dfrac{200g}{day} \Big| \dfrac{0.55}{} \Big| \dfrac{0.5mg}{kg} \Big| \dfrac{kg}{1000g} = 0.0036 \, mg/kg/day$

---

03 다음은 노출시나리오를 활용한 노출량의 평가 방법이다. 용어의 정의를 간략하게 쓰시오.

답   ① 종합노출평가 _____   ② 누적노출평가 _____

③ 통합노출평가 _____

해설 ① 종합노출평가는 수용체에 하나의 화학물질이 다양한 노출경로를 통해 노출된 경우 노출량의 총합을 평가하는 것이다.
② 누적노출평가는 수용체에 다양한 화학물질이 다양한 노출경로를 통해 노출된 경우 노출량의 총합을 평가하는 것이다.
③ 통합노출평가는 종합노출평가와 누적노출평가를 합하여 평가하는 것이다.

04 25세 여성의 평균 소변 중 MEHP $1.7\mu g/L$, 소변 중 크레아티닌 90mg.crea./dL로 분석되었다. DEHP가 MEHP로 배출되는 몰분율은 0.06, DEHP 분자량은 390g/M, MEHP 분자량은 278g/M 일 때 DEHP의 내적 노출량은? 단, 25세 여성의 크레아티닌 일일 배출량은 0.014 g.crea/kg.day 이다.

답 ① 답: _____ ② 계산과정: _____

해설
$$DI(\mu g/kg.day) = \frac{UE(\mu g/g) \times UV(L/day)}{Fue \times BW(kg)} \times \frac{MW_D}{MW_M}$$

크레아티닌 보정량 $UE = \frac{dL}{90mg} \bigg| \frac{1.7\mu g}{L} \bigg| \frac{100mL}{dL} \bigg| \frac{L}{10^3 mL} = 0.0019 \mu g/mg.creatinine$

$DI = \frac{0.0019 \mu g}{mg} \bigg| \frac{0.014\,g.crea.}{kg.day} \bigg| \frac{1}{0.06} \bigg| \frac{10^3 mg}{g} \bigg| \frac{390g}{M} \bigg| \frac{M}{278g} = 0.622 \mu g/kg.day$

05 "안전관리대상어린이제품" 3가지를 쓰시오.

답 ① _____ ② _____
③ _____

해설
① 안전인증대상어린이제품
② 안전확인대상어린이제품
③ 공급자적합성확인대상어린이제품

06 화학물질의 분자구조를 기반으로 독성을 예측하는 평가모델 3가지를 쓰시오.

답 ① _____ ② _____
③ _____

해설 QSAR, ECOSAR, TOPKAT 모델

모델	분류군 기반	독성 예측 값
ECOSAR	화학물질의 구조	어류, 물벼룩, 조류의 급만성 독성 예측
TOPKAT	분자구조의 수치화, 암호화	기존 어류, 물벼룩의 독성시험 데이터로 예측
MCASE	물리 화학적 특성, 활성/비활성 특성	기존 어류, 물벼룩의 독성시험 데이터로 예측
OASIS	화학물질 구조, 생물농축계수	기존의 급성독성자료로 예측
TEST	화학물질의 구조, CAS 번호	어류, 물벼룩의 LC_{50}, 랫트의 LD_{50}, 농축계수 예측
VEGA	인체독성	유전독성, 발생독성, 피부감각성, 내분비계 독성 예측
QSAR	화학물질의 구조특성, 원자개수, 분자량	무영향예측농도
Cons EXPO	생활화학제품	제품노출평가

07 화학물질의 분류 및 표시 등에 관한 규정에서 제시된 다음 그림문자의 분류기준을 쓰시오.

답 ① _____ ② _____
③ _____ ④ _____

해설 ① 폭발성 물질 ② 산화성 가스 ③ 인화성 액체 ④ 고압가스

08 물질안전보건자료(MSDS) 작성 시 포함되어야 할 항목 10가지를 쓰시오.

답 ① _____ ② _____
③ _____ ④ _____
⑤ _____ ⑥ _____
⑦ _____ ⑧ _____
⑨ _____ ⑩ _____

해설
① 화학제품과 회사에 관한 정보 ② 유해성·위험성
③ 구성성분의 명칭 및 함유량 ④ 응급조치요령
⑤ 폭발·화재시 대처방법 ⑥ 누출사고시 대처방법
⑦ 취급 및 저장방법 ⑧ 노출방지 및 개인보호구
⑨ 물리화학적 특성 ⑩ 안정성 및 반응성
⑪ 독성에 관한 정보 ⑫ 환경에 미치는 영향
⑬ 폐기 시 주의사항 ⑭ 운송에 필요한 정보
⑮ 법적규제 현황 ⑯ 그 밖의 참고사항

09 T_{25}의 정의를 쓰시오.

해설 T_{25}는 실험동물 25%에 종양을 일으키는 체중 1kg당 일일 용량(mg/kg.day), DMEL 도출 시 용량-반응곡선이 선형반응에 해당되는 경우 T25를 산출한다. 예를 들면 종양이 15% 발생했다면 그 용량에 25/15를 곱하여 발생용량을 산출한다.

10 NOAEL과 LOAEL의 정의를 간략히 쓰시오.

답 ① NOAEL ② NOAEL

해설
① 무영향관찰용량(NOAEL, No observed adverse effect level)
노출량에 대한 반응이 관찰되지 않고 영향이 없는 최대 노출량을 말한다.
② 최소영향관찰용량(LOAEL, Lowest observed adverse effect level)
최소영향관찰농도(LOEC, Lowest observed effect concentration)라고도 하며, 노출량에 대한 반응이 처음으로 관찰되기 시작하는 최소의 노출량을 말한다.

11 유전적 발암성 물질과 비유전적 발암성 물질의 차이를 역치 유무에 따라 비교하시오.

해설
① 유전적 발암성 물질은 역치가 없고, 비유전적 발암물질은 역치가 있다.
② 역치(문턱, Threshold)
위해물질의 노출량에 대한 반응이 관찰되지 않는 무영향관찰용량(NOAEL)을 말한다. 유전자 변이를 하지 않는 비유전적 발암물질은 어느 정도 용량까지는 노출되어도 반응이 관찰되지 않으므로 역치가 존재한다.

12 화학물질관리법상 유해성과 위해성의 차이(정의)를 쓰시오.

답 ① 유해성 ② 위해성

해설
① 유해성(hazard)이란 화학물질 고유의 독성(toxicity)으로써, 사람의 건강이나 환경에 좋지 아니한 영향을 미치는 화학물질을 말한다.
② 위해성(risk)이란 유해성 화학물질에 노출되는 경우 사람의 건강이나 환경에 피해를 줄 수 있는 정도로써, 노출강도에 의해 결정된다.
위해성(risk) = 유해성(hazard) × 노출(exposure)

13 산업안전보건법상 산화성 가스와 고압가스의 물리적 위험성 분류기준을 쓰시오.

답 ① 산화성 가스 _____ ② 고압가스 _____

해설 ① 산화성 가스 : 일반적으로 산소를 공급함으로써 공기보다 다른 물질의 연소를 더 잘 일으키거나 촉진하는 가스
② 고압가스 : 20℃, 200킬로파스칼(kPa) 이상의 압력 하에서 용기에 충전되어 있는 가스 또는 냉동액화가스 형태로 용기에 충전되어 있는 가스(압축가스, 액화가스, 냉동액화가스, 용해가스로 구분한다)

14 하루 물 섭취량이 2L이고 만성독성 A의 RfD가 0.035mg/kg/day일 때 최소영향관찰용량은?

답 ① 답 _____ ② 계산과정 _____

해설 $RfD = \dfrac{NOAEL \text{ or } LOAEL}{불확실성계수(UF,\ uncertainty\ factor)}$

동물시험결과 만성유해영향이 관찰되지 않는 경우 불확실성계수는 1000이므로,
∴ $NOAEL = 0.035\,mg/kg/day \times 1000 = 35\,mg/kg/day$

15 건강영향평가 절차를 순서대로 나열하시오.

해설 사업분석 → 스크리닝 → 스코핑 → 평가 → 저감방안 수립

16 생체지표의 농도를 측정하는 바이오모니터링(Biomonitoring)에서 노출 생체지표의 이점과 제한점을 각각 2가지를 쓰시오.

답 ① 이점 _____ ② 제한점 _____

해설 [이점]
① 생체지표는 시간에 따라 누적된 노출을 반영할 수 있다.
② 흡입, 경구, 피부노출 등 모든 노출 경로를 반영할 수 있다.
③ 생리학 및 생물학적 이용된 대사산물이다.
④ 경우에 따라 환경 시료보다 분석이 용이하다.
⑤ 특정한 개인의 생체시료는 노출 생체지표와 민감성 생체지표, 위해영향 생체지표의 상관성을 파악하는 데 중요한 정보를 제공한다.

[제한점]
① 분석시점 이전의 노출수준을 이해하기 어렵다.
② 특히 반감기가 짧은 물질의 경우 장기적인 노출을 이해하기 어렵다.
③ 주요 노출원을 파악하기 어렵다.
④ 생체시료를 통해 파악한 노출 수준은 잠재용량, 적용용량, 내적용량 등이 다를 수 있다.
⑤ 초기 건강영향이나 질병의 종말점과 직접적으로 연계하기가 어렵다.

17 코호트 연구의 특징 2가지를 쓰시오.

답 ① _____ ② _____

 ① 원인과 결과에 대한 질병 전 과정을 관찰, 연구할 수 있다.
② 경비, 노력, 시간, 비용이 많이 든다.
③ 노출-요인과 유병의 시간적 선후관계가 명확하다.
④ 위험요인에 대한 환경노출이 드문 경우에도 연구가 가능하다.
⑤ 질병 발생률이 낮은 경우에는 연구에 어려움이 있다.

18 다음 용어의 정의를 쓰시오.

① 끝점(종말점)　　② 사고시나리오　　③ 최악의 사고시나리오

답　①　　　　　　　　　　　　　　　　　②
　　③

해설　① 끝점(종말점)이란 사람이나 환경에 영향을 미칠 수 있는 독성농도, 과압, 복사열 등의 수치에 도달하는 지점을 말한다.
② 사고시나리오란 화재폭발 및 유출, 누출 사고로 인한 영향범위가 사업장 외부에 미치거나, 사업장 외부까지 영향은 미치지 않으나 근로자에게 심각한 영향을 줄 수 있는 사고를 가정하여 기술하는 것을 말한다.
③ 최악의 사고시나리오란 유해화학물질을 최대량 보유한 저장용기 또는 배관 등에서 화재·폭발 및 유출·누출되어 사람 및 환경에 미치는 영향범위가 최대인 경우의 사고시나리오를 말한다.
④ 대안의 사고시나리오란 최악의 사고시나리오보다 현실적으로 발생 가능성이 높고 사람이나 환경에 미치는 영향이 사업장 밖까지 미치는 경우의 사고시나리오 중에서 영향범위가 최대인 경우의 시나리오를 말한다.

19 DMEL, DNEL이 사용되는 독성지표를 각각 쓰시오.

답　① DMEL　　　　　　　　　　　　② DNEL

해설

발암성 독성지표	비발암성 독성지표
· Cancer slope factor [CSF, $(mg/kg/day)^{-1}$] · Inhalation unit risk [UR, $(\mu g/m^3)^{-1}$] · Derived minimal effect level 　[DMEL, $mg/kg/day$]/or [mg/m^3]	· Derived no effect level 　[DNEL, $mg/kg/day$]/or [mg/m^3] · Reference concentration[RfC, mg/m^3] · Reference dose[RfD, $mg/kg/day$] · Acceptable daily intake[ADI, $mg/kg/day$] · Tolerable daily intake[TDI, $mg/kg/day$]

*발암성 물질의 독성지표로는 단위위해도(UR), 발암잠재력(CSF), 최소영향도출수준(DMEL)이 있으며 비발암성 물질의 독성지표로는 무영향도출수준(DNEL), RfC, ADI, TDI, NOEL, NOAEL 등이 있다.

20 유해화학물질 보관, 저장시설의 표시방법에서 색상을 쓰시오.

답 ① 바탕 _____ ② 테두리 _____
　　 ③ 글자 _____ ④ 관리책임자와 비상전화의 글자 _____

해설 바탕은 흰색, 테두리는 검정색, 글자는 빨간색으로 하고, 관리책임자와 비상전화의 글자는 검정색으로 해야 한다.

환경위해관리기사 실기 복원문제
2023년 10월 07일 시행

*수험생의 기억에 의존하여 복원된 문제로서, 실제 문제와 상이할 수 있음을 참고하시기 바랍니다.

01 발암잠재력(CSF, Carcinogenic slope factor)의 정의를 쓰시오.

답 ① 답 : _____

해설 노출량-반응(발암률)곡선에서 95% 상한 값에 해당하는 기울기로, 평균체중의 성인이 발암물질 단위용량(mg/kg.day)에 평생 동안 노출되었을 때 이로 인한 초과발암확률의 95% 상한 값에 해당된다. 이 곡선의 기울기(Slope factor)를 발암력(CSF, Cancer slope factor), 발암계수(SF, Slope factor), 발암잠재력(CSF, Cancer slope factor)이라 하며 단위는 노출량(mg/kg.day)의 역수(kg.day/mg)이다. 기울기 값이 클수록 발암잠재력이 크다는 것을 의미한다.

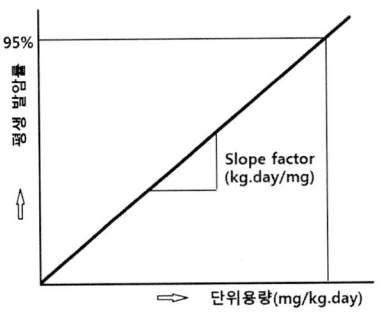

$$Slope\ factor = \frac{kg.day}{mg} = \frac{체중 \cdot 1일}{노출량}$$

02 작업장 실내공기 중 폼알데하이드 농도가 $200\mu g/m^3$이다. 이 사무실에서 6개월간 근무한 성인 남성의 폼알데하이드에 대한 평생일일평균노출량(mg/kg/d)은? (단, 성인 남성의 호흡률은 15m³/d, 평균체중은 70kg, 평균 노출기간은 70y, 피부흡수율은 100%)

답 ① 답 : _____   ② 계산과정 : _____

해설 평생1일평균 노출량 = $\dfrac{오염도(mg/m^3) \times 접촉률(m^3/day) \times 노출기간(day) \times 흡수율}{체중(kg) \times 평균기간(통상\ 70년, day)}$

$\dfrac{200\mu g}{m^3} \Big| \dfrac{0.5y}{} \Big| \dfrac{15m^3}{day} \Big| \dfrac{}{70kg} \Big| \dfrac{}{70y} \Big| \dfrac{mg}{1000\mu g} = 3.0 \times 10^{-4} mg/kg/day$

03 환경유해인자 A의 초과발암위해도(ECR)가 $1.6×10^{-5}$로 추정되었다. 평균수명을 80년으로 가정했을 때 100만명이 거주하는 도시에서 환경유해인자 A로 인해 매년 추가로 발생하는 암 사망자 수(명)는?

답 ① 답 : _____

해설 초과발암확률이 10^{-4}이상인 경우 발암위해도가 있으며 10^{-6}이하는 발암위해도가 없다고 판단한다. 초과발암확률 값은 $1.6×10^{-5}$ → $2×10^{-1}$(10만 명당 약 2명, 100만 명당 약 0.2명 발암)

04 다음 그림은 비발암물질의 용량-반응 평가 그래프이다. NOAEL 및 LOAEL 값을 찾아 쓰시오.

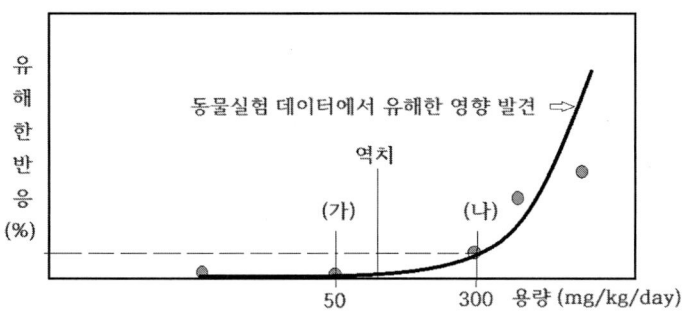

답 (가) _____ (나) _____

해설 무영향관찰용량(NOAEL, No observed adverse effect level)은 노출량에 대한 반응이 관찰되지 않고 영향이 없는 최고 노출량을 말하며, 최소영향관찰용량(LOAEL, Lowest observed adverse effect level)은 통계적으로 유의한 영향을 나타내는 최소의 노출량을 말한다. 다음 그래프에서 (가)NOAEL 50 mg/kg.day, (나)LOAEL 300 mg/kg.day 이다.

05 하루 물 섭취량이 2L이고, 체중이 70kg인 성인 남성이 소변에서 검출된 비스페놀 A농도가 4.1 μg/L일 때 이 남성의 비스페놀 A의 내적 노출량(μg/kg/day)은 약 얼마인가? (단, 남성 일일소변배출량 1600 mL/day, Fue(Fraction of Urinary Excretion)=1로 가정)

답 ① 답 : _____ ② 계산과정 : _____

해설 $\dfrac{1}{70kg} | \dfrac{4.1\mu g}{L} | \dfrac{1600mL}{day} | \dfrac{1}{몰분율 Fue\, 1} | \dfrac{L}{1000mL} = 0.0937 \mu g/kg.day$

06 유해지수(Hazard index)는 역치가 있는 비유전적발암물질의 위해도를 판단하는데 있다. 총 유해지수를 구하기 위해서 충족되어야 하는 조건 4가지를 쓰시오.

답 ① _____ ② _____
③ _____ ④ _____

해설 ① 각 영향이 서로 독립적으로 작용할 경우
② 각 물질들의 위해수준이 충분히 작을 경우
③ 해당 비발암성 물질들의 독성이 가산성을 가정할 수 있는 경우
④ 각 영향의 표적기관과 독성기작이 같고 유사한 노출량-반응 모형을 보일 경우

07 최소영향도출수준(DMEL)의 도출 절차 2단계에서 T_{25}를 산출한다. 종양이 15% 발생했을 경우 발생용량을 산출하시오.

답 ① 답 : _____ ② 계산과정 : _____

해설 ① 1단계 용량기술자 선정 : 발암물질의 경우 유전독성, 발암성 시험 결과로부터 가장 낮은 영향농도를 용량기술자로 선정한다.
② 2단계 T_{25} 또는 BMD_{10}산출 : T_{25}는 실험동물 25%에 종양을 일으키는 체중 1kg당 일일 용량(mg/kg.day), DMEL 도출 시 용량-반응 곡선이 선형반응에 해당되는 경우 T25를 산출한다. 예를 들면 종양이 15% 발생했다면 그 용량에 25/15를 곱하여 발생용량을 산출한다.
③ 3단계 시작점을 보정한다.
④ 4단계 DMEL 도출 : 1-3단계까지 산출 보정된 값이 T25인 경우, 고용량에서 저용량으로 위해도 외삽인자를 적용한다.

08 환경부장관은 2년마다 화학물질의 취급과 관련된 취급현황, 취급시설 등에 관한 통계조사를 실시하여야 한다. 통계조사의 대상 사업장 2가지를 쓰시오.

답 ① _____ ② _____

해설 ① 대기환경보전법 또는 물환경보전법에 따라 배출시설의 설치 허가를 받거나 설치 신고를 한 사업장
② 화학물질을 제조·보관·저장·사용하거나 수출입하는 사업장

09 사고시나리오 선정 시 사용하는 용어 중 끝점에 대하여 설명하시오.

답 _____

해설 사람이나 환경에 영향을 미칠 수 있는 독성농도, 과압, 복사열 등의 수치에 도달하는 지점

10 다음은 수서생물의 유해성 정도를 표시하는 지표이다. 용어를 설명하시오.

① LC_{50} :
② EC_{10} :
③ LOEC :
④ NOEC :

해설 ① LC_{50}(반수치사농도) : 수중 노출 시 시험생물의 50% 치사농도
② EC_{10}(10% 영향농도) : 수중 노출 시 시험생물의 10%에 영향이 나타나는 농도
③ LOEC(최소영향관찰농도) : 수중 노출 시 생체에 영향이 나타나는 최소 농도
④ NOEC(무영향관찰농도) : 수중 노출 시 생체에 아무런 영향이 나타나지 않는 최대 농도

11 독성 평가모델에서는 실험 독성 값과 예측값을 제시한다. 분류군 기반에 따라 4가지 모델을 쓰시오.

답 ① _____ ② _____
  ③ _____ ④ _____

해설 독성 예측모델

모델	분류군 기반	독성 예측 값
ECOSAR	화학물질의 구조	어류, 물벼룩, 조류의 급만성 독성 예측
TOPKAT	분자구조의 수치화, 암호화	기존 어류, 물벼룩의 독성시험 데이터로 예측
MCASE	물리 화학적 특성, 활성/비활성 특성	기존 어류, 물벼룩의 독성시험 데이터로 예측
OASIS	화학물질 구조, 생물농축계수	기존의 급성독성자료로 예측
TEST	화학물질의 구조, CAS 번호	어류, 물벼룩의 LC_{50}, 랫트의 LD_{50}, 농축계수 예측
VEGA	인체독성	유전독성, 발생독성, 피부감각성, 내분비계 독성 예측
QSAR	화학물질의 구조특성, 원자개수, 분자량	무영향예측농도
Cons EXPO	생활화학제품	제품노출평가

12 유해화학물질의 종류 4가지를 쓰시오.

답 ① _____ ② _____
  ③ _____ ④ _____

해설 유해화학물질이란 유독물질, 허가물질, 제한물질, 금지물질, 사고대비물질을 말한다.

13 생활화학제품 및 살생물제의 안전관리에 관한 다음 용어의 정의를 쓰시오.

① 살생물물질 :
② 살생물제품 :
③ 살생물처리제품 :

해설 ① 살생물물질이란 유해생물을 제거, 무해화(無害化) 또는 억제하는 기능으로 사용하는 화학물질, 천연물질 또는 미생물을 말한다.
② 살생물제품이란 유해생물의 제거 등을 목적으로 하는 제품을 말한다.
  · 한 가지 이상의 살생물물질로 구성되거나 살생물물질과 살생물물질이 아닌 화학물질·천연물질 또는 미생물이 혼합된 제품
  · 화학물질 또는 화학물질·천연물질 또는 미생물의 혼합물로부터 살생물물질을 생성하는 제품
③ 살생물처리제품이란 제품의 주된 목적 외에 유해생물 제거등의 부수적인 목적을 위하여 살생물제품을 사용한 제품을 말한다.

14 건강영향평가 결과에 따른 유해물질의 저감대책 종류 5가지를 쓰시오.

답 ① ② ③ ④ ⑤

해설 [표] 건강영향평가 결과에 따른 유해물질의 저감대책 종류

종류	내용
1. 회피	어떤 사업이나 사업의 일부를 하지 않음으로서 영향이 발생하지 않도록 하는 것
2. 최소화	그 사업과 사업의 실행의 정도 혹은 규모를 제한(줄임)함으로써 영향을 최소화하는 것
3. 조정	영향을 받은 환경을 교정, 복원하거나 복구함으로서 그 영향을 교정하는 것
4. 감소	대상사업의 진행 동안 보전하고 유지함으로서 시간이 지난 후 영향을 감소시키거나 제거하는 것
5. 보상	대치하거나 대체자원 또는 대체환경을 제공함으로써 영향에 대한 보상을 하는 것

15 유럽연합에서 분류하는 CMR 독성물질 정의를 쓰시오.

① Carcinogenic :
② Mutagenic :
③ Reproductive toxic :

해설 EU의 CMR[발암성(Carcinogenic), 변이원성(Mutagenic), 생식독성(Reproductive toxic)] 분류
Category 1A은 CMR독성물질, Category 1B는 인체 CMR독성추정물질, Category 2는 인체 CMR독성가능물질, EFFECTS ON OR VIALACTATION은 모유전이를 통한 생식독성물질로 분류한다.

16 다음은 100명의 환자군과 100명의 대조군을 선정하여 흡연과 폐암의 관계를 규명하고자 한다. 폐암 발생의 상대위험도(Relative risk)를 구하시오.

구 분	흡연자(폭로)	비흡연자(비폭로)	합계
환자군(폐암)	90(A)	10(B)	100(A+B)
대조군	70(C)	30(D)	100(C+D)
합계	160(A+C)	40(B+D)	200

해설 상대 위험도(RR, Relative risk)는 해당요인과 질병과의 연관성을 관찰하기 위한 지표로서, 위험요인에 폭로된 집단의 발병률[A/(A+C)]/비폭로된 집단의 발병률[B/(B+D)]로 산출한다. 상대 위험도가 1이상 이면 해당요인과 연관성이 있다고 해석할 수 있다.

$$RR = \frac{90/160}{10/40} = 2.25$$

17 다음은 세계보건기구 산하 국제암연구소(IARC)의 화학물질 발암원성 분류체계이다. 그룹과 평가내용을 적절히 선으로 연결하시오.

- A
- 2A
- 2B
- 3
- 4

- 인체에 대한 발암성이 없다.
- 인체 발암물질로 분류하기 어렵다.
- 인체에 발암가능성이 있다.
- 인체에 발암성이 있는 것으로 추정
- 사람에 대해 발암성이 있음

해설 [표] 세계보건기구 산하 국제암연구소(IARC)의 화학물질 발암원성 분류체계

그룹	평가내용	예
1	· 사람에 대해 발암성이 있음 · 인체 발암성에 대한 충분한 근거자료가 있음	콜타르, 석면, 벤젠 등
2A	· 인체에 발암성이 있는 것으로 추정 · 시험동물에서 발암성 자료 충분, 인체 발암성에 대한 자료는 제한적임	아크릴아미드, 포름알데하이드, 디젤엔진 배기가스 등
2B	· 인체에 발암가능성이 있다 · 인체 발암성에 대한 자료도 제한적이고 시험동물에서 발암성 자료도 충분하지 않음	DDT, 나프탈렌, 가솔린 등
3	· 인체 발암물질로 분류하기 어렵다. · 인체나 시험동물 모두에서 발암성 자료 불충분	안트라센, 카페인, 콜레스테롤 등
4	· 인체에 대한 발암성이 없다. · 인체나 시험동물의 발암원성에 대한 자료가 부재함	카프로락탐 (나일론의 원료) 등

18 환경대기 시료채취법 중 고체흡착법의 원리 및 구성에 대하여 설명하시오.

답 ① 원리 　　　　　　　　　　　　② 구성

해설 ① 원리 : 활성탄, 실리카겔과 같은 고체분말 표면에 기체가 흡착되는 것을 이용하는 방법
② 구성 : 흡착관-유량계-흡입펌프

19 소변 시료 중 크레아티닌으로 보정하는 이유를 간결하게 쓰시오.

답

해설 크레아티닌은 근육의 대사산물로 소변 중 일정량이 배출된다. 따라서 소변 시료 중 카드뮴의 내적용량을 이용하여 노출량을 산출할 수 있다.

$$DI(\mu g/kg.day) = \frac{UE(\mu g/g\ creatinine) \times CE(mg/kg.day)}{Fue}$$

여기서, DI : 일일섭취량
UE : 크레아티닌(creatinine)으로 보정한 소변 중 카드뮴의 농도
CE : 1일 크레아티닌(creatinine) 배출량
Fue : 카드뮴이 소변으로 배출되는 몰분율

20 다음 조건에서 DEHP의 1일평균노출량($\mu g/kg.day$)을 산정하고, 비발암위해도를 판단하시오.

- RfD 0.02mg/kg・day
- DEHP 0.3mg/kg
- 평균섭취량 130g/day
- 체중 70kg

답 ① 1일평균노출량　　　　　　　　　② 비발암위해도 판단

해설 일일노출량 $= \frac{0.3mg}{kg} | \frac{130g}{day} | \frac{1}{70kg} | \frac{10^{-3}kg}{g} | \frac{10^3 \mu g}{mg} = 0.557 \mu g/kg.day$

유해지수$(HI) = \frac{\text{일일평균 흡입인체 노출농도}(mg/m^3.day)}{\text{흡입노출참고치 } RfC(mg/m^3)}$

$HI = \frac{0.557\ \mu g}{kg.day} | \frac{kg.day}{0.02mg} | \frac{10^{-3}mg}{\mu g} = 0.0278 < 1$ ∴ 잠재적 위해 없음

21. 네덜란드 국립공중보건환경연구소에서 개발한 소비자노출평가 모델은

답 ConsExpo

해설 [표] 소비자노출평가 모델

ECETOC-TRA	유럽화학물질 생태독성 및 독성센터	초기단계(Tier 1) 노출평가모델
ConsExpo	네덜란드 국립공중보건환경연구소	소비자노출평가모델
CEM	미국 환경보호청	소비자노출평가모델

환경위해관리기사 실기 복원문제
2024년 10월 20일 시행

*수험생의 기억에 의존하여 복원된 문제로서, 실제 문제와 상이할 수 있음을 참고하시기 바랍니다.

---

01 물질안전보건자료(MSDS) 16항목 중 6가지를 쓰시오.

답 ① _____ ② _____
③ _____ ④ _____
⑤ _____ ⑥ _____

해설 MSDS 작성항목 : 화학제품과 회사에 관한 정보, 유해성·위험성, 구성성분의 명칭 및 함유량, 응급조치 요령, 폭발·화재시 대처방법, 누출 사고 시 대처방법, 취급 및 저장방법, 노출방지 및 개인보호구, 물리화학적 특성, 안정성 및 반응성, 독성에 관한 정보, 환경에 미치는 영향, 폐기시 주의사항, 운송에 필요한 정보, 법적 규제현황, 그 밖의 참고사항

---

02 다음은 100명의 환자군과 100명의 대조군을 선정하여 흡연과 폐암의 관계를 규명하고자 한다. 폐암 발생의 상대위험도(Relative risk)를 구하시오.

구 분	흡연자(폭로)	비흡연자(비폭로)	합계
환자군(폐암)	90(A)	10(B)	100(A+B)
대조군	70(C)	30(D)	100(C+D)
합계	160(A+C)	40(B+D)	200

해설 상대 위험도(RR, Relative risk)는 해당요인과 질병과의 연관성을 관찰하기 위한 지표로서, 위험요인에 폭로된 집단의 발병률[A/(A+C)]/비폭로된 집단의 발병률[B/(B+D)]로 산출한다. 상대 위험도가 1이상이면 해당요인과 연관성이 있다고 해석할 수 있다.

$$RR = \frac{90/160}{10/40} = 2.25$$

03 독성평가 예측모델 QSAR의 분류군기반 3가지와 독성예측 값 1가지를 쓰시오.

답 ① _____ ② _____
　　③ _____ ④ _____

해설

모델	분류군 기반	독성 예측 값
ECOSAR	화학물질의 구조	어류, 물벼룩, 조류의 급만성 독성 예측
TOPKAT	분자구조의 수치화, 약호화	기존 어류, 물벼룩의 독성시험 데이터로 예측
MCASE	물리 화학적 특성, 활성/비활성 특성	기존 어류, 물벼룩의 독성시험 데이터로 예측
OASIS	화학물질 구조, 생물농축계수	기존의 급성독성자료로 예측
TEST	화학물질의 구조, CAS 번호	어류, 물벼룩의 LC_{50}, 랫의 LD_{50}, 농축계수 예측
VEGA	인체독성	유전독성, 발생독성, 피부감각성, 내분비계 독성 예측
QSAR	화학물질의 구조특성, 원자개수, 분자량	무영향예측농도
Cons EXPO	생활화학제품	제품노출평가

04 사무실 실내공기 중 폼알데하이드 농도가 $200 \mu g/m^3$이다. 이 사무실에서 6개월간 근무한 성인 남성의 폼알데하이드에 대한 평생일일평균노출량(mg/kg/d)은? (단, 성인 남성의 호흡률은 15m³/d, 평균체중은 70kg, 평균 노출기간은 70y, 피부흡수율은 100%)

답 ① 계산식 :

　　② 평생일일평균노출량(mg/kg/d) :

해설 평생1일평균 노출량 $= \dfrac{오염도(mg/m^3) \times 접촉률(m^3/day) \times 노출기간(day) \times 흡수율}{체중(kg) \times 평균기간(통상 70년, day)}$

$\dfrac{200\mu g}{m^3} \Big| \dfrac{0.5y}{} \Big| \dfrac{15m^3}{day} \Big| \dfrac{}{70kg} \Big| \dfrac{}{70y} \Big| \dfrac{mg}{1000\mu g} = 3.0 \times 10^{-4} mg/kg/day$

05 석면노출과 석면폐증의 연관성을 규명하기 위해 환자군 50명과 대조군 250명을 선정하여 조사한 결과이다. 과거에 석면공장에서 일한 작업력이 있는 사람과 그렇지 않은 사람 사이의 석면폐증 발생 교차비는?

구분	석면폐증있음	석면폐증없음
작업력 있음	37	155
작업력 없음	13	95

답 ① 계산식 :

　　② 석면폐증 발생 교차비 :

해설 $OR = \dfrac{AD}{BC} = \dfrac{37 \times 95}{13 \times 155} = 1.74$

06 환경보건법 제2조에서의 환경매체, 위해성평가, 역학조사 정의를 쓰시오.

① 환경매체
② 위해성평가
③ 역학조사

답 ① _____ ② _____
③ _____

해설 ① 환경매체 : 환경유해인자를 수용체에 전달하는 대기, 물, 토양 등을 말한다.
② 위해성평가 : 환경유해인자가 사람의 건강이나 생태계에 미치는 영향을 예측하기 위하여 환경유해인자에의 노출과 환경유해인자의 독성 정보를 체계적으로 검토 및 평가하는 것을 말한다.
③ 역학조사 : 특정 인구집단이나 특정 지역에서 환경유해인자로 인한 건강피해가 발생하였거나 발생할 우려가 있는 경우에 질환과 사망 등 건강피해의 발생 규모를 파악하고 환경유해인자와 질환 사이의 상관관계를 확인하여 그 원인을 규명하기 위한 활동을 말한다.

07 다음 용어를 설명하시오.

① 독성시작값(POD, Point of departure)
② 벤치마크용량(기준용량, BMD, Benchmark dose)
③ 벤치마크하한값(BMDL, Benchmark dose lower bound)

답 ① _____ ② _____
③ _____

해설 ① 독성시작값(POD, Point of departure)
독성이 시작되는 값으로, 독성시험의 용량-반응 자료를 수학적 모델로 산정하여 추정된 기준용량의 값(mg/kg.day)이다. POD 값으로 NOEL, NOAEL, LOAEL, BMDL 등이 있다.
② 벤치마크용량(기준용량, BMD, Benchmark dose)
독성시험의 용량-반응 자료를 수학적 모델로 산정하여 추정된 기준용량의 값(mg/kg.day)이다.
③ 벤치마크하한값(BMDL, Benchmark dose lower bound)
독성시험의 용량-반응 자료를 수학적 모델로 산정하여 추정된 기준용량의 값으로, 95% 신뢰구간의 하한 값을 나타낸다. 암이 발생할 확률이 5%, 10%인 벤치마크 용량 값으로 $BMDL_5$, $BMDL_{10}$ 등이 있다. 발암성 유전독성물질은 일반적으로 BMDL을 위해성 결정에 적용한다. 동물독성시험에서 산출된 $BMDL_{10}$값을 독성시작값(POD)으로 활용한 경우에는 노출안전역이 1×10^4 이상이면 위해도가 낮다고 판단하며, 1×10^6 이상이면 위해도를 무시할 수준으로 판단할 수 있다.

08 화학물질의 분류 및 표지에 관한 세계조화시스템(GHS)에서 건강 유해성에 대한 분류 두 가지를 설명하시오.

답 ① _____ ② _____

해설
① 발암성 물질 – 암을 일으키거나 암의 발생을 증가시키는 물질
② 생식독성물질 – 생식기능, 생식능력 또는 태아 발생, 발육에 유해한 영향을 주는 물질
③ 생식세포 변이원성 물질 – 자손에게 유전될 수 있는 사람의 생식세포에 돌연변이를 일으킬 수 있는 물질
④ 급성독성 물질 – 입 또는 피부를 통하여 1회 또는 24시간 이내에 수회로 나누어 투여되거나 호흡기를 통하여 4시간 동안 노출시 나타나는 유해한 영향을 말한다.

09 건강영향평가 절차를 순서대로 나열하시오.

답 ① _____ ② _____
③ _____ ④ _____
⑤ _____

해설 사업분석 → 스크리닝 → 스코핑 → 평가 → 저감방안 수립

10 공정위험성평가 기법 5가지를 쓰시오.

답 ① _____ ② _____
③ _____ ④ _____
⑤ _____

해설 공정 위험성 분석 ; 체크리스트 기법, 상대위험순위 결정기법, 작업자 실수분석기법, 사고예상 질문분석기법, 위험과 운전분석기법, 이상위험도 분석기법, 결함수 분석기법, 사건수 분석기법, 원인결과 분석기법, 예비위험 분석기법 중 적정한 기법을 선정하여 작성한다.

11 유해성과 위해성(risk)에 대하여 설명하시오.

① 유해성
② 위해성

답 ①
②

해설 ① 유해성이란 화학물질의 독성 등 사람의 건강이나 환경에 좋지 아니한 영향을 미치는 화학물질 고유의 성질을 말한다.
② 위해성(risk)이란 유해성 화학물질에 노출되는 경우 사람의 건강이나 환경에 피해를 줄 수 있는 정도로써, 노출강도에 의해 결정된다.

12 생활화학제품 및 살생물제의 안전관리제에 관한 법률상 다음 [보기]가 설명하는 물질명을 쓰시오.

[보기]
유해생물을 제거, 무해화 또는 억제하는 기능으로 사용하는 화학물질, 천연물질 또는 미생물을 말한다.

답

해설 살생물물질

13 25세 여성의 평균 소변 중 MEHP $1.7\mu g/L$, 소변 중 크레아티닌 90mg.crea./dL로 분석되었다. DEHP가 MEHP로 배출되는 몰분율은 0.06, DEHP 분자량은 390g/M, MEHP 분자량은 278g/M 일 때 DEHP의 내적 노출량은? 단, 25세 여성의 크레아티닌 일일 배출량은 0.014 g.crea/kg.day 이다.

① 계산식 :
② DEHP의 내적 노출량 :

답 ① 계산식
② DEHP의 내적 노출량

해설
$$DI(\mu g/kg.day) = \frac{UE(\mu g/g) \times UV(L/day)}{Fue \times BW(kg)} \times \frac{MW_D}{MW_M}$$

크레아티닌 보정량 $UE = \frac{dL}{90mg} | \frac{1.7\mu g}{L} | \frac{100mL}{dL} | \frac{L}{10^3 mL} = 0.0019 \mu g/mg.creatinine$

$DI = \frac{0.0019\mu g}{mg} | \frac{0.014 g.crea.}{kg.day} | \frac{1}{0.06} | \frac{10^3 mg}{g} | \frac{390g}{M} | \frac{M}{278g} = 0.622 \mu g/kg.day$

---

14 유해지수(Hazard index)를 설명하시오.

답 ①

해설 역치가 있는 비유전적발암물질의 위해도를 판단하는데 있다. 노출평가와 용량-반응평가 결과를 바탕으로 인체노출위해수준을 추정하는데 있다. 유해지수가 1이상(HI > 1)일 경우는 유해영향이 발생하며, 1이하 (HI < 1)일 경우에는 유해영향 없다.

$$Hazard\ Index = \frac{1일\ 노출량(mg/kg.day)}{RfD\ or\ ADI\ or\ TDI(mg/kg)}$$

---

15 바이오 모니터링은 인체시료에서 노출을 반영하는 생체지표의 농도를 측정하는 방법이다. 3가지 방법을 쓰시오.

답 ① ②
③

해설 바이오 모니터링은 인체시료에서 노출을 반영하는 생체지표의 농도를 측정하는 방법으로 노출 생체지표, 위해영향 생체지표, 민감성 생체지표 등이 있다.

16 인체노출평가 계획 시 반드시 고려해야 할 요인 3가지를 쓰시오.

답 ① _____ ② _____
    ③ _____

해설 이동매체, 노출빈도, 노출인구

17 환경보건법규상 환경성질환의 범위 5가지를 쓰시오.

답 ① _____ ② _____
    ③ _____ ④ _____
    ⑤ _____

해설 환경성질환이란 환경유해인자와 상관성이 있다고 인정되는 질환으로서 환경부령으로 정하는 질환을 말한다. 환경부령으로 정하는 질환이란?
① 「물환경보전법」에 따른 수질오염물질로 인한 질환
② 「화학물질관리법」에 따른 유해화학물질로 인한 질환
③ 석면으로 인한 폐질환
④ 환경오염사고로 인한 건강장해
⑤ 「실내공기질 관리법」에 따른 오염물질
⑥ 「대기환경보전법」에 따른 대기오염물질과 관련된 질환
⑦ 가습기살균제에 포함된 유해화학물질로 인한 폐질환을 말한다.

18 환경위해성 저감대책 수립 후 사업장에서 유해화학물질 배출량 저감기술 4단계를 쓰시오.

① 1단계 :
② 2단계 :
③ 3단계 :
④ 4단계 :

답 ① 1단계   ② 2단계
    ③ 3단계   ④ 4단계

해설 사업장 유해화학물질 배출량 저감 대책

1단계 : 전공정관리	화학물질의 도입과정에서의 위해 저감
2단계 : 성분관리	취급물질의 특성에 따라 대체물질 사용을 검토
3단계 : 공정관리	공정과정에서의 배출 최소화
4단계 : 환경오염방지시설 설치를 통한 관리	환경오염방지시설의 설치를 통하여 최종 환경배출을 차단

19 경구노출에 대한 인체 만성 독성 평가의 기준이 되는 독성 지표 3가지를 쓰시오.

답 ①   ②
    ③

해설 만성 독성 평가의 독성지표는 무영향관찰용량(NOAEL)을 외삽하여 잠정주간섭취허용량(PTWI), 독성참고치(RfD), 1일섭취허용량(ADI) 등을 구한다.

20 다음은 세계보건기구 산하 국제암연구소(IARC)의 화학물질 발암원성 분류체계에서 다음 그룹의 평가내용을 쓰시오.

① 그룹 1
② 그룹 2A
③ 그룹 3B
④ 그룹 3

해설 [표] 세계보건기구 산하 국제암연구소(IARC)의 화학물질 발암원성 분류체계

그룹	평가내용	예
1	· 사람에 대해 발암성이 있음 · 인체 발암성에 대한 충분한 근거자료가 있음	콜타르, 석면, 벤젠 등
2A	· 인체에 발암성이 있는 것으로 추정 · 시험동물에서 발암성 자료 충분, 인체 발암성에 대한 자료는 제한적임	아크릴아미드, 포름알데하이드, 디젤엔진 배기가스 등
2B	· 인체에 발암가능성이 있다 · 인체 발암성에 대한 자료도 제한적이고 시험동물에서 발암성 자료도 충분하지 않음	DDT, 나프탈렌, 가솔린 등
3	· 인체 발암물질로 분류하기 어렵다. · 인체나 시험동물 모두에서 발암성 자료 불충분	안트라센, 카페인, 콜레스테롤 등
4	· 인체에 대한 발암성이 없다. · 인체나 시험동물의 발암원성에 대한 자료가 부재함	카프로락탐 (나일론의 원료) 등

참고문헌

- **환경부**, 화학물질관리법(2024).
- **환경부**, 화학물질의 등록 및 평가 등에 관한 법률(2024).
- **환경부**, 환경보건법(2024).
- **환경부**, 생활화학제품 및 살생물제의 안전관리에 관한 법률(2023).
- **환경부**, 환경분야 시험·검사 등에 관한 법률(2023).
- **환경부**, 대기환경보전법(2025).
- **환경부**, 물환경보전법(2025).
- **환경부**, 토양환경보전법(2025).
- **환경부**, 폐기물관리법(2025).
- **환경부**, 환경영향평가법(2025).
- **환경부**, 환경정책기본법(2025).
- **환경부**, 토양오염공정시험기준(2023).
- **환경부**, 대기오염공정시험기준(2023).
- **환경부**, 폐기물공정시험기준(2023).
- **환경부**, 수질오염공정시험기준(2023).
- **고용노동부**, 산업안전보건법(2024).
- **산업통상자원부**, 어린이제품 안전 특별법(2021).
- **국립환경과학원**, 실내공기 중 오염물질의 위해성평가를 위한 절차와 방법 등에 관한 지침(2018)
- **국립환경과학원**, 생활화학제품 위해성평가의 대상 및 방법 등에 관한 규정(2018)
- **국립환경과학원**, 유해화학물질공정시험기준(2018)

- **식품의약품안전처**, 인체적용제품 위해성평가공통지침서(2019)
- **국립환경과학원**, 화학물질의 분류 및 표시 등에 관한 규정(2014)
- **국립환경과학원**, 화학물질유해성시험방법(2010)
- **신광출판사**, 환경위해관리, 한국환경보건학회(2024)

http://nics.me.go.kr/front/main/main.do
http://www.kcma.or.kr/main/main.asp
http://www.law.go.kr/

소개

저자
  조용덕

약력
  공학박사(환경공학 전공)
  수질관리기술사
  상하수도기술사
  올배움 kisa 수질관리기술사, 상하수도기술사, 환경위해관리기사, 폐기물처리기사, 환경기능사 강사
  건설산업교육원 건설기술인직무교육 강사
  가천대학교 겸임교수
  한국상하수도협회 물산업인재교육원 전임교수

저서
  바이블 수질관리/상하수도기술사 용어해설집, 조용덕, 세진사, 2024
  바이블 상하수도기술사(개정판), 조용덕, 세진사, 2024
  바이블 수질관리기술사(개정판), 조용덕, 세진사, 2024
  환경위해관리기사, 조용덕, 올배움 Kisa, 2025
  폐기물처리기사/산업기사(필기), 조용덕, 올배움 Kisa, 2025
  폐기물처리기사/산업기사(실기), 조용덕, 올배움 Kisa, 2025
  환경기능사(필기, 실기), 조용덕, 올배움 Kisa, 2025
  토목기사, 산업기사(필기, 상하수도공학), 조용덕, 올배움 Kisa, 2019
  수질환경기사.산업기사(필기), 조용덕, 건기원, 2016
  수질환경기사.산업기사(실기), 조용덕, 건기원, 2016
  수질공학의 응용과 해설[1,2], 조용덕, 이상화, 한국학술정보(주), 2010
  신재생에너지, 조용덕, 이상화, 한국학술정보(주), 2011

올배움 이러닝 강의 및 교재내용 문의

올배움 홈페이지 www.kisa.co.kr 에
방문하시면 본 교재의 저자직강 강의를 통하여
자격증 단기합격을 할 수 있습니다.
또한 본 교재의 정오표는
올배움 홈페이지를 통해 확인이 가능하며
그 밖의 다른 의견 및 오탈자를 제보해주시면
더 좋은 강의와 교재로 보답하겠습니다.

www.kisa.co.kr

1544-8509   카톡 ID : kisa

올배움BOOK
홈페이지
바로가기

환경위해관리기사 필기·실기

1판1쇄 발행 2020년 02월 17일	2판1쇄 발행 2021년 01월 10일
3판1쇄 발행 2022년 01월 10일	4판1쇄 발행 2023년 01월 10일
5판1쇄 발행 2024년 01월 10일	6판1쇄 발행 2025년 01월 10일

지 은 이 • 조 용 덕
펴 낸 이 • 이 정 훈
펴 낸 곳 •
주   소 • 서울시 금천구 가산디지털1로 168 B동 B105(가산동, 우림라이온스밸리)
전   화 • 1544-8509 / FAX 0505-909-0777
홈페이지 • www.kisa.co.kr

법인등록번호 • 110111-5784750
I S B N • 979-11-6517-173-5 (13530)

정가 30,000원

이 책에서 내용의 일부 또는 도해를 다음과 같은 행위자들이 사전 승인없이 인용할 경우에는
저작권법 제93조 「손해배상청구권」에 적용 받습니다.
① 단순히 공부할 목적으로 부분 또는 전체를 복제하여 사용하는 학생 또는 복사업자
② 공공기관 및 사설교육기관(학원, 인정직업학교), 단체 등에서 영리를 목적으로 복제·배포
   하는 대표, 또는 당해 교육자
③ 디스크 복사 및 기타 정보 재생 시스템을 이용하여 사용하는 자

※ 파본은 구입하신 서점에서 교환해 드립니다.